湛庐 CHEERS

与最聪明的人共同进化

HERE COMES EVERYBODY

Conceptual
Physics , 13e

光速声波
物理学

1

Paul G. Hewitt

[美]

保罗·休伊特

著

王岚 译

四川科学技术出版社

关于物理的奥秘，你了解多少？

扫码加入书架
领取阅读激励

扫码获取
全部测试题及答案，
一起了解妙趣横生的
物理学规则

- 想象有一个从北极到南极完全贯穿地球的洞，忽略高温熔融的地球内部，如果你从北极端掉入这个洞里，是不是会一直加速到南极端？（　）
  A. 是
  B. 否

- 如果你是国际空间站的乘客，面对两个封闭的罐子，一个装满冷冻豆子，另一个是空的，你如何判断哪个是满的，哪个是空的呢？（　）
  A. 用手捏罐子
  B. 来回摇晃罐子

- 当你看这道题时，你相对于太阳的移动速度约为多少？（　）
  A. 107 千米／时
  B. 1 070 千米／时
  C. 10 700 千米／时
  D. 107 000 千米／时

扫描左侧二维码查看本书更多测试题

致我的一切——
我的妻子莉莲

第二部分　物质的性质

CONCEPTUAL
PHYSICS

序章
学习大自然的规则

对古希腊学者埃拉托色尼来说，成为第二名并不是件遗憾的事。

因为在数学、哲学、体育和天文学等多个领域位居次席，所以他被同时代人戏称为"贝塔"（没准他参加跑步或摔跤比赛也会得第二名）。他曾是当时世界上最伟大的图书馆——亚历山大图书馆的馆长，该馆位于埃及亚历山大城，由托勒密一世下令建造。埃拉托色尼是那个时代最重要的学者之一，撰写了哲学、科学和文学等方面的著作；他声名显赫，阿基米德都曾为他献词。作为一名数学家，他发明了一种求素数的方法；作为一名地理学家，他非常精确地测算出了黄赤交角，并撰写了《地理学》（3 卷），这是第一部为地理学提供数学基础的著作，书中将地球按纬度分为寒带、温带和热带。

如今，埃拉托色尼最为人所知的贡献是他对地球周长的测算，精确性惊人。特别是在 2 000 多年前，既没有计算机，又没有人造卫星，他只能依靠巧妙的思维、初等的几何方法和简单的测量手段。在本章，你将看到他是如何做到这一点的。

科学的起点：测算

测算是科学的基石。你对某件事的了解程度往往与你测算它的能力相关。正如 19 世纪著名物理学家开尔文勋爵所言："我常说，当你能测量你所谈论的东西，并用数字来表达时，你就对它有所了解；当你不能测量它，又不能用数字来表达它时，你对它的了解是微不足道的。"科学测算并不是现代产物，它的传统源远流长。比如，早在公元前 3 世纪，人们就已经对地球、月球和太阳的大小以及它们之间的距离进行了相当精确的测算。

如何测算地球的周长

大约公元前 235 年，埃拉托色尼在埃及首次测算了地球的周长。他用以下方法测算了地球的周长：已知在夏至（阳历的 6 月 21 日左右）的中午时分，太阳在天空中的位置最高，此时，一根垂直于地面的立柱投射出的影子最短。如果太阳在立柱正上方，那么立柱根本就没有影子。

埃拉托色尼从亚历山大图书馆的信息中得知，夏至当天中午，太阳会在亚历山大城以南的塞伊尼城（今为阿斯旺）正上方。在这个特殊的时刻，太阳光线将直接射入塞伊尼城的一口竖井并反射回来。埃拉托色尼推断，如果太阳光线继续向地球内部延伸，它将穿过地球中心。同样，从亚历山大城（或其他任何地方）向地球内部延伸的垂线也会穿过地球中心。

在夏至中午，埃拉托色尼在亚历山大城测算出太阳光线和垂线之间的夹角为 7.2°（见图 0-1）。已知地球圆周的角度为 360°，那么 360° 由多少个 7.2° 组成呢？答案是 360° ÷ 7.2° =50（个）。由于 7.2° 是 360° 的 1/50，埃拉托色尼推断亚历山大城和塞伊尼城之间的距离是地球周长的 1/50，因此，地球的周长是这两个城市之间距离的 50 倍。这段路途相当平坦且经常有人往返，他们测量出两地相距约 800 千米。由此，埃拉托色尼计算出地球的周长为 50×800=40 000（千米），埃拉托色尼的测算结果非常接近目前公认的地球周长。

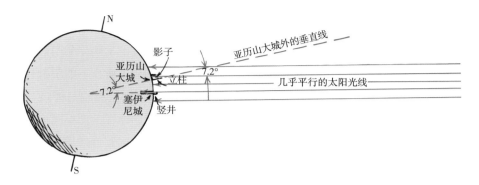

图 0-1 地球周长测量原理示意图

注：当太阳光线直射塞伊尼城时，照向亚历山大城的太阳光线与垂线的夹角为 7.2°。若两个位置的垂线都延伸到地球中心，在那里太阳光线与垂线间的夹角同样为 7.2°。

埃拉托色尼去世 1 600 多年后，哥伦布在启程前往"新大陆"之前研究了埃拉托色尼的测算结果。最终哥伦布并没有认可它，而是选择接受新的地图，这张地图注明的地球周长比埃拉托色尼测算的数据小了 1/3。如果哥伦布认可了埃拉托色尼的测算结果，哥伦布就会知道他发现的大陆并不是中国或东印度群岛（今马来群岛），而是一个"新大陆"。

你也可以像埃拉托色尼一样利用立柱或树木的影长测算地球的周长。在测算地球的周长时，埃拉托色尼选择了非常靠近特定经度线的南北两个位置，实际上这并不是必须的。在球面上，两点间距离最短的弧线所在圆是大圆。通过像地球这样的球体上的任意两点，无论它们之间连线的方向如何，我们都可以定义和绘制一个大圆。通常绘制的地球的大圆是经度线，它们都穿过南北极；纬度线上只有一个大圆——赤道。总而言之，地球上存在无数个大圆，它们的中心都在地球的中心（见图 0-2），并且都可以作为测量地球周长的圆面。

图 0-2 地球的大圆

注：图中有三个大圆，一个是赤道（红色），一个是经度线（蓝色），另一个方向随机（绿色）。

阳光下的物体会投射阴影，比如立柱和树木。理论上，因为到达地球表面的太阳光线可以被视为彼此平行，所以邻近的、垂直于地面的树木投射的阴影与太阳光线的夹角都相等。事实上，由于地球曲率在不同经纬度上是不相同的，在一天的同一时间，相距几千米的树木所投射的阴影与太阳光线的夹角并不相同。并且由于太阳在天空中的持续运动，哪怕只经过几分钟，夹角都会略有不同。令人惊讶的是，树木或其他垂直物体在地球不同地方投射的阴影，无论是在经度线上，还是不在经度线上，都能为测算地球周长提供足够的信息。

当一棵树的阴影完全指向或远离另一棵树时，我们可以用简单的三角学知识测算地球的大小。在这个特殊的时刻，太阳光线所在平面与这两棵树所在的大圆平面重合。这种情况如图 0-3 所示，其中两棵树连线所对应的圆心角为 10°，也就是太阳光线与两棵树的角度差为 10°。

图 0-3　阳光照向两棵树的情况示意图

注：两棵树的连线 d 对应的圆心角为 10°（如棕色"楔形"所示）。

任何一对相隔已知距离的垂直物体在阳光下投射的阴影，都能为测算地球周长提供足够的信息。

360° 由多少个 10° 组成？答案是 360° ÷ 10°=36（个）。这告诉我们，地球的周长等于 36 乘以这两棵树之间的距离。任务完成！

在地球上的任何地方，除了罕见的例外，相距很远的两根旗杆在阳光下的阴影都会在某一天的某个时候沿着一个大圆排列。为了测算地球的周长，你需要找到一个时间，此时你学校的旗杆投射的阴影完全指向或远离另一座城市的学校旗杆的阴影。也就是说，你需要选择天气好的一天，并且另一座城市的天气也晴好，才可以测算地球周长。如果另一座城市多云或下雨，请耐心些，毕竟可能连续几天都是相同的天气。（注意：测量不落在大圆平面上

的入射光线需要使用更复杂的球面
三角学知识。）

埃拉托色尼是通过观察夏至时经度线附近的阴影实现同步测量的。若用智能手机，他可以测算出地球任一大圆的大小。

今天，你拥有着埃拉托色尼做梦也想不到的东西：互联网和智能手机。也许你还有一个指南针，它可以帮助你判断物体投射的阴影何时在一条直线上（两条阴影指向同一方向，或者两条阴影方向相反）。同步测量当年对埃拉托色尼来说可是个难题，而如今智能手机为我们提供了同步计时器。太阳光线与两根旗杆的两个角度之差（如果阴影方向相反，则为两个角度之和）等于两根旗杆连线在地球中心处对应的圆心角，亦即两根旗杆的延长线在地球中心相交构成的夹角。请注意，此时平行的太阳光线所在的平面与两根旗杆所在的大圆平面重合。有了精确的数据，就可以测算出地球周长的估值。

运用同样的原理还可以考虑进行相反的测量：已知地球周长约为 40 000 千米，测算相距很远的旗杆之间的距离。要想取得可靠的结果，旗杆必须离得很远。这是因为，相距较近（如相距 100 千米）的两根旗杆的连线对应的圆周角不到 1°，这样的角度是难以用于精确测算的，所以两根旗杆的位置最好相距很远。

无论是哪一种活动，无论是测算地球周长，还是测算两个物体相隔的距离，都是引人入胜的多人合作活动。快去试试吧！

埃拉托色尼通过测量角度，并将立柱投射的影长与立柱的高度进行比较，也得出了同样的结果。当埃拉托色尼测出太阳光线与立柱之间的夹角为 7.2° 时，他还注意到立柱投射的影长是立柱高度的 1/8（见图 0-4）。几何推理表明：近似而言，阴影长度和立柱高度之比等于亚历山大城到塞伊尼城的距离和地球的半径之比。因此，就像立柱高度是其影长的 8 倍一样，地球的半径肯

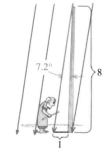

图 0-4 埃拉托色尼通过测算角度确定地球周长

定是亚历山大城到赛伊尼城的距离的 8 倍。

由于圆的周长是其半径的 2π 倍（$C = 2\pi r$），所以地球的半径就是它的周长除以 2π。以现代单位计算，地球的赤道半径约为 6 378 千米，圆周长约为 40 000 千米。

至此，我们了解到，埃拉托色尼测算地球周长时可使用的方法不止一种。解决一个问题存在多种不同的方法，科学探究的多样性将在接下来的章节中反复出现。科学的这一显著特性是人们甘愿将职业生涯投入物理学或相关专业的众多原因之一，让我们向物理学家致敬！

如何测算月球的大小和地月距离

与埃拉托色尼同时代的另一位希腊科学家阿里斯塔克，很有可能是第一个提出地球每天绕着地轴自转的人，这个概念解释了周日运动。阿里斯塔克还指出地球以每年一圈的频率围绕太阳公转，其他行星也一样按周期公转。[①] 他也正确地测算了月球的直径及地月距离。在大约公元前 240 年他就完成了这一切，然而直到 17 个世纪之后，他的发现才被完全认可。

阿里斯塔克通过观察月食，比较了月球和地球的大小。地球和阳光下的其他任何物体一样，都会投射阴影，月食只是月球进入了地球的阴影而导致的现象。阿里斯塔克仔细研究了这一现象，发现月食时地球阴影宽度为月球直径的 2.5 倍。这似乎表明月球的直径是地球的 1/2.5；如果太阳光线彼此完全平行的话，的确

---

① 虽然阿里斯塔克提出了地球绕太阳运行，但他对此并不确定，很可能是因为地球上各季时长不平均的现象从表面上来看并不支持地球绕太阳转的观点。更重要的是，有人指出，月球与地球的距离随时间的变化而不同，这清楚地表明月球并没有完美地以圆轨道绕地球运行。如果月球绕地球的轨道都不是圆形，那么很难令人相信地球绕着太阳走着圆轨道。特别是在阿里斯塔克那个时代，其他天文学家提出的本轮观念解释了这些疑点，而这一问题真正的解释——行星沿着椭圆轨道运行，直到十几个世纪后才被开普勒发现。如果月球不存在，可以想象天文学的进程将是多么有趣——月球的不规则轨道就不会导致日心说在早期被质疑，而日心说可能早在很多世纪前就站稳脚跟了。

如此。太阳光线在较小的范围内几乎是平行的，但是对更大的范围来说，由于太阳的巨大尺寸，它射出的光束很明显是呈锥形的。在日食期间，来自太阳边缘的光束使月影逐渐变小到几乎成为一点。就地月距离而言，太阳射出的锥形光束导致地球阴影宽度小于地球直径，缩短的长度约为月球的直径。于是可以推测在月食期间，地球的阴影宽度也会出现相同程度的缩小（见图 0-5），所以地球直径其实是月球直径的 3.5 倍（2.5 + 1 = 3.5 倍），目前公认的月球直径为 3 476 千米，这个值相对于阿里斯塔克的计算值的误差在 5% 以内。

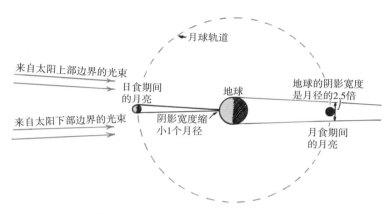

图 0-5　月食与日食期间的地月位置示意图

注：在月食期间，地球的阴影宽度是月球直径的 2.5 倍。由于太阳的尺寸很大，此时地球的阴影宽度一定是小于地球直径的。在日食期间，月球的阴影缩小的程度则非常明显，几乎小成了一个点。可以推测，在月食期间，地球的阴影宽度也会缩小相同的程度。因此，地球的直径是月球直径的 3.5 倍。

用胶带把一枚硬币贴在窗户上，只用一只眼睛看，让硬币看上去正好挡住整个月球。这种情况下，你的眼睛距离硬币大约 110 个硬币的直径，即硬币直径和眼睛到硬币的距离之比约为 1 : 110。基于相似三角形的几何推理表明，这也是月球直径和眼睛到月球的距离之比（见图 0-6），所以，你到月球的距离是月球直径的 110 倍。阿里斯塔克对月球直径的测算结果是测算地月距离所需的全部数据，因此，古希腊人既知道月球的大小，也知道它与地球的距离。

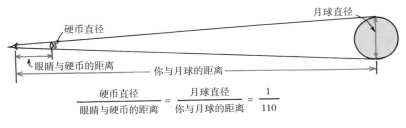

图 0-6　硬币实验

注：当硬币看上去几乎完全遮住月球时，硬币直径和你的眼睛到硬币的距离之比等于
月球直径和你到月球的距离之比（此处不按真实比例绘制）——均为 1∶110。

如何测算太阳的大小和日地距离

如果你想通过硬币实验来测算太阳的大小（注意：太阳很亮，这样做会很危
险），你猜会怎么样？你会发现太阳直径和日地距离之比也是 1∶110。这是因
为太阳和月球的大小对眼睛来说都是一样的，它们都会以相同的比例缩小。尽管
古希腊人知道太阳直径和日地距离之比，但不管是直径还是距离本身，都必须通
过其他方法来确定。阿里斯塔克找到了一个方法来解决这个问题。

阿里斯塔克注视着月相，当月相为弦月的时候，天空中仍然可见太阳，因此，
太阳光线一定是以与他的视线成直角的方式落在月球上。这意味着地球和月球之
间、地球和太阳之间以及月球和太阳之间的连线是一个直角三角形（见图 0-7）。

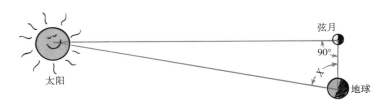

图 0-7　地月日位置示意图

注：当月相为弦月时，太阳、月球和地球形成一个直角三角形（不按真实比例绘
制），斜边长是日地距离。如果知道锐角的大小和一条直角边的长度，通过简单
的三角学知识就可以计算出直角三角形的斜边长。也就是说，已知地月距离，测
量出角度 X，就可以计算日地距离。

三角学知识表明，如果知道直角三角形中所有角的角度和其中任意一条边的长度，你就可以计算另外两条边长。阿里斯塔克知道地月距离，他还知道在月相为弦月时，其中一个角为 90°。他所要做的就是测量从地球向月球的视线和从地球望向太阳的视线之间的夹角，这是第二个角。第三个角事实上是一个非常小的角，等于 180° 减去另两个角的度数之和（任何三角形的内角之和均等于 180°）。

如果没有现代的经纬仪，测量这两条视线之间的夹角是很困难的。对地球上的人来说，太阳和月球都不是点，而是相对较大的面。阿里斯塔克必须估计它们的中心（或边缘），并测量它们之间的夹角，这个角相当大，几乎呈直角！按照现代标准，他的测量非常粗糙。他测量出的角度为 87°，而真实值为 89.8°。他估计日地距离是地月距离的 20 倍，而实际上是 400 倍；因此，尽管他的方法很巧妙，但测量不够精确。也许阿里斯塔克很难相信太阳离得那么远，以致他出了差错，得到了较小的距离。我们无法知道真实情况如何。

今天，我们知道太阳距离地球平均约 15 000 万千米，并且在 1 月初离地球较近（约 14 700 万千米），在 7 月初离地球较远（约 15 200 万千米）。

一旦知道日地距离，通过直径和距离之比为 1 ∶ 110 就可以得到太阳的直径。除了图 0-7 中提到的方法，得到这个比值的另外一种方法是，测量通过小孔开口投射的太阳光斑的直径。强烈推荐你试一试：在一张不透明的纸板上戳个洞，让阳光照在上面。投射在地面上的圆形光斑实际上是太阳的图像。你会发现光斑的大小不取决于开口的大小，而是取决于开口距离地面的远近。更大的开口会产生更亮的光斑，而不是更大的光斑。当然，如果开口过大，就不会形成光斑。开口所需的大小取决于它到地面的距离。比如图 0-8 中的开

$$\frac{d}{h} = \frac{D}{15\,000\,万千米} = \frac{1}{110}$$

图 0-8　小孔成像示意图

注：开口投射的圆形光斑是太阳的图像。光斑直径（d）和开口到地面的距离（h）的比等于太阳直径（D）和日地距离的比，为 1 ∶ 110，太阳的直径是它到地球之间距离的 $\frac{1}{110}$。

口，它是一支锋利的铅笔穿过纸板时的大小，直径约为 1 毫米。图 0-9 中莉莲上方树叶之间的开口可能有几厘米宽。无论如何，重复的测量表明，光斑大小与开口到地面距离之比为 1∶110，与太阳直径和日地距离之比相同（见图 0-8）。

图 0-9　光斑的形状随太阳高度变化

注：通过上方叶子之间的小开口投射出莉莲周围的太阳像。

你有没有注意到，当太阳在头顶时，你在树下的地面上看到的阳光斑点是圆形的，而当太阳在天空中较低位置时，它们会扩散成椭圆形（见图 0-9）。这些是太阳通过树叶间的开口所成的像，这时开口与其到地面的距离相比是很小的。直径为 10 厘米的圆形斑点由一个离地面 1 100 厘米的开口形成。高大的树木产生巨大的像；矮小的树木产生较小的像。注意到这一差异的不仅有科学家，还有画家（见图 0-10）。

有趣的是，在日偏食时，小孔产生的像将是月牙形的，与被部分覆盖的太阳形状相同（见图 0-11）。这提供了另外一种不用直视太阳就能看到日食的方法。

图 0-10　雷诺阿的画

注：雷诺阿准确地描绘了人们衣服上和周遭环境中的光斑，以及上方树叶间相对较小的开口投射出的太阳像。

图 0-11　月牙形太阳光斑

注：月牙形太阳光斑是日偏食时的太阳像。

科学的宿命：求真

备受尊敬的古希腊哲学家亚里士多德声称物体下落的速度与其重量成正比。由于亚里士多德拥有令人信服的强大权威，这一观点在近 2 000 年的时间里一直被人们认为是正确的。直到意大利物理学家伽利略通过一项实验证明了亚里士多德的说法是错误的，该实验证明从比萨斜塔落下的重物体和轻物体的速度几乎相等。在科学中，一个可验证的实验胜过任何权威，无论主张者的声誉多么显赫或其支持者的数量多么庞大。在现代科学中，诉诸权威的论证几乎没有价值。

如果科学家发现了与一个既有假设、定律或原理相矛盾的证据，那么本着科学精神，这一假设、定律或原理都必须被改变或者被废弃——无论主张者的声誉或权威如何（除非实验表明产生矛盾的证据是错误的，因为有时也会发生这种情况）。

这就是科学的态度，科学家通过实验来验证科学结论的正确性，而不是依赖哲学讨论。人们通常认为事实是一成不变的、绝对的，但在科学中，事实通常只是一些称职的观察者对同一现象进行一系列观察所达成的一致观点。例如，宇宙是不变的、永恒的，这曾经是一个"事实"，但今天我们知道，真正的事实是宇宙正在膨胀、演化。科学假设是一种有根据的猜测，只有在得到实验验证之后才能被认为是事实。当一个假设经过一次又一次的检验并且没有发现有矛盾之处，它才可能会被称为定律或原理。

动态变化的科学理论

科学的态度还包含探究、诚实和谦逊 —— 一种承认错误的意愿。在这种态度下，科学家们的工作方式有着共同的特点，这可以追溯到伽利略和英国哲学家培根。他们摆脱了古希腊人根据情况"自下而上或自上而下"的研究方法，通过从任意假设（公理）中推理出关于物理世界的结论。现代的科学家"自下而上"

研究，即首先观察、发现世界的实际运作方式，然后构建一个理论来解释这些发现。

虽然没有一张清单足以囊括全部的科学方法，但是以下一些步骤很可能会在大多数科学家开展工作的方式中找到。

- 找出一个问题或谜题，比如一个无法解释的事实。
- 给出可能会解决这个谜题的一个有根据的猜测。
- 预测这个假设下的结果。
- 进行实验或计算来对假设进行检验。
- 制定最简单的一般规则，用于组织三个主要因素：假设、预测结果和实验结果。

尽管这些步骤看上去很有可行性，但科学的许多进步实际上来自反复试验与没有假设的实验，或者仅仅源于一个准备充分的头脑的偶然发现。

科学家必须接受他们的实验结果，即使结果与期望有所不同。他们必须努力区分他们所看到的和他们所希望看到的，因为科学家和大多数人一样，有很强的欺骗自己的能力。[①] 人们总是倾向于接受通常的规则、信念、信条、想法和假设，并且很难彻底质疑其正确性，甚至在它们被证明是没有道理的、错误的或者至少是可疑的之后，人们仍然会长期持有这些观念。传播得最广泛的观念往往是最不受质疑的观念，大多数情况下，当一个观念被广泛接受后，人们还会特别关注那些可以印证它的事例，并忽视、贬低或歪曲那些反驳它的事例。

科学家使用"理论"这个词的方式不同于它在日常口语中的用法，在大多数人的日常言论中，假设与理论没有什么不同。在科学家口中，假设是一种未经验证的猜测，理论则是大量信息的综合，其中包含了关于自然世界某些方面的经过

---

① 仅仅知道别人可能会欺骗你是不够的，更重要的是要意识到，你有欺骗自己的倾向。

充分测试和验证的假设。例如，物理学家谈论原子核的夸克理论，化学家谈论金属中的金属键理论，生物学家谈论的细胞理论。

科学理论不是永恒不变的；相反，它们时常变化。科学理论经过反复的重新定义和修订完善而不断地演变。例如，在过去的百年中，原子理论随着原子行为新证据的出现而不断得到完善。同样，化学家完善了分子结合方式的理论，生物学家完善了细胞理论。理论的不断修订与完善是科学的强大之处，而不是弱点。许多人认为改变主意是软弱的表现，然而称职的科学家必须是"反复无常"的专家。不过，只有面对确凿的实验证据，或者发现存在概念上更简洁、准确的假设而不得不采取新观点时，科学家才会改变主意。比捍卫理论更重要的是完善理论，经验表明，只有在实验事实面前诚实的人才能提出更精准的假设。

在职业领域以外，科学家本质上并不比大多数人更诚实或者更有道德。在他们的职业中——一种需要高度尊重事实的工作中，他们必须坚守诚实。科学的基本原则是，所有假设都必须是可检验的，至少它们要能够被证实或证伪。在科学研究中，存在一种方法能证明一个假设是错误的，比存在一种方法能证明它是正确的更重要。这是区分科学与非科学的一个主要因素。

乍一看，这可能很奇怪，因为通常来说当我们对一件事情感到疑惑时，我们关心的是如何验证它的真实性。科学假设却是不同的，如果你想知道一个假设是否科学，那么搜寻一下是否存在一种方法可以证明它是错误的；如果没有能证伪它的方法，那么这个假设就不科学。正如爱因斯坦所说："再多的实验也无法证明我对，而一个实验就能证明我错。"

比如生物学家达尔文的假设，即生命形式是从简单到复杂；如果古生物学家发现更复杂的生命形式出现在更简单的生命形式之前，达尔文的假设就能被证明是错误的。爱因斯坦假设光会受引力影响而弯曲；如果在日食期间能够看到擦过太阳的星光没有发生弯曲，这一假设也能被证明是错误的。不过根据已有事实，目前不存在较复杂的生命形式先于较简单的生命形式，也不存在星光在接近太阳时不弯曲，因此可以说他们的假设是正确的。如果一个假设或科学主张得到证明，它将被视为有用的，并且是获得更多知识的敲门砖。

再比如，许多人相信"天空中行星的排列可以表明做决定的最佳时间"，但它并不科学。因为既不能证明它是错误的，也不能证明它是正确的，所以它仅仅是猜测。同样，"宇宙中的其他星球上存在智慧生命"这一假设也不科学。虽然可以用宇宙其他地方存在智慧生命的单个实例来证明它是正确的，但是如果没有发现智慧生命，也没有办法证明这个假设是错误的。哪怕我们在广阔的宇宙中搜索了亿万年，也没有发现智慧生命，但也不能证明"在下一个角落"它仍不存在。相反，"宇宙中没有其他智慧生命"的假设是科学的。你能明白是为什么吗？

能够被证实而不能被证伪的假设不是科学的假设。我们日常生活中有许多观念有时很有道理，也很实用，但它们不属于科学的范畴。

没有人有时间、精力或资源去检验每一种观念，所以大多数时候我们会选择相信别人的话。我们怎么知道该相信谁的话？为了减少错误，科学家只接受那些想法、理论和发现是可以被检验的（如果不能在实际中，至少在理论上）人的话，无法被检验的观念会被认为是"不科学的"。对科学家来说，拥有令人信服的诚实性是很重要的。科学家发布的那些被众人广泛传播的理论通常会受到进一步的检验，所以，或早或晚，错误和欺骗都会被发现，一厢情愿的想法也都会被揭穿。名誉扫地的科学家在学界将没有第二次机会，欺诈最终的结果是名誉丧失。诚实，一个对科学进步如此重要的品质，因此成为科学家的一个"利己"行为。在一场需要赌上一切的游戏中，很少有人虚张声势，反而在对错不易确定的研究领域，要求诚实的压力要小得多。

日常生活的过滤器

我们在日常生活中最常见的观念往往是不科学的，因为它们的正确性无法在实验室中被验证。有趣的是，人们似乎天然地相信自己对事物的认识都是正确的，但几乎每个人都认识与自己持有完全相反观点的人，因此会认为，某些人（或除自己以外的所有人）的观点肯定是错误的。但你怎么知道持有错误观点的人不是你？

有这样一个测试可以帮助你分辨：在你能够确信某个观点是正确的之前，你应该确保自己了解观点相左之人的意见和立场。你应该弄清楚，你的观点是在正确认识对立观点的基础上，还是对对立观点有所误解。你可以这样区分这两点：你是否能以让持有相反观点的人满意的方式陈述他们的意见和立场？即使你能做到这一点，也不能完全肯定自己的想法是正确的，但如果你通过了这项测试，正确的概率会高得多。

尽管在大多数人的认知中，了解对立观点后再构建自己的观点是理所应当的，但事实恰恰相反，更多的人实际上通常在保护自己和他人免受不同观点的影响。我们被教导不要接受主流之外的观点，并且无须去理解那些观点所产生的具体原因。凭借后见之明，我们可以看到，许多文明基石的"深层真理"都是当时普遍无知的反映。困扰社会的许多问题源于这种无知和由此产生的误解，很多被认为是"真的"的东西都不是真的。这不仅限于社会文明，每一项科学进步也都必然是不完整或部分不准确的，因为研究者受限于其所处时代的盲点，再怎么样也只能消除一部分的阻碍。

一个理论必须符合一定的标准，才能被称为"科学的"。例如，某个理论可由其他人重复验证，而且验证者与此没有利害关系；理论的数据和相应的解释在良好的社会环境中可被审查（良好的社会环境通常指，社会中的人们认同犯错误是可以的，但不诚实或欺骗是不可以的）。那些被当作是科学的但不符合这些标准的理论，我们称为"伪科学"。在伪科学领域，怀疑论和对可能的错误的检验往往被淡化或被完全忽视。

伪科学的例子比比皆是。例如，美国在 2000 年宣布消灭了麻疹，但十几年后麻疹疫情在美国"卷土重来"。官员们将疫苗接种率低的原因部分归咎于公众对政府、科学、大型制药公司的不信任，以及反疫苗观念的宣传。另外，在社交媒体和互联网其他地方搜索疫苗信息，往往会得到完全错误的建议。上述这类伪科学被广泛传播的现象已经是全球性的了。2019 年，世界卫生组织（WHO）将"疫苗犹豫"列为全球十大健康威胁之一。

要了解更多伪科学的例子，只需浏览互联网，就可以找到大量伪科学产品。"重灾区"是治疗秃顶、肥胖、癌症等疾病的药物，以及空气净化装置和"抗菌"清洁产品。虽然这类产品有部分确实是基于科学的，但更多的则是完全的伪科学产品。买家们请当心！

人类非常善于否认，这或许可以解释为什么伪科学如此容易被人认可。许多研究伪科学的人并不承认自己的理论是伪科学。例如，一个"网络治疗"的从业者可能真的相信他有能力治愈那些和他除电子邮件和金钱往来之外永远不会遇到的人。他甚至可以找到轶事或"证据"来支持自己的观点。

安慰剂效应可以掩盖各种治疗方式的无效性。就人体而言，因为大脑和身体之间的物理联系，所以人们以为会发生的事情往往真的可能发生。

即便如此，我们还是要考虑伪科学的巨大负面影响。如今，美国有成千上万的占星师。人们和这些占星师交谈只是为了好玩吗？还是他们会根据占星术做出重要决定？

然而，对普通公众进行的科学素养测试结果表明，大多数美国人对科学的基本概念缺乏了解。大多数美国成年人不知道恐龙的大规模灭绝早在人类进化之前就已经发生了；大约 3/4 的人不知道抗生素能杀死细菌，但不能杀死病毒。

我们发现，那些对科学有现实认识的人和那些不理解科学本质及核心概念，或者更糟糕地，认为科学知识太复杂以致无法理解的人之间存在着越来越大的鸿沟。科学是理解物理世界的有力方法，作为改善人类状况的手段，它比伪科学更可靠。

科学的应用：技术是一把双刃剑

科学和技术并不相同。科学与获取知识和构建知识体系有关；技术则使人类能够将这些知识用于实际目的，并为科学家提供必要的调查工具。

技术是一把双刃剑，既有用也有害。例如，我们拥有从地面提取化石燃料，并燃烧化石燃料以生产能源的技术。一方面，化石燃料的能源生产使我们的社会受益，另一方面，化石燃料的燃烧危害环境；因此，人们很容易将污染、资源枯竭甚至人口过剩等问题归咎于技术本身。实际上，这些问题并不是技术的错，就像刺伤人并不是刀子的错一样。使用技术的是人类，所以使用技术带来的后果也应该由人类负责。

技术是我们的工具，我们用这个工具做什么取决于我们自己。技术可以造就一个更清洁、更健康的世界，合理的技术应用可以带来一个更美好的世界。

风险评估

技术的诸多利与弊并存。当某项技术创新的利大于弊时，该技术会被接受并应用。例如，尽管 X 射线可能导致癌症，但它仍然被用于医学诊断。当一项技术的弊大于利时，就应当非常谨慎地使用它，或者根本不使用它。

不同群体抵御风险的能力不同。阿司匹林对成人一般无害，但对幼儿来说，它可能导致一种潜在的致命疾病——瑞氏综合征。将未经处理的污水倾倒于河流中，对位于上游的城镇来说风险很小，但对位于下游的城镇来说，会对健康带来很大的危害。同样，将放射性废物储存在地下现在对我们来说风险很小，但对后代来说，如果它们泄漏到地下水中，风险将很大。对不同人群有不同利弊的技术往往会带来容易引起激烈争论的问题。哪些药物应通过柜台销售给公众，以及如何标示？为了预防每年导致 3 000 多名美国人死亡的食物中毒，是否应该对食物进行辐照？在制定公共政策时，如何考虑所有社会成员所面临的风险？

　　技术的弊处并不总是显而易见的。当化石燃料首次为工业发展提供动力时，没有人充分意识到燃烧产物的危险。如今，对技术的短期弊处和长期弊处的意识变得至关重要。

　　人们似乎难以接受不存在零风险的事。但事实是，飞机无法完全安全；加工食品无法完全无毒，因为所有食品都有一定程度的毒性；人们无法避免放射性，因为它存在于我们呼吸的空气和摄入的食物中，从人类第一次在地球上行走之前就一直如此。即使是"最干净"的雨也含有放射性同位素碳 –14，更不用说在我们身体里的碳 –14。在每一个人的每一次心跳之间，总是有大约 10 000 次自然发生的放射性衰变。你可能会躲在山里，吃最天然的食物，养成强迫症般的卫生习惯，然后仍然死于自己体内放射物引起的癌症。人类最终都会死，没有谁是例外。

　　科学有助于预测可能发生的事的结果，随着科学工具的进步，对结果的预测也越来越接近现实。与此同时，接受风险是一个社会问题，将零风险作为社会目标伴随的是消耗当前和未来的经济资源。接受不存在零风险并在可行范围内尽可能减少风险，这不是更高尚吗？一个不接受风险的社会无法获得任何进步。

科学的未来：全新的可能

　　仅仅在几个世纪前，世界上最有才华且技能最娴熟的艺术家、建筑师和工匠将他们的才华和努力用于建造教堂和寺庙。其中一些建筑的框架结构需要几个世纪才能建成，这意味着没有人能亲眼见证建筑的开始和结束。即使是长寿的建筑师或早期建设者也从未看到过他们的劳动成果。他们的整个生命都是在一个似乎没有开始也没有结束的建设工程的建筑的阴影中度过的。这种集众力的壮举源于一个超越世俗的愿景，即对宇宙的愿景。对当时的人来说，他们建造的建筑是他们的"信仰飞船"，虽然被牢牢地锚定，但仍指向宇宙。

　　今天，我们许多技能娴熟的科学家、工程师、艺术家和其他技术人员致力于建造环绕地球运行的太空飞行器或能够脱离地球引力的太空飞行器。与过去建造原料为石头的建筑所需的时间相比，建造这些太空飞船所需的时间极其短暂。在第一架喷气式客机载客之前，许多在如今的太空船上工作的人已经出生。年轻人的生活在同样的时间间隔后，将走向何方？

我们似乎正处于人类成长的重大变革的黎明，可能就像正待孵出的鸡，耗尽了鸡蛋内部环境的资源，即将突破外壳，实现一个全新的可能。地球是我们的摇篮，将我们养育得很好，但无论多么舒适的摇篮，总有一天会不够用。我们的想法在很多方面与那些建造早期教堂和寺庙的人的想法相似，我们的目标是星辰大海。

科学，曾经被称为自然哲学，包括对生物和非生物的研究，即生命科学和物理科学。生命科学包括生物学、动物学和植物学。物理科学包括地质学、天文学、化学和物理学。宇航员斯科特·凯利（Scott Kelly）曾说："如果我成为一名大学教授，我会想传授大学一年级的物理学或微积分。"

物理学不仅仅是物理科学的一部分，也是一门基础科学。它描述了运动、力、能量、物质、热、声、光，以及原子结构等基本事物的本质。化学是关于物质如何结合在一起，原子如何结合形成分子，以及分子如何结合构成我们周围的多种物质的一门科学。生物学则更为复杂，涉及生命的物质。生物学的下面是化学，化学的下面是物理学。物理学的概念延伸到了这些更复杂的科学，这就是为什么物理学是最基础的科学。

科学是一种迷人的人类活动，由各种各样的人共同参与，他们凭借当今的工具和专业知识，对自己和环境的了解比过去的人更多。你对科学了解得越多，对探究周围环境的热情就越高。你所看到的、听到的、闻到的、尝到的和触摸到的一切之中都有物理学！人类对科学的理解始于对物理学的理解。以下章节从概念上介绍了物理学，让你可以享受理解物理学的乐趣。

CONCEPTUAL
PHYSICS

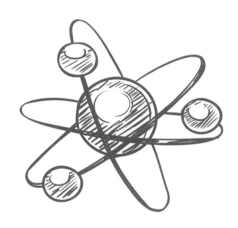

第一部分

力学

CONCEPTUAL
PHYSICS

01
牛顿第一运动定律——惯性

妙趣横生的物理学课堂

- 物体是如何保持"天性"的?

- 惯性为什么不是一种力?

- 物体如何保持运动?

- 静止的物体如何受力?

- 飞机在飞行中如何保持平衡?

- 为什么在行驶的火车上起跳会落在原地?

上高中时，老师建议我专注于艺术，无须参加科学课程，因为他认为艺术是我的天赋所在。我接受了这个建议，当时我的确对画连环画和打拳击更感兴趣。

26 岁时，我找到了一份画广告牌的工作，并认识了伯尔·格雷（Burl Grey）。和我一样，伯尔在高中从未学过物理学，但他对物理学充满热情。我记得有一次他问我，支撑脚手架绳子的张力是多少，随后他把离他最近的那根绳子绑在脚手架上，让我也这样做，然后比较两根绳子的张力，确定哪根的张力更大。

当时，有一个让我们头痛的问题是，如果我的绳子受力减少了 50 牛，伯尔的绳子受力会增加 50 牛吗？如果会，这是一个巨大的巧合吗？当时我并不知道这就是在讨论物理。后来，伯尔鼓励我放弃全职绘画，去大学学习更多的科学知识。

在大学里，我了解到任何静止的物体（比如脚手架）之所以处于平衡状态，是因为作用在它上面的力都相互抵消为 0 了。这也解答了当时我和伯尔的疑问，是的，50 牛的损耗将伴随 50 牛的补偿。

我讲这个发生在我身上真实的故事是为了表明：当人们面对未知事物时，若有一个规则可以指导他们的思维，并用来解释未知，他们便会以新的视角去思考。我们了解自然规则后，就会以不同的方式理解自然。如果没有物理学的规则，我们往往会"迷信"，会在没有魔法的地方"看到"魔法。非常奇妙的是，每件事都通过极少的规律，以一种非常简单的方式联系在一起。

通过本章内容，你将回到公元前 384 年，一起了解亚里士多德时代的科学家是如何看待物体与物体之间的关系，以及作用于物体上的外力的。自然规律一直是物理学研究的主题，但研究自然规律的方法在亚里士多德之后发生了天翻地覆的变化。

Q1 物体是如何保持"天性"的？

亚里士多德是一位哲学家、科学家和教育家，他的父亲是一名为马其顿国王服务的医生。17 岁时，亚里士多德进入柏拉图学院，在那里学习和工作了 20 年。离开柏拉图学院后，他成为年轻的亚历山大大帝的导师。之后，他创办了自己的学校。亚里士多德的目标是将已有知识系统化，就像欧几里得将几何学系统化那样。亚里士多德为此进行了批判性的观察，收集了大量样本，并将那时物理学几乎所有的知识进行了分类总结。他的系统化方法成为后来西方科学使用的主流方法之一。

亚里士多德式教学的特点是记忆。直到 16 世纪伽利略挑战亚里士多德的权威，实验和质疑才成为常态。

亚里士多德将运动分为两大类：自然运动和受迫运动。亚里士多德断言，自然运动源于物体的"天性"，取决于物体所包含的四种元素（土、水、火和空气）的组合。在他看来，宇宙中的每一个物体都有一个适当的位置，这取决于它们的"天性"；任何不在适当位置的物体都会"努力"到达适当位置。

作为土，一块没有支撑的黏土会掉到地上；作为空气，一团不受阻碍的烟雾将升起；羽毛是土和空气的混合物，但主要成分是土，所以它会掉到地上，但下落速度不如黏土快。亚里士多德指出，较重的物体更加"努力"，并认为物体应该以与其重量成正比的速度下落，物体越重，下落越快。

自然运动的轨迹可以是沿直线向上或沿直线向下的，就像地球上的所有事物一样；也可以是沿圆形运动的，就像天体一样。与直线运动不同，圆周运动没有开始或结束，其轨迹循环往复并且没有偏差。亚里士多德认为，天空上的规则与地面上的不同，并认为天体是由完美不变的物质构成的完美球体，他称之为精华。[①]（亚里士多德认为只有一个天体表面上存在可检测到的变化，那就是月球。中世纪时，基督徒仍在亚里士多德理论的教导下，其中解释说，月球的缺陷是由于月球离地球很近，受到了人类的污染。）

受迫运动是亚里士多德归纳出的第二类运动，由推力或拉力引起。受迫运动是被强迫发生的运动，比如：人推着车或举起重物，投掷石头或拔河；风迫使船只运动；洪水迫使巨石和树木移动。

受迫运动的本质在于它是由外部引起，并传递给物体的；物体移动不是因为它们自己，也不是因为它们的"天性"，而是因为推力或拉力的存在。

显然，受迫运动的概念存在一些问题，因为造成受迫运动的推力或拉力并不总是显而易见的。例如，在射箭的过程中，箭离开弓之后，仍向前运动，这一现象揭示亚里士多德的解释似乎需要考虑其他因素，而无法只用简单的推力或拉力来解释。对此，亚里士多德认为，移动的箭使空气分离，空气回冲以防止形成真空，从而对箭头的后部产生挤压效应。就像是当你捏一块肥皂的一端时，肥皂会被推到浴缸中，箭以同样的方式在空气中被推动。事实真的如此吗？

亚里士多德关于运动的陈述是科学思想的一个开端，尽管他本人并不认为这

---

① 精华是第五种元素，其他四种是前文提到的土、水、火和空气。

些陈述是最终的结论，但在近 2 000 年里，他的追随者都认为他的观点是毋庸置疑的。在古典时代、中世纪和文艺复兴早期的思想中都隐含着这样一种观念：物体的正常状态是静止状态。直到 16 世纪，大多数思想家仍认为，地球必须处于适当的位置，因为能够移动地球的力是无法想象的，所以地球不会运动。

哥白尼与运动的地球

波兰天文学家哥白尼正是在这种思想氛围下，提出了他的地球运动理论。哥白尼认为，解释人们观测到的太阳、月球和行星在天空中的运动最简单的方法就是假设地球（和其他行星）围绕太阳旋转。多年来，出于以下两个原因，他一直没有公开自己的理论：一是他害怕遭受迫害，在当时，一个完全不同于主流观点的理论一定会被视为对既定秩序的攻击；二是他对自己的理论也有着严重的怀疑，他无法构建理论将地球的运动与一般的运动协调统一。直到他生命最后的日子，在密友的催促下，他才把自己写的《天体运行论》寄给了印刷厂。

1543 年 5 月 24 日，哥白尼在去世的当天收到了《天体运行论》的第一版。

大多数人都知道中世纪教会对地球绕太阳运行这一理论的态度。在此之前，亚里士多德的理论已经成为教会教义中难以撼动的一部分，因此提出与之相矛盾的理论就是对教会本身的质疑。对教皇们来说，地球运动这一理论不仅威胁到他们的权威，更威胁到信仰和文明的基础。不管是对是错，这个新理论都会推翻他们对宇宙的传统概念——尽管最终教会接受了它。

Q2 惯性为什么不是一种力？

伽利略于 1564 年在意大利比萨出生，同年莎士比亚出生，米开朗琪罗去世。最初伽利略在父亲的要求下于比萨大学学习医学，但出于对物理学的热爱，他最终放弃医学转而研究物理学。他很早就对物体运动

产生了兴趣，并且很快就与同时代的人产生了
分歧，那时人们大多认可亚里士多德关于物体
运动的理论。最终，伽利略对自由下落物体的
实验否定了亚里士多德的论断，即自由下落物
体的速度与重量成正比，并发现了亚里士多德
没有发现的惯性原理。惯性不是一种力，而是
物体抵抗运动变化的特性。接下来，我们就一
起跟着伽利略的脚步去发现这些影响物理学进
程的规律。

所有在前科学时代的知识都
被认为存在于古代著作中。
今天的知识是通过研究自然
和实验获得的。

斜塔

伽利略相信哥白尼关于地球运动的理论，他通过否定亚里士多德关于运动的
理论来验证哥白尼的理论。虽然伽利略不是第一个指出亚里士多德理论中错误的
人，但他是第一个通过系统的观察和实验提供确凿证据的人。

伽利略轻易地推翻了亚里士多德的落体假说，据说伽利略从比萨斜塔的顶端
扔下了各种重量的物体来比较它们的下落速度（见
图 1-1）。

与亚里士多德的断言相反，伽利略发现，一块
重量为另一块石头两倍的石头，下落的速度并不是
另一块的两倍。不考虑空气阻力的微小影响，他推
断各种重量的物体在同时释放时，会一起掉落并同
时撞击地面。传说有一次，伽利略吸引了一大群人，
这群人目睹了两个不同重量的物体从塔顶下落并几
乎同时抵达地面，但是他们仍然嘲笑年轻的伽利
略，并继续坚信亚里士多德的理论。

图 1-1 伽利略比萨斜塔实验

斜面

伽利略的独特之处在于，他关心的是事物如何运动，而不是为何运动。他证明了实验是对理论的最好检验，而不是仅仅依赖逻辑推理。亚里士多德是一位敏锐的自然观察者，他处理的是身边的问题，而不是在他的环境中没有发生的抽象事例。运动总是涉及阻力介质，如空气或水。亚里士多德认为真空是不存在的，因此没有认真考虑在没有阻力介质的情况下的运动。这也就是亚里士多德认为物体需要推力或拉力才能保持运动的原因。伽利略否定了这一理论，他做出假设——如果运动的物体不受干扰，它将永远保持直线运动，不需要推力、拉力或者其他任何形式的力。

伽利略通过观察各种物体在不同倾斜角度的平面上的运动来检验他的假设。如图 1-2 所示，他指出，在向下倾斜的平面上滚动的球速度会增加，而在向上倾斜的平面上滚动的球速度则会降低。由此，他推断，沿着水平面滚动的球既不会加速也不会减速。而运动的球最终会静止，不是因为它的"天性"，而是因为摩擦力。伽利略通过观察球在光滑程度不同的平面上的球运动，证明了这一推断：当摩擦力较小时，物体的运动会持续较长时间；摩擦力越小，运动越接近恒定速度。他推断，在没有摩擦力或其他与运动方向相反的力的情况下，运动的物体将永远继续运动。

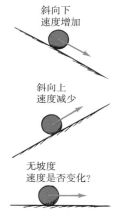

斜向下
速度增加

斜向上
速度减少

无坡度
速度是否变化？

图 1-2 球在不同平面上的
运动

这一推断得到了另一个实验的支持。如图 1-3 所示，伽利略将两个倾斜程度相同的斜面相对放置，他观察到静止的球从斜面顶部被释放后，会先向下滚动，然后沿着上升斜面向上滚动，直到其几乎达到同一高度。伽利略认为，只有摩擦力才能阻止球上升到完全相同的高度，因为运动的面越光滑，球就越接近相同的高度。然后他减小了上升斜面的倾角，这时球为了升到同样的高度，必须滚得更远。倾角的进一步减小也会产生类似的结果：为了达到同样的高度，球必须每次都滚得更远。然后他问了一个问题："如果我有一个无限长的水平面，那么球必须滚多远才能达到相同的高度？"显而易见，答案是："永远不会达到它的初始高度"。①

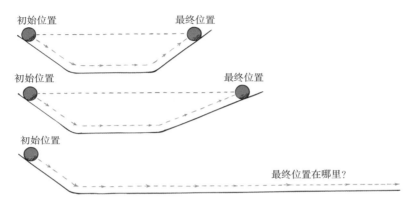

图 1-3 从斜面释放的球的运动

注：一个球从左边的斜面向下滚动，会在右边的斜面滚动到它的初始高度。随着右侧斜面倾斜角度的减小，球将滚得更远。

伽利略以另一种方式对此进行了分析。因为在所有情况下，球从所释放的斜面向下的运动都是相同的，所以当球开始沿上升斜面向上运动时，球的初速度在任何情况下都是相同的。如果它在陡坡上运动，它会迅速地失去速度。如果在缓坡上，它的速度就会失去得更慢，因此运动时间会更长。上升斜面坡度越小，球失去速度越慢。在坡度为 0 的极端情况下，即当平面水平时，球不应失去任何速度。在没有外力作用的情况下，球的运动趋势是永远不减速。伽利略称物体的这种抵抗运动变化的特性为惯性。

不要把惯性看作某种力。惯性是所有物体抵抗运动变化的特性。所有物体都具有惯性。

伽利略的惯性概念否定了亚里士多德的运动理论。亚里士多德没有认识到惯性这一概念，因为他无法想象没有摩擦力的运动会是什么样子。根据亚里士多德的经验，所有运动都会受到阻力，这一经

① 摘自伽利略《关于两门新科学的对话》。

○———• 趣味问答 •———○

惯性是运动物体在没有力作用时继续运动的原因吗?

　　严格意义上来说，并不是。其实我们至今仍不知道没有力作用在物体上时，物体持续运动的原因。我们只是将物体以这种可预测的方式所表现出的特性称为惯性。我们了解很多东西，并为这些东西贴上标签和名称。也有很多东西我们并不理解，而这些东西也有标签和名称。接受教育与其说是在获取新的标签和名称，不如说是在弄清楚哪些现象我们了解、哪些我们不了解。

验是他运动理论的核心。亚里士多德未能认识到摩擦力的本质，摩擦力是一种与其他任何力一样的力，这阻碍了物理学近 2 000 年的发展。直到伽利略时代，伽利略惯性概念的应用表明，不需要任何力来保持地球前进，这为牛顿合成宇宙新图景开辟了道路。

　　伽利略的发现威胁到了教会的权威，教会认为亚里士多德的理论是教会教义的一部分。伽利略接着发表了他的望远镜观测结果，这让他进一步陷入了与教会之间的麻烦。

　　他描述了对环绕木星的卫星的观测。然而，教会教导人们，天上的一切都围绕着地球。伽利略还描述了太阳上的黑点，但根据教会教义，上帝创造了太阳，使其成为完美的光源，是没有瑕疵的。迫于压力，伽利略放弃坚持自己的发现，从而避免了布鲁诺的命运。

　　尽管如此，伽利略仍被判处永久软禁。后来，他在用望远镜研究太阳时损伤了眼睛，于 74 岁时失明，并于 4 年后去世。每个时代都有"知识反叛者"，其中一些人将知识的前沿推向了更远处，其中当然包括伽利略。

　　1642 年，伽利略去世一年后，牛顿出生了。到牛顿 23 岁时，他提出了著名的牛顿运动定律，彻底推翻了亚里士多德的理论，至此，亚里士多德的理论在近 2 000 年里一直主宰着最优秀的头脑的状态结束了。在本章中，我们将讲述牛顿第一运动定律，它其实是对伽利略先前提出的惯性概念的重述。（牛顿的三大运动定律首次出现在有史以来最重要的著作之一《自然哲学的数学原理》中。）

Q3　物体如何保持运动?

　　亚里士多德关于运动的物体必须由持续的力推动的观点被伽利略彻底推翻。伽利略指出，在没有外力作用的情况下，运动的物体将继续运动。事物抵抗运动变化的趋势就是伽利略所说的惯性。牛顿完善了伽利略的思想，并将其作为牛顿第一运动定律，该定律在后世被恰当地称为惯性定律，即除非受到力的作用，否则每个物体都会继续处于静止状态或匀速直线运动的状态。

　　这条定律的关键词是"继续"：一个物体会继续做它正在做的任何事情，除非一个力施加在它身上。如果它处于静止状态，它将继续处于静止状态。这一点很好地证明：当我们将桌布迅速地从放置了盘子的桌面抽出时，盘子会处于初始的静止状态而稳稳地落在桌面上（见图1-4）；玩滑板时，当滑板碰到马路边沿而突然停止运动时，人会向前飞出去。物体抵抗运动的变化的这种特性就是我们所说的惯性。

图1-4　将桌布迅速抽出后的结果

　　如果物体正在平移，它将继续平移，而不会转动或改变速度。一个典型的例子就是一直在外太空平动的空间探测器。物体运动状态的变化是由于存在克服其惯性的外力，在没有外力（有时称为不平衡力）的情况下，运动的物体倾向于无限期地沿着直线路径运动。请利用这一定律来思考图1-5中的问题。

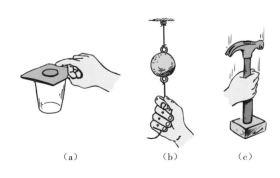

（a）　　　　（b）　　　　（c）

图1-5　惯性的应用

注：图（a），为什么硬币会掉到杯子里？图（b），为什么一个缓慢增大的向下的力会使球上方的绳子断裂，而突然增大的力会使下方的绳子断裂？图（c），为什么将锤子向下砸会让锤头与锤柄的连接更紧实。

合力和矢量

运动状态的变化是由力或力的组合导致的（在下一章中，我们将用加速度来度量物体运动状态变化的程度）。从最简单的意义上讲，力的结果是推或拉；力可能是重力、电磁力或简单的肌肉力量。当不止一个力作用在物体上时，我们要考虑合力。例如，如果你和一个朋友以相等的力向同一方向拉某个物体，这些力组合在一起产生的合力大小是单个力的两倍。如果你们在相对的方向上用相等的力拉物体，则合力为 0。大小相等但方向相反，作用在同一个物体上的力相互抵消，这两个力是一对平衡力，它们的合力为 0。

图 1-6 显示了两个力作用在一个物体上的多种情况。方向相同、大小都为 5 牛的两个力，合力为 10 牛，合力方向与单个力的方向相同；方向相反、大小都为 5 牛的两个力，合力为 0；如果向右施加 10 牛的力，向左施加 5 牛的力，则合力大小为 5 牛，方向向右。力为矢量，在示意图中用箭头表示，同一个示意图中大小不同的力，长度应按比例绘制。

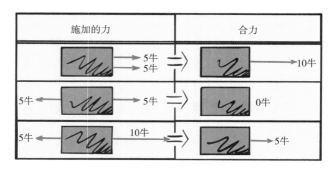

图 1-6　两个力作用在一个物体上的多种情况

任何需要用大小和方向才能完整描述的量都是矢量（见图 1-7）。矢量包括力、速度和加速度。相比之下，一个仅能用数量描述而不涉及方向的量被称为标量。质量、体积和面积是标量。

图 1-7　矢量的表示

注：示意图中要按比例缩放，若长 1 厘米的箭头表示 20 牛的力，那么长 3 厘米的箭头表示 60 牛的力。

将沿平行方向作用的矢量相加很简单：如果它们沿相同方向，则数值相加；如果它们的方向相反，则数值相减。两个或多个矢量的和称为它们的合矢量。

如果要知道两个方向不在一条直线上的矢量的和，我们可以通过构造一个平行四边形求解，以两个矢量为相邻的边，构成的平行四边形的对角线为矢量和。如图 1-8 中的情况，这时两个矢量互相垂直，它们构成矩形。

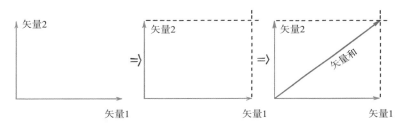

图 1-8　互相垂直的两个矢量的和

注：这对互相垂直的矢量构成矩形的两条边，其对角线就是它们的和。

在两个矢量大小相等且相互垂直的特殊情况下，这时构成一个正方形（见图 1-9）。因为对于任何正方形，对角线的长度是其中一条边长的$\sqrt{2}$倍，即大约 1.41 倍，所以合力大小是其中一个力的$\sqrt{2}$倍。例如，两个大小为 100 牛的力相互垂直时，合力约为 141 牛。

关于矢量的更多内容，请参见后文。在下一章中，我们将讨论速度。

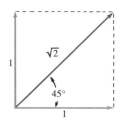

图 1-9　大小相等、相互垂直的两个力的合力

注：当一对大小相等、相互垂直的力相加时，需将它们构成一个正方形，正方形的对角线方向为合力的方向，合力大小是其中一个力的$\sqrt{2}$倍。

Q4 静止的物体如何受力？

如果你在一袋质量为 0.9 千克的面粉上绑一根绳子，并将其挂在称重秤上（见图 1-10），秤中的弹簧会拉伸，最终读数显示约为 9 牛。拉伸的弹簧受到一种称为弹力的"拉伸力"。若用科学实验器材，可测出这袋面粉的重量约为 9 牛。这袋面粉被地球吸引，受到大小约为 9 牛的力。若在秤上悬挂两袋这种面粉，那么测力计的读数约为 18 牛。

图 1-10　用秤进行称量

注：伯尔·格雷将一袋重量约为 9 牛的面粉悬挂在弹簧秤上。

注意，这时有两个力作用在面粉袋上：向上作用的拉力、向下作用的重力。作用在袋子上的两个力大小相等且方向相反，它们相互抵消。因此，袋子保持静止。根据牛顿第一运动定律，也就是说袋子上的合力为 0。我们可以从不同的角度中观察牛顿第一运动定律——力学平衡。

一条超棒的自然法则：$\sum F = 0$

当作用在物体上的合力为 0 时，我们说物体处于力学平衡状态。[①] 数学上，平衡定律表示为：

$$\sum F = 0$$

符号 $\sum$ 代表"矢量和"，F 代表"力"。对于静止的悬挂物体，如面粉袋，作用在物体上的向上的力一定与向下作用的力平衡，矢量和等于 0。（矢量需考虑方向，如果将向上的力记为正，向下的力记为负，矢量和的大小等于两个矢量

[①] 处于力学平衡状态时，物体的运动状态不会发生变化。当我们在研究转动运动时，我们会看到力学平衡的另一个条件是合力矩等于 0。

大小相减的绝对值。）

在图 1-11 中，我们看到了伯尔和我在脚手架上所受的力。向上的张力等于我们的重力加上脚手架的重力。注意看，两个向上矢量的大小是如何等于三个向下矢量的大小的，脚手架上的合力为 0，这时我们说它处于力学平衡状态。

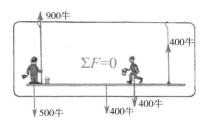

图 1-11　力的示意图

注：向上的力的总和等于向下的力的总和，$\Sigma F=0$，脚手架处于力学平衡状态。

支持力

假设一本书放在桌子上并处于静止平衡状态，这时有什么力作用在书本上？一个力是重力，因为书本具有质量。此时书本处于平衡状态，所以一定还有其他力作用在书本上，合力才能为 0，这个力应该是一个与书本所受重力方向相反，即向上的力。桌子提供了这个向上的力，我们称之为向上的支持力。如果我们记向上的力为正，那么向下的力为负，两者相加为 0。书本所受的合力为 0，可以用 $\Sigma F=0$ 表示。

为了更好地理解桌子给书本提供的向上的支持力，我们类比弹簧的压缩（见图 1-12）。如果你向下压弹簧，可以感觉到弹簧在"向上推"你的手。同样，放在桌子上的书挤压了桌子内部的原子，这些原子就像微观弹簧一样"向上推"，这个"向上推"的力就是书本受到的支持力。

同理，当你踩在体重秤上时，有两个力作用在你身上。一个是向下的重力，另一个是秤提供的向上的支持力。当处于平衡状态时，秤对你的支持力大小等于你对它的压力，也就是等于你受

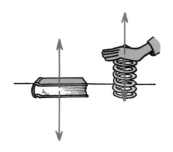

图 1-12　通过弹簧的压缩
理解支持力

注：（左）桌子提供的向上的支持力大小与书本所受的重力大小相等。（右）弹簧向上的弹力与手向下压弹簧所施加的力相等。

到的重力。也就意味着，此时秤受到的压力大小等于你受到的重力大小，然后秤内的一个元件（实际上是一个弹簧）将会在校准后将你的体重显示出来（见图 1-13），这就是体重秤称量体重的原理。

图 1-13　平衡状态下的体重称量

注：你对秤的压力源于你受到的重力，处于平衡状态时，秤受到的压力大小等于它对你的支持力，等于你受到的重力。

压力

支持力
（刻度读数）

● 趣味问答 ●

假设你站在两个体重秤上，平均地站立在两个秤之间。此时每个秤的读数是多少？如果你向一侧倾斜，又会怎么样？

　　两个秤上的读数加起来就是你的体重。这是因为平衡状态下你对两个秤的压力之和等于秤对你的支持力，这样合力才为 0，即矢量和 $\Sigma F = 0$。如果你平均地站在两个秤之间，那么每个秤上的读数都是你体重的一半。如果你向某一个秤倾斜，那么倾斜一方的那个秤的读数会超过你体重的一半，另一个秤上的读数会小于你体重的一半，两个秤读数相加仍然等于你的体重。例如，如果一个秤的读数是你体重的 2/3，那么另一个秤的读数将会是体重的 1/3。无论如何倾斜，只要你静止站立在秤上，都会是 $\Sigma F=0$。

Q5 飞机在飞行中如何保持平衡？

　　静止只是平衡的一种形式。飞机在水平直线上以恒定速度飞行时，同样处于平衡状态。这是因为有两个水平力作用在飞机上。一个是推动它前进的发动机产生的推力，另一个是方向相反的空气阻力。你知道哪个力更大吗？

实际上，两种力的大小相同。记发动机施加的力为正，空气阻力为负，由于飞机处于动态平衡状态，这两个力相互抵消，合力为0。因此，飞机既不增加速度也不减少速度。

物体上的合力为0并不意味着物体必须处于静止状态，而是其运动状态保持不变。它可以是处于静止或匀速直线运动。

在直线路径上以恒定速度运动的物体也处于平衡状态。平衡不是静止，而是不发生运动状态的改变。一个保龄球在直线上以恒定速度滚动，直到它撞到球瓶之前，它都是处于平衡状态的。无论物体处于静止状态（静态平衡）还是在沿直线匀速运动（动态平衡），都有 $\Sigma F=0$。

根据牛顿第一运动定律，只受一个力作用的物体不可能处于平衡状态，合力不可能为 0。只有当两个或多个力作用在物体上时，物体才能达到平衡。我们可以通过观察物体的运动状态是否发生改变来判断物体是否处于平衡状态。

让我们来看看将箱子在地面上水平推动的过程（见图 1-14）。如果箱子沿直线以恒定速度运动，那么它处于动态平衡状态。这告诉了我们，这时的箱子上不止一个力在起作用，箱子和地板之间一定还有摩擦力。箱子的合力为 0，意味着存在一个与推力大小相等、方向相反的摩擦力。

75牛的摩擦力 75牛的推力

图 1-14 匀速推动箱子时力的示意图

注：当箱子受到的推力与地板对箱子的摩擦力一样大时，合力为 0，箱子会以不变的速度运动。

平衡定律 $\Sigma F=0$ 给人们提供了一种合理的方式来看待所有静止的事物，包括保持静止的岩石、房间中的物体、建筑物中的钢梁等。无论它是什么，只要它处于静止状态，它受到的所有作用力总是互相平衡。同样的道理也适用于匀速直线运动的物体，若物体加速、减速或改变方向，则不再适用。对于动态平衡，所有作用力也总是互相平衡。平衡法则能让你看到没有物理学视野的观察者所看不到的事，知道我们日常生活中事物保持平衡的原因，这是一件令人愉快的事情。

平衡存在不同的形式，我们在后续章节将讨论转动平衡，以及热学中的热平衡。物理无处不在！

Q6　为什么在行驶的火车上起跳会落在原地？

中国的高速列车以其最高速度行驶，每秒能前进一百多米。你在高铁过道向上跳，经过 0.5 秒落地，为什么不会在距离起跳点 50 米的地方落下，而是会准确地降落在你的起跳点？这是因为在 0.5 秒的跳跃过程中，火车和你前进的直线距离相同。牛顿第一运动定律告诉我们，如果没有外力作用，速度不会发生变化。虽然你相对于地面的速度很快，但你相对于火车的速度是 0。

当哥白尼在 16 世纪宣布地球是运动的，惯性的概念还没有被众人理解，关于地球是否在运动，仍有很多争论。大多数人认为使地球运动所需的力量大得超乎想象，不可能存在。认为地球是静止的人的另一个论据是：想象一只鸟儿在一棵大树的枝头休息，地面上有一条肥嫩多汁的虫子（见图 1-15）。鸟儿看到虫子，垂直下落，然后抓住它。如果按照哥白尼的观点，鸟儿是无法抓住虫子的。因为如果哥白尼是正确的，地球将以 107 000 千米 / 时的速度在一年内绕太阳一周，也就是大约每秒转动 30 千米。假设鸟儿能在 1 秒内从枝头飞下来，虫子会因为地球的运动而移动 30 千米，鸟儿想捉虫是不可能实现的。事实上，鸟儿能从高高的枝头上飞下来捕捉虫子，所以这是地球静止的证据。

图 1-15　鸟儿从枝头飞下捕捉虫子

注：如果地球以 30 千米 / 秒的速度旋转，鸟儿飞下来能抓住虫子吗？

你能反驳这个论据吗？我们可以用惯性来反驳。你看，不仅地球在以 30 千米 / 秒的速度转动，树、树枝、树枝上的鸟儿、地面的虫子，甚至中间的空气也在转动。它们都以 30 千米 / 秒的速度转动。如果没有外力作用在运动中的物体上，它们就会保持匀速运动。因此，当鸟儿从枝头飞下时，它将保持以 30 千米 / 秒的速度运动，它捕捉虫子的过程完全不受整个环境运动的影响。这样的例子还有站在墙边跳起来，此时你的脚不再接触地板，以 30 千米 / 秒运动的墙会撞到你吗？事实是不会，因为你在跳跃前、跳跃中和跳跃后的速度都是 30 千米 / 秒。30 千米 / 秒是地球相对于太阳的速度，而不是墙相对于你的速度。

400 年前，人们很难接受这样的观点，这不仅因为他们没有认识到惯性，还因为他们不曾乘坐高速运动的车辆。在马车上缓慢而颠簸的旅行不利于揭示惯性效应。今天，我们在高速运动的高铁或飞机上投掷硬币后，可以在同一位置抓住落下的硬币，就像是交通工具静止了一样（见图 1-16）。这是因为硬币在被接住之前、之中和之后的水平运动速度相同，这就是惯性定律成立的论据。硬币能跟上我们的速度，这个过程中重力只影响硬币在竖直方向上的运动。

图 1-16   在飞机上投掷硬币
注：当你在高速运动的飞机上投掷硬币时，它表现得像飞机静止时一样，这是硬币的惯性使然。

今天我们对运动的观念与祖先大不相同。亚里士多德没认识到惯性的存在，因为他没有认识到所有运动的物体都遵循相同的规则。他认为，天空中的运动规则与地面的运动规则非常不同；垂直运动是自然的，水平运动是不自然的，水平运动需要持续的力来维持。然而，伽利略和牛顿发现，所有运动的物体都遵循着相同的规则。他们认为，运动的物体不需要任何力来维持运动状态。我们不禁感到好奇，如果亚里士多德认识到各种运动的统一性，科学的发展史会有多大的变化！

要点回顾

- 亚里士多德对世界进行了批判性的观察，他收集、总结和整理了那个时代物理学的几乎所有知识，并将运动分为两大类：自然运动和受迫运动。

- 伽利略对自由下落物体的实验否定了亚里士多德的论断——自由下落物体的速度与重量成正比，并发现了亚里士多德没有认识到的惯性。惯性不是一种力，而是物体抵抗运动变化的特性。

- 亚里士多德关于运动的物体必须由持续的力推动的观点被伽利略彻底推翻。伽利略指出，在没有外力作用的情况下，运动的物体将继续运动。物体抵抗运动变化的趋势就是伽利略所说的惯性。牛顿完善了伽利略的思想，并将其作为牛顿第一运动定律，该定律在后世被恰当地称为惯性定律。

- 当作用在物体上的合力为 0 时，我们说物体处于力学平衡状态。对于静止的悬挂物体，如面粉袋，作用在物体上的向上的拉力与向下的重力平衡，合力等于 0。

- 根据牛顿第一运动定律，只受一个力作用的物体不可能处于平衡状态，合力不可能为 0。只有当两个或多个力作用在物体上时，物体才能达到平衡。我们可以通过观察物体的运动状态是否发生改变来判断物体是否处于平衡状态。

* 当哥白尼在 16 世纪宣布地球是运动的，惯性的概念还没有被大众理解，关于地球是否在运动，仍有很多争论，因为人们认为使地球运动所需的力量大得超乎想象，不可能存在。

CONCEPTUAL
PHYSICS

02

速度如何影响运动状态

妙趣横生的物理学课堂

- 我们相对于太阳的速度是多少？

- 为什么公交车加速时，人站不稳？

- 什么情况下，羽毛和硬币的下落速度相同？

- 为什么飞机会被吹离航线？

CONCEPTUAL PHYSICS >>>

一些运动员和舞者有很强的跳跃能力，他们笔直地向上跳跃，似乎可以做到悬浮在空中、无视地心引力。

人们通常认为，跳高运动员的滞空时间有两三秒，但令人惊讶的是，其实哪怕是最伟大的跳高运动员，他的滞空时间也几乎不到 1 秒！认为"运动员在空中停滞"其实只是我们的错觉。

这里涉及一个物理知识。当你向上跳跃时，只有你的脚与地面接触时，才能施加跳跃力。力越大，你跳得越快，跳得越高。一旦你的脚离开地面，你的速度立即开始降低；直至跳到顶点，你的速度为 0。然后你开始下落，下落速度将不断增加，直至落地。你跳跃的上升和下降过程所用的时间是相同的，滞空时间是上升和下降所用时间之和。

当你在空中时，无论如何改变身体姿态，都不会改变滞空的时间。

通过本章内容，你将学习速度、加速度和自由落体运动，从而解答"为什么跳跃的滞空时间不变"。

Q1 我们相对于太阳的速度是多少?

任何物体都在运动，即使是看起来静止的物体，它们相对于太阳也是运动的。当你读到这段文字时，你相对于太阳的速度约为 107 000 千米／时（见图 2-1），相对于银河系中心的速度甚至更快。如果你从飞机窗口向外看，看到另一架飞机以相同速度朝相反方向飞行，你会认为它在以你的两倍速度飞行，这个例子很好地说明了什么是相对运动。

图 2-1　地球相对于太阳的速度为 30 千米／秒

注：当你坐在椅子上时，你的速度相对于地球为 0，相对于太阳为 30 千米／秒。

当我们讨论某物的运动时，我们描述的是其相对于其他事物的运动。如果你在一辆正在行驶的公交车旁行走，你相对于公交车的速度将会与你相对于地面的速度大相径庭。若我们说赛车速度为 300 千米／时，指的是赛车相对于赛道的速度。除非另有说明，本书中我们讨论的物体的速度，都是指物体相对于地球表面的速度。

运动是相对的，当然，在伽利略之前的人是不了解这一点的。那时，人们对运动的物体的描述只有简单的"慢"或"快"，然而这种描述是很含糊的。伽利略是第一个提出通过行驶距离和所需时间来测量速度的人，他将速度定义为物体在单位时间通过的距离：

$$\text{速度} = \frac{\text{距离}}{\text{时间}}$$

例如，一名自行车运动员在 2 秒内骑完 16 米，那么他的平均速度为 8 米／秒。不过这里还存在一个难题，测量距离很容易，但在伽利略那个时代，精确地测量时间并不容易。他有时用自己的脉搏，有时用自己设计的"水钟"来测量时间。

速度的单位有很多，可以由距离和时间的单位决定。对于机动车行驶等较快的速度，通常使用千米／时；而非机动车行驶、人行走等较慢的速度，用米／秒更普遍。斜线（／）表示除以。在本书中，我们主要使用米／秒。表 2-1 列出了速度在不同单位下的一些换算。[①]

表 2-1　不同速度单位间的换算

5 米／秒	11 英里／时	18 千米／时
10 米／秒	22 英里／时	36 千米／时
20 米／秒	45 英里／时	72 千米／时
30 米／秒	67 英里／时	108 千米／时
40 米／秒	90 英里／时	144 千米／时
50 米／秒	112 英里／时	180 千米／时

瞬时速度

大部分时候运动的物体并不一直保持相同的速度。例如，一辆汽车最开始以 50 千米／时的速度在街道上行驶，遇到红灯时会减速至 0（见图 2-2），随后遇到交通堵塞，车速又变为 30 千米／时。在这个过程中通过观察汽车的速度仪表可以随时知道汽车的速度。运动中某一时刻的速度称为瞬时速度。汽车以 50 千米／时的速度行驶，如果行驶了

图 2-2　汽车的速度仪表

注：速度仪表显示的是瞬时速度。

1 小时，那么路程为 50 千米；如果行驶 30 分钟，那么路程为 50 千米的一半，即 25 千米；如果只行驶 1 分钟，那么路程连 1 千米都不到。

平均速度

在长途驾驶前，司机通常想知道所需的时间，这时他关心的是汽车在这段路

———————

①1 英里 ≈ 1.609 千米。

程中的平均速度。平均速度的计算很容易：

$$平均速度 = \frac{总路程}{总时间}$$

例如，如果汽车在 1 小时内行驶 80 千米，那么平均速度是 80 千米 / 时。同样，如果在 4 小时内行驶 320 千米，那么平均速度如下：

$$平均速度 = \frac{总路程}{总时间} = \frac{320 \; 千米}{4 \; 小时} = 80 \; 千米 / 时$$

代入公式，若路程的单位为千米、时间的单位为小时，则速度的单位是千米 / 时。

平均速度等于总路程除以总时间，它表示的是一段路程、一段时间内的平均速度，而不是某一时刻的瞬时速度。在现实中，我们会经历各种各样的情况，从而时快时慢，所以平均速度往往与瞬时速度大相径庭。

○● 趣味问答 ●○

你在离地 3 米的吊床上休息，吹着风速为 3 米 / 秒的宜人微风，此时一只蚊子向你飞来。请问蚊子应该怎样飞、飞多快、朝什么方向飞，才能在你的上方盘旋，然后咬到你？

蚊子顶着微风飞向你，当它刚好在你上方时，应该以 3 米 / 秒的速度飞行，以便与你实现相对静止。除非它落在你皮肤上时有足够大的抓力，否则它必须以 3 米 / 秒的速度持续飞行，以免被风吹飞。这就是有风时不容易被蚊虫叮咬的原因。

如果我们知道行驶过程的平均速度和总时间，就很容易计算出行驶的总路程。将公式进行简单的变换，就可得到行驶总路程 = 平均速度 × 总时间。

例如，如果你在 4 小时的路途中的平均速度为 80 千米 / 时，那么总路程为 320 千米（80 千米 / 时 ×4 小时 =320 千米）。

当知道物体的速度大小和运动方向时，我们才能完整地描述速度，因为速度既包括大小，也包括方向。例如，我们说一辆汽车以 60 千米 / 时的速度行驶，这时我们只指出了速度大小；但如果我们说汽车以 60 千米 / 时的速度向北行驶，我们既指出了速度的大小又指出了运动方向。速度大小是对运动快慢的描述，加上方向才算完整地描述了速度。有方向和大小的量称为矢量。

回顾前文可知，力也是一个矢量，也需要大小和方向才能描述完整。同样，速度也是一个矢量。与此不同的是，一个只需要大小就能描述的量被称为标量，比如温度，它是一个标量。

恒定的速度

恒定的速度，一方面意味着速度大小不变，具有恒定速度的物体不会加速或减速；另一方面意味着方向恒定，也就是物体的运动路径是直线。说物体速度恒定，实际上是指物体在做匀速直线运动。

变化的速度

如果速度大小或方向发生了变化（或两者都发生了变化），则速度发生了变化。例如，在弯曲轨道上运动的汽车可能速度大小不变，但由于其方向一直在变化，所以其速度不是恒定的（见图 2-3）。我们将在下一节中了解它的速度具体是如何变化的。

图 2-3　在弯曲轨道上运动的汽车

注：在弯曲轨道上运动的汽车即使速度大小不变，速度也每时每刻都在变化。为什么？

Q2　为什么公交车加速时，人站不稳？

每个坐过公交车的人其实都感受过速度和加速度的差异。如果路面并不颠簸，你可以不费任何力气自如地站在一辆匀速行驶的公交车里。无论公交车的速度有多快，你都可以像静止时一样向上抛硬币然后接住它。但是当公交车加速、减速或转弯时，你会感到要站稳很困难。这是为什么？牛顿第一运动定律（惯性定律）很好地解释了这一现象。

接下来，我们要探讨让你在速度变化的公交车上站不稳的原因——加速度。

如图 2-4 所示，我们可以通过改变速度大小、方向或同时改变两者来改变物体的速度，速度发生改变时用加速度来表示速度变化的快慢和方向：[1]

$$加速度 = \frac{速度变化量}{时间间隔}$$

就拿我们熟悉的汽车加速为例，当司机踩下油门时，乘客会经历加速，感觉被"压"向靠椅。定义加速度的关键是变化。假设开车时，1 秒内汽车的速度从 30 千米 / 时稳步提高到 35 千米 / 时，然后在下一秒内提高到 40 千米 / 时，之后的一秒内又提高到 45 千米 / 时，依此类推，每秒内速度都改变了 5 千米 / 时，即大约 1.39 米 / 秒。那么这个过程中，汽车的加速度计算如下：

图 2-4　物体的加速、
减速或转弯

注：当物体的速度发生变化时，就说它有加速度。

$$汽车的加速度 = \frac{速度变化量}{时间间隔} \approx \frac{1.39 \text{ 米 / 秒}}{1 \text{ 秒}} = 1.39 \text{ 米 / 秒}^2$$

即加速度大小为 1.39 米 / 秒 ^{2}，方向为向前。请注意，加速度的计算涉及速度单位与时间单位，加速度的单位由它们共同决定。

还要注意，加速度不仅可以描述速度在一段时间内的变化，还可以描述速度的瞬时变化。

---

[1] 变化量通常用希腊符号 Δ 表示，我们可以用 $\frac{\Delta v}{\Delta t}$ 表示加速度，其中 Δv 是速度的变化量，Δt 是对应的时间间隔。这个表达式计算的是平均加速度，本书中提到的大多数加速运动都具有恒定的加速度。

加速度既可以描述一段时间内速度大小的增加，也可以描述速度大小的减少。例如，踩下汽车的制动器会产生较大的减速加速度，即导致汽车速度降低的加速度。这时加速度方向与运动方向相反，若以运动方向为正，则加速度为负。汽车的司机踩下刹车，我们会经历减速，这时身体会向前倾斜（见图 2-5）。（不管是开车还是乘车，记得系上安全带！）

图 2-5 刹车时人会向前倾

当汽车沿着弯曲的路径运动时，即使它的速度大小恒定，它也有加速度，这是因为它的速度方向每时每刻都在变化。因此要区分清楚速度大小和速度的概念。加速度描述的是速度变化的快慢和方向的变化，它综合考虑了速度的大小和方向两个方面。

三个改变汽车速度的控制装置：油门（加速）、刹车（减速）和方向盘（改变方向）。

在本书的大部分内容中，我们只关注直线运动。在研究方向不变的直线运动时，通常将速度大小和速度视为同一概念，加速度则仅表示为速度变化的快慢。

加速度为零并不意味着速度为零，而是意味着物体将保持原有速度，既不加速也不减速，且不改变方向。

— 趣味问答 •

为什么要关注日常生活中不存在的理想模型？

自然界中很少有完全理想的事例，因为大多数真实情况往往都涉及多种物理概念。通常有一个"第一阶"效应，这是某个情况最基础的部分，但其后还有第二、第三，甚至第四或更多阶的效应。如果我们研究一个概念时，先考虑所有的情况，然后再单独研究它们对这个问题的影响程度，那么就很难理解问题。相反，如果我们先不考虑第一阶效应之外的情况，然后研究它，在充分理解之后，再继续研究其他情况的影响，以获得更全面的理解，这样就能比较轻松地理解问题。如果伽利略没有从现实世界的限制中解放思想，他可能就不会取得那些重大的科学发现。

伽利略的斜面实验

伽利略通过斜面实验提出了加速度的概念。他最开始想要研究自由下落物体的运动情况，但是由于那时缺乏精确的计时装置，他决定利用斜面来延长物体运动的时间，这样就可以对其进行更仔细的研究。

伽利略发现，一个球在斜面上由静止向下滚动，在连续的几秒内会增加相同的速度，即球的加速度恒定。例如，一个球在某个斜面上由静止向下滚动，每滚动 1 秒，其速度就会增加 2 米 / 秒，那么它的加速度就是 2 米 / 秒²。在这个加速度下，它运动 1 秒、2 秒、3 秒、4 秒……速度分别为 2 米 / 秒、4 米 / 秒、6 米 / 秒、8 米 / 秒……我们可以发现球由静止释放，到运动一段时间后的速度等于其加速度乘时间：[1]

在自由落体运动中，只有一个力起作用——重力。如果考虑空气阻力作用，那么就不是理想的自由落体运动。

$$速度 = 加速度 \times 时间$$

如果我们将球的加速度 2 米 / 秒² 代入这个式子，可以看到，1 秒后，球的速度为 2 米 / 秒；2 秒后，速度为 4 米 / 秒……10 秒后，速度为 20 米 / 秒。计算结果也是与实际情况相符的。

伽利略发现，同一个斜面上的球加速度都是相同的，并且越陡的斜面，球的加速度越大。可以推测，当平面垂直于地面时，球达到最大加速度。这时它做自由落体运动（见图 2-6）。接着伽利略发现，不管物体的质量如

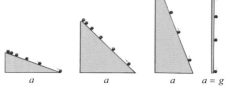

图 2-6　伽利略的斜面实验

注：斜面越陡，球的加速度越大。如果球竖直下落，它的加速度是多少？

---

[1] 注意，这一关系源自加速度的定义。对于从静止状态开始运动的球，$a = \dfrac{\Delta v}{\Delta t}$ 可以写成 $a = \dfrac{v}{t}$，然后进行等价运算（将等式两边同乘 t），得到 $v = at$。

何，如果忽略空气阻力，所有物体都以相同的加速度下落。

Q3 什么情况下，羽毛和硬币的下落速度相同？

在生活中，人们观察到一片树叶、一根羽毛和一张纸都会慢慢地飞落到地面上。空气阻力是不同物体在下落时具有不同加速度的原因，这一观点可以用让轻的和重的两个物体（例如羽毛和硬币）从封闭玻璃管中自由下落这一实验很好地证明。

在有空气的情况下，羽毛和硬币以截然不同的加速度下落；但是，如果用真空泵将玻璃管中的空气抽走，然后将玻璃管迅速倒转，羽毛和硬币会以相同的加速度下落（见图 2-7）。可见，羽毛和硬币在真空条件下会以相同的速度下落。

图 2-7 真空中同时下落的羽毛和硬币

如果下落的物体不受任何约束，不与空气或其他物体产生摩擦，且仅在重力作用下下落，我们称这个物体做自由落体运动。

自由落体运动有多快

表 2-2 显示了物体做自由落体运动每隔 1 秒的瞬时速度。通过观察数值可以发现的很重要一点是速度变化的方式：每经过 1 秒，物体的速度就增加约 10 米 / 秒，即加速度约为 10 米 / 秒^2。

自由落体运动加速度大约为 10 米 / 秒^2（读作 10 米每二次方秒）。我们再来看自由落体运动加速度的单位，它由速度单位和时间单位共同决定。

对于做自由落体运动的物体，通常使用 g 表示它的加速度（因为自由落体运动的加速度是由重力引起的），称为重力加速度。在月球或其他行星表面，重力加速度的值是非常不同的。即使在地球上，不同纬度地区的重力加速度也略有不同，更准确的数值为大约 9.8 米 / 秒^2，在我们目前的讨论和表 2-2 中，我们取近似值 10 米 / 秒^2，以方便表达（因为 10 的倍数比 9.8 的倍数更明显）。如果讨论的问题需要较高的精度，则应使用 9.8 米 / 秒^2。

表 2-2　自由落体运动速度随时间的变化

下落时间 / 秒	速度 / （米·秒$^{-1}$）
0	0
1	10
2	20
3	30
4	40
5	50
⋮	⋮
t	10t

在表 2-2 中，可以注意到从静止状态下落的物体在不同时间的瞬时速度与用伽利略从斜面实验推导出的式子计算出的结果一致：

$$速度 = 加速度 \times 时间$$

一个物体从静止状态 [1] 下落经历时间 t 之后的瞬时速度 v 可以表示为：

$$v = gt$$

为了理解这个公式，可以花点时间对照表 2-2 对其进行检查，确认瞬时速度（单位：米 / 秒）等于加速度 g（单位：米 / 秒^2）乘时间 t（单位：秒）。

装有速度计的下落物体，其加速度更容易观察（见图 2-8）。假设你用望远镜观察一块从高高的悬崖上掉下来的装有速度计的石头，当你把望远镜聚焦在速度计上时，会发现随着时间的推移，速度会增加，即每过 1 秒速度增加 10 米 / 秒。

---

[1] 如果物体不是从静止状态下落，而是以向上的速度 v_0 为初速度，则经过时间 t 后的速度 v 为 $v = v_0 + at = v_0 + gt$，记向上为正，此时 g 约为 −10 米 / 秒^2。

　　到目前为止，我们一直在考虑物体做竖直向下的运动的情况。思考一下，如果将一个物体竖直向上扔，它会做什么样的运动？答案是它会继续向上运动一段时间，达到最高点后，再向下运动。在运动的最高点，即物体的运动方向改变时，其瞬时速度为 0。然后它开始向下，就好像是静止地从那个高度掉下来一样。

　　在向上运动的过程中，物体速度会逐渐降低至 0。可以推测，它是以 10 米 / 秒 ^{2} 的加速度减速，这与它在下降过程中的加速度相同。如图 2-9 所示，无论物体是向上运动还是向下运动，对称位置的瞬时速度大小是相同的。当然，因为它们的运动方向相反，所以速度方向也是相反的。注意，速度为负，表示运动方向向下（习惯上把向上记为正，向下记为负）。无论物体是向上还是向下运动，其加速度大小始终为 10 米 / 秒 ^{2}。

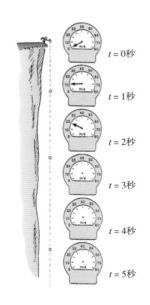

图 2-8　装有速度计的落石

注：每经过 1 秒，你会发现石头的速度增加量都是 10 米 / 秒。请在图中画出 t =3 秒、4 秒和 5 秒时速度计指针所在的位置。（提醒：表 2-2 显示了下落过程中不同时刻的瞬时速度。）

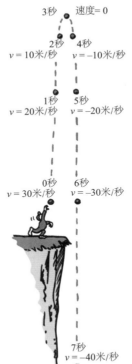

图 2-9　竖直上抛物体
的速度

注：每秒速度变化的大小是相同的。

自由落体运动的物体能移动多远

接下来我们来研究物体做自由落体运动时下落的距离。伽利略用斜面实验发现，一个做匀加速直线运动的物体移动的距离与时间的平方成正比。物体从静止状态开始运动所经过的距离为：

$$距离 = \frac{1}{2} \times 加速度 \times 时间^2$$

利用这个式子可以计算物体做自由落体运动时下落的距离。该式用符号表达为：

$$d = \frac{1}{2} gt^2$$

其中 d 是物体下落的距离[①]，如果我们将 10 米 / 秒^2 作为 g 的值，则每过 1 秒，物体的下落距离如表 2-3 所示。

表 2-3　自由落体运动中物体的下落距离随时间的变化

下落时间 / 秒	下落距离 / 米
0	0
1	5
2	20
3	45
4	80
5	125
⋮	⋮
t	$\frac{1}{2} \cdot 10t^2$

请注意，物体运动 1 秒下落的距离仅为 5 米，而其速度为 10 米 / 秒。这可能令人感到困惑，因为从直觉上大多数人认为物体会下落 10 米。但要想在第 1 秒内下落 10 米，物体必须以 10 米 / 秒的平均速度运动。实际情况是物体从静止状态开始下落，只有在 1 秒末这一时刻，速度才达到 10 米 / 秒，这段时间内的平均速度等于其初始速度和最终速度的平均值，即

---

① 物体从静止状态下落经历的距离 = 平均速度 × 时间，即 $d = \bar{v} \times t$，平均速度 $= \dfrac{初速度 + 末速度}{2}$，即 $\bar{v} = \dfrac{v_初 + v_末}{2}$。

$\dfrac{0+10}{2}=5$（米／秒）。也就是说，经历 1 秒，物体下落 5 米。当物体继续下落，它在每一秒内运动的距离会越来越大，这是因为它的速度在不断增加，每一秒内的平均速度也在不断增加。

让我们回到装有速度计的石头上（见图 2-10），我们可以看到做自由落体运动的石头前 2 秒的速度和下落距离。下落的第 1 秒末，显示的下落距离是 5 米，第 2 秒末是 20 米，这遵循公式 $d=\dfrac{1}{2}gt^2$。按此规律，你能算出第 3 ～ 6 秒末的速度和下落距离读数吗？请填在图中！

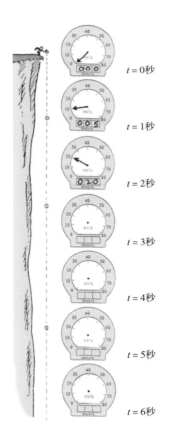

图 2-10 做自由落体运动的石头的速度与下落距离

注：一块装有速度计和里程表的石头做自由落体运动，每过 1 秒，速度计读数增加 10 米／秒，里程表读数为 $\dfrac{1}{2}gt^2$。

请花点时间研究一下图 2-11，它总结了本章的精髓。简而言之，该图展示

了坐车和坐飞机从旧金山到利弗莫尔的不同来辨别速度方向与速度大小，还展示
了速度在大小、方向上的变化是如何影响汽车加速度的。还有生活中常见的变速
运动典型案例——过山车，以及物体做自由落体运动时的加速度与速度变化。

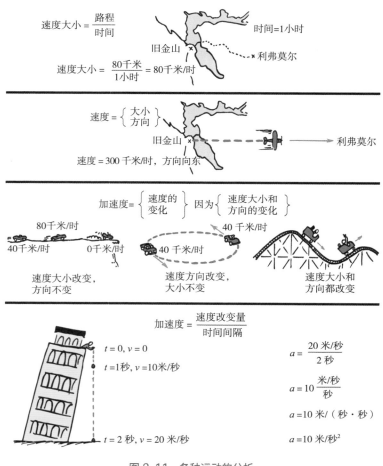

图 2-11　各种运动的分析

"多快"变化得有多快

在分析下落物体的运动时最容易产生的问题是将"多快"与"多远"混淆。

当我们谈论物体下落得多快时，一般谈论的是速度，用 $v = gt$ 计算；当我们谈论物体下落得多远时一般讨论的是距离，用 $d = \dfrac{1}{2}gt^2$ 计算。重要的是要理解速度（多快）和距离（多远）是完全不同的量。

还有一个容易令人混淆的概念，可能也是本书中遇到的最困难的概念，是"速度变化得有多快"，即加速度。加速度之所以如此复杂，是因为它表示的是速度变化的快慢。它经常与速度相混淆，因为速度本身就是表示运动快慢的物理量。加速度不是速度，甚至不是速度的变化，而是速度变化的快慢。

速度是指有多快，加速度是指速度变化得多快。知道了吗？

Q4 为什么飞机会被吹离航线？

一架以 120 千米 / 时的速度在无风条件下飞行的飞机在 1 小时中将飞行 120 千米，这很好理解。如果在它的侧面持续有速度为 90 千米 / 时的风吹着的状况下，它是如何飞行的呢？答案是，它将以一定角度被吹离预定航线。

要理解为什么会发生这种偏离，我们首先要再次明确速度是一个矢量，换句话说，速度大小是"多快"的量度，而速度是"多快"和"朝哪个方向"的量度。

如果汽车的速度表显示为 100 千米 / 时，你知道的是速度大小。如果仪表盘上还有一个指南针，指示汽车正向北行驶，那么你就知道了速度方向。速度大小是标量，速度是矢量。

加速度也是一个矢量，加速度的方向总是在合力的方向。请观察在图 2-12 中，在汽车加速、减速和改变方向时的不同运动情况下，红色箭头表示

的是加速度的方向，蓝色箭头表示的是速度的方向。我们可以看到加速度和速度
方向有时相同，有时相反，而且不总是平行。

图 2-12　不同状况下的速度
与加速度方向

注：当加速度与运动速度方向相
同时，汽车就会加速；当加速度
与速度方向相反时，汽车就会减
速；当加速度与速度成一定角度
时，汽车运动的方向会改变。

拥有矢量思维在分析游泳过河的运动中是很重要的，因为游泳过河时的速度
由两个方向的速度合成：垂直于河岸游泳的速度和水流的速度。游过去的过程
中，你想直接游到对岸，但水流想把你转到河流流经方向。这一组合使你的路径
实际呈另一条直线。同理，在侧风中飞行的飞机也是如此。

用平行四边形定则可以求出飞机实际飞行速度为 150 千米 / 时，并且与预定
方向的夹角为 37°（见图 2-13）。

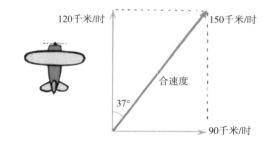

图 2-13　受到侧风作用的飞机

注：90 千米 / 时的侧风将 120 千米 / 时
的飞机吹离航线，飞机实际速度为
150 千米 / 时。

请记住，从亚里士多德时代开始，人们花了将近 2 000 年的时间才对运动有
了清晰的理解，所以如果你发现自己需要几个小时才能完全理解本章内容，这是
正常的，请保持耐心！

要点回顾
CONCEPTUAL PHYSICS　>>>

- 任何物体都在运动，即使是看起来静止的物体，它们相对于太阳也是运动的。当你读到这段文字时，你相对于太阳的运动速度约为 107 000 千米 / 时，相对于银河系中心的运动速度则更快。

- 当我们沿着弯曲的路径运动时，即使我们的速度大小恒定，我们也仍在做变速运动，也有加速度。这是因为我们运动的方向每时每刻都在变化，因此速度也在变化。我们需要区分清楚速度大小和速度的概念，并理解加速度描述的是速度变化的快慢和方向，需要同时考虑速度的大小和方向。

- 如果下落的物体不受任何约束，不与空气或其他物体产生摩擦，且仅在重力作用下下落，我们称这个物体在做自由落体运动。对于做自由落体运动的物体，通常使用字母 g 表示其加速度（因为运动仅由重力引起）。在地球上，g 在不同位置略有不同，平均值约为 9.8 米 / 秒^2。

- 速度大小是"多快"的量度，而速度是"多快"和"朝哪个方向"的量度。速度大小是标量，速度是矢量。加速度是一个矢量，加速度方向总是在合力方向上。

CONCEPTUAL
PHYSICS

03

是什么影响了物体的下落

妙趣横生的物理学课堂

- "牛顿世界"的力有哪些?

- 下雪天为什么不能猛踩刹车?

- 如何在真空状态下称重?

- 真空中,硬币和羽毛受到的重力相等吗?

- 自由落体运动如何"自由"?

- 跳伞者为什么不会加速降落?

　　有一个著名故事，是说牛顿通过观察一颗掉落的苹果而发现万有引力定律，这让他获得极大的名气。有趣的是，牛顿出名并不是因为发现牛顿运动定律或者万有引力定律，而是因为对光的研究，他发现了白色光是由多种不同颜色的光组成的。

　　牛顿出生于 1643 年，相传他在孩童时代并没有特别耀眼的事迹，中学毕业后，他的母亲要求他接掌家族农场，但他对农业并不感兴趣，反而更喜欢读书。有人意识到牛顿的学术潜能，在他人的帮助下牛顿最终得以进入剑桥大学三一学院学习。在牛顿二十二三岁时，一场瘟疫席卷了英国，他也回到了家族农场。在那里，他广泛地学习，这为他后来那些流芳百世的研究成果奠定了基础。

　　26 岁时，牛顿被任命为剑桥大学卢卡斯数学教授，但是他与学院的宗教立场存在着冲突，他并不赞同基督教的基本教义"三位一体"。直到 42 岁，他将自己的三大运动定律写入《自然哲学的数学原理》中，这本书也是公认的有史以来最伟大的科学著作。

　　牛顿是一个谦虚且敏锐的人，直到老年，他都保持着身心健康，80 岁时，他的牙齿仍然完整，视力和听力仍然极好，头脑也很清醒。他是有史以来最伟大的科学家之一。

牛顿三大运动定律为人类登空探月奠定了基础。在他死后的 200 多年，阿波罗计划将人类送上了月球。牛顿第一运动定律其实就是我们上一章学习的惯性定律，本章你将学习牛顿第二运动定律。在这个定律中，牛顿将加速度和力的基本概念与伽利略的质量概念联系起来，得出著名的方程式 $a = \dfrac{F}{m}$。

Q1 "牛顿世界"的力有哪些?

力可能是引力、电磁力，也可能是粒子之间在原子核尺度上发生的相互作用力。比如我们日常生活中，踢球这一简单动作就涉及许多力。现在我们先将问题简单化，只考虑简单直观的推力和拉力，这对牛顿要研究的问题来说已经足够了，对我们学习牛顿三大运动定律而言也非常充分了。

想象一个静止在冰面上的冰球，我们击打冰球（对其施加一个力），冰球会立即加速。当球杆不再触碰冰球时，也就是说，当没有不平衡的力作用在冰球上时，冰球会以恒定的速度运动。若再次击打冰球，施加另一个力，冰球的运动状态将再次改变。作用在物体上的不平衡的力会导致物体速度改变。同样，踢球时，球的运动情况也如此（见图 3-1）。

图 3-1　人踢球，球会加速

通常，人施加的力并不是作用在物体上唯一的力，还有其他的力也可能会对物体的运动起作用。作用在物体上的力的合成就是合力，加速度取决于合力。要增大物体的加速度，必须增大作用在物体上的合力。如果将作用在物体上的合力加倍，则其加速度加倍；如果把合力增加至 3 倍，其加速度就会增加至 3 倍；依此类推。这也符合人们直观的想象，即物体的加速度大小与作用在其上的合力大小成正比（见图 3-2）。

手的力量使砖块加速运动

力变至两倍，加速度也变至两倍

变至两倍的力若作用于质量变至两倍的物体，加速度不变

图 3-2　加速度与作用在物体上的合力成正比

Q2 下雪天为什么不能猛踩刹车？

　　开车的人可能感受过，在下雪天猛踩刹车特别容易打滑。这是因为在正常行驶的过程中，滚动的轮胎不会沿着路面滑动，这时的摩擦是静摩擦，比滑动摩擦更具抓地性，但雪天路上容易结冰，这就会导致轮胎滑动，一旦轮胎开始滑动，摩擦力就会减小，车就容易打滑。汽车的防抱死制动系统就是为这种情况而设计的，它可使轮胎受的摩擦力保持在打滑的临界值以内。

　　当物体在接触面上有滑动或者相对滑动的趋势时，摩擦力就会起作用。当你向一个物体施加力时，通常会产生一个使合力减小的摩擦力，从而影响物体的加速度。摩擦是由相互接触的表面中的不光滑而引起的，摩擦力的大小取决于材料的种类和两个物体挤压在一起的程度（见图3-3）。即使是看起来非常光滑的表面实际也有不光滑之处，这是因为原子在许多接触点上都"粘"在一起。当一个物体在另一个物体上滑动时，它必须上升并超过不光滑的凸起之处，或者将不光滑之处刮平，不管哪种方法，都需要力的作用。

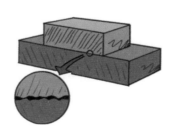

图 3-3　摩擦的产生

注：摩擦是由滑动的物体表面不光滑与表面原子间的相互吸引（黏性）造成的。

　　摩擦力的方向大多数情况下与运动方向相反。沿斜面向下滑动的物体受到的是沿斜面向上的摩擦力；向右滑动的物体受到的是向左的摩擦力。如果物体要以恒定速度运动，则必须有一个和摩擦力大小相等、方向相反的力作用于物体上，以使这两个力正好相互抵消。这时，物体的合力为 0，加速度为 0，速度恒定。

图 3-4　用力推动桌子

注：当人施加的推力与桌子和地面间的摩擦力大小相等时，桌子受到的合力为 0。

在地面上静止的桌子，不受摩擦力。如果你稍微推一下它，虽然它并不会移动，但是这时桌子和地面间产生了摩擦力。桌子仍然保持静止，这说明摩擦力与推力大小相等、方向相反，此时桌子仍处于静态平衡状态（见图 3-4）。如果你再用力一点，静摩擦力可能无法再对抗推力，桌子就会滑动。[①] 如果你沿直线以稳定的速度水平推动桌子，它就会处于动态平衡状态。

有趣的是，滑动时的摩擦力比滑动发生前那瞬间产生的摩擦力小一些。物理学家和工程师根据物体的运动状态将摩擦力分为静摩擦力和滑动摩擦力。同一个接触面上，静摩擦力略大于滑动摩擦力，因此推动一个箱子所需的力比使它保持滑动所需的力更大。

同样有趣的是，摩擦力与运动速度无关。低速运行的汽车与高速运行的汽车在打滑时具有大致相同的摩擦力。即如果轮胎上的摩擦力在低速打滑时为 100 牛，则在高速时也差不多是 100 牛。当轮胎从静止状态到处于打滑边缘时，摩擦力会越来越大，但一旦打滑，摩擦力将保持大致相同。

更有趣的是，摩擦力也并不取决于接触面积。对于较窄的轮胎，相同的重量集中在较小的区域，摩擦力不变。因此，汽车上装有超宽轮胎并不会比窄轮胎受

---

① 从直观现象来看，其过程并不复杂。物理学中的大多数概念其实并不复杂，但是摩擦力不同，它是一个非常复杂的概念。关于摩擦力的发现大多是经验性的（从广泛的实验中获得），其预测是近似的（但基于实验）。

到更多的摩擦力。更宽的轮胎只是将汽车的重量分散在更大的面积上，以减少加热和磨损。同样，无论卡车有 4 个轮胎还是 18 个轮胎，卡车与地面之间的摩擦力都是相同的！更多的轮胎将重量分散在更大的和地面接触的区域，并降低每个轮胎受到的压力，但刹车时的停车距离并不受轮胎数量的影响（轮胎的磨损速度很大程度上取决于轮胎的数量）。

摩擦不仅仅发生在固体间相互运动或有相互运动趋势的情况下，也发生在液体和气体中，后两者被称为流体（因为它们可以流动）。流体摩擦发生在相邻两层流体产生相对运动的时候。你有没有尝试过在齐腰深的水中进行百米冲刺？即使在低速下，流体的摩擦也是可观的。与固体表面之间的摩擦不同，流体摩擦取决于速度。对在空气中运动的物体来说，一种非常常见的流体摩擦的形式是空气阻力。当你步行或慢跑时，你通常不会感受到空气阻力，但当你骑自行车或滑雪时，你会意识到空气阻力的存在；空气阻力随速度的增加而增大。当所受到的空气阻力和重力达到平衡的时候，下落的物体达到恒定速度。

Q3 如何在真空状态下称重？

如果你在国际空间站中，面对两个罐子，一个装满冷冻豆子，另一个是空的，你怎么确定哪个是满的，哪个是空的？答案就是通过来回摇晃罐子！或者，以任何方式移动两者，你会立即判断出哪一个受到的阻力更大。因为装满冷冻豆子的罐子更难摇晃，它有更大的惯性，也就是它有更大的质量。

要了解质量和重量的本质，惯性是个绕不开的概念。

物体的加速度不仅取决于所施加的力和摩擦力，还取决于物体的惯性。而物体有多大的惯性取决于物体中包含的物质的数量，数量越多，惯性越大，我们使用"质量"这个术语来描述物体所包含物质的数量。人们目前对质量的理解已深入到对它来源的研究，即希格斯玻色子。现在，我们要想理解质量，可以从一个最简单的意义上来理解，质量就是一个物体的惯性的度量。物体的质量越大，其惯性就越大。

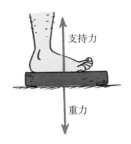

图 3-5　称重

注：在体重秤上达到平衡状态时，向下的重力和向上的支持力大小相等。

　　直觉中，我们通常认为质量即重量。生活中，我们可能会随口说，某个物体包含了很多数量的物质，它的重量很大，在物理学上其实质量和重量是有区别的，体重秤上显示的是重量（见图 3-5）。我们定义如下。

- 质量：物体中包含的物质的数量。它也是衡量物体在启动、停止或以任何方式改变其运动状态时所表现出的惯性。
- 重量：物体所受重力的大小，为物体质量与当地重力加速度的乘积。

　　在牛顿力学世界中，我们通常认为物体在任何情况下都有恒定质量，哪怕是在旋转的空间站中；而重量则不一样，同一物体在地球与月球上的重量不一样。在地球表面，质量和重量成正比。[①]

　　质量为 m 的物体重量等于 mg，其中 g 是比例常数，在地球上数值约为 10 牛 / 千克（更准确而言，大约是 9.8 牛 / 千克）。g 也称重力加速度，约等于 10 米 / 秒 ^{2}（即牛 / 千克等价于米 / 秒 ^{2}）。

　　质量与重量的关系式告诉我们，如果一个物体的质量加倍，它的重量也会加倍；如果质量减半，则重量减半。质量和重量可以相互换算。此外，质量和重量有时会被混淆，因为人们习惯于通过地球对物质的万有引力结果（重量）来衡量物质的数量（质量）。质量比重量更重要，因为它是一个基本量，这是大多数人没有注意到的。

———————————

① 在后续章节中，我们将讨论旋转提供的支持力是如何模拟重力，比如宇航员在旋转的空间站中为什么仍能感受到"重力"。

有时，惯性帮助我们判断质量。例如，如果你试图确定两个物体中哪个更重，你可以用手来回摇晃它们，或者用某种方式移动它们。在这样做的过程中，你其实是在判断两个中的哪一个更难移动，感受两个中哪一个对运动变化更具抵抗性。通过这种方法你可以比较物体的惯性与质量。

在国际计量单位中，质量的单位为千克，力的单位是牛顿，简称牛。地球表面上，一块质量 1 千克的砖重量约为 10 牛（更准确而言为 9.8 牛）。[①]

远离地球表面，重量会发生变化，一块质量 1 千克的砖的重量会小于 10 牛；在引力比地球弱的行星表面，它的重量同样也会更小。例如，在月球表面，物体受到的引力只有地球的 $\frac{1}{6}$，一块质量 1 千克的砖重量约为 1.6 牛。而在引力更强的行星上，重量则会变大。无论是在地球上、月球上，还是在吸引它的任何其他星体上，砖的质量都是一样的。在飘移的太空船中，放有砖的秤的读数为 0，这并不意味着砖没有质量。即使在太空船上，砖也能像在地球上一样抵抗运动变化。宇航员在太空船上来回摇晃砖需要施加的力与在地球上来回摇晃它所需的力一样大；同理，在月球的表面上，你需要提供与在地球表面上相同的推力，才能将一辆巨大的卡车加速到一定速度。然而，克服重力（重量）举起物体则是另一回事，在太空船上举起铁砧与在地球上举起铁砧所需力不一样大。这是因为质量和重量是不同的两个概念（见图 3-6）。

图 3-6　在太空船摇晃砖

注：太空船中的宇航员发现，摇动"失重"的铁砧就和在地球上一样困难。如果铁砧比宇航员更重，那么是铁砧还是宇航员更先被晃动呢？

区分质量和重量的一个很好的演示实验是，将一个球悬挂在绳子上，当用逐渐增加的力拉动下面的绳子时，最终上面的绳子会断裂；但当用突然增加的力拉动下面的绳子时，最终下面的绳子会断裂（见

[①] 在国际计量单位中，通常以质量（单位为克或千克）表示物质的数量，而很少以重量（单位为牛顿）表示。然而，在美国和使用英国单位制的国家，物质的数量通常以重量（单位为磅）表示，英制质量单位斯勒格（slug）并不为人所知。

图 3-7　用两种方法拉绳子

注：为什么向下的缓慢、持续增加的力会使上面的绳子断裂，而突然增加的力会使下面的绳子断裂？

●───── 趣味问答 ─────●

在地球表面还是月球表面更容易举起水泥卡车？

在月球上更容易举起水泥卡车，因为月球上的重力更小。当你举起一个物体时，你正在与重力（它的重量）对抗。尽管它的质量在任何地方都是一样的，但它在月球上的重量只有地球上的 $\frac{1}{6}$，因此只需用地球上 $\frac{1}{6}$ 的力就可以把它从月球上举起。然而，要在月球上水平移动水泥卡车，你不需要克服重力，这时质量是唯一的影响因素，所以无论物体是在地球上还是在月球上，都需要相等的力使其水平移动。

图 3-7）。这个实验中，哪一种情况受球重量的影响大，哪一种情况受球质量的影响大？

请注意，只有上面的绳子承受球的重力（重量）。当逐渐拉动下面的绳子时，力会传递到上面的绳子，上面绳子受到的总张力是拉力加上球的重量，所以当达到断裂点时，上面的绳子断裂。但是，当下面的绳子被猛拉时，球的质量（其保持静止的倾向）会导致下面的绳子断裂。

质量和体积也是很容易混淆的概念。当我们想象一个大质量的物体时，我们通常会想到一个大体积的物体。物体的体积是物体占据空间的量，其实，物体的体积并不一定能很好地反映其质量。汽车电池和同样大小的空纸箱哪个更容易移动？由此，我们知道质量既不是重量，也不是体积。

质量对加速度的影响

想象你的朋友站在滑板上，你推他，他就会加速。现在再次发挥想象力，用同样的力推一头穿着轮滑鞋的大象，大象运动的加速度会小得多（见图 3-8）。从这两个例子你会发现加速度的大小不仅取决于力的大小，还取决于物体质量的大小。对质量加至 2 倍的物体施加相同的力，物体的加速度会减半，而对于质量加至 3 倍的物体，加速度会是原来的 $\frac{1}{3}$。我们可以说，对于给定的力，物体产生的加速度与质量成反比，如果将一个量加至 2 倍，另一个值则减至 $\frac{1}{2}$。

图 3-8　推动穿轮滑鞋的大象

注：质量越大，要产生给定加速度，所需的力越大。

Q4 真空中，硬币和羽毛受到的重力相等吗？

这个问题的答案是：不，不，不。要明确的是，这些物体做自由落体运动时之所以有相同的加速度，不是因为它们受到的重力相等，而是因为每个物体受到的重力与质量之比相等。在真空中不存在空气阻力，但重力依旧存在。在真空中绕地球运行的航天器仍受到地球引力作用，这就是它们不做直线运动的原因。

要想了解加速度、力和质量之间的关系，我们需要系统地学习牛顿第二运动定律，牛顿第二运动定律指出：**物体的加速度方向与作用在物体上的合力方向一致，大小与合力成正比、与物体的质量成反比。**

也就是说，加速度 a 大小与合力 F 成正比，与质量 m 成反比。如果 m 不变，F 增加，a 则同比例增加（如果 F 增加至 2 倍，则 a 增加至 2 倍）；如果 F 不变，m 增加，则 a 减少（如果 m 增加至 2 倍，则 a 变为原来的 $\frac{1}{2}$）。

牛顿第二运动定律可以用公式表示为：

$$加速度 = \frac{合力}{质量}$$

即：

$$a = \frac{F_{合}}{m}$$

注意，运算过程中要保持单位统一，例如力用牛、质量用千克、加速度用米 / 秒^2。

合力若与物体运动方向一致，则物体会做加速运动；若与物体运动方向相反，则物体会做减速运动。若垂直于物体运动方向，则物体会发生偏转；任何与运动方向有夹角的合力，都会导致物体运动速度大小的变化和方向的偏转。物体的加速度方向总是在合力的方向上。

牛顿第二运动定律可以重新排列为 $F_{合}=ma$。重量即物体所受重力的大小，地球上物体重量等于 mg，其中 g 是自由落体加速度。

Q5 自由落体运动如何"自由"？

我们知道，下落的物体由于地球对其施加的引力而向地心做加速运动。当重力是作用在物体上唯一的力时，也就是说，当摩擦力（如空气阻力）可以忽略不计时，我们称物体处于自由落体运动状态。

加速度等于 g——自由落体运动

物体的质量越大，它与地球之间的引力就越大。例如，同样的两块砖受到的引力是单块砖的 2 倍。那么，为什么不像亚里士多德所设想的那样，两块砖的下落速度是一块砖的 2 倍呢？答案是，根据牛顿第二运动定律，$F_{合}= ma$，当物体仅受重力作用时，$F_{合}= G$，即 $a = \frac{G}{m}$。物体的加速度不仅取决于力，还取决于物体阻碍运动的能力，也就是惯性，而我们用质量度量惯性。力产生加速度，惯性阻碍物体的运动。两块砖受到的重力是一块砖的 2 倍，质量也是其 2 倍，则所产生的加速度是同样的。同样，若有半块砖，它受到重力是一块砖的一半，质量也是其一半，加速度仍相同。这些情况下，加速度都是相等的。在自由落体运动中，我们用 g 表示重力加速度，而不用 a，这是为了表明它是仅由重力引起的加速度。

自由下落物体所受的重力与质量之比等于常量 g。这和圆的周长与直径的比值恒定类似，该比值等于常数 π（见图3-9）。

我们现在了解到，自由下落物体的加速度与其质量无关。一块鹅卵石100倍重的巨石会以与鹅卵石相同的重力加速度下落。因为尽管巨石上的重力是鹅卵石上的100倍，但巨石的质量也是鹅卵石的100倍，所以两者的重力加速度相同。

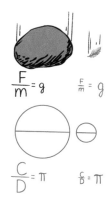

图 3-9 圆中具有相同的规律

注：大块岩石和羽毛所受的重力（F）与质量（m）之比相同；而对于大圆和小圆，周长（C）与直径（D）的比值相同。

Q6 跳伞者为什么不会加速降落？

我们来想象一下跳伞时的情况。当下落的跳伞者速度增加时，空气阻力也会增加，直到其与跳伞者的重力相等。一旦达到这种情况，则合力变为0，跳伞者不再加速，达到收尾速度。

对一根羽毛来说，收尾速度是每秒几厘米，而对跳伞者来说，大约是200千米/时。跳伞者可以通过改变姿态来改变这个速度。身体笔直朝下是通过减少与空气的接触面积，从而减少空气阻力的一种方式，这样可以达到最大的收尾速度；若想达到一个较小的收尾速度，则可以通过像一只飞鼠一样把自己身体尽量展开来实现。

可以看到，空气阻力对跳伞者有很大影响；同样受到很大影响的还有羽毛。

因为羽毛受到的重力很小，而且面积很大，在向上作用的空气阻力抵消向下作用的重力之前，它会下落得很慢。

当物体不再加速时，我们就说物体已经达到其收尾速度。要想更好地理解收尾速度，我们需要进一步学习非自由落体运动的状态。

加速度小于 g——非自由落体运动

物体在真空中下落是一回事，在空气中下落又是另一回事。虽然羽毛和硬币在真空中的下落速度相同，但它们在空气中的下落速度却截然不同。牛顿运动定律是否适用于在空气中下落的物体呢？答案是牛顿运动定律适用于所有物体，无论是做自由落体运动的还是做非自由落体运动的。然而，这两种情况下的加速度是截然不同的。

要记住的重点是合力的概念。在真空或空气阻力可以忽略不计的情况下，合力仅由重力决定。然而，在存在空气阻力的情况下，合力由空气阻力与重力共同决定（见图 3-10）。

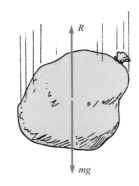

图 3-10　在空气中下落的物体

注：当重力 mg 大于空气阻力 R 时，下落的物体做加速运动。速度越大，R 越大，直至 $R = mg$ 的时候，加速度达到 0，物体达到其收尾速度。

下落物体所受的空气阻力大小取决于两个主要因素。一是下落物体的迎风面积，它决定着物体下落时必须穿过的空气的量。另一个是下落物体的速度，速度越大，物体每秒遇到的空气分子数量越大，分子对物体的撞击力也越大。总而言之，空气阻力取决于下落物体的迎风面积和速度。

如图 3-11 所示，如果跳伞者穿着翼装，收尾速度会小得多。

（a）　　　　　　（b）

图 3-11　降低收尾速度

图（a），一只飞鼠通过展开自己身体来增加迎风面积，这会增大空气阻力，从而减缓下落速度。图（b），其原理同样适用于翼装飞行员。

翼装飞行是借助空气阻力飞行的典型案例，虽然翼装飞行原理与飞鼠飞行的原理相同，但它已然超越了飞鼠的飞行能力，翼装飞行者可以实现 350 千米/时的飞行速度，收尾速度低至 40 千米/时。这些"鸟人"看起来更像是射出的子弹，而不是飞鼠，他们穿戴着高性能翼装，能以惊人的精度滑翔。虽然为了安全着陆，他们通常会配备降落伞，但至少已有一名翼装飞行员在没有利用降落伞的情况下安全着陆（专业行为，请勿模仿）。

降落伞所提供的较大迎风面积能为安全着陆提供较小的收尾速度。为了说明降落伞的物理性质，我们想象一对男女从同一高度跳伞（见图 3-12）。假设男子的质量是女子的 2 倍，且他们的降落伞（完全一样）一直是打开的。

降落伞完全一样意味着，在相同的速度下，两者受到的空气阻力相同。请问谁先到达地面，是重的男人还是轻的女人？答案是，重的男人先到达地面，也就是说，收尾速度更快的人会先到达地面。

起初，我们可能会认为，因为降落伞是相同的，所以每个降落伞的收尾速度都是相同的，因

空气阻力

空气阻力

mg

2*mg*

图 3-12　质量不同的两人用完全一样的降落伞降落，谁更快落地？

注：较重的跳伞者比较轻的跳伞者更快地下落，以受到更大的空气阻力，来抵消更大的重力。

此两者会同时到达地面。然而，这并不会发生，因为空气阻力取决于速度，速度越快，空气阻力越大。当降落伞上的空气阻力等于重力时，人将达到收尾速度。由于女人所受的重力比男人小，所以女人达到收尾速度时，男人还未达到收尾速度。男人需要继续加速才能有更大的空气阻力与他受到的重力平衡。[①] 对于较重的人，收尾速度更大，结果是较重的男人先到达地面。

当比较空气阻力对下落物体的影响时，想一想"重力减去空气阻力"的结果。图 3-13 显示了乒乓球（左）和高尔夫球（右）在空中下落的情况。高尔夫球所受的重力远远大于空气阻力，因此其下落加速度接近重力加速度 g；相比之下，较轻的乒乓球在下落时不可忽略空气阻力，这导致它的加速度小于 g。下落过程中乒乓球上的空气阻力很快积累起来，与它所受的较小的重力相等，并且很快地达到收尾速度。所以高尔夫球落得更快，先到达地面。

当伽利略从比萨斜塔上扔下不同重量的物体时，它们实际上并没有同时落地，而是几乎同时落地。由于存在空气阻力，较重的一个会稍早于另一个落地。不过这一现象仍然与亚里士多德的追随者所期望的——较重的物体将远远早于较轻物体落地——相矛盾。直到牛顿发表了牛顿第二运动定律，人们才真正了解到物体下落的原理。

这里有一个值得吸取的教训。每当你思考物体的加速度时，可以用牛顿第二运动定律的公式来指导你：加速度等于合力与质量之比，$a = \dfrac{F_{合}}{m}$。这个公式是人类登月的基础，把它装入你的"智力工具包"中是非常值得的！

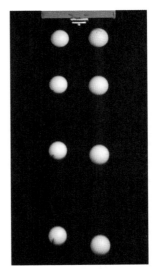

图 3-13　哪个更快落地?

注：乒乓球（左）和高尔夫球（右）在空中下落的频闪摄影。

---

① 由于空气阻力与速度的平方成正比，因此体重是女人 2 倍的男人的收尾速度将比女人的收尾速度高 41% 左右。对于赛车和飞机等快速运动的物体，考虑空气阻力的影响也极为重要。

要点回顾

- 通常，人施加的力不是作用在物体上唯一的力，其他力也可能起作用，作用在物体上的力的合成就是合力。加速度取决于合力，要增大物体的加速度，必须增大作用在物体上的合力。

- 摩擦力与运动速度无关。低速运行的汽车与高速运行的汽车在打滑时受到大致相同的摩擦力。如果轮胎上的摩擦力在低速打滑时为 100 牛，则在高速时也差不多是 100 牛。当轮胎从静止状态到处于打滑边缘时，摩擦力会越来越大，但一旦打滑，摩擦力保持大致相同。

- 质量是物体中包含的物质的数量，它也是衡量物体在启动、停止或以任何方式改变其运动状态时所表现出的惯性；重量通常是指物体所受的重力的大小，为物体质量与当地重力加速度的乘积。

- 自由下落时，硬币和羽毛之所以有相同的加速度，不是因为它们受到的重力相等，而是因为它们受到的重力与质量之比相等。在真空中不存在空气阻力，但重力依旧存在。

- 下落的物体由于地球对其施加的引力而向地心做加速运动。当重力是作用在物体上的唯一力时，也就是说，当摩擦力（如空气阻力）可以忽略不计时，我们称物体处于自由落体运动状态。

- 当伽利略从比萨斜塔上扔下不同重量的物体时，它们实际上并不是同时落地，而是几乎同时落地。由于存在空气阻力，较重的一个稍早于另一个落地，这与亚里士多德追随者所期望的——较重的物体将远远早于较轻物体落地——相矛盾。直到牛顿发表了牛顿第二运动定律，人们才真正了解到物体下落的原理。

CONCEPTUAL
PHYSICS

04

力是如何相互作用的

妙趣横生的物理学课堂

- 你在推墙时, 墙也在推你吗?

- 为什么桌上的书不会"自发"地加速？

- 在马路上行走时, 道路会升起来"迎接"你吗?

- 滑雪时如何保持平衡?

- 为什么候鸟群迁徙时呈 V 形?

一个静止放在球场上的足球内部，有无数个原子在相互作用，这些原子间的力可以一起让球保持静止，却不能使这个球改变运动状态。

这是因为每一个原子间的作用力都有相应的一个反作用力，在足球内部它们相互抵消。

突然，一个足球运动员踢了这个足球一脚，施加的外力就会让足球动起来（也就是获得速度）。

如果遇到两个运动员抢一个球时，你可能会看到足球并未获得速度的情况。在这种情况下，足球受到两个外力的作用，如果这两个力是同时产生、大小相等且方向相反的，那么两力的合力为 0。但是可以说这两个力组成了一对作用力和反作用力吗？不行，因为它们作用于同一个物体，而非不同物体。

如果你仍感到困惑，那么继续学习本章内容将会令你茅塞顿开，你将通过深入学习牛顿第三运动定律，对作用力和反作用力有更加清晰的认识。有趣的是，牛顿本人在研究第三运动定律时也曾与你一样感到相同的困惑。

Q1 你在推墙时，墙也在推你吗？

到目前为止，我们一直以最简单的方式看待力，将之视为推力和拉力。然而，推力或拉力并不是单独产生的。每一种力都是一种事物与另一种事物之间相互作用的一部分。当你用手推墙时，这一瞬间不仅仅产生了你对墙的推力；你正在与墙相互作用，墙也会对你产生反方向的推力，你弯曲的手指明显反映了这点。这个过程中有两种力参与其中——你对墙的推力，以及墙对你的反方向推力。这两个力大小相等、方向相反，它们是一对相互作用力。

想象一下：一个拳击手用拳头击中一个巨大的沙袋，拳头击打沙袋并使其凹陷，而沙袋则反击拳头并使其停止运动。这种情况下，存在一对力，并且这对力大小相当。但是，如图 4-1 所示，击打一张纸巾又会怎么样？拳击手的拳头只能在薄纸上施加与薄纸在拳头上施加的力相同的力。除此之外，除非在被击中的物体上反向施加同样的力，否则拳头根本无法施加任何额外的力。击打纸巾时的这对力很小。在这两种情况下，拳击手的拳头只能对沙袋或纸巾施加与沙袋或纸巾对其拳头施加的力相同的力。相互作用力是一对作用在两个独立的物体上的力。

图 4-1　击打沙袋和纸巾

注：拳击手在沙袋上施加了相当大的力，但用同一个拳击手只能对纸巾施加很小的力。

还有一些其他例子可以帮助你理解，比如拉动连在手推车上的绳子，车子就会加速。当你往前拉车的时候，车也会往后拉你，这可以从你手上缠绕的绳子的收紧状态中得到证明。如图 4-2 所示，一把锤子砸在木桩上，将木桩打入地面，而木桩对锤子施加等大的力，使锤子突然停止。一个物体和另一个物体产生了相互作用——你和推车、锤子和木桩，请问哪个物体是施力物体，哪个物体是受力物体呢？牛顿对这个问题的回答是，不必辨别哪个是"施力物体"，哪个是"受力物体"，他认为必须平等对待这两个物体。例如，当你拉车时，车会拉你。这对力，你对车的拉力和车对你的拉力，构成了你和车之间的一次相互作用。同理，锤子和木桩间的一对力构成了一次相互作用。这样的观察让牛顿提出了他的第三运动定律。

图 4-2 锤子与木桩间的力

注：锤子和木桩之间的相互作用，每一个物体都对另一个物体施加大小相同的力。

Q2 为什么桌上的书不会"自发"地加速？

一本书内部有数万亿个原子，这些原子间都有相互作用力，为什么放在桌子上的书不会因这些力而改变运动状态呢？

答案就是，书内部原子间每个作用力都有与之对应的反作用力，而无论有多少对这样的力，在书本内部它们都相互抵消。这就是本书中大多问题我们用牛顿第一运动定律进行运动分析的原因，除非有外力作用在书上，否则书的加速度为 0。

接下来，我们会更加深入地学习作用力和反作用力。

牛顿第三运动定律指出：当一个物体对另一个物体施加力时，另一个物体也同时在对那个物体施加大小相等、方向相反的力。

我们可以称其中一个力为作用力，另一个力为反作用力。然后，我们可以这样表达牛顿第三运动定律：对于每一个作用力，总是有一个大小相等、方向相反的反作用力。

作用力和反作用力都是力，称其中哪一个是作用力，哪一个是反作用力并不重要。重要的是，知道它们是一个相互作用的共同组成部分，任何一个都不能单独存在。

当你走路时，你会与地面相互作用，你的脚推着地面，地面推着你的脚，这两种力同时产生。同样，汽车的轮胎推着道路，而道路也推着轮胎，轮胎和道路同时推着彼此。在游泳时，你与水相互作用，你将水向后推，而水同时将你向前推，你和水相互推着。作用力和反作用力随处可见，图 4-3、图 4-4、图 4-5 展现了其他一些相互作用的情况。记住，相互作用力总是成对出现，任何一个力都不能单独存在。

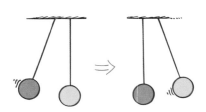

图 4-3　相互撞击的球间的作用力

注：蓝色球和黄色球之间的冲击力，使黄色球运动、蓝色球停止运动。

图 4-4　相撞的两车

注：在两辆汽车相撞的瞬间，它们受到的冲击力都是一样的吗？两辆车的损伤程度又是否相同？

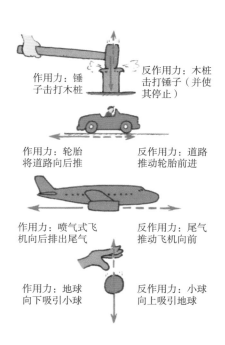

作用力：锤子击打木桩　　反作用力：木桩击打锤子（并使其停止）

作用力：轮胎将道路向后推　　反作用力：道路推动轮胎前进

作用力：喷气式飞机向后排出尾气　　反作用力：尾气推动飞机向前

作用力：地球向下吸引小球　　反作用力：小球向上吸引地球

图 4-5　各类运动的作用力与反作用力分析

注：作用力用实线箭头表示，反作用力用虚线箭头表示。当作用力为"A 对 B 施加的力"时，反作用力就是"B 对 A 施加的力"。

何为系统

有一个经常被提出的有趣问题：既然作用力和反作用力等大反向，为什么它们不能相互抵消？要回答这个问题，我们必须学习一个概念：系统。

观察图 4-6 中由单个橙子组成的系统，橙子周围的虚线定义了整个系统。指向虚线外部的箭头表示这个系统受到的外力，如图中的情况，该系统会按照牛顿第二运动定律进行加速。再来看图 4-7，这时橙子受到的力是由一个苹果提供的，但这并不会改变我们的分析结论，因为苹果并不属于这个系统。即使橙子同时对苹果施加了力，但这个力并不属于橙子的系统，只会影响苹果组成的系统（另一个系统）。橙子对苹果的力并不会影响橙子，因为不能用作用在苹果上的力抵消作用在橙子上的力。作用力和反作用力不会抵消，橙子仍会向右加速。

图 4-6　单一力作用在系统上

注：一个向右的力作用在橙子组成的系统上，橙子向右加速。

图 4-7　苹果给橙子一个拉力

注：苹果对橙子组成的系统施加的力不会被施加在苹果上的反作用力抵消，橙子仍然向右加速。

现在让我们想象一个更大的系统，它包括橙子和苹果，就像我们在图 4-8 中看到的由虚线圈出的系统。注意，现在这对力是在橙子和苹果这个系统中，所以这时对橙子苹果整个系统来说，这些力是内力，会相互抵消，

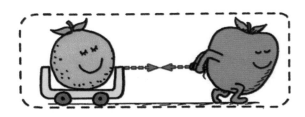

图 4-8　将橙子和苹果视为一个系统

注：在整个橙子和苹果的系统中，橙子和苹果间的相互作用力是内力，相互抵消了。如果没有外力，这一系统就不会改变运动状态。

它们不会使系统加速。运动状态改变需要系统外部力的作用，比如橙子－苹果系统与地面的摩擦力（见图4-9）。当橙子、苹果相对于地面运动时，地面与该系统间会有一个系统之外的对这个系统作用的力，即摩擦力，这时系统速度改变。

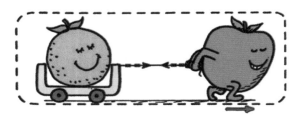

图 4-9　在地面上运动的橙子－苹果系统的受力

注：当橙子和苹果相对于地面运动时，地面与该系统间会有一个系统之外的对这个系统作用的摩擦力，这时系统速度改变。

一个静止放在球场上的橄榄球内部，有无数个原子进行相互作用，这些原子间的力可以让球保持静止，却不能改变这个球的运动状态。这是因为每一个原子间的作用力都有相应的一个反作用力，无论有多少对相互作用力，它们在内部都相互抵消。如果要让球动起来，需要一个橄榄球外部的力，如一个踢球的力，来使橄榄球加速。在图4-10中，我们可以看到踢球时脚和橄榄球之间的相互作用。

图 4-10　一只脚踢橄榄球

注：A 作用于 B，B 加速。

注意，图4-11 中的橄榄球并未加速，在图示情况下，有两个力作用在橄榄球上。如果它们是同时产生、大小相等、方向相反的，那么橄榄球所受的合力为0。这两个脚踢橄榄球的力是一对相互作用力吗？不，不是，因为它们作用于同一个对象，而不是不同的对象。哪怕它们大小相等、方向相反，除非它们同时作用于不同的物体，否则它们不是一对相互作用力。

嘭

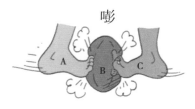

图 4-11　两只脚以等大、反向的力踢同一个橄榄球

注：A 和 C 都作用于 B，B 受到的合力为 0，运动状态不会改变。

如果这仍然令你感到困惑，那么不妨告诉你，牛顿本人在第三运动定律方面也遇到过困难。

Q3 在马路上行走时，道路会升起来 "迎接" 你吗?

尽管听起来很奇怪，但下落的物体向上吸引地球的力确实与地球向下吸引物体的力一样大（见图 4-12）。下落物体产生的加速度很明显，而地球向上的加速度太小，几乎无法检测。严格地说，当你在路上向下踩时，道路会微微升起来迎接你。虽然你不会感觉到道路在上升，但它确实在上升!

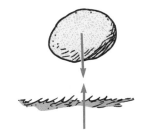

图 4-12 巨石与地球间的相互作用力

注：地球被巨石拉起来的力和巨石被地球拉下来的力一样大。

我们可以通过以下例子看到地球的确会在一个物体下落的时候相应地略有加速。这是两个行星从图 4-13（a）到图 4-13（e）不同情况下的夸张化例子，如图 4-13 所示。行星 A 和 B 之间的引力大小相等、方向相反。行星 A 的加速度在图 4-13（a）中不明显，在图 4-13（b）中更明显，因为图 4-13（b）中两个行星之间的质量差异不那么极端。在图 4-13（c）中，当两个行星的质量相等时，A 的加速度与 B 的加速度一样。进一步，我们看到 A 的加速度在图 4-13（d）中变得更加明显，而在图 4-13（e）中更甚。

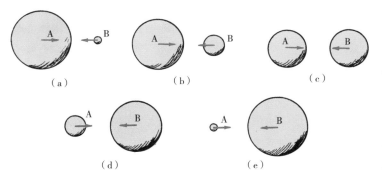

图 4-13 不同质量情况下行星的加速度

注：A 和 B，哪个向另一个运动得更快？虽然每一对物体之间的引力大小相同，但加速度是否相同?

　　不同质量的物体受相同力时，运动状态的改变情况并不相同，在大炮发射时，这一现象体现得很明显。当大炮发射时，炮架和炮弹之间存在相互作用（见图 4-14）。一对力同时作用在炮架和炮弹上，施加在炮弹上的作用力与施加在炮架上的反作用力一样大，因此，炮架会往后撤。既然力大小相等，为什么炮架的反冲速度与炮弹发射速度不同？

图 4-14　发射大炮时力的作用

注：炮管中射出炮弹的力与炮弹对炮架施加的反冲力一样大。为什么炮弹发射速度比炮架反冲速度更快？

　　当我们分析物体运动状态变化时，牛顿第二运动定律提醒我们，我们必须考虑所涉及物体的质量。假设我们用 F 表示作用力和反作用力，m 表示炮弹的质量，M 表示炮架的质量，显然 $m \ll M$。那么，通过牛顿第二运动定律，可以得出炮弹和炮架的加速度：

$$a_{炮弹} = \frac{F}{m}$$

$$a_{炮架} = \frac{F}{M}$$

　　因为 $m \ll M$，所以 $a_{炮弹} \gg a_{炮架}$，在极短的时间内炮弹会产生远远大于炮架的速度。这就是为什么与炮架的反冲速度相比，炮弹的发射速度会很大。同样的力施加在质量较小的物体会产生较大的加速度，而施加在质量较大的物体会产生较小的加速度。

　　让我们使用同样的方式来思考前文图 4-12 所示的情况：下落巨石对地球的反作用力产生的加速度。因为地球质量相当之大，达到天文数字，所以受力相同时，地球只会产生一个极小的指向下落物体的加速度。

我们可以将炮架向炮弹的反方向退行的现象类比到火箭的推进过程。想象一个充满气的气球在空气中排出内部气体，气球会向着相对于气体排出的方向反冲（见图 4-15）。如果气体向下排出，气球会向上加速。同样的原理也适用于火箭，火箭发射过程中，它会不断地喷出尾气而产生反冲力，每一个尾气分子都像火箭发射出的一枚小炮弹（见图 4-16）。

有一个常见的误解是，火箭是由尾气对大气的冲击而被推动的。基于此，在火箭问世之前，人们普遍认为向月球发射火箭是不可能的，因为地球大气层上空没有空气可供火箭推进。但这就像是说发射大炮不会发生反冲，除非有空气来推动炮弹一样错误。火箭和炮架的加速都是因为它们发射物质所产生的反作用力，而不是因为对空气产生了冲击。事实上，火箭在没有空气的宇宙中运行得更好。

运用牛顿第三运动定律，我们可以理解直升机是如何获得升力的。旋转叶片的形状迫使空气分子向下运动（作用力），而空气分子迫使叶片向上运动（反作用力）。这种向上的反作用力称为升力。当升力等于直升机的重力时，直升机会在空中悬停；当升力大于直升机的重力时，直升机会向上爬升。

鸟类的飞行亦是如此，鸟儿通过向下推动空气来向上飞行，空气把鸟儿向上推。当鸟儿

图 4-15 向上的气球

注：气球在内部空气排出的时候，向气体排出的方向反冲，实现向上运动。

图 4-16 向上发射火箭

注：火箭相对它发射的"分子炮弹"反向推进，向上移动。

翱翔时，翅膀的形状必须使空气颗粒向下偏转，就像是稍微倾斜的机翼使迎面而来的空气向下偏转，从而在飞机上产生升力。被向下推动的空气持续产生升力，这个过程是通过推动空气向后的螺旋桨或喷气发动机实现的。我们将在后续章节了解到机翼的曲面是一种能够增强升力的翼型。

牛顿第三运动定律的应用随处可见，比如鱼用鱼鳍向后推动水，水向前推动鱼；风推动树枝，树枝向后推风，我们因此听到风声；车向后推动路，路向前推动车（见图 4-17）。力是不同事物之间的相互作用，每一次接触至少需要两个物体；物体不可能独自产生力。无论是大力猛推还是轻轻地推动，力总是成对出现，并且方向相反。因此，我们在触摸某个物体时，那个物体也在触摸我们（见图 4-18）。

图 4-17　汽车与路面的相互作用

注：地面上的砖最初是直的，你看到汽车向前加速时将路向后推的证据了吗？

图 4-18　触摸是相对的

注：作者和妻子莉莲演示了牛顿第三运动定律的原理——不被对方触摸就不能触摸对方。

Q4 滑雪时如何保持平衡？

在前面的章节中，我们学习了一些矢量。静止在地面上的物体所受支持力与重力大小相同、方向相反，后文中滑雪运动员尼莉的运动情况说明了这一点。学习牛顿第三运动定律后我们知道，人对支持面施加的力等于重力（mg），而支持面同时会给人一个大小相等、方向相反的反作用力，即支持力 N。

　　要更好地理解这一过程，我们需要进一步学习矢量和矢量的分解。

　　正如一对相互垂直的矢量可以合成一样，任何矢量都可以分解成两个相互垂直的矢量。这两个矢量称为原矢量的分量（见图 4-19）。确定矢量的分量的过程称为矢量的分解，任何矢量都可以分解为竖直分量和水平分量。

图 4-19　尼莉拖着雪橇

注：施加在雪橇上的力 F 可以分解为水平分力 F_x 和竖直分力 F_y。

　　矢量的分解如图 4-20 所示，以矢量 V 为矩形的对角线绘制两条相互垂直的虚线，然后从 V 的末端分别往两条线引垂线，再分别将 V 的起始点连接垂足，注意这两条连线的箭头要指向垂足，这样 V 的水平分量 V_x 和竖直分量 V_y 便作好了。反过来，向量 V_x 和 V_y 的矢量和是 V。

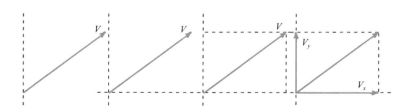

图 4-20　矢量的分解

注：任何矢量都可以分解为竖直分量和水平分量。

如图 4-21（b）所示，假设尼莉站在雪山的斜坡上，重力 G 竖直向下，G 在垂直于斜坡方向的分力作用在斜面上，所以此时支持力 N 小于重力 G。如果平面与地面是垂直的，则尼莉与平面不会发生挤压，N 将为 0。

还有另一件事需要注意，如图 4-21（c）所示，重力在垂直于斜坡方向的分力与支持力大小相同，尼莉向下滑动的加速度是由平行于雪山表面的重力的分力产生的。山坡越陡峭，这个分力和加速度越大；如果山坡是垂直的，加速度将等于 g，人将做自由落体运动。在无摩擦的情况下，一块冰在不同倾角的平面上的受力情况印证了上述内容（见图 4-22）。

图 4-21　尼莉站在不同平面上的受力情况

注：图（a），尼莉静止在地面上，受到重力 $G = mg$、地面施加的向上的支持力 N，两力大小相等、方向相反，$N = mg$。图（b），尼莉在斜面上，受到的重力在垂直于斜坡方向的分力等于支持力 N，而这个分力小于重力，$N < mg$。图（c），重力在垂直于斜坡方向的分力 G_y 与 N 平衡，平行于雪山表面的分力 G_x 为运动提供加速度。

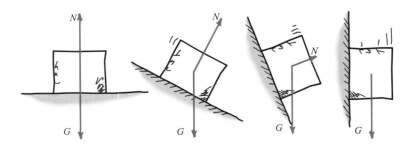

图 4-22　放置在不同平面上的冰块的受力情况

注：随着平面变陡，冰块所受的支持力 N 逐渐减小，当平面垂直于地面时，N 为 0。

在图 4-23 中，我们看到了斜坡上的鞋的三种受力分析图。图 4-23（a）显示的是在无摩擦的表面上，只有两个力作用在鞋上。图 4-23（b）显示的是是有摩擦的情况下，f 表示摩擦力。此时让人感兴趣的是摩擦力 f 与 N 和 mg 的合力的关系，如图 4-23（c）所示。如果 f 小于合力，则鞋子将加速滑下坡。如果 f 等于合力，则鞋子将处于平衡状态，这意味着鞋子要么处于静止状态，要么在轻轻一推的情况下，就会以恒定速度滑下斜坡。有趣的是，可以发现图 4-23 中作用在鞋子上的力符合平行四边形定则 [①]，当矢量彼此不成直角时，这一定则对矢量的合成与分解很有用。具体方法是构造一个平行四边形，其中两个矢量是相邻的边，平行四边形的对角线即合力，图 4-23（c）显示了 G 和 N 的合力。

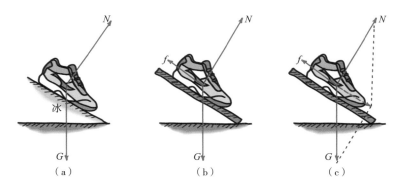

图 4-23　放置在不同平面上的鞋的受力情况

注：图（a），在无摩擦的冰面上，只有重力 G 和支持力 N 作用在鞋上。图（b），在木板上存在摩擦力 f。图（c），在平衡状态时，N 和 G 的合力大小等于 f，方向与 f 相反。

在图 4-24 中，我们看到猴子莫莫在动物园里玩耍，它一只爪子抓住绳子，另一只爪子抓着笼子的侧面。平行四边形定则表明，绳索给猴子的拉力 T 大于重力 G。注意，笼子给了猴子一个拉力 S。你能分析出 S 多大吗？G 多大呢？记住，平行四边形定则对分析矢量的合成与分解很有用！

---

① 平行四边形对边彼此平行。通常通过实验测量来确定对角线的长度，但是在两个矢量相互垂直的特殊情况下，可以应用勾股定理 $R^2 = X^2 + Y^2$ 来求出合力 $R = \sqrt{X^2 + Y^2}$。如果鞋子处于平衡状态，那么支持力与重力的合力大小等于静摩擦力大小。

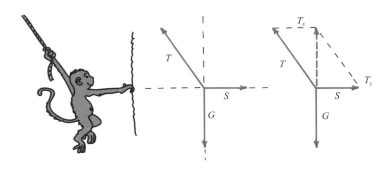

图 4-24　荡绳索的猴子的受力分析

　　图 4-25 是一个挂在晾衣绳上的娃娃，此时娃娃处于静止状态。请注意，晾衣绳给娃娃施加了左右两个拉力，这两个力与竖直方向的夹角不同。有三个力作用在娃娃上：重力、绳子左侧的拉力和绳子右侧的拉力。由于夹角不同，左右两侧绳子的拉力大小不同。娃娃处于平衡状态，两侧绳子拉力的合力必须与重力大小相等、方向相反。请问哪一侧的拉力更大？平行四边形定则表明，右侧绳子的拉力大于左侧绳子的拉力。如果进行实验测量，你会发现右侧绳子的拉力大约是左侧绳子的 2 倍。两条绳子的拉力结合在一起，支撑起娃娃的重量。

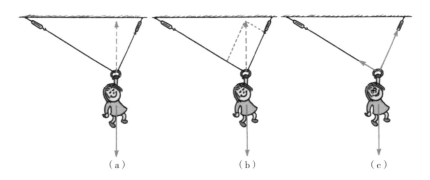

图 4-25　静止挂在晾衣绳上的娃娃

注：图（a），娃娃所受的重力由竖直向下的矢量表示，让它保持平衡需要一个大小相等、方向相反的矢量，如虚线所示。图（b），将虚线表示的矢量利用平行四边形定则进行分解。图（c），两侧绳子拉力用矢量表示，右侧绳子的拉力越大，绳子越容易断裂。

　　图 4-26 展示了速度的矢量分解，在没有空气阻力的情况下，石头的水平分

速度会保持不变，这符合牛顿第一运动定律。竖直分速度会受到重力的影响，它随着物体向上运动而减小，并在物体向下运动时不断增大。

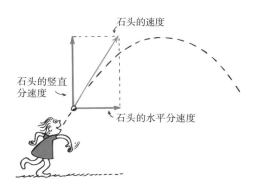

石头的速度

石头的竖直
分速度

石头的水平分速度

图 4-26　抛出的石头的速度分解

Q5 为什么候鸟群迁徙时呈 V 形？

一只候鸟在飞行时，翅膀顶部被空气推动，形成一股上升气流，这个气流会旋转，在鸟儿的侧面最强。这时，一只尾随其后的鸟儿因为处于这上升气流中而获得额外的升力，这让它向下推动空气为下一只鸟儿创造另一股上升气流，依此类推。结果是一群候鸟以 V 形队形飞行（见图 4-27）。

候鸟以 V 形队形飞行时的力的分析涉及牛顿第一运动定律、牛顿第二运动定律和牛顿第三运动定律。接下来就让我们一起回顾下这三大运动定律。

图 4-27　候鸟以 V 形队形飞行

牛顿第一运动定律（惯性定律）：静止的物体往往保持静止，运动中的物体倾向于沿着直线以恒定速度运动。物体抵抗运动变化的这种特性称为惯性。质量是惯性的度量，只有合力不为 0 的情况下，物体才会发生运动变化。

牛顿第二运动定律（加速度定律）：当物体受到的合力不为 0 时，物体会加速。加速度与合力成正比，与质量成反比，用公式表示为 $a = \dfrac{F}{m}$。加速度总是在合力的方向上。当物体在真空中下落时，合力等于重力，物体加速度为 g。当物体在空气中下落时，合力等于重力减去空气阻力，加速度小于 g；直至空气阻力等于下落物体的重力，加速度为 0，物体以恒定速度（称为收尾速度）下落。

牛顿第三运动定律（作用力－反作用力定律）：当一个物体对另一个物体施加力时，另一个物体也对这个物体施加大小相等、方向相反的力。力总是成对出现，作用力和反作用力共同构成一个物体和另一物体之间的相互作用。作用力和反作用力总是同时产生，作用于不同的物体。如果没有其中一种力，另一种力也不会存在。

牛顿的三大运动定律是自然法则，它让我们看到如此多的事物是如何美好地联系在一起，这些法则也在我们的日常生活中发挥着重要作用。

要点回顾
CONCEPTUAL PHYSICS >>>

- 到目前为止，我们一直以最简单的方式看待力，将之视为推力和拉力。然而，推力或拉力并不是单独产生的。每一种力都是一种事物与另一种事物之间相互作用的一部分。当你用手推墙时，这一瞬间不仅仅你对墙产生了推力，墙对你也产生了力。

- 对于每一个作用力，总是有一个大小相等、方向相反的反作用力。作用力和反作用力都是力，称其中哪一个是作用力，哪一个是反作用力并不重要。重要的是，它们是一个相互作用的共同组成部分，任何一个都不能单独存在。

- 尽管听起来很奇怪，但下落的物体向上吸引地球的力确实与地球向下吸引物体的力一样大。下落物体产生的加速度很明显，而地球向上的加速度太小，几乎无法检测。

- 当支持面是水平的并且只有重力作用在物体上时，支持力与重力大小相同、方向相反。

- 牛顿的三大运动定律是自然法则，它让我们看到如此多的事物是如何美好地联系在一起，这些法则也在我们的日常生活中发挥着重要作用。

CONCEPTUAL
PHYSICS

05

什么是运动中的惯性

妙趣横生的物理学课堂

- 同样速度下，为什么卡车比汽车更难停下？

- 从高处跳到地面为何要弯曲膝盖？

- 为什么发生反弹时冲量更大？

- 为什么推仪表盘不会让车动起来？

- 什么情况下碰撞的物体会"粘"在一起？

如果你曾经在网络上看过一些物理学或其他学科的科普视频，或许你会认识德里克·穆勒（Derek Muller），他是某视频网站上 Veritasium（意为真理元素）频道的创始人，目前也在他自己最新的频道 Sciencium（意为科学元素）中上传视频，这些频道上的视频都是以科学领域最新、最伟大的发现为主题。德里克真正找到了一种让全球观众欣赏并理解物理学的有效方法。

在本章中，我们并不是要谈论德里克的经历，或是物理学大众科普的话题，而是要关注德里克穿戴过的一种装备。

很多人在水上乐园都曾见过类似的情景：工作人员会穿戴着一种装备，随后启动，装备的两侧会迸射出巨大的水柱，将人托举到水面上方。然后，工作人员会借助水柱托举的力量，在空中完成各种高难度的动作（如翻筋斗）。德里克也曾完成过这些动作。

让德里克和其他人成为水上飞人的装备，其实是一套喷射式悬浮飞行器。飞行器喷射的高压水柱产生向下的作用力，同时水柱对其产生向上的反作用力，使得向下的冲量也带来向上的动量。

这就是本章中你将学习的内容，你不仅会认识动量，也将了解动量和冲量之间的关系，探索动量是如何守恒的。

Q1 同样速度下，为什么卡车比汽车更难停下？

我们都知道，以相同速度行驶的情况下重型卡车比小型汽车更难停下。在物理学中，我们会用卡车比汽车动量更大来描述这一现象。如果两辆车的质量相同，速度快的车比速度慢的车更难停下。我们会说，速度快的汽车比速度慢的汽车动量更大。

动量是物体机械运动状态的一种重要度量，更具体地说，动量被定义为物体质量与其速度的乘积：

$$动量 = 质量 \times 速度$$

用公式表示为：

$$p = mv$$

仅考虑大小，我们可以说：

$$动量大小 = 质量 \times 速度大小$$

动量通常用符号 p 表示。

我们可以从定义中看到，如果运动物体的质量或速度较大（或者都较大），那么运动物体具有较大的动量，比如一块从山上滚下的巨石（见图5-1）。卡车比以相同速度行驶的小汽车具有更大的动量，是因为卡车的质量

图5-1　从山上滚下的
巨石

注：不幸的是，这块巨石
有相当大的动量。

更大。低速行驶的巨轮具有较大的动量（见图 5-2），高速行驶的子弹具有较小的动量。当然，一个高速运动的巨大物体，比如一辆从陡峭的山坡上滚下来的卡车，会具有巨大的动量，而静止的同一辆卡车根本没有动量，因为 mv 中的 v 为 0。

图 5-2 轮船的动量

注：为什么一艘超级油轮的发动机通常在离港口 25 千米的地方就要关闭？在改变动量时，时机尤为重要！

如果物体的动量改变，那么可能的原因是质量或速度或两者都发生了改变。如果此时的条件是质量保持不变（这也是最常见的情况），那么速度一定发生了变化，也就是存在加速度。我们已经从前面的章节得知，加速度的产生是因为不平衡力的存在。所以，当作用在物体上的合力越大，其在给定时间间隔内的速度变化就越大，加速度就越大，其动量变化也就越大。

图 5-3 用同样的力在不同时间内推车

注：当你用同样大小的力，而推车的时间为原来的 2 倍时，会产生原来 2 倍的冲量，动量变化也为原来的 2 倍。

但对于动量的改变，还有一点很重要，即力的作用时间。我们可以用一个例子来说明：如图 5-3 所示，如果你对一辆熄火的汽车施加一个短暂的力，汽车的速度变化相对有限，虽然它的动量也会由此发生变化，但与在长时间内施加相同的力、使汽车获得更快的速度相比，动量的变化量更小。这证明了长时间持续的力比短暂施加的大小相同的力所产生的动量变化更大。因此，力的作用时间在改变动量方面也很重要。

我们将力与作用时间的乘积称为冲量。用公式表示为 $I = Ft$。

○—— 趣味问答 ●

所有运动的物体都有冲量和动量吗？

冲量不是物体固有的性质，而是作用力与时间的乘积。物体不能拥有冲量，就像它不能拥有力一样。运动的物体可以具有动量，但像速度一样，只是相对而言，也就是说，相对于地球表面这样的参照系，物体具有动量。例如，一只苍蝇在快速移动的机舱内可能相对于下方的地球有很大的动量，但相对于机舱的动量很小。

Q2 从高处跳到地面为何要弯曲膝盖？

动作冒险电影中经常有这样一类场景：主人公驾驶着一辆汽车疾驰，想甩开身后大批的追逐者。突然，汽车失控，在这关键时刻，主人公立即猛打方向盘，躲开坚固的墙壁，与汽车一起冲向干草堆或是其他显得更柔软的地方。

对于主人公的"软着陆"，常识告诉我们，这是一个正确的选择。但如果要说清背后的原因，大多数人的回答可能是能减少冲击力，或者是避免受伤。其实，这也可以用冲量和动量来解释。

我们在前文中已经得知，动量会因力作用的时间而发生改变，而冲量是力与时间的乘积。因此，可以自然想到，冲量和动量之间存在着联系。

施加在物体上的冲量越大，其动量变化就越大，确切的关系是：

$$冲量 = 动量变化$$

我们可以用符号 Δ 表示这一关系式：[①]

$$Ft = \Delta（mv）$$

冲量－动量关系有助于我们分析多个力的作用和运动的变化。有时冲量变化可以导致动量变化，有时动量的变化也可以导致冲量的变化。变化是怎样产生的并不重要。重要的是，知道冲量和动量的变化总是联系在一起的。接下来，我们分析几个典型案例：①动量增加；②长时间作用下动量减至 0；③短时间作用下动量减至 0。

典型案例一：动量增加。

比如，观看高尔夫球或是棒球比赛时，我们会发现无论是高尔夫球手开球，还是棒球运动员试图打出全垒打，都遵循这样的一个规则：他们挥杆或挥棒时会尽可能用力，并利用挥动完成随球。这实际上延长了与球的接触时间，可以尽可能长时间地施加最大的力，从而增加物体的动量。

冲量所涉及的力并不总是恒力。例如，击球的高尔夫球杆直到和球发生接触才施加了力（见图5-4），随后，球发生形变，力迅速增大。然后，当球获得速度并恢复到其原始形状时，力会减小。为了分析

图5-4 击打高尔夫球时的
冲量－动量

注：高尔夫球积累的冲量等于
动量变化。

① 这一关系式是通过牛顿第二运动定律得出的：$a = \dfrac{F}{m}$，$a = \dfrac{\Delta v}{\Delta t}$，则 $\dfrac{F}{m} = \dfrac{\Delta v}{\Delta t}$，由此得出 $F\Delta t = \Delta（mv）$。如果我们简单地将 Δt 表示为 t，则 $Ft = \Delta（mv）$。

方便，我们在本章中谈到力指的都是平均力。

典型案例二：长时间作用下动量减至 0。

还记得电影主人公选择将车开向干草堆的例子吗？用物理学来解释，其实就是长时间作用下动量减至 0。

为什么撞墙与撞向干草堆完全不同？无论是撞墙还是撞干草堆，你的动量降为 0 都是由于相同的冲量。但相同的冲量并不意味着相同的力或相同的作用时间，它只意味着力和时间的乘积相同。通过撞击干草堆而不是墙壁，你可以延长使动量变为 0 的时间，较长的作用时间会减小力，并减小由此产生的加速度（见图 5-5、图 5-6）。例如，如果撞击干草堆的作用时间是撞墙的 100 倍，则受到的力将减小至 1/100。每当我们希望力减小时，都会延长作用时间。也是基于这个原理，汽车中设计了填充式仪表板和安全气囊来保护人身安全。

> ●───── 趣味问答 ●
>
> **如果用同样的力，长筒大炮和短筒大炮哪个能打出更远的炮弹？**
>
> 　　用长筒大炮发射的炮弹速度会更大，因为该大炮发射的炮弹上的力作用时间更长，冲量更大，这会使炮弹的动量发生更大的变化。

图 5-5　撞向干草堆

注：如果动量的变化在很长一段时间内发生，则撞击力很小。

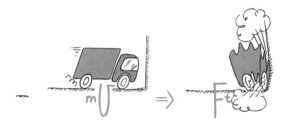

图 5-6　撞向墙壁

注：如果动量的变化在短时间内发生，则撞击力很大。

当你从高处跳到地面时，如果你的腿保持僵硬笔直，会发生什么？哎哟！你会很痛。相反，当你的脚接触地面时，如果膝盖弯曲，则会减少受到的伤害。因为你借此可以延长力的作用时间，那会是腿笔直朝下着陆的 10 ～ 20 倍，则骨骼上受到的力将减少到原来的 1/20 ～ 1/10。摔倒在地的摔跤运动员便是如此，他们试图通过放松肌肉并将冲击力分散成一系列力，来延长与垫子的接触时间，即他们的脚、膝盖、臀部、肋骨和肩膀会依次撞击垫子。当然，摔倒在垫子上比摔倒在坚实的地面上更可取，因为垫子会延长作用时间，从而减小受力。

马戏团杂技演员使用安全网也是一个很好的例子，安全网通过显著增加作用时间来减少摔倒的杂技演员受到的力。蹦极也利用了相同原理（见图5-7）。

此外，如果要徒手接住一个快速运动的棒球，你可以向前伸出手，这样就有足够的空间让它在与球接触后向后移动，这时你延长了作用时间，减少了接球时所需的力。

典型案例三：短时间作用下动量减至 0。

增加作用时间能减小动量，那么作用时间很短的话会是什么情况呢？比如在拳击比赛中，如果你迎上一记重拳而不是向后躲时挨打，你会受到很大的伤害，因为这个过程中作用时间很短，所以力很

图 5-7 蹦极

注：长时间作用下动量变化大，意味着平均力较小，从而更安全。

大（见图5-8）。同样，如果你手朝高速运动的棒球移动的方向接住而不是背身接住球，你会更轻松一点。此外，当汽车失控时，如果你将它撞向水泥墙上而不是干草堆里，你就真的有麻烦了。在这些作用时间很短的情况下，力会很大。记住，对于由运动到静止的物体，无论它是如何被止住的，所受的冲量都是一样的。如果运动时间很短，力就会很大。

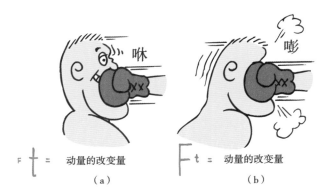

图 5-8　拳击比赛中的场景

注：相同情况下，拳击手用下
颚接拳所受的冲击力更小。
图（a），当拳击手躲开（顺
着拳头击来的方向向后移动）
时，会延长作用时间并减小力。
图（b），如果拳击手迎着拳头，
作用时间就会减少，拳击手将
受到更大的力作用。

上文所述原理解释了空手道专家如何徒手劈开一堆砖块（见图 5-9）。她用手快速地劈向砖块，势头相当强劲。当她对砖块产生冲量时，她的势头很快就会减弱。冲量等于手对砖块的力乘以手接触砖块的时间。通过快速地劈，作用时间非常短，相应地产生巨大的冲击力。如果她的手在受到撞击时反弹，那么力会更大。

冲量－动量关系 $Ft = \Delta(mv)$ 是各种碰撞的基础，这是多么美妙的事！①

图 5-9　徒手劈开砖头

注：在极短的时间内，产生相当大的力。

Q3 为什么发生反弹时冲量更大?

当你将飞镖投向木块，飞镖针头遇到木块就会停下来，它会"粘"在木块上，而木块会保持直立。当针头被取下时，飞镖会在与木块接触时反弹。同时，这个木块无法再保持直立，而是随之倒塌。这两个不一样的结果，证明了发生反弹时，对木块产生的力更大。

---

① 假设 Ft 中的 t 为 Δt，如果我们将 $Ft = \Delta(mv)$ 的两边除以作用时间 Δt，可以得到 $\dfrac{Ft}{\Delta t} = \dfrac{\Delta mv}{\Delta t} = \dfrac{\Delta v}{\Delta t}$.
$m = ma$，这与牛顿第二运动定律 $F = ma$ 相符。

想象一下，如果不是将飞镖投向木块，而是花盆从架子上掉到你的头上呢？那么你很有可能会受伤。而且如果它在你的头上发生反弹，你可能会伤得更严重。因为物体停止后"再次抛出"所需的冲量大于仅使物体停止的冲量，所以当物体发生反弹时，冲量会更大。举个例子，假设你用手抓住掉下来的锅，你提供了一种将动量减为 0 的冲量。如果你再次向上抛锅，则必须提供额外的推动力。这时增加的冲量与花盆发生反弹时你头部产生冲量的原理相同。

在美国加州淘金热期间，人们成功地利用了发生反弹时冲量更大这一理论。以前的采矿作业大多使用低效的桨轮，而莱斯特·A. 佩尔顿（Lester A. Pelton）运用了这一原理，设计了勺形桶，使水在撞击时发生反弹，大大增加了车轮上的冲击力。佩尔顿的设计在矿井附近的小溪中得到了非常广泛的运用，受到了矿工们的欢迎。

冲量

图 5-10　佩尔顿车轮

注：弯曲的叶片会使水反弹并向上，从而产生更大的转动车轮的冲量。

Q4 为什么推仪表盘不会让车动起来？

当你坐在驾驶座上，用手推仪表盘，会发生什么？车会动吗？当然不会，不过这是为什么呢？如果你的身边恰好有一个滑板，不妨来做一个小实验。站在滑板上，向水平方向投掷一个球，你会发现球投出之后，你将向后滑动。但是，如果你只做投掷动作，并不把球投出，你还会向后滑动吗？

答案是不会。因为如果没有外力作用在你和滑板上，你可能会随着身体姿态的改变而稍微抖动，但不会与地面发生相对运动。从动量上分析，如果没有动量传递给球，那么你和滑板也就不会拥有动量。

根据牛顿第二运动定律可知，要使物体加速，合力必须不为 0。本章阐述了几乎相同的概念，只是用了不同的语言。

如果你想改变物体的动量，可以对它施加冲量。只有系统外部的冲量才能改变系统的动量，仅靠内力是无法改变系统冲量的。就像推汽车的仪表板不会改变汽车的动量一样，因为仪表板和人身上的力都是内力，它们以相互作用力的方式成对出现，在系统内部抵消为 0。为了改变球或汽车的动量，需要外力的作用。如果不存在外力，那么就不存在外部冲量，动量也不可能改变。

还有另一个例子，如图 5-11 中正在发射的炮弹。炮筒内炮弹上的力与导致炮架反冲的力大小相等、方向相反。由于这些力在相同的时间内作用，所以两物体的冲量也是大小相等、方向相反。回想一下关于作用力和反作用力的牛顿第三运动定律，它与冲量－动量定理类似。这些冲量发生在由炮架和炮弹组成的系统内部，因此不会改变系统的动量。炮弹发射前，系统处于静止状态，动量为 0。发射后，系统动量仍然为 0，系统既没有得到动量也没有失去动量。

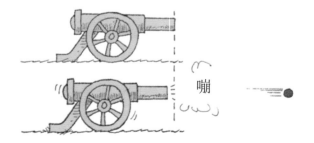

嘣

图 5-11　炮弹的发射

注：发射前系统动量为 0，发射后，系统动量仍然为 0，因为内部的冲量不会影响系统的动量。

动量与速度、力一样，既有大小也有方向，是一个矢量。就像速度和力一样，动量也可以相互抵消。因此，尽管前面示例中的炮弹在发射时获得动量，但是后撤的炮架在相反方向上具有大小相同的动量，所以整个系统中动量并没有增加。炮弹和炮架的动量大小相等、方向相反，①作为矢量，它们对整个系统来说相加为 0。

没有外力作用在系统上，则系统没有冲量变化，动量也没有变化。即如果没有合外力或冲量作用在系统上，系统的动量就不会改变。打台球不同的撞击情况也可以用此解释（见图 5-12）。

图 5-12　撞击球时动量的变化

注：母球正面击中 8 号球。在三个系统中情形如下：图（a），外力作用在 8 号球系统上，其动量增加。图（b），外力作用于母球系统，其动量减小。图（c），没有外力作用在母球和 8 号球整个系统上，系统动量守恒（简单地从系统的一部分传递到另一部分）。

当动量或物理学中的其他任何量不变时，我们说它是守恒的。当没有外力作用时动量守恒被总结为力学中的一个核心定律，称为动量守恒定律，其表述如下：**在没有外力的情况下，系统的动量保持不变。**

在任何只有内部力的系统中，例如，汽车碰撞、原子核发生放射性衰变或恒星爆炸，事件发生前后系统的动量是相同的。

---

① 这里我们忽略了火药爆炸喷出的气体的动量，实际上它可能是相当大的。这也是绝对不允许近距离射击带有空包弹的枪的原因，不止一人被近距离发射的空包弹打死。有一次，美国佛罗里达州杰克逊维尔市的一名牧师在数百名教区居民（包括他的家人）面前布道时，用万能手枪向自己的头部开了一枪空枪。虽然没有子弹从枪里射出，但废气足以致命。严格来说，子弹的动量和废气的动量的总和，等于枪反冲的动量。

Q5 什么情况下碰撞的物体会"粘"在一起？

　　　　动量在碰撞中守恒，也就是说，碰撞物体系统的动量在碰撞之前、之间和之后都是不变的。这是因为在碰撞过程中作用的力是内力——在系统之内的作用力和反作用力。碰撞之前存在的任何动量在碰撞后都只发生了重新分配或内部共享。在任何碰撞中，我们可以说：

碰撞前的动量 = 碰撞后的动量

　　　　无论物体在碰撞之前如何运动，这都是正确的。

　　当一个运动的台球与另一个静止的台球正面碰撞时，如果碰撞后原先运动的球静止，原先静止的球以碰撞它的球原有速度运动，我们称之为弹性碰撞。理想情况下，发生弹性碰撞的物体不会有持久的变形或额外的热量（见图 5-13）。假若物体在碰撞过程中纠缠在一起，整个过程动量也是守恒的，这是一种非弹性碰撞，其特征是会发生变形或发热，或者两者兼有。在完全非弹性碰撞中，两个物体会"粘"在一起，即具有相同的速度。例如，一辆货车沿着轨道行驶并与另一辆静止的货车相撞（见图 5-14），如果两辆货车质量相同，它们碰撞的地方可能会出现凹陷或是损坏，并且可能会因碰撞而连在一起。

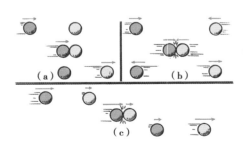

图 5-13　等质量球的弹性碰撞

注：图（a），一个绿色的球撞击一个静止的黄色球。图（b），两个球迎面相撞。图（c），一个绿色的球撞击一个向同一方向运动的黄色球。

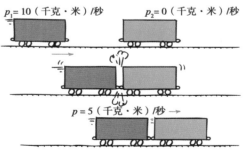

图 5-14　非弹性碰撞

注：左侧货车的动量在碰撞后与右侧相同质量的货车共享。

注意图 5-15 所示的非弹性碰撞中，如果 A 和 B 在相反的方向上以大小相等的动量运动（A 和 B 迎头相撞），记其中一个为负，则碰撞后，连成一体的残骸仍处于撞击点，整个过程系统总动量为 0。如果 A 和 B 在同一方向上运动（A 追赶 B），则系统总动量是它们各自动量的合成。

图 5-15　非弹性碰撞

注：碰撞前后卡车的动量相同。

然而，如果 A 向东运动，动量为 20（千克·米）/秒，B 向西运动，动量为 10（千克·米）/秒（图中未显示），那么在碰撞后，连成一体的残骸以 10（千克·米）/秒的动量向东运动。当然，由于地面摩擦力的作用，残骸最终会静止。然而，碰撞时的时间很短，碰撞时的冲击力远大于外部摩擦力，因此实际上碰撞前后的动量可以视为是守恒的。卡车碰撞前的总动量等于碰撞后残骸的总动量。同样的原理也适用于完全不存在摩擦的航天器，即航天器对接前的总动量和对接后的总动量相同。

前面我们提到的基本都是正面碰撞，如果碰撞物体的路径之间存在夹角呢？答案是无论二者的夹角如何，在任何碰撞中，总动量都保持不变。

当涉及不同方向时，动量的合成可以用矢量加法的平行四边形定则计算。我们在这里不会详细讨论那些复杂的案例，但我们将展示一些简单的例子来表述这个概念。

在图 5-16 中，我们可以看到两辆汽车在路径相互垂直时发生碰撞。A 车的动量指向正东，B 车的动量指向正北。如果它们的动量大小相等，那么它们的合动量是朝东北方向的。这也是相撞后汽车的行驶方向。我们可以看到，正如正方形的对角线长度并不简单地等于两条边长的和一样，合动量的大小也不简单地等于碰撞前两个动量的算术和。回想一下正方形的对角线长与边长之间的关系：正方形的对角线的长度是正方形边长的$\sqrt{2}$倍。因此在这个例子中，合动量的大小等于任一车辆动量的$\sqrt{2}$倍。

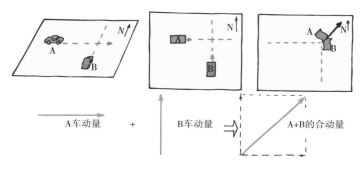

A车动量   +   B车动量   ⇒   A+B的合动量

图 5-16   动量方向相互垂直的两车相撞

图 5-17 显示了一个下落的爆竹炸成两块的过程。碎片的总动量通过矢量加法合成，等于下落的爆竹的初动量。

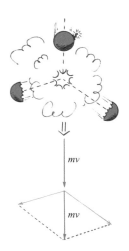

无论碰撞的性质如何或有多么复杂，碰撞前后的总动量都保持不变。这一极其有用的定律使我们能够在不了解碰撞中力的情况下了解碰撞。我们将在下一章中学到能量也是守恒的。通过将动量守恒和能量守恒应用于各种探测室中观察到的亚原子粒子的碰撞，可以计算这些微小粒子的质量，这是通过测定碰撞前后的动量和能量来获得的信息。在更大的尺度上，动量守恒定律和能量守恒定律提供了关于星系结构和运动的详细信息，这两大守恒定律都具有深远的影响。

图 5-17   下落爆竹的爆炸

注：爆竹爆炸后，其碎片的总动量（运用矢量加法可得）与初动量相等。

要点回顾
CONCEPTUAL PHYSICS >>>

- 动量是物体机械运动状态的一种重要度量，更具体地说，动量被定义为物体质量与其速度的乘积。而冲量是力在时间上的积累：力 × 作用时间 = 冲量，即 $I = Ft$。

- 冲量和动量的变化总是联系在一起的，有三个典型案例如下：①动量增加；②长时间作用下动量减至 0；③短时间作用下动量减至 0。

- 使物体停止，然后"再次抛出"所需的冲量大于仅使物体停止的冲量，所以当物体发生反弹时，冲量会更大。

- 只有系统外部的冲量才能改变系统的动量，仅靠内力是无法改变系统冲量的。因为系统内的力以相互作用力的方式成对出现，在系统内部抵消为 0。如果不存在外力，那么就不存在外部冲量，动量也不可能改变。

- 只要碰撞过程中没有外力作用，系统总动量在碰撞过程中是不变的，我们将其称为动量守恒。也就是说，碰撞物体系统的动量在碰撞之前、之间和之后都是不变的。因为在碰撞过程中作用的力是内力——在系统之内的作用力和反作用力。碰撞之前存在的任何动量在碰撞后都只发生了重新分配或内部共享。

CONCEPTUAL
PHYSICS

06

能量是如何转换的

妙趣横生的物理学课堂

- 拿起杠铃和举着杠铃,哪个更累?

- 是什么让过山车在空中转圈?

- 为什么车速越快,刹车距离越长?

- 太阳为什么会发光?

- 是谁说"给我一个支点,我就能撬起整个地球"?

- 世界上存在效率达 100% 的机械吗?

- 大自然中取之不尽的能源是什么?

能量是现代科学中最核心的概念之一。试想一下，如果我们生活在一个没有冰箱、空调、收音机、电视、汽车以及智能手机的世界，我们将很难享受其中的"浪漫"。

如今的我们已经习惯了触手可及的便利生活，但很少思考这种生活对能源的依赖有多大，水坝、发电厂、运输工程、电气工程、现代医学和现代农业听上去好像离我们很远。

吃一餐饭时，我们很少注意到收获粮食和将食物运上餐桌所需的能量和技术；打开一盏灯时，我们很少注意到由中央控制的电网，它是如何通过长距离输电线路连接远距离分散的发电站的，但正是这些线路承载着满足社会需求的能量。

毋庸置疑，科学和技术使我们的生活更便利，我们离不开能量。在本章中，你将学习能量的形式，以及能量是如何转化并保持守恒状态的。接下来，让我们从功这个基本概念开始探究。

Q1 拿起杠铃和举着杠铃，哪个更累？

一名举重运动员举起一个 1 000 牛重的杠铃，你觉得在他举起杠铃的一系列动作中，什么时候最累呢？实际上，相比举着的时候，运动员拿起杠铃时可能会更累。想要解释这个现象，我们需要了解"功"这个概念。

我们已经知道物体运动状态的改变既取决于力，也取决于力的作用时间。在这种语境下，"多久"意味着作用时间，力与作用时间的乘积为冲量。但"多久"也并不总是指时间，它也可以表示距离。当我们思考力与距离的乘积时，我们谈论的是一个完全不同的概念：功。功是度量能量转化的基本物理量。

日常生活中与功相关的例子有很多，比如我们用力将车向前推，或者将重物抬起，这都是在做功。此外，我们跑步、骑自行车，是肌肉对地面施加力，或是双脚用力蹬踩踏板，由此让自己或自行车前进，这也是做功。总之，只要物体在力的作用下发生了一定的位移，就可以说对该物体做了功。

功的大小会跟什么相关呢？让我们用图 6-1 和图 6-2 来进一步解释。当我们克服地球引力抬起一袋石砾时，如图 6-1，我们就做了功。石砾越重或者将它举得越高，我们所做的功就越多。做功时，有两个因素需要考虑：①施加的力；②力使物体运动的距离。对于最简单的情况，即力是恒定的，并且运动方向与力的方向上在一条直线上时，我们将作用力对物体所做的功定义为力和物体移动距离的乘积。公式为：

$$功 = 力 \times 距离$$

$$或：W = Fd$$

如果我们将两袋石砾（每袋质量一样）抬升至一层楼，我们所做的功是抬升一袋石砾至同一高度的两倍，因为力是原先的两倍。而如果我们把一袋石砾抬升至两层楼，那么我们所做的功也是将其抬升至一层楼的两倍，因为距离是原先的两倍。

图 6-1　将一袋石砾抬起

注: 与将石砾抬至一层楼所做的功相比, 把它抬至两层楼所做的功将翻倍, 因为距离是原来的两倍。

图 6-2　将两袋石砾抬起

注: 当将两倍重的石砾抬升至相同的高度时, 由于抬升所需的力是原来的两倍, 因此所做的功是原来的两倍。

　　但如果力与运动方向并不在一条直线上, 而是成一定角度, 那么需要将力分解, 这时在运动方向上的分力乘以移动的距离等于功。当力与运动方向垂直时, 运动方向上则没有分力, 这代表力不做功。一个常见的例子是圆轨道上的卫星, 由于引力与其圆形路径总是相切, 所以引力不做功。因此, 它在轨道上运动的速度大小恒定。

　　因此, 有时候一些看起来用了很多力的事情, 却有可能不做功。我们再回到举起杠铃的例子中, 如图 6-3 所示, 举重运动员在头顶举着杠铃时并没有做功, 因为杠铃没有被她施加的力所移动, 位移为 0 意味着她没有在杠铃上做功。这时做功通过肌肉的拉伸和收缩来完成, 等于在人身上的力乘距离, 这个功并没有作用在杠铃上, 而是以热能的形式使运动员的手臂发热。然而, 拿起杠铃的过程则是另一回事。当举重运动员从地面拿起杠铃时,

图 6-3　举重运动员做功

这个过程既有力, 又有在力方向上运动的距离, 所以她对杠铃做了功。同样, 在货架上搬运食品杂货的工作原理也是如此。

　　做功通常分为两类。一类是克服另一种力所做的功。比如当弓箭手拉开弓弦时, 他做了功以对抗弓的弹性势能。同样, 当打桩机的夯锤升起时, 需要做功来

克服重力势能以升起夯锤。当你做俯卧撑的时候，你需要做功来对抗自己的重力势能。当你迫使物体克服某个力（通常是摩擦力）的阻碍而发生运动时，你在做功。

另一类是改变物体速度所做的功，比如使汽车加速或减速，或者球杆击打静止的高尔夫球并使其运动。这两种类型都涉及能量的传递。

通常，做功的时候施加的力不是恒定的，而是变化的。例如，拉动弓的力、拉伸弹簧的力、发射炮弹时作用于炮弹的力，都是变化的力。所以在计算功的时候，我们使用施加在物体上使物体移动一定距离的力的平均值进行计算。距离只是力作用时物体所移动的距离，不包括力停止作用后物体可能移动的距离。

图 6-4　人对墙做功了吗？

注：人推墙时会消耗能量，如果墙没有移动，他就没对墙做功，消耗的能量会变成热能。

⟶ 趣味问答 •

心脏跳动的功率是多少?

　　你的心脏在向身体泵送血液时的功率略大于 1 瓦。

功的单位是焦耳（J），简称焦，1 焦耳=1 牛·米。当用 1 牛的力使物体运动 1 米时，比如把棒球举过头顶，1 焦耳的功就做完了。对于更大的数，我们还可以用千焦或兆焦作为单位。如图 6-3 中的举重运动员做的功用千焦做单位比较合适；当一辆满载的卡车以 100 千米 / 时的速度行驶时，使其停在轨道上则需要数量级为兆焦的功。而如图 6-4 中的人在推墙时所做的功取决于墙被推动的距离。

上文告诉我们，力与距离是影响功的两个因素，时间似乎与功并没有什么直接联系，因此当我们把一堆杂货搬上楼时，无论是走上去还是跑上去，所做的功都是一样的。为什么我们在几秒内跑上楼比在几分钟内走上楼更累呢？为了解释这种差异，我们需要讨论一个衡量做功快慢的指标，即功率：

$$功率 = \frac{功}{时间}$$

$$p = \frac{w}{t}$$

功率的单位是瓦特（以纪念 18 世纪蒸汽机的发明者瓦特），简称瓦，1 瓦 =1 焦耳 / 秒。1 焦耳的功在 1 秒内完成，则功率为 1 瓦特。1 千瓦 =1 000 瓦，1 兆瓦 =10^6 瓦。

我们可以通过汽车发动机的例子来更直观地感受功率大小的不同。大功率发动机做功速度很快，如果一台汽车发动机的功率是另一台汽车发动机的两倍，这并不意味着前者能产生后者两倍的功，或者前者的行驶速度是后者的两倍。两倍的功率仅仅意味着前者可以在同一时间内做后者两倍的功或在一半时间内做相同的功。一台功率较大的发动机可以比一台功率较小的发动机在更短的时间内使汽车达到给定的速度。

这里还有另一种看待功率的观点：1 升燃料可以做一定量的功，我们燃烧这1 升燃料的功率取决于燃烧的速度。1 升燃料可以让割草机工作半小时，也可以让喷气发动机工作半秒。因此，喷气发动机的功率比割草机的大。

Q2 是什么让过山车在空中转圈？

过山车从高处冲下，在低处具有动能，动能又将它送上上升的轨道，到达下一个顶峰。

动能就是物体由于做机械运动而具有的能量。接下来，就让我们更详细地了解一下机械运动中的能量。

当弓箭手拉弓弦时，弯曲的弓因不断紧绷的弓弦积蓄了能量；当打桩机的重型夯锤被抬升后，夯锤获得能量而能向下撞击物体；当机器上的发条被拧紧时，发条拥有能量以对齿轮做功，实现运行时钟、敲钟或发出警报的功能。

在每种情况下，物体都因运动而拥有了能量，能量使物体拥有做功的能力。[①]能量可以使物体材料中的原子压缩，使相互吸引的物体发生物理分离，或使物质分子中的电荷重排。与功一样，能量的国际单位为焦耳，它以多种形式出现，在变化时很容易被察觉。现在，我们将重点讨论两种最常见的机械能形式：由物体位置产生的能量（势能）和物体运动产生的能量（动能）。

燃料中的化学能也是势能，它实际上是亚微观层次上的粒子由位置产生的能量。当分子内或分子间的电荷位置发生改变时，即发生化学反应时，这种能量是可用的。任何能通过化学反应做功的物质都具有势能。势能广泛存在于化石燃料、电池和食物中。

势能

物体可以根据其位置储存能量，这样的能量被称为势能。拥有势能的物体具有做功的潜力，例如，被拉伸或压缩的弹簧具有做功的潜力。拉弓时，能量储存在弓中，弓可以对箭做功。被拉伸的橡胶带、弹弓上的橡皮筋也都具有势能。

提升物体需要克服地球引力做功。由于位置升高而产生的势能称为重力势能。水库中升高的水和由打桩机抬高的夯锤都具有重力势能。并且做功时，总会有能量交换。

提升物体至某一高度后物体具有的重力势能等于克服重力提升物体至同一高度时所做的功，即等于将物体向上移动所需的力乘其移动的垂直距离（$W = Fd$）。竖直方向（做功方向）上的分力等于物体的重力 mg，因此将物体提升高度 h 所做的功为 mgh，那么：

---

① 严格地说，使物体做功的是它的有用功，因为物体中不是所有的能量都能转化为功。

重力势能 = 做的功

或：$E_p = mgh$

请注意，高度是指相对于选定参照面（例如地面或建筑物的楼板）的距离，这意味着参照面不同，重力势能不同。我们可以在图 6-5 中看到，升高的球的重力势能不取决于到达该高度的路径。

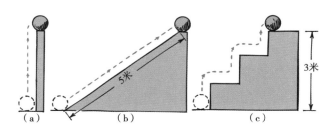

图 6-5 处于高处的球的势能

注：在三种情况下，球的势能都是相同的（30 焦耳），因为无论是图（a）用 10 牛的力抬起，图（b）用 6 牛的力推上 5 米的斜坡，还是图（c）用 10 牛的力抬上每级 1 米的楼梯，所做的功都是一样的。注意，水平移动球时不做功（如果忽略摩擦力）。

势能，无论是重力势能还是其他类型的势能，只有当它做功或转化为其他形式的能量时才有意义。例如，如果图 6-5 中的球从其升高后的位置跌落，至落地时做了 30 焦耳的功，那么它就失去了 30 焦耳的势能。任何物体的重力势能都与参照面有关，而只有势能发生变化才有意义。除了势能，还有一种常见的机械能，即动能。图 6-6 中的钟摆在摆动时就将势能转换为了动能。

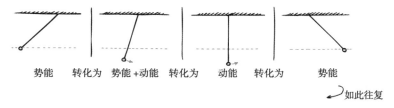

图 6-6 钟摆摆动时的能量转换

注：能量在钟摆摆动中转换。当钟摆到最低点时，其势能最小。

动能

如果你推动一个物体，让它运动，那么你就对它做了功，它就拥有了能量，我们称之为动能。物体的动能取决于物体的质量及其速度，等于质量乘以速度的平方，并乘以常数 $\frac{1}{2}$：

$$动能 = \frac{1}{2} \times 质量 \times 速度^2$$

$$E_k = \frac{1}{2}mv^2$$

比如我们平时玩滑板车，朋友突然推了你一把，你由此获得了一个更快的速度，这就是朋友对你做功增加了你的动能。要扔出一个球，你必须在它离开你手时，给它速度。随后，运动的球可以击中物体并推倒它，也就是对击中的物体做功。运动物体的动能等于使其从静止状态达到某一速度所需的功，或者物体从运动变为静止时所能做的功：

$$动能 = 做的功$$

$$或：\frac{1}{2}mv^2 = Fd$$

人在拉弓时就涉及这样的能量转换（见图 6-7）。

注意公式里是速度的平方，如果某一物体的速度是原来的 2 倍，那么它的动能是原来的 4 倍；因此，将速度提高至 2 倍需要做原先 4 倍的功。每当做功完成，能

当你坐飞机时，看到一只讨厌的虫子在飞，这时机长广播说飞机的巡航速度为 800 千米 / 时，这是不是意味着虫子的动能异常巨大？

不，回想一下，速度是一个相对量，指相对于参照系有多快。动能也是如此。相对于地面，虫子的动能很大；但相对于飞机内部，虫子的动能很小。

图 6-7 拉弓时的能量转换

注：人所拉的弓的势能等于她将弦恢复到初始位置所做的功（平均力 × 距离）。当箭被释放时，拉弓的大部分势能将成为箭的动能。

量就会发生变化。动能和所有形式的能量一样，单位用焦耳表示。

Q3　为什么车速越快，刹车距离越长？

　　我们从上文已经得知，汽车加速时，因为做了功，所以动能增加；汽车减速时，动能则因做功而减少。我们可以说：

$$做的功 = \Delta E_k^{①}$$

　　做的功等于动能的变化，这就是功能定理。这个式子中的功是总功，即基于合力的功。例如，如果你推着一个箱子，箱子既受到来自你的推力，也受到地面的摩擦力，那么动能的变化就等于推力与摩擦力的合力所做的功。在这种情况下，你所做的功中只有一部分用于改变物体的动能，其余部分通过摩擦转化为热能。如果摩擦力与推力大小相等、方向相反，物体上的合力为 0，总功为 0，那么物体的动能就不会变化。功能定理同样适用于减速的情况。当你驾车时猛踩刹车，道路就对汽车做了功。这个功等于摩擦力与摩擦力作用距离的乘积。

　　有趣的是，无论汽车行驶得慢还是快，道路对打滑的轮胎的最大摩擦力几乎相同。一辆汽车以另一辆汽车 2 倍的速度行驶，需要做它 4 倍的功才能停下。由于 2 辆车的摩擦力几乎相同，速度快的那辆车在停止前滑行的距离是速度慢的车的 4 倍。因此，正如事故调查人员所知，因为一辆速度 100 千米 / 时的汽车的动能是 50 千米 / 时的 4 倍，所以在车轮锁定的情况下汽车滑行的距离也是 50 千米 / 时的 4 倍。动能取决于速度的平方。同样的道理也可以说明，即使有防抱死制动器（防止轮胎打滑，以保持轮胎对道路的抓地力），对于不太打滑的轮胎，道路

---

① 这个方程的推导过程如下：把 $F = ma$ 的两边同乘 d，得到 $Fd = mad$。对于从静止状态开始、具有恒定加速度的运动，$d = \frac{1}{2}at^2$，所以 $Fd = ma \times \frac{1}{2}at^2 = \frac{1}{2}ma^2t^2$，代入 $v = at$ 得到 $Fd = \frac{1}{2}mv^2$，即做的功 = 动能变化量。

最大的摩擦力仍与速度无关，所以此时让速度为 100 千米 / 时的汽车停下来也需要以 50 千米 / 时行驶的汽车 4 倍的距离。

如图 6-8 所示，当汽车刹车且轮胎不打滑时，刹车片将汽车的动能转换为热能。如果轮胎打滑，轮胎和路面会变热，刹车片不会。因此一些驾驶人常用另一种减慢车速的方法，即换挡至低速挡并让发动机进行制动。混合动力汽车的原理也是类似的：使用发电机将汽车减速的动能转换成电能，储存在电池中，作为对汽油燃烧产生的能量的补充。

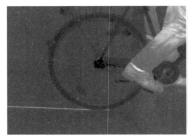

图 6-8　刹车时会有热能

注：由于摩擦，当自行车打滑至停止时，能量会转移到地面和轮胎中。红外摄像机显示了轮胎轨迹（地板上的红色条纹，左侧）和轮胎的温度（右侧）。

功能定理不仅适用于动能的转化。当外力做功时，我们可以说做的功等于能量的变化，用 E 代表各种能量。请注意，功不是能量的一种形式，而是将能量从一个地方转移到另一个地方或从一种形式转化为另一种形式的一种方式[1]（见图 6-9、图 6-10）。

动能和势能是许多形式的能量中的两种，它们是其他形式的能量的基础，如化学能、核能、声能、光能。随机分子运动的动能与温度有关，电荷的势能和电压相关，振动空气的动能和势能定义了声音强度，甚至光能也来源于原子内电子的运动。每种形式的能量都可以转化为其他形式！

---

[1] 热力学第一运动定律 $\Delta E = W + Q$ 指出，一个系统的能量变化等于对它做的功加上传递给它的热量。

图 6-9　球从高处被释放

注：释放被抬起的球时，球的势能将变为动能。

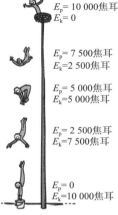

E_p= 10 000焦耳
E_k= 0

E_p= 7 500焦耳
E_k= 2 500焦耳

E_p= 5 000焦耳
E_k= 5 000焦耳

E_p= 2 500焦耳
E_k= 7 500焦耳

E_p= 0
E_k= 10 000焦耳

图 6-10　马戏表演者从杆上跳下的能量转化

注：一个马戏表演者在杆顶的势能为10 000 焦耳，当他往下跳时，势能转换为动能。注意，图中显示了距杆顶 1/4、1/2、3/4 位置的势能和动能。可以看到，一路向下时，总能量总是恒定的。

Q4　太阳为什么会发光？

　　太阳之所以会发光，是因为其中一些核能转化为光能。太阳内部深处由于引力和极高的温度而产生的巨大压力，使氢原子结合在一起，形成氦原子核。这就是核聚变，一个释放能量的过程，其中释放的一小部分能量会到达地球。

　　到达地球的部分能量被植物（以及能进行光合作用的其他生物）吸收，这些能量中的一部分随后又以煤炭的形式储存；另一部分能量参与到食物链中，最终这些能量中的一部分会储存在石油中。

　　来自太阳的一部分能量还会使海洋中的水蒸发，这些能量中的一部分会通过降雨返回地球。降落至水坝的雨水，由于位置较高，具有较大势能，可用于为水坝发电厂提供能量，并转化为电能。电能再通过电线传输到千家万户，用于照明、加热、烹饪等。能量从一种形式转化为另一种形式，这一过程是何等的奇妙！

　　比知道能量是什么更重要的是理解它的变化，即它是如何转移、转化的。如果我们从能量转移、转化的角度来分析能量，比如从一种形式到另一种形式的能量转化，或者从一个物体到另一个物体的能量转移，我们就能更好地理解自然界中一些现象发生的过程和变化。能量是大自然的计分方式。

观察图 6-11 打桩机操作过程中的能量变化：抬升夯锤所做的功，赋予夯锤势能，当夯锤被释放时，势能变成动能，并击打地面的桩，桩因此获得了能量，这一过程实现了将能量从夯锤转移到下面的桩上。桩砸入地面的距离乘平均冲击力，即夯锤对桩所做的功，理想情况下等于夯锤的初始势能。将所有的热能和声能考虑进来，我们发现能量的转换没有损失或增加。这个过程真的非常了不起！

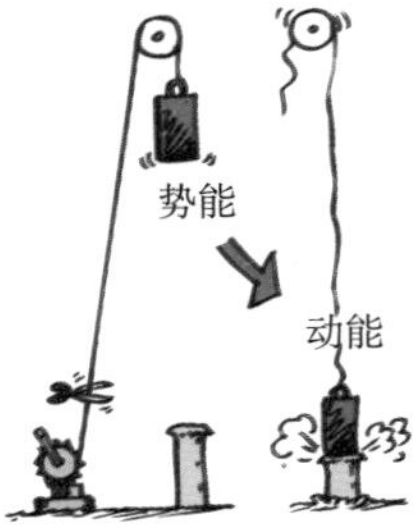

图 6-11　被抬升的夯锤具有势能

注：当被抬升的夯锤释放时，其势能转换为动能。

对各种形式的能量及其从一种形式转化到另一种形式的研究，造就了物理学中最伟大的定律之一——能量守恒定律：

能量不能被创造或破坏，它可以从一个物体转移到另一个物体，也可以从一种形式转化到另一种形式，但能量的总量永远不会改变。

● 趣味问答 ●

汽车开着空调会消耗更多的燃料吗？亮灯的时候呢？在停车将发动机关闭而收音机打开的时候呢？

这三个问题的答案都是会消耗更多的燃料，因为消耗的所有能量最终都来自燃料。即使是从电池中获取的能量也必须由交流发电机产生，而交流发电机又由发动机驱动，发动机依靠燃料的能量运转。记住，天下没有免费的午餐！

当我们从整体上思考任何系统时，无论它是像钟摆一样简单，还是像爆炸的超新星一样复杂，都有一个量没有被创造或破坏，那就是能量。能量可能会改变形式，也可能从一个物体转移到另一个物体（见图 6-12），但正如科学家所了解的那样，总能量保持不变。总能量不变说明了这样一个事实：组成物质的原子本身就是集中的能量束。当原子核重新排列时，可以释放出大量的能量。

图 6-12　缆车上下坡时的能量转化

注：陡峭山坡上的缆车通过道路下方的电缆很好地相互传递能量。电缆形成了一个
完整的环路，它将下坡和上坡的车连接起来。这样，下坡的车能对上坡的车起作用，
即上坡的车的重力势能增加是由于下坡的车的重力势能减少。

科学家必须对新思想持开放态度，这是科学发展的必经之路，但一套已经建立起来的知识体系是不容易推翻的。其中包括能量守恒定律，它被编织到科学的每一个分支中，并得到从原子尺度到宇宙尺度的无数实验的验证。然而，没有任何概念比"能源"更能激发"民间科学家"的灵感。如果我们可以免费获得能源，或者拥有一台输出能量比输入能量更多的机器，那岂不是太好了？这就是许多"民间科学家"思考的问题，容易受骗的投机者将钱投资于其中的一些项目，但这些项目都没有通过科学实验的检验。也许有一天，人们会发现能量守恒定律中的一个缺陷，如果这种情况真的发生，科学家们将为这一突破感到振奋。但到目前为止，能量守恒定律与我们所掌握的其他知识体系一样坚实。请不要试图去对抗它。

Q5 是谁说"给我一个支点，我就能撬起整个地球"？

"给我一个支点，我就能撬起整个地球。"相传这句话是公元前三世纪古希腊著名科学家阿基米德说的，这句话让杠杆原理无人不知，无人不晓。

杠杆（见图 6-13）实际上是一种极其简单的机械，它可以使力倍增或简单地改变力的方向。每台机械的基本原理都是能量守恒。就让我们以杠杆为例进行

分析。杠杆的一端在做功的同时，另一端在朝相反方
向做功。我们看到力的方向发生了变化：如果向下推
一端，另一端就会上升。假设摩擦力所做的功和杠杆
的不平衡重量小到足以忽略不计，则杠杆一端做的功
等于另一端做的功。

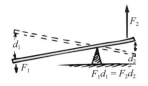

图 6-13　杠杆受力分析

注：F_1、F_2 分别代表作用在
杠杆两端的力，d_1、d_2 分别
代表支点到 F_1、F_2 作用线
的距离。

由于功等于力乘以力方向上的距离，则：

$$F_1d_1 = F_2d_2$$

杠杆的支撑点被称为支点。当杠杆的支点更接近某一端时，该端的力则大于
另一端的力。这是因为另一端的力作用在一个较长的距离上，而该端距支点相对
短。杠杆可以是一个力的倍增器，但没有一台机械能使功倍增或使能量倍增，这
是由能量守恒限制的！

今天，人们可以利用杠杆原理来顶起汽车的前
端。通过在长距离内施加较小的力，可以产生一个短
距离内较大的力。如图 6-14 所示，当人将千斤顶手
柄向下推 25 厘米时，虽然汽车只上升 0.25 厘米，但
车受的力是人用的力的 100 倍。（棘轮将汽车保持在
升起的位置，人可以反复压下手柄不断把车升起。）

5 000牛

25厘米

$F_1d_1 = F_2d_2$
$50 \times 25 = 5\,000 \times 0.25$

图 6-14　用杠杆原理将车顶起

另一种简单的机械是滑轮，你能想到滑轮其实是由杠杆"伪装"的吗？如
图 6-15（a）所示，静滑轮仅改变力的方向，力的大小不变。如图 6-15（b）所示，
动滑轮使力减小，力的方向不变。与任何其他的机械一样，无论如何，总功不变。
滑轮组是静滑轮与动滑轮的组合，它既可以改变力的大小，也可以改变方向。
在图 6-16 所示的理想滑轮系统中，这个人用 50 牛的力拉动 10 米的绳索，并将
1 000 牛的物体垂直提升 0.5 米，人拉动绳索所消耗的能量等于 1 000 牛的物体所
增加的势能，实现了能量从人到物体的传递。

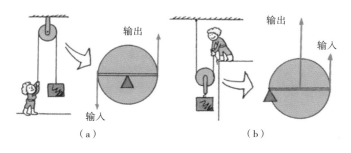

图 6-15 静滑轮与动滑轮

注：图（a），静滑轮就像等臂杠杆，只改变力的方向。图（b），动滑轮可以改变力的大小，但不能改变方向。注意，此时滑轮中的"支点"位于左端而不再是中心。

图 6-16 用滑轮组提升物体

任何机械增加力都是以牺牲距离为代价的。同样，任何增加距离的机械，比如你的前臂和肘部，都是以牺牲力为代价的。没有任何机械或设备能输出比输入更多的能量，没有任何机械能创造能量，它只能将能量转移或将能量从一种形式转化为另一种形式。

机械不会减少功，它们只是让做功变得更容易。

Q6 世界上存在效率达 100% 的机械吗？

前面我们所提到的三个例子都是理想机械，即输出等于输入，以 100% 的效率运行。但在实际情况中，这不会发生，我们也永远不指望它会发生。在任何机械中，一些能量会被耗散为分子的动能，它们表现为热能，从而使机械的温度升高。

杠杆也会围绕其支点转动，并将能量的一小部分转化为热能。比如我们做了 100 焦耳的功，但却只有 98 焦耳的有用功，此时杠杆的效率为 98%，另有 2 焦耳的功转化为热能。再比如图 6-14 中，如果人做功 100 焦耳，并将汽车势能增加 60 焦耳，则千斤顶的效率为 60%，人做的功中有 40 焦耳用于对抗摩擦，并以热能的形式释放。

在滑轮系统中，通常有相当一部分能量转化为热能。如果我们做 100 焦耳的功，滑轮转动时的摩擦以热能的形式消耗 60 焦耳的能量。在这种情况下，有用功仅为 40 焦耳，滑轮系统的效率为 40%。当滑轮系统被抬高时，一部分能量也可能被"浪费"为滑轮系统自身的势能。机械的效率越低，转化为其他形式的能量就越多。

> ○ 趣味问答 ○
>
> **世界上存在永动机吗?**
>
> 永动机（一种可以在没有能量输入的情况下做功的设备）是不可能存在的。但运动是永恒的，比如原子核及其周围电子的运动、恒星及其行星的运动，这是自然本身的规律。

当我们周围世界中的能量从一种形式转化为另一种形式时，低效率是客观存在的。效率可以表示为：

$$效率 = \frac{有用功}{总功} \times 100\%$$

汽车发动机是一种将储存在燃料中的化学能转化为机械能的机械装置。当燃料燃烧时，石油燃料中分子间的分子键断裂。燃料中的碳原子与空气中的氧原子结合形成二氧化碳，氢原子与氧原子结合形成水，并释放能量。如果所有的这些能量都能转化为有用的能量，那该多好！也就是说，如果我们能拥有一台 100% 高效的发动机，那该多好。然而，这是不可能的，因为大部分能量都会转化为热能，虽然其中一小部分可以在冬天用来给乘客取暖，但大部分都被浪费了。一些能量随着高温废气排出，一些通过冷却系统或直接从高温发动机部件散发到空气中。[①]

> ○ 趣味问答 ○
>
> **你知道效率最高的交通方式是什么吗?**
>
> 最有效率的交通方式是骑自行车，其效率远远超过火车和汽车，甚至动物。为自行车欢呼!

---

① 你在后续学习热力学时，会发现内燃机必须将其部分燃料的能量转化为热能。但是，为车辆提供动力的燃料电池则没有这种限制。

让我们这样看待随着能量转化而产生的低效率问题：在任何能量转化中，可用能量都会被稀释（见图6-17）。可用能量会随着每次转化而减少，直到最近仅剩下普通温度下的热能。当我们研究热力学时，会发现热能对于做功基本是无用的，除非是要对温度进行改变，一旦达到我们环境的最低实用温度，它就没用了。也就是说，我们周围的环境是可用能量的"终点"。

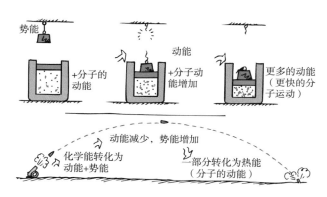

图6-17　悬挂物落下后、炮弹被射出后的能量转化

Q7 大自然中取之不尽的能源是什么？

　　爱迪生曾说：我们应该利用大自然中取之不尽的能源——太阳、风和潮汐，而现在我们所做的就像农民砍倒房子周围的篱笆以获取燃料一样。我会把钱花在研究太阳能上，那是多么强大的力量！我希望我们不会在等到石油和煤炭耗尽后才能解决能源匮乏的问题。

我们都熟悉太阳能、风能、石油等能源。顾名思义，太阳能是直接来自太阳的能量。太阳也在各种其他形式的能量中发挥着作用，它是我们大部分能量的源头。

太阳能是化石燃料的绿色能源替代品。被正午阳光照射的面积仅为1平方千米的太阳能板可以提供千兆瓦级的电力，抵得上大型煤炭厂或核电站的输出。因此，太阳能是一个不断发展的绿色能源。当太阳能发电厂与传统的化石燃料发电厂相结合，就有了太阳能混合发电系统。随着越来越多新技术的出现，太阳能发电厂也越来越多，太空中也有了太阳能电池板（见图 6-18）。

图 6-18　太阳能电池板

注：大多数在太阳系航行的航天器依靠太阳能电池板供电；在地球表面，太阳能电池板也很常见。

水力发电是利用水循环发电：海洋中的水被太阳蒸发，由此形成云，随后又会产生雨或雪。当雨水流入河流，然后被大坝积蓄后，会被引向发电机涡轮，最终返回大海，循环往复。水能是一种清洁的可再生能源。然而，水利发电也会对环境产生负面影响，例如阻碍鱼类迁徙等。

煤炭和石油等化石燃料是数百万年前生物遗骸分解的产物，其中含有来自远古时代光合作用的能量。化石燃料目前是世界上的主要能源，但燃烧化石燃料会向大气中排放二氧化碳和其他温室气体，从而加剧全球气候变暖。因此，需要加快其他种类能源的发展，以减缓危害地球的气候变化。

风是由太阳对地球表面的不均匀加热引起的，因此它可以被认为是太阳能的一种形式。风能作用于在专门配备的风车内转动的发电机涡轮。风力发电与地理位置有关，即涡轮机需要被放置在风力稳定且强劲的地方，还有风力涡轮机需要被放在民众同意的地方，因为风力发电的噪声会影响周边居民的正常生活。

苏格兰是一个风很大的地方，所以它的陆地和海面都有风力发电厂，这有助于苏格兰依靠多种可再生资源来实现其能源目标。它还拥有世界上第一个大型潮汐能发电厂，涡轮机被放置在海面以下，那里的潮流很强，水也不太深（见

图 6-19）。与风力涡轮机相比，这些涡
轮机的一个优点是它们很安静，人也看不
见。它的合理运用让我们期待更大规模的
潮汐能发电厂。

图 6-19 涡轮机

注：这是位于苏格兰北部海洋表面下的众多涡
轮机之一，它们利用潮汐流的能量进行发电。

　　氢是太阳系中最丰富的元素，可能在
系外宇宙中也是如此。无论是过去还是现
在，氢都是世界各国发射火箭的重要燃
料。但让氢保持液态是很困难的，"驯服"
它是 20 世纪最重大的技术成就之一，其中最经典的是零排放飞机通过液氢与氧
气的燃烧来提供动力。

　　氢气是所有燃料中污染最小的。在美国，大多数氢气是由天然气产生的，高
温和高压使氢气与碳氢化合物分离。但从碳氢化合物中分离氢气的传统方法有一
个缺点，那就是会不可避免地产生温室气体二氧化碳。随后，人们发现了一种
不产生温室气体的清洁替代方案，即使用太阳能电池电解水来提取氢气。产生
的氢气可用于燃料电池，为从摩托车到货
运火车在内的多种车辆提供良好的动力。
图 6-20 便显示了如何在实验室或家中使
用电池进行电解：通过将连接到电池两极
的两根铂导线放入一杯水中（水中有电解
质，如溶解在水中用于导电的盐），确保
电线不会相互接触。然后一根电线上会形
成氢气泡，另一根电线上会形成氧气泡。

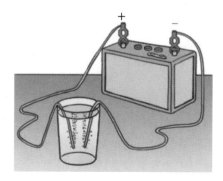

图 6-20 电解水产生氢气

注：当电流通过导电的水时，一根电线上形
成氢气泡，另一根电线上形成氧气泡，这是
电解过程。燃料电池则相反：氢气和氧气进
入燃料电池，并结合在一起产生电和水。

　　氢燃料电池能产生清洁能源。它的原
理类似于电解，但化学反应方向与电解相
反。燃料电池取代了过去汽车中的普通电
池，由压缩的氢气和空气中的氧气发生反

应提供动力。它只排放加热的水蒸气，因此无污染。国际空间站使用氢燃料电池来满足其电力需求，同时为宇航员生产饮用水。在地球上，氢燃料电池正在公交车、小型汽车和火车上实现应用（见图 6-21）。

氢燃料电池所需的氢气可以通过常规方法或利用太阳能电池获取。重要的是要知道氢气本身不是能源，制造氢气需要能量（从水或碳氢化合物中提取氢气）。

图 6-21　燃料电池

注：戴维·瓦斯克斯（David Vasquez）展示了三个燃料电池堆，分别用于给机动车辆发电，最小的用于滑板车，较大的用于汽车。

铀和钍等核燃料储存的可用能源最多。对于相同质量的燃料，核反应释放的能量大约是化学反应或食物反应的 100 万倍。尽管 2011 年发生了福岛核灾难，但如果安全问题，如放射性废物的储存问题等得到解决的话，这种不会污染大气还能产生大量能量的能源会让各方重新燃起兴趣。有趣的是，其实核动力从地球诞生之初就一直伴随着我们，由于存在核反应，地球内部一直处于高温状态。

地热能是地球内部核能的副产品，储存在地下的热岩石中。相对靠近地表的地热能主要局限于有火山活动的区域，如冰岛、新西兰、日本等地。在这些地方，人们利用热水产生蒸汽，用来驱动发电机发电。

在其他地方，还有一种发电方法有望实现，那就是干岩地热发电（见图 6-22）。通过这种方法，水被泵入地表以下热断裂的岩石中。当水变成蒸汽后，通过管道输送到地表的涡轮机。涡轮机转动后，将其泵回地下以供再次使用，这种方式的发电是清洁的。但与石油生产中的压裂法一样，干岩地热发电的缺点是可能会引发地震，因此不能在地质不稳定的地区建立干岩地热发电厂。

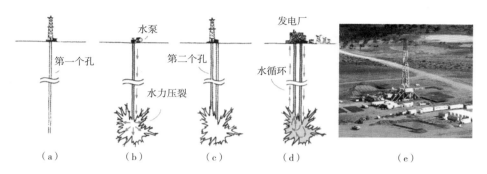

图 6-22　干岩地热发电

注：图（a），在几千米深的干燥花岗岩中钻一个孔。图（b），水在高压下被泵入孔中，并使周围岩石破裂，形成表面积较大的空腔。图（c），在附近钻第二个孔。图（d），水沿着第一个孔向下循环，穿过破裂的岩石，在那里加热变成蒸汽，然后通过第二个孔排出，通过驱动涡轮机，水再次循环到热岩石中，形成闭合循环。图（e），澳大利亚南部的一个热干岩地热灌注装置（由地球动力学有限公司提供图片）。

回收能源

回收能源就是重复利用能源，可以减少能源的浪费。一个传统的化石燃料发电厂会将燃料中约 2/3 的能量以热能的形式浪费掉，只有大约 1/3 的能量转化为有用的电能。因此，人们开始探索如何回收能源。相比现今的纯电力发电厂，爱迪生在 19 世纪 80 年代末的早期发电厂中便在探索将更多能量转化为有用能量的方法。爱迪生利用发电机散发的热量为附近的家庭和工厂供暖，他创立的一家公司至今仍然在通过世界上最大的商业蒸汽系统向曼哈顿的数千栋建筑供热。这并不是孤例，丹麦哥本哈根附近地区的大多数家庭都用发电厂的热量取暖，且丹麦一半以上的能源都是可再生能源。相比之下，美国回收的能源占所有能源使用量的不到 10%。主要原因是，现在发电厂通常建得离城市很远，附近几乎没建筑物，无法利用散发的热能。尽管如此，这仍然不是我们沿续在一个地方将热能抛向天空，然后在其他地方燃烧更多的化石燃料来供热的理由。

随着世界人口的增加，我们对能源的需求也在增加。在物理学定律的指导下，技术人员目前正在研究开发更为清洁的能源解决方案。

要点回顾
CONCEPTUAL PHYSICS >>>

- 功是度量能量转化的基本物理量。当力是恒定的，并且运动方向和力的方向在一条直线上时，我们将力和物体移动距离的乘积定义为作用力对物体所做的功。

- 物体可以通过做功改变能量，能量的单位为焦耳，它以多种形式出现。其中，最常见的两种机械能是由物体位置产生的能量（势能）和物体运动产生的能量（动能）。

- 做的功等于能量的变化，这就是功能定理。功指的是总功，即由合力做的功。

- 能量守恒定律：能量不能被创造或破坏，它可以从一个物体转移到另一个物体，也可以从一种形式转化为另一种形式，但能量的总量永远不会改变。

- 机械是一种使力倍增或简单地改变力的方向的装置。每台机械的基本原理是能量守恒。杠杆是一种极其简单的机械，可以成为力的倍增器。

- 理想机械指输出等于输入、以 100% 效率运行的机械，但在实际情况中，它并不存在。

- 太阳能是化石燃料的绿色能源替代品。风是由太阳对地球表面的不均匀加热引起的，因此它可以被认为是太阳能的一种形式。水力发电利用水循环发电，是一种清洁的可再生资源，但可能会对环境产生负面影响，例如阻碍鱼类迁徙。氢气是所有燃料中污染最小的。

- 煤炭和石油等化石燃料目前是世界上的主要能源，是数百万年前生物遗骸分解的产物，但燃烧化石燃料会向大气中排放二氧化碳和其他温室气体，从而加剧全球气候变暖。铀和钚等核燃料储存的可用能量最多，但存在安全问题，如放射性废物的储存问题。

CONCEPTUAL
PHYSICS

07

物体旋转时发生了什么

妙趣横生的物理学课堂

- 旋转时, 为什么外侧轨道速度更快?

- 洗衣机的脱水功能是如何实现的?

- 汽车向左转弯时, 为何人身体会向右倾斜?

- 是什么让陀螺持续旋转?

- 两个体重不同的人能让跷跷板平衡吗?

- 为什么比萨斜塔不会倒塌?

- 滑冰时, 为何收回手臂和腿后转得更快?

在从一名招牌画画手成为物理学教授的岁月中，未来主义思想家雅克·弗雷斯科对我的影响最大。他充满活力的讲座总围绕着更广泛的技术对改善地域性、全球性生活的重要性。雅克富有魅力，且非常具有远见，他相信科学和技术是通向更美好未来的最佳途径，并且认为一个工程师比律师多的社区可能会更好。

对于我，雅克曾经是并且现在也是最好的老师，他对我的教学产生了巨大的影响。他教我用类比的方法进行教学，即先将新概念与老概念进行比较，然后再向学生介绍新概念。他觉得，如果不与类似的、熟悉的或已经被理解的东西相联系，学生几乎不会学到任何新的东西。

在平常的授课中，雅克会讲述密切相关的概念之间的区别，以及它们的相似性。我记得他有一节课，主要内容是区分直线运动和曲线运动。当儿童在旋转木马上旋转时，是在外侧轨道还是内侧轨道上的运动速度更快？还是两条轨道的速度相同？由于人们对线速度和角速度之间的区别了解甚少，雅克说，向不同的人提出这个问题会得到不同的答案。

正如队伍末端的滑冰运动员比弯道中心附近的滑冰运动员运动得更快一样，弯道外侧轨道上的火车车轮比内侧轨道上的车轮运动得更快。雅克还解释了轮圈内外侧轻微变窄呈锥形，是如何让这一点成为可能的。本章也将介绍这一点。

Q1 旋转时，为什么外侧轨道速度更快？

　　我们已经得知，旋转木马外侧轨道的速度比内侧轨道的要快。如果想要有更加切身的体验，另一项游乐设施迪斯科转盘则能让我们有更加明显的感受。当人们围坐在迪斯科转盘外侧的座椅上时，随着转盘启动、旋转及上下晃动，强烈的刺激感和极快的速度瞬间迸发，而当人们在迪斯科转盘的中间时，速度和刺激感却没有那么快和剧烈，这就证明了外侧的旋转速度确实比中间快。那么，我们如何用物理学进行解释呢？

　　我们先来认识一下线速度，类似于前面的章节中物体做直线运动的速度，它是质点（或物体上各点）做曲线运动时所具有的速度，等于转过的路程除以时间。由于旋转木马外缘上的一点在一圈完整的旋转中移动的路程比靠近中心点的要大，在同一时间内走过更长的路程意味着有更大的速度，所以旋转物体外缘的速度比靠近中心处的速度大。因为速度方向与圆周相切，所以线速度又被称为切向速度。对于圆周运动，我们使用线速度或者切向速度来描述都可以。它们的单位通常为米 / 秒或千米 / 时。

　　旋转速度（即角速度）是描述旋转时角位移变化快慢和方向的物理量，等于角位移除以时间。旋转木马的所有部分在相同的时间内围绕同一旋转轴旋转，因此所有部分有着相同的角速度，单位通常用弧度 / 秒、度 / 秒表示。[1] 例如，大多数留声机转盘的转速为 78 转 / 分或 $33\frac{1}{3}$ 转 / 分，即转盘表面任何地方都以 78 转 / 分或 $33\frac{1}{3}$ 转 / 分的速度旋转。

　　线速度和角速度是相关的，你在第一次乘坐旋转木马时就能很快地发现这一点。此外，你是否曾在游乐园的旋转平台上玩耍？它转得越快，你的线速度也就

-----

[1] 物理中通常以单位时间内旋转的"弧度"来描述角速度 ω。经历一整圈旋转的弧度值约为 6 弧度（准确地说是 2π 弧度）。角速度也有方向，是一个矢量。按照惯例，角速度方向为沿着旋转轴，由右手螺旋法则确定。

越快。这是有道理的，因为角速度越大，线速度越大。我们可以说，线速度与角速度成正比。

与角速度不同，线速度取决于径向距离（与中心轴的距离）。如图 7-1 所示，在旋转平台的中心，根本没有任何线速度，因为在这只是绕着一个点在旋转。但是，当逐渐接近平台边缘时，线速度会越来越快。对于任何给定的角速度，线速度与离轴的距离成正比（见图 7-2）。①

图 7-1　旋转平台上不同位置人的线速度

注：每个人的线速度等于角速度与距中心轴的距离的乘积。

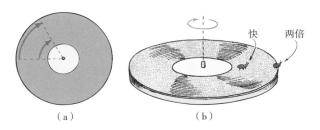

（a）　　　　　　（b）

图 7-2　转盘上物体的线速度

注：图（a），当转盘旋转时，离中心更远的点在同一时间内经历的路程更长，线速度也更大。图（b），一只与中心距离为 $2d$ 的瓢虫转动的速度是距离为 d 的瓢虫的 2 倍。

至此我们了解到线速度与径向距离和角速度成正比：

$$线速度 \propto 径向距离 \times 角速度$$

$$或：v \propto \omega r$$

其中 v 是线速度，ω 是角速度。如果 r 不变，ω 增大，则 v 增大；如果 ω 不

① 如果继续往下学习，你会了解到，对于线速度 v、角速度 ω、径向距离 r，存在一个精确的公式 $v = \omega r$。因此，当系统的所有部分具有相同的 ω 时，线速度 v 将与 r 成正比，就像车轮或磁盘（或苍蝇拍！）一样。

变，r 增大，则 v 也增大。物体从距中心 d 的位置移动到距中心 2d 之处，线速度也会从 v 增加至 2v；移动至 3d 处，则增加至 3v。如果你处于任意一种旋转系统中，则你的线速度取决于你与转轴的距离。

当线速度发生变化时，我们用切向加速度对其变化的快慢进行度量。线速度发生任何变化都表明存在平行于切向方向的加速度。例如，在旋转平台上加速或减速的人就会感受到切向加速度。我们很快就会看到，任何在弯曲路径上运动的物体都还会有一种指向曲率中心的加速度，那就是向心加速度。为了防止"信息过载"，我们不会讨论切向加速度或向心加速度的细节。

设想你在平面上滚动一个宽口杯，会发现它沿着一条弯曲的路径行进（见图 7-3）。滚动一圈，由于杯子较宽的部分具有较大的径向距离，因此线速度相对大。如果你将两个杯的杯口固定在一起（简单地将它们粘在一起），并使之沿着一对平行轨道滚动（见图 7-4），组合体将保持在轨道上。一旦它有偏离中心的倾向，便会"自动居中"，这是因为杯子表面的不同部分在以不同的线速度滚动。杯子宽的部分线速度较快，就会使其向中心移动，如果超出了中心位置，另一侧的杯子又会使它向中心移动。不断的移动和对中，使组合体保持在轨道上。火车的车轮也是如此，当这些"纠正措施"发生时，乘客会感觉到列车在摇晃。

图 7-3　在平面上滚动锥形杯

注：因为杯子外侧宽的部分比内侧窄的部分滚动得更快，所以杯子以曲线滚动。

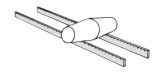

图 7-4　粘在一起的宽口杯会在平行轨道上沿中心运动

注：两个粘在一起的杯子在滚动时会保持在轨道上，因为当它们偏离中心时，由于宽窄导致的不同线速度会使组合体朝着轨道的中心自动校正。

从图 7-2（a）可以看出，在任何弯道上，外侧到中心的径向距离都比内侧到中心的径向距离长。因此，每当车辆转弯时，外侧车轮的速度都比内侧车轮的速度快。对汽车来说，这不成问题，因为汽车车轮是自由转动的，并且可以彼此独立地转动。然而，对火车来说，成对的车轮是通过一根刚性轴牢固地连接在一起的，形成一对轮对（见图 7-5）。轮对的两个车轮始终以相同的角速度转动，尽管车轮的线速度可能会因其与铁轨接触部分的不同而不同。

还有一点很重要，那就是轨道的表面并不平整而是稍微凸起。

当火车沿直线方向行驶时，轮对在轨道上居中，如图 7-5 所示。然而，当拐弯时，由于轮对倾向于沿着直线继续行驶（见图 7-6 和图 7-7），此时轮对会向曲线外侧滑动。这时外侧车轮较多部分仍在轨道上，内侧车轮只有较少部分留在轨道上。然后速度更快的外轮使火车在弯道上向中心移动，而不会发生脱轨（见图 7-8）。这一切都归功于呈圆锥形的轮子，以及 $v \propto \omega r$。

> **● 趣味问答 ●**
>
> **是什么让火车拐弯时也不会脱轨？**
>
> 许多人认为是因为火车轮子两侧可以扣住铁轨，但如果你仔细看看火车的车轮，会发现它们大多已经生锈了。并且事实上它们很少会接触轨道，只有沿着插槽将列车从一组轨道切换到另一组轨道时才起作用。火车之所以不会脱轨，是因为车轮呈圆锥形，像宽口杯一样。

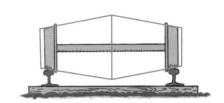

图 7-5 固定在一起的一对车轮

注：一对车轮构成一对轮对。轮圈由内侧向外侧略微变细（夸张显示），就像连接在一起的两个宽口杯。

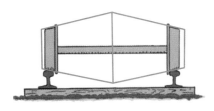

图 7-6 随着轨道向左弯曲，轮对向右移动

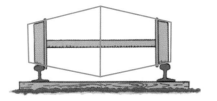

图 7-7 随着轨道向右弯曲，轮对向左移动

因此，使火车保持在轨道上的不是"轮子扣住了轨道"，而是呈圆锥形的车轮。不过如果有其他问题出现，例如强烈的飓风，你会很庆幸"轮子能扣住轨道"。

事实上，宽口杯还有不同的粘合方式（见图 7-9）。

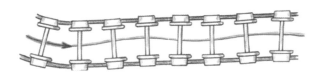

图 7-8　火车轮的自动修正

注：在转弯后，火车经常会在直道上摆动，因为车轮在自动修正。

图 7-9　以不同方式粘住两个宽口杯

注：坎德勒教授问她的学生，当她沿着一对"米尺轨道"滚动杯子时，哪一套杯子会自动校正？

Q2 洗衣机的脱水功能是如何实现的？

　　你有没有玩过这样一个游戏，用绳子拴住水瓶一端，并往里倒入半瓶水，随后拽住绳子将水瓶在空中旋转起来。如果你转得足够快，那么可以观察到当水瓶在顶部转动时，水会聚集在瓶子外侧。若要解释这一现象，那么便需要了解我们即将谈到的向心力，它是让汽车能够转弯的原因，也是自动洗衣机脱水的原理。

　　质点做圆周运动时所受的指向圆心的力称为向心力。向心意味着"寻找中心"或"朝向中心"。当用绳子旋转水瓶时，我们能感受到必须不断拉动绳子施加力，水瓶才能做圆周运动（见图 7-10）。引力和电力也可以充当向心力。例如，由于地心引力的作用，月球保持在一个近似圆形的轨道上运动；原子中绕原子核旋转的电子，受到指向原子核的电力作用。任何沿圆形路径运动的物体都如此，因为它需要向心力维持运动状态。

图 7-10　使水瓶旋转

注：拉力充当向心力。

向心力与做圆周运动的物体的质量 m、线速度 v 和曲率半径 r 有关。它们之间有个精确的关系式：

$$F_{向} = m \frac{v^2}{r}$$

向心力与速度的平方成正比，所以速度从 v 变为 $2v$ 后，力会从 F 变为 $4F$；向心力与曲率半径成反比，这告诉我们，若半径从 r 变为 $\frac{1}{2} r$，则力从 F 变为 $2F$。

向心力并不是真实存在的力，它只是任何指向固定中心的力的名称，无论是拉力、引力、电力还是其他力，都可以充当向心力。匀速圆周运动中向心力的方向与线速度的方向垂直。

图 7-11（a）显示了在汽车转弯时，轮胎和道路之间的摩擦力提供了将汽车保持在弯曲路径上行驶的向心力。如果摩擦力不足（例如，由于路面上有油或砾石），轮胎会侧滑，汽车无法转弯，并会倾向于沿切线方向滑离道路，如图 7-11（b）所示。

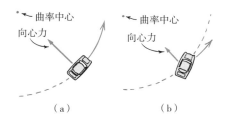

（a）　　　　（b）

图 7-11　汽车在弯道行驶时向心力的作用

注：图（a），当汽车绕弯道行驶时，需要一个力将汽车推向弯道中心。图（b），当向心力（道路对轮胎的摩擦力）不够大时，汽车会在弯道上打滑。

向心力还在离心机的操作中起主要作用。一个常见的例子是自动洗衣机中的旋转桶（见图 7-12）。在其旋转周期中，桶以高速旋转，并在湿衣服上产生力，湿衣服因此被迫做高速圆周运动，水由于惯性从缸壁上的孔中流出。所以严格来说，是衣服被迫离开水的，而不是水被迫离开衣服。图 7-13、图 7-14 展示了向心力的其他例子。

图 7-12　洗衣机是如何脱水的

注：衣服被迫做圆周运动，但水没有。

图 7-13　向心力使飞机安全地达到飞行速度

注：飞机机翼上的巨大向心力使其能够以圆形路线飞行。在没有向心力的情况下，飞机会以直线路径飞行，而飞机沿圆形路线飞行的加速度通常是重力加速度 g 的好几倍。例如，如果向心加速度为 50 米 / 秒²，我们可以说飞机正在经历 5g 加速度。典型的战机能够承受高达 8g ～ 9g 的加速度。战机飞行员穿着压力服，以防止血液从头部流向腿部，避免晕厥。

图 7-14　轮胎上的泥

注：由于向心力不够大，泥浆无法再附着在轮胎上，它将沿轮胎切向飞离。

Q3 汽车向左转弯时，为何人身体会向右倾斜？

我们知道向心力是指向中心的，然而旋转中的乘客似乎会感受到一股向外的力。这种向外的力称为离心力。离心的意思是"逃离中心"或"远离中心"。回到用绳子旋转水瓶的例子，人们普遍误解为是离心力向外拉动了水瓶。实际上，如果绳子突然断裂（见图 7-15），水瓶不会沿径向向外飞出，而是沿切线方向飞出。我们用另一个例子进一步说明这一点。

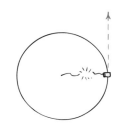

图 7-15　绳子突然断裂

注：当绳子突然断开时，水瓶会沿切线方向飞出，而不是径向方向。

想象你坐在一辆突然刹车的汽车上，这时你会朝着仪表盘向前倾斜。当这种情况发生时，并不是有什么力迫使你向前。根据惯性定律，你向前倾斜是因为惯性。同样，如果你坐在一辆向左转弯的汽车里，你会向右倾斜，这不是因为离心力使你向外，而是因为没有力将你保持在圆周运动中（这就是为什么坐车要系安全带），认为是离心力将你撞向车门的想法是一种误解。（当然，你会感觉到受力，这只是因为根据牛顿第三运动定律，门在向内推你。）

同样，当你甩动一个罐子使其做圆周运动，这时并没有任何力将罐子向外拉，罐子上的唯一力（忽略重力）是绳子给罐子的向内的拉力（见图7-16）。

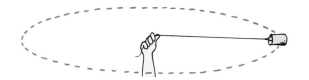

图7-16 做圆周运动的罐子

注：施加在旋转的罐子上的唯一力（忽略重力）指向圆周运动的中心，这是向心力，除此之外没有其他力作用在罐子上。

现在假设旋转的罐子里有一只瓢虫（见图7-17）。做圆周运动时，罐子压在瓢虫的脚上，并为其提供向心力，使其做圆周运动。在静止参照系中，我们可以看到瓢虫不会受到离心力，就像不会有离心力让我们撞击车门一样。离心力效应不是由实际力引起的，而是由惯性引起的，惯性是运动物体保持原先运动状态的趋势。

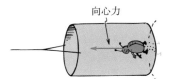

图7-17 与罐子一起做圆周运动的瓢虫

注：罐子提供了将瓢虫保持在圆形路径中所需的向心力。

旋转参照系中的离心力

如果我们在静止参照系中，在头顶甩动罐子，那么罐子受到的力（忽略重力）是指向圆心的，就像罐子里的瓢虫一样，罐子对瓢虫的脚施加了指向圆心的力。但是，如果在转动的参照系中，情况似乎非常不同。[1]

在转动参照系中，忽略重力，除了罐子对瓢虫脚的作用力，还有一个明显的离心力作用在瓢虫身上。转动参照系中的离心力似乎是一种真实的力，不同

---

[1] 牛顿第一运动定律在其中成立的参照系称为惯性参照系。相对惯性参照系做加速运动的系统为非惯性参照系，牛顿定律在非惯性参照系中是无效的。

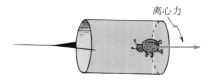

图 7-18　转动参照系中的瓢虫

注：从转动参照系来看，瓢虫被一个远离径向向外的力"固定"在罐子底部。这种向外的力称为离心力，它似乎与重力一样真实。

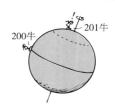

图 7-19　地球不同位置的线速度不同

注：在旋转的地球参照系中，我们也承受着一种离心力，它会抵消一部分我们的重量。就像旋转木马上的一匹位置靠外的木马一样，在赤道这个离地轴最远的地方，线速度最大。因此，当我们处于赤道时，离心力最大的，而当我们处于两极时，离心力为 0，在那里没有线速度。所以，严格来说，如果你想"减肥"，就朝着赤道走！

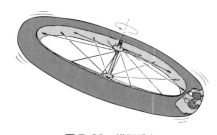

图 7-20　模拟重力

注：如果旋转的轮子自由下落，当轮子以适当的速度旋转时，忽略重力，里面的瓢虫会感受到离心力，就像是受到了重力一样。对瓢虫来说，"向上"的方向指的是沿径向向内，"向下"的方向则指的是沿径向向外。

于向心力，而似乎与重力等力一样（见图 7-18）。然而，它们有一个根本的区别，即引力是一个物体和另一个物体之间的相互作用，就像我们所感受的重力，它是我们和地球的相互作用。但是对转动参照系中的离心力来说，它不存在施力物体，也不存在受力物体。离心力感觉像是惯有的力，是旋转的结果。出于这个原因，物理学家称之为"惯性力"（有时称为虚拟的力），它其实并不是像重力、电磁力、核力那样的真实力。然而，对处于转动系统中的观察者来说，离心力感觉就像是一种非常真实的力，并且可以被理解为一种真实的力。正如地球表面一直存在着重力一样，离心力也一直存在于旋转系统中（见图 7-19）。

模拟重力

想象一下一群瓢虫生活在一个充满气的自行车轮胎里，轮胎里有足够的空间。如果我们把自行车轮胎抛向空中或从高空摔下，瓢虫将处于失重状态。当轮胎自由下落时，瓢虫将自由移动。现在旋转轮胎，忽略重力，瓢虫会感觉到自己被"压"在轮胎内表面的外侧。如图 7-20 所示，如果轮胎以适当的速度旋转，那么，瓢虫可能将体验到模拟重力，它们在其中的感觉就像是在地面受到重力的感觉一样，即离心力可以模拟重力。瓢虫受到的"模拟重力"方向是沿径向向外的，即远离轮胎中心的方向。

地球是人类的摇篮，今天的人类生活在这个球形星球的外表面上，并被重力"困在"这里。但人类不会永远待在摇篮里，我们正在成为太空人类。如今大多数太空飞行器中的乘员会感到失重，因为他们没有重力，不会被重力压在地板上，也没有因旋转而受到离心力。宇航员斯科特·凯利通过国际空间站上一年的长期生活证实，长期缺乏重力会导致肌肉力量的丧失和身体的有害变化，如骨骼中的钙流失。但未来的太空旅行者不必受到失重的影响，因为人类正在努力设计旋转的空间栖息地，就像瓢虫在旋转的轮胎中一样，那会有效地提供离心力并很好地模拟重力。

但小得多的国际空间站不会旋转，因此，它的乘员必须适应失重环境。旋转栖息地可能会在今后出现，可能在巨大的、松散的旋转结构中，居住者将被离心力"固定"在内部表面。这样一个旋转的栖息地会提供一个模拟重力，使人能够像在地球表面一样生活。静止参照系和转动参照系下在空间站中的受力分析如图 7-21、图 7-22 所示。

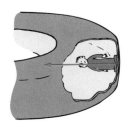

图 7-21　静止参照系下看人在空间站中

注：从旋转系统外部的静止参照系看人与地面之间的相互作用。地面压在人身上（作用力），人又压在地面上（反作用力）。施加在这个人身上的唯一力是地面提供的，这个力指向中心，充当向心力。

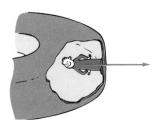

图 7-22　转动参照系下看人在空间站中

注：从旋转系统内部看，除了人与地面的相互作用，还有一个离心力作用在人身上，它似乎和重力一样真实。然而，与重力不同的是，它没有相对应的反作用力，没有任何力让人可以反向作用。离心力不是相互作用力的一部分，而是旋转的结果。因此，它被称为"惯性力"或"虚拟力"。

○ 趣味问答 ●

地球旋转速度的快慢会如何影响体重秤的测量结果?

如果地球绕着地轴旋转得更快,你的体重会减轻。如果你身处一个旋转的太空栖息地,增加它的转速,你的"体重"会增加。

这是因为在地球上时,你在旋转的地球外表面;而在太空栖息地中,你会在旋转的太空栖息地的内部。地球的自转速度变大,你的向心力会增大,对体重秤的压力会减小,因此会显示你的体重下降,但若太空栖息地速度增大,会让内部的你离心力增大,对体重秤的压力增大,"体重"就会增加。

Q4 是什么让陀螺持续旋转?

陀螺是一种很常见的玩具。传统陀螺的玩法是先用绳子将陀螺缠绕起来,随后用力抽绳,陀螺便会直立旋转起来。现如今,陀螺也出现了用发射器的玩法,只要按下按钮,陀螺便会被发射出来并旋转。假如我们对陀螺什么都不做,它便会一直静止在那里。

正如静止物体倾向于保持静止,直线运动物体倾向于保持直线运动一样,绕轴旋转的物体倾向于绕同一轴继续旋转,除非受到某些外部因素的干扰(我们将很快了解到,这种外部因素被恰当地称为扭矩)。物体抵抗其旋转运动状态变化的特性被称为旋转惯性,通常称为转动惯量。旋转的物体倾向于保持旋转,而不旋转的物体倾向于保持不旋转。

惯性取决于质量。比如我们在做陶艺时,面前会有一个可旋转的台面,也称为陶轮,陶泥放在上面一边旋转,一边被人捏成陶壶或其他陶制容器。通过脚踩或是电动驱动,一旦陶轮开始旋转,它就倾向于保持旋转。但是,与直线运动不同,转动惯量取决于围绕转动轴的质量分布(见图 7-23)。物体的质量聚集处与轴之间的距离越大,转动惯量越大。这一点在工业飞轮中很明显,这些飞轮的结构使其大部分质量集中在远离轴线的边缘。一旦旋转,它们倾向于保持旋转的能力就更大。并且，它们更难从静止状态进入旋转状态旋转。

工业飞轮为发电厂提供了一种实用的储能方式。当发电厂持续发电时，若电力需求较低，不需要的能量会被储存到巨大的飞轮上，飞轮可以充当电动电池，并且对环境无害，不会产生有毒金属或有害废物。将旋转的飞轮连接到发电机上，又可在需要时释放能量。当飞轮与电网相连的 10 个或更多的机组组合在一起时，它们会抵消供需之间的波动，使电网运行更加平稳。

物体的转动惯量越大，改变其转动状态的难度就越大。这一事实可以通过走钢丝的人证明，走钢丝的人总拿着一根长杆来帮助保持平衡（见图 7-24）。长杆的大部分质量聚焦在远离旋转轴的地方，即远离其中间点。因此，长杆具有相当大的转动惯量。如果走钢丝的人摔倒，紧紧抓住长杆会使长杆旋转，而杆的转动惯性会做出抵抗，给走钢丝的人时间来重新调整平衡。杆越长，越容易维持平衡。并且如果在末端附着大量物体，效果会更好。哪怕在最坏的情况下，一个人走钢丝没有杆，他至少可以将手臂伸开以增加身体的转动惯量。

图 7-23　转动惯量取决于相
对于转动轴的质量分布

图 7-24　走钢丝的人拿着长杆

注：长杆抵抗旋转的倾向对走钢丝的人有帮助。

任何物体的转动惯量都依赖于其转动的轴。[①] 比较图 7-25 中铅笔不同的转动方式，在图 7-25（a）中，沿着铅芯的转动惯量很小，由于物体所有质量

---

① 当物体的质量集中在离转轴 r 处时（单摆或薄环），转动惯量 I 等于质量 m 乘径向距离 r 的平方。对于这种特殊情况，$I = mr^2$。

都非常接近转轴，因此很容易使铅笔在指尖之间旋转。在图 7-25（b）中，围绕中点轴的转动惯量很大，和图 7-24 中走钢丝的人的情况相似。在图 7-25（c）中，以铅笔末端为轴的转动惯量更大，此时它像钟摆一样摆动。

图 7-25　铅笔围绕不同的转轴具有不同的转动惯量

很多体育运动也运用了这一点。当一根长的球棒被挥动时，其转动惯量比挥动短的球棒大。一旦长的球棒摆动，它就有更大的倾向继续摆动，但与此同时，要使它达到一定速度也就更难。转动惯量较小的短的球棒更容易挥动，这解释了为什么棒球运动员会根据需要抓住球棒的不同位置。同样，当你弯曲双腿跑步时，会减少它们的转动惯量，这样你就可以更快地来回转动它们（见图 7-26）。也正是因为这一点，长腿的人走路的步伐往往比短腿的人慢。不同腿长的生物步伐不同（见图 7-27），这在动物身上尤为明显，长颈鹿、马和鸵鸟的步伐比腊肠犬、老鼠和虫子的慢。

图 7-26　跑步时弯曲双腿以减少转动惯量

图 7-27　腿长不同，步伐不同

注：短腿的转动惯量比长腿的小。短腿的动物比长腿的人步伐更快，就像棒球击球手挥动短棍比挥动长棍时速度更快一样。

由于转动惯量，从静止状态开始沿着斜面向下滚动的实心圆柱体速度将比空心圆环快（见图7-28）。虽然两者都绕着中心轴旋转，但是大部分质量远离转轴的是空心圆环。因此，相对于其质量，空心圆环展现出更大的转动惯量，这使其难以从静止状态进入滚动状态。在同一斜面上，任意实心圆柱体都会比空心圆环滚得快。乍一看这似乎很不合理，但请记住，忽略旋转效应

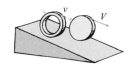

图 7-28 比较两者的转动惯量

注：无论质量或半径是否相同，实心圆柱体在斜面上的滚动速度都比空心圆环快。和圆柱相比，圆环具有更大的转动惯量。

时，所有物体不论质量大小，做自由落体运动或沿斜面滑动时，加速度都相同。而当引入旋转时，相对于自身质量展示出较大转动惯量的物体对其运动变化的阻力更大。因此，实心的圆柱体将以比空心的圆环以更大的加速度滚下同一斜面，不论它们的质量或者半径如何。也就是说，空心圆环比实心圆柱体具有更大的"单位质量惯性"。亲自试试看！

图 7-29 比较了具有不同形状和转轴的物体的转动惯量。你能看出它们的转动惯量是如何随形状和转轴而变化的吗？

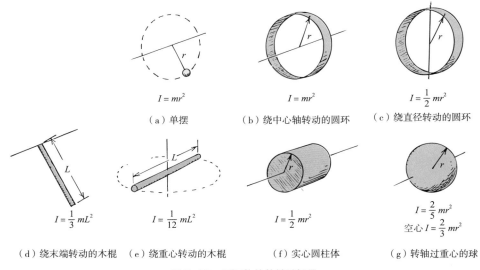

$I = mr^2$

（a）单摆

$I = mr^2$

（b）绕中心轴转动的圆环

$I = \frac{1}{2} mr^2$

（c）绕直径转动的圆环

$I = \frac{1}{3} mL^2$

（d）绕末端转动的木棍

$I = \frac{1}{12} mL^2$

（e）绕重心转动的木棍

$I = \frac{1}{2} mr^2$

（f）实心圆柱体

$I = \frac{2}{5} mr^2$
空心 $I = \frac{2}{3} mr^2$

（g）转轴过重心的球

图 7-29 不同物体的转动惯量

Q5 两个体重不同的人能让跷跷板平衡吗?

用手水平握住米尺的末端,在手的附近悬挂一个重物,可以感觉到米尺有扭转的倾向(见图7-30)。现在,将重物滑动到离手更远的地方,可以感觉到更大的扭转力。坐跷跷板也会让我们有类似的体验,坐在跷跷板上,只要找到合适的位置,即使一边人的体重与另一边人的不同,也能让跷跷板实现平衡。

无论是米尺上悬挂的重物还是坐跷跷板,其实作用的力都没有变化。之所以会让人感觉存在差异,是因为扭矩的不同。

扭矩是杠件受力扭转时,在任一横截面上任一侧的切应力所形成的内力矩。力往往会改变物体的运动状态;扭矩则倾向于使物体发生扭曲或改变物体的旋转状态。如果要使静止物体运动或使运动物体改变速度,请施加力;如果要使静止物体旋转或使旋转物体改变旋转速度,请施加扭矩。

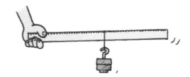

图7-30 在米尺上挂重物,感受力的大小

注:将重物移向离手更远的地方,感受差异。

正如转动惯量不同于常规惯量一样,扭矩也不同于力。转动惯量和扭矩都涉及与转轴的距离。在扭矩中,提供杠杆作用的距离称为力臂,这是施加的力与转轴之间的最短距离。我们将扭矩定义为力臂与倾向于产生旋转的力的乘积:

$$扭矩 = 力臂 \times 力$$

就像坐跷跷板一样,单靠体重并不能产生旋转力矩,离支点的距离和体重一样重要。图7-31中右侧男孩产生的扭矩使跷跷板倾向于顺

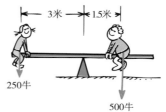

图7-31 俩人都坐在跷跷板上

注:当扭矩相互平衡时,不会产生旋转。

时针旋转，而左侧女孩产生的扭矩则使跷跷板倾向于逆时针旋转。如果扭矩相等，使合扭矩为0，则不会产生旋转。

又假设坐跷跷板的方式是，重250牛的女孩被悬挂在跷跷板下方长4米的绳子上（见图7-32）。她现在距离支点5米，但跷跷板仍然保持平衡。这是为什么呢？我们应该知道此时力臂仍然是3米，而不是5米，因为力臂是从轴到力的作用线的垂直距离。

图 7-32　女孩挂在跷跷板的下方

注：力臂仍为 3 米。

力臂将始终是转轴与力作用线之间的最短距离。这就是为什么当施加的力垂直于手柄时，更容易转动拧紧的螺栓，而以倾斜的角度拧更难使其转动（见图7-33）。在图7-33（a）中，力臂由虚线表示，它比扳手的长度短。在图7-33（b）中，力臂与扳手的长度相同。在图7-33（c）中，用一根管子套在扳手上，力臂增大，会提供更强的杠杆作用和更大的扭矩。

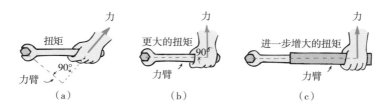

（a）　　　　　　（b）　　　　　　（c）

图 7-33　各种情况下的力臂

注：尽管在每种情况下力的大小相同，但扭矩不同。

回想前面章节学习过的平衡法则：作用在物体或任何系统上的力之和必须等于0，才能达到平衡，即 $\Sigma F = 0$。我们现在学到一个新的条件，即平衡时，物体或系统上的净扭矩也必须为0，即 $\Sigma \tau = 0$，τ 代表扭矩。这是因为任何处于平衡状态的物体都不会在直线或曲线上加速。

Q6 为什么比萨斜塔不会倒塌？

让我们回想一下玩棒球的情景，如果将棒球抛向空中，它将会沿着一条平滑的抛物线路径运动。但若是将旋转的球棒抛向空中呢？我们会发现球棒的路径并不光滑。它的运动是摇摆不定的，而且似乎是无规律的（见图 7-34）。事实上，它在以一个非常特殊的地方为轴摇摆——一个叫作质心的点。

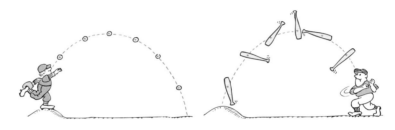

图 7-34　棒球和球棒的运动轨迹

注：棒球和球棒的重心的轨迹在抛物线上。

对于给定的物体，质心是构成物体的所有质量的平均位置。例如，一个对称的物体，如一块等腰三角板，其质心位于其几何中心（见图 7-35）。相比之下，形状不规则的物体，如球棒，由于其两端质量分布不均匀，因此球棒的质心会靠近较粗的那端。实心圆锥体的质心则正好在离其底部 1/4 高的地方。

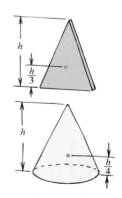

图 7-35　质心

注：每个物体的质心由红点显示。

重心也是一个常用的术语，重心是重量分布的平均位置。由于重量和质量是成比例的，所以重心和质心对同一个物体来说是同一点。[1]

---

[1] 对于地球表面及其附近的几乎所有物体，这两个术语是可相互替代的。对于一个足够大的物体，重心和质心之间可能会有一个微小的差异。例如，美国帝国大厦的重心比其质心低约 1 毫米，这是因为较低的楼层受到的地球引力比较高楼层的大。对于日常物体（包括高楼），重心和质心这两个术语可以互换使用。

物理学家更喜欢使用"质心"一词，因为无论物体是否受到重力的影响，它都有质心。然而，对于这个概念，在本书中我们将根据情况选择使用这两个术语，当重量被着重考虑时，我们将倾向于使用术语"重心"。理解重心这一概念能让我们重新认识生活中奇特的现象，比如比萨斜塔不会倒塌的原因。

图 7-36 是以多次闪光摄影拍摄的照片，显示了旋转的扳手在光滑水平表面上移动的俯视图。注意，它的质心（由白点表示）轨迹遵循直线路径，而扳手的其他部分在移动时会摆动。由于只有重力作用在扳手上，其重心在相等的时间间隔内通过相同的距离。旋转扳手的运动是其质心的直线运动和围绕其质心的旋转运动的组合。

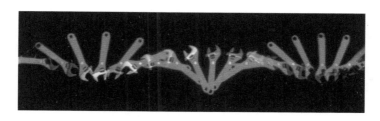

图 7-36　旋转扳手移动时的俯视图

注：旋转扳手的质心（白点）轨迹遵循直线路径。

如果扳手被抛向空中，无论它如何旋转，它的质心都会沿着一条平滑的抛物线。爆炸的炮弹也是如此（见图 7-37），爆炸中产生的内力并不会改变炮弹的重心。有趣的是，忽略空气阻力，那么爆炸后分散的碎片在空中飞行时的重心将与爆炸前炮弹的重心在同一位置。

图 7-37　炮弹的质心轨迹

注：炮弹及其碎片的质心在爆炸前后沿着相同的路径移动。

确定重心

我们如何来确定一个物体的重心呢？一个质量均匀分布的物体的重心在它的几何中心，比如一根米尺的重心就在其中间的位置，表现得就像其全部重量都集中在这一点上。如果你支撑住这一点，你就支撑起了整个米尺。

使物体达到平衡是一种确定其重心的简单方法。在图 7-38 中，每个小箭头表示米尺每一段的重力。每一段的重力可以合成为一个在重心的力，通过向重心施加与该力大小相等、方向相反的力可以支撑起整个米尺，即米尺的整个重量可以被认为作用在这一点上。

任何被自由悬挂的物体的重心都位于悬挂点的正下方或正上方。如果通过悬挂点竖直向下画一条线，则重心位于该线的某个位置。为了精确地确定它的位置，我们只需要换用不同的点重新悬挂物体，并通过该悬挂点绘制第二条竖直向下的线，重心即位于两条线相交的地方（见图 7-39）。

物体的重心也可能不在物体上（见图 7-40）。例如，一个环或一个空心球的重心位于无质量的几何中心。类似地，回旋镖的重心位于其物理结构之外，而不是回旋镖内部（见图 7-41）。

手指向上支持的力

米尺的总重量

图 7-38　重心在几何中心

注：整个米尺的重量表现得好像集中在米尺的中心。

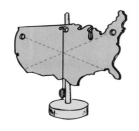

图 7-39　通过悬挂法找到形状不规则的物体的重心

图 7-40 跳高时运动员的重心

注：运动员以"背越式"过杆的时候，他的重心在杆的下方。

图 7-41 重心可以在物体之外

稳定性

重心位置对物体的稳定性至关重要（见图 7-42 与图 7-43）。我们从任意形状的物体的重心竖直向下画一条线，如果它落在物体的内部，那么称物体处于稳定的平衡状态，它将保持平衡。如果线落在外部，则称物体不稳定。著名的比萨斜塔便是一个强有力的证明。如图 7-42 所示，从塔的重心竖直向下向地面画一条线，线落在塔的内部，因此比萨斜塔可以屹立几个世纪而不倒；但如果塔继续倾斜，以致于从重心竖直向下画的线落到外部，那么不平衡的扭矩将使塔倾倒。

图 7-42 比萨斜塔为何不倒？

注：从比萨斜塔的重心竖直向下画线，线位于塔的内部，因此该塔处于稳定平衡状态。

图 7-43 将腿分开站更容易保持平衡

注：当你站着的时候，重心在双脚覆盖区域的上方。想一想，当你站在颠簸的公交车过道上时，为什么把双腿分开更容易保持平衡？

有一个方式能够让你亲身体验到重心对稳定性的作用。一起来试试！首先脚跟靠墙站立，随后试着弯腰触摸脚趾。你会发现，要做到这一点几乎是不可能的。但当你站在离墙壁一定距离的地方后再尝试，（如果你身体不僵硬）则可以在不弯膝盖的情况下弯腰触摸脚趾。通常，当你弯腰触摸脚趾时，会伸展你的下肢，如图 7-44（a）图所示，这样从你的重心竖直向下画的线就会落在支撑脚上。然而，如果你靠着墙试图触摸脚趾，你就无法保持平衡，线很快就会超出你双脚的覆盖范围，如图 7-44（b）所示。

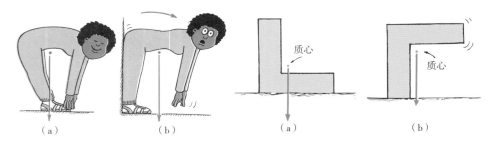

图 7-44　为什么紧靠墙壁无法保持平衡，远离一些就可以？

注：只有当你的重心在双脚的覆盖区域上方时，你才能俯身触摸脚趾并保持不摔倒。

图 7-45　不同的放置方式，物体保持平衡的能力不同

注：L 形物体的质心在物体之外。图（a），质心位于支撑底座上方，因此物体是稳定的。图（b），质心不在支撑范围之内，因此物体不稳定，会倾倒。

图 7-46　阿列克谢（Alexei）的重心在哪里？

我们从前文中已经得知，旋转是因为扭矩不平衡。这点在图 7-47 所示的两个 L 形物体中显而易见。图中的两个物体都不稳定，除非将它们固定在水平面上，否则都会倾倒。可以看出，即使两个物体的重量相同，图 7-47（b）中的物体也更不稳定。这是因为它力臂较长，所以扭矩较大。如果我们试着将类似物体的一端放在手掌上保持平衡，这时由于支撑底座很小，离重心较远，因此物体很难长时间维持平衡。基于这个原理，为了减少倾翻的可能性，通常建议设计底部较宽、重心较低的物体。

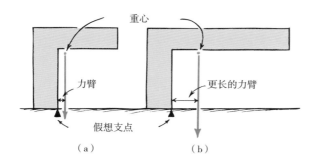

图 7-47　两个不同的 L 形物体

注：由于两个原因，图（b）中较大的扭矩作用在物体上。这两个原因是什么？

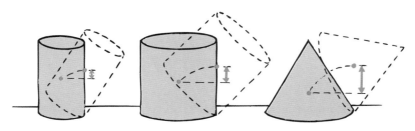

图 7-48　不同形状物体的稳定性不同

注：稳定性取决于倾翻时重心升高的垂直距离。底部较宽且重心较低的物体更稳定。

━○ 趣味问答 ○━

当一辆汽车从悬崖上冲出，为什么它会在坠落时向前旋转？

当所有车轮都在地面上时，汽车的重心位于支撑底座上方，不会发生倾斜。但当汽车冲出悬崖时，前轮首先离开地面，汽车仅由后轮支撑。重心会转移到支撑底座之外，扭矩使汽车旋转。此外，由于汽车的速度与重心改变的时间有关，因此，汽车在坠落时的转动惯量也与此有关。

Q7　滑冰时，为何收回手臂和腿后转得更快？

旋转是花样滑冰中的一个常见动作，令人好奇的是，当花样滑冰运动员一边旋转一边将自己伸展的手臂及腿收回时，明明此时没有外部施加的力，运动员却能旋转得越来越快。这是为什么呢？在回答这个问题之前，我们需要先了解角动量。

旋转的物体，无论是在太空中的飞船，还是在斜坡上滚动的圆柱体，抑或是在翻筋斗的杂技演员，都有保持旋转的倾向，直到有力阻止它们，这是因为旋转物体具有"转动惯量"。回想之前学过的，所有运动物体都具有动量，动量等于质量和速度的乘积，这种动量是线性动量。而描述物体转动状态的物理量称为角动量。一颗围绕太阳公转的行星、一块栓在绳子上旋转的岩石，以及围绕原子核旋转的微小电子都具有角动量。

角动量定义为转动惯量和转动速度的乘积：

$$角动量 = 转动惯量 \times 转速$$

它与线性动量对应：

$$线性动量 = 质量 \times 速度$$

和线性动量一样，角动量是一个矢量，既有大小也有方向。但在本书中，除讨论它在陀螺仪中的显著作用以外，我们不会讨论角动量的矢量性质。图 7-49 中旋转的自行车车轮展示了当地球重力产生的扭矩作用于改变其角动量的方向（沿着车轮的轴）时会发生什么。大多数人以为它会使车轮倾倒并改变其转轴方向上的力，但实际上它并没有让车轮倾倒，而是使车轮绕垂直轴进动。

图 7-49 进动

注：当地球重力提供的扭矩作用在车轮轴上时，角动量使轮轴几乎保持水平。扭矩不会使车轮倾倒，而是绕着轮轴缓慢转动。这叫作进动。

对于到转轴的径向距离相对较小的旋转物体，例如被一根长绳牵引转动的锡罐，或围绕太阳公转的行星，其角动量 L 可以表示为其动量的大小 mv 乘以径向距离 r（见图 7-50）：

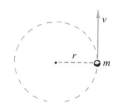

图 7-50 L = mvr

注：质量为 m 的小物体以速度 v 在半径为 r 的圆形路径上旋转，其角动量为 mvr。

$$L = mvr$$

当炮弹在炮管和加农炮内的螺旋槽中旋转时，会有角动量。旋转的炮弹倾向于围绕防止其倾翻的轴旋转，翻滚的弹丸又会遇到逐渐增加的空气阻力，从而损失速度。同样的情况也会发生在一个被抛来抛去的橄榄球上。

正如改变物体的动量需要外力一样，改变物体的角动量也需要外力矩。我们可以改写牛顿第一运动定律（惯性定律），得到"旋转版本"：除非受到外扭矩的作用，否则物体的角动量将保持不变。

我们的太阳系也具有角动量，包括太阳、会发生自转和公转的行星，以及无数其他较小的天体。今天太阳系的角动量也是它未来亿万年后的角动量，除非有来自太阳系外部的外扭矩改变它；在没有这种外扭矩的情况下，我们说太阳系的角动量是守恒的。

之前我们已经学习了动量守恒和能量守恒。我们现在学习一个同样重要的守恒定律：角动量守恒。即如果没有外扭矩作用于旋转的系统，则该系统的角动量保持恒定。这意味着，在没有外扭矩的情况下，转动惯量和速度的乘积保持不变。

图 7-51 展示了一个角动量守恒的生动例子。这名男子站在一个低摩擦的转盘上，伸出手中拿的重物，他的转动惯量是 I。当他转动时，他的角动量等于转动惯量和转速的乘积。然后他向内收回重物，他的转动惯量因此大大降低。请问这时还会发生什么？他的转速会增加！对这个例子中的人来说，这一感受是很明显的，他能即刻感觉到转速的变化。这就是生活中的物理学！花样滑冰运动员收回手臂会转得更快也是利用了这一原理，运动员开始旋转，先伸直手臂（也许是伸直一条腿），然后将手臂收回，以获得更大的转速。也就是说，当旋转体收缩时，其旋转速度会增加。

图 7-51　角动量守恒

注：当这个人向内收回他的手臂和旋转的重物时，转动惯量减小，转速增加。

同样，当体操运动员在没有外力矩的情况下自由旋转时，角动量不会改变。若有需要，旋转速度可以通过简单地改变转动惯量来改变，也就是通过将身体的某些部分靠近或远离旋转轴来实现（见图 7-52）。

想象一只猫被颠倒着抱着，然后掉向地面，在这个过程中，它能够实现扭转躯体并直立着地，即使它初始的角动量为 0。0 角动量扭转是通过将身体的一部分转向另一部分来实现的。当猫摔倒时，它会弯曲脊椎，摆动身体，向相反的方向扭转，而在此过程中总角动量保持为 0（见图 7-53）。当它落地时，猫并不会继续旋转。这个动作只会使猫的身体旋转一个角度，而不会产生持续的旋转，否则就违反了角动量守恒！

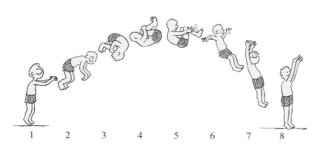

图 7-52　前空翻过程图

注：在前空翻过程中，由于角动量守恒，旋转速度由身体的转动惯量的变化来控制。（此图为夸张显示）

图 7-53　一只猫坠落
时的延时照片

尽管速度不如猫，但是人类可以毫不费力地完成类似的扭转动作。比如，宇航员就已经学会了在太空中自由飘浮时，通过调整身体方向来进行零角动量旋转。

角动量守恒定律也适用于行星的运动和星系的旋转。值得注意的是，角动量守恒告诉我们，月球正在离地球越来越远。这是因为海洋底部的海水摩擦，使地球的自转速度在缓慢下降，就像汽车刹车时，车轮减速一样。地球角动量的减少伴随着月球绕地球轨道运动的角动量的等量增加，这导致月球与

・趣味问答・

为什么一个矮小的体操运动员会更容易完成图 7-52 所示的空翻？

矮个子体操运动员的转动惯量比高个子体操运动员的小。回到图 7-29，注意棍子和类似棍子的东西具有的转动惯量随其长度的增加而增加。较小的转动惯量意味着对旋转运动状态变化的阻力较小，这对短腿体操运动员非常有利。实际上也是那些矮个子体操运动员获得了更多的奥运奖牌！

地球的距离增加，速度降低。这种距离的增加约为每转一圈增加 0.25 厘米。你注意到月球最近离我们越来越远了吗？是的，每当我们看到新一轮满月，它就离我们又远了 0.25 厘米！

要点回顾
CONCEPTUAL PHYSICS >>>

- 由于旋转木马或转盘外缘上的一点在一圈完整的旋转中移动的路程比靠近中心的点要长，在同一时间内经历更长的路程意味着拥有更大的速度，旋转物体外缘的线速度比靠近中心处的线速度大。线速度也叫切向速度；角速度指物体转动时在单位时间内所转过的角度。

- 质点做圆周运动时所受的指向圆心的力称为向心力。向心意味着"寻找中心"或"朝向中心"。向心力取决于圆周运动物体的质量 m、线速度 v 和曲率半径 r。

- 尽管向心力是指向中心的，但旋转中的物体似乎会受到一股向外的力。这种向外的力称为离心力。离心的意思是"逃离中心"或"远离中心"。

- 正如静止物体倾向于保持静止，直线运动物体倾向于保持直线运动一样，绕轴旋转的物体倾向于绕同一轴继续旋转，除非受到某些外部因素的干扰。物体抵抗其旋转运动状态变化的特性被称为旋转惯性，通常称为转动惯量。

- 扭矩是杠件受力扭转时，在任一横截面上任一侧的切应力所形成的内力矩。力往往会改变物体的运动状态；扭矩倾向于使物体扭曲或改变物体的旋转状态。如果要使静止物体旋转或使旋转物体改变旋转速度，请施加转矩。扭矩不同于力，它等于力臂与力的乘积。

- 对于给定的物体，质心是构成物体的所有质量的平均位置。通常，重心是一个能与质心相互替代的术语。重心位置对稳定性至关重要，从任何形状的物体的重心竖直向下画一条直线，如果它落在物体的底部，那么物体将保持平衡。

- 旋转物体的转动惯量与转速的乘积被称为角动量。除非受到外扭矩的作用，否则物体角动量守恒。

CONCEPTUAL
PHYSICS

08

引力如何塑造世界

妙趣横生的物理学课堂

- 地球的引力也在吸引月球吗?

- 为什么体重会因地点的不同而不同?

- 海水为什么会出现周期性的涨落?

- 当你掉进一个贯穿地球的洞里会发生什么?

- 坐过山车时为什么会有失重感?

- 黑洞具有攻击性吗?

- 地球为什么是圆的?

当我被问到在我的众多学生中，谁让我最引以为荣，以及谁受我影响最大时，我总是回答得很迅速：坦妮·利姆（Tenny Lim）。她不仅聪慧，还有很高的艺术才能，双手也很灵巧。坦妮被选入了太空计划，并参与了多项太空任务，其中包括担任 2012 年"好奇"号火星车在火星表面着陆过程下降阶段的首席设计师。

坦妮在此之后参与的项目是土壤湿度主动 / 被动探测（SMAP）任务，在此项目中她是卫星仪器方面的首席机械设计师。她设计并制造了一颗卫星，用于测量和区分冻土的湿度及融化的地表的湿度。

最近，坦妮还担任了"好奇"号的后续工程"毅力"号的首席机械设计师。这辆新火星车有许多特点，其中之一是它有一个用于采集岩石核心样本的钻头。这些岩石最终将被带回地球，在实验室里被研究。"毅力"号还备有"耳朵"，即一对麦克风，可以"听到"火星的风与岩石样本的碰撞声。此外，"毅力"号还测试了一种从稀薄的火星大气中产生氧气的方法。

不只是坦妮，宇宙的神秘还将吸引更多的人不断去探索。探索宇宙不仅可以了解浩瀚的宇宙中存在着什么，还可以进一步知晓人类诞生的秘密。在持续的探索过程中，人类在 20 世纪登上了月球，并可能在 21 世纪在火星上发现生命。本章中，我们将一起走近宇宙，了解引力如何影响我们的生活。

Q1 地球的引力也在吸引月球吗？

　　从亚里士多德时代开始，天体的圆周运动就被认为是自然的。古人认为，恒星、行星和卫星（如月球）等都是在神圣的圆周上运动的，并且这种循环运动无须解释。有一个著名的故事是，牛顿坐在苹果树下，他突然被一个想法击中：将树上的苹果向下拉的力与让月球绕地球运动的力是同一种类型的力（见图 8-1），即引力可以解释行星的运动。尽管与他同时代的其他人，受到亚里士多德的影响，都认为星体上的任何力都沿着它的运动方向。然而，牛顿推断，绕太阳旋转的行星受到的引力都指向太阳。牛顿的直觉，即地球和苹果之间的力与拉动月球、行星和宇宙中其他一切的力是同一种类型的力，是对过去普遍存在的两套自然法则的革命性突破（一套适用于地球，另一套则完全不同，适用于天体运动）。这一地球中的定律和宇宙中的定律的结合，被称为牛顿统一定律。

图 8-1　苹果上受到的引力与月球受到的是同一种力吗？

　　为了验证地球引力作用于月球的假设，牛顿将苹果的坠落与月球的"坠落"进行比较。他意识到如果没有其他力作用在月球上，它的"坠落"会偏离直线。

　　月球在引力作用下向地球"坠落"，但由于月球在切向上的线速度，它不会直接撞向地球，而会沿着一个弯曲的轨道绕着地球运动（下一章将详细介绍这一点）。通过简单的几何原理，可以比较月球 1 秒内下落的距离与苹果或其他任何物体 1 秒内下落的距离。当时，牛顿的计算结果与观测结果不符，他对此感到很失望，但他意识到残酷的事实总是胜于一个美丽的假设，于是把文章放在抽屉里，保存了近 20 年。在这段时间里，他创立并发展了光学，因此成名。

1680 年出现的一颗壮丽彗星，以及两年之后出现的另一颗彗星将牛顿对力学的兴趣再次点燃。在朋友天文学家哈雷的催促下，牛顿的研究又回到了月球问题上，上文提及的第二颗彗星就是后来以哈雷名字命名的哈雷彗星。这次，牛顿对他早期研究中使用的实验数据进行了修正，并获得了极佳的结果。直到那时，他才发表了人类物理学思想中最基础的概论之一：万有引力定律。[①] 即**每一个物体都在吸引另一个物体；对任何两个物体来说，引力与它们的质量乘积成正比，与它们之间距离的平方成反比**。这句话可以表示为：

$$力 \propto \frac{质量_1 \times 质量_2}{距离 \times 距离}$$

或者：

$$F \propto \frac{m_1 m_2}{r^2}$$

图 8-2　月球为什么不会落到地球上？

注：行星或月球在圆周运动中的线速度与引力方向垂直。月球绕地球的线速度使它能够绕地球运行而不是直接落向地球。

其中 m_1 和 m_2 是物体的质量，r 是它们中心之间的径向距离。因此，m_1 和 m_2 越大，它们之间的引力就越大，两者成正比[②]；r 越大，引力就越弱，两者成反比。它揭示了所有的物体都以一种非常简单的原理吸引着其他的物体，而引力的大小只取决于质量和距离。

牛顿在发现万有引力定律时，还发现了引力常量，并用 G 表示。G 是自然界中恒定的常量，是描述物体间万有引力关系的参数，它决定了物体间万有引力的强度。

但还存在一个问题，那就是牛顿可以计算 G 和地球质量的乘积，但不能分

[①] 这是一个极其生动的例子，展示了科学理论建立过程中科学家付出的艰辛努力以及对此进行的反复核对，和牛顿形成鲜明对比的是未能"做好功课"、草率的判断和缺乏交叉检验，这往往是那些不太崇尚科学理论的人显示出的特点。

[②] 注意"质量"在这里所起的不同作用。到目前为止，我们将质量视为惯性的度量，称为惯性质量。现在我们将质量看作影响引力的一种属性，称为引力质量。实验证明，两者相等，并且事实上惯性质量和引力质量的等价性正是爱因斯坦广义相对论的基础。

别算出它们的大小。直到牛顿去世 70 多年后的 1798 年，英国物理学家卡文迪许才首次计算出 G。

卡文迪许通过用极其灵敏的扭转天平测量铅块之间的微小力来计算 G，菲利普·冯·乔利（Philipp von Jolly）后来发现了一种更简单的方法，他将一个球形水银瓶连接到一个灵敏天平的一臂上（见图 8-3）。天平达到平衡后，在水银瓶下方滚动一个 6 吨的铅球，然后通过天平另一端恢复平衡所需的重量来测量两个物体之间的引力。

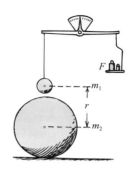

图 8-3　经乔利改进的测量 G 的实验

注：质量为 m_1 和 m_2 的物体之间相互吸引的引力，等于天平平衡时所需的力 F。

当使用万有引力常量 G 时，万有引力定律可以写成一个精确的公式。同样，为了强调引力效应是从一个源沿着径向扩散的，符号 r 表示径向距离：

$$F = G\,\frac{m_1 m_2}{r^2}$$

G 的单位为牛·米²/千克²[①]，利用公式可以算出 G 的大小约为 $6.67\,430 \times 10^{-11}$，一般取如下的值：

$$G = 6.67 \times 10^{-11}\ \text{牛·米}^2/\text{千克}^2$$

这是一个非常小的值。它表明，与其他力相比，引力是一种非常弱的力。我们在生活中觉得地球引力巨大是因为地球有着巨大的质量。

G 的值表明，重力是目前已知的 4 种基本力中最弱的。（其他三种是电磁力

---

① G 的单位完全取决于我们为质量、距离和时间所选用的计量单位。国际计量单位是：质量为千克；距离为米；时间为秒。

和两种核力。）只有当涉及像地球这样大质量的物体时，我们才能明显感觉到引力。如果你站在一艘大船上，你和船之间的引力太弱，无法通过普通的手段测量。然而，你和地球之间的引力是可以测量的，它几乎等于你的重量。我们将向下的方向定义为朝向地心的方向。你的重量不仅取决于你的质量，还取决于你离地心的距离。在山顶上，你的质量与在其他任何地方都一样，但你的重量会略低于在地面的时候，这是因为在山顶，你离地球中心的距离更大。

一旦知道 G 的值，地球的质量就很容易计算出来。地球对在其表面的质量为 1 千克的物体所施加的力为 10 牛（更准确地说是 9.8 牛），地面上的物体与地心距离约为地球半径 6.4×10^6 米，根据 $F = G \dfrac{m_地 m_物}{r^2}$，得出：

$$m_地 = \frac{Fr^2}{Gm_物} = \frac{10 \times (6.4 \times 10^6)^2}{6.67 \times 10^{-11} \times 1} = 6.0 \times 10^{24}（千克）$$

在 18 世纪，当 G 首次被测出时，全世界的人都为此感到兴奋，世界各地的报纸都宣布这一发现可以测出地球的质量。牛顿万有引力方程给出了整个地球的质量，包括所有的海洋、山脉，以及地球内部所有未被发现的部分，这是多么令人兴奋！不要忘记，G 和地球质量的测算发生在人们对地球表面很大一部分仍然未知的时候。

Q2 为什么体重会因地点的不同而不同？

就像火焰发出的光会随着距离的增大而变暗一样，万有引力定律告诉我们，引力随着距离的增加而减弱。这也有可能让我们的体重在不同位置有着不一样的数值。在知道背后的原因之前，我们先要了解引力随着距离的不同会发生什么变化。

观察火焰可以让我们更好地理解引力与距离的关系。火焰发出的光沿直线向各个方向传播。假设距离火焰 1 米处有一块光斑，可以发现，在 2 米远的地方，光斑的长、宽会扩大至原先的 2 倍，光斑的面积为原先的 4 倍，如图 8-4 所示。换句话说，随着与光源距离的增大，产生的光斑也会增大。如果在 3 米处观察，它会扩大至 3 倍长、3 倍宽，即面积为原先的 9 倍。

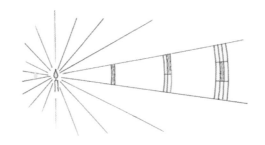

图 8-4 光的发散

注：火焰发出的光向四面八方传播。在 2 米
远的地方，光斑的面积为 1 米远处的 4 倍；
在 3 米处，面积为 9 倍。

光线在向远处发散的同时，亮度也会逐渐降低。你可以想象吗？当你站在距离是原来 2 倍远的地方时，你看到的光线亮度是原来的 1/4；站在 3 倍远的地方，光线亮度是原来的 1/9。正如我们在夜晚走路时，距离路灯越近，光线就越明亮。另一个常见的例子是投影仪。当投影仪投射图像到屏幕上时，离投影仪越近的区域会越亮，而离投影仪越远的区域则会相对暗一些。

这里有一条规则，我们称之为平方反比定律：**照明、引力等效应的强度与观察点到源头的距离的平方成反比。**

从油漆罐的喷嘴喷射出的油漆，其面积与厚度的关系也遵循平方反比定律，如图 8-5。离地球中心的距离越大，物体受到的引力就越小。在牛顿万有引力方程中，r 是相互吸引的物体质量中心之间的距离。请注意，在图 8-6 中，梯子顶端的女孩体重仅为她在地球表面体重的 1/4，这是因为她离地球中心的距离增加至 $2R_{地}$。

两个物体之间的引力会随着距离的增加而减弱，但是无论距离有多大，它们之间的引力只会无限接近而永远不会达到零。也就是说，任何两个物体之间都存在引力，无论它们相距多远。即使你在遥远的宇宙深处，地球的引力仍然会作用

在你身上。地球引力的影响可能被离你更近或更大的物体的影响压制，但它永远
存在。每一个物体，无论多么小或多么遥远，引力都会贯穿整个空间。我们可以
从图 8-7 中的引力与距离图感受到这一点。

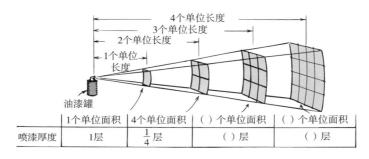

	1个单位面积	4个单位面积	（　）个单位面积	（　）个单位面积
喷漆厚度	1层	$\frac{1}{4}$ 层	（　）层	（　）层

图 8-5　生活中的平方反比定律

注：使用喷雾式油漆罐喷漆时，与光和引力一样，喷雾的"强度"遵循平方
反比定律。请根据平方反比定律填上图中的空栏。

图 8-6　女孩远离地
球，体重降低

注：根据牛顿万有引力
方程，女孩的体重（不
是质量）随着她与地心
距离的增加而减少。

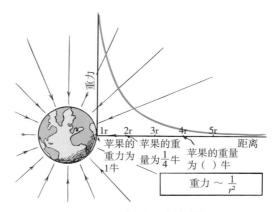

图 8-7　引力与距离关系图

注：如果一个苹果在地球表面重 1 牛，那么它离地球中心
的距离是 $2R_{地}$ 时，重量只有 $\frac{1}{4}$ 牛；距离为 $3R_{地}$ 时，只有 $\frac{1}{9}$ 牛。
重力与距离的关系用红线表示。在距离为 $4R_{地}$ 的时候，苹
果的重量是多少？ $5R_{地}$ 的时候呢？

Q3 海水为什么会出现周期性的涨落？

　　人们通过航海早就都知道海洋潮汐和月球之间有联系，但没有人能为每天两次涨潮提出合理的解释。直至牛顿给出了这样的解释：海洋潮汐是由月球和地球之间的引力在地球不同地方的差异造成的。月球和地球之间的引力在地球靠近月球侧更强，而在地球远离月球一侧更弱。这是因为引力随着距离的增加而减弱。

　　为了理解为什么这些不同的力会产生潮汐，让我们用一个球形果冻来说明（见图 8-8）。如果你对球形果冻的每个部分施加相同的力，球形果冻在运动时会保持完美的球形。如果你在一边施加比另一边更大的力，不同的力会让球形果冻拉伸。这就是在我们赖以生存的地球这个大球上所发生的事。来自月球的大小不同的引力拉伸着地球，并且拉伸对海洋作用效果尤其明显。这种拉伸和由此产生的伸长在地球两侧的海洋中隆起明显。（事实上，海洋潮汐也是离心力作用的结果，在此不详细讨论。）因此，我们每天经历两次海潮：两次高潮和两次低潮（见图 8-9）。

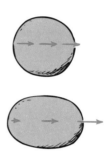

图 8-8　不同的力产生不同的效果

注：当所有的部分都在相同的方向上被等大的力拉动时，果冻保持球形。而当一侧的拉力大于另一侧时，果冻被拉长。

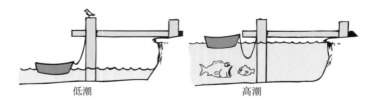

低潮　　　　　　　高潮

图 8-9　海洋潮汐

　　就全世界平均而言，海洋的隆起区比海洋整体的平均平面高出近 1 米。地球每天自转一圈，因此地球上的任意位置每天都会从这两个隆起区经过。这导致每天产生两组海洋潮汐，每次经过海洋隆起，下方的地球部分就会经历高潮（见图 8-10）当地球在 6 小时后转过 1/4 圈时，海洋同一部分的水位比平均海平面低近 1 米，这就是低潮，此处原先的水流向别处。当地球转过 1/4 圈时，会再经历第二次涨潮。如上所述，我们每天有两次高潮和两次低潮。有趣的是，当地球自转时，月球在其轨道上运动，每 24 时 50 分在同一个位置出现一次，所以两次高潮的周期实际上是 24 时 50 分。这就是为什么潮汐不会在每天的同一时间出现。

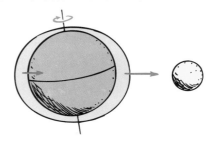

图 8-10　潮汐的产生

注：引力差产生的两个潮汐隆起相对于月球保持不变，而地球每天在其之下旋转。

尽管太阳对地球的引力是月球对地球引力的 180 倍，但太阳对地球海洋潮汐的作用还不及月球的一半。为什么太阳引起的潮汐不是月球引起的潮汐的 180 倍呢？同样，距离的差异是关键。由于太阳距离遥远，对地球两侧的引力差很小。换言之，太阳对地球远侧的引力几乎和对地球近侧的引力一样大。引力差 ΔF 随着与太阳距离的增加而减小。如图 8-11 所示，ΔF 在距离太阳很远的地方变得很小。但这并不意味着我们完全观察不到太阳对潮汐的影响。当太阳、地球和月球在一条直线上时，太阳和月球产生的潮汐会叠加，然后会有高于平均水面的高潮和低于平均水面的低潮。这些被称为大潮（见图 8-12）。你可以通过月相分辨出太阳、地球和月球何时在一条直线上，以找到大潮发生的时间。当满月时，地球位于太阳和月球之间。如果月球、太阳位列地球两侧，三者位于一条直线上，那么会发生月食，因为

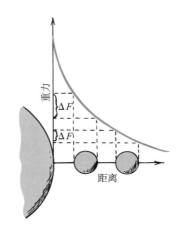

图 8-11　重力与距离的关系图
（不按比例）

注：行星与太阳的距离越大，受力 F 越小，太阳相对行星两侧的引力差 ΔF 越小。

月球处于地球的阴影中。当月球位于太阳和地球之间时，未被照亮的月球半球面对地球时，就会出现新月。这样排列时，月球挡住了太阳，地球上就出现了日食。大潮就发生在新月或满月的时候。

所有的大潮并不都一样高，因为地月距离和日地距离不同，地球和月球的运行轨道是椭圆，而不是正圆，月球与地球的距离在近地点与远地点的差异约为 10%，其潮汐效应差异率约为 30%。最高的大潮发生在月球和太阳都在近地点的时候。

当月球与太阳同地球的连线相互垂直时，对于任何一个方向，太阳和月球引起的潮汐会部分抵消。导致高潮低于平均值，低潮高于平均值。这被称为小潮（见图 8-13）。

影响潮汐的另一个因素是地轴的倾斜（见图 8-14）。即使完全对称的地点上的潮汐隆起相等，地轴的倾斜也会导致海洋大部分地区每天经历的两次高潮在大多数时间都不相等。

潮汐不会发生在池塘中，因为池塘的任何部分都几乎与月球或太阳一样近，几乎没有引力差。同样，对于你体内的液体，由月球或太阳造成的影响可以忽略不

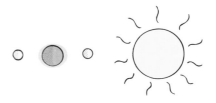

图 8-12　大潮

注：当太阳和月球的引力方向在一条直线上时，就会出现大潮。

图 8-13　小潮

注：当太阳和月球的引力方向呈 90° 时（月相为弦月时），就会发生小潮。

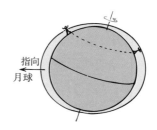

图 8-14　地轴的倾斜也影响潮汐

注：每天的两次高潮是不等的。由于地轴的倾斜，人们可能会发现离月球最近的高潮比半天之后的高潮低（或高）很多。潮汐的大小随月球和太阳的位置而变化。

计，因为你的身高几乎不够"潮汐"发生。精确地说，如果用其他物体进行比喻，则月球对你身体产生的微潮汐大约只有一个质量为1千克的甜瓜在你头顶1米处对你产生的"潮汐效应"的0.5%（见图8-15）。至此，我们了解到潮汐力（力的差异）只有在距离产生潮汐力的物体较近的地方才具有显著的影响。

在这里，我们对潮汐的理解相当简单，而实际上它更为复杂。例如，不平整的陆地板块和与海底的摩擦会使潮汐运动变得复杂。在许多地方，潮汐会分解成更小的"循环盆地"，在那里，潮汐的隆起就像一个循环波，在倾斜的小盆地中移动。由于这个原因，涨潮的时间可能和月球在我们头顶的时刻相差几小时。

在大洋中部，高潮和低潮之间的水面差通常为1米，世界各地的水面差各不相同。这一差异在阿拉斯加峡湾最大，在加拿大东部新不伦瑞克省和新斯科舍省之间的芬迪湾盆地最为显著，那里的水面差有时超过15米，这主要是由于那里的海底呈V形向海岸倾斜。要知道潮涨的速度通常比人跑得快，因此低潮时在海边是很危险的，假若没有及时撤退，可能会被退走的海水带入海中更深处。

潮汐日历是对某段时间内海洋潮汐水平

图 8-15　月球对人体产生的潮汐极其微小

注：一个普通身高的人头部上方1米处质量为1千克的甜瓜，对这个人的头与脚产生的引力差约为 6×10^{-11} 牛；月球对地球表面上的人的引力差大约是 3×10^{-13} 牛。因此，将一个甜瓜放在头上，对我们身体产生的"潮汐效应"大约是月球的200倍。

○─── 趣味问答 ●

月球和太阳都会产生海洋潮汐。我们知道，月球扮演着更重要的角色，因为它离地球更近。月球的靠近是否意味着它对地球海洋的引力比太阳大？

不。事实上仍然是太阳的引力要大得多，但月球引力在地球上造成的引力差大于太阳造成的引力差，所以我们的潮汐主要是由于月球造成的。

面的预测。它对于人们选择钓鱼或挖蛤蜊的时间、计划海滩野餐、观鸟或研究潮池都很有用。潮汐是可以预测的，如图 8-16 所示，该日历显示了 2032 年 1 月旧金山湾入口处的潮汐活动。

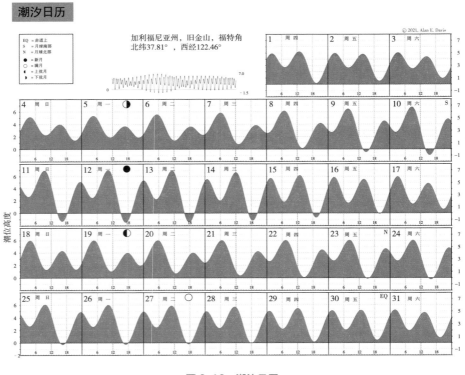

图 8-16　潮汐日历

注：不适用于导航或其他关键决策。

我们可以从潮汐日历上看到，在大多数日子里，一对波峰和波谷分别对应两个高潮和两个低潮，曲线中每天波峰和波谷出现的时间会前移近一小时，波峰和波谷的幅度也不同。波峰越高，后面往往是更深的波谷。就像世界上没有同样的指纹一样，也没有两天的潮汐运动相同，每个地点都有自己独特的潮汐现象。

请注意，在 1 月 12 日和 27 日，当月球是新月（黑色圆圈）或满月（白色圆圈）时，来自月球和太阳的潮汐相互叠加，产生高时高于平均值、低时低于平均值的潮汐，称为大潮。这些有着最低低潮及其前后几天的日子，最适合挖蛤蜊或者研究潮池。

这个月的最高潮是在 1 月 12 日，也就是新月当天，这也是全年的最高潮。同一天也有着全月和全年的最低潮。1 月 10 日，距离新月只有两天，月球靠近近地点，其引力比其他时候更强。1 月 11 日至 13 日的极端高潮被称为"王潮"，这是一个被广泛使用的非科学术语，用于表示一年中最高的潮汐。

在 1 月 5 日和 1 月 19 日，月相为上弦月和下弦月时，月球与太阳同地球的连线的夹角成直角。它们对地球相互垂直的引力产生了小潮，这种潮汐不太明显。

1 月 3 日，地球位于近日点，这是一年中离太阳最近的点，此时太阳的引力最强。六个月后，地球距离太阳最远，太阳的引力最弱。因此，预计 2032 年的最高潮和最低潮将在 1 月 12 日太阳和月球位于一条直线上时出现。

日历左上角的图表显示了整个月的潮汐范围。潮位预测无法考虑到风暴潮或海平面变化的影响。比如，截至 2021 年，海平面每年上升约 3 毫米。

地球和大气中的潮汐

地球不是一个坚硬的固体，在大部分地方，它呈一种半熔融的液态，只是被一层薄薄的、坚硬的、可塑的地壳所覆盖。因此，月球、太阳的引力也会使地球产生"地壳潮汐"，同海洋潮汐一样，每天两次，地球的固体表面起伏高达 0.25 米！因此，当地球正经历一次"地壳大潮"，即满月或新月附近时，地震和火山爆发的概率会更大。

除了海洋潮汐与地壳潮汐，月球和太阳也会造成大气潮汐。由于我们生活在大气层的底部，通常我们不会注意到大气潮汐（就像深水生物可能不会注意到海洋潮汐一样）。但在大气层的上部电离层潮汐效应会产生电流，改变地球周围的磁场，形成磁潮（称为电离层）。磁潮的变化会影响宇宙射线在大气中的传播深度。在满月和新月附近的大潮时，磁潮的强度变化最显著。而宇宙射线的作用会在生物行为的细微变化中显现，这可能会引发一些生物在满月时出现一些奇怪的行为。

月球上的潮汐现象

地球上每天有两次潮汐现象，这是因为它近侧和远侧受到的引力差。由于同样的原因，月球上也有周期性的两次潮汐现象，月球也会被从球形略微拉成椭圆球的形状，并且其长轴指向地球。但是，与地球潮汐不同的是，月球上的潮汐保持在固定位置，也就是没有"每日"的潮汐升降。由于月球绕其自身轴线（也绕地月轴线）旋转一周需要 27.3 天，所以月球始终以同一半球面向地球。这不是巧合，而是因为被拉长的月球的重心稍微偏离了它的质心。因此，每当月球的长轴没有对准地球时（见图 8-17），地球就会对月球施加一个小的扭矩。这往往会扭曲月球，使其与地球引力场相对，就像让指南针指针与磁场对准的扭矩一样。所以我们知道了，月球总给我们展示它的同一张"脸"是有原因的。

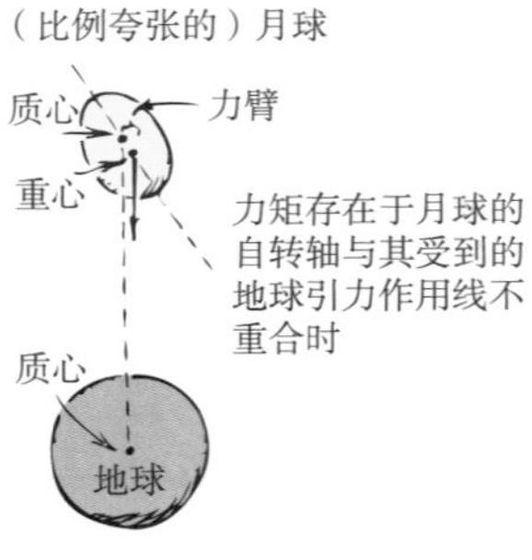

（比例夸张的）月球
质心　力臂
重心
力矩存在于月球的自转轴与其受到的地球引力作用线不重合时
质心

地球

图 8-17　潮汐锁定
注：地球在月球的重心处对月球的引力会产生围绕月球质心的力矩，这会使月球的长轴旋转，使其与地球的引力场对齐（就像与磁场对齐的指南针指针）。这就是为什么月球总是以同一面朝向地球。

有趣的是，月球上的"潮汐锁定"现象也在地球上出现了，地球每天正以每世纪 2 毫秒的速度变长。也许再过几十亿年，我们的一天将长达一个月，地球将永远向月球展现同样的面貌。你觉得那种情况怎么样？

Q4　当你掉进一个贯穿地球的洞里会发生什么？

　　地球的引力场既存在于地球外部，也存在于地球内部。想象一个从北极到南极完全贯穿地球的洞。忘掉现实中的东西，比如高温熔融的内部、涌入洞内的部分大气。想象一下如果你掉进这样的洞里，你会经历什么样的运动？你会先往下摔，也就是说朝着地球的中心运动。如果从北极出发，你会先向地心做加速运动，然后再一直减速直到南极。理想的单程运动大约需要45分钟。如果你在到达南极时没有抓住洞的边缘，你又会朝着地心后退，然后在45分钟后到达北极。

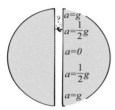

图8-18　穿越地球两极

注：在没有空气阻力的情况下，当你在一个贯穿地球的洞里下落得越来越快时，你的加速度会降低，因为你下方部分的地球的质量越来越小。更小的质量意味着更小的引力，直到到达中心位置，此时你在所有方向上受到相等的引力，合力和加速度都为零。动量带你穿过地心，然后拥有反向加速度，并且加速度大小不断增大，到达洞的另一端，这时加速度大小再次为g，指向地心。

　　虽然你的速度不断增加，但当你向地心运动时，加速度a会逐渐减小。为解释这一现象，你要这样想：当你向地心坠落时，随着与地心距离越来越近，与地表距离越来越远，会有更少的质量将你拉向地心，并有更多的质量将把你拉向上方。当你在地心时，受力是平衡的，所以当你以最大的速度呼啸着通过地心时，施加在你身上的合力为零。没错！你在地心速度最大，加速度最小，地心的引力为零！

　　想了解以上这个复杂的过程，你需要先了解"引力场"这个概念。

　　你见过在磁铁周围排列成图案的铁屑吗？铁屑的图案显示了磁铁周围空间不同位置磁场的强度和方向。在铁屑最密集的地方，磁场最强。铁屑的方向显示了每个位置的磁场方向。

　　宇宙中也存在类似的场概念。场概念在我们对不同物体之间的力的思考中充当中间者的角色。地球和月球相互拉动，这是一种超距作用，即地球和月球在没有接触的情况下发生了相互作用。我们可以用不同的方法来看待这一现象：将月球视为在地球的引力场中并发生了相互作用。任何大质量物体周围空间都存在一种性质，使在该空间内的物体受到一种力，我们称其为引力场。人们通常认为火箭和遥远的太空探测器受到其在太空中的引力场的影响，而不是受到地球和其他行星或恒星的影响。

　　引力场属于力场，它着重描述由质量体产生的引力作用。另一个我们更熟悉的力场可能就是刚刚提到的磁场。

图 8-19　地球周围的引力场

注：场线代表地球周围的引力场。场线越密集，引力场越强。距离地球越远的地方，场线越分散，引力场越弱。

　　地球的引力场也可以用场线表示（见图 8-19）。就像磁铁周围的铁屑一样，场线在引力场更强的地方更密集。在场线上的每个点，场的方向都是沿着场线并指向场的方向。粒子、宇航员、宇宙飞船或地球附近的任何物体将在该位置沿场线方向加速。

　　地球引力场的强度，就像它对物体的作用力一样，遵循平方反比定律：在地球表面附近最强，并随着和地球距离的增加而减弱。①

　　地球表面的引力场因地点而异。例如，在大型地下铅矿床上方，引力场比平均略强；在大型洞穴上方，引力场稍弱。为了预测地球表面下的东西，地质学家和矿物勘探者需要对地球的引力场进行精确的测量。

_____

① 任何一点的重力场 g 的强度等于放置在那里的 1 千克物体受到的力 F，所以 $g = \dfrac{F}{m}$，其单位为牛 / 千克。重力场 g 也等于引力的自由落体加速度，单位为牛 / 千克或米 / 秒²。

行星内部的引力场

地球的组成并不均匀，其核心密度最大，表面密度最小。然而，在一颗密度均匀的假想行星内，内部的引力场会呈线性增加，即以稳定的速度从中心的 0 增加到表面的 g。我们在这里暂时不对为什么会这样作过多解释，但可以肯定的是，在任何情况下，密度均匀的固体行星内外的引力场强度如图 8-20 所示。

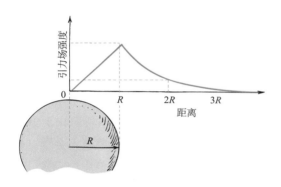

图 8-20 密度均匀的固体行星内外的引力场强度

注：密度均匀的行星内部的引力场强度与距中心的距离成正比，并且在其表面最大。在外部，引力场强度与距中心的距离的平方成反比。

想象一个位于行星中心的球形洞穴。由于各个方向的力相互抵消，洞穴内的引力场将为 0。令人惊讶的是，洞穴的大小并不会影响这一结论，即使行星大部分的体积由它构成！一个中空的星球，就像一个巨大的篮球，里面任何地方都没有引力场。要了解原因，请考虑图 8-21 中的粒子 P，它距离行星左侧 A 区域中心的距离是距离右侧 B 区域的 2 倍。如果引力只取决于距离，那么 P 被左侧物质吸引的力的大小只会是被右侧物质所吸引的力的 1/4（根据平方反比定律）。但实际上引力也取决于质量。想象有一个从 P 向左延伸到图中区域 A 的圆锥体，以及一个向右延伸到区域 B 的等角圆锥体。区域 A 的面积是区域 B 的 4 倍，因此质量也是区域 B 的 4 倍。通过计

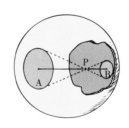

图 8-21 均匀空心球中的引力场

注：厚度、组成成分均匀的球壳内任何地方的引力场都是零，因为壳内粒子上的所有质量粒子的场分量相互抵消。例如，对于粒子 P，它被重量较大但距离较远的区域 A 吸引的程度与被质量较小但距离较近的区域 B 吸引的程度相同。

○ 趣味问答 ●

假设你踩进了一个贯穿墙地心的洞, 并在到达两极时没有抓住两端的边缘。忽略空气阻力和其他复杂因素, 你会经历什么样的运动?

你会往复运动。假设地球是一个密度均匀的理想球体, 并且没有空气阻力, 那么你的振荡就是所谓的简谐运动。每次往返大约需要 90 分钟。我们将在后文了解到, 一颗围绕地球运行的地球卫星也需要 90 分钟才能完成一次完整的往返。(这并非巧合: 如果你进一步研究物理学, 会发现 "往复" 简谐运动只是均匀圆周运动的垂直分运动。)

算可得, P 被吸引到距离较远但质量较大的区域 A 的力与被吸引到距离较近但质量较小的区域 B 的力相同。更多的事实表明, 在密度和厚度均匀的行星壳内, 任何地方的引力都会发生抵消。所以我们看到在壳的内外都存在一个引力场。在它的外表面和外面的空间, 引力场的分布好像是所有质量都集中在它的中心。而在中空部分的任何地方, 引力场都是 0, 里面的所有人都会失重。

虽然引力可以在物体内部或物体之间抵消, 但它不能像电力一样被屏蔽。由于引力只有吸引性, 所以类似的屏蔽就不会发生。日月食为这一点提供了令人信服的证据。月球处于太阳和地球的引力场中, 在月食期间, 地球位于月球和太阳之间, 若地球对太阳场有任何屏蔽则会导致月球轨道的偏离。即使是很轻微的屏蔽效应也会在一段时间内积累起来, 并在随后的日月食中显现出来。但实际上并没有产生这种现象, 证据就是无论过去还是未来的日月食都可以只使用简单的万有引力定律进行高精度的测算, 人们从未发现过引力中的屏蔽效应。

爱因斯坦的 "时空弯曲" 理论

图 8-22　扭曲的时空

注: 恒星附近的时空在四维时空中是弯曲的, 这与一个沉重的球体落在水床上时, 水床表面所展现的弯曲现象类似。

在 20 世纪早期, 爱因斯坦在其广义相对论中提出了一个与牛顿万有引力定律完全不同的引力模型。爱因斯坦认为引力场是四维时空的几何扭曲; 他意识到物体在空间和时间上留下了 "凹痕", 有点像一个巨大的球放在一个巨大水床的中间, 使其二维表面产生凹痕 (见图 8-22)。球的质量越大, 凹痕或扭曲越大。如果我们在离球足够远的地方使弹珠滚过水床，弹珠将沿着直线滚动。但是，如果我们在球附近滚动弹珠，它会沿着弯曲的路径，随着滚动经过水床的凹陷表面。如果弯曲的路径自身闭合，弹珠将以椭圆形或圆形路径绕球旋转。如果你戴上"牛顿眼镜"，从而只看到球和弹珠，而不是水床，你可能得出的结论是弹珠弯曲是因为它被球吸引了；如果你戴上"爱因斯坦眼镜"，从而只看到弹珠和凹陷的水床，而不是"遥远"的球，你可能会得出的结论是弹珠的路径是弯曲的，因为它运动的表面是弯曲的，这个例子中二维水床对应了四维时空。

> **○─── 趣味问答 ───○**
>
> **爱因斯坦的引力理论是否否定了牛顿的引力定律？**
>
> 不，牛顿的万有引力理论对我们的日常生活中的使用已经足够，而爱因斯坦的理论则适用于产生巨大作用力的领域，比如星系中心的黑洞。

Q5 坐过山车时为什么会有失重感？

引力和任何力一样，可以改变物体的运动状态，受引力影响的物体会朝向彼此加速运动。因为我们几乎只是与地球接触，所以我们更熟悉的引力是将我们压在地球上的力，而不是让我们加速前进的力，我们将其称为重量。

有时我们会感觉自身的重量在不断变化，这在坐过山车时尤为明显。当坐过山车从低处向上爬升时，我们会有一种身体似乎被向上推的感受，这就是超重。而坐过山车从高处加速向下俯冲时，我们又会感觉到身体在被向下拉，这便是失重。在失重状态下，我们会感到身体比正常状态下更为轻盈，甚至能飘浮在空气中，同时也会有身体不受控制、无法保持平衡、心脏跳动快要停止的感受，这种体验既令人兴奋又令人害怕。

我们也可以通过体重秤，来切实看到体重的变化。在正常状态下，你和地球之间的引力将你拉向地面和秤。根据牛顿第三运动定律，同时，地面和秤也在向上推你。基于秤内的一个弹簧装置，它会进行校准以显示重量（见图 8-23，与前文的图 3-5 相同），可以看到在正常状态下你的重量。如果你在运动的电梯中重复此称重程序，那么你的重量示数会变化，并且变化不是发生在匀速运动期间，而是加速运动期间。如果电梯向上加速，体重秤和地板会更用力地推你的脚，所以秤内的弹簧压缩得更大，体重秤会显示你的重量增加。然而，如果电梯向下加速，则会发生相反的情况，体重秤会显示重量减轻。

图 8-23 称重时的受力分析

注：当你踩在秤上时，有两个力作用在秤上，向下的压力（等于你的重量 mg）和向上的支持力。当加速度为 0 时，这两个力是大小相等并且方向相反的。被挤压的秤内的弹簧装置会经过校准以显示你的体重。

在前文中，我们通常将物体的重量视为其所受的重力。当物体在坚硬的表面上并处于平衡状态时，其重量可以通过支持力来反映，当物体处于悬挂状态时，可以通过绳子上的张力来反映。在任何一种情况下，如果没有额外的加速度，重量等于 mg。然而，当我们在前文中讨论旋转环境时，我们了解到支持力可以独立于重力存在。概括地说，我们在这里改进之前的定义：重量，物体施加在支持面上的力（如果悬挂在绳子上，则是施加在绳子上的力），通常等于但不总是等于重力。根据这个定义，重量变化是符合你感觉的。所以，在向下加速的电梯中，支持力更小，你的重量也更小。如图 8-24（d）所示，如果电梯处于自由落体状态，支持力和秤上的示数都为零，也就是说，你是失重的。然而，即使在这种失重状态下，仍有重力作用在你身上，导致你向下加速，只是你无法感觉到，因为没有支持力。

失重的一个典型案例是宇航员。由于在轨飞行的宇航员不受支持力，他们处于持续的失重状态，这不是说没有重力，而是没有重量。宇航员有时会经历"太空病"，直到他们习惯持续的失重状态。轨道上的宇航员处于持续的自由落体状态。

图 8-24 电梯各种情况下人的重量

注：平衡时，你的重量等于你对地板的压力。如果地板向上或向下加速，你的重量会发生变化（即使作用在你身上的重力 mg 保持不变）。

图 8-25 所示的国际空间站就是失重环境。空间站和宇航员都以略小于 g 的加速度向着地球运动，这是由于他们的高度较高。这一加速度宇航员根本感觉不到，相对于空间站，宇航员的加速度是零。长时间处于这种状态会导致肌肉力量的丧失和身体的其他损害。然而，未来的太空旅行者不必承受失重状态，正如前文提到的在绳索末端缓慢旋转的巨大轮子或吊舱可能会取代今天不旋转的太空栖息地。旋转会有效地提供支持力，并很好地提供重力感。

（a）
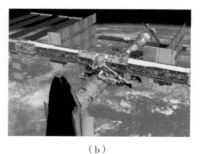
（b）

图 8-25 太空中的失重

注：图（a），由于没有支持力，宇航员处于自由落体状态，感觉失重。图（b），国际空间站的宇航员也在绕着地球做自由落体运动。

Q6 黑洞具有攻击性吗？

黑洞真的会主动吞噬一定距离内的人或物吗？与传言中关于黑洞的

描述相反，它们其实没有攻击性，也不会向远处张嘴"吞下"无辜的人。它们的引力场并不比坍缩前恒星周围的原始场强，除非物体在原始恒星半径内。除非距离太近，否则人们无须担心黑洞的影响。

很多与太空相关的科幻电影都会出现黑洞，并为其赋予很多特殊"功能"，如拥有吸收并吞噬周围一切的力量，抑或是一个能够通往另一时空或千里之外的通道。那么，黑洞究竟是什么？它又是如何形成的呢？

假设你坚不可摧，可以乘坐宇宙飞船到达恒星表面。你在恒星上受到的引力将取决于你的质量、恒星的质量，以及恒星中心到你质心之间的距离。如果恒星在质量不变的情况下燃烧并半径坍缩到原先的一半，那么你在其表面受的力（由平方反比定律确定）将变为原先的 4 倍（见图 8-26）。如果恒星的半径继续坍缩到原先的 1/10，你在它表面的力会变为原来的 100 倍。如果恒星持续坍缩，其

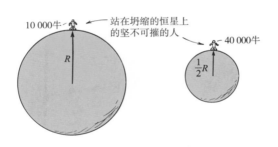

图 8-26　恒星坍缩时力的变化

注：如果恒星的半径坍缩到原先的一半，并且质量没有变化，那其表面的物体受的力将变为原先的 4 倍。

表面的引力场会变得更强。对一艘宇宙飞船来说，离开这一恒星将变得越来越困难。逃跑所需的速度，即逃逸速度会增加。如果像太阳这样的恒星其半径坍缩到 3 千米之内，从其表面逃逸的速度将超过光速，也就是说，即使是光也无法逃逸！这时的太阳是无法被看见的，将成为一个黑洞。

事实上，太阳的质量太小，无法经历这样的坍缩，但当一些质量更大的恒星（目前公认的是至少需要达到 1.5 倍太阳质量）达到其核资源的极限时，它们会经历坍缩，除非自转足够快，否则坍缩会持续到恒星达到无限密度。在这些坍缩恒星附近的引力会大到连光都无法逃逸。它们把自己都压得看不见了，造成的结果就是黑洞。黑洞是肉眼完全看不见的，只能用其他仪器探测其存在。

黑洞的质量并不比坍缩前的质量大，因此在恒星坍缩后，位于或大于原始恒星半径的区域的引力场与之前没有什么不同。但是，在距离黑洞更近的地方，引力场可能是巨大的，因为它周围的弯曲效应巨大，任何靠其太近的光线、尘埃、宇宙飞船等物体都会被卷入其中。宇航员到达这条曲线的边缘，如果他们乘坐的是一艘强大的太空船，他们仍然可以逃脱。然而，一旦到达某个距离内，就永远无法逃脱，并将从可观测宇宙中消失。任何落入黑洞的物体都会被撕成碎片（见图 8-27）。除了质量、角动量（如果有的话）和电荷（如果有的的话），物体的任何其他特征都不复存在。

图 8-27　任何落入黑洞的东西都会被粉碎

注：黑洞只保留质量、角动量和电荷。

给黑洞拍照曾被认为是不可能的事，而现在已经成为现实（见图 8-28）。这张在 2019 年发布的照片实际上是 M87 星系中心黑洞的影子，是全世界科学家一同努力的结果。M87 是室女座星系团中的一个大星系，距离太阳 5 500 万光年。图像中的亮环是由黑洞周围强烈引力场中弯曲的光线形成的，该黑洞的质量是太阳的 65 亿倍。

图 8-28　第一张黑洞照片

注：这是 M87 星系的中心黑洞的第一张照片，具有历史意义。

还有一个与黑洞有些相似的理论是"虫洞"（见图 8-29）。与黑洞一样，虫洞是空间和时间的巨大扭曲。虫洞并没有朝着一个无限密集的点坍缩，而是在宇宙的其他地方开了个口子，甚至我们可以想象，是在另一个宇宙中开了个口子！尽管黑洞的存在已经得到证实，但虫洞仍然是一个极具猜测性质的概念。一些科学爱好者认为虫洞打开了

图 8-29　虫洞

注：一个猜测是虫洞可能是通往我们宇宙另一部分甚至另一个宇宙的入口。

时间旅行的可能。①

人们通过观察黑洞对附近物质和邻近恒星的引力影响，可以感知黑洞。有很多的证据表明，一些双星系统由一颗发光恒星和一颗不可见的伴星组成，它们具有类似黑洞的性质，并围绕彼此旋转。更有力的证据表明，在许多星系（也许是所有星系）的中心都有更大质量的黑洞。在一种被观测为"类星体"的年轻星系中，中心黑洞吸入物质，当物质被吞没时，会释放出大量辐射。在一些古老的星系中，可以观察到恒星在强大的引力场中围绕着明显空洞的中心旋转。这些星系中的黑洞质量是太阳质量的数百万到数十亿倍。我们自己星系的中心，虽然不像其他星系的中心那样容易被观测到，但几乎可以肯定的是，在那儿有一个质量为400万倍太阳质量的黑洞。新发现出现的速度比教科书要快，如果想知道有关黑洞的最新信息，可以登录天文学网站获取。

Q7 地球为什么是圆的？

我们都知道地球是圆的，但为什么地球是圆的？答案是引力。所有物体都吸引着其他一切物体，所以地球也在尽可能地把自己吸引在一起！地球的任何"角落"都被拉了进来，因此，表面的每个部分都与中心等距，这使其成为一个球体。我们通过万有引力定律还可以解释为什么太阳、月球和地球是球形的（尽管事实上旋转效应使它们略呈椭球形）。

如果所有物体都在吸引其他一切物体，那么意味着行星也在相互吸引。例如，影响木星运动的力不仅仅来自太阳，还有来自其他行星的。与质量更大的太阳的引力相比，虽然它们的影响很小，但仍然会显现出来。例如，土星吸引着木

---

① 霍金是黑洞研究的先驱者，他是最早推测虫洞存在的人之一。在 2003 年，令许多科学爱好者沮丧的是，他否定了自己的想法，即他认为虫洞不可能存在。

星，干扰了木星原本平滑的路径，而木星对土星也是如此。这两颗行星都在各自的轨道上"摇摆"。这种由行星间相互作用力引起的轨道摆动称为扰动。

19 世纪 40 年代，对当时最新发现的行星天王星的研究表明，它的轨道偏差不能用所有其他已知行星的扰动来解释。那么要么是万有引力定律在离太阳这么远的地方失效了，要么有一颗未知的第八颗行星干扰了天王星的轨道。

英国人约翰·库奇·亚当斯（John Couch Adams）和法国人勒维烈（Urbain Le Lerrier）注意到了这一问题，他们都坚信牛顿定律是正确的，由此分别独立计算了第八颗行星的位置。大约在同一时间，亚当斯给英国格林尼治天文台写信，勒维烈给德国柏林天文台写信，他们都建议在太空的某个区域寻找一颗新行星。亚当斯的请求因格林尼治天文台的误解而被推迟，但勒维烈的请求立即得到了响应。海王星就是在那个晚上被发现的！

随后对天王星和海王星轨道的追踪造就了 1930 年亚利桑那州洛厄尔天文台对冥王星的预测和发现。无论你在以前的学习中学到了什么，天文学家现在都将冥王星视为一颗矮行星。这是一个新的类别，包括柯伊伯带中的某些小行星。不管冥王星的地位如何，它绕太阳一周需要 248 年的时间，因此在 2178 年之前，没有人会再在它被发现的位置看到它。

最新的证据表明，在反重力的暗能量的推动下，宇宙不仅在膨胀，而且在加速向外膨胀，暗能量约占宇宙总能量的 73%。此外，恒星在星系中旋转的速度表明，对它们的影响不仅仅来自可见宇宙中的物质，还有一种新的看不见的物质，称为暗物质，它占宇宙全部物质的 23%。普通的物质，比如恒星、卷心菜等这些物质，只占 4% 左右。暗能量和暗物质的概念是 20 世纪末、21 世纪初被提出的。目前人们对宇宙的看法已经明显超越了牛顿认知中的宇宙，图 8-30 展示了现在公认的太阳系形成说。

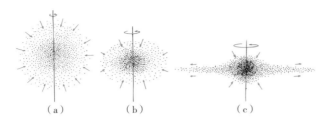

图 8-30　太阳系的形成

注：图（a），一个缓慢旋转的星际气体球由于内部气体相互
间的引力而收缩，图（b），然后通过加快旋转速度以保持角
动量。图（c），单个粒子和粒子团的动量增加，导致它们绕
旋转轴以更宽的路径扫掠，从而产生整个圆盘，盘更大的表
面积促进了物质的冷却和凝结。这就是行星的诞生之地。

然而，很少有理论能像牛顿万有引力理论那样影响科学和文明。牛顿的见解
真正改变了世界，提升了人类的生存状况。他的思想成功地开创了理性时代。牛
顿已经证明，通过观察和推理，人们可以揭示物理宇宙的运作原理。所有的卫星、
行星、恒星和星系都有一个非常简单的规则来支配它们：

$$F = G \frac{m_1 m_2}{r^2}$$

这一简单规则的制定是后来科学成功的主要原因之一，因为它为解释世界上
的其他现象提供了希望，即任何现象都有望用同样简单且普遍的规则来描述。

这种观念影响了 18 世纪许多科学家、艺术家、作家和哲学家的思想。其中
之一是英国哲学家约翰·洛克，他认为观察和理性，正如牛顿所证明的那样，应
该是我们在所有事情上最好的判断和指导准则。洛克敦促，应该对所有的自然现
象甚至社会现象进行研究，以发现任何可能存在的统一的"自然法则"。

要点回顾

- 万有引力定律指宇宙中的每一个物体都对另一个物体有吸引力，对两个物体而言，这种力与它们的质量乘积成正比，与它们质量中心之间距离的平方成反比：$F = G \dfrac{m_1 m_2}{r^2}$。

- 平方反比定律：照明、引力等效应的强度与源到观察点的距离的平方成反比。离地球中心的距离越大，物体受到的地心引力就越小。

- 在本书前几章，重量是指物体施加在支持面（或悬挂在支撑绳）上的力，而在旋转系统中并不如此。它通常等于但不总是等于重力。失重时支持力为 0，自由落体运动为典型的失重状态。

- 海洋潮汐是由月球对地球的引力在地球两侧的差异造成的。当太阳、地球和月球成一条直线时，太阳和月球产生的潮汐叠加，出现高潮或低潮，当高潮高于平均值，低潮低于平均值时，被称为大潮。

- 引力场是传递物体之间的万有引力作用的物理场。地球的引力场既存在于地球外部，也存在于地球内部。如果掉入一个从北极到南极完全贯穿地球的洞里，你会从北极出发一直加速到地心，然后一直减速到南极。到达地心时的速度最大，加速度为

0，引力为 0。

- 黑洞是由引力坍缩引起的致密天体，在其附近引力非常强，甚至光都无法逃脱。

- 通过引力定律可以理解，太阳、月球和地球为什么是球形的。由于引力，它们尽可能地把自己吸引在一起，因此表面的每个部分都与中心等距，这使其成为一个球体。

CONCEPTUAL
PHYSICS

09

卫星是如何运动的

妙趣横生的物理学课堂

- 投出的球为什么沿抛物线运动?

- 卫星如何实现绕地飞行?

- 卫星轨道是圆形还是椭圆形的?

- 行星运动的三大定律是什么?

- 什么样的速度能够让卫星"逃离"地球?

我是在飞机上偶遇萨莉·赖德（Sally Ride）的，她是美国第一位进入太空的女性，当时她 32 岁，也由此成为历史上最年轻的进入太空的美国人。1983 年和 1984 年，她在"挑战者"号航天飞船上执行了两次任务。她的专长是操纵质量达 400 千克的机器人手臂，并熟练掌握轨道飞行器控制面板上的大约 800 个开关。萨莉从未想过要创造历史，但她做到了。她立刻成了超级明星，登上杂志封面，并在电视脱口秀节目中大受欢迎。她激励了很多人，特别是激励了许多女孩投身于科学事业。

在加入 NASA 之后，萨莉成为一名物理学教授，以及加州大学圣迭戈分校加州空间研究所所长。同时，她对年轻人的 STEM（科学、技术、工程、数学）教育充满热情。2000 年，她和几个朋友创办了自己的公司——萨莉·赖德科学公司。该公司开发了许多教学课程和产品，用于帮助、激励有着不同背景的年轻学生，尤其鼓励了很多女孩学习科学。

与萨莉相处的过程中，我经常问她太空是什么样子。在她告诉我的事情中，我记得她说过，失重是一种乐趣，她喜欢在航天飞船里飘浮。但她也告诉我们，大多数人不知道的是，在失重的轨道上有很多呕吐物。很多！

当然，呕吐是我们都不喜欢的事情，但有朝一日乘坐飞船进入太空轨道，是很多人的梦想。如今，我们已经通过发射卫星等方式对太空有了更多了解，那么卫星是如何进入太空的呢？它又是如何在太空中运动的呢？希望你在接下来的内容中能找到答案。

Q1 投出的球为什么沿抛物线运动？

还记得抛沙包、投球等类似的游戏过程吗？当我们抛出手中的物体时，尽管方向是斜向上或是水平的，但沙包或球并不会沿着抛出的方向直线前进，而是以一条弧线落在地面上。

在没有重力的情况下，将一块岩石以一个角度抛向天空，它会沿着一条直线运动。然而现实情况下，由于存在重力，它的路径会弯曲。石头、网球或任何物体通过某种方式被投掷出去，并通过自身惯性继续运动，称为抛体运动。对早期的投炮手来说，炮弹的弯曲路径似乎非常复杂。如今，当我们分别观察炮弹水平方向上的运动和竖直方向上的运动时，会发现它的路径其实出奇的简单。

图 9-1　将球以一定
角度抛出

注：球的速度（浅蓝色长矢量）可以分解为竖直速度和水平速度。竖直速度与球能到达的高度相关，水平速度决定了球能到达的水平距离。

在图 9-1 中，我们看到了球的速度的分量。当空气阻力小到可以忽略时，球的水平速度与竖直速度完全无关，水平速度保持恒定并不受重力的影响，二者分别影响球能移动多远和能升到多高。需要强调的是，虽然每个方向的分量都是独立的，但是它们共同作用，构成抛体运动的轨迹。

平抛运动

图 9-2 很好地分析了物体的运动，这是一张模拟多重曝光的图片，图中记录

了一个球以不同运动方式从桌子边缘滚落的过程。图9-2（a），物体有向右的初速度并不受重力的影响，能观察到球在水平方向上同一时间间隔内的运动距离相等；图9-2（b），物体初速度为0，仅受重力，则做自由落体运动；图9-2（c），物体有向右的初速度，并且受到重力作用，能观察到物体在水平方向与竖直方向都有运动；我们可以通过对照图9-2（d），进行更加细致的观察。要注意两件重要的事情：第一件事是，球运动时，水平方向上的速度不会改变，并且物体在水平方向上的运动为匀速直线运动。这是因为重力方向竖直向下，在水平方向没有分力，它只向下作用，所以球的唯一加速度是向下的。第二件事是，球在竖直方向上的运动特征是在相同时间内经历的路程越来越大，这与球做自由落体运动时的运动情况是一致的。请注意，球的运动是水平方向上的匀速直线运动和竖直方向上的自由落体运动的组合。

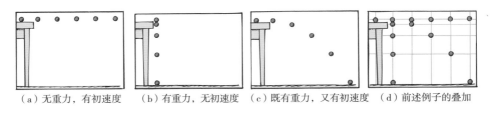

（a）无重力，有初速度　　（b）有重力，无初速度　　（c）既有重力，又有初速度　　（d）前述例子的叠加

图9-2　频闪光源照射下运动的球的模拟图片

在忽略空气阻力的理想情况下，在竖直方向仅受重力作用且以恒定速度运动的抛体，其运动轨迹为抛物线。质量较大的且不会导致明显空气阻力的物体，其轨迹也近似呈抛物线形图9-3、图9-4和图9-5展示了多种抛体运动。

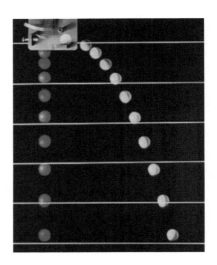

图9-3　频闪光源照射下同时从一个装置上释放两个高尔夫球的模拟照片

注：红球自由下落，黄球做平抛运动。

图 9-4　滑板中的抛体运动

注：当她和滑板在空中时，可以用抛体运动的物理原理分析。

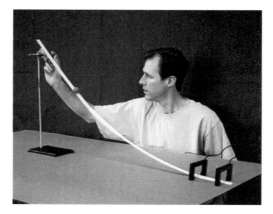

图 9-5　利用实验装置使球做平抛运动

注：查克·斯通（Chuck Stone）在跑道顶部附近释放一个球。他的学生进行测量，以预测在球滚出桌子后，应该将罐子放在地板上的哪个位置来接。

斜抛运动

在棒球等球类运动中，发球角度的控制往往被认为是决定比赛优劣势的因素之一。如果发球的角度足够刁钻，除了增加自身的制胜率，还会使对手不仅要判断更为复杂的球路，还可能需要花费更多的时间和精力去接球，从而减少对手进攻的机会。实际上，这就涉及接下来要学习的斜抛运动，即以一定角度抛出物体的运动。

在图 9-6（a）至图 9-6（c）中，我们看到了沿水平、斜向上、斜向下方向投掷石头的路径。假设没有重力作用，石头会沿着虚线箭头的方向运动，但在现实中，由于重力的存在，石头会沿抛物线做抛体运动。

从带箭头的虚线上取几个时间间隔相同的点，并向下作直线与抛物线相交，再从交点做虚线的平行线交于竖直直线，可以发现，这三种情况下，相同时间隔内，石头在竖直方向上的位移都相等。

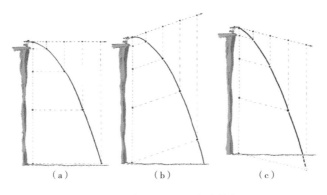

图 9-6　将石头以不同角度抛出

（a）　　　　　　（b）　　　　　　（c）

　　图 9-7 显示了做斜抛运动的炮弹的运动情况。如果没有重力，炮弹将沿着虚线做匀速直线运动。因为有重力，所以这不会发生。真实情况是，炮弹在虚线下方沿抛物线做斜抛运动，直到最后击中地面。请注意，虚线上任意一点到下方抛物线的高度差，等于炮弹经历相同时间（沿虚线做匀速直线运动到该点所需的时间）做自由落体运动的距离。运动 1 秒，高度差为 5 米；做自由落体运动的物体运动 1 秒，运动的距离也为 5 米。该距离可以由 $d = \frac{1}{2}gt^2$ 算出，其中 t 是经过的时间。我们还可以换一种说法：想象一下，在没有重力的情况下，以某个角度向天空发射一枚炮弹。我们期盼物体沿直线运动，但由于重力，现实中它并不会沿直线运动。那么它会在哪里？答案是它的运动轨迹在直线的下方。在下面多远呢？答案是 $5t^2$（或者更准确地说是 $4.9t^2$）。

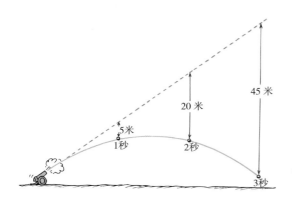

图 9-7　以一定角度向天空发射的炮弹

注：在没有重力的情况下，炮弹将沿着直线路径（虚线）运动。但是由于重力，炮弹轨迹为直线下方的抛物线。（若代入 $g=9.8$ 米／秒^2，图中的距离更精确，分别为 4.9 米、19.6 米和 44.1 米。）

在本章已说明的图中，还有另一点要注意：炮弹在相等的时间间隔内运动相同的水平距离。这是因为水平方向没有加速度，唯一的加速度是竖直向下的，即指向地心的重力加速度。

在图 9-8 中，我们看到了抛体沿抛物线轨迹飞行的速度可以分解为水平速度和竖直速度。请注意，沿轨迹各处的水平速度是相同的，只有竖直速度发生变化。物体速度是水平速度和竖直速度的合成。在轨迹的最高处，竖直速度为零，因此最高处的速度仅为水平速度，轨迹中其他地方的速度大小都大于最高处的速度（就像矩形的对角线比其两边长一样）。

图 9-9 显示了相同速度下以更陡的角度发射的抛体运动的轨迹。请注意，此时由初速度的竖直分速度比发射角度较缓时的竖直分速度大。这个较大的竖直分速度会导致抛体达到更高的高度。也就是说，如果水平分速度较小，抛物线就会较窄。

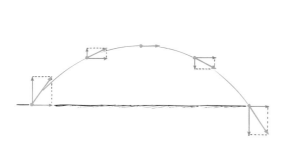

图 9-8　抛体沿其轨迹在不同点的速度

注：请注意，竖直速度会发生变化，而水平分速度在任何地方都是相同的。

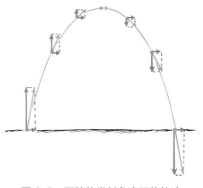

图 9-9　更陡的发射角度下的轨迹

图 9-10 显示了几种抛体的运动轨迹，它们的初速度相同，但发射角度不同。该图忽略了空气阻力的影响，因此轨迹都是抛物线。请注意，这些抛体到达的高度不同，抛物线的宽度也各不相同。值得特别注意的是，当两个抛体发射角度的相加为 90° 时，抛物线的宽度相等！例如，以与地面成 60° 抛向空中的物体，其

水平方向上的运动距离与相同速度下以与地面成 30° 抛出的物体的相同。当然，角度越小，物体在空中的运动时间越短。当空气阻力可以忽略时，最大射程出现在发射角为 45° 时。

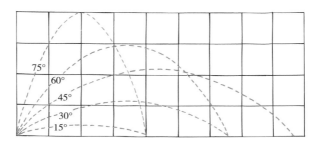

图 9-10　以相同速度、不同发射角度发射的抛体的轨迹

因此，如果我们忽略空气阻力的影响，当棒球在相对于地面以 45° 被击出时，球会被击至最远。在没有空气阻力的情况下，球上升与下落的运动情况是完全对称的，上升过程经历的距离与下降过程经历的距离相同。但当空气阻力使球变慢时，情况并非如此。它在顶端的水平速度会低于它离开球棒时的水平速度，因此它在经过顶端后在水平方向的位移会比之前少。因此，为了达到最大位移，球离开球棒时的水平分速度必须大于竖直分速度，球与地面的夹角大约在 25° 至 34° 之间，远小于 45°（见图 9-11）。高尔夫球也是如此。

对于标枪和铅球等重型抛体，空气阻力对位移影响较小。标枪很重，在空中运动的横截面很小，所以投掷时呈几乎完美的抛物线。铅球也是如此。对于以不同角度投掷的重型抛体，其投掷速度并不相等。当投掷标枪或铅球时，人使出的力的很大一部分用于使物体升高，即克服物体的重

图 9-11　以哪个角度击出最好？

注：在没有空气阻力的情况下，击球使其飞最远的方式是以与地面成 45° 击球。现实中由于空气阻力，大多数全垒打的击球角度为 25° 至 34°。

力，所以以 45° 抛出重型抛体并不意味着位移最远。

　　你可以自己测试一下：先水平投掷一块沉重的巨石，然后再向上斜抛这块巨石，你会发现水平投掷时的初速度明显更大。对人类而言，投掷重型抛体的最大位移是在小于 34° 的夹角下实现的，并且这与空气阻力无关。

　　在有空气阻力的情况下，高速抛出的物体不会做完美的抛物线运动（见图 9-12）。当空气阻力小到可以忽略时，抛体到达其最大高度的时间和它从最大高度处下落回初始位置的时间相同（见图 9-13）。这是因为其上升时的重力加速度与下降时的重力加速度相同。它上升时的速度减少量与下降时的速度增加量相同，抛体以与最初被抛出时相同大小的速度到达初始位置。

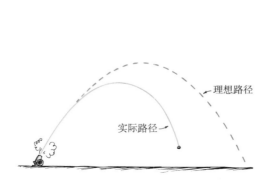

图 9-12　空气阻力对抛体的运动有影响

注：在存在空气阻力的情况下，高速抛出的物体的运动轨迹并不是完美的抛物线轨迹。

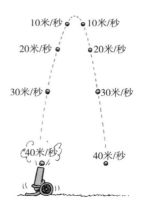

图 9-13　上升与下降是对称的

注：如果没有空气阻力，上升时损失的速度等于下降时获得的速度，上升的时间等于下降的时间。

　　除了空气阻力，地面情况也会影响抛体运动。我们可以看到包括棒球在内的很多比赛通常在平地上进行。原因是对于运动场上的短程抛体运动，地面可以被认为是平坦的，棒球的飞行不受地球曲率的影响。然而，对于长距离的抛体运动，必须考虑地球表面曲率的影响。如果一个物体被投掷得足够快，它将绕地球一圈并成为地球的一颗卫星。

○ 趣味问答 ●

跳跃时的滞空时间是如何形成的?

我们曾指出跳跃过程中的滞空时间与水平方向上的速度无关。现在我们明白了为什么水平方向的运动和竖直方向的运动是相互独立的。抛体运动的规则也适用于跳跃,一旦双脚离开地面,只有重力作用在起跳者身上(忽略空气阻力)。滞空时间仅取决于起跳的竖直分速度。然而,在起跳前助跑则有所不同。如果篮球运动员在跑步后起跳,跳跃过程中的起跳力可以通过将脚撞击地面而显著增加,因此通过助跑起跳的滞空时间可以超过平地起跳的滞空时间。但再次强调:一旦跑步者的脚离开地面,只有起跳时的竖直分速度决定滞空时间。

Q2 卫星如何实现绕地飞行?

在我们的头顶,有数千颗在轨卫星在太空中飞行着,它们也遵循着抛体运动规律。卫星,简单而言就是一个运动速度足以绕其中心天体运行的抛体,地球的卫星围绕着地球不断旋转。

关于环绕地球运行的卫星,一个常见的误解是认为它们不受地球重力的影响,这是错误的!卫星在地球大气层的上方,在那里它们没有空气阻力,因此不会出现因空气阻力而降低轨道速度的情况。要了解卫星运动,请看看小尼莉在她想象中的小行星上抛球的情况(见图9-14)。球的路径由于行星的引力而弯曲,如果没有引力,球会沿着直线运动。考虑到引力的作用,以足够大的速度投掷时,球就会以圆轨道运动。

图 9-14 尼莉以刚好合适的速度将球抛入轨道

让我们回到地球上（见图 9-15），尼莉从离地面 5 米高的悬崖上水平抛出一个球。无论她的投掷速度如何，在这三种情况中，竖直方向上球在同一时间内的位移相同。

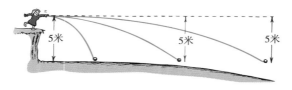

图 9-15　从悬崖上以不同速度抛出球

注：以任何速度扔出球，1 秒钟后它在竖直方向上的位移都为 5 米。

无论速度如何，球在离开尼莉手后的第 1 秒，球就会掉到虚线下方 5 米之处。因此，三个球将在同一时间内落地。这甚至适用于更大的速度。例如，如果尼莉从同一个悬崖上水平握持一支步枪并发射子弹，子弹同样将在 1 秒内击中地面（人们普遍误认为高速子弹在直线上行进，然后落下，类似于卡通人物冲出悬崖并掉落的路径）。无论抛体的速度如何，由于竖直方向上下落的距离只与重力加速度 g 和时间有关，因此它都会在飞行的第 1 秒内下落 5 米。

在本次讨论中，我们假设了一个平坦的地球，这对分析运动场上球的运动情况来说是一个有利的假设。然而，地球表面是弯曲的。对于非常大的速度，就必须考虑地球曲率对运动的影响。思考一下这个有趣的问题：如果一枚水平发射的炮弹速度快到它弯曲的路径的曲率与地球表面的一样，那会如何？答案是在没有空气阻力和障碍物阻碍的情况下，炮弹将成为地球的人造卫星！让我们一起来分析。

粗略地看，从地球表面某一点做切线，从切点出发后 8 000 米下方的地球表面与切线相距 5 米，这是一个几何事实，由此可以计算地球曲率（见图 9-16）。圆或地球表面的切线指的是某一个位置上与圆或地球表面相切的直线。

图 9-16 地球曲率的计算（非按比例绘制）

我们可以看到，地球表面这 5 米的下降与人们熟悉的炮弹在其飞行的第 1 秒内 5 米的下降一致。如果我们想让炮弹在竖直下落 5 米内，水平飞行 8 000 米，那么炮弹的水平速度要达到 8 000 米 / 秒。在这一速度下，炮弹飞行轨道的曲率将与地球表面的一致。

至此，我们了解到一颗在近地轨道上的卫星要以 8 000 米 / 秒的速度运行。如果这看起来不够快，不妨把它换算成千米 / 时，你会得到令人印象深刻的数据：29 000 千米 / 时。这看起来就相当快了！从地球上各点引出无数段切线，通过它们可以测算地球的曲率（见图 9-17）。在高海拔地区，那里离地球中心的距离更大、重力更小，此时抛体的速度略低于 8 000 米 / 秒。

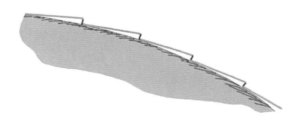

图 9-17 从地球表面作无数段切线段

注：一系列 8 000 米的线段环绕地球。在没有空气阻力或其他障碍的情况下，一枚以 8 000 米 / 秒的水平速度运动的抛体将环绕地球！

在这样的轨道速度下，抛体会因与大气层的摩擦而燃烧，这种情况发生在沙粒和擦过地球大气层的小流星上。它们燃烧时，看起来像"坠落的星星"。因此，地球卫星被发射到高于 150 千米的高度，以超越大气层，而不仅仅是高出重力范围。

牛顿了解卫星运动，他认为月球只是一个在引力作用下绕地球旋转的抛体。

图 9-18 是牛顿绘制的抛体绕地球旋转的原图。他将月球的运动比作从高山上发射炮弹，设想山顶位于地球大气层之上，因此空气阻力不会减缓炮弹的运动。如果炮弹以较低的水平速度发射，它将沿着抛物线，很快击中下面的地球。如果它发射得更快，它的水平距离就会更远，并且会击中地球上更远的地方。牛顿推断，如果炮弹发射得足够快，它弯曲的飞行路径将无限环绕地球，最终将在圆形轨道上旋转（见图 9-19）。

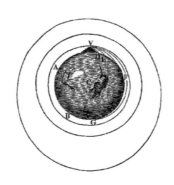

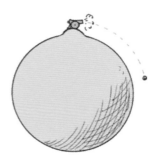

图 9-18　牛顿绘制的抛体绕地球旋转的原图

注：牛顿的原始图纸显示，从高山上发射的炮弹如果速度足够快，可以在不接触地表的情况下绕地球一直旋转。

图 9-19　炮弹发射得足够快，就会进入绕地旋转的轨道

炮弹和月球都以平行于地球表面的速度不断旋转。这个速度足以确保它们绕地运动，而不是坠入地球。如果没有空气阻力来降低速度，月球或其他任何地球卫星都会无限期地围绕地球"旋转"（见图 9-20）。

为什么行星不撞向太阳？因为它们有线速度。如果它们的线速度降低到 0，会发生什么？答案很简单：它们将直接撞向太阳。太阳系中任何没有足够线速度的物体早就撞向太阳消失了，

图 9-20　卫星的运转

注：地球卫星是一种处于持续自由落体运动状态的抛体。由于它在切向方向上的线速度，它绕着地球一直在旋转，而不是竖直坠落。

剩下的是我们现在所观察到的"和谐世界"。

Q3 卫星轨道是圆形还是椭圆形的？

我们已经知道，从牛顿假设的山上以 8 千米 / 秒的速度水平发射的炮弹将以与地球曲率相同的圆形路径，一次又一次地绕着地球旋转（前提是炮手和大炮让出了路）。牛顿计算了炮弹在圆形轨道上绕着地球前进时的速度，而由于他所得的速度显然是不可能通过发射炮弹达到的，所以他没有预见到人类发射卫星的可能性（可能他也没有考虑多级火箭）。当速度发生变化时，炮弹的飞行轨迹将同步变化。若炮弹以较慢的速度发射，则将撞击地球表面；若以更快的速度发射，它将脱离圆形轨道，在另一种形状的轨道上飞行，我们很快就会讨论这种情况。

圆形卫星轨道

注意，在圆形轨道上，卫星的速度大小不会因重力而改变，重力只改变其方向。我们可以通过比较圆形轨道上的卫星和沿着保龄球道滚动的保龄球来理解这一点。为什么作用在保龄球上的重力不改变它的速度大小？答案是重力方向与运动方向垂直，没有向前或向后作用的分力。

假设有一个完全围绕地球的保龄球道，其高度超过大气层因此没有空气阻力（见图 9-21）。保龄球将以恒定的速度沿着球道滚动。如果球道的一部分被切掉，球就会从球道的边缘滚出，并落在下方的地面上。速度更快的球遇到空隙时会沿着空隙飞到更远的地方落地。有没有一个速度可以让球越过空隙，就像一个摩托车手从一条坡道上俯冲，越过空隙，到达另一侧的坡道上（见图 9-22）？答案是肯定的：以 8 千米 / 秒的速度，球足以越过任何空隙，即使是 360° 的缺口，球仍将在圆形轨道上绕行。

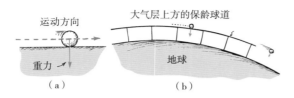

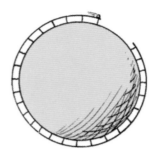

图 9-21　类比保龄球理解卫星的运动

注：图（a），保龄球上的重力与它的运动方向成
90°，因此它没有受到向前或向后的分力，球以恒定的
速度滚动。图（b），即使保龄球道更高，甚至与地
球表面保持"平行"，情况也是如此。

图 9-22　多大的速度可以
让球越过空隙？

对于一颗近地卫星，一个周期（完整绕地球转一圈的时间）约为 90 分钟。
随着轨道高度的增加，卫星速度会更小，轨道会更长，周期会更长。例如，轨道
位于地球表面以上 5.6 倍地球半径做圆周运动的通信卫星的周期为 24 小时，这
个周期与地球自转的周期一致。而位于赤道平面上的轨道的卫星始终保持在地面
上同一点的上方。月球距离更远，周期为 27.3 天。总的来说，卫星的轨道越高，
速度越低，轨道越长，周期越长。[1]

将卫星送入大气层上方的轨道需要控制运载火箭的速度和方向。最初竖直向
上发射的火箭总会偏离其竖直方向，获得
水平速度，最终达到在大气层上方环绕所
需的水平速度。这时，通常需要一个或多
个额外的推力来确保轨道速度。上述过程
我们在图 9-23 中可以看到，方便起见，
我们可以简单地将卫星视作一个单级火
箭。在适当的线速度下，它将围绕地球
运动，成为地球的一颗卫星，而不是坠
入地球。

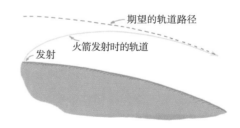

图 9-23　火箭的发射

注：火箭竖直向上发射后会倾斜，直至到达
与地球表面"平行"的理想路径。

---

[1] 卫星在圆形轨道上的速度由 $v = \sqrt{\dfrac{GM}{r}}$ 给出，卫星运动周期由 $T = 2\pi\sqrt{\dfrac{r^3}{GM}}$ 给出，其中 G 是万有引
力常量，M 是地球（或卫星所围绕做圆周运动的其他任何物体）的质量，r 是卫星与地球中心（或
其他物体中心）的距离。

椭圆卫星轨道

如果一个刚好高于大气层的抛体的水平速度稍大于 8 千米 / 秒，它将脱离圆形轨道，沿着一条椭圆形路径行进。

椭圆是一种特定的曲线：由一个点所走的封闭路径构成，其移动方式使得它与两个固定点（称为焦点）的距离之和是恒定的。对于沿椭圆轨道绕行星运行的卫星，一个焦点位于行星的中心，另一个焦点可能在行星内部或外部。通过使用一对大头钉（每个焦点放置一个）、一根绳子和一支笔（见图 9-24），可以很容易地构建椭圆。焦点之间的距离越近，椭圆越接近圆，而当两个焦点重合时就是一个圆。所以我们可以了解到，圆是椭圆的特例。

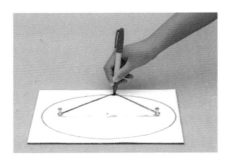

图 9-24　一种构造椭圆的简单方法

虽然卫星的速度大小在圆轨道上是恒定的，但在椭圆轨道上是变化的。当初始速度大于 8 千米 / 秒时，卫星会越过圆轨道，并克服重力远离地球。因此它会失去速度。当它靠近地球时，它会重新获得在远离地球时失去的速度，最终以最初大小的速度回到轨道（见图 9-25）。这个过程不断重复，每个周期都会描绘出椭圆的形状。

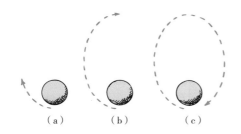

（a）　　（b）　　（c）

图 9-25　椭圆轨道

注：图（a），一颗速度稍大于 8 千米 / 秒的地球卫星越过圆轨道，并离开地球。图（b），重力使卫星减速，使其不再远离地球。图（c），它朝着地球下落，恢复了在远离时失去的速度，并在重复的循环中沿着与之前相同的路径前进。

有趣的是，在图 9-26（a）中，抛体（如被投掷的棒球或被发射的炮弹）的抛物线路径实际上是一个细长椭圆上的一小段，这个椭圆的一端点在地球中心，另一端点在抛体抛出的地方。在图 9-26（b）中，我们可以看到从牛顿假设的山上发射的炮弹的多条路径。所有这些椭圆都以地球中心为一个焦点，随着初速度的增加，椭圆的离心率减小（更接近圆形，如绿色虚线所示）；当抛体初速度达到 8 千米 / 秒时，路径会变成一个与地球表面"平行"的圆，炮弹在圆轨道上运动。如果初速度超过 8 千米 / 秒（如绿色实线所示）下，炮弹将沿着外部椭圆轨道飞行。

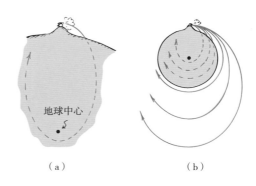

（a）   （b）

图 9-26   炮弹的轨迹

注：图（a），炮弹的轨迹虽然近似抛物线，但实际上是椭圆的一部分。地球的中心是椭圆的一个端点。图（b），炮弹都在椭圆轨道上。在低于 8 千米 / 秒的情况下，地球中心是远焦点；在速度等于 8 千米 / 秒时，两个焦点重合于地球的中心；速度大于 8 千米 / 秒，地球的中心是近焦点。

● 趣味问答 ●

利用卫星能监测到地球哪些信息？

卫星对于监测我们的星球很有用。

从佛罗里达州卡纳维拉尔角向东北方向发射的一颗在圆轨道上的卫星一个周期内会两次穿过赤道，因为它的运动路径是一个所在平面穿过地球中心的圆。还要注意，路径不会在其起点处终止。这是因为地球在偏转，在 90 分钟的时间里，地球转过了 22.5°，因此当卫星进入下一个轨道时，新路径的起点将向西偏移很多（在赤道上约为 2 500 千米）。这对在地球上监测卫星非常有利。而一颗卫星如何在 10 天内通过连续的轨道扫描监测可以地球表面的大量区域。

一个引人注目且常见的例子是一个对海洋浮游植物分布进行为期 3 年的全球监测项目。在卫星出现之前，人类不可能获得如此广泛的信息。

Q4 行星运动的三大定律是什么？

对于卫星，我们已经讨论了很多。有一个题外话，你知道"卫星"一词是谁先提出来的吗？它其实是德国天文学家开普勒命名的。

在探索宇宙的过程中，虽然牛顿的万有引力定律给人们打开了一扇认识宇宙的新大门，但在此之前，开普勒关于行星运动有三项重要发现，对现代科学的发展同样产生了深远的影响。

开普勒最初是丹麦著名天文学家第谷的初级助手。在望远镜问世之前，第谷在丹麦组织建立了世界上第一座大型天文台，并使用巨大的、黄铜制成的、量角器般的仪器四分仪，在 20 年的时间里精确地测量了行星的位置，直到今天他的测量结果仍然被认可。第谷将他的数据委托给了开普勒。第谷死后，开普勒将第谷获得的测量值与太阳系外静止观察者会获得的数值进行了比较。经过多年的努力，开普勒先前对行星围绕太阳以完美的圆形旋转的预期破灭了。他发现行星的路径是椭圆形的，这就是开普勒的行星运动第一运动定律：**每个行星围绕太阳运行的路径都是一个椭圆形，太阳位于其中一个焦点。**

开普勒还发现，行星并不是以均匀的速度围绕太阳公转，而是在距离太阳较近时移动得更快，在距离太阳较远时移动得较慢。它们在围绕太阳公转时，连接太阳和行星的假想线或辐条在相等的时间内扫过相等的面积。行星远离太阳位置公转时一个月所扫出的三角形面积（见图 9-27 中的"曲边三角形 ASB"）等于行星靠近太阳位置公转时一个月所扫出曲边三角形面积（见图 9-27 中的"曲边三角形 CSD"）。这就是开普勒第二运动定律：

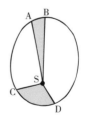

图 9-27 开普勒第二运动定律

注：在相等的时间间隔内扫过相等的面积。

太阳到任何行星的连线在相等的时间间隔内扫过的面积相等。

开普勒不清楚为什么行星会像他发现的那样移动。由于缺乏一个概念模型，他没有发现卫星只是一个在重力作用下的抛体，力指向卫星所围绕的物体。你已经知道，如果你把一块石头向上扔，它上升得越高，速度就越慢，因为它在克服重力运动。你还知道，当石头返回时，它会顺着重力方向运动，速度也会增加。开普勒没有发现卫星的行为像抛体运动，尽管他意识到行星在远离太阳时速度变慢，在接近太阳时速度变快。一颗星体，无论是围绕太阳运行的行星，还是围绕地球运行的卫星，运动方向与重力方向反向，则速度变慢，正向则运动变快。开普勒没有看到这种简单规律，而是制造了复杂的几何图形系统来理解他的发现。这些系统最终被证明是无效的。

经过 10 年的反复试验，开普勒发现了第三运动定律。根据第谷的数据，开普勒发现任何行星运动的周期（T）都与其与太阳的平均距离（r）有关：

行星轨道周期的平方与行星距太阳的平均距离的立方成正比（所有行星的 $T^2 \propto r^3$）。

这意味着所有行星运动的 $\dfrac{T^2}{r^3}$ 是相同的。因此，如果行星的周期已知，那么它轨道的平均径向距离就能很容易地被计算出来，反之亦然。

遗憾的是，虽然开普勒对伽利略关于惯性和加速运动的理论很熟悉，但他未能将其应用于自己的工作，而是像亚里士多德一样，认为作用在运动物体上的力始终与物体的运动方向相同。开普勒从未认可惯性这一概念，而伽利略从来认可开普勒的工作，并坚信行星是做完美圆周运动的。[①] 进一步了解行星运动需要有

[①] 通过他人的新见解来看待熟悉的事物并不容易。我们倾向于只看到我们所学的或希望看到的。伽利略说，当他的许多同事充满怀疑地通过他的望远镜凝视木星的卫星时，他们无法或拒绝承认看到了木星的卫星。伽利略的望远镜是天文学的福音，但比改进的仪器更重要的是理解所见的态度。今天仍然如此吗？

人能够综合这两位伟大科学家的发现。[①] 剩下的就是时间了，最终这项任务落在了牛顿身上。

Q5 什么样的速度能够让卫星"逃离"地球？

截至目前，我们所了解到的卫星都是以圆形轨道或椭圆轨道绕着地球上层飞行。那么，卫星有可能逃离地球，深入太空吗？这当然有可能，这也是我们进一步探索宇宙的方式，只不过逃离地球也需要满足一些条件。

回想一下，运动中的物体由于其运动而具有动能（E_k），地球上方的物体由于其位置而具有势能（E_p）。卫星在其轨道上的任何地方都有动能和势能，并且动能和势能的和在整个轨道上都是恒定的。最简单的例子是在圆形轨道中的卫星上。

在圆形轨道中，卫星距其旋转中心的距离不变，这意味着卫星的势能在其轨道上的任何地方都是相同的。那么，由于能量守恒，动能也是恒定的。因此，圆形轨道上的卫星以大小不变的速度运动（见图9-28）。

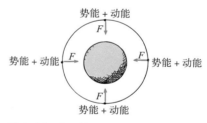

图9-28　圆形轨道上的卫星机械能守恒

注：卫星上的重力总是朝向其轨道的中心。对于处于圆形轨道的卫星，重力没有水平分力，卫星速度和动能大小不变。

在椭圆轨道上，情况则不同，卫星速度和距离都有变化。当卫星距离地球最远时（在远地点）势能最大，当卫星距离地球最近时（在近地点）势能最小。注意，当势能最大时，动能最小，当势能最小时，动能最大。在轨道上的每个点，动能和势能的和都相等（见图9-29）。

① 也许你的老师会教你，万有引力等于向心力时如何得出开普勒第三运动定律，以及这个等式是如何等于一个只取决于G和M的常数的。真是个有趣的现象！

在椭圆轨道上的所有点，除了远地点和近地点，重力不再是竖直向下，所以水平方向上会有重力的分力，这一分力改变了卫星的速度大小（见图 9-30）。或者我们可以说，水平分力 × 距离 = 动能变化量。无论哪种方式，当卫星高度变大并克服这个分力运动时，其速度和动能都会降低，一直持续下降到远地点。一旦经过远地点，卫星就会沿着与分力相同的方向运动，速度和动能会增加，这种增加一直持续到卫星掠过近地点并重复这个周期。

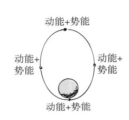

图 9-29　椭圆轨道上的卫星机械能守恒

注：卫星的动能和势能之和在其轨道上的所有地方都相等。

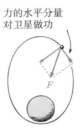

图 9-30　重力的水平分力会改变速度

注：在椭圆轨道上，沿卫星运动方向存在重力的水平分力，该分力会改变卫星速度大小，从而改变其动能。（竖直分力只改变卫星方向。）

逃逸速度

我们知道，从牛顿假设的山上以 8 千米 / 秒的速度水平发射的炮弹会在圆形轨道上绕地球旋转。但如果炮弹以相同的速度竖直向上发射，会发生什么呢？它会上升到某个高度，然后改变方向，落回地球。就像"有升必有降"这句哲言一样，一块被抛向天空的石头会因为重力返回（除非正如我们将学习的那样，它的速度足够快）。

在今天的航天时代，更准确的说法是"有升可能有降"，因为存在一个临界的启动速度，可以让抛体超越轨迹并逃离地球。这个临界速度称为逃逸速度。对于地球表面，逃逸速度为 11.2 千米 / 秒。如果你以任何高于这一数值的速度抛出物体，它将离开地球，虽然它的速度会越来越慢，但是它永不会停止。[①] 我们可以从能量的角度理解逃逸速度。

在克服地球重力下，将物体提升到非常非常远（"无限远"）的距离需要多少功？我们可能认为其中势能的变化是无限的，因为距离是无限的。但重力随着距离的增加而减小，也就是遵循平方反比定律。物体的重力只有在地球附近才会很强。发射火箭大部分做的功都发生在距离地球 10 000 千米左右的地方。结果表明，从地球表面运动到无限远处的质量为 1 千克的物体的势能变化为 6 300 万焦耳。

因此，要使物体无限远离地球表面，每千克物体至少需要 63 兆焦耳的能量。实际上，当物体从地球表面升起时，这些能量是在远离过程中逐渐增加的。但人们可以想象像发射炮弹一样发射其他物体，使其以足够大的初速度运动很远的距离。事实证明，在没有空气阻力的情况下，物体的发射速度，无论其质量如何，必须至少为 11.2 千米 / 秒，这被称为地球表面的逃逸速度（见图 9-31）。[②]

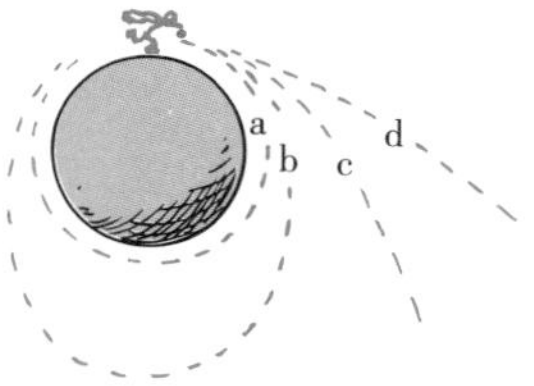

图 9-31　逃逸速度

注：如果一位超级英雄从刚好高于大气层的山顶以 8 千米 / 秒的速度水平抛出一个球，如曲线 a，那么大约 90 分钟后他可以转身接住这个球（忽略地球的自转）。抛得稍微快一点，球将沿椭圆轨道，如曲线 b，并在稍长的时间内返回。以超过 11.2 千米 / 秒的速度抛出，如曲线 c，球将逃离地球。以超过 42.5 千米 / 秒的速度抛出，如曲线 d，球将逃离太阳系。

如果我们给物体离开地球时的能量超过每千克 63 兆焦耳，或者使它的发射速度超过 11.2 千米 / 秒，那么，忽略空气阻力，物体将从地球逃逸，并永远不会返回。当它继续向外运动时，势能增加，动能减少，它的速度会越来越小，但是

---

① 任何行星或任何物体的逃逸速度由 $v = \sqrt{\dfrac{2GM}{r}}$ 给出，其中 G 是万有引力常量，M 是行星或物体的质量，r 是运作主体距其中心的距离。（若动作主体在行星或物体表面，r 则为行星或物体的半径。）
② 它也被称为最大落体速度，任何物体，无论离地球多远，做自由落体运动时的速度，都不会超过 11.2 千米 / 秒。（如果有空气摩擦，速度则会更小。）

不会降到 0。物体摆脱了地球重力的影响，就逃走了。

　　太阳系中不同天体的逃逸速度如表 9-1 所示。注意，太阳表面的逃逸速度为 618 千米 / 秒。即使在距离太阳 150 000 000 千米（等于日地距离）的地方，太阳的逃逸速度也比地球的逃逸速度大，是 42.5 千米 / 秒。从地球以大于 11.2 千米 / 秒但小于 42.5 千米 / 秒的速度发射的物体将逃离地球而无法逃离太阳，它将围绕太阳旋转。

表 9-1　太阳系中天体表面的逃逸速度

天体	天体质量 地球质量	天体半径 地球半径	逃逸速度 （千米 / 秒）
太阳（在太阳表面）	333 000	109	618
太阳（在地球轨道处）		23 500	42.2
木星	318	11	59.5
土星	95.2	9.1	35.5
海王星	17.1	3.9	23.5
天王星	14.5	4	21.3
地球	1	1	11.2
金星	0.82	0.95	10.4
火星	0.11	0.53	5
水星	0.055	0.38	4.3
月球	0.0123	0.27	2.4

　　"先驱者 10"号探测器（见图 9-32）就是逃离地球的探测器之一，它于 1972 年从地球发射升空，发射速度仅为 15 千米 / 秒。这次逃逸是通过引导探测器刚好从巨型木星后面经过而完成的。它被木星巨大的引力场所推动，在这个过程中加快了速度，就像棒球遇到迎面而来的球棒时速度增加一样（区别在于探测器与木星并没有相互接触），这使它离开木星的速度增加到足以逃脱地球。

图9-32 逃离地球的"先驱者10"号

注：历史上的"先驱者10"号于1972年1月从地球发射升空，于1983年1月经过最外层的行星，现在正在我们太阳系的外层飘移。

"先驱者10"号目前远超主要行星所处的位置之外，位于太阳系的外围，它在1983年1月掠过了海王星和冥王星的轨道。除非它与另一个物体碰撞，否则它将无限期地在星际空间中漫游。"先驱者10"号就像一个扔在海里的瓶子，里面有一张纸条，包含了地球的信息，这些信息可能会引起外界的兴趣，希望有一天它会被"冲上岸"，在遥远的"海边"被发现。

重要的是要指出，物体的逃逸速度是由短暂推力作用后得到的初始速度，之后再没有力来辅助其运动。只要有足够的时间，人们可以以任何大于0的恒定速度逃离地球。例如，假设火箭发射到月球这样的目的地。如果在接近地球时火箭发动机的燃料就耗尽，火箭逃逸的最低速度需要达到11.2千米/秒。但是，如果火箭发动机能够长时间持续运行，火箭就可以在不达到11.2千米/秒的情况下抵达月球。

值得注意的是，确定无人火箭到达目的地的准确度，不是通过让它停留在预先规划的路径上或在火箭偏离轨道时按该路径返回来实现的。没有人试图让火箭返回原来的轨道。实际上，控制中心会问：它现在在哪里，它的速度是多少？鉴于目前的情况，到达目的地的最佳方式是什么？在超级计算机的帮助下，这些问题的答案会指向一条新的道路，然后人们修正推进器将火箭引导到这个新的路径。这个过程将一直重复，直到抵达目标。

要点回顾

─ **CONCEPTUAL PHYSICS** >>> ─────────────

- 抛体指在仅重力作用下运动的任何物体。抛体以恒定的水平速度运动，运动轨迹是抛物线。

- 卫星是围绕较大天体运行的抛体或小天体。如果一个物体以 8 千米 / 秒的速度被抛出，在没有空气阻力和障碍物阻碍的情况下，该物体将成为地球的人造卫星。

- 在圆形轨道上，卫星的速度大小不会因重力而改变，重力只改变其速度方向。在椭圆轨道上，卫星从路径上的任意点到两个焦点的距离之和都是一个常数。

- 开普勒发现的关于行星运动的定律共有三条。定律一：每一颗行星围绕太阳的路径都是一个椭圆，太阳是椭圆的一个焦点。定律二：从太阳到任何行星的连线在相等的时间间隔内扫过的面积相等。定律三：行星轨道周期的平方与行星距太阳的平均距离的立方成正比（所有行星的 $T^2 \propto r^3$）。

- 逃逸速度是抛体、太空探测器或类似物体逃离地球或吸引其的另一天体的引力影响所必须达到的速度。在没有空气阻力的情况下，无论质量如何，物体的投掷速度必须至少为 11.2 千米/秒才能逃离地球，这被称为逃离地球表面的逃逸速度。

CONCEPTUAL
PHYSICS

第二部分

物质的性质

CONCEPTUAL
PHYSICS

10

原子如何构成了复杂的世界

妙趣横生的物理学课堂

- 爱丽丝会如何漫游原子世界?
- 为什么说你身体里的原子可能与宇宙一样年代久远?
- 我们如何观察原子?
- 为什么原子内部几乎是空的?
- 原子有多少种结合方式?
- 反物质到底是什么?

CONCEPTUAL PHYSICS >>>

　　我喜欢水！每一滴雨中的每一个水分子都有着让我着迷的历史。一个雨滴中的水分子数量，比地球上所有云层、湖泊和海洋中的水滴数量还要多。水在其液态、气态和固态的各个阶段始终伴随着我们。这些雨中的水分子，一部分存在于地球上生命最初演化时的海洋中，一部分埋藏在冰河时代某个时期的冰川中，或者是环绕在高山顶峰的云层中。思考水的历史就像了解水的性质及其不同形态一样令人着迷。

　　当被问及谁是 20 世纪最杰出的物理学家时，大多数人可能会回答：阿尔伯特·爱因斯坦。当物理学家被问及谁是 20 世纪最风趣幽默的物理学家时，如果他们的答案不是爱因斯坦，那很可能是理查德·费曼。

图 10-1　理查德·费曼

　　费曼的主要研究领域是量子力学和量子电动力学，他也是第一位提出纳米概念的人。除了科学研究外，费曼在教育领域也做出了突出贡献，他以生动的教学风格闻名，他的讲课内容被整理成《费曼物理学讲义》，成为经典的物理学教材之一。

　　本章内容是关于原子的，这也是费曼研究和教学工作的重点，并且他在这个研究领域获得了诺贝尔物理学奖。有趣的是，你周围的所有物质都是由被称为原子的微小粒子组成的，当原子相互推动和拉动时，它们会不断移动。这是所有科学的基石，也就是原子假说。

接下来，你将邀游原子的世界，了解原子是如何结合形成分子，这些分子又是如何结合形成我们周围的一切，包括你自己和所有生命的。

Q1 爱丽丝会如何漫游原子世界?

如果让你直接想象出一个由原子组成的世界，可能会让你摸不着头脑。那让我们换一种方式，想象你身处爱丽丝漫游仙境的世界中，周围的一切都变得很小。突然，你从椅子上摔下来，并且以慢动作的方式朝地板坠落，在这个过程中，你的身体也在不断缩小。你需要做好防备，以免摔到木地板上。随着离地面越来越近，你变得越来越小，这时你注意到，地板的表面并不像它最初看起来的那样光滑。

这时你看到巨大的裂缝出现在木地板上，而这也是在所有木材中都能观察到的微观不规则现象。当你掉进其中一个峡谷大小的裂缝中时，你再次做好了应对撞击的准备，结果发现，这个峡谷底部由许多其他裂缝组成。随着掉落得越来越深，你变得越来越小，你注意到坚实的峡谷壁开始颤动并泛起褶皱。颤动的谷壁表面由模糊的斑点组成，大部分斑点是球形的，有些是蛋形的，这些斑点大小不一、相互渗透，形成复杂结构的长链。当你下落得更深，直到接近其中一个云团样的球体时，你做好了应对撞击的准备。你离云团越来越近，身体越来越小——哇! 你已经进入了一个新的"宇宙"。你陷入了一片空虚的海洋，偶尔会有一些微粒以难以置信的速度旋转飞过。你身处一个原子中，这里就像太阳系一样，除了偶尔飞过的微粒外，几乎空无一物。你所掉进的坚实的地板，除了存在一点点物质外，内部几乎是空的。你已经进入了原子的世界。

"物质是由原子组成"这一观念可以追溯到公元前 5 世纪时的古希腊，当时的自然调查人员想知道物质是不是连续的。对此，我们可以把一块岩石打碎成小石块，把小石块打碎成细砾石，把细砾石再打碎成可以磨成粉末的细沙。对于公元前 5 世纪的古希腊人来说，他们最终会得到一块最小的岩石颗粒，一个"原子"，无法再进一步打碎。

亚里士多德是最著名的古希腊哲学家之一，他不认同"物质是由原子组成"这一观点。公元前 4 世纪，亚里士多德教导人们，所有物质都是由 4 种元素组合而成的，即土、气、水和火，这一关于物质本质的观点持续了 2 000 多年。这种观点看起来似乎是合理的，因为在我们周围的世界中，物质只有 4 种形式：固体（土）、气体（气）、液体（水）和火焰（火）。古希腊人将火视为变化的元素，因为他们观察到被火燃烧过的物质会发生变化。

19 世纪初，英国气象学家兼教师约翰·道尔顿（John Dalton）重新提出了原子的概念。他成功地解释了化学反应的本质，提出所有物质都是由被称为原子的微小粒子组成的。然而，他和当时的其他人并没有直接证据证明原子的存在。

直到 1827 年，一位名叫罗伯特·布朗（Robert Brown）的英国植物学家通过显微镜发现了一些不同寻常的现象。当时布朗正在研究悬浮在水中的花粉，他在显微镜中看到这些花粉微粒在不断地移动和跳跃。起初，他认为这些微粒是某种会动的生命形式，但后来他发现悬浮在水中的灰尘微粒和煤烟微粒也以同样的方式移动。现在这种现象被称为布朗运动，即微小粒子永不停息、杂乱无章地抖动，这是由可见粒子和不可见原子之间的碰撞产生的。原子是不可见的，因为它们很小。虽然布朗看不到原子，但他能观察到原子对他能看到的粒子所产生的影响。这就像一个巨大的沙滩排球在比赛中被一群人推来推去。从高空飞行的飞机上，你看不到赛场上的人，因为他们相对于你能看到的巨大排球来说很小。布朗观察到的花粉微粒之所以会移动，是因为它们不断地被构成其周围水的原子（实际上是被称为分子的原子组合）所挤压。

爱因斯坦在 1905 年解释了布朗运动，同年提出了狭义相对论。直到爱因斯坦的解释使发现原子质量成为可能之前，许多著名物理学家仍然对原子的存在持怀疑态度。原子存在的理论直到 20 世纪初才被牢固确立。20 世纪早期的原子模型如图 10-2 所示。

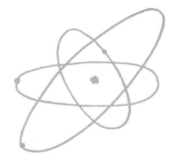

图 10-2　20 世纪早期的原子模型

注：此模型有一个中心核和轨道电子，很像有轨道行星的太阳系。

假如在某次大灾难中，所有的科学知识都被摧毁了，只能向下一代传递一句话，费曼选择了："万物都是由原子构成的——这些微小的粒子在永不停息的运动中，当它们相隔一定距离时会相互吸引，但当被挤压到一起时则会相互排斥。"这就是原子假说。

Q2　为什么说你身体里的原子可能与宇宙一样年代久远？

原子极其微小，一个原子比你小很多，就像一颗普通的恒星比你大很多一样。一个形象的说法是，我们处于原子和恒星之间。另一种表达原子之小的方式是，原子的直径相对于苹果的直径，就像苹果的直径相对于地球的直径一样。因此，要想象一个充满原子的苹果，就想象一下地球被苹果紧密地填满。两者所能容纳的数量大致相同。

我们肉眼看不到原子，是因为它们太小了。同样，我们也看不到最远的星星。有很多东西我们用肉眼看不见，但这并不妨碍我们对这些东西开展调查，可以通过仪器"看到"它们。

原子数不胜数，1 克水中大约有 100 000 000 000 000 000 000 000 个原子。用科学记数法表示就是 1×10^{23} 个原子。想象一下，你需要多长时间才能数到 1×10^6 呢？如果每次计数需要 1 秒，那么不间断地计数到 1×10^6 需要 11.6 天；

计数到 1×10^9 需要 31.7 年；计数到 1×10^{12} 需要 31 700 年；计数到 1×10^{23}，需要的时间是宇宙年龄的 10 000 倍以上！

1×10^{23} 是一个巨大的数字，比世界上所有湖泊和河流中所包含的水滴数都要多。因此，1 克水中的原子数比世界上所有湖泊和河流中的水滴数还要多。在大气中，1 升空气中大约有 1×10^{23} 个原子。有趣的是，大气层的体积能容纳约 1×10^{23} 升空气。原子是如此之小，如此之多，以至于在任何时候，人体肺部空气中的原子数量与地球大气中的空气体积都拥有相同的数量级。

原子在不断移动：在固体中，原子在原地振动；在液体中，它们从一个位置迁移到另一个位置；而在气体中，原子的迁移范围更大。例如，在一杯水中滴一滴食用色素，它会很快扩散到整个杯子中。同样，将一杯食用色素倒入海洋，食用色素会扩散，最终在世界所有海洋的每一个角落都能找到它的身影。

大气中的原子和分子以高达 10 倍音速的速度快速移动。它们传播得很快，所以你在几天前呼吸的一些氧分子可能已经遍布全国一半的地区。进一步看图 10-3，我们发现，你呼出的空气很快就会与大气中的其他原子混合。几年后，你呼出的空气在大气中均匀分布，地球上任何地方的任何人，只要吸入一口空气，平均来说，都会吸入你呼出空气中的一个原子。你呼出了大量空气，所以其他人吸入了很多曾经存在于你肺部中的原子，这些原子曾经是你身体的一部分。当然，反之亦然。信不信由你，随着每一次呼吸空气，这些空气中的原子曾经是存在过的每个人的一部分！考虑到我们呼出的原子是我们身体的一部分（狗很容易就能分辨出来），可以说我们真的是在呼吸彼此。

图 10-3　正常呼出一口气

注：这口气中的原子数量与地球大气中的空气体积有相同的数量级。

原子永不衰老，你身体中的许多原子几乎和宇宙一样年代久远。例如，当你呼吸时，你吸入的原子中只有一部分在下一次呼吸中被呼出，剩下的原子被吸收到体内，成为你身体的一部分，然后通过各种方式离开你的身体。你不"拥有"构成你身体的原子，你可以暂时借用它们。我们都来自同一个原子池，因为原子通过生物地球化学过程不断地重新排列和循环。当我们呼吸和蒸发汗水时，原子在人与人之间循环。我们在大规模地循环利用原子。

质量最小的原子可以追溯到宇宙的起源，而质量最大的原子比太阳和地球更古老。在你的身体里，有的原子在宇宙起源时就已经存在，并在整个宇宙中以不同的形式循环，无论是生命形式还是非生命形式。你是你身体中原子的当前看护者，此后会有很多人继续看护它们。

○─── 趣味问答 ●

现在的一些原子真的曾经是爱因斯坦的一部分吗？

的确如此。但是这些原子的组合与以前不同。如果你经历过这样的一天，即你觉得自己永远都不会有任何成就，那么请放心，现在构成你身体的许多原子将永远存在于地球上所有尚未存在的人的体内。我们体内的原子是不朽的。

生命的尺度并非在于我们呼吸的次数，而是在于我们停止呼吸的那一刻。——乔治·卡林（George Carlin）

Q3　我们如何观察原子？

原子太小，在可见光下无法用肉眼看到。由于衍射的存在，我们用光来观察物体时，能够分辨出的最小尺寸受限于所用光的波长。我们可以通过与水波进行类比来理解。一艘船比在它下面翻滚的水波要大得多。如图 10-4 所示，水波可以揭示船的信息。波浪经过船时会发生衍射。但对于经过锚链的波来说，衍射是零，几乎不能揭示锚链的任何信息。同样，可见光的波与原子的大小相比过于粗糙，无法展示原子大小和形状的细节。在光学显微镜下，可见的微观物体和不可见的亚微观粒子如图 10-5 所示。

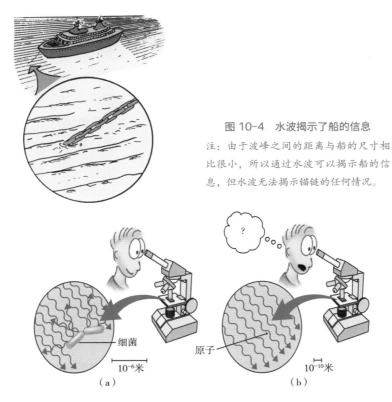

图 10-4　水波揭示了船的信息

注：由于波峰之间的距离与船的尺寸相
比很小，所以通过水波可以揭示船的信
息，但水波无法揭示锚链的任何情况。

细菌

10^{-6}米

原子

10^{-10}米

（a）　　　　　　　　　　　　（b）

图 10-5　在光学显微镜下可见的微观物体和不可见的亚微观粒子

注：图（a），细菌是可见的，因为它的尺度大于可见光的波长，并
且细菌可以反射可见光。图（b），原子是不可见的，因为它的直径
小于可见光的波长，并且不会反射可见光。

图 10-6 展示了一张原子的照片，这是历
史上首次记录的单个钍原子链。这张照片实际
上是芝加哥大学恩里科·费米研究所的阿尔伯
特·克鲁（Albert Crewe），通过他开发的扫
描电子显微镜（SEM）辅以薄电子束拍摄的电
子显微照片。电子束是一种具有波性质的粒子
流，如在早期电视屏幕上喷射图像的电子束。
电子束的波长小于可见光的波长，而原子的直

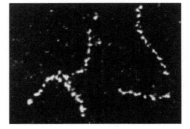

图 10-6　单个钍原子链的照片

注：这些点是阿尔伯特·克鲁在 1970
年用扫描电子显微镜拍摄的钍原子链，
也是第一张用电子显微镜拍摄的单原
子高分辨率图像。

径大于电子束的微小波长，因此电子束可以令原子"显形"。克鲁的电子显微照片是第一张单个原子的高分辨率图像。

20 世纪 80 年代，IBM 苏黎世实验室的研究人员发明了一种新的显微镜（其发明者获得了 1986 年诺贝尔物理学奖），称为扫描隧道显微镜（STM）。这种显微镜没有透镜，既不使用光也不使用粒子束来产生图像；相反，它有一个锐利的探针，以点对点、线对线的方式在物体表面以几个原子直径的距离进行扫描。

在每一点上，STM 都会在探针和物体表面之间测量一个被称为隧道电流的微小电流。电流的变化揭示了曲面拓扑性质。由于 STM 能够探测单个原子的位置，因此研究人员饶有兴趣地制作了如图 10-7 所示的 IBM 实验室的标志性图像。图 10-8 所示的图像完美地显示了原子环的位置（而不是原子本身的图像），圆环中显示的波纹揭示了物质的波动性质。这张图像以及其他许多图像，引领了纳米技术的发展，并突出了艺术和科学之间和谐、可喜的相互作用。

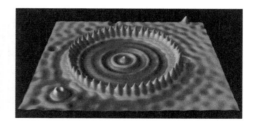

图 10-7　由 35 个氙原子组成的图像

图 10-8　48 个铁原子位于一个圆环中的图像

注：这幅图于 1981 年由 IBM 实验室的研究人员创建，其中的每一个氙原子都被小心地推进到位。

注：这幅图由加利福尼亚州圣何塞的 IBM 阿尔马登实验室用扫描隧道显微镜拍摄得到，该圆环将电子聚集在铜晶体表面上。

虽然我们看不到原子内部，但是我们可以构建模型，用一种抽象的方式使我们看不到的东西可视化，更重要的是，这种模型能够让我们对自然界中肉眼看不见的部分做出预测。原子的早期模型（也是公众最熟悉的模型）类似于太阳系的模型（见图 10-2）。如图 10-9 所示的模型建立在该模型的基础上。

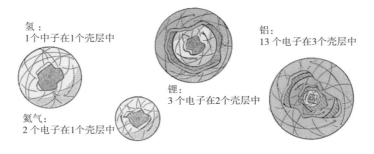

氢：
1个中子在1个壳层中

铝：
13个电子在3个壳层中

锂：
3个电子在2个壳层中

氦气：
2个电子在1个壳层中

图 10-9　一个简化的原子模型

注：此模型由一个微小的原子核组成，原子核周围环绕着在壳层中运行的电子。随着原子核电荷的增加，电子被拉近，壳层变小。

像太阳系一样，原子内部几乎是空的，中心是一个微小而非常致密的原子核，大部分质量集中在原子核中。围绕原子核的是绕转的粒子"壳层"。这些绕转的粒子是电子，带电的基本物质单位（与你手机中构成电流的电子相同）。虽然电子之间存在电排斥，但它们被带正电荷的原子核吸引。随着原子核变大和电荷增加，电子被拉得更近，壳层也逐渐变小。有趣的是，拥有 92 个电子的铀原子，其直径并不比质量最小的氢原子大多少。

这个模型在 20 世纪初被首次提出，反映了人们对原子的一种相当简化的理解。例如，人们很快发现，电子不会像行星围绕太阳那样围绕原子中心运行。然而，与大多数早期模型一样，行星原子模型是进一步理解和得到更精确模型的有用基石。任何原子模型，无论多么精细，都只是原子的象征性表示，而不是实际原子的物理图像。

Q4　为什么原子内部几乎是空的？

一个原子几乎所有的质量都集中在原子核，而原子核只占原子体积的几千万亿分之一；因此，原子核非常致密。原子呈现这样的构造也是有一定原因的，因为如果裸露的原子核可以相互挤压成一个直径 1 厘米（大约一颗大豌豆大小）的团块，那么这个团块的质量将是约 100 000 000 吨！所以原子内部几乎是空的。

原子核不相互挤压的原因与排斥力有关。巨大的排斥力阻止了原子核的紧密堆积，因为每个原子核都带电并排斥所有其他原子核。只有在特殊情况下，两个或多个原子的原子核才会被挤压接触。例如，当在实验室中操纵原子核撞击到目标上，或者当物质被加热到数百万摄氏度时，就会发生这种情况。高温引起的核反应被称为热核聚变反应，这种反应发生在恒星的中心，并最终导致恒星发光。

原子核的主要组成部分是核子，核子又由被称为夸克的基本粒子组成。当核子处于电中性状态时，它就是中子；当核子处于正电荷状态时，它是一个质子。实际上，所有质子都是相同的，它们中的任何一个与其他质子都没有区别。所有质子的大小、质量和电荷都相同。中子也是如此，每一个中子都与其他中子一样。质量较小的原子核的质子数和中子数大致相等；更大质量的原子核中，中子数比质子数更多。质子具有正电荷，会排斥其他正电荷但吸引负电荷。相同种类的电荷相互排斥，不同种类的电荷彼此吸引。正是原子核中带正电的质子吸引了周围带负电的电子云，从而构成了一个原子。

元素

既然质子与质子，中子与中子都是相同的，那么原子是如何构成当下如此复杂的世界？此时，我们需要进一步了解元素。正如英语中的每个单词都是由相同的 26 个英文字母组成的，同样，世界上所有的物质都是由 100 多种不同元素经过不同组合构成的。原子是构成物质的单个粒子。当一种物质仅由一种原子组成时，它被称为元素（见图 10-10）。尽管元素（element）和原子（atom）经常在文章中同时出现，但区别在于，元素是由原子组成的，反之则不是。例如，纯金戒指仅由金原子组成，而低纯度金戒指则由金和其他元素（如镍）组成。气压计或温度计中的银色液体是汞元素，整个液体仅由汞原子组成。特定元素的原子是该元素的最小样本。所以我们看到，虽然原子和元素这两个词经常互换使用，但元素指的是一种物质（只含有一种原子的物质），而原子指的是构成该物质的单个粒子。例如，我们会说，从一瓶汞元素中分离出一个汞原子。

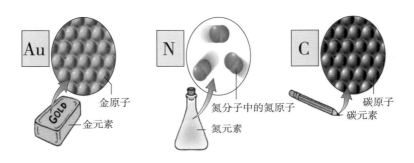

图 10-10　任何元素都只由一种原子组成

注：金只由金原子组成，一瓶氮气只由氮原子组成，铅笔笔芯中的碳只由碳原子组成。

在整个宇宙中，氢是质量最轻、含量最丰富的元素，宇宙中超过 90% 的原子是氢原子。氦是质量第二轻的元素，提供了宇宙中余下的大部分原子。我们周围质量更大的原子是由恒星内部深处高温高压区域中的较轻的元素聚变而形成的。当巨大的恒星发生坍缩，造成超新星爆发时，会形成质量大的元素。地球上几乎所有的元素都是在太阳系形成很久之前，恒星爆炸遗留的产物。

迄今为止，人类已查明 118 种元素。其中，约 90 种元素在自然界中存在，其他元素都是由研究人员在实验室中使用高能原子加速器与核反应堆制造出来的。这些实验室制造的元素的性质非常不稳定（放射性），因此无法自然地大量形成。在一个包含不到

● 趣味问答 ●

汞为什么会被认为是一种有害的物质？

汞，原子序数 80，常见于岩石和矿物中，如朱砂矿和化石燃料。汞本身在不受干扰时，是一种无害的物质，但当矿石粉碎或煤炭燃烧时，汞会释放到空气中，随着气流它可以飘散数百千米，沉积在树木、土地或溪流、湖泊和海洋中——汞成为危险物质的地方。当汞与碳结合时，就会变成甲基汞，这是一种致命的神经毒素。每年约有 75 吨汞被运至美国的发电厂，而其中大约 2/3 的汞会被排放到空气中。

100 种元素的储藏室中，我们就能得到构成已知宇宙中几乎所有简单、复杂、有生命和无生命物质的原子。值得注意的是，地球上超过 99% 的物质仅由十几种元素组成，其他元素相对罕见。例如，人体主要由 5 种元素组成：氧（O）、碳（C）、氢（H）、氮（N）和钙（Ca）。

元素周期表

同一种原子被认为是一种元素，而不同原子间的差异与质子数不同等原因有关。元素是根据原子核中质子的数量，即原子序数来分类的。氢原子有 1 个质子，原子序数为 1；氦原子有 2 个质子，原子序数为 2；以此类推，天然存在的质量最大的元素铀，原子序数为 92。而人工制造的超铀元素的原子序数超过了 92。按照原子序数排列元素，就构成了我们熟悉的元素周期表（见图 10-11 和图 10-12）。

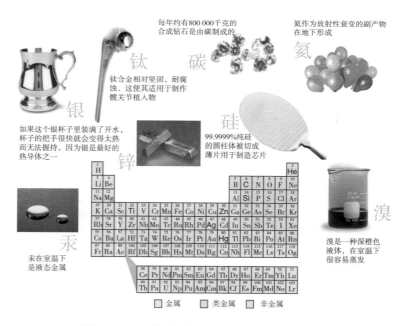

每年约有800 000千克的合成钻石是由碳制成的

氦作为放射性衰变的副产物在地下形成

钛合金相对坚固、耐腐蚀，这使其适用于制作髋关节植入物

如果这个银杯子里装满了开水，杯子的把手很快就会变得太热而无法握持，因为银是最好的热导体之一

99.9999%纯硅的圆柱体被切成薄片用于制造芯片

汞在室温下是液态金属

溴是一种深橙色液体，在室温下很容易蒸发

□ 金属   □ 类金属   □ 非金属

图 10-11　元素周期表中的金属、非金属和类金属

注：元素周期表中用颜色编码显示金属、非金属和类金属。所有原子数超过 104 的重元素都是高度不稳定的，在实验室环境中只存在约 1 秒。

　　元素周期表按原子序数和电子排列顺序列出每个原子。元素周期表类似日历，周排成行，日排成列。其中，每个水平行称为周期，每个垂直列称为组（有时称为族）。在一个周期内，每种元素的原子比前一种元素多1个质子和1个电子。从图 10-12 中更容易看出。当我们看一个组时，每个元素的原子都比上面的原子多一个壳层。当内壳被填充到其最大容量时，外壳可能被填充，也可能不被填充，具体取决于元素本身。只有元素周期表中位于最右边的元素（日历上星期六那一列）的外壳才被填满，这些元素是稀有气体——氦、氖、氩、氪、氙和氡。

　　元素周期表是化学家的路线图，并且远不止于此。大多数科学家认为元素周期表是有史以来最优雅的组织结构图。人类在寻找其规律方面所付出的巨大努力和创造力，造就了一个又一个引人入胜的原子"侦探故事"。[1]

　　原子可能有多达 7 个壳层，每个壳层可以容纳一定数量的电子。第一壳层也是最内层的壳层，可以容纳 2 个电子；第二壳层可以容纳多达 8 个电子。电子在壳层中的排列决定了诸如熔化温度、凝结温度、导电性，以及物质的味道、质地、外观和颜色等性质。因此我们也可以说，电子的排列赋予了世界生命和色彩。

　　随着新的发现不断出现，原子模型也在逐渐演变。旧的原子轨道模型已经被一种将电子视为驻波的新模型所取代，这与将电子视为绕核运动的粒子的概念完全不同。这个新模型是 20 世纪 20 年代引入的一种量子力学模型，是一个关于微观尺度世界的理论，包括预测物质的波动性质，能够处理发生在亚原子水平的"团块"——物质的团块或诸如能量和角动量之类的团块。

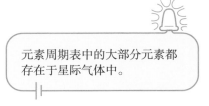

元素周期表中的大部分元素都存在于星际气体中。

---

① 元素周期表的诞生归功于俄国化学家门捷列夫，他最重要的成就是利用该表预测了当时未知的元素的存在。门捷列夫是一位深受爱戴和甘于奉献的教师，他的演讲厅中总是会挤满想听他演讲的学生。他既是一位伟大的教师，也是一位伟大的科学家。为了纪念他，人们把第 101 号元素（人工合成元素）命名为钔（Mendelevium）。

元素周期表

化学符号上方的数字是原子序数。下方的数字是相对原子质量。括号中的是放射性元素最长寿命同位素的质量数。

图例：金属　类金属　非金属

族 →　周期 ↓

周期	1	2	3	4	5	6	7	8	9	10	11	12	13	14	15	16	17	18
1	1 H 氢 1.0079																	2 He 氦 4.003
2	3 Li 锂 6.941	4 Be 铍 9.012											5 B 硼 10.811	6 C 碳 12.011	7 N 氮 14.007	8 O 氧 15.999	9 F 氟 18.998	10 Ne 氖 20.180
3	11 Na 钠 22.990	12 Mg 镁 24.305											13 Al 铝 26.982	14 Si 硅 28.086	15 P 磷 30.974	16 S 硫 32.066	17 Cl 氯 35.453	18 Ar 氩 39.948
4	19 K 钾 39.098	20 Ca 钙 40.078	21 Sc 钪 44.956	22 Ti 钛 47.88	23 V 钒 50.942	24 Cr 铬 51.996	25 Mn 锰 54.938	26 Fe 铁 55.845	27 Co 钴 58.933	28 Ni 镍 58.69	29 Cu 铜 63.546	30 Zn 锌 65.39	31 Ga 镓 69.723	32 Ge 锗 72.61	33 As 砷 74.922	34 Se 硒 78.96	35 Br 溴 79.904	36 Kr 氪 83.8
5	37 Rb 铷 85.468	38 Sr 锶 87.62	39 Y 钇 88.906	40 Zr 锆 91.224	41 Nb 铌 92.906	42 Mo 钼 95.94	43 Tc 锝 (98)	44 Ru 钌 101.07	45 Rh 铑 102.906	46 Pd 钯 106.42	47 Ag 银 107.868	48 Cd 镉 112.411	49 In 铟 114.82	50 Sn 锡 118.71	51 Sb 锑 121.76	52 Te 碲 127.60	53 I 碘 126.905	54 Xe 氙 131.29
6	55 Cs 铯 132.905	56 Ba 钡 137.327	57–71 La–Lu 镧系	72 Hf 铪 178.49	73 Ta 钽 180.948	74 W 钨 183.84	75 Re 铼 186.207	76 Os 锇 190.23	77 Ir 铱 192.22	78 Pt 铂 195.08	79 Au 金 196.967	80 Hg 汞 200.59	81 Tl 铊 204.383	82 Pb 铅 207.2	83 Bi 铋 208.980	84 Po 钋 (209)	85 At 砹 (210)	86 Rn 氡 222
7	87 Fr 钫 (223)	88 Ra 镭 226.025	89–103 Ac–Lr 锕系	104 Rf 𬬻 (261)	105 Db 𬭊 (262)	106 Sg 𬭳 (263)	107 Bh 𬭛 (264)	108 Hs 𬭶 (269)	109 Mt 鿏 (268)	110 Ds 𫟼 (271)	111 Rg 𬬭 (272)	112 Cn 鿔 (285)	113 Nh 鿭 284	114 Fl 𫓧 289	115 Mc 镆 289	116 Lv 𫟷 293	117 Ts 鿬 294	118 Og 鿫 294

镧系：

57 La 镧 138.906	58 Ce 铈 140.115	59 Pr 镨 140.908	60 Nd 钕 144.24	61 Pm 钷 (145)	62 Sm 钐 150.36	63 Eu 铕 151.964	64 Gd 钆 157.25	65 Tb 铽 158.925	66 Dy 镝 162.5	67 Ho 钬 164.93	68 Er 铒 167.26	69 Tm 铥 168.934	70 Yb 镱 173.04	71 Lu 镥 174.967

锕系：

89 Ac 锕 (227)	90 Th 钍 232.038	91 Pa 镤 231.036	92 U 铀 238.029	93 Np 镎 237.05	94 Pu 钚 (244)	95 Am 镅 (243)	96 Cm 锔 (247)	97 Bk 锫 (247)	98 Cf 锎 (251)	99 Es 锿 (252)	100 Fm 镄 (257)	101 Md 钔 (258)	102 No 锘 (259)	103 Lr 铹 (262)

图 10-12　元素周期表

原子的相对大小

原子中电子壳层的直径由原子核中的电荷量决定。例如，氢原子中的正质子很容易在一定半径的轨道上牵制住一个电子。如果我们将原子核中的正电荷数加倍，由于电引力的增加，轨道电子将被拉入更小、更紧密的轨道。与氢原子（原子序数 1）相比，氦原子（原子序数 2）的正电荷数是原子核数的两倍。这就是尽管氦原子的质量比氢原子大，但它体积比氢原子小的原因。

核电荷越大，原子就越小。同时，核电荷越大，原子核所能容纳的电子就越多。这就变得有点复杂了，因为电子之间也会按照量子力学的规则进行相互作用。根据这些规则，一个电子壳层中只允许有一定量的电子。最内层的第一壳层只能容纳 2 个电子。对于一个有 3 个电子的原子，如锂原子，我们发现，前两个电子在第一壳层中，而第三个电子则被迫位于更大的第二壳层中。这就是为什么锂原子（原子序数 3）体积明显大于氦原子（原子序数 2）。注意两个主要概念：核电荷越大，原子越小；可以挤进特定电子壳层的电子的数量有限。所有这些因素融合在一起，就构成了元素周期表，其中体积最小的原子位于周期表的右上角，最大的原子位于左下角（见图 10-13）。

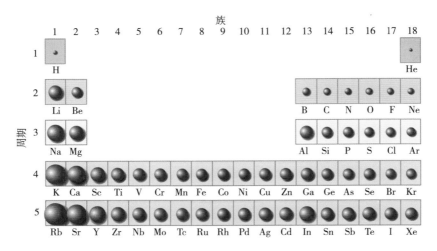

图 10-13　元素周期表的前 5 个周期

注：在周期表中，原子的尺寸从左到右逐渐减小。

同位素

我们生活的世界由数百种元素构成，那么每一种元素都只有一种固定形式吗？其实不然。虽然在中性原子核中，原子核中质子的数量与周围电子的数量完全匹配，但原子核中的质子数不需要与中子数匹配。例如，大多数含有 26 个质子的铁原子核含有 30 个中子，还有一小部分铁原子核含有 29 个中子。当质子数相同时，具有不同中子数的同一元素的原子便被称为该元素的同位素。给定元素的各种同位素的中性原子都具有相同的电子数和相同的质子数。并且在大多数情况下，它们的性质也是相同的。

我们可以通过同位素的质量数来识别同位素，质量数是原子核中质子和中子的总数（即核子的总数）。如图 10-14 所示，一个含有一个质子而没有中子的氢原子的质量数为 1，称为氢 −1。同样，一个含有 26 个质子和 30 个中子的铁原子的质量数为 56，称为铁 −56。具有 26 个质子和 29 个中子的铁原子被称为铁 −55。

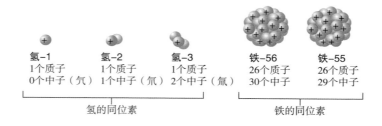

图 10-14　氢与铁的同位素

注：氢的同位素有特殊的名称，例如，氢 −1 是氕，氢 −2 是氘，氢 −3 是氚。在这 3 种同位素中，氢 −1 是最常见的。对于大多数元素（如铁），同位素没有特殊的名称，仅以质量数表示。

注意！不要把质量数和原子质量混淆。原子的总质量称为原子质量，它是原子所有成分（电子、质子和中子）的质量之和。因为电子的质量远小于质子和中子的质量，所以它们对原子质量的贡献可以忽略不计。原子很小，所以用克或千克来表示它们的质量是不切实际的。科学家使用一种特别定义的质量单位，称为原子质量单位（amu）。amu 的精确定义为碳 −12 原子质量的 1/12，核子的质量约为 1 amu。元素周期表以 amu 为单位列出了原子质量。

大多数元素都有多种同位素。周期表中列出的每种元素的原子质量是基于地球上每种同位素的出现情况，然后通过计算这些同位素质量的加权得到平均值而得来的。例如，尽管碳的主要同位素包含 6 个质子和 6 个中子，但约 1% 的碳原子包含 7 个中子。因此，包含 7 个中子的较重的碳原子将碳的平均原子质量从 12.000 amu 提高到了 12.011 amu。

Q5 原子有多少种结合方式？

元素是仅由一种原子组成的物质，但原子能组成的物质远不止于此，原子还能形成分子。分子是保持物质特有化学性质的最小微粒，由不同数量的原子以不同方式组合而成。分子中的原子通过共享电子结合在一起。我们称这样的原子是共价键合的。一个分子可能像由两个氧原子结合而成的氧气（O_2）或由两个氮原子结合而成的氮气（N_2）一样简单。我们呼吸的空气，主要就是由这两种元素构成的。而水分子（H_2O）则由两个氢原子与一个氧原子结合而成。当我们试图改变分子中的一个原子时，会导致其发生很大的变化。例如，用硫原子取代 H_2O 中的氧原子，会生成硫化氢（H_2S），而 H_2S 是一种气味浓烈的有毒气体。O_2、NH_3、CH_4 和 H_2O 的简单分子模型如图 10-15 所示。

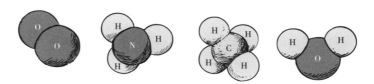

图 10-15　O_2、NH_3、CH_4 和 H_2O 的简单分子模型

注：分子中的原子不只是混合在一起，而是以一种明确的方式结合在一起。

　　分解分子需要能量。我们可以通过类比一对粘在一起的磁铁来理解这一点。正如将磁铁拉开需要一些"肌肉能量"一样，分子的分解也需要能量。例如，在光合作用过程中，植物利用阳光的能量分解大气中的二氧化碳和水的键合，产生氧气和碳水化合物分子。所产生的碳水化合物分子保留了植物吸收的太阳能。如果这个过程被逆转，植物将会被氧化（要么缓慢腐烂，要么迅速燃烧），然后，储存在植物中的太阳能会被释放回环境中。腐烂堆肥的缓慢升温或篝火的快速升温，实际上来自储存的温暖阳光！

　　除了含有碳和氢的物质外，还有很多物质可以燃烧。铁也会"燃烧"（氧化）。这就是为什么生锈是在释放能量，这是一种氧原子和铁原子缓慢结合的过程。当铁的生锈速度加快时，它就可以成为滑雪者和冬季徒步旅行者的暖手包。任何原子重新排列形成不同分子的过程都可以称为化学反应。

　　人类的嗅觉对极少量的分子很敏感，且很容易嗅到浓度小的有毒气体，如硫化氢（闻起来像臭鸡蛋）、氨和乙醚。我们也可以通过嗅觉发现更多奇妙的世界，如香水的气味就是由分子扩散引起的，这些分子迅速蒸发并在空气中随意扩散，直到其中一些分子足够靠近你的鼻子而被吸入鼻腔中。这些被吸入的分子也只是数十亿个相互碰撞的分子中的一小部分，它们在漫游中恰好落在了你的鼻子里。同样，当你在卧室里时，能很快地闻到厨房中烤箱门打开后飘散出来的食物味道。我相信，你一定对空气中分子扩散的速度有了直观的认知。

化合物和混合物

　　当我们观察分子时可以发现，不仅同一种原子可以进行结合，多个不同的原子同样可以结合在一起。当不同元素的原子彼此结合时，就形成了一种化合物。

　　化合物与构成它的元素截然不同，只能通过化学方法分离成其组成元素。例如，钠是一种会与水发生剧烈反应的金属，氯气是一种有毒的黄绿色气体。然而，由钠元素和氯元素结合而成的化合物是相对无害的白色晶体氯化钠（$NaCl$），也就是食盐的主要成分，可以用于烹饪调味①。此外，我们还要考虑，在常温下，氢元素和氧元素都是气体，但当这两种元素结合时，它们会形成化合物水（H_2O），而水又是一种性质完全不同的液体。

并非所有物质在彼此靠近时都会发生化学反应。没有形成化学键而混合在一起的物质被称为混合物。沙子和盐混合在一起就是一种混合物。如上所述，氢气和氧气混合在一起也会形成混合物，直到被点燃之后才会形成化合物水。人类赖以生存的一种常见的混合物中包含氮气和氧气，以及少量的氩气、少量的二氧化碳和其他气体，这种混合物就是我们呼吸的空气。地球的大气层是由气态元素和化合物组成的混合物（见图 10-16）。

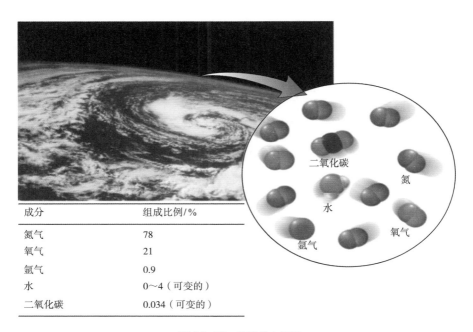

成分	组成比例/%
氮气	78
氧气	21
氩气	0.9
水	0～4（可变的）
二氧化碳	0.034（可变的）

图 10-16　地球的大气层

---

① 严格意义上说，普通食盐通常是含有氯化钠、少量碘化钾和糖的混合物。碘化钾几乎消除了一种
　常见疾病——甲状腺肿。少量的糖可以抑制碘离子氧化成碘，否则食盐会变黄。

● 趣味问答 ●

普通食盐是元素、化合物还是混合物？

　　盐不是一种元素，如果是，你会在元素周期表中看到它。纯食盐是由钠原子和氯原子结合而成的化合物，如图 10-17 所示。注意，钠原子（绿色）和氯原子（黄色）排列成三维重复结构——晶体。每个钠原子被 6 个氯原子包围，每个氯原子被 6 个钠原子包围。有趣的是，不存在可以标记为分子的单独钠氯基团。

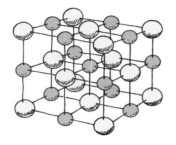

图 10-17　食盐的晶体结构

注：食盐（NaCl）是一种晶体化合物，不是由分子组成的。其中钠原子（绿色）和氯原子（黄色）结合成一个晶体。

Q6 反物质到底是什么？

　　你是否想过，我们可能并不孤单，还有一种与我们完全相反的物质存在。它们有着与我们相反的电荷，却与我们共同构成了宇宙的一切。它们就是令人着迷的"反物质"。

　　我们都知道，（正）物质由原子组成，原子包含带正电的原子核和带负电的电子。反物质也由原子组成，其原子则包含带负电的原子核和带正电荷的电子（或称为正电子）。反物质的原子结构如图 10-18 所示。反物质在地球上的存在时间是短暂的，因为当物质和反物质相遇时，它们会湮灭，释放出高能光子或伽马射线，这个过程被认为是迄今为止最完美的质量能量释放方式，符合爱因斯坦的质能方程

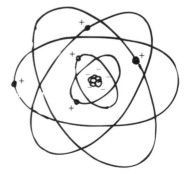

图 10-18　反物质原子结构

注：一个反物质原子有一个被正电子包围的带负电的原子核。

$E = mc^2$。此时，质量转化为纯能量。

1932 年，正电子在宇宙射线轰击地球大气层的碎片中首次被发现。今天，所有类型的反粒子都是在使用大型粒子加速器的实验室中有规律地产生的。正电子与电子的质量相同，电荷大小相同，但正负相反。反质子与正质子的质量相同，但带负电。第一个完整的人造反原子，即一个围绕反质子运行的正电子，于 1995 年 1 月被构造出来。每个带电粒子都有一个质量相同、电荷正负相反的反粒子。中性粒子（如中子）也有反粒子，它们在质量和一些性质上相似，但在某些性质上相反。所有粒子都有反粒子，甚至还存在一些反夸克。

正物质和反物质无法通过引力来区分，因为它们相互吸引。此外，我们也没有办法通过所发出的光来表明某物是由正物质还是反物质组成的。只有通过更加微妙、难以测量的核效应，我们才能确定遥远的星系是由正物质还是反物质组成的。但是，如果一颗反恒星遇到一颗恒星，那就另当别论了，它们会相互湮灭，大部分物质将转化为辐射能（这就是 1995 年产生的反原子遇到的情况，当时它遇到了正物质，并在一股能量中迅速湮灭）。这一过程比任何其他已知过程都能产生更多的能量输出——遵循 $E = mc^2$，100% 的质量都发生了转化[①]。（相比之下，核裂变和核聚变只转化了不到 1% 的质量。）

我们直接接触的环境中不可能同时存在正物质和反物质，至少在可察觉的数量上或可察觉的时间内不可能。这是因为，由反物质组成的东西一旦接触到正物质就会完全转化为辐射能，这个过程会消耗等量的正物质。例如，如果月球是由反物质构成的，那么一旦一艘宇宙飞船接触到月球，就会产生一股高能辐射，最终，宇宙飞船和等量的反物质月球都会在一股辐射能量中消失。我们知道月球不是反物质，因为这种情况在人类执行月球任务期间没有发生。（事实上，宇航员不会面临这种危险，因为早期证据表明，月球是由正物质组成的。）其他星系呢？有充分的理由相信，在我们所知的宇宙部分（"可观测宇宙"）中，除了偶

---

① 一些物理学家推测，就在大爆炸之后，早期宇宙中的粒子数量是现在的数十亿倍，物质和反物质因相互湮灭而几乎完全灭绝，只留下了现在宇宙中相对较少的物质。

尔短暂存在的反粒子外，星系只由正物质组成。宇宙之外的世界呢？或者其他宇宙呢？我们不得而知。

暗物质

我们知道，元素周期表中的元素并不局限于地球。对来自宇宙其他部分的辐射所进行的研究表明，恒星和其他"在宇宙那里"的物体是由与地球上相同的粒子组成的。恒星发出的光与元素周期表中的元素具有相同的"指纹"。支配地球上物质的法则延伸到了整个可观测的宇宙。然而，仍有一个令人不安的细节摆在我们面前：我们测量到的星系内的引力远远大于可见物质所能解释的范围。

一个猜测由此产生：隐藏在黑暗中的未知物质正在主导着宇宙的命运，它们不发出光芒，不与正物质相互作用，却占据了宇宙大部分的质量。它们就是神秘的"暗物质"。

暗物质会对我们能看到的恒星和星系产生影响。在 20 世纪的最后几年，天体物理学家证实了宇宙中约 23% 的质量是由看不见的暗物质贡献的。无论暗物质是什么，它的大部分或全部都可能是"奇异"的物质，与构成元素周期表的元素非常不同，也与当前元素列表的任何扩展都不同。宇宙的其余大部分是暗能量，它向外推动着正在膨胀的宇宙。暗物质和暗能量加起来大约占宇宙的 96%。在本书完稿之时，暗物质和暗能量的确切性质仍然是神秘的。猜测比比皆是，探索也在进行中。我们只能拭目以待了。

当今时代，寻找暗物质和真空能量的本质是最重要的任务之一。费曼经常摇头说自己什么都不知道。当他和其他顶尖物理学家说自己什么都不知道时，他们的意思是，相比于他们能知道的，他们确切知道的近乎没有。科学家已经足够确定，他们对一个仍然充满谜团的巨大宇宙所知甚少。从过去的角度来看，今天的科学家比一个世纪前的前辈知道的多得多，而那时的科学家也比他们的前辈知道的多得多。从现在的角度来看，展望未来，我们还有很多东西需要学习。

要点回顾

CONCEPTUAL PHYSICS >>>

- 原子是元素中具有该元素所有化学性质的最小粒子。原子难以置信的小，数不胜数，并且在不断运动。原子通过生化和地球化学过程不断地重新排列和循环。当我们呼吸和蒸发汗水时，原子在人与人之间循环。人体在宏大的规模上循环着原子。

- 电子是一种带负电的粒子，在原子内旋转。原子核是原子的核心，由两种基本的亚原子粒子——质子和中子组成。中子是原子核中的电中性粒子。质子是原子核中带正电的粒子。

- 元素是仅由一种原子组成的纯物质。原子序数是表示一种元素身份的数字，即原子核中质子的数量；在中性原子中，原子序数也是原子中的电子数。

- 元素周期表按原子序数在水平行中列出元素，按类似的电子排列顺序和化学性质在垂直列中列出元素的图表。

- 分子是通过共享电子结合在一起的两个或多个原子。原子结合形成分子。化合物是不同元素的原子彼此化学键合的产物。混合物是多种成分混合在一起而不发生化学键合的物质。

- 反物质是由带负电的原子核和带正电子的原子组成的与物质"互

补"的物质。

- 暗物质是目前未被观测到和未被确认的物质，它对星系中的恒星具有引力证明了它确实存在。暗物质和暗能量加起来大约占宇宙的 96%。

CONCEPTUAL
PHYSICS

11

固体有哪些不为人知的特性

妙趣横生的物理学课堂

- 晶体是如何形成的?

- 一斤棉花和一斤铁哪个重?

- 为什么棒球被击打后不会永久变形?

- 为什么拱形建筑更坚固?

- 蚂蚁和大象谁相对更强壮?

植物科学家霍普·贾伦（Hope Jahren）小时候在她父亲的实验室里帮忙，就像明尼苏达州的其他孩子在农场帮忙一样。她在励志著作《实验室女孩》（*Lab Girl*）中回忆了她的经历。从小，贾伦就学会了拔掉插头、收好仪器、检查它们的磨损情况，并帮助父亲修理实验器材。她的父亲在一所社区学院工作，多年来，贾伦的父亲教给了她从微积分到化学、从计算机编程到地球科学的一切，但她个人最喜欢的是物理学。她特别喜欢实验室部分，并亲手制作了重力和加速度的测量装置、摆动的摆锤、光学器件、玻璃透镜以及由一大堆总是指向北方的微小磁铁构成的演示装置。如今，贾伦也在自己挪威的实验室里做着这些事情，她感觉自己就像过去那个爱上了科学、建造东西、制造东西、测试一切，并且玩得很开心的小女孩。她曾获得富布莱特奖（Fulbright Awards）等众多奖项。

图 11-1　树是"固态空气"

注：人类和这棵树都主要由氢、氧和碳组成。人类通过食物摄入获取了这些元素，而树的大部分碳和氧来自空气中的二氧化碳，在这个意义上，树可以被认为是"固态空气"。

以纪念一位植物科学家的方式开始我们对固体的研究是非常恰当的。常见的植物是固体，是来自地面的液体和主要来自空气的气体的混合物。因此，植物完全可以被视为"固态空气"，如图 11-1 所示。

几千年来，人类一直在使用固体材料。从石器时代到青铜时代再到铁器时代，这些名称都在告诉我们，固体材料在人类文明发展中的重要性。几个世纪以来，材料的种类和用途成倍增加，但人们对于固体性质的理解进展甚微。

本章将带你走进微观世界，从原子的层面理解固体不为人知的特性。有了这些知识，人们得以发明出新的材料，以满足当今时代的需求。

Q1 晶体是如何形成的？

提起晶体，人们脑海中最先出现的往往是不同颜色的水晶、宝石，但实际上，我们身边早已围绕着各种各样的晶体。食盐、白糖、金属、冰晶、矿物，这些物体看似各不相同，但其实都是由晶体组成的。晶体以独特的结构，展现出令人惊叹的美丽和特性。

几个世纪以来，人们都知道盐和石英等晶体，但直到 20 世纪，人们才发现晶体是规则的原子阵列。1912 年，物理学家使用 X 射线证实了每个晶体中的原子都是三维有序排列的，这就是原子的晶格结构。表面晶体中的原子经过测量被证实彼此之间相距非常短，间距大约与 X 射线的波长相同。

德国物理学家马克斯·冯·劳厄（Max von Laue）发现，照射在晶体上的 X 射线束会被衍射或分离成一种特定的图案（见图 11-2）。摄影胶片上的 X 光衍射图案显示，原子在规则格子上整齐排列，使得晶体形似马赛克，就像三维棋盘或儿童攀爬架。铁、铜和金等金属具有相对简单的晶体结构，锡和钴的晶体结构则稍微复杂一些。所有金属内部都包含许多晶体，每一个晶体都近乎完美，具有相同的规则晶格，但与附近的晶体相比会倾斜一定的角度。当用酸蚀刻或清洗金属表面时，这些金属晶体会暴露出来。你可以看到，镀锌铁在经历风吹日晒后其表面会呈现出晶体结构，被汗水腐蚀的黄铜门把手上也会呈现出晶体结构。金刚石、食盐在显微镜下的晶体结构如图 11-3 和图 11-4 所示。

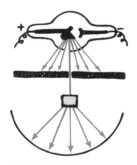

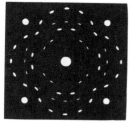

图 11-2 晶体结构的 X 射线测定

注：这张普通食盐（NaCl）的照片是 X 射线衍射的产物。X 射线穿透盐晶体并到达摄影胶片，形成所示的图案。中心的白点是由主要的未经散射的 X 射线束造成的。其他斑点的大小和排列揭示了晶体中钠离子和氯离子的晶格结构。氯化钠晶体总是产生同样的布局。每个晶体结构都有自己独特的 X 射线衍射图像。

图 11-3 金刚石在显微镜下的晶体结构

注：图中用棒状物表示其硬度极高的共价键。

● 钠离子（Na+）

● 氯离子（Cl-）

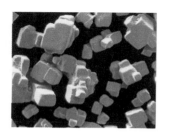

图 11-4 食盐在显微镜下的晶体结构

注：显微镜下的食盐呈现立方晶体结构，立方形状是钠离子和氯离子立方排列的结果。

X 射线衍射是当今生物科学和物理科学中的重要工具。冯·劳厄的 X 射线衍射图案照片吸引了英国科学家威廉·亨利·布拉格（William Henry Bragg）和他的儿子威廉·劳伦斯·布拉格（William Lawrence Bragg）的兴趣，他们共同开发了一个数学公式，精确地演示了 X 射线如何在晶体的各种规则间隔的原子层中发生散射。通过这个公式和对衍射图案中斑点图案的分析，他们可以确定晶体中原子之间的距离。

但也有一类晶体并不具备晶体的结构特征，其原子呈现出的是无规则排列的状态，这种非结晶态固体形态被称为非晶态。橡胶、玻璃和塑料便是基本颗粒缺乏有序重复排列的材料之一。在无定形状态下，这些固体中的原子和分子没有特定形状，并且随机分布。且在许多无定形固体中，颗粒会发生一定的自由游动，橡胶和玻璃在长时间受到应力时会呈现流动的趋势就是个明显的例子。

无论原子处于结晶态还是非晶态，每个原子或离子都会围绕其自身位置振动。原子之间通过电结合力连接在一起。我们现在不讨论原子键，只考虑固体中的 4 种主要键：离子键、共价键、金属键和范德瓦耳斯键，其中范德瓦耳斯键是最弱的键。固体的某些性质取决于它所具有的键的类型。

Q2　一斤棉花和一斤铁哪个重?

还记得这个脑筋急转弯吗：一斤棉花和一斤铁哪个重？现在我们已经知道了答案，它们一样重，因为质量都是一斤（500 克），但当我们第一次听见这个问题时往往会有些摸不着头脑。

如果我们的问题是：铁比木头重吗？这个问题的答案就模棱两可了，因为答案取决于铁和木头的量。一根大木头显然比一根小铁钉重。我们可以换一种更缜密的问法：铁的密度比木头大吗？答案是肯定的，铁的密度比木头大。原子的质量和它们之间的间距决定了材料的密度。如图 11-5 所示，当挤压一块面包时，它的密度会增大。我们认为，密度反映的是相同体积材料的"轻"或"重"。密度是衡量物质致密性的尺度，能够衡量物质在给定空间中所占的质量，即每单位体积的质量：

$$密度 = \frac{质量}{体积}$$

　　密度是材料的一种特性。表 11-1 中列出了一些材料的密度。密度单位通常用国际单位制表示：千克 / 米 ^{3}、千克 / 升或克 / 厘米 ^{3}。例如，水的质量密度为 1 克 / 厘米 ^{3} 或 1 000 千克 / 米 ^{3}。因此，1 立方米淡水的质量是 1 000 千克，1 立方厘米（大约一块方糖的大小）淡水的质量为 1 克。

　　密度可以用重力表示，即重力密度，定义为每单位体积的重力：

$$重力密度 = \frac{重力}{体积}$$

　　重力密度的测量单位为牛 / 米 ^{3}。因为一个 1 千克物体的重量为 9.8 牛，所以重力密度在数值上等于 9.8 × 质量密度。例如，水的重力密度为 9 800 牛 / 米 ^{3}。

　　材料的密度取决于构成材料的单个原子的质量和这些原子之间的间距。地

图 11-5　挤压一块面包

注：当面包的体积减小时，其密度会相应增大。

表 11-1　常见物质的密度

	物质	密度 /（千克·米 $^{-3}$）
固体	铱	22 650
	锇	22 610
	铂	21 090
	金	19 300
	铀	19 050
	铅	11 340
	银	10 490
	铜	8 920
	铁	7 870
	铝	2 700
	冰	919
液体	汞	13 600
	甘油	1 260
	海水	1 025
	4℃的水	1 000
	乙醇	785

球上密度最大的物质是铱（高达 22 650 千克 / 米³），它是铂族元素中一种坚硬、易碎的银白色金属。尽管单个铱原子的质量小于单个铂、金、铅或铀原子的质量，但铱原子在晶体中的紧密间距有助于它拥有更大的密度。与其他质量更大但间距更远的原子相比，1 立方厘米的体积中会含有更多的铱原子。

Q3　为什么棒球被击打后不会永久变形？

如图 11-6 所示，当击球手挥动球棒击打棒球时，球棒会使球短暂变形。当弓箭手射箭时，首先他要将弓拉弯，当箭射出时，弓会回弹为原来的形状。当物体受到外力时，其大小、形状或两者都会发生变化。这些变化取决于材料中原子排列和键合的方式。例如，弹簧可以被外力拉伸或压缩。

图 11-6　棒球是有弹性的

挂在弹簧上的重物会使弹簧拉伸。增加重物会使弹簧拉伸得更长。如果移除重物，弹簧会恢复到原来的长度。因此，我们说弹簧是具有弹性的。日常生活中，很多物体都具有弹性，比如棒球和弓。一个物体的弹性性质描述了它在受到变形力作用时形状变化的程度，以及在力被移除后它恢复到原来形状的能力。黏土、油灰、面团和铅等材料在受到变形力作用并移除变形力后不会恢复到原来的形状。这种在变形后不能恢复到原始形状的材料，被称为非弹性材料。

当在弹簧上悬挂重物时，重物对弹簧施加了一个力，从而使弹簧拉伸。悬挂重物的重力变为原重力的两倍时，弹簧的拉伸长度也变为原来的两倍。悬挂重物的重力变为原重力的 3 倍时，弹簧的拉伸长度也变为原来的 3 倍。我们可以这样表示：

$$F \sim \Delta x$$

也就是说，弹簧的拉伸长度与所施加的力成正比（见图11-7）。17世纪中期，这一规律由与牛顿同时代的英国物理学家胡克提出，因此被称为胡克定律。[①]

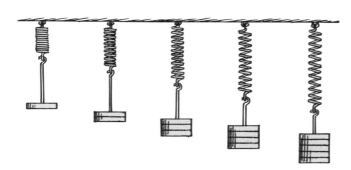

图 11-7　弹簧的拉伸长度与所施加的力成正比

如果弹性材料被拉伸或压缩超过一定量，它将不会恢复到原始状态，并会保持变形后的状态。导致永久变形的应力称为弹性极限。胡克定律只适用于力不会拉伸或压缩材料超过其弹性极限的情况。

⸻ 趣味问答 ⸻

胡克与牛顿有什么纠葛？

　　胡克是英国最伟大的科学家之一，他是第一个提出光波理论的人，也是第一个描述细胞的人（他因此被称为显微镜之父）。作为一名艺术家和测量员，胡克帮助克里斯托弗·雷恩（Christopher Wren）在1666年的大火后重建了伦敦。作为一名物理学家，胡克与罗伯特·博伊尔（Robert Boyle）和同时代的其他物理学家合作，被选为皇家学会的主席。胡克死后，牛顿成为皇家学会主席，他出于嫉妒，摧毁了所有他能摧毁的关于胡克的作品。因此今天没有胡克的画像或肖像保存下来。

---

① 当引入弹簧常数 k 时，$F \sim \Delta x$ 就变为：$F = kx$ 或 $F = -kx$，正负取决于弹簧被压缩还是被拉伸。

拉伸和压缩

当某物被拉伸时，我们称它处于拉伸状态，当它被压缩时，它处于压缩状态。当你弯曲一把尺子（或任何一根棍子）时，其外部弯曲的部分就受到了拉伸，被挤压的内部弯曲部分处于压缩状态。张力使物体变长变薄，而压缩使物体变短变厚。然而，这对于大多数刚性材料来说并不明显，因为它们被拉长或缩短的程度非常小。

钢是一种极好的弹性材料，因为它在承受较大的力后还能恢复到原来的尺寸和形状。由于其强度和弹性性质，钢不仅可以用于制造弹簧，还能用于制造建筑钢梁。例如，用于建造高层建筑的垂直钢梁在受力后仅会被轻微压缩，其中典型 25 米长的垂直钢梁（柱）在承受 10 吨荷载时仅会被压缩约 1 毫米。一座 70 ～ 80 层的建筑在建造完成后，其底部的巨大钢柱会被压缩约 2.5 毫米。

水平使用的梁会发生更大的变形，在重载下，梁的变形倾向于下垂。当水平梁的一端或两端受到支撑时，它将承受到重力和支撑载荷引起的拉伸与压缩作用。图 11-8 中一端支撑的水平梁称为悬臂梁，由于其自身重力和端部支撑的负载，梁会下垂。稍加思考就会发现，梁的顶部稍长，处于拉伸状态，而梁的底部被压扁了，处于压缩状态。梁的弯曲方式使其底部略短，你能看到，在顶部和底部之间，有一块既没有被拉伸也没有被压缩的区域，这块区域就是中性层。

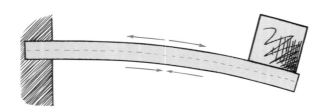

趣味问答

身体中最坚硬的物质是什么？

牙齿表面的牙釉质是你身体中最坚硬的物质。

图 11-8　悬臂梁

注：悬臂梁的顶部被拉伸，底部被压缩，思考在顶部和底部之间的中间部分会发生什么？

图 11-9 所示的水平梁被称为简支梁，两端都有支撑，中间承受荷载。简梁

的顶部处于压缩状态，底部处于拉伸状态。同样，在梁的厚度的中间部分，存在既不受拉伸也不受压缩的中性层。

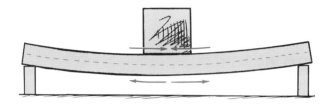

图 11-9 简支梁

注：简支梁的顶部被压缩，底部被拉伸。思考简支梁的中性层在哪里？

了解了中性层的概念，我们就能理解为什么钢梁的横截面呈现"工"字的形状（见图 11-10）。这些工字钢中的大部分材料集中在顶部和底部翼缘。当在施工中水平使用工字钢时，应力主要集中在钢梁的顶部和底部凸缘上。钢梁的一个凸缘受到挤压，而另一个凸缘被拉伸，两个凸缘几乎支撑了梁中的所有应力。凸缘之间是一片相对无应力的区域，即腹板，其主要作用是使顶部凸缘和底部凸缘较好地分离。腹板的存在，使得所需材料相对较少。工字钢的强度几乎与整体尺寸相同的实心矩形杆相同，质量却小得多。某一跨度上的大型矩形钢梁在自重作用下可能会失效，而相同深度的工字钢梁则可以承受更大的载荷。如图 11-11 所示思考一下，水平树枝的各个部位都处于什么状态？

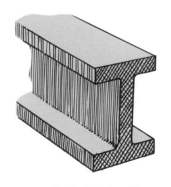

图 11-10 工字钢

注：工字钢就像一根实心钢筋，其中一些钢材被从中间挖出来，中间部分是最不被需要的地方，因此，工字钢梁较轻，但强度与实心矩形梁几乎相同。

图 11-11 有粗壮树枝的树木

注：由于树枝自身的重力，每个水平树枝的上半部分都处于拉伸状态，而下半部分处于压缩状态。思考一下，水平树枝的什么位置既没有受到拉伸也没有被压缩？

作为建筑材料，工字钢和其他结构的钢正在被碳纤维所取代。碳纤维与玻璃和塑料纤维相似，但与钢相比，其强度高出许多倍，质量也小很多。碳纤维复合材料现在被广泛应用于汽车、飞机、船舶和风力涡轮机制造等领域。

Q4　为什么拱形建筑更坚固？

旧砖房的窗户顶部很可能是拱形的，古老石桥的形状也大多为拱形。很多知名建筑中同样也存在着拱形（见图 11-12），如古罗马时期最大的圆形剧场罗马斗兽场、有上千年历史的圣索菲亚大教堂、以帆船造型闻名的悉尼歌剧院等。拱形设计在建筑领域随处可见。

拱形的出现与其特性密不可分。最初，人们也用水平的石头来搭建建筑，金字塔时期，埃及人建造的石结构屋顶是用许多水平石板建造的。但石头在被拉伸时比被压缩时更容易断裂。因此，必须竖立许多垂直柱才能支撑石板屋顶，古希腊的寺庙便是如此（见图 11-13）。为了让建筑更加坚固，拱门出现了，同时立柱变少了。

图 11-12　石拱门

注：已经矗立了几个世纪的半圆形石拱门。

图 11-13　古希腊的寺庙

注：屋顶的水平石板不能太长，因为石头在张力作用下很容易断裂，因此需要用许多垂直柱来支撑石板屋顶。

当载荷施加在适当拱起的结构上时，压缩力会增强结构而不是削弱。石头由此被更牢固地推在一起，并通过压缩力维持这种状态。如果拱门的形状恰到好处，石头间甚至不需要水泥就能固定在一起。

当所支撑的负载是均匀的且水平延伸时，就像桥梁一样，合适的形状是抛物线，与投掷一个球所呈现的曲线形状相同。悬索桥的缆索是一个"倒置"抛物线拱门的例子。此外，如果拱仅支持自身重力，则赋予物体最大强度的曲线称为悬链线。悬链线是由悬挂在两个支撑点之间的绳索或链条形成的曲线。沿着绳索或链条，每部分的张力与曲线平行。因此，当一个独立的拱呈倒悬链的形状时，其内部受到的压缩力处处与拱平行，就像悬挂链的相邻链节之间的张力处处与链平行一样。密苏里州圣路易斯海滨的弧形拱门的形状就是一条悬链线（见图 11-14）。

如果你将一个拱形旋转一整圈，就会形成一个圆顶（穹顶）。圆顶的重力会产生压缩力。现代的圆顶结构，比如休斯敦的太空巨蛋体育场，就是受到三维悬链线启发而设计的，它们可以覆盖巨大的区域而不需要柱子的支撑。建筑中出现的圆顶结构还有杰弗逊纪念堂的浅圆顶（见图 11-15）和美国国会大厦的高圆顶等。并且

• 趣味问答 •

为什么鸡蛋壳里的小鸡破壳而出比壳外的小鸡啄破壳钻进去要更容易？

要穿透蛋壳，外部的小鸡必须应对压缩力，压缩力会极大地抵抗蛋壳的破裂。然而，当小鸡从内部向外啄时，只需要克服较弱的壳体张力。如果你想知道外部的小鸡用多大的力克服压缩力，可以试着用拇指和食指沿着鸡蛋的长轴挤压鸡蛋，看看是否能压碎它。然后再沿着鸡蛋的短轴挤压鸡蛋。结果可能会令你感到惊讶。

安全提示：建议在水槽上方做这个实验，并采取适当的防护措施（如佩戴手套），以防蛋壳碎片对你造成伤害。

图 11-14　圣路易斯弧形拱门
注：图中男孩手中的下垂链条的曲线和圣路易斯的弧形拱门都是悬链线形状。

很早之前，北极地区就出现了有圆顶结构的冰屋。

图 11-15　杰弗逊纪念堂

注：杰弗逊纪念堂圆顶的重力产生了压缩，而不是拉伸，因此在中间不需要布置支撑柱。

Q5 蚂蚁和大象谁相对更强壮？

　　你是否曾注意到一只蚂蚁相对于它的体型有多强壮？一只蚂蚁能够背负相当于几只蚂蚁重的物体，而即使是强壮的大象，想要背负另一只大象也非常困难。如果蚂蚁被放大到大象的大小，它会有多强壮？这个"超级蚂蚁"会比大象强壮好几倍吗？令人惊讶的是，答案是否定的。这样的蚂蚁将无法支撑自身的体重，它的腿太细，无法承受更大的重力，很可能会折断。

　　随着物体体积的增大，它的质量增长的速度，比强度增长的速度快得多。如果你把手放在一根牙签的两端，你会发现牙签不会下垂；但如果把牙签换成同样木材的整根树干，这时再用同样的方式支撑在树干的两端，你会发现树干的中间部分会出现明显的下垂。因此，相比于自身质量而言，牙签比树干要强壮得多。换句话说，大尺寸的物体更容易发生弯曲或断裂。

强度与横截面面积有关，而重量与体积有关。任何 1 立方厘米的立方体都有一个 1 平方厘米的横截面；也就是说，如果我们平行于它的一个面切这个立方体，切面的面积将是 1 平方厘米。如果将这个 1 立方厘米的立方体的线性尺寸翻倍但材料不变，即变成一个边长为 2 厘米的立方体。这个大立方体的横截面积是 2 厘米 ×2 厘米，即 4 平方厘米，体积是 2 厘米 ×2 厘米 ×2 厘米，即 8 立方厘米。大立方体的强度是原来的 4 倍，但质量是原来的 8 倍。由此可见，强度（和面积）随线性尺寸增长幅度的平方数增长，质量（和体积）随线性尺寸增长幅度的立方数增长。

体积和质量增长的速度远远快于横截面积增长的速度。这一原理适用于任何形状的物体。试想一下，一个能做很多俯卧撑的足球运动员，假设他能以某种方式增大到原来的两倍——也就是身高和体宽都增加一倍，骨骼厚度也增加一倍，每个线性尺寸都增加了 2 倍。他会不会因此而强壮两倍，并且能更轻松地举起自己呢？答案是不会。尽管他两倍粗的手臂会有 4 倍的横截面积，因而强壮 4 倍，但他的体重会增加到 8 倍。在同样的努力程度下，他只能举起自己体重的一半。他实际上比以前更弱了。

因此，蚂蚁腿细和大象腿粗是有原因的。我们在自然界中可以观察到，与小动物相比，大动物的腿粗得不成比例。鹿或羚羊的腿比较细，犀牛、臀大鼠或大象的腿比较粗。有趣的是，鲸鱼很好地回避了大型生物对于拥有强壮粗腿的需求，因为水的浮力为鲸鱼提供了支撑。河马也会在水中度过大部分时间。

同样重要的是总表面积与体积的关系（见图 11-16）。总表面积和横截面积一样，与物体线性尺寸的平方成正比，而体积则与线性尺寸的立方成正比；因此，随着物体的增长，其表面积和体积以不同的速度增长，体积比表面积增长得更快，结果是，表面积与体积的比例减小。换句话说，生长物体的表面积和体积都会增加，但表面积相对体积增长的增长会减少。没有多少人能真正理解这个概念。以下示例可能会有所帮助。

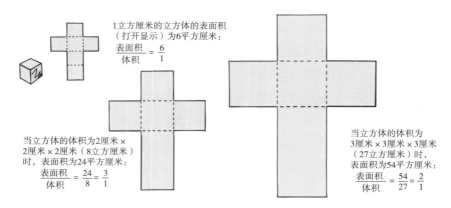

1立方厘米的立方体的表面积（打开显示）为6平方厘米：

$$\frac{表面积}{体积} = \frac{6}{1}$$

当立方体的体积为2厘米×2厘米×2厘米（8立方厘米）时，表面积为24平方厘米：

$$\frac{表面积}{体积} = \frac{24}{8} = \frac{3}{1}$$

当立方体的体积为3厘米×3厘米×3厘米（27立方厘米）时，表面积为54平方厘米：

$$\frac{表面积}{体积} = \frac{54}{27} = \frac{2}{1}$$

图 11-16　物体体积与其表面积的变化关系

　　削 5 千克小土豆比削 5 千克大土豆所得到的土豆皮要多。这是因为，较小的物体每千克的表面积更大。同样，细薯条在油中比粗薯条熟得更快；压平的汉堡比同等质量的肉丸熟得更快；碎冰比同等质量的单个冰块冷却饮料的速度更快，因为碎冰为饮料提供了更多的表面积；钢丝球会在水槽处生锈，但钢刀生锈的速度会更慢；铁暴露于空气中会生锈，但如果是以小股或锉屑的形式，生锈速度会更快，铁也因此会很快被腐蚀。

　　燃烧是空气中的氧分子和燃料表面的分子之间的相互作用，这也就是为什么煤块可以燃烧，而煤尘被点燃时会发生爆炸，这也是为什么我们用几块薄木头而不是一根木头来生火。

　　非洲象（见图 11-17）的大耳朵是大自然补偿这些大型生物表面积与体积的比例小的一种方式。大耳朵可以增强听力，但其更大的作用是可以增强散热。由于生物产生热量的速率与其质量（或体积）成正比，但散发的热量与其表面积成正比，因

图 11-17　非洲象

注：相对于体重，非洲象的表面积比许多动物小，但它的大耳朵弥补了这一点，大大增加了其自身的辐射表面积，有助于身体散热。

此，如果非洲象没有大耳朵，它就没有足
够的表面积来冷却它庞大的身体。大耳朵
大大增加了非洲象的总表面积，这有助于
在炎热的气候中帮助其身体散热。同理，
猴子的长尾巴也能帮助他散发更多的热量
（见图 11-18）。

图 11-18　有着长尾巴的猴子
注：长尾巴不仅有助于猴子保持平衡，还
能有效地散发多余的热量。

在微观层面上，活细胞也必须应对体
积增长快于表面积增长的事实，从而选择
更为合适的大小。细胞通过表面扩散获得
营养，随着细胞的生长，其表面积增加，
但速度不够快，无法跟上其体积增加的速
度。例如，如果表面积增加 4 倍，则相应
的体积增加 8 倍，需要维持 8 倍的体重，
但只有 4 倍的营养供给。在某种程度上，细胞的表面积不够大，无法让足够的营
养物质进入细胞，这就限制了大细胞的生长。所以细胞会分裂，也就有了我们如
今知晓的生命。

表面积与质量的比值较小的结果，也让大型动物摔倒时的情景显得并不那么
美好。"体型越大，摔得越重"，这句话是正确的。在空气中运动的阻力取决于
运动物体的表面积。如果你从悬崖坠落，即使有空气阻力，你下落的速度也会以
非常接近 1g 的加速度增加，除非佩戴降落伞来增加表面积，否则坠落时的终端
速度（作用在人体上的空气阻力等于体重时的速度）会很大。

相比之下，小动物在下落时不需要佩戴降落伞。当你的线性尺寸缩小为原有
尺寸的 1/10 时，你的表面积会减少为原来的 1/100，但你的体重会减少为原来的
1/1 000。这意味着，你的表面积是体重的 10 倍，所以你的终端速度会低得多。
这就是当一只昆虫从树上掉到树下时不会受到伤害的原因。表面积与质量的比例
对昆虫有利，在某种意义上，昆虫自身就充当了降落伞。

　　坠落的不同后果只是大型生物和小型生物与物理环境之间存在不同关系的一个例证。我们经常会看到，苍蝇可以完全忽略重力沿着墙壁或天花板行走，但人类和大象无法做到这一点。背后原因是，相较于昆虫的脚与接触面之间的黏合力（黏性），昆虫的重力很小。这就是为什么小生物的生命不是由重力控制的，而是由表面张力、黏合力和毛细作用等控制的。

　　有趣的是，哺乳动物的心率也与体型有关，例如，一只小鼩鼱的心脏跳动速度大约是大象的 30 倍。因此一般来说，小型哺乳动物的生命流逝得更快，去世更早；较大动物的生活节奏悠闲，寿命更长。不要因为一只宠物仓鼠的寿命不如狗长而感到难过。所有温血动物的寿命大致相同，不是以年计，而是以平均心跳次数（约 8 亿次）计。人类是一个例外：我们的寿命是其他哺乳动物的 2～3 倍。

　　不只是生命体，非生命体的不同大小同样会引发尺度变化。研究人员发现，无论是电子电路、电机、润滑油膜，还是单个金属或陶瓷晶体，当个体收缩到足够小时，它就不再像一个更大个体的缩小版那样发挥作用了，而是开始以新的方式表现自我。例如，钯金属通常由 1 000 纳米左右的颗粒组成，但当由 5 纳米的颗粒组成时，其强度将是原来的 5 倍[①]。纳米技术在物理、化学、生物与工程之间的接合点上发挥作用，而在这个接合点上，将会出现很多我们无法想象的潜在成果。

---

① 1 纳米 ＝ 10^{-9} 米，因此 1 000 纳米 ＝ 10^{-6} 米或 10^{-3} 毫米。真的很小！

要点回顾
CONCEPTUAL PHYSICS >>>

- 晶体是规则的原子阵列，每个晶体都是三维有序排列的。

- 密度是每单位体积物质的质量。材料的密度取决于构成材料的单个原子的质量及这些原子之间的间距。

- 当变形力作用在弹性材料上时，材料会改变形状，当力消除后，材料会恢复到原来的形状。

- 胡克定律：弹性材料的拉伸量或压缩量与所施加的力成正比：$F \sim \Delta x$。当引入弹簧常数 k 时，$F = k\Delta x$。

- 当载荷施加在适当拱起的结构上时，压缩力会增强而不是削弱结构。石头由此被更牢固地推在一起，并通过压缩力维持这种状态。如果拱门的形状恰到好处，石头之间甚至不需要水泥就能固定在一起。

- 强度（和面积）随线性尺寸增长幅度的平方数增长，质量（和体积）随线性尺寸增长幅度的立方数增长。体积和质量增长的速度远远快于横截面积增长的速度。这一原理适用于任何形状的物体。

CONCEPTUAL
PHYSICS

12

液体能产生哪些力

妙趣横生的物理学课堂

- 人躺在插满钉子的床上会受伤吗?

- 为什么把巨石从河底吊起相对容易?

- 为什么鱼能在水中自由上浮和下沉?

- 如何用液体控制一台挖掘机?

- 雨滴和油滴为何是球形的?

- 把方糖一角浸入咖啡,为什么整个方糖都湿了?

　　布莱斯·帕斯卡（Blaise Pascal）是 17 世纪杰出的科学家、作家和神学家。在研究流体力学的过程中，他发明了液压机，这是一种利用液压来增加力的设备。随后，他还发明了注射器。

　　帕斯卡想知道，究竟是什么力量让试管内的水银保持一定量，以及试管内水银上方的空间被什么所填充。当时的大多数科学家都不相信真空的存在，认为"空无一物"的空间中一定有某种看不见的物质。帕斯卡进行了一系列的实验，提出了新的观点：气压计管内液体柱上方的空间确实是接近真空的。

　　为了回应那些认为在"空无一物"的空间中一定有某种看不见的物质的观点，帕斯卡呼吁采用科学方法，并回应道："要证明一个假设是正确的，仅仅是所有现象都符合它，是不够充分的；相反，如果这个假设导致了与任何一个现象相矛盾，那就足以证明它是错误的。"帕斯卡对真空存在的坚持，也与包括笛卡儿在内的其他杰出科学家产生了冲突。

　　帕斯卡在流体力学方面的工作，使他得出了如今我们所熟知的帕斯卡定律：加在密闭液体上的压强，能够大小不变地由液体向各个方向传递。液体内部各个方向都有压强，压强随液体深度的增加而增大，同种液体在同一深度各处，各个方向的压强大小相等；不同液体在同一深度产生的压强大小与液体的密度有关，密度越高，液体的压强越大。

今天，为了纪念帕斯卡所做出的贡献，压强的单位以他的名字命名。在本章中，你也将借助帕斯卡等科学家的研究，探索液体世界的奥秘。

Q1 人躺在插满钉子的床上会受伤吗？

科技馆中经常有这样一个体验项目，体验者被邀请躺在一个插满钉子的床上（见图 12-1）。然而，看似尖锐的钉子却并未在体验者的身上扎出一个又一个的钉子洞，相反，体验者不仅全身完好，而且往往感觉不到钉子的锐利。这个体验项目背后所涉及的科学原理就是压强。

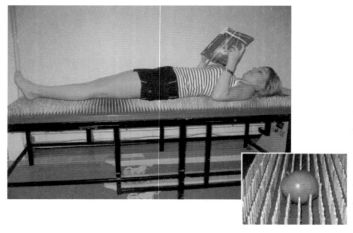

图 12-1　躺在铁钉床上的萨拉·布隆伯格

注：物理学家萨拉·布隆伯格（Sara Blomberg）躺在铁钉床上却并未受到伤害，因为她的体重分布在数百个钉子上，这使得她施加在每个钉子上的压强都很小。掉落苹果的照片证明了这些钉子确实是尖锐的。

压强是力除以力所施加的面积[①]：

[①] 压强指的是作用在与物体表面垂直方向上的每单位面积的力的大小。在国际单位制中，压强的单位为牛 / 米^2，即牛顿 / 米^2，称为帕（帕斯卡）。1 帕的压力非常小，大约等于一张美元纸币平放在桌子上给桌子施加的压力。科学研究中更多使用千帕（kPa，1 kPa=1 000 Pa）作为压强单位。

$$压强 = \frac{力}{面积}$$

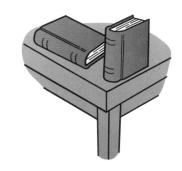

为了说明压强和力之间的区别，请观察图 12-2 中的两本书。这两本书是一样的，但一本垂直放置，另一本水平放置。两本书的质量相等，因此代表同样大小的力作用在桌子表面，但不同的是，垂直放置的书作用的表面积更小，只有窄小的侧边，因此对桌子表面产生了更大的压强。如果将书倾斜一点，使它与桌子的接触面集中在一个角上，压强会更大。

图 12-2　竖直放置和水平放置的书

注：虽然两本书的质量相同，但竖直放置的书对桌子产生了更大的压强。

液体中的压强

液体中同样也存在压强。当你在水中游泳时，你可以感觉到水中的压力作用在你的耳膜上，并且游得越深，压力就越大。你感觉到的压力来自你上方水的重力。液体的压强取决于其深度。

液体的压强也取决于其密度。如果你浸没在比水更稠密的液体中，压强相应地会更大。液体产生的压强正好等于质量密度和深度的乘积：①

---

① 该方程由压强和质量密度的定义导出。考虑液体容器底部的一个区域，直接位于该区域上方的液体柱的质量产生压强。根据定义：

$$质量密度 = \frac{质量}{体积}$$

我们可以将液体的质量表示为：

$$质量 = 质量密度 \times 体积$$

其中，柱的体积可简单地表示为面积乘深度。然后我们得到：

$$压强 = \frac{力}{面积} = \frac{质量}{面积} = \frac{质量密度 \times 体积}{面积} = \frac{质量密度 \times （面积 \times 深度）}{面积} = 质量密度 \times 深度$$

计算总压强时，我们可以将液体表面的大气压加入这个方程。

液体压力 ＝ 质量密度 × 深度

　　液体对容器侧面和底部施加的压力取决于液体的密度和深度。如果我们忽略大气压强，则在 2 倍深度时，底部的液体压强是液面处压强的 2 倍；在 3 倍深度时，液体压强是 3 倍；或者说，如果液体的密度是原来的 2 倍或 3 倍，那么对于任何给定的深度，同一位置处的液体压强是先前的 2 倍或 3 倍。而液体实际上是不可压缩的，也就是说，它们的体积很难被压强改变（每增加 1 个大气压，水的体积只减少其原始体积的百万分之五十）。因此，除了温度引起的微小变化外，特定液体的密度在所有深度都几乎相同。人体内同一水平高度的血压相同（见图 12-3）。

　　长颈鹿（见图 12-4）的心脏很大，并且其大脑中有复杂的血管系统，因此长颈鹿在突然抬起头时不会昏厥，也不会在低头时脑出血。

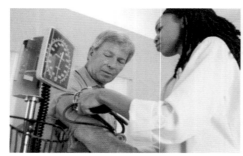

图 12-3　测量血压

注：人体上臂处的血压与心脏处的血压相同，因为上臂与心脏处于同一水平高度。

图 12-4　长颈鹿

注：对长颈鹿来说，液体压强对深度的依赖并不是问题。

　　如果你把手压在某个物体表面，而另一个人在同一方向上把手压在你的手上，那么压在这个物体表面上的压强比你的手单独压在物体表面时的压强大。压在液体表面上的大气压强也是如此。当形容这种情况时，我们会使用术语——总压强。否则，我们对液体压强的讨论是指不考虑通常存在的大气压的情况下的压强（后文将详细介绍大气压）。

重要的是，我们要认识到压强不取决于液体量。体积不是关键，关键的是深度。如图 12-5 所示，由于池塘的深度是湖泊的两倍，因此池塘虽小，但它最深处所施加的压强是湖泊的两倍。

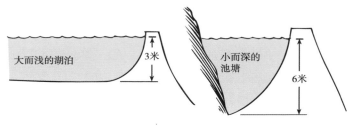

图 12-5　湖泊与池塘

注：大而浅的湖泊最深处所施加的平均压强是小而深的池塘最深处所施加压强的 1/2。

无论你是将头浸入一个小水池水面下 1 米，还是在一个大湖中央将头浸入相同深度，你都会感受到同样大小的压强。鱼也是如此。就像图 12-6 中的连通鱼缸，如果我们抓住金鱼的尾巴，将其头部浸入水面下几厘米，那么对于任意形状的鱼缸，只要浸入深度相同，鱼头部受到的压强就都是相同的。

如果我们放开这条鱼，随着它游得更深，施加在鱼身上的压强会随着深度的增加而增加，且无论鱼在哪个鱼缸里，压强都是一样的。当鱼游到鱼缸底部时，压强会更大，但这与它游到哪个鱼缸里并没有关系。随着所有鱼缸都被灌入相同深度的水，无论其形状或容积如何，每个鱼缸底部的水压都是一样的。如果鱼缸底部的水压大于邻近的更窄鱼缸底部的水压，较大的压力会迫使水向侧面移动，然后向窄鱼缸的上部移动，直到鱼缸底部的压力相等，但这种情况不会发生。压力取决于深度，而不是体积，所以我们能够看到，水会寻找自己的水位。

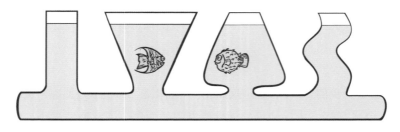

图 12-6　鱼在鱼缸中游动

注：无论容器的形状如何，液面以下任何给定深度的液体压强都是相同的。

　　水会寻找自己的水位这一事实，可以通过向花园软管注水并将软管两端保持在相同的高度来证明。如果软管的一端高于另一端，那么水将从较低的那端流出，即使水必须在这个过程中"上坡"，水位也要保持相等。但这一事实并没有被古罗马人完全理解，他们精心设计并建造了带有高拱和迂回路线的渡槽，以确保水在从水库到城市的路线上的每个位置都会略微向下流动（见图 12-7）。如果管道铺设在地下并沿着土地的自然轮廓分布，那么在某些地方，水将不得不向上流动，可古罗马人对此持怀疑态度。同时，开展严谨的实验在当时也并不流行，因此，在大量奴隶的劳动下，罗马人建造了不必要的复杂渡槽。

图 12-7　罗马渡槽

注：罗马的渡槽保证了水从水库略微向下流到城市中。

关于液体压强的一个事实是，压强在所有方向上都是相等的。例如，如果我们被淹没在水中，无论以何种方式倾斜头部，我们的耳朵都会感受到相同的水压。因为液体可以流动，所以压强的方向不仅是向下的。我们知道，当我们看到水从直立罐侧面的泄漏处侧向喷出时，压强是侧向作用的。我们也知道，当我们试图将球推到水面下时，压强也会向上作用。船底肯定是被水压向上推，这样船才能在水上行驶。

液体浸没物体表面后，会产生一个垂直于表面的净力。虽然压强没有特定的方向，但力有。请看图 12-8 中的三角形块体，将注意力集中在沿着块体每个表面的 3 个中间点上，水从多个方向对每个点施加压力，图中指示了其中几个方向。不垂直于表面的力分量相互抵消，在每个点上只留下一个净垂直力。

这就是为什么从桶上的孔喷出的水最初以与孔所在的桶表面成直角的方向流出，然后由于重力的作用，水流向下弯曲（见图 12-9）。流体在光滑表面上施加的力总是与表面成直角。①

图 12-8　浸入水中的三角块体

注：液体压在物体表面上的力加起来就是垂直于表面的净力。

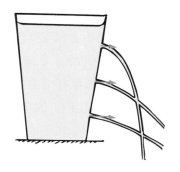

图 12-9　水从桶上的孔喷出

注：力矢量垂直于容器内表面作用，并随着深度的增加而增加。

---

① 液体流出孔的速度为 $R = \sqrt{X^2 + Y^2}$，其中 h 是自由表面以下的深度。有趣的是，如果自由下落相同的垂直距离 h，水（或其他任何东西）将获得相同的速度。

Q2 为什么把巨石从河底吊起相对容易？

任何曾经有从水下将沉甸甸的物体抬出水面经历的人都熟悉浮力，即浸没在液体中的物体相较于在水面外，存在明显的重力损失。只要巨石在水面以下，将巨石从河床底部吊起来会是一项相对容易的任务。然而，当巨石被提升到水面以上时，提升巨石所需的力便会大大增加。随着巨石沉入水中的部分逐渐增大，浮力也会随之逐渐增加，直至整块巨石沉入水中，浮力将达到最大值。

这是因为，当巨石沉入水中时，水对它施加的向上的力正好与重力的方向相反。这种向上的力称为浮力，是压强随深度增加产生的结果。图 12-10 显示了浮力向上作用的原因，如力矢量所示，由于水压而产生的力沿垂直于巨石表面的方向作用在巨石上。在相等的深度处，侧面的力矢量相互抵消，因此不会产生水平浮力；但是，垂直方向上的力矢量不会相互抵消。同时，巨石底部在水中处于更深的位置，底部的压强也更大。因此，向上作用于巨石底部的力大于向下作用于巨石顶部的力，从而产生向上的净力，即浮力。

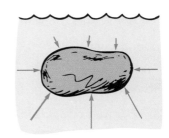

图 12-10　沉入水中的石头受到浮力作用

注：水下物体底部受到的较大压强会产生向上的浮力。

要理解浮力，首先需要理解"排水量"这一概念。如果将石头放在装满水的容器中，一些水会溢出来（见图 12-11）。稍微思考就会知道，这是因为原有的空间不足以容纳所有的水和石头，因此当石头被放入水中时，势必会有部分水被挤出来，而石头的体积，也就是它所占的空间量，等于被排出的水的体积。当把任意物体放在一个未装满水的容器中时，水面高度会上升（见图 12-12），且水位上升的具体高度与被浸没物体的体积完全对应。这是一种确定不规则形状物体体积的好方法：完全浸没在水中的物体总是排开与其自身体积相等的水。

图 12-11　将石头放入装满水的容器

注：当石头被淹没时，会排出与石头
体积相等的水

图 12-12　将石头放入未装满水的容器

注：石头浸没后增加的水位与倒入和石
头等体积的水所增加的水位一样。

阿基米德原理

浮力与排出的液体之间的关系最早是在公元前 3 世纪由古希腊科学家阿基米
德发现的。表述如下：

浸没的物体所受的浮力等于它所排出的流体的重力。

这一原理被称为阿基米德原理。它适用于液体和气体，两者都是流体。如
果一个浸没的物体排出了 1 千克的液体，作用在其上的浮力等于 1 千克液体的重
力[①]。如果我们将一个密封的体积为 1 升的容器浸入水中一半，无论容器中有什么，
它将排出 0.5 升水，并被大小等于 0.5 升水重力的浮力浮起。如果我们将容器完全
浸没（淹没），它将被一个等于 1 升水重力的浮力浮起。值得注意的是，如果容
器完全浸没在水中，并且没有被挤压得更小，那么浮力将等于任何深度的 1 千克
水的重力。这是因为，在任何深度，容器所能排出的水量都不会超过其自身所能
容纳的水量。这些被排出的水的重力（而不是被淹没的物体的重力）等于浮力。

如果一个 30 千克的物体在浸没时排开了 20 千克的流体，它的表观重力将等
于 10 千克对应的重力，即 100 牛。在图 12-13 中，3 千克的物体在浸没时的表

[①] 在实验室里，你可能会发现用千克作为单位表示浮力很方便，即使千克是质量单位而不是力学单
位。所以，严格来说，浮力是 1 千克的重力，也就是 10 牛（更精确地说是 9.8 牛）。

观重力等同于 1 千克块体所受的重力。浸入物体的表观重力是其在空气中的重力减去浮力。

图 12-13　物体在空气中比在水中重

注：当一个 3 千克的块体浸没在水中时，刻度读数将减至 1
千克，"缺失"的重力等于 2 千克对应的重力，即浮力。

对于大多数流体而言，其密度几乎是恒定的，立方体放置的深度并不影响这一原理。尽管随着深度的增加压力会增大，但在任何深度，立方体底部所受压力与顶部所受压力之间的差异都是相同的（见图 12-14）。无论浸入物体的形状如何，浮力都等于排开流体的重力。

重要的是，作用在浸没物体上的浮力取决于物体的体积。小型物体会排出少量的水，并受到较小浮力的作用。大型物体会排出大量的水，并受到较大浮力的作用。决定浮力大小的因素是浸没物体的体积，而不是物体重力。浮力等于排出的流体的重力。（误解这一概念是人们对浮力产生困惑的根源。）

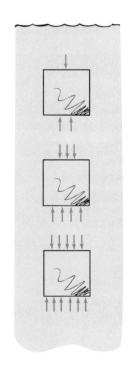

图 12-14　放置在不同深度中的立方体

注：在任何深度，作用在浸没立方体上的向上的
力与向下的力之间的差都是相同的。

阿基米德原理是如何被发现的?

传说中,阿基米德被赋予了一项任务,那就是确定为国王制作的王冠是否由纯金打造,还是掺杂了一些较便宜的金属(比如银)。阿基米德面临的挑战是,要在不破坏王冠的情况下确定其密度。他可以通过称量确定王冠的质量,但确定王冠的体积是个问题。这则传说的最后,阿基米德在公共浴池中注意到,当自己浸入水中时水位上升,通过这一点他找到了解决方案。据传说,他兴奋地赤身裸体穿过街道,高呼"Eureka!Eureka!"("我找到了!我找到了!")。

阿基米德发现的是一种简单而准确的方法来测量不规则物体的体积——排液法。一旦他知道了质量和体积,他就能计算出密度。最后再把王冠的密度与金的密度进行比较。他发现,王冠并不是纯金的。

Q3 为什么鱼能在水中自由上浮和下沉?

人类很早就开始借助浮力来提高生活的便利性,例如,制造能浮在水面的工具或船舶,让不易运输的货物能够更加轻松地经由水面运送到目的地。但我们发现,物体的下沉或上浮状态似乎并不是固定不变的,甚至有些物体能够随意控制自身在水中的位置。鱼类便是其中一个典型案例,它们能够自由地在水中上上下下来回游动。此外,落入水中的人在穿上救生衣后,就能更好地浮在水面上,身体不会进一步下沉。究竟是什么原因让物体能在液体中自由上浮或下沉呢?

为什么男性比女性更难漂浮在水面上?

不能漂浮的人,十有八九是男性。大多数男性的肌肉比女性更发达,密度也略高。此外,无糖汽水罐能够漂浮在水面上,而普通汽水罐则会沉入水中。

我们已经得知,物体的重力确实在浮动中起作用,但物体在液体中是下沉还是上浮取决于浮力与物体重力的相对大小,也取决于物体和流体的密度。物体是下沉还是上浮主要依据以下 3 个简单规则:

1. 密度高于所浸入流体密度的物体会下沉。
2. 密度低于所浸入流体密度的物体将上浮。
3. 密度等于所浸入流体密度的物体既不会下沉也不会上浮。

规则 1 似乎足够合理，因为密度大于水的物体会沉入水底，而与水深无关。在深海底部附近的潜水员可能遇到过一块浸满水的木头在海底盘旋（这块木头的密度与该深度的水的密度相等），但潜水员却从未遇到过盘旋的岩石！人们也会用此方式筛选种子与淘米，由于优质健康的种子和大米的密度比水大，而质量不佳的种子和大米的密度比水小，因此二者在水中处于不一样的位置，这样有利于人们对种子和大米进行筛选。

根据规则 1 和规则 2，你可以对那些尽管很努力但依旧无法漂浮在水面上的人说些什么？他们的密度太大了！为了更容易漂浮，你必须降低自身密度。通过公式"密度 = 质量 / 体积"我们知道，你要么减轻体重，要么增加体积。这就解释了为何救生衣能让人漂浮在水面上，因为穿上救生衣可以增加人的体积，却不会增加体重，穿上救生衣降低了人的整体密度。

规则 3 适用于既不下沉也不上浮的鱼。鱼通常有着和水相同的密度。鱼可以通过扩张和收缩体内的气囊来调节自身体积，从而改变自身密度。例如，鱼可以通过增加体积（降低密度）向上游，通过收缩体积（增加密度）向下游。

与鱼相似，潜艇在水中上浮或下潜依靠水被吸入或吹出压载舱，以此实现质量的变化，进而达到上浮或下潜所需的密度。同样，当鳄鱼吞下石头时，它的整体密度也会增加。人们此前曾在大型鳄鱼的肚子里发现过 4～5 千克的石头。正是由于密度增加，鳄鱼在水中可以向下游得更深，因此较少暴露在猎物面前（见图 12-15）。

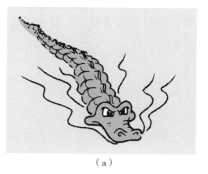

（a） （b）

图 12-15 处于不同深度的鳄鱼

注：图（a），一条鳄鱼在水中向你游来。图（b），一条吞下了石头的鳄
鱼在向你游来。

漂浮

原始人用木头造船，他们会想到用铁也能制造一艘船吗？我们无法得知。由于铁的密度明显比水大，因此在原始时期，让铁漂浮在水面上的想法可能听上去有些奇怪。今天，我们很容易理解由铁制成的船是如何漂浮在水面上的。

假设有一块质量为 1 吨的实心铁块。因为铁的密度几乎是水的 8 倍，所以当铁块被淹没时，只能排出 1/8 吨的水，这不足以使铁块漂浮起来。假设我们将同样的铁块重新炼制成一个铁碗（见图 12-16），它虽然质量仍为 1 吨，可浸入水中的体积却远比铁块大。当我们把这个铁碗放在水中时，它所排出的水的体积比铁块能够排出的也要更大，随着铁碗浸入的深度越来越大，它所能排出的水越来越多，作用在其上的浮力也会越来越大。当浮力相当于 1 吨质量的重力时，铁碗将不再下沉。

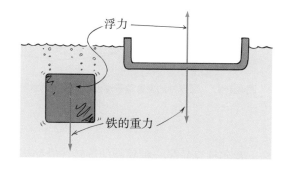

图 12-16 水中同等质量的铁块与铁碗

注：一块铁块下沉，而同等质量的铁碗则会漂浮。

当任何一艘船排出的水的质量等于它自身的质量时，它就会浮起来。这就是漂浮原理：

漂浮对象所排出的流体的质量等于其自身质量。

每艘船、每艘潜艇和每艘飞艇都必须设计成能够排出与其自身质量相等的流体。一艘 10 000 吨的船必须建造得足够宽，以使它能够在沉入水中过深之前排出 10 000 吨的水。飘浮在空中的飞艇也是如此。一艘重达 100 吨的飞艇至少能排出 100 吨的空气，如果排出的空气更多，飞艇就能上升；如果排出的空气减少，飞艇就会下降。如果飞艇排出的空气完全抵消了它的质量，那么它就会在恒定的高度上盘旋。如图 12-17 所示，漂浮物的总质量等于浸没部分排出的流体质量。

如图 12-18 所示，漂浮物排出流体的质量等于漂浮物自身的质量。对于给定体积的排出流体，密度较大的流体比密度较小的流体能提供更大的浮力。船在盐水中比在淡水中漂浮得更浅，因为盐水的密度稍高。同样，一大块固体铁可以漂浮在水银中，但会沉入水中。

图 12-17　漂浮物的质量等于浸没部分排出的水的质量

图 12-18　漂浮物排出流体的质量等于漂浮物自身的质量

福尔柯克轮是一种独特的旋转式升船机（见图 12-19），35 米高的车轮上连接着两辆装满水的吊舱，当一条或多条船进入吊舱时，溢出水的质量与船的质量完全相同。装满水的吊舱无论是否载船，质量始终相同，车轮始终保持平衡。尽管车轮的质量巨大，但每转半圈，车轮需要的动力输入很少。

图 12-19　福尔柯克轮

注：福尔柯克轮有两个平衡的装满水的吊舱，一个上升，一个下降，吊舱随着轮子转动而旋转，因此水和船都不会倾斜。

○─ 趣味问答 ─○

山脉真的漂浮在地幔上吗？

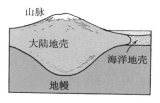

图 12-20　山脉漂浮在地幔上

山脉漂浮在地球半液态的地幔上，就像冰山漂浮在水中一样（见图 12-20）。山脉和冰山的密度都低于承载它们的物质的密度。正如冰山的大部分（约 90%）位于水面以下一样，大部分山脉（约 85%）延伸到了致密的半流体地幔中。

如果你能削掉冰山的顶部，冰山就会变轻，而且在顶部被削掉之前，它会上浮到接近其原始高度的位置。类似地，当山脉受到侵蚀时，它们会变轻，并从下面被推高，浮到接近原始的高度。当 1 千米的山脉被侵蚀时，其中约有 85% 山脉会重新出现。这就是为什么山脉的风化过程需要那么长时间。

如果你能把冰山的顶部铲下来，冰山会变得更轻，并且会几乎浮到山脉，就像冰山一样，比它们看起来的要更大。漂浮山脉的概念与地壳均衡理论有关，这是按照阿基米德原理用以解释地壳运动原因的一种假说。

Q4 如何用液体控制一台挖掘机？

人们除了利用液体的浮力来提高便利性外，许多日常生活和工业中的应用实际上都是利用液体在封闭情况下产生的压力来实现的，其中一个常见的工业应用案例便是液压系统。例如，驾驶员在挖掘机的驾驶室内通过操作杆控制挖掘机的机械臂，这时操作杆的运动就形成了一个液压系统，随着密闭容器内静止液体的一部分受到压力，该压力会以相等的强度传递给全部液体，从而控制机器运动。

关于流体压强的一个最重要的事实是，流体的一部分压强变化将不受影响地传递到流体的所有其他部分上。例如，如果泵站处的城市水压力增加 10 个压力单位，则连接系统的管道中各处的压力均将增加 10 个压力单位（前提是水处于静止状态）。

帕斯卡定律表明，静止时封闭流体中任何一点的压力变化都会不减弱地传递到流体中的所有点。

如图 12-21 所示，在 U 形管中注满水，并在两端放置活塞。施加在左活塞上的压力将通过液体传递到右活塞的底部。（活塞只是一个简单的"塞子"，可以在管内自由滑动，但又与管壁挨得很紧密。）左侧活塞对水施加的压力与水对右侧活塞施加的压力完全相等。这似乎没什么好质疑的。假设你把右侧的管子做得更宽，并使用面积更大的活塞，那么结果会令人眼前一亮。在图 12-22 中，右侧活塞的面积是左侧活塞面积的 50 倍（假设左侧活塞的横截面积为 100 平方厘米，右侧活塞的横截面积为 5 000 平方厘米）。假设左侧活塞上有 10 千克的载荷，由于载荷的重力而产生的额外压强会在全部液体中传递，并向上抵达右侧活塞。因为右侧活塞的面积是左侧活塞的 50 倍，所以施加在右侧活塞上的力也是左侧活塞上的 50 倍。因此，右侧的活塞能承受 500 千克的载荷，是左侧活塞上承受载荷的 50 倍！

输入 1 牛的力可以输出 50 牛的力，这确实值得一提，因为我们可以通过这样的装置来倍增力。通过进一步增加较大活塞的面积（或减少较小活塞的面积），原则上我们可以将力放大任意倍。

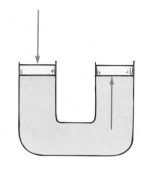

图 12-21 注满水的 U 形管

注：施加在左侧活塞上的力增加了液体中的压力，并传递到右侧活塞底部。

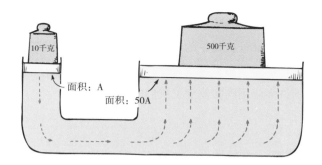

图 12-22 施加了载荷的注满水的 U 形管

注：左侧活塞上 10 千克的载荷将支撑右侧活塞上 500 千克的载荷。

帕斯卡定律是所有液压设备的基础，其中最简单的设备就是液压机。液压机并没有违反能量守恒定律，因为移动距离的减少补偿了力的增加。当图 12-22 中的小活塞向下移动 10 厘米时，大活塞将仅上升了 10 厘米的 1/50，即 0.2 厘米。输入力乘较小活塞的移动距离等于输出力乘较大活塞的移动距离，这是另一个运用机械杠杆原理的简单机器的例子。

帕斯卡定律的一个典型应用是老式加油站的地面自动升降装置（见图 12-23）。空气压缩机增加的大气压强通过空气传输到地下蓄油池的油表面。油又将压力传递给活塞，从而抬升汽车。对活塞施加抬升力的相对较低的压强与汽车轮胎中的大气压强大致相同。

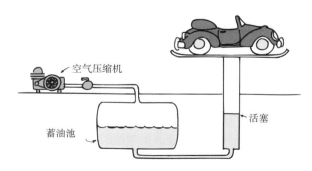

图 12-23 老式加油站的地面自动升降装置

使用液压装置的现代设备已经十分常见，几乎大部分机械中的齿轮、滑轮和缆绳都已被液压活塞所取代（见图 12-24）。帕斯卡定律的许多应用确实改变了我们的世界。

Q5 雨滴和油滴为何是球形的？

图 12-24　机械中的液压装置

当你用毛笔时是否注意到，当笔刷浸在水下时，刷毛会像笔刷干燥时一样蓬松，但当笔刷被从水中提起时，水的表面似乎有一层收缩的薄膜，并将刷毛聚拢在一起（见图 12-25）。我们再假设在一根对重力极为敏感的螺旋弹簧（见图 12-26）上悬挂一根弯曲的金属丝，随后将金属丝放入水中。当你试图将金属丝从水面上拉升时，你可以看到，弹簧被拉伸了一小段，这代表着水面对金属丝施加了一个明显的力。我们将液体表面的这种收缩趋势称为表面张力。

图 12-25　水中的笔刷

注：当笔刷被从水中提起时，刷毛通过表面张力聚拢在一起。

弯曲的金属丝

图 12-26　悬挂金属丝的弹簧

注：当弯曲的金属丝下降到水中，然后被拉升时，弹簧将因表面张力而被拉伸。

如图 12-27 所示，表面张力也是液滴呈球形的原因。雨滴、油滴和熔融金属滴在下落时都是球形的，因为它们的表面倾向于收缩，这就迫使每个水滴形成具有最小表面积的形状。球形是在给定的体积中具有最小表面积的几何形状。因此，蜘蛛网或叶子上的雾和露珠几乎都是球形的水滴。

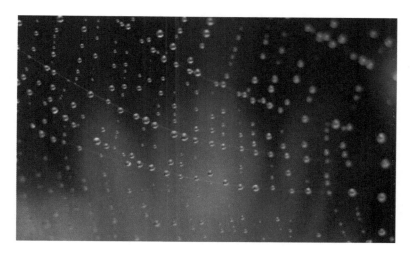

图 12-27 小水滴被表面张力拉成球形

表面张力是由分子间的吸引力引起的。在液体表面之下，每个分子都被相邻的分子向各个方向吸引，因此没有被拉向任何特定方向的倾向。然而，液体表面的分子只受两侧和下方的邻近分子的吸引，而没有向上的拉力（见图 12-28）。这些分子间的吸引力因此倾向于将分子从表面拉入液体内部，这种倾向使得表面积最小化。因此，液体表面看上去就像被绷紧成一层弹性薄膜。

将干燥的钢针或回形针放在水面上，轻轻向下推动也不会使其下沉，这也是表面张力在发挥作用。如图 12-29 所示，水表面面的轻微弯曲是由回形针的重力引起的。回形针施加了向下压在水面上的力，而水的表面发现的弹性倾向就是表面张力，它足以支撑回形针的重力。同样，表面张力也允许某些昆虫进行"水上漂"，如水蜘蛛能在池塘表面奔跑。

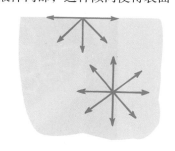

图 12-28 位于液体表面和
表面下的分子

注：位于液体表面的分子只会被相邻的分子侧向拉动和向下拉动，而位于表面下的分子在各个方向上受到同等的拉力。

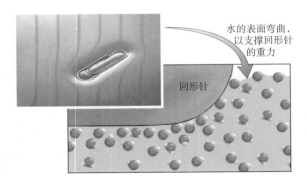

12-29　漂浮在水面上的回形针

　　不同液体拥有不同的表面张力。水的表面张力大于其他常见液体，纯净水的表面张力比肥皂水的表面张力更强。水表面的一小片肥皂膜就能被拉伸覆盖整个水面。同样的情况也发生在水面上漂浮的油或油脂上。油的表面张力比冷水小，因此它会被拉伸成一层非常细腻的膜，覆盖在整个水表面上。这种扩散现象在油污泄漏时表现得非常明显。

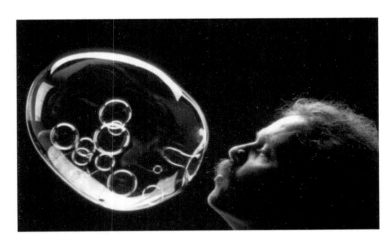

图 12-30　泡泡大师汤姆·诺迪在泡泡中吹泡泡

注：大气泡由于吹气而拉长，但由于表面张力的作用，它会很快沉降成球形。

　　热水的表面张力比冷水小，因为运动更快的分子之间的结合不那么紧密。这使得热汤中的油脂或油会以小气泡的形式漂浮在汤的表面。当热汤冷却，水的表面张力增加时，油脂或油会被拉伸，进而覆盖在汤的表面，使汤变得"油腻"。热汤与冷汤的味道不同，主要就是因为汤中水的表面张力会随温度的变化而变化。

Q6　把方糖一角浸入咖啡，为什么整个方糖都湿了？

你见过传统的油灯吗？你是否好奇底部的灯油为何能向上浸入灯芯并在灯芯顶部被点燃？与之类似的还有加入咖啡中的方糖，当你将一块方糖的一角浸在咖啡中时，整个糖块很快就会变湿。

液体在细管或狭窄空间中上升的现象称为毛细现象。如图 12-31 所示，当一根内径很小、已经被彻底清洁的毛细管的末端浸入水中时，水会浸湿管的内部并在其中上升。例如，在直径约为 0.5 毫米的管中，水上升的高度略高于 5 厘米，当孔径更小时，水上升得会更高。当你思考毛细现象时，可以把分子想象成黏球。而水分子黏附在玻璃上的数量比彼此相黏的要多。不同物质之间的吸引力，如水和玻璃之类物质间

图 12-31　毛细管

的吸引力，被称为黏附力。相似物质之间的吸引力，即分子黏性，被称为内聚力。在图 12-32（a）中，当玻璃管浸入水中时，玻璃和水之间的黏附力会在管的内外表面上形成一层薄薄的水膜。表面张力会导致图 12-32（b）中的膜收缩。外表面上的膜会收缩到足以形成圆形边缘。内表面上的薄膜收缩得更多，并随后使水面升高，直到黏附力与所提升水的重力达到平衡，如图 12-32（c）所示。在较窄的管中，由于管中水的质量很小，水被提升的高度比管子更宽时还要高。

如果把笔刷部分浸入水中，水会通过毛细作用向上进入刷毛之间的狭窄空间。如果你的头发很长，把发尾部分浸入水槽或浴缸里，水会以同样的方式从发尾向上渗到你的头皮上。这也就说明了，当一端浸在水或油中时，油是如何向上

浸入灯芯的，以及水是如何浸入浴巾的。毛细作用对植物生长至关重要。在树木中，毛细作用能够将水从植物的根部带到高高的枝叶中，并将汁液和营养从叶子输送到根部。放眼望去，毛细作用处处可见。这真是太好了。

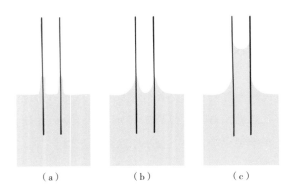

（a）　　　　　（b）　　　　　（c）

图 12-32　毛细作用的假想阶段，如毛细管的横截面图所示

从昆虫的角度来看，毛细现象并不是那么好。回想一下，由于昆虫的表面积相对较大，因此它在空气中能够缓慢下落。重力几乎不会给昆虫带来风险，但毛细现象却不是这样。被水缠住对昆虫来说可能是致命的，除非昆虫能像水黾一样适应水。

要点回顾

- 压强是力与力所分布的面积之比。液体施加的压强取决于其深度，也取决于液体的密度。液体产生的压强正好等于质量密度与深度的乘积。

- 浮力是流体施加在浸没其中的物体上的净向上力。根据阿基米德原理，一个浸没的物体所受到的浮力等于它所排出的流体的重力。

- 物体在液体中是下沉还是上浮取决于浮力与物体重力的相较大小，又取决于对象的密度。

- 帕斯卡定律表明，静止时封闭流体中任何一点的压力变化都会不减弱地传递到流体中的所有点。帕斯卡定律是所有液压设备的基础，其中最简单的设备是液压机。

- 表面张力是由分子间的吸引力引起的。液体表面的分子只受两侧和下方的邻近分子的吸引，而没有向上的拉力。这些分子间的吸引力因此倾向于将分子从表面拉入液体内部，这种倾向使得表面积最小化。因此，液体表面看上去就像被绷紧成一层弹性薄膜。

- 毛细现象是指液体在细管或狭窄空间中会上升的现象。毛细作用对植物生长至关重要，能够将水从植物的根部带到高高的枝叶中，并将汁液和营养从叶子输送到根部。

CONCEPTUAL
PHYSICS

13

气体的特性如何影响我们的生活

妙趣横生的物理学课堂

- 为什么我们感觉不到空气的质量?

- 汽车轮胎里藏着什么气体定律?

- 气球在空气中上升要具备什么条件?

- 飞驰而过的大车为什么会产生吸力?

- 如何让荧光灯、霓虹灯中的气体发光?

物理学作为探索自然界规律的学科，与我们的生活息息相关。从日常生活中的电灯、电视，到交通工具中的汽车、飞机，再到高科技的电子产品，物理学的应用无处不在。物理学为我们提供了便利，更推动了社会的进步与发展。

气体作为物质的一种基本形态，其独特的性质与运动规律吸引了无数物理学家的关注。他们对气体进行了深入研究，为我们揭示了气体的奥秘：玻意耳定律揭示了气体压力与体积的关系；伯努利定理解释了流体速度与压强的关系。气体在日常生活和工业生产中的应用都十分广泛，如呼吸、燃烧、冷却等。此外，对等离子体的研究也在不断深入，等离子体与物质的第四态紧密相关，为我们提供了更多的能量利用方式。作为物理学的重要研究范畴之一，气体的重要性不言而喻。

在本章中，你将通过深入探索气体的性质与运动规律，更好地理解自然界的运行机制，并了解气体是如何为人类的生活和工业发展提供有力支持的。

Q1 为什么我们感觉不到空气的质量？

我们生活在被称作大气层的"空气海洋"的底部。大气层起到了非常重要的作用，它保护地球表面免受太空中极端温度、紫外线辐射和流星雨等因素的伤害，同时也为地球上的生命提供了必要的生存条件。

大气的厚度是由两种相互竞争的力量决定的：分子的动能和地球的引力，前者倾向于将分子分散开来，后者倾向于将分子聚集在地球附近。如果地球的引力突然消失，大气中的分子将会散开并消失；如果引力存在，但分子运动得太慢而不能形成气体（这可能发生在一个遥远而寒冷的星球上），大气就会变成液态或固态，在这种情况下，大气将不再是我们呼吸的空气，而是变成了覆盖在地球表面的另一种形态的物质，我们将无法呼吸。大气层维持着我们的生命，并为我们提供了温暖的环境，如果没有大气层，我们在几分钟内就会死亡。

大气层的形成意味着活跃的分子与地球引力之间达成了一种和谐的平衡。这些分子有逃逸的趋势，而地球的引力将它们牢牢束缚。如果没有太阳的能量，空气中的分子就会像爆米花机底部静止的爆米花一样，平静地躺在地球表面。但是，一旦向爆米花机和大气中添加热量，爆米花和空气中的分子就会向更高的地方上升。爆米花上升的速度可达每小时几千米，高度可达一两米；空气中分子上升的速度可达 1 600 千米 / 时，它们可以上升到数千米的高空中。幸运的是，我们有太阳提供能量，地球有引力，因此我们拥有一个大气层。

大气层的确切高度并没有实际的意义，因为随着高度的增加，空气会变得越来越稀薄。最终，在星际空间中，空气稀薄到几乎不存在。即使在星际空间的空旷区域，气体密度也大约相当于每立方厘米一个分子。这其中主要是氢，氢是宇宙中最丰富的元素。而大约 50% 的大气层位于海拔 5.6 千米以下，75% 位于 11 千米以下，90% 位于 18 千米以下，99% 位于 30 千米以下。从图 13-1 中可以清楚地看出，山上的空气比低海拔地区的空气稀薄得多。因此，多山的丹佛的大气压力明显低于沿海的旧金山的大气压力。

◦ 趣味问答 ◦

气体可以算是流体吗？

气体和液体一样会流动，因此，两者都被称为流体。气体可以无限膨胀，能够充满所有可用的空间。只有当气体的量非常大，如在行星或恒星的大气层中时，引力才会限制气体的形状或体积。

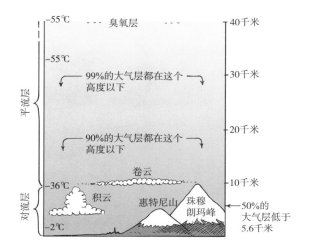

图 13-1　大气层

注：位于海平面的空气比高海拔处的空气的密度更大，就像一大堆羽毛一样，底部的羽毛比靠近顶部的羽毛更容易被压扁。

大气压强

　　我们生活在"空气海洋"的底部。大气就像湖中的水一样，会施加压强。图 13-2 所示的气缸便能证明大气压强的存在，当气缸内的空气被抽走时，气缸内部的压力会减小，外部空气对活塞施加向上的力。这个力足以举起重物。如果圆柱体的内径为 10 厘米或更大，所产生的力甚至可以将一个人悬吊起来。

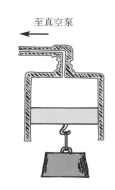

图 13-2　气缸

注：请思考支撑负载的活塞是向上拉还是向下推。

　　正如水压是由水的重力造成的一样，大气压强也是由空气的重力导致的。我们之所以感觉不到这种重力压在我们身上，是因为我们体内的压强平衡了周围空气的压强。我们已经完全适应了看不见的空气，以至于我们感觉不到空气的存在，甚至有时我们会忘记它有重力。也许鱼也会以同样的方式"忘记"水的重力。

　　在海平面上，1 立方米空气的质量约为 1.25 千克。空气密度随海拔高度的上升而减小。例如，在 10 千米处，1 立方米空气的质量约为 0.4 千克，空气变得稀薄，且氧气浓度减小。为了补偿这一点，飞机需要被加压以保证氧气供应和维持舒适的环境。例如，为现代大型喷气式飞机充分加压所需的额外空气超过 1 000 千克，否则乘客和机组人员可能会因为缺氧而出现晕厥、呼吸困难等症状。如果你的妹妹不相信空气有质量，你可以先递给她一个装满水的塑料袋，她会告诉你这袋水有质量。如果你在她游泳时递给她同样的一袋水，她不会感觉到这袋水有质量。那是因为，她和这袋水都被水包围了（见图 13-3）。我们周围的空气也是如此，由此，你可以向她进一步解释空气有质量的事实。

图 13-3　正在游泳的人与一袋水

注：当浸没在水中时，你不会感知到一袋水的质量，同样，当你沉浸在"空气海洋"中时，你也不会意识到空气存在质量。

如图 13-4 所示，请思考考虑一根 30 千米高的直立竹竿内的空气质量，竹竿的内部横截面积为 1 平方厘米。如果竹竿内部的空气密度与外部的空气密度相匹配，那么封闭空气的质量大约为 1 千克。如此多空气的重力大约为 10 牛。因此，竹竿底部的大气压强大约为 10 牛 / 厘米 ^{2}。当然，没有竹竿，大气压强也是如此。1 平方米等于 10 000 平方厘米，因此向上延伸穿过大气层的横截面积为 1 平方米的空气柱的质量约为 10 000 千克。该空气柱的重力约为 100 000 牛（10^5 牛）。该空气柱产生的压强为 100 000 牛 / 米 ^{2}，即 100 000 帕或 100 千帕。[①]

图 13-4　充满空气的竹竿

大约 1 千克的空气（约 10 牛）可以充满一根 30 千米高的竹竿，此时竹竿将延伸至大气"顶部"。

---

① 帕（Pa）是压强的国际单位（牛 / 米 ^{2}）是其导出单位。海平面的平均压强（101.3 千帕）通常称为 1 个标准大气压。

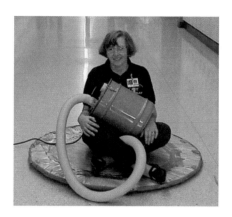

图 13-5　空气有重力的演示

注：安·布兰登（Ann Brandon）坐在由从巨大水球中间的洞中吹出的空气填充的气垫上。

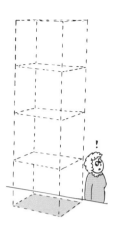

图 13-6　1 平方米表面上的大气压力

注：海平面上横截面为 1 平方米的空气柱重力约为 100 000 牛。

大气压并不是均匀围绕着地球的。除了随海拔变化外，大气压也因地点而异，而且每天都在变化，这导致移动的锋面天气和风暴的出现，从而影响了天气。当高压系统接近时，你会迎来更低的温度和晴朗的天空。当低压系统接近时，更温暖的天气、降雨和风暴将会出现。在预测天气时，测量气压变化对气象学家来说很重要。

1643 年，意大利物理学家和数学家埃万杰利斯塔·托里拆利（Evangelista Torricelli）发现了一种测量大气压强的方法，并发明了第一台气压计。简单的水银气压计如图 13-7 所示，它由一根装满汞的玻璃管组成，长度略大于 76 厘米。当托里拆利将装有汞的管子倒过来，并将管

●── 趣味问答 ●

压强的变化会对生物产生什么影响？

　　许多深海生物的身体承受着巨大的水压，但它们并没有因此受到不良影响。就像位于地球大气层底部的我们一样，由于我们体内的压强与周围的流体压强相匹配，因此不会对周围流体施加净力或应变。对许多生物来说，当深度变化太突然时就会引发问题。例如，如果背着 SCUBA（自持式水下呼吸器，又称"水肺"）的潜水员太块上升到水面，他们可能会因为快速减压而感到疼痛并可能死亡，这种情况被称为减压病。海洋生物学家正在寻找将深海生物带到水面而不会致其死亡的方法。

口朝下放在一盘汞中时，管子中的汞会下降一定高度。此时管子中汞的重力与施加在容器上的大气压力相平衡。除一些汞蒸气外，上方被困的空间是真空的。即使管子倾斜，汞柱的垂直高度也保持不变，除非管子的顶部高于容器中水平面的长度小于 76 厘米，在这种情况下，汞会完全充满玻璃管。

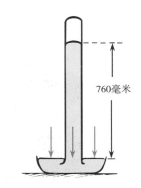

760毫米

图 13-7　一个简单的水银气压计

气压计中汞的平衡，类似游乐场跷跷板两端人的力矩相等时的平衡。当管内液体的重力施加与外部大气相同的压力时，气压计平衡。无论管的宽度是多少，一根 76 厘米的汞柱的重力与空气的重力相同。如果大气压力增加，那么大气施加给汞的压力会更大，汞柱会被推到 76 厘米（760 毫米）以上。汞实际上被大气的重力推到了气压计的管子里。大气压力是通过气压计上汞柱的高度来测量的，但通常仍以毫米汞柱（mmHg）表示。

水可以用来制作气压计吗？答案是肯定的，但填充水的玻璃管必须比填充汞的玻璃管长得多，确切地说是 13.6 倍长。你可能会意识到这个数字是汞相对水的密度之比。需要汞体积的 13.6 倍的水，才能提供与汞相同的重力。因此，管子长度至少需要是汞柱高度的 13.6 倍，也就是 13.6 × 0.76 米 ≈ 10.3 米，这太高了，因此并不实用。

气压计中发生的情况其实与用吸管喝水的过程类似（见图 13-8）。人吸吮放在饮料中的吸管可以降低吸管中的大气压强。随即，饮料上的大气重力将液体推到吸管内的减压区域。严格来说，液体不是被吸上去的，而是被大气压推上去的。如果要阻止空气推动饮料表面，可以使用魔术瓶，将一根吸管插入气密软木塞，直至达瓶内，无论你怎么吸，都不会吸到饮料。

图 13-8　用吸管喝水

如果你能理解这些观点，就可以理解为什么在正常大气压下，水可以被真空泵提升到10.3米的极限高度。老式的农场泵如图13-9所示，它通过在管道中形成部分真空来发挥作用，农场泵的管道向下延伸到地下水中。当手柄被压下时，管道中的空气会随着膨胀而"变薄"，以填充更大的体积。地下水表面的大气压由此将水向上推到管道中，也就是管道内的减压区域，水便会在喷口处溢出。

图13-9　老式的农场泵

注：大气压将水向上推到管道中，通过泵的作用，管道中的空气被部分排出。

测量大气压的小型便携式仪器是无液气压计。图13-10中所示的经典模型使用了一个能部分排气的金属盒，这个金属盒有一个略带弹性的盖子，可以随着大气压的变化而向内或向外弯曲。盖子连接着机械弹簧和杠杆系统，当受到大气压的作用时，盖子的弯曲变形便能通过杠杆系统传递给指针，使指针发生偏转，在刻度上指示读数。由于大气压随着海拔的升高而降低高度，因此气压计可以用来测定海拔高度。根据高度校准的无液气压计称为高度计（高度尺）。有些高度计足够灵敏，可以指示小于1米的海拔变化。

图13-10　无液气压计及其横截面

Q2　汽车轮胎里藏着什么气体定律？

驾驶人在开车前，经常需要先观察轮胎的情况，定时检测胎压是否正常，以确保汽车安全行驶。但你知道吗？汽车轮胎内部的大气压强明显高于外部的大气压强，这是因为轮胎内的空气被压缩了。为了确保轮胎内的压强高于外部大气压强，驾驶人需要给轮胎充气，使气体在轮胎内被压缩。这样可以使轮胎保持足够的弹性，以承受汽车的重力和路面冲击，保证汽车行驶的平稳性和安全性。

　　维修站的轮胎压强表不能测量绝对气压。轮胎漏气时，虽然压强表上的压强显示为 0，但实际上轮胎里仍有约为 1 个标准大气压的压强。压强表显示的是"表压"，而"表压"大于大气压强。

由于受到了压缩，因此轮胎内部空气的密度大于外部空气的密度。为了理解压强和密度之间的关系，我们可以将轮胎内空气分子（主要是氮和氧）的行为想象成一个个小乒乓球，它们不断地乱动，相互碰撞，撞击内壁，这种冲击产生了一种紧张的力量，以我们并不灵敏的感官看来，这种力量似乎是一种稳定的推动力。单位面积上的平均推动力提供了封闭空气的压强。

假设体积相同，分子数量增加一倍（见图 13-11），那么空气密度将翻倍。如果分子以相同的平均速度移动，或者等效地移动，且它们具有相同的温度，那么其碰撞次数将翻倍。这意味着压强翻倍，所以压强和密度成正比。

图 13-11　充气的轮胎

注：当轮胎中的气体密度增加时，压强也随之增加。

我们还可以通过将空气压缩到其体积的 1/2 来使空气密度翻倍。请看一下图 13-12 中带有可移动活塞的气缸，如果向下推动活塞，使气体体积减小为原始体积的 1/2，则分子密度翻倍，压强也相应翻倍；将体积减小为其原始值的 1/3，压强则为原始压强的 3 倍，以此类推（前提是温度保持不变，分子数量保持不变）。

图 13-12　气体体积减小伴随着密度和压强增加

注意，在这个涉及活塞的例子中，压强和体积成反比。我们可以将这个关系写为：

$$P \sim 1/V$$

其中，P 代表压强，V 代表体积。我们也可以将这种关系写成：

$$PV = 恒量$$

另一种表达方式是：

$$P_1 V_1 = P_2 V_2$$

其中，P_1 和 V_1 分别表示原始压强和体积，P_2 和 V_2 表示推动活塞后的压强和体积。

这种压强和体积之间的关系被称为玻意耳定律[①]：

当温度不变时，一定质量的气体的体积同它的压强成反比。也就是说，温度不变时，一定质量的气体的体积与压强的乘积是一恒量。

> **趣味问答**
>
> **如果潜水者在 10.3 米深处呼吸压缩空气后，在返回水面时屏住呼吸，会发生什么？**
>
> 大气压强可以支撑 10.3 米高的水柱，因此水的压力仅因其重量就等于 10.3 米深处的大气压力。如果我们考虑到水面的大气压力，这个深度的总压力是大气压力的两倍。如果水肺潜水员在浮出水面时屏住呼吸，其肺部就会膨胀到正常尺寸的两倍，这样可能是致命的。水肺潜水的第一课是在上升时不要屏住呼吸。

[①] 玻意耳定律（Boyle's law），有时又称玻意耳 - 马里奥特定律（Boyle-Mariotte law），由玻意耳和马里奥特在互不知情的情况下先后发现。

玻意耳定律适用于理想气体。理想气体是指分子之间的力和单个分子有限尺寸的干扰效应可以忽略的气体。标准大气压下的空气和其他气体接近理想气体。

Q3 气球在空气中上升要具备什么条件?

螃蟹生活在海洋的底部，当它向上看时，能看到漂浮在它上方的水母。同样，我们生活在"空气海洋"的底部，并且向上能看到飘浮在我们上方的气球。气球悬浮在空气中，水母悬浮在水中，原因是相同的：它们都受到一个与其自身重力相等的能排出流体的向上作用。只不过，前者排出的流体是空气，后者排出的是水。如前文所述，水中的物体向上浮起，是因为向上作用于物体底部的压强超过向下作用于其顶部的压强。同样，向上作用于物体的大气压强大于向下推动它的大气压强，因此，气球向上飘浮（见图 13-13）。在这两种情况下，浮力在数值上都等于排出的流体的重力。这也代表着阿基米德原理适用于空气，就像它适用于水一样：一个被空气包围的物体所受的浮力等于被排出的空气所受的重力。部分充气与完全充气的气球，如图 13-14 所示。

图 13-13　飘浮的气球

注：所有物体都受到一个与它们所排出的空气所受的重力相等的浮力的作用。请思考，为什么不是所有的物体都像这个气球一样飘浮着。

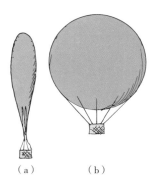

（a）　　　（b）

图 13-14　部分充气与完全充气的气球

注：图（a），在地面上的部分充气的气球。图（b），同一个气球在周围气压较低的高空被完全充气。

我们知道，在标准大气压和标准室温下，1 立方米空气的质量约为 1.2 千克，重力约为 12 牛。因此，空气中任何 1 立方米的物体都会以 12 牛的重力浮起。如果 1 立方米物体的质量大于 1.2 千克（因此其重力大于 12 牛），则它在被释放后会落到地面。如果 1 立方米物体的质量小于 1.2 千克，它就会在空气中上升。任何质量小于等体积空气质量的物体都会在空气中上升。另一种说法是，任何密度小于空气密度的物体都会在空气中上升。在空气中升起的充气气球的密度比空气密度小。

如果一个气球被完全抽成真空，它将获得最大的浮力，但这并不现实。一个抽成真空的气球要保持不塌陷，所需的结构重力将完全抵消额外浮力的优势。因此，气球通常被填充比空气密度小的气体，这样可以在不塌陷的同时保持轻盈。在运动气球（用于体育运动和娱乐活动的小型热气球）中，填充的气体就是加热过的空气。那些能飞到特别高的高度或能长时间保持飞行的气球中通常填充氦气。氦气的密度足够小，使得氦气、气球以及气球上物体的总质量小于它们所排开的空气质量。

在气球中使用低密度气体，与在游泳者救生衣中使用软木或聚苯乙烯泡沫的原因相同。软木或聚苯乙烯泡沫本身并没有被拉向水面的倾向，同样，低密度气体本身也没有上升的倾向。它们之所以能向上浮起，仅仅是因为它们足够轻，使浮力变得显著。换句话说，无论是软木、聚苯乙烯泡沫还是气球中的气体，它们之所以能浮在水面或空气中，是因为它们的密度小于周围介质（水或空气）的密度。这种密度差产生了浮力，使物体能够被向上推。

与水不同，大气没有可定义的"表面"，没有所谓的"顶部"。此外，与水不同，大气随着海拔高度的增加而变得越来越稀薄。软木可以浮到水面，但充满氦气的气球不会上升到任何大气层的"表面"。气球会升到多高呢？我们可以用几种方式来给出答案。

充满气体的气球只有在自身质量小于它排开的空气质量时才会上升。因为空气随着海拔的升高变得越来越稀薄，所以随着气球的上升，排开的给定体积空气的质量会减小。由于大多数气球在上升过程中会膨胀，它们的浮力在它们不能再膨胀之前会保持相对恒定。当排开的空气质量等于气球的总质量时，气球的上升运动就会停止。我们也可以这样表述：当气球上的浮力等于它的重力时，气球就会停止上升。换句话说，当气球（包括它的载荷）的密度等于周围空气的密度时，气球就会停止上升。

充满氦气的玩具气球被释放到空气中后通常会破裂，因为气球中的氦气会发生膨胀从而拉伸橡胶直到破裂。大型飞艇被设计成在装载时能在空中缓慢上升，也就是说，飞艇的总质量略小于它们所排开的空气的质量。船只可以通过水平鳍状的升降舵在水中实现升降。

到目前为止，我们只讨论了压力在静止流体中的适用性，而物体的运动会产生额外的影响。

Q4 飞驰而过的大车为什么会产生吸力？

在工业中，钢材是硬度、强度极高的材料，因此广泛应用于各个领域，但坚硬的钢材却能被看起来柔软的水切割。当水变为高速水流时，会迸发出极强的力量，将钢材轻松切割成人们需要的形状。

要理解产生上述情况的原因，让我们再来看一组现象。火车站或地铁站的站台上，通常有一条黄色安全线。如果列车疾驰而来，而旅客靠列车过近，他就会感觉身后有一股较大的压力，这股力足以将他推向列车，从而造成事故。所以，人们需要站在站台的安全线外以确保自身安全。经常在高速上行驶的小汽车驾驶人也会遇到类似的情况，假若车旁有一辆疾驰的大货车，驾驶人就会感觉有一股力将小汽车推向大货车，因此当你在驾车时，遇到大货车时要格外注意安全。

让我们进一步观察管道中的连续水流。因为水不会"挤在一起",所以无论管道变宽或变窄,流过管道任何部分的水量都相同。当连续流动的流体从管道的较宽部分流向较窄部分时,其流速会加快,而当流体从较窄部分流向较宽部分时,流速会减慢。这一现象在一条宽阔、缓慢流动的河流中很明显(见图 13-15),当河水流经地势深度不变,但变狭窄的峡谷时,水流速度会更加急促。当你挤压软管末端使水流变窄时,很明显,水流速度会加快。与之类似的是,当我们在爬山或郊游途中,从宽阔的空间走进峡谷时,会感觉到先前的微风瞬间变成疾风。

图 13-15　连续的水流

注:由于水流是连续的,因此当水流通过小溪的狭窄和(或)浅的部分时,水流会加快。

这种流体流经不同截面的通道时速度随横截面的变化而变化的关系,被称为连续性原理。为了使流动在受限区域内保持连续,当从较宽区域移动到较窄区域时,流动速度会加快。

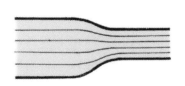

图 13-16　水流入较窄的管道

注:此时水流速度加快,相互靠近的流线表示速度变快,内部压强减小。

流体在稳定流中的运动遵循假想流线,如图 13-16 和随后的其他图中的细线所示。流线是流体颗粒的平滑路径。在流动速度更大的较窄区域,流线更拥挤。当烟雾或其他可见流体通过均匀间隔的开口时(如在风洞中),流线是可见的。

在管道较宽的部分,流动较慢的水的内部压强较大,这可以通过产生了更多被压缩的气泡来证明。气泡在狭窄部分中的体积会更大,因为那里的内部压强更小。

18 世纪的瑞士科学家伯努利研究了管道中的流体流动问题。他的研究成果现在被称为伯努利原理：当流体速度变快时，流体中的内部压强减小。

反之亦然：当流体速度变慢时，内部压强增大。伯努利原理适用于沿恒定密度流体流线的平稳稳定流动（形式层流）。然而，当速度超过某一临界点时，水流可能会变得混乱（形式湍流），并遵循被称为涡流的不断变化的卷曲路径，这会对流体施加摩擦力，并耗散其部分能量。此时伯努利原理不再适用。

当流体流线更拥挤时，流速更大，流体内的压强更小。内部压强的变化在含有气泡的水中很明显（见图 13-17）。气泡的体积取决于其周围的水压。当水流加速时，压强降低，气泡变大。在流速减慢的水中，压强增加，气泡受到挤压，体积会减小。

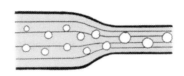

图 13-17　含有气泡的水中的压强变化

流体速度的提升伴随着压强的减小——这一现象乍一看可能有些难以理解。我们需要明确区分流体内部的压强与流体对阻碍其流动的物体所施加的压强。在流动的水中，内部压强与它在撞击途中遇到的任何物体时所能施加的外部压强，是两种截然不同的压强。当流动的水（或其他物体）的动量突然减少时，它所能施加的冲量可能是巨大的。一个生动的例子是在工业机械车间中，使用高速水流来切割混凝土、花岗岩和钢材。这些水的内部压强实际上非常小，但是当水流冲击到这些阻碍其流动的固体材料时，所施加的外部压强却是巨大的。

伯努利原理的应用

任何坐过敞篷帆布车的人都会注意到，随着汽车的移动，车顶会向上鼓起。这是伯努利原理在发挥作用！汽车移动时，其上方和周围的空气速度增加，外部施加在敞篷帆布车顶处的压强低于汽车内部的静态大气压强。结果是帆布受到向上的净力。

　　想象一下风吹过尖顶屋顶。正如液体进入收缩的管道时速度会加快一样，风在向上流动并越过屋顶时的速度也会加快。图 13-18 中流线变得拥挤，表明风速在增加。流线上的压强在它们彼此靠近的地方减小。屋顶内的压强较大，甚至可以将屋顶掀开。在发生严重风暴期间，屋顶被风吹起来时，外部压强和内部压强的差异其实不需要很大。

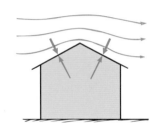

图 13-18　屋顶上方的大气压强低于屋顶下方的大气压强

　　如果我们把被吹飞的屋顶想象成飞机机翼，就能更好地理解支撑重型飞机的升力（见图 13-19）。在这两种情况下，上方压强降低，下方压强更大的区域会将屋顶或机翼向上推。重要的是，对于汽车的帆布车顶、屋顶和机翼，空气施加的力与气流的大致方向是横切的，这与前文提到的水射流效应不同。

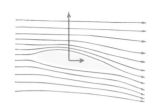

图 13-19　飞机机翼在飞行中的压强变化

注：垂直矢量表示机翼下方的大气压强高于机翼上方的大气压强而产生的净向上力（升力）；水平矢量表示空气阻力。

　　我们都知道，棒球投手可以在球接近本垒板时让球旋转，使其路线向一侧弯曲。同样，网球运动员可以通过击球使球的路线弯曲。一层薄薄的空气在旋转的球周围被摩擦力拖动，并且棒球的线或网球的绒毛增强了这种摩擦力，投手因此借助伯努利原理增加了对手接球的难度。[①]

　　移动的空气层在一侧产生使流线变得拥挤（见图 13-20）。注意，在图 13-20（b）中，对于所示的旋转方向，流线在 B 处比在 A 处更拥挤。A 处的大气压强更大，棒球的弯曲路径如蓝色箭头所示。最近的研究表明，许多昆虫通过类似的动作来增加升力。有趣的是，大多数昆虫不会上下拍打翅膀，而是向前和向后拍打，并倾斜翅膀以形成仰角。在拍打之间，昆虫的翅膀做半圆形运动以产生升力。

① 如果想进一步研究球路径的弯曲原理，可以考虑马格努斯效应，它涉及摩擦和黏度。

○ 趣味问答 ●

机翼如何帮助飞机起飞?

压强差只是理解机翼升力的一种方法。另一种方法是使用牛顿第三运动定律。首先,我们知道飞机的向前推进可以用作用力和反作用力来解释。喷气机或螺旋桨迫使空气后退,而在牛顿第三运动定律中,空气推动飞机前进。牛顿第三运动定律也解释了飞机受到的支撑作用。飞机的机翼以一个被称为迎角的角度与空气相遇。快速移动的空气碰到倾斜机翼的底面时,被迫向下移动(作用力)。然后,向下扫过的空气通过向上推动机翼(反作用力)做出反应。这意味着,如果飞机的机头相对气流向上倾斜,那么飞机可以上下颠倒飞行。无论是正向飞行还是倒着飞行,飞机机翼都会使空气向下偏转,而向下扫过的空气会通过向上推动机翼做出反应。我们称这样的合力为升力。

当机翼区域较大和飞机快速飞行时,升力会更大。相对滑翔机自身的质量,滑翔机的机翼面积非常大,因此滑翔机不必跑得很快就能获得足够的升力。高速飞行的战斗机的机翼面积与其质量相比很小,因此,战斗机必须以高速起飞和降落。

空气提升提供了一个很好的例子来提醒我们,解释自然行为的方式往往不止一种。为了亲身体验升力,你在坐车时,可以试着把手伸出窗外,想象它是一只翅膀。稍微向上倾斜,使空气向下流动。此时你会发现,你的手会上升!

球体周围的空气流动

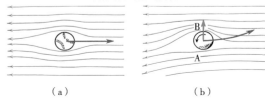

（a）　　　　　（b）

图 13-20　非旋转棒球两侧的流线是相同的

注:图(a),旋转的球会产生一边拥挤的流线。图(b),所产生的升力(红色箭头)会使球的路径弯曲,如蓝色箭头所示。

图 13-21 所示是一种常见的手动喷雾器,它利用了伯努利原理。当你推动柱塞时,空气从较宽的通道流向较窄的通道,并以低于正常大气压的压力从插入液体流的管道开口端流出。施加在液体上的大气压力将液体向上推到管道中,液体随后在管道口被气流带走。

图 13-21　手动喷雾器

伯努利原理解释了为什么行驶在高速公路上彼此相距较近的卡车会相互吸引，以及为什么相遇的船只会有侧面碰撞的风险。在船之间流动的水比流过船外侧的水流动得更快。流线在船之间比在外面更靠近，因此作用在船体上的水压在船之间减小。即使是船舶两侧相对较大表面积处压强的轻微减小，也能产生巨大的力。除非人为操纵船只来抵消这个力，否则船只外侧承受的更大压强会迫使船只相互靠近。图 13-22 展示了如何在厨房水槽或浴缸中演示这一现象。

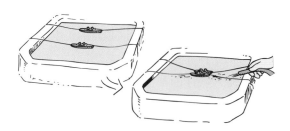

图 13-22　并排松散地停泊在水槽中的一对玩具船

注：在它们之间引导一股水流。船会相互靠近一起并相撞。为什么？

当你在浴室淋浴时，将水流开到最大，浴帘会向你摆动，在这个过程中，伯努利原理也起到了一点作用。淋浴间的压强随着流体的运动而稍微降低，帘外相对较大的压强将窗帘向内推动。就像复杂现实世界中的许多情况一样，这只是适用于此种情况的一个物理原理。更重要的是淋浴时空气的对流。无论如何，下次当你在洗澡，浴帘摆动到你的腿上时，想想丹尼尔·伯努利。

Q5 如何让荧光灯、霓虹灯中的气体发光？

除了固体、液体和气体外，还有第四种物质，即等离子体（不要与血液中的透明液体部分，即血浆混淆，二者英文名都是 plasma）。等离子体是我们日常环境中最不常见的物质，但它是整个宇宙中最普遍的物质阶段。太阳和其他恒星主要是由等离子体构成的。

等离子体是带电的气体。组成它的原子被电离，一个或多个电子被剥离，并有相应数量的自由电子。回想一下，一个中性原子核内的正质子数量和核外的负电子数量一样多。当这些电子中的一个或多个电子从原子上被剥离时，原子的正电荷比负电荷多，并成为正离子。（在某些条件下，原子可能有额外的电子，在这种情况下，它是一个负离子。）尽管电子和离子本身带电，但等离子体整体上是中性的，因为它仍有相同数量的正电荷和负电荷，就像在普通气体中一样。然而，等离子体和气体具有非常不同的性质，它们很容易传导电流，吸收可以不受阻碍地通过气体的某些辐射，并且可以通过电场和磁场来成形、塑造和移动。

太阳就是一个炽热的等离子体球。而地球上的等离子体是在实验室中通过将气体加热到非常高的温度而产生的，加热使气体的温度足够高以至于电子从原子中"沸腾"出来。等离子体也可以通过用高能粒子或辐射轰击原子而在较低温度下产生。

日常生活中的等离子体

如果你是借助荧光灯发出的光来阅读这篇文章的，那么你可以很容易地看到等离子体在起作用。发光管内是含有氩离子和汞离子（以及这些元素的许多中性原子）的等离子体。当你打开灯时，灯管两端电极之间的高电压会导致电子流动。这些电子使一些原子电离，形成等离子体，从而提供了保持电流流动的导电路径。电流激活了一些汞原子，导致它们发射辐射，且主要发生在不可见的紫外线区域。这种辐射使管内表面的荧光粉涂层发出可见光。

同样，广告牌上的霓虹灯中的气体是氖气，当其原子被电子轰击电离后就变成等离子体。氖原子在被电流激活后，主要发出红光。在图 13-23 中不同颜色的霓虹灯光，便对应由不同种类的原子组成制造的等离子体。例如，氩气发出蓝色的光，氦气发出粉色的光。用于街道照明的钠蒸气灯发出由发光等离子体激发的黄色光（见图 13-24）。更高效的 LED 照明现在正在取代等离子体发光照明。

北极光和南极光是高层大气中的发光等离子体。低温等离子体层环绕着整个地球。来自外层空间和辐射带的电子阵雨偶尔会进入地球两极附近的"磁窗"，撞击等离子体层并发出光。

图 13-23 广告牌中的气体在照明时变成等离子体

图 13-24 街道在被发光的等离子体照亮

等离子体电源

喷气发动机排出的废气是一种高温等离子体，也是一种弱电离等离子体。当向其中加入少量的钾盐或铯金属时，这种废气就会变成一种非常好的导体，当它被引入磁场时，它就能发电！这是磁流体动力学（MHD）动力，即等离子体和磁场之间的磁流体动力相互作用。目前一些地方正在使用低污染的 MHD 电力。展望未来，也许我们会看到更多的 MHD 等离子动力。

原子核的受控聚变是另一种利用等离子体能量的技术，它也是一项很有前景的技术。受控核聚变带来的好处可能是深远的。核聚变能不仅可以用于发电，而且可以为回收甚至合成元素提供能量和手段。

人类在掌握物质的前 3 个阶段（固、液、气）方面取得了长足的进步，对第 4 阶段（等离子体）的掌握可能会使我们更进一步。

○—● 趣味问答 ●—○

为什么调幅收音机能接收到很远的电台？

高频无线电波和电视电波穿过大气层进入太空。因此，你必须在广播或天线的"视线"内才能接收调频和电视信号。构成电离层的约 80 千米高的等离子体层反射的是较低频率的无线电波。这解释了可以用低频 AM 收音机接收远距离电台的原因。在夜晚，当等离子层更靠近并更具反射性时，你有时可以在调幅收音机上接收到很远的电台。

要点回顾
CONCEPTUAL PHYSICS >>>

- 大气压强是对浸入大气中的物体施加的压强。通过气压计，我们可以测量不同地区的大气压强。

- 玻意耳定律：当温度不变时，一定质量气体的体积同它的压强成反比。也就是说，温度不变时，一定质量气体的体积与压强的乘积是一恒量。如果将空气压缩到其体积的 1/2，空气密度会翻倍，压强也会相应翻倍。

- 阿基米德原理也适用于空气，就像适应于水一样：浸没在流体中的物体被浮力浮起，浮力等于被排开的流体所受的重力。

- 伯努利原理：当流体速度增加时，流体中的内部压强降低。

- 等离子体是含有离子和自由电子的带电气体。宇宙中的大部分物质都处于等离子相。荧光灯的发光原理便是发光管内是含有氩离子和汞离子（以及这些元素的许多中性原子）的等离子体。

未来，属于终身学习者

我们正在亲历前所未有的变革——互联网改变了信息传递的方式，指数级技术快速发展并颠覆商业世界，人工智能正在侵占越来越多的人类领地。

面对这些变化，我们需要问自己：未来需要什么样的人才？

答案是，成为终身学习者。终身学习意味着永不停歇地追求全面的知识结构、强大的逻辑思考能力和敏锐的感知力。这是一种能够在不断变化中随时重建、更新认知体系的能力。阅读，无疑是帮助我们提高这种能力的最佳途径。

在充满不确定性的时代，答案并不总是简单地出现在书本之中。"读万卷书"不仅要亲自阅读、广泛阅读，也需要我们深入探索好书的内部世界，让知识不再局限于书本之中。

湛庐阅读 App: 与最聪明的人共同进化

我们现在推出全新的湛庐阅读 App，它将成为您在书本之外，践行终身学习的场所。

- 不用考虑"读什么"。这里汇集了湛庐所有纸质书、电子书、有声书和各种阅读服务。
- 可以学习"怎么读"。我们提供包括课程、精读班和讲书在内的全方位阅读解决方案。
- 谁来领读？您能最先了解到作者、译者、专家等大咖的前沿洞见，他们是高质量思想的源泉。
- 与谁共读？您将加入优秀的读者和终身学习者的行列，他们对阅读和学习具有持久的热情和源源不断的动力。

在湛庐阅读 App 首页，编辑为您精选了经典书目和优质音视频内容，每天早、中、晚更新，满足您不间断的阅读需求。

【特别专题】【主题书单】【人物特写】等原创专栏，提供专业、深度的解读和选书参考，回应社会议题，是您了解湛庐近千位重要作者思想的独家渠道。

在每本图书的详情页，您将通过深度导读栏目【专家视点】【深度访谈】和【书评】读懂、读透一本好书。

通过这个不设限的学习平台，您在任何时间、任何地点都能获得有价值的思想，并通过阅读实现终身学习。我们邀您共建一个与最聪明的人共同进化的社区，使其成为先进思想交汇的聚集地，这正是我们的使命和价值所在。

CHEERS

湛庐阅读 App
使用指南

读什么
· 纸质书
· 电子书
· 有声书

怎么读
· 课程
· 精读班
· 讲书
· 测一测
· 参考文献
· 图片资料

与谁共读
· 主题书单
· 特别专题
· 人物特写
· 日更专栏
· 编辑推荐

谁来领读
· 专家视点
· 深度访谈
· 书评
· 精彩视频

HERE COMES EVERYBODY

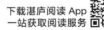

下载湛庐阅读 App
一站获取阅读服务

潜能 CHEERS

与最聪明的人共同进化

HERE COMES EVERYBODY

CHEERS
湛庐

Conceptual
Physics, 13e

光速声波
物理学

2

Paul G. Hewitt

[美]
保罗·休伊特
著

王岚 译

四川科学技术出版社

测一测

关于物理的奥秘，你了解多少？

扫码加入书架
领取阅读激励

扫码获取
全部测试题及答案，
一起了解妙趣横生的
物理学规则

- 在海拔 4 500 米的山上，登山者小口喝一杯刚刚沸腾的茶是否会被烫伤？（ ）

  A. 是

  B. 否

- 一架速度为 1 500 千米 / 时的喷气式飞机从头顶飞过。产生的声爆会被谁听到？（单选题）

  A. 地面上的听众

  B. 喷气式飞机驾驶员

  C. 这两者

  D. 这两者都没有

- 温度有上限和下限吗？（单选题）

  A. 有上限，有下限

  B. 有上限，无下限

  C. 无上限，有下限

  D. 无上限，无下限

扫描左侧二维码查看本书更多测试题

致我的一切——
我的妻子莉莲

第一部分　热

第二部分　声

CONCEPTUAL
PHYSICS

第一部分

CONCEPTUAL
PHYSICS

01

温度是如何产生的

妙趣横生的物理学课堂

- 我们为何能感知不同的温度?

- 物质本身含有热量吗?

- 为什么热汤比烤面包凉得慢?

- 为什么自行车的车胎在夏天打气时不宜打太足?

　　1753 年，拉姆福德（Rumford）出生于美国马萨诸塞州沃伯恩，他最初的名字是本杰明·汤普森（Benjamin Thompson）。13 岁时，他在机械设备方面展现出非凡的技能，并且对语言和语法的掌握也炉火纯青。

　　1776 年，拉姆福德因从事间谍活动而面临被逮捕，随后他抛弃了妻子和女儿，在英军撤离期间前往波士顿，并搭上了一艘开往英国的轮船。

　　到了英国，拉姆福德的科学事业蒸蒸日上。他的火药实验非常成功，并在26 岁时被选入英国皇家学会。之后，他前往巴伐利亚，并被巴伐利亚王子封为伯爵，负责制造大炮。大炮制造的第一步是在铸造厂铸造一个大型金属圆柱体，然后在车床上转动圆柱体，最后将固定钻头向下推进铸件来钻孔。

　　拉姆福德使用的车床是由马力驱动的，这在当时很常见。拉姆福德感到困惑的是，这个过程中会产生大量热量。当时人们定义的热，是一种叫作"热质"的假想流体①，这不符合拉姆福德彼时所见。当拉姆福德使用钝钻时，产生的热量会更多。只要马持续工作，就会产生越来越多的热量。热源不是金属中的东西，

---

① 热质说是种错误和受局限的科学理论，曾用来解释热的物理现象。该理论认为热是一种被称为"热质"的物质，热质是一种无质量的气体，物体吸收热质后温度会升高，热质会由温度高的物体流到温度低的物体，也可以穿过固体或液体的孔隙。热质说可以解释一些热的现象，但无法解释一些只要持续做功就可以持续产生热的现象（如摩擦生热）。

而是马的运动。这一发现早于摩擦被视为一种力，也早于能量及其守恒概念被理解。拉姆福德的认真测量与仔细观察使他相信之前的热质理论是错误的。

温度、热量……它们不仅是物体冷热的量度，也是热传递的量度，它们之间的关系错综复杂，影响着我们的生活和自然界的一切现象。通过本章内容，我们将学习温度和热量的含义以及它们之间的关系。

Q1 我们为何能感知不同的温度？

当我们触摸冰块时会感觉寒冷，靠近火源时会明显感到温暖，我们时刻都在感受着温度。为什么会存在不同的温度呢？

图 1–1　用手指感知温度

注：我们能相信自己的热感吗？当我们同时从冷水和热水中取出手指放在温水中时，两个手指感觉到的温度是否相同？

所有固体、液体、气体和等离子体都是由不断运动的原子或分子组成的。由于这种随机运动，物质中的原子和分子具有动能。单个粒子的平均动能产生了一种我们能够感知到的效果——热感（见图 1-1）。用来表示物体相对于某个标准的热感程度的量称为温度。

温度与物质中原子或分子的随机运动有关。（为了简洁起见，在本章中，我们将简单地使用"分子"一词，指代原子和分子。）更具体地说，温度是物质中随机分子运动（将分子从一个地方运送到另一个地方的运动）的平均平移动能的量度，如图 1-2 所

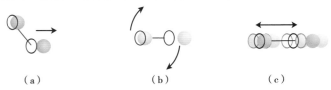

（a）　　　　　（b）　　　　　（c）

图 1–2　物质中粒子的运动

注：物质中的粒子以不同的方式运动，它们从一个地方移动到另一个地方，平移运动（a），旋转运动（b），来回振动（c）。所有这些运动模式加上势能，都有助于增加物质的总能量，然而，温度是由平移运动定义的。

示。分子虽然也可以旋转或振动，具有相关的旋转或振动动能，但这些运动不是平移的，因此不定义温度。

平移动能对旋转动能和振动动能的影响在用微波炉加热食物的过程中得到了明显的证明。微波会导致食物中的某些分子（主要是水分子）来回翻转并以相当大的旋转动能振荡。但振荡分子不会烹饪食物，真正提高温度并迅速烹饪食物的是振荡分子传递给相邻分子的平移动能。这些分子被振荡的水分子反弹。（为了描述这一点，可以想象一堆弹珠在遇到风扇旋转的叶片后朝各个方向飞行的画面。）如果相邻的分子不与振荡的水分子相互作用，则食物的温度将与微波炉开启之前没有什么不同。不同温度的水拥有不同的分子动能（见图1-3）。

图1-3 不同温度的水

注：装满温水的容器比装满高温水的小杯拥有更多的分子动能。

测量温度

第一个用于测量温度的"热计"——温度计，是由伽利略于1593年发明的。我们熟悉的温度计是一根内含液体的玻璃棒，液体随着温度的变化而升高或降低。它由加布里埃尔·丹尼尔·华伦海特（Gabriel Daniel Fahrenheit）在18世纪初发明，并迅速得到广泛应用。华伦海特为他的温度计设计了一个数字刻度，并将其标注在温度计上。近300年来，温度计中常用的液体是汞，但由于汞有毒性，现已逐渐被淘汰。我们通过数字来表达物质的温度，该数字对应于某个选定刻度上的温度。

几乎所有材料在温度升高时都会膨胀，而在温度降低时会收缩。大多数温度计通过测量液体（通常是汞或染色酒精）在玻璃管中的膨胀或收缩程度来测量温度。

在最广泛使用的温标——国际温标（摄氏温标）中，数字0表示水的冰点，数字 100 则表示水的沸点（在海平面大气压下）。两者之间的间隔被划分为 100 个相等的部分，称为"度"。为了纪念最先提出这一刻度的瑞典天文学家安德斯·摄尔西斯（Andreas Celsius），现在这种温度计被称为摄氏温度计（Celsius thermometer）。

科学家们更偏爱使用热力学温标（旧称开尔文温标），该温标由英国物理学家威廉·汤姆孙（第一代开尔文勋爵）创立。这个温标并不是以水的冰点和沸点为基准，而是以能量本身为基准。数字 0 表示最低温度，即绝对零度，在此温度下，物质已经完全没有任何可以释放的动能。绝对零度对应摄氏温标下的 −273 ℃。热力学温标的单位量度与摄氏温标的量度相同，因此水的冰点为 273 开尔文。热力学温标没有负数。

有趣的是，温度计真正显示的是它自己的温度。当玻璃温度计与被测物体接触时，能量将在两者之间流动，直到它们的温度相等，并建立热平衡。如果我们知道温度计的温度，那么我们也就能够知道被测物体的温度。温度计应该足够小，以使它不会明显改变被测物体的温度。如果是测量一个房间的空气温度，那么温度计就显得足够小了。但如果是测量一滴水的温度，水滴和温度计之间的接触可能会改变水滴的温度，这是测量过程改变被测物体性质的典型例子。现代温度计绕开通过玻璃管中液体的膨胀来指示温度的方式，利用物体发出的红外辐射来测量温度，也就是现在流行的红外温度计。

Q2 物质本身含有热量吗？

如果你触摸一个热炉子，能量会进入你的手中，因为炉子比你的手温度更高。然而，当你触摸一块冰时，能量会从你的手转移到更冷的冰上。自发能量传递的方向总是从温度较高的物体到温度较低的物体。这在冬天尤为明显，因为我们都愿意在天冷的时候触摸热的东西来获取温暖。

如图 1-4 所示，燃烧的烟花虽然温度很高，但内部能量很小。

如图 1-5 所示，向两个容器中注入相同的热量时，水量较少的容器中水的温度升高得更多。

图 1-4　燃烧的烟花

注：火花的温度非常高，约为 2 000 ℃，这是火花分子平均而言的温度。然而，由于每个火花所包含的分子很少，所以其内部能量很小。温度是一回事，能量的传递是另一回事。

图 1-5　热炉上容器的温度变化

注：尽管向两个容器中注入了相同的热量，但水量较少的容器中水的温度上升得更多。

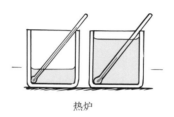

热炉

由于物体之间的温差而从一个物体传递到另一个物体的能量称为热量。

必须指出，物质不含热量。如前文所述，这是拉姆福德在他所做的炮孔实验中发现的。拉姆福德与随后的研究人员均发现，物质含有分子动能和可能的势能，而不是热量。热量是从温度较高的物体向温度较低的物体传递的能量。一旦转移，能量就不再是热量。（作为类比，功也是传输中的能量。物体不包含功，而是做功或被做功。热量和功都是"运动中的能量"，即能量从一种物质传递到另一种物质。两者都是以能量单位测量的，通常是焦耳。）在前面的章节中，我们将热流产生的能量称为热能，以明确它与热和温度的联系。在本章中，我们将使用科学家更喜欢的术语"内能"。

内能是物质内部所有能量的总和。除了物质中相互碰撞的分子的平移动能外，还有其他形式的能量，如分子的旋转动能和分子内原子内部运动产生的动能。物质不含热量，而是含有内能。

当物质吸收或释放热量时，物质的内能会增加或减少。在某些情况下，当冰融化时，增加的热量不会提高分子动能，而是转化为其他形式的能量。处于热接触中的两种物质，热量会从高温物质流向低温物质，但这种流动不一定是从具有更多内能的物质到具有更少内能的物质。一碗温水比一颗滚烫的图钉拥有更多的内部能量。如果将图钉浸入温水中，热量却会从滚烫的图钉流向温水，而不是反过来。热量不会从较低温度的物质流向较高温度的物质。如图 1-6 所示，温度计与周围环境会达到一个共同温度。

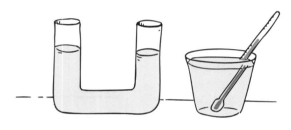

图 1-6　水平面与温度

注：正如 U 形管的两个臂中的水寻求一个共同的水平面（同一深度的同种液体压强都相同），温度计及其周围环境也会达到一个共同温度（在该温度下，两者的平均分子动能相同）。

热量传递的多少不仅取决于物质之间的温差，还取决于物质的质量。例如，相同温度的热水，一桶水比一杯水能够传递更多的热量给相同的较冷的物质。水的体积越大，其内能也越大。

测量热量

热量是由于温差而从一个物体传递到另一个物体的能量流。热量产生于传输过程中，以焦耳为单位进行测量。在美国，热量的常用单位是卡路里（cal）。1 卡路里是指将 1 克水的温度改变 1℃所需的热量。

对于健身、减肥的人群来说，卡路里并不陌生，他们会以此来规划每天摄入的食物种类和数量（见图 1-7）。

食品和燃料的能量等级是通过燃烧并测量它们释放的能量来确定的。（你的身体正以缓慢的速度"燃烧"食物）用于标示食品能量的热量单位实际上是千卡路里（kcal），即 1 000 卡路里（将 1 千克水的温度升高 1℃所需的热量）。为了与卡路里进行区分，千卡路里有时被称为大卡。卡路里和大卡都是能量单位。这些名称源于早期的一种观点，这种观点认为热量是一种被称为热质的无形流体。尽管拉姆福德的实验推翻了这一观点，但这种观念仍然持续到了 19 世纪。

图 1-7 土豆与胡萝卜的热量对比

注：1 克土豆提供的热量是 1 克胡萝卜的 2 倍多一点。

现在我们知道，热量是一种能量传递形式，而不是一种独立的物质，因此它不需要拥有独立的单位。将来，卡路里可能会被焦耳这一国际单位制的单位全面取代（卡路里与焦耳的关系是 1 卡路里 = 4.19 焦耳）。本书我们将用概念上更简单的卡路里来学习热量的相关知识。但在实验室中，你可能会等效地使用焦耳，即输入 4.19 焦耳的能量可以使 1 克水的温度升高 1℃。

Q3 为什么热汤比烤面包凉得慢？

你可能已经注意到，有些食物比其他温度更高，温度降低所需时间也会更长。如果你从烤面包机中取出一片烤面包，同时将热汤倒入一个空碗中，几分钟后，汤仍然温暖，而烤面包却已经变凉了。同样，如果你在吃一块烤牛肉和一勺土豆泥，尽管这两种食物最初的温度是一样的，但等你过段时间再吃时会发现，牛肉比土豆更凉。热苹果馅饼也是如此，即使外皮已经不烫了，你也不能立马去吃，因为它的馅料可能仍然很烫。

不同物质在储存内能方面有不同的能力。如果我们在炉子上加热一锅水，可能需要 15 分钟才能将其从室温加热到沸点。但如果我们在同样的火焰上加热相同质量的铁，则会发现升高相同温度所需的时间不到 1 分钟。

一定质量的不同材料将温度升高指定的度数需要不同的热量。这是因为不同材料吸收能量的方式不同。能量可能存在多种形式，包括分子旋转能和势能，这些形式的能量对温度的提升作用较小。除了氢气等特殊情况外，能量总是以不同程度分布在不同形式的运动中。

例如，将 1 克水的温度升高 1℃需要 1 卡路里的能量，而将 1 克铁的温度升高相同的度数则只需要大约 1/8 卡路里的能量。在相同的温度变化下，1 克水吸收的热量比 1 克铁多。所以我们说，水具有较高的比热容（有时简称为比热）。阳光入射到水中和陆地上时，地表热得更快（见图 1-8）。

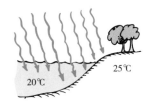

图 1-8　阳光入射到水中和陆地上

注：因为水的比热容很高，所以加热水比加热土地需要更多的能量，入射到陆地上的太阳能在地表集中，地表热得更快。

物质的比热容定义为将单位质量的物质温度升高 1℃所需的热量。

如果我们知道比热容 c，那么当质量为 m 的物质发生温度变化时所传递的热量 Q 的值等于比热容 × 质量 × 温度变化。方程式为：$Q = cm\Delta T$。

水的高比热容

除少数几种罕见材料外，水的储能能力比其他材料都高。由于水具有分子间作用力很强的氢键，相对少量的水就能吸收大量的热量，而温度上升较慢。因此，在汽车和其他发动机的冷却系统中，水是非常有用的冷却剂。如果在冷却系统中使用比热容较低的液体，当吸收相同的热量时，其温度也将升得更高。

水也需要很长时间才能冷却，这一事实解释了为什么在早期，人们会在寒冷的冬夜使用热水袋。

水的比热容较高这种特性改善了许多地区的气候。如果水的比热容不高，那么欧洲的气候将与加拿大东北部一样寒冷，因为欧洲和加拿大每平方公里接收到的阳光量大致相同。大西洋的海流——墨西哥湾流将温暖的水从加勒比海向东北方向带去。由于水的高比热容，这些水保持了大量的内能，足以在到达欧洲海岸附近的北大西洋时才开始冷却。水在冷却时每克每摄氏度释放约 1 卡路里的能量，这些能量转移到空气中，并通过西风带到欧洲大陆。

类似的效应也发生在美国。北美地区的风向以西风为主。在西海岸，空气从太平洋吹向陆地。由于水的高比热容，海洋的温度在夏冬之间变化不大。冬天时，海水比空气温暖，海水加热经过其上的空气，进而温暖北美的沿海地区。夏天时，海水比空气凉爽，空气经过海水时被冷却，从而使沿海地区降温。在东海岸，空气从陆地吹向大西洋。陆地的比热容较低，夏天时迅速升温，冬天时迅速降温。由于水的高比热容和风向的关系，位于相同纬度的西海岸城市旧金山在冬天比东海岸城市华盛顿特区更温暖，而在夏天则更凉爽。

被水包围的岛屿和半岛不像大陆内陆地区那样经历极端的温度变化。当夏季空气炎热时，水会使其降温；当冬季空气寒冷时，水会使其升温。水调节了温度的极端变化。

> ———○ 趣味问答 ○———
>
> **为什么海边的水与沙滩会有不同的温度？**
>
> 　　水有较高的比热容。在炎热的阳光下加热水需要更长的时间，而在寒冷的夜晚冷却水也需要更长的时间。沙子的比热容很低，这一点可以用早晨阳光下沙子表面升温的速度和夜晚降温的速度来证明。白天在灼热的沙滩上赤脚行走或跑步，与晚上在凉爽的沙滩上行走是截然不同的体验。

例如，美国的北达科他州的夏季高温和冬季低温很大程度上是因为缺少大型水体。欧洲人、岛民以及居住在海洋气流附近的人们应该庆幸水具有如此高的比热容。

Q4 为什么自行车的车胎在夏天打气时不宜打太足？

你是否在日常生活中遇到过这些情况：想要打开罐头，却发现非常困难，可在适当加热罐头后，便能轻松地打开了；夏天骑自行车时，如果车胎打了太足的气，骑车时车胎可能会爆裂；与寒冷的冬天相比，在炎热的夏天，电线会变得更长、更下垂。这些情况实际上就是我们经常说的热胀冷缩。

当物质的温度升高时，其分子或原子会以更快的速度振动，彼此之间的平均距离增大，结果是物质发生了膨胀。除了少数例外，所有形式的物质，无论是固体、液体、气体还是等离子体，在加热时都会膨胀，而在冷却时则会收缩。

在大多数涉及固体的情况下，这些体积变化并不太明显，但仔细观察通常还是可以察觉到变化。如果玻璃的一部分比相邻部分更快地加热或冷却，产生的膨胀或收缩可能会导致玻璃破裂，特别是当玻璃较厚时。

各种结构和设备都要考虑物质的膨胀。牙医使用的填充材料与牙齿的膨胀速率相同。一些汽车发动机的铝活塞直径比钢缸稍小，因为铝的膨胀率远大于钢。土木工程师使用与混凝土膨胀率相同的钢筋。长钢桥通常一端固定，另一端放置在摇杆上（见图 1-9）。旧金山的金门大桥在寒冷天气时会收缩超过 1 米，桥面由被称为伸缩缝的间隙分割（见图 1-10）。同样，混凝土道路和人行道中也有间隙，有时会填充沥青，以便混凝土在夏季自由膨胀，在冬季自由收缩。

图 1-9　长钢桥的一端

注：桥的一端是固定的，而另一端是可以移动的。图中所示的一端骑在摇杆上，能够为发生热膨胀留出空间。

图 1-10　伸缩缝

注：桥梁道路中的这种间隙被称为伸缩缝，它允许桥梁扩张和收缩。

过去，铁路轨道以 12 米为一段，通过接头条连接，并留有热胀冷缩的间隙。夏季时，轨道膨胀，间隙变窄；冬季时，间隙变宽，导致火车经过时会发出更明显的"咔嗒咔嗒"声。如今我们不会再听到这种声响，因为有人想出来一个好主意，通过焊接轨道来消除这些间隙。那夏季的高温会不会导致焊接的轨道弯曲呢，就像图 1-11 所示的那样？如果轨道是在夏季最热的日子铺设并焊接的，那就不会弯曲！在寒冷的冬季，轨道收缩会拉伸轨道，但这不会导致弯曲。拉伸的轨道是可以接受的。

图 1-11　夏季弯曲的铁轨

注：由于热膨胀的作用，夏日的酷热导致这些铁轨弯曲。

不同物质的膨胀速率不同。如图 1-12 所示，当两条不同金属（如黄铜和铁）被焊接或铆接在一起时，膨胀速率较大的金属会膨胀更多，导致条状物发生弯曲。这样的复合薄条称为双金属条。当双金属条被加热时，它的一侧比另一侧变得更长，导致金属条弯曲成弧形。当双金属条冷却时，它倾向于向相反方向弯曲，因为发生膨胀更多的金属也会收缩更多。双金属条的运动规律可用于指针的转动、阀门的调节或开关的闭合。因此，双金属条被广泛应用于烤箱温度计、电烤面包机以及多种设备中。

图 1-12　双金属条

注：黄铜受热时比铁膨胀更多，冷却时收缩更多，因此条带将如图所示弯曲。

应用不同膨胀率而制作的设备还有预电子恒温器（见图 1-13），它通过双金属线圈的来回弯曲，打开和关闭电路。当房间变得太冷时，线圈会向黄铜一侧弯曲，从而激活一个能够打开暖气的电气开关。当房间变得过热时，线圈会向铁一侧弯曲，从而启动一个关闭加热装置的电气开关。冰箱就配有恒温器，以防止温度过高或过低。

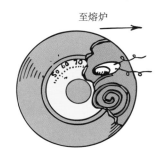

图 1-13　预电子恒温器

注：当双金属线圈膨胀时，液态汞滴会从电触点上滚出，并破坏电路；当线圈收缩时，汞滴在触点上滚动，从而完成电路。

液体随着温度的升高会明显膨胀，在大多数情况下，液体膨胀的程度大于固体。在炎热的天气里，汽油从汽车油箱中溢出就是证据。如果储罐及其内容物的膨胀速度相同，那么它们将一起膨胀，从而不会溢出。同样，如果温度计玻璃的膨胀速度和汞的膨胀速度一样大，那么汞也不会随着温度的升高而上升。温度计中的汞随温度升高而上升的原因是液态汞的膨胀速度大于玻璃的膨胀速度。

要修复一个凹陷的乒乓球，将其放入沸水中是一个很好的主意（见图 1-14）。因为加热会使乒乓球内的空气膨胀。当乒乓球在沸水中加热时，内部的空气温度升高，分子运动加快，导致气压增大。这种内部气压的增大会推动乒乓球的塑料壳，使其恢复到原来的圆形，修复凹陷的部分。

图 1-14　沸水中的乒乓球

注：把一个有凹痕的乒乓球放在沸水中，凹痕会被消除吗？为什么？

水的膨胀

水和大多数物质一样，加热时会膨胀。但有趣的是，水在 0 ～ 4℃的温度范围内不会膨胀。水在这个范围内会发生一些非常有趣的变化。冰是具有开放结构的晶体。这种开放结构中的水分子比液体中的水分子占据了更大的体积（见图 1-15）。这意味着冰的密度小于水。

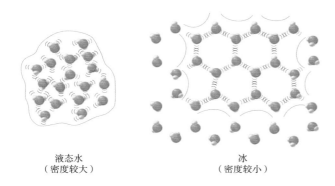

液态水　　　　　　　　　　　冰
（密度较大）　　　　　　　　（密度较小）

图 1-15　液态水与固态冰

注：液态水比固态冰更稠密，因为液体中的水分子比冻结在冰中的水分子更紧密，并且冰中的水分子具有开放的晶体结构。

当冰融化时，并不是所有开放结构的晶体都会坍塌。一些微小的晶体会残留在冰水混合物中，形成一种微小的雪泥，使水稍微"膨胀"，体积略微增加（见图 1-16）。这导致冰水的密度低于稍暖的水。随着水温从 0℃逐渐升高，更多的剩余冰晶坍塌。这些晶体的融化进一步减小了水的体积。水同时经历着膨胀和收缩这两个过程（见图 1-17）。随着温度升高，由于分子运动加快，水的体积趋于增加，而在 0℃和接近 0℃的温度下，随着冰晶在融化时坍塌，水的体积则会减小。在温度达到 4℃之前，塌陷效应占主导地位。之后，膨胀超过了收缩，因为大多数微观

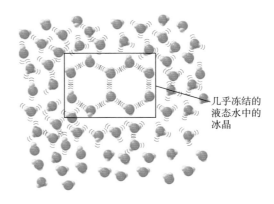

几乎冻结的液态水中的冰晶

图 1-16　水结冰形成冰晶

注：水结冰时形成的三维冰晶的开放结构形成了一种微小的雪泥，略微增加了水的体积。

冰晶在那时已经融化了（见图 1-18）。

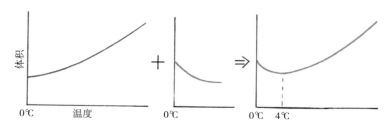

图 1-17　温度升高时水和冰体积的变化

注：蓝色曲线表示水随温度升高而正常膨胀；绿色曲线表示随着温度的升高，冰晶在冰水中融化时收缩；红色曲线显示了两个过程的汇总结果。

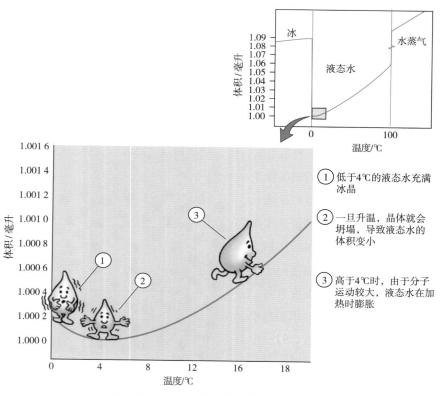

① 低于4℃的液态水充满冰晶

② 一旦升温，晶体就会坍塌，导致液态水的体积变小

③ 高于4℃时，由于分子运动较大，液态水在加热时膨胀

图 1-18　在 0℃ 和 4℃ 之间，液态水的体积变化

注：低于4℃时，水的体积随着温度的升高而减小；高于4℃时，水的行为与其他物质相同——它的体积随着温度的升高而增加。图中所示是体积为 1 克样品的情况。

当冰水结冰成为固态冰时，其体积增加近 10%，密度降低。这就是为什么冰会漂浮在水面上。与大多数其他物质一样，固态冰随着进一步冷却而收缩。水的这种行为在自然界中非常重要。如果水在 0℃ 时密度最大，这部分水就会沉淀到池塘底或湖底。然而，水在 0℃ 时的密度较低，并会在表面"漂浮"，而池塘底或湖底是密度更大且温度相对较高的水。如图 1-19 所示，滑冰场的冰面让我们再一次看到了为什么冰只在表面形成。

> ○─ 趣味问答 ● ─○
>
> **为什么下雪后用盐来融化雪?**
>
> 　　冬季在结冰的道路上散布的岩盐为何能帮助冰融化? 这是因为，水中的盐会分离成钠离子和氯离子，当它们与水分子结合时，会释放出能量，从而融化结冰表面的微小部分。汽车在盐覆盖的冰面上滚动带来的压力迫使盐进入冰中，加速了融化过程。岩盐和撒在爆米花上的盐之间的唯一区别是晶体的大小。

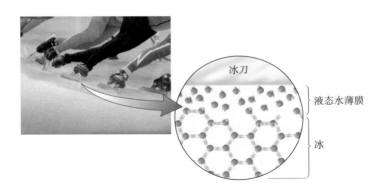

图 1-19　滑冰场的冰面

注：冰面很滑，因为它的晶体结构在表面不易维持。

　　池塘结冰时也是从表面向下逐渐结冰。在寒冷的冬天，冰会比在温和的冬天时更厚。冰覆盖的池塘底部的水温为 4℃，这对生活在那里的生物来说是相对温暖的。有趣的是，即使是在最寒冷的冬天，很深的池塘和湖泊通常也不会结冰。这是因为，所有的水必须在冷却到较低的温度之前先冷却到 4℃。对于深水区，冬季的严寒不足以将整个池塘的水降至 0℃。任何 4℃ 的水都位于底部。由于水的比热容高，导热能力差，寒冷地区深层水体的底部全年保持在恒定的 4℃（见图 1-20）。鱼群应该为此感到庆幸。我们也都应该庆幸冰的密度比液态水低，否则在冬季，所有的湖泊和池塘都会结冰！

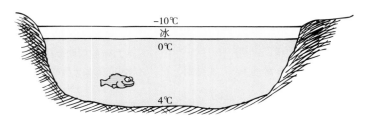

图 1-20   冰只在水体的表面形成

注：当湖泊表面冷却时，冷却后的水会下沉，直到整个湖泊的温度达到 4 ℃，只有这样，地表水才能冷却到 0 ℃而不会下沉。

○—— 趣味问答 ——●

极端条件下的生命是如何生存的？

一些沙漠，如西班牙平原的沙漠、非洲撒哈拉沙漠和中亚戈壁，其地表温度能够达到 60 ℃。这对生命来说太热了，但对于某些在这种灼热的温度下茁壮成长的蚂蚁来说，情况则并非如此。在这种极高的温度下，沙漠蚂蚁可以在没有许多天敌的情况下觅食。这些蚂蚁耐热，在沙漠中比绝大多数其他生物（微生物除外）都能承受更高的温度。它们身体上部银色外衣上的独特三角形毛发除了能够散热外，还能反射可见光和近红外光。它们在沙漠表面搜寻那些没有及时找到掩护的生物的尸体，尽可能少地接触滚烫的沙子，同时经常用 4 条腿冲刺，两条腿高举在空中。尽管它们的觅食路径在沙漠地面上蜿蜒曲折，但它们的返回路径几乎是通向巢穴的直线。它们的速度可达到 100 倍体长每秒。在平均 6 天的生命中，大多数蚂蚁能够获取质量为其体重 15 ～ 20 倍的食物。

从沙漠到冰川，总是有生物能找到在世界上环境条件最恶劣的地区生存的方法。一种蠕虫能够在北极的冰川中繁衍生息；南极冰上有一种昆虫，它们的体内充满防冻液，以防止自己变成冰冻的固体；一些生活在冰下的鱼也能做到这一点；还有一些细菌拥有耐热蛋白质，使得它们能够在沸腾的温泉中茁壮成长。

了解生物如何在极端温度下生存，可以为人类所面临的物理挑战提供实际解决方案的线索。

要点回顾
CONCEPTUAL PHYSICS >>>

- 温度是物质中每个分子的平均平移动能的量度。绝对零度代表物质可能具有的最低温度，即物质分子具有最小动能的温度。

- 热量是指从温度较高的物体向温度较低的物体所传递的能量，通常以卡路里或焦耳为单位。

- 内能是物质内部所有能量的总和，即动能加势能。

- 比热容是使单位质量的物质温度升高 1℃所需的热量。

- 当物质的温度升高时，其分子会以更快的速度振动，彼此之间的平均距离增大，结果是物质发生了膨胀。除了少数例外，所有形式的物质，无论是固体、液体、气体还是等离子体，在加热时都会膨胀，而在冷却时则会收缩。

CONCEPTUAL
PHYSICS

02

热是如何传递的

妙趣横生的物理学课堂

- 炊具的把手为什么通常是木制的？

- 为什么把手放在蜡烛火焰上方会感觉更热？

- 看得见星星的夜晚更冷吗？

- 为什么冷冻食品在温暖的房间里升温更快？

- 为什么车在暴晒后内部温度更高？

- 人类能多大程度地影响气候变化？

- 我们在阳光下为什么能感到温暖？

- 保温瓶是如何保温的？

要了解红外线的工作原理，我们需要从热传递开始进行探索。热传递每时每刻都在我们周围发生，因为我们周围事物的温度各异。人行道的温度与草坪的温度不同，人体的温度与屋顶的温度不同，你手心的温度与舌头的温度也不同。生命体从太阳接收能量以维持活力，也是因为太阳比地球热得多。如果热不发生传递，宇宙将是一个枯燥乏味的地方。

热的自发传递总是从温度较高的物体传递到温度较低的物体，这个过程通过3种方式实现：传导、对流和辐射。通过本章内容，你将学习热传递是如何通过传导、对流和辐射发生的。

Q1 炊具的把手为什么通常是木制的？

木材是一种很好的隔热材料（不良导体），所以常被用于制造炊具的把手。即使是正在烹饪的时候，你也可以徒手握住锅的木柄，快速地将锅从炉火上移开，而不会被烫伤。但握住正在烹饪的锅的金属手柄，你的手一定会被烫伤。即使是在高温下，木材也是一种很好的隔热材料，这也是表演者可以赤脚在滚烫的木柴上行走而不被烫伤的原因。（注意：不要亲自尝试。因为当条件不充分时，即使是有经验的表演者也会被严重烧伤。）

接下来，我们将进一步学习为什么材料的导热性能具有极大的差异。

试想在篝火上烤棉花糖。如果你用金属叉叉住棉花糖，同时等待棉花糖的外表面变脆，呈棕色，在这个过程中，叉子可能会因为过热而无法被握住。叉子在火焰中灼烧，热量进入叉子的末端，并沿着叉子一直传递到你的手上。这种传递热量的方式叫作传导。火焰使叉子受热端的原子振动得更快。这些原子与相邻的原子相互振动，而相邻的原子也同样如此。更重要的是，可以在整个金属中漂移的自由电子通过与材料中的原子和其他自由电子相互碰撞传递能量。

金属叉或其他任何固体的导热能力都取决于其原子或分子结构内的键合程度。由具有一个或多个"松散"外部电子的原子组成的固体可以很好地传导热（和电）。金属具有"最松散"的外部电子结构，这些电子可以通过金属内部的碰撞自由地传递能量。这就是为什么金属是热和电的良导体。在常见的金属中，银是最好的导体，其次是铜和金，铝紧随其后，铁再次之。大多数液体和气体都是热的不良导体。阻碍热量传递的不良导体被称为隔热材料。羊毛、木材、稻草、纸张、软木和聚苯乙烯泡沫塑料都是良好的隔热材料。与金属中的电子不同，这些隔热材料的原子中的外部电子是被牢固键合的。

空气不易传导热量，正如前文所述，这就是将手短暂地伸进热烤箱中而不会被烫伤的原因。羊毛、毛皮和羽毛等材料具有良好的隔热性质，这在很大程度上归功于其内部所包含的空气空间。其他多孔物质，如玻璃纤维，由于具有许多小的空气空间，同样是良好的隔热材料。空气不易传导热量，你应该为此感到庆幸，如果不是这样，在20℃的天气里，你可能也会感到相当寒冷！当你触摸冻结在冰中的钉子时（见图2-1），当你踩在地板上时（见图2-2），就发生了热传导。

图 2-1　触摸冻结在冰中的钉子

注：当你触摸冻结在冰中的钉子时，是冷意从钉子上流到你的手中，还是热量从你的手中传递到钉子上？

雪与干燥的木材差不多，不易传导热量（一种良好的隔热材料）。

因此，在冬天，一层雪就可以使地面保持温暖。雪花是由晶体组成的，这些晶体是聚集成羽毛状的块状物，能够束缚空气，从而阻碍热量从地表逸出。

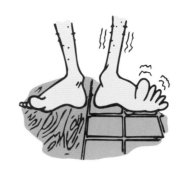

图 2-2　踩在瓷砖地板与木地板上

注：瓷砖地板感觉上比木地板更凉——即使两种地板材料的温度相同，这是因为，瓷砖比木材更易传导热量，因此当你踩在瓷砖地板上时，热量更容易从脚上传导出去。

传统的北极冬季住宅，如冰屋，被雪完全覆盖，从而可以抵御寒冷。森林里的动物会选择在雪堆和雪洞里避寒。雪不能提供温暖，它只是减缓了动物所产生的热量的散失速度。如图 2-3 所示，屋顶上的雪展示了传导和隔热区域。

图 2-3　屋顶上的雪

注：屋顶上雪的图案展示了传导和隔热区域，其中裸露的区域显示了从房屋内部散发的热量通过屋顶并融化了雪。

热量会从较高温度的物体传递到较低温度的物体。我们经常听到人们说，他们希望把寒冷拒之门外。换句话说，他们想防止热量逸出，不让"冷"流入温暖的家中（除非冷风吹进来）。由于热量流出，家里因此变得更冷。住宅建筑会使用隔热岩棉板来防止热量散失，而不是防止寒冷进入。需要注意的是，任何隔热材料都不能完全防止热量散失。隔热材料只能降低热量渗透的速度，因此在冬天，即使是隔热最好的温暖房屋，其内部也会逐渐变冷。隔热层只是减缓了热传递的速度。

Q2　为什么把手放在蜡烛火焰上方会感觉更热?

　　将手指放在蜡烛火焰旁，此时你并不会被烧伤，但不能把手放在火焰上方。这是为什么呢? 答案与空气对流有关。热空气通过空气对流向上流动，所以很少有热量从侧面传递给手指。

液体和气体主要通过对流传递热量，这是由流体本身的实际运动而产生的热传递。与传导（电子和原子通过连续碰撞传递热量）不同，对流涉及物质"团块"的运动，即流体分子的整体运动。对流可以发生在所有流体中，无论是液体还是气体。无论我们是在房间中加热空气，还是在平底锅中加热水，对流过程都是一样的（见图 2-4）。

（a）

（b）

图 2-4　对流

注: 图（a），空气中的对流; 图（b），液体中的对流。

当从下方加热流体时，流体底部的分子开始移动得更快，分散得更多，密度逐渐变小，并向上漂浮。然后，稠密、较冷的流体从上而下涌入，取代底部较热的流体。通过这种方式，对流使流体在加热时保持搅动，此时，较热的流体远离热源，较冷的流体流向热源。

　　气体的对流发生在大气中，并影响着空气温度。当地面附近的一块空气被加热时，它会膨胀，变得不那么稠密，并向上漂浮。因此，暖空气上升。然后，上升的空气在进一步膨胀时被冷却，并对在较高海拔遇到的低压空气做功。因此，空气最初从太阳辐射中获得的能量，在向上膨胀的过程中，会被做功损失的能量所抵消。结果是，较高海拔地区的气温较低（被称为逆温的特殊情况除外）。

　　现在让我们进行以下实验。

如图2-5所示，张大嘴向手中呼气，你会发现，手能感觉到呼出气体的温暖。现在重复这个动作，但这一次你要撅起嘴唇，减少嘴巴张开的角度，这样呼出的气体就会随着离开口腔而膨胀。注意，此时你会感觉到呼出的气体明显凉爽，这是因为膨胀的空气冷却了。这与压缩空气时的情况相反。如果你用过轮胎打气泵，可能会注意到空气和泵都会变热，打气的过程就是在压缩空气。

我们可以通过将空气分子视为相互反弹的微小乒乓球来理解膨胀空气冷却的原因。当一个球被另一个速度更快的袭来的球击中时，前者的反弹速度会变快。但当一个球与相对它向后退的球碰撞时，前者的反弹速度会减缓（见图2-6）。同样，对于向球拍飞来的网球，当网球击中一个向它挥来的球拍时，它的速度会加快，但当网球击中后退的球拍时则会失去部分速度。同样的想法也适用于正在膨胀的空气区域：平均而言，分子与后退的分子碰撞的次数多于与接近的分子碰撞的次数（见图2-7）。因此，在膨胀的空气中，分子的平均速度降低，空气冷却。[①]

---

① 在这种情况下，能量流向何处？我们将在后续章节看到，当膨胀的空气向外推动时，它会对周围空气做功。

图2-5 张开嘴向手上呼出空气

注：减小嘴巴张开的角度，此时空气在你吹气时会膨胀，你注意到气温会发生变化吗？

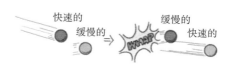

图2-6 分子碰撞

注：当一个快速前进的分子与一个缓慢后退的分子碰撞时，它们碰撞后反弹的速度比碰撞前慢。

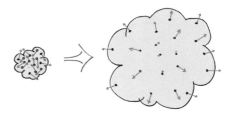

图2-7 膨胀空气中的分子碰撞

注：膨胀空气区域中的分子与后退的分子碰撞的次数比与接近的分子碰撞的次数更多，因此，它们的反弹速度往往会降低，最终，膨胀的空气会冷却。

膨胀冷却的一个戏剧性的例子是蒸汽通过压力锅的喷嘴膨胀并喷出（见图 2-8）。膨胀和与较冷空气快速混合的冷却效果使你可以把手放在冷凝蒸汽喷出的地方而不至于被烫伤。[①] 喷嘴上方的"云"也被称为蒸汽，它实际上是蒸汽膨胀及冷却所产生的冷凝水滴悬浮在空气中。这种"云"摸起来是温凉的。

图 2-8　热蒸汽从压力锅中膨胀喷出，随后冷却

对流气流搅动大气从而产生风。地球表面的某些区域比其他区域更容易吸收太阳的热量，因此，地球表面附近的空气受热不均，形成对流。这种情况在海边表现得很明显。白天，海岸比海水更容易变暖。海岸上方的空气被从水面上方进入的较冷空气推高（我们说它上升了）并取而代之，结果是刮起一阵海风。到了晚上，这个过程就会反过来：海岸比水冷却得更快，然后更温暖的空气在海面上流动（见图 2-9）。如果在海滩上生火，你会注意到烟雾在白天向陆地蔓延，到了晚上则向大海蔓延。

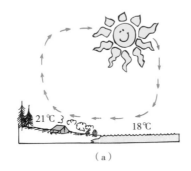
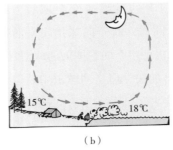

（a）　　　　　　　　　　（b）

图 2-9　海岸和海水上方的空气不均匀受热产生的对流

注：图（a），白天，海岸上方的暖空气上升，海面上方的冷空气向下流动并取而代之；图（b），晚上，气流的方向相反，因为那时海水比海岸更温暖。

————————

① 注意：如果你尝试这样做，请确保首先将手放在喷嘴上方，然后将手放低到一个合适的距离。不要把手放在没有"云"出现的喷嘴处，因为可能导致严重烫伤的蒸汽是肉眼看不见的。

对流发生在流体受到温差影响的地方（见图 2-10）。对流使天空中产生云，使深海水域中形成洋流。在地球内部，半熔融物质的对流很可能是构造板块滑动的原因之一，从而引发地震和火山爆发等事件。对流在太阳中也起着很大的作用，能够使太阳产生相对稳定的整体亮度。太阳对流也解释了太阳耀斑的产生。对流是我们周围发生的许多事情中的一个核心因素。

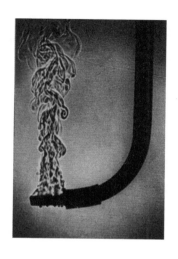

图 2-10　J 形管顶端形成的对流

注：浸没在水中的 J 形管顶端的加热器会产生对流，这些对流在图中被显示为阴影（由不同温度的水中的光线偏转引起）。

Q3 看得见星星的夜晚更冷吗？

看得见星星的夜晚比看不见星星的夜晚更冷，这是因为，当能量由地球表面直接辐射到寒冷的夜空时，在多云的夜晚，净辐射较少，云会将能量辐射回地球表面。

要想了解辐射和温度的关系，我们需要从头了解辐射是如何发生的。

来自太阳的光能穿过太空，然后穿过地球大气层，照射在地球表面，使气候变暖。由于空气不易导热，所以这种能量不能通过传导穿过大气，也不能通过对流。由于传导和对流依赖分子运动，在地球大气层和太阳之间的真空空间中，这两种过程都是不可能发生的。因此，能量必须通过其他方式传递，也就是辐射。辐射的能量被称为辐射能（见图 2-11）。

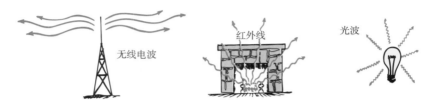

图 2-11　辐射能类型（电磁波）

辐射能以电磁波的形式存在，包括无线电波、微波、红外线、可见光、紫外线、X 射线和 γ 射线，以上辐射能按波长从长到短排列。可见光中波长最长的是红光，最短的是紫光。

辐射的波长与辐射的频率有关。频率是波的振动速率。在图 2-12 中，女孩以较低频率（上图）和较高频率（下图）晃动绳子。请注意，低频率的晃动产生较长的波，高频率的摇动则产生较短的波。同样的原理也适用于电磁波。我们将在后面的章节中看到，振动的电子会发射电磁波。低频率的振动产生波长较长的波，高频率的振动则产生波长较短的波。

图 2-12　晃动绳子产生波

注：低频晃动产生长的波，高频晃动产生短的波。

辐射能的发射

任何温度高于绝对零度的物质都会发射辐射能。辐射能的峰值频率 f 与发射器的绝对温度 T 成正比。

如果一个物体足够热，它发出的一些辐射能量就在可见光范围内。在大约 500℃ 的温度下，物体开始发射我们所能看到的最长波长的辐射能，即红光。随着温度的升高，物体变得"红热"，然后呈现黄色，在 5 000℃ 左右，它在所有可见光波长下都发出强烈的光，因此它是"白热"的。蓝色恒星比白色恒星更热，白色恒星则比红色恒星更热。如果某颗蓝色恒星发出的光的峰值频率是某颗红色恒星峰值频率的两倍，那么蓝色恒星的表面温度将是红色恒星的两倍。

由于太阳表面的温度很高（按地球标准），因此它以高频发射辐射能量，其中大部分辐射能处于电磁光谱的可见部分。相比之下，地球表面相对较冷，因此它发射的辐射能的频率低于可见光的频率。地球发出的辐射能以红外线的形式存在，且辐射光度低于我们的视觉阈值。地球发出的辐射能称为地面辐射。

如图 2-13 所示，太阳和地球发出同种辐射能。太阳的辐射能量来其内部深处发生的核反应。地球内部发生的核反应也是地球变暖的原因之一（参观矿井的深处，你会发现那里全年都很温暖），其中，大部分内部能量传导到地表，成为地面辐射。

你和你周围的一切物体都会在一定频率范围内持续发射辐射能量。常温物体发出的大部分低频波是红外线，肉眼看不见。当高频红外波被人体皮肤吸收时，就如同站在火炉旁一样，你会感觉到热。因此，红外辐射通常被称为热辐射。产生热感的常见红外线源有太阳、灯丝和壁炉中的余烬。

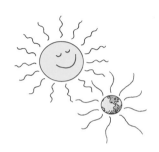

图 2-13　太阳和地球发出
同种辐射能

注：太阳的光芒肉眼可见；
地球的光芒由更长的波长组
成，肉眼不可见。

热辐射是红外温度计的基础。只需将温度计指向你想获知温度的物体，然后按下按钮，你就会得到温度。此时，物体发出的辐射转化为读数。美国教室用的红外温度计的典型测量范围为 −30 ～ 200℃。

辐射能的吸收

如果一切物体都在释放能量，那为什么所有物体的能量都没有被耗尽呢？答案是所有物体也都在吸收能量。良好的辐射能发射体也是良好的吸收体；不良的发射体也是不良的吸收体。例如，发射效果好的天线，也必然是接收效果很好的天线，反之亦然。

任何材料的表面，无论是热的还是冷的，都会吸收和释放辐射能。如果材料表面吸收的能量比它发射的能量多，那么这个材料就是一个净吸收体，其温度也会随之升高。如果材料表面发射的能量超过吸收的能量，那么它就是一个净发射体，其温度也会随之下降。材料表面是扮演净发射体还是净吸收体的角色，取决于它的温度是高于还是低于周围环境温度。如果表面比周围环境更热，它将成为一个净辐射源，并会随之冷却。如果表面比周围环境更冷，那么它将成为一个净吸收器并变得更热。

你可以用一对大小和形状相同的金属容器来验证这一点，其中一个容器表面为白色或镜面，另一个容器的表面为黑色（见图 2-14）。容器中注满热水，并在其中放置温度计。你会发现黑色容器冷却得更快，因为有黑色表面的容器是更好的发射体。咖啡或茶放在光亮的锅里比放在黑色锅里的保温时间更久。同样的实验也可以反过来进行：每个容器中注满冰水，并将容器放到壁炉前，或晴天时放在室外，或任何有良好辐射源的地方。你会发现，黑色容器升温更快。正如我们所说，良好的辐射能发射体也是良好的吸收体。

图 2-14　"良好的发射体也是良好的吸收体"实验

注：当容器装满热水（或冷水）时，黑色的容器冷却（或升温）更快。

辐射能的反射

一个好的辐射能吸收体几乎不反射辐射能，包括可见光。因此，一个好的吸收体看起来是暗色的，而一个完美的吸收体不反射任何辐射能，看起来完全是黑色的。例如，眼睛的瞳孔几乎不反射光线，这就是为什么它看起来是黑色的。（有一个例外，用闪光灯拍照时，瞳孔看起来是红色的。这是因为非常明亮的光线被眼睛内部的红色表面反射回来，并通过瞳孔再次射出。）

白天时，看看远处房屋的打开的门或窗户，它们看起来是黑色的。这是因为进入门或窗户的光线在内部墙壁上多次反射，并在每次反射时被部分吸收。结果，很少有光线能再从门或窗户处返回并进入你的眼睛。在图 2-15 中，罗杰·金展示了一个内壁为白色的盒子。当盒子的顶部关闭时，孔里看起来是黑色的。

图 2-15 盒子中的反射

注：盒子的内部是白色的，当盖子关闭时，孔里看起来是黑色的。

此外，好的反射体是差的吸收体。干净的雪是一个良好的反射体，因此在阳光下不会迅速融化。如果雪是脏的，它会吸收来自太阳的辐射能并融化得更快。从飞机上向覆盖着雪的山脉上撒黑色烟灰，就是一种有效的防洪措施。如此一来，就能实现让雪在适宜的时间可控地融化，而不是突然出现融雪径流。

夜间辐射降温

如果物体辐射的能量比接收的能量更多，它就会变得更冷。这种情况在没有太阳辐射的夜晚发生较多。夜间暴露在户外的物体会向周围空间辐射能量，因为周围空间本身就非常寒冷，所以它所获得的能量很少。它辐射的能量比接收的能量更多，因此变得更冷。但是，如果物体是良好的热导体，如金属、石头或混凝土，那么热量会从地面传导，这在一定程度上使物体的温度得以维持。此外，木材、稻草和青草等材料是热的不良导体，热量几乎不会从地面传导到这些材料中。这些隔热材料是净散热体，比空气更冷。即使空气温度没有降到冰点，在这些材料上结霜也是很常见的。你有没有在一个温度低但高于冰点的早晨，在太阳升起之前，看到过被霜覆盖的草坪或田野（见图 2-16）？下次你在看到这幅场景时，请注意，霜只会出现在草地、稻草或其他不良导体上，而不会出现在水泥、石头或其他良好导体上。

图 2-16 霜晶

注：一片片的霜晶暴露了老鼠洞穴的隐蔽入口，每一簇霜晶都来自冰冻环境中老鼠的呼吸。

经验丰富的园丁会在发生霜冻前用防水布覆盖他们的植物。这些植物会像往常一样辐射能量，但现在它们从防水布而不是从黑暗的夜空中接收辐射能量。因为防水布的辐射温度是周围环境的温度，而不是寒冷的黑暗夜空的温度，所以霜不会在植物的叶子上形成。这也解释了为什么门廊下的植物不会结霜，而露天的植物会结霜。

地球本身与其周围环境相互辐射。白天，太阳是地球周围环境的主要部分。地球被阳光照射的一半吸收的辐射能量多于其发射出去的能量。夜间，如果空气相对透明且没有云层覆盖，地球向深空发射的能量多于其接收到的能量。

1965 年，新泽西州贝尔实验室的两位研究人员阿尔诺·彭齐亚斯（Arno Penzias）和罗伯特·威尔逊（Robert Wilson）发现了宇宙微波背景辐射。他们发现，外太空是有温度的——大约 2.7 开尔文。太空本身发出的辐射很微弱，具有低温的特征。

Q4 为什么冷冻食品在温暖的房间里升温更快？

如图 2-17 所示，酒杯的长柄有助于防止手的温度使葡萄酒变热。

比周围环境更热的物体最终会随着环境变冷，冷却速度取决于物体的温度比周围环境的温度高多少。如果将一个热苹果派放在冰箱里，会比放在厨房的桌子上冷得更快。这是因为，在冰箱中，苹果派和周围环境之间的温差更大。同样，温暖的房子向寒冷的室外泄漏内部能量的速度取决于室内和室外的温差。

当物体表面与周围存在温度差时，单位时间内物体表面单位面积与流体的交换热量，同温度差成正比。这被称为牛顿冷却定律。当物体的温度低于其周围环境时，其升温速度与温差成正比。冷冻食品在温暖的房间里会比在寒冷的房间里更快升温。[1]

图 2-17　酒杯的长柄有助于防止手的温度使葡萄酒变热

在寒冷的天气中，我们身体的降温速度会因为风带来的额外对流效应而加快。我们通常用风寒指数来描述这一现象。风寒指数是气温低于 15℃时，表征人体散失热量与风速、气温关系的指数。

Q5 为什么车在暴晒后内部温度更高?

在炎热的日子里，一辆汽车停在阳光明媚的街道上，车窗紧闭，过一段时间后，车内会非常热，比外面的空气还要热，这是温室效应的一个例子。温室效应因植物玻璃温室中同样的升温效应而得名（见图2-18）。

---

[1] 含有能量源的温暖物体可能会无限期地保持比周围环境更高的温度。它发出的内部能量不一定会让它冷却，牛顿冷却定律也不适用。例如，正在运行的汽车发动机比汽车的车身和周围的空气更热。发动机关闭后，会按照牛顿冷却定律进行冷却，并逐渐接近与周围环境相同的温度。

图 2-18　温室效应

注：短波长辐射可透过玻璃，长波长辐射无法透过玻璃。
由于植物的温度相对较低，来自植物（或温室中的任何其
他物质）的再辐射能量具有较长的波长。

　　理解温室效应需要了解两个概念。第一个概念已经阐述过了——所有物体都
会辐射，辐射的频率和波长取决于辐射物体的温度。高温物体辐射短波长，低温
物体辐射长波长。第二个需要了解的概念是，空气和玻璃等物质的透明度取决于
辐射的波长。空气对红外线（长波长）和可见光（短波长）是透明的，除非空气
中含有过多的水蒸气和二氧化碳，这时空气对红外线就会变得不透明。玻璃对可
见光的波长是透明的，但对红外线波长是不透明的。

　　现在解释为什么暴晒后汽车内部会变得非常热：与汽车相比，太阳的温度非
常高。这意味着太阳辐射的波长非常短。这些短波长很容易穿过地球的大气层和
汽车的玻璃窗。因此，来自太阳的能量进入了汽车的内部，除了部分反射外，大
部分能量被吸收了。汽车内部逐渐升温。汽车内部也会辐射出自身的波长，但
由于它没有太阳那么热，因此这些波长较长。这些重新辐射的长波长无法透过玻
璃，导致这些能量留在车内，使车内温度进一步升高（这就是为什么在炎热的阳
光下不要把宠物留在车里）。

　　同样的影响也发生在地球大气中，大气对太阳辐射来说是可以穿透的。地球
表面吸收这种能量，并将其中的一部分能量以更长波长的地球辐射再辐射出去
（见图 2-19）。大气（主要是水蒸气和二氧化碳）吸收并将大部分这种长波辐
射重新发射回地球。无法逃离地球大气层的地球辐射可以防止地球变得过于寒

冷。这种温室效应是有益的，因为如果不是这样，地球将处于 −18℃ 的环境中。在过去的 50 万年中，地球的平均温度在冰河期的零摄氏度以下和 15℃ 之间波动，目前接近 16℃，处于历史高温点，并且还在攀升。

尽管水蒸气是大气中的主要温室气体，但是排名第二的温室气体二氧化碳却"臭名昭著"，因为人类对它的贡献一直在增加。不幸的是，二氧化碳导致的进一步升温会促使生成更多的水蒸气。

我们目前所关注的环境问题是由二氧化碳和其他温室气体（甲烷、一氧化二氮、臭氧等）的不断增加所引起的，这些气体进一步使温度升高，并产生了对生物圈不利的新的热平衡。

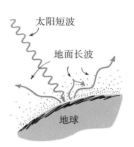

图 2-19 地球的再辐射

注：炎热的太阳发出短波，凉爽的地球发出长波。大气中的水蒸气、二氧化碳和其他温室气体会吸收热量，否则这些热量会从地球辐射到太空中。

Q6 人类能多大程度地影响气候变化？

一个重要信条是"你永远无法只改变一件事"。一旦改变了一件事，你就会改变另一件事。地球温度升高意味着海洋更暖，也意味着海平面会上升，天气和风暴模式因此会发生变化。科学家们的共识是，地球气候变暖的速度太快了，而且还在继续。这种现象被称为全球变暖或气候变化。

天气是大气在特定时间和地点的温度、湿度、压力、降水、风和云的状态。气候是指更广泛地区和更长时间的天气模式。一个炎热的夏天或一场风暴都不是全球变暖或气候变化的证据。全球变暖或气候变化不是某一次或几次天气的波动，而是天气反反复复的波动。科学共识是，气候变化正在发生。

结果如何，我们尚不可知。在乐观的情况下，我们可以对此进行修正，地球居民的生活将会更好。而在极端情况下，可以对比金星，其早期气候可能与地球有些相似，直到失控的温室效应导致了它如今的大气层 96% 是二氧化碳，平均表面温度为 470℃。金星是太阳系中最热的行星。我们当然不想重蹈覆辙。要让地球在未来几个世纪里保持宜居，我们需要提高警惕，不能仅依靠运气。减少温室气体排放需要全球的努力。

我们不知道当致病性微生物和寄生虫的自然栖息环境发生基本变化时，它们产生的长期影响是什么。我们也不知道随着灌溉用水越来越少，农业将如何应对土壤干燥。我们知道的是，气候模型表明，全球生态系统和人类文化将因冰川融化、海平面上升和更极端的天气事件而受到严重破坏。我们还知道的是，能源消耗和大气变化与人口规模有关。人类解决持续增长问题的时机已经过去。

Q7 我们在阳光下为什么能感到温暖？

如果从阴凉处走到阳光下，你会明显感到温暖。你感觉到的温暖并不是因为太阳很热，其 6 000℃ 的表面温度并不比一些焊枪的火焰温度更高。我们之所以会感觉温暖，主要是因为太阳太大了。太阳释放出大量能量，其中只有不到十亿分之一能够到达地球。

如图 2-20 所示为太阳辐射，在大气层顶部，每秒每平方米垂直于太阳光线的地方接收到的辐射能量为 1 360 焦耳。这种能量输入称为太阳常数。以功率单位表示，它相当于每平方米 1.36 千瓦（1.36 千瓦 / 米 ^{2}）。太阳常数是描述太阳亮度的一个参数，即在日地平均距离处，地球大气外界垂直于太阳光束方向的单位面积上单位时间内接收到的所有波长的太阳总辐射能量值。到达地面的太阳能量会被大气削弱，并因太阳的非垂直入射角度而减少。

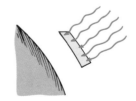

图 2-20　太阳辐射

注：在大气层顶部垂直于太阳光线的每平方米面积上，每秒可以接收到 1 360 J 的太阳辐射能。

地球与太阳的距离和地球上太阳光线的角度，哪个更能解释寒冷极地和热带赤道地区的温差？

　　你可以通过下面这个简单的实验找到答案。用手电筒照射一个表面，并注意观察它的亮度：当光线垂直照射时，光的能量是集中的，但当表面倾斜时（保持表面与手电筒之间的距离相同），入射光会分散开。

　　由于地球的曲率，赤道地区的阳光几乎垂直照射，能量集中在较小的区域上，因此温度较高。而在极地地区，太阳光线以较大的角度照射，能量分布在更大的区域上，因此单位面积上的能量较少，温度也较低。这正是赤道地区气候温暖而极地地区寒冷的原因。

　　越来越多的家庭正在利用太阳能进行空间供暖和热水加热（见图 2-21）。光伏瓦片也越来越受欢迎，它们几乎可以与屋顶材料无缝融合。太阳能通过光伏电池或其他方式转化为电能的过程，被称为太阳能发电。图 2-22 显示了一个简单的太阳能捕获行为。

图 2-21　吸收太阳能的屋顶

图 2-22　简单的太阳能捕获

　　越来越多的屋顶安装了光伏电池，这些电池可以直接将太阳能转化为电能。光伏电池的设计可以满足从毫瓦到兆瓦不等的电力需求，既可以为计算机供电，也可以为电厂中的发电机供电。光伏电池还可以安装在电网线路难以到达的偏远地区。在越来越多的地方，太阳能收集和集中系统的成本可以与常规电源发电系统相竞争。

Q8 保温瓶是如何保温的？

房屋里的大部分热量都是通过窗户散失的。双层玻璃窗可以很好地减少热量的传递。双层玻璃窗之间是一种低传导气体，不仅能够减缓热传递，还可以减少声音的传递。

双层玻璃窗可能启发了双壁玻璃杯的发明，无论饮料是冰冷的还是热气腾腾的，你都可以将玻璃杯舒适地拿在手中（见图 2-23）。饮料似乎漂浮在已部分排空空气的双壁内。与传统的玻璃杯相比，热饮和冷饮的保温时间都变得更长。

3 种主要的热传递方法可以用我们熟悉的双壁玻璃真空瓶（见图 2-24）进行很好的说明。真空瓶中的任何液体，无论是热的还是冷的，在数小时内都会保持接近其原始状态的温度。

图 2-23　保温玻璃杯

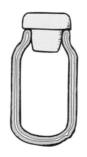

图 2-24　双壁玻璃真空瓶

1. 真空中通过传导进行热传递是不可能的。一些热量会通过玻璃和塞子的传导而逸出，但这是一个缓慢的过程，因为玻璃、塑料和软木都是不良热导体。
2. 真空中没有流体可以对流，因此通过壁面的对流不会产生热量损失。
3. 辐射造成的热损失在通过壁的镀银表面时会减少，这些表面将热波长反射回瓶子中。

要点回顾
CONCEPTUAL PHYSICS >>>

- 阻碍热量传递的不良热导体称为隔热材料。羊毛、木材、稻草、纸张、软木和聚苯乙烯泡沫塑料是良好的隔热材料。与金属中的电子不同，这些隔热材料的原子中的外部电子是被牢固键合的。

- 气体的对流发生在大气中，并影响着空气温度。当地面附近的一块空气被加热时，它会膨胀，变得不那么稠密，并向上漂浮。因此，暖空气上升。然后，上升的空气在进一步膨胀时被冷却，并对在较高海拔遇到的低压空气做功。

- 你和你周围的一切物体都会在一定频率范围内持续发射辐射能量。常温物体发出的大部分低频波是红外线，肉眼看不见。当高频红外波被人体皮肤吸收时，就如同站在火炉旁一样，你会感觉到热。因此，红外辐射通常被称为热辐射。产生热感的常见红外线源有太阳、灯丝和壁炉中的余烬。

- 如果将一个热苹果派放在冷藏室里，会比放在厨房的桌子上冷得更快。这是因为，在冰箱中，苹果派和周围环境之间的温差更大。同样，温暖的房子向寒冷的室外泄漏内部能量的速度取决于室内和室外的温差。

- 与汽车相比，太阳的温度非常高。这意味着太阳辐射的波长非常短。这些短波长很容易穿过地球大气层和汽车的玻璃窗。因此，来自太阳的能量进入汽车内部，除了部分反射外，这些能量还会被吸收。车内温度因此升高了。

- 地球温度变高意味着海洋变暖，也意味着海平面会上升，天气和风暴模式因此会发生变化。科学家们的共识是，地球的气候变暖的速度太快了，而且还在继续。这种现象被称为全球变暖或气候变化。

- 如果从阴凉处走到阳光下，你会明显感到温暖。你感觉到的温暖并不是因为太阳很热，其 6 000℃的表面温度并不比一些焊枪的火焰温度更高。我们之所以感觉温暖，主要是因为太阳太大了。太阳释放出大量能量，其中只有不到十亿分之一的能量能够到达地球。

- 双层玻璃窗可能启发了双壁玻璃杯的发明，无论饮料是冰冷的还是热气腾腾的，你都可以将玻璃杯舒适地拿在手中。饮料似乎漂浮在已部分排空空气的双壁内。与传统的玻璃杯相比，热饮和冷饮的保温时间都变得更长。

CONCEPTUAL
PHYSICS

03

相变是如何发生的

妙趣横生的物理学课堂

- 冰块长时间放在冰箱里，为什么会变小？

- 湿度会让我们感觉更热还是更冷？

- 在海拔 4 500 米的山上，喝沸腾的茶会被烫伤吗？

- 为什么天气太冷就没法打雪仗？

- 为什么用湿手指短暂触摸热锅不会受伤？

在日常生活中，我们可以观察到，从冰箱中拿出的冰冰凉凉的饮料罐上很快就会布满细小的水珠。这是因为，热空气中的水蒸气与冷罐子接触时会被冷却。那么，被冷却的水分子的命运是怎样的呢？在水分子被冷却后，它们在碰撞时的速度会变慢，因此会彼此粘连。这一现象就是凝结。凝结在物理学上属于一种相变。

我们周围的物质通常存在 4 种常见的相（或状态）。例如，冰是水的固相。当能量增加时，分子运动加强，刚性结构被打破，形成液相的水。再增加更多能量，液相就会转变为气相，也就是看不见的水蒸气。如果再进一步增加能量，分子会分解成离子和电子，形成等离子态相。这种相在我们的日常生活中不如固相、液相和气相那样常见且容易识别。

物质的相取决于它的温度和施加在其上的压力。相的变化几乎总是伴随着能量的转移。通过本章内容，你将学习能量的传递是如何引发相的变化的。

Q1 冰块长时间放在冰箱里，为什么会变小？

蒸发是物质由液态转变为气态的相变过程。地球上近 90% 的大气水分来自海洋、湖泊和河流的蒸发。其余水分则来自植物的蒸腾作用。

即使是冰也可以直接变为水蒸气，这种相变称为升华。升华确实导致了冰雪的大量流失，而且在干燥的晴天，升华的程度也会特别大。

接下来，让我们一起了解蒸发的具体过程。

任何物质的温度都与其粒子的平均动能有关。液态水分子的速度变化很大，它们向各个方向移动并相互碰撞。在任何时候，一些水分子都会以非常高的速度移动，另一些则几乎不会移动。在下一刻，最慢的水分子可能会因为分子碰撞而变得最快。一些水分子会获得动能，另一些则会失去动能。外层的水分子可以通过来自内层水分子的撞击而获得动能，甚至可能会得到足够的能量，从而离开液态水。这些分子可以离开表面并逃逸到液体上方的空气空间中。这样，它们就变成了水蒸气分子。

分子可以通过撞击获得足以从液体中挣脱出来的能量，增加的动能则来自留在液体中的分子。这就是"台球物理学"：当台球彼此碰撞时，一些球获得了动能，另一些球失去了相等的动能。即将被推出液体的分子是"赢家"，而"输家"则继续留在液体中。因此，留在液体中的分子的平均动能降低了，这表明，蒸发是一个冷却过程。

有趣的是，从外层脱离的快速分子会由于受到水表面的吸引力而在飞离时减慢速度。因此，水通过蒸发被冷却，而上面的空气相应地被加热。如图 3-1 所示的水壶能够让壶中水保持凉爽，因为当覆盖壶两侧的布湿润时，布上的水分会蒸发。当快速移动的水分子从布料上脱离时，布料的温度会降低。然后，热量通过传导从金属传递到凉爽的湿布上，相应地，水壶中水的热量被转移到较冷的金属上。整个过程中，能量从水壶中的水转移到室外的空气中。通过这种方式，水被冷却到明显低于室外空气的温度。

图 3-1　水壶两侧的布在
湿润时有助于降温

当你把一些酒精涂抹到身体上时，蒸发的冷却效果会非常明显。酒精的蒸发速度很快，短时间内就可以使体表冷却。蒸发越快，冷却越快。

当我们的身体过热时，汗腺会排汗。这种现象属于人体自身调节。汗液的蒸发可以帮助我们降温，维持稳定的体温。许多动物只有很少的汗腺或根本没有汗腺，因此它们必须通过其他方式降温（见图3-2和图3-3）。

图 3-2　狗通过喘气降温

注：狗只有脚趾间有汗腺，因此靠喘气来降温。

图 3-3　猪通过打滚降温

注：猪没有汗腺，会在泥里打滚来让自己降温。

有一个有趣的玩具很好地利用了蒸发和冷凝的过程，那就是"饮水鸟"，它能够模仿鸟从水源中饮水的动作（见图3-4）。

在更高的温度下蒸发速度会更快，因为有更大比例的分子可以具有足够的动能从而逃离液体。水在较低的温度下也会蒸发，但速度较慢。例如，在凉爽的环境下，一摊水会蒸发得很缓慢。

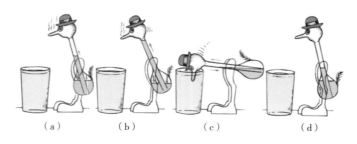

（a）　　　　　（b）　　　　　（c）　　　　　（d）

图 3-4　玩具"饮水鸟"

注：玩具"饮水鸟"通过体内溶剂（二氯甲烷）的蒸发和头部外表面的水分蒸发来工作。其下半身含有液体溶剂，在室温下可以迅速蒸发。图（a），水从其头部外部蒸发也会降低其内部温度；这会导致头部内的一些溶剂蒸气冷凝，从而降低头部的气体压强。图（b），下半身相对较大的气体压强迫使液体向上流动。图（c），当液体足够高时，鸟向前转动，直到管的底部不再浸没在液体中；管中的液体排到下半部，每个枢轴都会弄湿喙和头部的毛毡制成的表面。图（d），重复上述流程。

Q2 湿度会让我们感觉更热还是更冷？

湿度会让我们感觉更热还是更冷？如果你已经感觉很冷了，更多的湿气只会让你感觉更冷。如果你已经感觉很热了，更多的湿气会让你感觉更热。在宜人的温度下，增加一点湿度会让我们感觉更舒适。

湿度为什么会有这样的变化？这与蒸发和凝结的过程有关（见图 3-5）。

与蒸发相反的过程是凝结，即气体变为液体。当液体表面附近的气体分子被液体吸引时，它们通过增加的动能撞击表面，从而成为液体的一部分。在与液体中的低能分子碰撞时，多余的动能与液体共享，从而提高了液体的温度。因此，蒸发是一个冷却过程，凝结是一个升温过程。

图 3-5　蒸发与凝结

凝结导致变暖的一个具有戏剧性的例子是蒸汽凝结时会释放能量，如果蒸汽凝结在你身上，这将是一种痛苦的体验。这就是为什么在相同的温度下，蒸汽烫伤比沸水烫伤更具破坏性，因为当蒸汽凝结成液体并打湿你的皮肤时，会释放出相当多的能量。凝结释放的能量可以作用于蒸汽加热系统。

蒸汽是高温下的水蒸气，温度通常为 100℃ 或更高。较冷的水蒸气凝结时也会释放能量。例如，在淋浴时，淋浴间里的蒸汽凝结会让你感到温暖，如果你是在潮湿的淋浴间淋浴，即使是冷的淋浴蒸汽，当你走出去时，你也会很快感觉到不同。远离湿气后，净蒸发很快就会发生，你会因此感到寒冷（见图 3-6）。但是，如果你仍然留在淋浴间里，即使关闭了水龙头，凝结的升温效果也会抵消蒸发的降温效果。如果凝结的水分和蒸发的水分一样多，你不会感觉到体温有什么变化。如果凝结量超过了蒸发量，你会感觉暖和。但是如果蒸发量超过了凝结量，你就会感觉寒冷。所以现在你知道了，如果你留在淋浴间，为什么用毛巾擦干后会更加舒服。为了彻底擦干身体，你可以在不太潮湿的地方完成这项活动。

图 3-6 走出淋浴间会感到寒冷

注：如果你在淋浴间外面受凉了，回到淋浴间里，可以通过多余水蒸气的凝结来取暖。

如果你在干燥的城市度过 7 月的一个下午，你会发现，那里的蒸发量明显大于凝结量。这种明显蒸发的结果是，与在更潮湿的城市度过 7 月的一个下午相比，你会有更凉爽的感觉。在后面提到的这些潮湿的地方，凝结量明显大于蒸发量，当空气中的蒸汽凝结在你的皮肤上时，你会感觉到变暖。实际上，空气中的水分子会冲击你的皮肤，更温和地说，正是因为空气中的蒸汽凝结在你的皮肤上，你才会感到温暖。

大气中的凝结

空气中总是存在一些水蒸气。衡量水蒸气含量的指标称为湿度（单位体积空气中水的质量）。湿度是表示空气潮湿程度的物理量。

天气预报中经常使用相对湿度这个术语——即单位体积空气中，实际水蒸气的分压与相同温度和体积下水饱和蒸汽压的百分比。相对湿度是衡量天气舒适度的良好指标。对于大多数人来说，当温度为 20℃，相对湿度为 50% ～ 60% 时，是最理想的环境。当相对湿度较高时，潮湿的空气会让人感觉"闷热"，因为凝结量大于汗液的蒸发量。

当空气中的水蒸气达到饱和时，我们称之为饱和状态。饱和状态发生在空气温度下降，空气中的水蒸气分子开始凝结的时候。水分子倾向于相互黏附。然而，由于水分子在空气中的平均速度通常较高，大多数水分子在碰撞时不会黏在一起，而是会反弹回去，因此仍保持气相。一些水分子的运动速度低于平均值，这些速度较慢的水分子在碰撞时更容易黏在一起并凝结成水滴（见图 3-7）。可以通过想象一只苍蝇轻轻接触黏性捕蝇纸来理解这一过程。当苍蝇速度较高时，它具有足够的动量和能量反弹回空气中，不会被黏住；当苍蝇速度较低时，它更可能被黏住。因此，速度较慢的水分子更可能在饱和空气中凝结成水滴。由于较低的空气温度意味着分子运动速度较慢，因此凝结在冷空气中更容易发生。温暖的空气比冷空气含有更多的水蒸气。

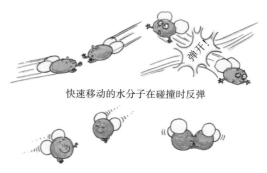

快速移动的水分子在碰撞时反弹

缓慢移动的水分子在碰撞时结合

图 3-7　水蒸气分子的运动

雾和云

暖空气会上升。当暖空气上升时，它会膨胀；当它膨胀时，它会变冷。随着

空气变冷，小到肉眼看不见的水蒸气分子的运动速
度会变慢。低速分子碰撞会导致水分子黏在一起。
水分子会与空气中的灰尘、盐分和烟雾颗粒结合，
形成云滴，再进一步形成云（见图3-8）。如果这
些粒子不存在，我们可以通过用适当的粒子或离子
给空气"播种"来刺激云的形成。

图3-8 在有暖湿空气上升气
流的地方形成云很常见

　　温暖的微风吹过海洋从而变得潮湿。当潮湿的
空气从温暖的水域移动到凉爽的水域，或从温暖的水域移动到寒冷的陆地时，它
会变冷。当天气变冷时，水蒸气分子开始黏附而不是相互反弹。凝结发生在地面
附近，形成了我们能够看见的雾。雾和云的区别是海拔不同。雾是在地面附近形
成的云。在云层中飞行很像在雾中开车。

Q3 在海拔4 500米的山上，喝沸腾的茶会被烫伤吗？

　　在高海拔地区，水会在较低的温度下沸腾。例如，在科罗拉多州的
丹佛市（海拔1 600米的城市），水的沸点为95℃，而不是100℃。如
果你试图在较低温度的沸水中烹饪食物，你必须等待更长的时间才能将
食物煮熟。需要注意的是，烹饪食物的是水的高温，而不是沸腾本身。
如果沸水的温度过低，食物根本无法煮熟。

　　正是因为海拔越高，水的沸点越低，所以在海拔4 500米的山上，
登山者可以小口喝一杯沸腾的茶，而不会被烫伤。

　　那么，沸腾需要哪些条件呢？

　　在适当的条件下，液体表面下方会发生蒸发，形成蒸气气泡，气泡浮到表
面，然后逃逸。这种发生在液体内部而不仅是在表面的相变称为沸腾。只有当气
泡内的蒸气压力大到足以抵抗周围液体的压力时，液体中的气泡才能形成（见
图3-9）。如果蒸气压力不够大，周围的压力会使任何倾向形成的气泡破裂。在

沸点以下的温度，气泡中的蒸气压力不够高，因此气泡在达到沸点之前不会形成。在这个温度下，对于处于大气压力下的水，分子的能量足以产生与周围水的压力（这主要是由大气压力贡献的）一样大的蒸汽压力。

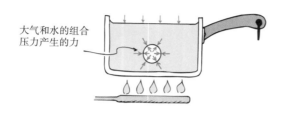

大气和水的组合压力产生的力

图 3-9　将水煮沸

注：水蒸气分子在蒸汽气泡（图中被放大很多）中的运动产生了一种气体压力（称为蒸汽压力），它抵消了大气和水对气泡的压力。

　　如果压力增加，蒸汽中的分子必须移动得更快，以施加足够的压力，防止气泡破裂。额外的压力可以通过深入液体表面（如间歇泉）或增加液体表面上方的空气压力来提供，这就是压力锅的工作原理。压力锅有一个与锅身紧密贴合的盖子，在达到比正常气压更大的压力之前，蒸汽不会逸出。当蒸发的蒸汽在密封的压力锅内积聚时，液体表面的压力增加，这阻止了液体的沸腾，通常不能形成气泡。持续加热会使温度超过 100℃，在气泡内的蒸汽压力足以克服水上增加的压力之前，沸腾不会发生，沸点会升高。相反，压力降低（如在高海拔处）会使液体的沸点降低。所以我们看到，沸腾不仅取决于温度，还取决于压力。

间歇泉

　　间歇泉是一个周期性喷发的"天然高压锅"。它由一条长而窄的垂直裂缝形成，地下水渗入其中（见图 3-10）。水柱被来自地底火山的热量加热至超过 100℃的温度。这可能是因为，相对较深的垂直水柱会对深处的水施加压力，从而使沸点升高。裂缝的狭窄阻止了对流，这使得更深的部分变得比水面热得多。表面的水低于 100℃，但下面的水被加热到了高于 100℃，高到足以在顶部的水达到沸点之前沸腾。因此，沸腾开始于底部附近，上升的气泡将上面的水柱推出，喷发开始。当水涌出时，剩余水的压力开始降低。于是剩余

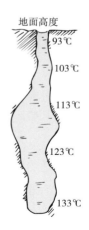

地面高度

93℃
103℃
113℃
123℃
133℃

图 3-10　间歇泉

的水迅速沸腾，并以巨大的力量喷发。当喷发消退时，裂缝中充满了新的水，循环不断。

Q4 为什么天气太冷就没法打雪仗？

在严寒地区生活的朋友都会有这样的经历：在非常寒冷的天气下反而不能打雪仗。制作雪球需要这样一个过程：当我们用手攒雪球时，会给雪施加压力，冰晶会轻微融化；当压力消除时，会再冻结并将雪结合在一起。但在严寒天气下，我们施加的压力不足以融化雪，所以制作雪球就非常困难。

要想理解这一现象，我们需要更深入地学习物体内部的分子是如何随着温度的变化聚合与离散的。

假设你和某人手拉手并开始随意地跳动。你们跳得越猛烈，保持手拉手就越困难。如果你们跳得足够猛烈，手将会挣脱。类似的情况发生在固体分子被加热时。当固体吸收热量时，分子以越来越无序的方式更剧烈地振动。如果吸收了足够多的热量，分子之间的吸引力将不再能够将它们紧密结合在一起，固体就会融化。

凝固是这一过程的逆过程。物质在与其熔点相同的温度下凝固。当液体中的能量被逐渐抽走时，分子的运动减弱，直到最后，分子的平均移动速度足够慢，分子之间的吸引力能够使它们凝聚在一起。此时，分子开始围绕固定的位置振动并形成固体。

在特定压力下，纯物质有明确的熔点或凝固点。任何杂质的加入都会降低这个温度。因此，我们可以利用熔点或凝固点来作为判断物质纯度的指标。

水的凝固点称为冰点，即液态水转变成固态冰的温度。在1个标准大气压下，水在 0℃凝固；如果糖或盐等物质溶解在水中，冰点将会降低。当盐溶解在水中时，氯离子会从水分子中的氢原子中夺取电子，阻碍冰晶的形成。由于这些"外来"离子的干扰，冰晶结构的形成需要更缓慢的运动。随着冰晶的形成，这种干扰会加剧，因为未融合的水分子中"外来"分子或离子的比例逐渐增加，分子之间的连接变得越来越困难。只有当水分子的运动足够慢，吸引力在这个过程中起到异常大的作用时，凝固才能完成。因此，加入盐会降低水的冰点，使得水在低于 0℃的温度下仍保持液态（见图 3-11）。

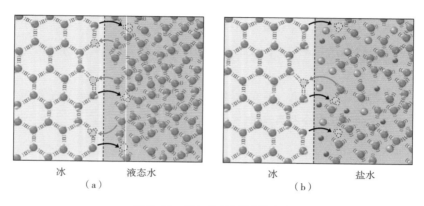

冰　　　　　液态水
（a）

冰　　　　　盐水
（b）

图 3-11　加入盐会降低水的冰点

注：图（a），在 0℃的冰和液态水的混合物中，进入固相的分子数等于进入液相的分子数；图（b），加入盐会减少进入固相的分子数量，因为界面处的液体分子较少。

复冰

由于水分子在固相中会形成开放结构，因此施加压力将导致冰融化（每增加 1 个大气压，熔点温度仅略微降低 0.007℃）。晶体可以被简单地"粉碎"成液相。当压力消除时，分子结晶并发生再冻结。这种在压力增加时融化并在压力降低时再次冻结的现象称为复冰。这是水区别于其他材料的性质之一。

图 3-12 很好地说明了这种复冰现象。将一根两端悬挂重物的细铜线挂在一

块冰上。① 这根铜线会慢慢向下穿过冰，但它移动的轨道又会重新冻结成冰。因此，铜线和重物将落在地板上，而留下一整块坚实的冰块。

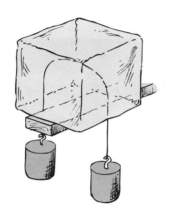

图 3-12　复冰

注：铜线逐渐穿过冰块，但没有将其切成两半。

Q5　为什么用湿手指短暂触摸热锅不会受伤？

你不敢用干燥的手指触碰热炉上的热锅，但如果你先将手指弄湿并短暂地触碰热锅，连续几次触碰，只要手指保持湿润，你就不会受伤（请勿尝试）。这是因为导致手指灼伤的能量会先用于改变手指上水分的相。此外，手指和热锅之间的蒸汽形成了一个隔热层，减缓了热量的传递。

多年前，马萨诸塞州莫尔登市公共工程部的前主管保罗·瑞安在一些管道作业中使用熔融铅密封管道。如图 3-13 所示，他通过将手指划过熔融铅来判断其温度，这令旁观者感到惊讶。在这样做之前，他会确保铅非常热，并且手指已被彻底弄湿。（请不要尝试这么做；如果铅温度不够高，它会粘在你的手指上，你可能会被严重烧伤！）

同样，赤脚走在炽热木炭上的表演者通常更喜欢将脚弄湿（见

---

① 当冰融化和水重新冻结时，物相发生变化。这些变化需要能量。当细铜线上方的水重新冻结时，它会释放能量。释放的能量足以在金属丝下面立即融化等量的冰。这种能量必须通过导线传导。因此，该演示要求用细铜线这样一类良好的热导体，普通的纤维绳子就不会起作用。

图 3-14）。然而，木炭的低导热性才是表演者的脚不被烧伤的主要原因。

那么，能量和相位变化之间究竟有什么关系呢?

图 3-13　保罗·瑞安通过将湿的手　　　　图 3-14　赤脚快速走过滚烫的木炭且
指划过熔融铅来测试熔融铅的温度　　　　　　　　　未受到伤害

如果我们不断加热固体或液体，固体或液体最终会发生相变。固体会液化，液体会汽化。固体液化和液体汽化都需要能量输入。反之，能量必须从物质中被释放出来，物质才能在从气体到液体再到固体的变化过程中发生相变（见图 3-15）。

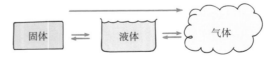

当相位变化朝此方向时，能量被吸收

固体　⇌　液体　⇌　气体

当相位变化朝此方向时，能量就会被释放

图 3-15　能量随相位变化而变化

冰箱的制冷循环很好地应用了图 3-15 中展示的概念。冰箱是一种热泵，它将热量从冷的环境"泵送"到温暖的环境中。这一过程是通过一种沸点较低的液体——制冷剂来实现的。制冷剂被泵入冷却装置，在那里它转化为气体。当它从液态变为气态时，冰箱内部存储食物处的热量会被吸收。吸收了热量的气体被引导至冷凝线圈外部，在那里气体再次凝结成液态，同时热量被释放到外部空气中。下次当你靠近冰箱时，可以把手放在冰箱后面或底部的冷凝线圈附近，你会感受到从冰箱内部释放的热量使空气变暖。

各种设计的热泵正越来越多地用于家庭供暖（和制冷）。它们通常比用化石燃料来加热房屋所消耗的能量更少。热泵的工作原理类似于标准冰箱。冰箱从内部食物中吸收热量并将其释放到冷凝线圈外部空气中，这一过程会不可避免地使房间变暖，而热泵则是有意地用来加热房间。热泵从地下管道抽取的水中提取热量。地下水的温度相对较高。地下土壤的温度取决于纬度。在美国的中西部和中央平原地区，低于 1 米深的地下土壤温度常年保持在约 13℃，比冬季的空气温度更高。室外的地下管道将 13℃的水输送到室内的热泵中。蒸发后的制冷剂被泵送到冷凝线圈，凝结并释放出热量来加热房屋。冷却后的水被送回室外地面，冷却水会再次被加热至土壤温度并重复这一循环（见图 3-16）。

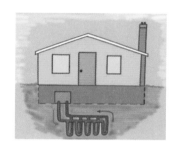

图 3-16　地热热泵

注：在夏季，地热热泵通过将热量从屋中传递到地下来达到降温的效果；在冬天，只要按下开关（红色和蓝色箭头的方向相反），热量就会从地面被"吸"入室内。

在夏天，这一过程可以逆转，将热泵变为制冷装置。空调本质上就是一种热泵。空调与热泵的原理相同，只是在夏天将热量从房屋内部较凉爽的环境中泵送到外部较温暖的环境中。在一个人口众多的城市里，大量空调同时运行可能会略微提高室外温度。

因此，我们明白了，固体必须吸收能量才能熔化，液体必须吸收能量才能汽化。相反地，气体必须释放能量才能液化，液体必须释放能量才能凝固。

让我们看看水的相变过程。假设将一块质量为 1 克、温度为 −50℃的冰块，放在一个密闭容器中，然后将容器置于炉子上加热。随着加热过程的进行，温度的变化如图 3-17 所示。容器中的温度计显示温度缓慢上升，直到达到 0℃。然后，出现了一个令人惊奇的现象：尽管继续加热，温度仍保持在 0℃，不再上升。此时，冰开始融化。为了让这 1 克冰完全融化，需要吸收 335 焦耳的能量，而这一过程中冰的温度不会升高。只有当冰完全融化后，每吸收 4.19 焦耳的能量，水的温度才会升高 1℃，直到达到沸点 100℃。

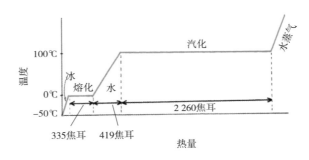

图 3-17　1 克水在加热和相变时所涉及的能量

当继续加热时，温度再次保持不变，同时这 1 克水逐渐变为水蒸气，需要吸收 2 260 焦耳的热量。最终，当所有水都变成水蒸气时，只要继续加热，温度就会持续上升。图 3-17 展示了这个过程的温度变化曲线。

1 克水汽化所需的能量（2 260 焦耳）是非常大的，远远超过将 1 克绝对零度（−273℃）的冰转化为 100℃的沸水所需的能量。虽然 100℃的水蒸气和沸水中的分子具有相同的平均动能，但水蒸气中的分子具有更多的势能，因为它们相对自由，不像液态时那样紧密结合。水蒸气中含有大量的能量，这些能量在凝结过程中可以释放出来。

熔化冰所需的能量（每克 335 焦耳）和沸腾水汽化所需的能量（每克

2 260 焦耳）与相变过程反向时释放的能量是相等的。这些过程是可逆的。将任何物质从固态转变为液态（反之亦然）所需的能量称为该物质的熔化潜热（熔解热）。"潜热"这个词提醒我们，这是隐藏在温度计所能展示的范围之外的内能。对于水来说，熔化潜热值为每克 335 焦耳。将任何物质从液态转变为气态（反之亦然）所需的能量称为该物质的汽化潜热（汽化热）。对于水来说，汽化潜热值高达每克 2 260 焦耳。这些相对较高的值正是水分子之间的强大作用力——氢键所致。

水的汽化潜热高达每克 2 260 焦耳，这也解释了为什么在某些条件下，热水会比温水更快冻结。这种现象在薄薄一层水分布在大面积上时尤为明显——比如在寒冷的冬天用热水洗车，或者用热水浇灌溜冰场，这样热水会熔化并抚平粗糙的表面，然后迅速重新冻结（见图 3-18）。快速蒸发带来的冷却速度非常高，因为每蒸发 1 克水就需要从剩余的水中吸取 2 260 焦耳的热量。与通过热传导冷却相比，蒸发确实是一种更高效的冷却过程。

图 3-18　水在冬天冻结

注：在寒冷的天气里，热水在快速蒸发过程中吸收大量能量，使得热水可能比温水冻结得更快。

要点回顾

- 任何物质的温度都与其粒子的平均动能有关。液态水分子的速度变化很大，它们向各个方向移动并相互碰撞。在任何时候，一些分子会以非常高的速度移动，另一些则几乎不会移动。在下一刻，最慢的分子可能会因为分子碰撞而变得更快。一些分子会获得动能，另一些则会减少动能。外层的分子可以通过来自内层的撞击而获得动能，甚至可能会得到足够的能量离开液态水，最终变成水蒸气分子。

- 速度较慢的水分子更可能在饱和空气中凝结成水滴。由于较低的空气温度意味着分子运动速度较慢，因此凝结在冷空气中更容易发生。温暖的空气比冷空气含有更多的水蒸气。

- 在适当的条件下，液体表面下方会发生蒸发，形成气泡，气泡浮到表面，然后逃逸。这种在液体内部而不仅是在表面的相变称为沸腾。只有当气泡内的压力大到足以抵抗周围液体的压力时，液体中的气泡才能形成。气泡在达到沸点之前不会形成。

- 物质在与其熔点相同的温度下凝固。当液体中的能量被逐渐释放时，分子的运动减弱，直到最后，分子的平均移动速度足够慢，分子之间的吸引力能够使它们凝聚在一起。此时，分子开始围绕固定的位置振动并形成固体。

- 如果我们不断加热固体或液体，固体或液体最终会发生相变。固体会液化，液体会汽化。固体液化和液体汽化都需要能量输入。反之，能量必须要从物质中被释放出来，物质才能在从气体到液体再到固体的变化过程中发生相变。

CONCEPTUAL
PHYSICS

04
热力学告诉我们什么

妙趣横生的物理学课堂

- 温度有上限和下限吗?

- 为什么搓手掌时,手掌会变得更暖和?

- 是什么导致了各地的气候差异?

- 骆驼为什么很少中暑?

- 在自然界,无序才是常态吗?

- 如何把炒鸡蛋还原成一个鸡蛋?

开尔文勋爵（威廉·汤姆孙）（见图 4-1）是热力学第二定律的主要奠基人之一。他促进了热力学的发展。"热力学"源于希腊语，意为"热的运动"。

热力学这门科学是在 19 世纪初发展起来的，当时人们对物质的原子和分子理论还没有深入了解。早期的热力学研究者对原子的概念还很模糊，对电子和其他微观粒子也一无所知，因此他们使用的模型引用了宏观概念，如机械功、压力和温度，以及它们在能量转换中的作用。

图 4-1　开尔文勋爵

热力学的两大基石分别是能量守恒定律和热量自发地从高温物体传到低温物体（而不会反向传递）。热力学定律为热机（从蒸汽涡轮机到核反应堆）提供了基本理论，也为冰箱和热泵提供了基本理论。

热力学定律击碎了发明家和工业家制造出永动机的梦想。永动机指的是在接受初始能量输入后，能够无限期地持续运转而不再需要进一步能量输入的装置。通过本章的学习，我们能够对热力学有初步的了解。

Q1 温度有上限和下限吗?

原则上，温度没有上限。随着热运动的增加，固体物体首先会熔化，然后蒸发。随着温度进一步升高，分子分解成原子，原子失去部分或全部电子，形成带电粒子云，即等离子体。等离子体存在于宇宙中，如恒星，那里的温度高达数百万摄氏度。

然而，温标有明确的上限和下限。气体加热时膨胀，冷却时收缩。19世纪时，科学家们通过实验发现，所有气体，无论其初始压强或体积如何，只要压力保持恒定，在0℃时，温度每变化1℃，其体积就会变化1/273。由此推出，如果一种温度为0℃的气体被冷却273℃，那么根据这一规则，它将减小273/273的体积，即体积为零（见图4-2）。显然，体积为零的物质不可能存在。

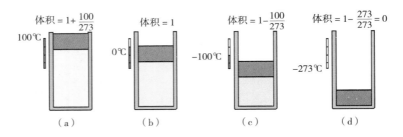

图4-2　气体体积与温度的变化

注：当气体体积（蓝色）收缩时，容器中的灰色活塞会下降，当压强保持恒定时，0℃的气体温度每变化1℃，体积变化1/273。图（a），100℃时，气体体积比图（b）时的大100/273。图（b），温度为0℃。图（c），当温度降至−100℃时，气体体积减少了100/273。图（d），−273℃时，气体体积将减少273/273，即为0。

科学家们还发现，任意固定体积容器中的任何气体，在0℃时，温度每变化1℃，其压强就会变化1/273。由此推出，在一个固定体积的容器中冷却到−273℃的气体将不会有压强。在实践中，每种气体在温度变得如此低之前都会液化。然而，这些减少1/273的变化量表明了最低温度的想法：−273℃。所以寒冷是有限度的。不同温标下的温度见图4-3。

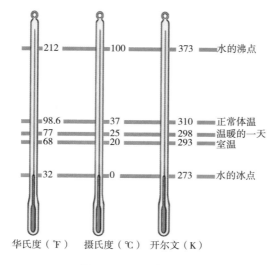

图 4-3 不同温标的温度

当原子和分子失去所有可用的动能时，它们将达到绝对零度。在绝对零度时，我们将无法从物质中提取更多的能量，也无法进一步降低其温度。这一极限温度实际上是 −273.15℃。

绝对温标又称开尔文温标，绝对零度为 0 开尔文。开尔文温标上没有负数。开尔文温标的刻度与摄氏温标的刻度相同，因此冰的熔点为 273.15 开尔文，水的沸点为 373.15 开尔文。

内能

所有物质都含有大量能量。例如，书本的纸张由不断运动的分子组成，这些分子有动能。由于与相邻分子的相互作用，这些分子也具有势能。书本的纸张易燃，所以它们也储存着化学能，这实际上是分子水平上的电势能。物质含有的大量的能量与原子核有关。还有一种"存在的能量"，由著名的质能方程 $E = mc^2$ 描述。物质中粒子级的能量以这些形式和其他形式存在，当它们结合在一起时，称为内能 ①。即使是最简单的物质中的内能也可能相当复杂，我们在研究热变化和热流时只关注物质内能的变化。温度的变化表明了内能的变化。

Q2 为什么搓手掌时，手掌会变得更暖和？

当我们搓手掌时，手掌会变得更暖和；搓两根干木棍，它们肯定也会变热；或者不断拉动自行车打气筒的把手，打气筒就会变热。这是为什么呢？这是因为我们在系统上做的机械功提高了其内能。内能是热能的术语表达。

如果我们对系统做机械功，而不是增加热量，热力学第一定律告诉我们：系统的内能增加。相反，如果向系统中输入热量，系统就能够做功，这只是热力学第一定律的一个应用。

接下来，让我们一起深入了解热力学第一定律。

大约 200 年前，热被认为是一种叫作"热质"的无形流体，它像水一样从热的物体流向冷的物体。热质似乎是守恒的，也就是说，它似乎是从一个地方流向了另一个地方，而不会被创造或破坏。这个想法是能量守恒定律的雏形。到了 19 世纪中期，在拉姆福德证明热不是物体中的一种物质的多年之后，人们已经接受了热的流动仅仅是能量本身的流动。热质理论逐渐被抛弃。今天，我们将热视为一种能量的转移 ②，并且这个过程通常是通过分子碰撞来实现的。热是传递中的能量。

---

① 如果一本书处于桌子边缘，它随时可能会掉落，因此它具有引力势能；如果把它抛到空中，它就会拥有动能。但这些都不是内能的例子，因为它们涉及的不仅是构成这本书的粒子。它们包括与地球的引力相互作用和相对地球的运动。我们应该把这本书中的内能和可能作用于这本书的各种形式的外部能量区分开。

② 一种流行的想法当被证明是错误的时候，很少会立即被抛弃。人们倾向于认同他们的时代所具有的特点和想法。因此，年轻人往往更有可能发现和接受新的想法，并推动人类社会不断向前发展。

当能量守恒定律扩展到包括热时，我们称之为热力学第一定律。该定律的一部分可以表述为：当热量流入或流出系统时，系统获得或损失的能量等于被传递的热量。

所谓系统，指的是一组定义明确的原子、分子、粒子或物体。系统可能是蒸汽机中的蒸汽，也可能是地球的整个大气层，甚至可能是一具生物的尸体。

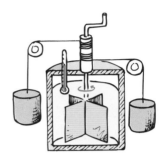

图 4-4　用于比较热能和机械能的桨轮装置

注：当重物下降时，它们会释放势能（机械能），势能转化为加热水的热量，这种机械能和热能的等价性首先由焦耳证明，能量单位就是以他的名字命名的。

重要的一点是，我们必须能够定义系统内包含的内容和系统外包含的内容。如果我们将热量添加到蒸汽机的蒸汽、地球的大气层或生物的身体中，我们就是在为系统添加能量。系统可以"利用"这种热量来增加自身的内能或对周围环境做功（见图 4-4）。因此，向系统中添加热量可以实现以下两项中的一项或两项：

1. 增加了系统的内能（热量留在系统内）。
2. 系统对外做功（热量转移至系统外）。

更具体地说，热力学第一定律表明：添加到系统的热量 = 内部增加的能量 + 系统对外部所做的功。

热力学第一定律是一个总体原则，与系统本身的内部运作无关。无论系统中分子行为的细节如何，增加的热量要么增加系统的内能，要么使系统能够做功（或两者兼有）。我们无须分析复杂的原子和分子运动过程就能描述和预测系统的行为，这是热力学的一大优点。热力学在微观世界和宏观世界之间架起一座桥梁。

考虑供应给蒸汽机的给定能量时，无论是在发电厂还是核动力船舶中，所提供的能量将在蒸汽增加的内能和所做的机械功中体现出来。增加的内能和所做的功之和将等于输入能量的值。能量输出值决不能超过能量输入值。热力学第一定律只是能量守恒定律的热学版本。

绝热过程

在没有热量进入或离开系统的情况下，流体的压缩或膨胀被称为"绝热过程"（来自希腊语，意为"不可逾越"）。绝热条件可以通过将系统与周围环境隔热（例如，使用泡沫聚苯乙烯）或通过快速执行该过程使热量没有时间进入或离开来实现。因此，在绝热过程中，由于没有热量进入或离开系统，热力学第一定律的"热量增加"部分必须为零。然后，在绝热条件下，内能的变化等于系统所做的功或者被做的功。

例如，如果我们对一个系统压缩做功，它的内能就会增加，表现为温度提高。当空气被压缩时，我们通过感知自行车打气筒变热可以获知这一点（见图4-5）。相反，如果系统做功，它的内能就会降低，表现为温度下降。我们可以观察到这一点，如果空气从轮胎气门嘴逸出并膨胀，轮胎气门嘴会变冷。快速膨胀的气体会冷却。

图4-5　用打气筒给自行车打气

注：当你按下活塞操作打气筒时，筒内的空气会被压缩，封闭空气的温度会怎样？如果空气膨胀并向外推动活塞，空气温度又会发生什么变化？

Q3 是什么导致了各地的气候差异？

太阳可以加热地球表面，地球表面随后加热上方的空气。气团从高压区流向低压区，例如极地的气团向中纬度地区移动。巨大的温差会产生暖锋或冷锋。将所有因素混合在一起，你就可以得出当地的天气和世界范围的气候。

热力学对气象学家分析天气能起到很大的作用。气象学家以这种形式表达热力学第一定律：空气温度随着热量的增加或压力的增加而升高。

空气的温度可以通过添加或去除热量、改变空气的压力（涉及做功），或者两者结合来改变。太阳辐射、地球的长波辐射、水汽凝结或空气与温暖地面的接触都会增加空气的热量，导致空气温度升高。大气层可能会因向太空辐射、雨水蒸发、空气经过干燥地方或与冷的表面的接触而失去热量，导致空气温度下降。

在一些大气活动过程中，增加或减少的热量非常少，少到几乎可以认为这个过程是绝热的。此时，我们可以利用热力学第一定律来理解气体变化：空气温度随着压力的增加而上升，随着压力的减小而下降。

大气中的绝热过程通常发生在气团中，它们的尺寸通常在几十米到几千米的范围内。这些气团足够大，以至于在它们存在的几分钟到几小时内，外界空气不会与气团中的空气发生明显的混合。气团类似于被包裹在巨大的、轻如羽毛的衣物袋中。当气团沿着山坡上升时，其受到的压力减小，气团膨胀和冷却，导致温度降低。

回想一下，在前文中，我们通过考虑碰撞分子的行为，从微观层面讨论了空气膨胀然后冷却的过程。在热力学中，我们只需考虑宏观层面的温度和压力就能得出相同的结果。从多个角度分析问题是很有趣的。

测量显示，海拔每升高 1 千米，干燥空气的温度会随着压力的降低而下降10℃（见图 4-6）。当空气流经高山或在雷暴、气旋中上升时，其海拔可能会上升几千米。因此，如果一团在地面上、温度为 25℃的干燥空气升高到 6 千米的高度，温度将降至寒冷的 −35℃。如果在 6 千米高、温度为 −20℃ 的空气下降到地面，它的温度将上升至 40℃。这种现象称为绝热增温现象，一个典型的例子是奇努克风——一种从落基山脉吹向大平原的风。冷空气沿着山坡下滑时被压缩成更小的体积，从而明显升温（见图 4-7）。气体的膨胀或压缩效应非常显著。

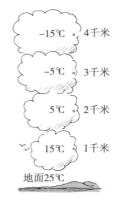

图 4-6　海拔升高，温度降低

注：海拔每升高 1 千米，一团绝热膨胀的干燥空气的温度就会降低约 10℃。

图 4-7　奇努克风

注：奇努克风是一种温暖干燥的风，当高空空气下降并绝热变暖时就会出现。

　　有趣的是，当你在高空飞行时，外界空气的温度通常为 −35℃，气压也更低，而你在温暖的机舱内感到十分舒适，这并不是因为加热器的作用。为了维持机舱内气压与海平面大气压接近，压缩机不断将外界空气压缩进机舱内，这一过程中压缩机对空气做功，通常会使空气温度升高至炙热的 55℃。因此，必须使用空调从加压空气中提取热量以使机舱降温。

　　当气体膨胀时，它会通过对周围环境做功来释放一些能量。因此，气体将会冷却。

　　上升的气团在膨胀时会冷却，但随着海拔的升高，周围的空气温度也会降低。如图 4-8 所示，当暖气团和冷气团碰撞时，空气被抬升并形成对流，产生云和降水。在这个过程中，云体内的正电云和负电云之间会形成强烈的电场，当电场达到临界点时，会产生闪电放电，形成雷暴。

图 4-8　雷暴

注：雷暴是上升的潮湿空气团快速绝热冷却的结果，它从水蒸气的凝结中获得能量。

只要气团比周围的空气温度高（密度更小），它就会继续上升。如果气团变得比周围的空气更冷（密度更大），它就会下沉。在某些条件下，大量冷空气会下沉并停留在低层，结果是上层空气温度较高。我们将这种大气温度随高度升高而增加的现象称为逆温。

如果任何上升的暖空气比上层暖空气的密度更大，它将无法继续上升。这种现象常见于寒冷的湖面上，湖面上方的可见气体和颗粒物（如烟雾）会在湖面上方形成平坦的一层，而不是上升并在大气中扩散（见图 4-9）。

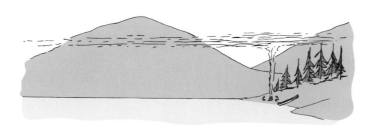

图 4-9　湖面的烟雾层

注：湖面上的篝火烟雾层表明气温出现了逆转，烟雾上方的空气比烟雾更热，下面的空气更冷。

逆温层会困住烟雾和其他热污染物。洛杉矶的烟雾就是这样被困住的，逆温层是由来自海洋的低层冷空气和从更热的莫哈韦沙漠越过山脉而来的热空气形成的，山脉帮助困住了这些空气（见图 4-10）。

图 4-10　洛杉矶的烟雾

绝热气团不仅限于大气层内，其内部变化也不一定总是迅速发生。某些深海洋流的循环可能需要数千年时间。这些水体非常庞大，导热性极低，因此在如此漫长的时间内几乎没有显著的热量传入或传出。在绝热条件下它们因压力变化而升温或降温。绝热海洋对流的变化，如周期性出现的厄尔尼诺现象，对地球气候有着重大影响。海洋对流受到海底温度的影响，而海底温度则受地壳下方熔融物质对流的影响（见图 4-11）。

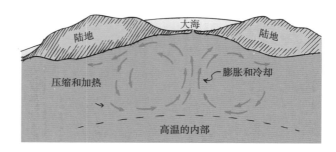

图 4-11　海洋对流

注：当陆地在地球表面漂移时，地幔中的对流会驱动它们吗？上升的熔融物质团块的冷却速度是比周围物质快还是慢？下沉团块的温度是高于还是低于周围环境的温度？

然而，我们很难探究地幔中熔融物质的行为。一旦地幔深处的一团高温液体开始上升，它会继续上升到地壳吗？或者，由于绝热冷却，它的温度和密度会低于周围环境，导致其下沉吗？对流是自我持续的吗？地球物理学家们正在探讨这些问题。

Q4　骆驼为什么很少中暑？

　　骆驼有很多方法可以抵抗干旱和炎热的天气。

　　首先，骆驼有神奇的补水方法。骆驼的重要水源之一是它超大的鼻子，它可以从自己呼出的气体中摄取水分。骆驼的内鼻孔结构可以有效地回收从肺部排出的温暖、水饱和的空气中所含的大部分水分。

　　再者，骆驼还有神奇的防中暑方法。骆驼的体温可以比正常值升高几摄氏度，使它们不至于中暑。当晚上气温下降时，这些额外升高的热量就会消散。

　　骆驼的神奇妙招不是自己开发的，而是它遵循热力学第二定律的缘故。

假设你将一块热砖放在一块冷砖旁边，并将它们放在一个隔热区域中。你知道，热砖会通过传递热量给冷砖而逐渐冷却，而冷砖则会因此变暖。最终，两块砖将达到相同的温度，即热平衡。根据热力学第一定律，这个过程不会损失任何能量。但是，假设热砖从冷砖中提取热量并变得更热，这是否会违反热力学第一定律呢？不会，只要冷砖相应地变得更冷，两块砖的总能量保持不变，这种情况就不会违反热力学第一定律。但它会违反热力学第二定律。

热力学第二定律规定了自然过程中能量传递的方向。热力学第二定律有很多种表述方式，最简单的表达是：热量不会自发地从冷的物体向热的物体传递。

冬天，热量从温暖的房子向室外寒冷的空气中传递。夏天，热量从外部的热空气传入较凉爽的室内。自发的热量传递方向是从热到冷。通过对系统做功或从其他来源增加能量的方式，可以实现热量的逆向流动，比如热泵和空调，它们可以使热量从较冷的地方传向较热的地方。

海洋中巨大的内能无法在没有外力的情况下点亮一个手电筒的灯泡。能量不会自发地从温度较低的海洋传向温度较高的灯丝。如果没有外力作用，热量的传递方向总是从热到冷。

热机

机器是 18 世纪末和 19 世纪初工业革命的焦点。当制造永动机的梦想破灭后，科学家和工业家将注意力转向了实际机器及提高其驱动发动机的效率。

热机是一种利用温差运行的装置，以热量作为输入，机械功作为输出。前文的"饮水鸟"就是一种热机，它由加热蒸汽的膨胀力驱动。在每台热机中，只有一部分热量可以转化为机械功。在讨论热机时，我们也提到了储热器。热量从高温储热器传向低温储热器。每台热机都遵循以下 3 个步骤：

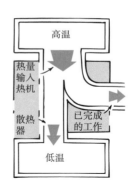

图 4-12　热量传入散热器

注：当热机中的热量从高温储热器传向低温散热器时，部分热量可以转化为功。如果对热机做功，热量可能会从低温储热器传到高温储热器，如冰箱或空调那样。

1. 从高温储热器吸收热量，增加发动机的内能。
2. 将其中一部分能量转化为机械功。
3. 将剩余的能量以热量的形式排出到低温储热器，通常称为散热器（见图 4-12）。

图 4-13 为四冲程内燃机的工作过程。

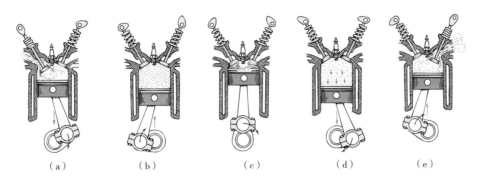

图 4-13 四冲程内燃机工作原理

注：图（a）为进气冲程，进气阀打开，活塞向下运动，燃油和空气的混合物进入汽缸，当活塞运动至最低时，进气阀关闭。图（b）为压缩冲程，活塞向上运动，燃油和空气的混合气体被压缩，当活塞运动至最顶部时，压缩冲程结束，将机械能转化为内能。图（c）为火花塞点火，点燃混合气体，使之温度迅速升高。图（d）为做功冲程，燃烧的气体急剧膨胀，推动活塞下行，将内能转化为机械能。图（e）为排气冲程，排气打开，活塞向上运动，将燃烧后的废气排出，当活塞运动至最顶部时，排气阀关闭。以上过程循环进行。

热力学第二定律告诉我们，任何热机都无法将所有热量转换为机械能。只有一些热量可以转化为功，剩余部分则在该过程中排出。

当热力学第二定律应用于热机时，可表述为：当热机在两个温度（$T_{热}$和$T_{冷}$）之间工作时，只有$T_{热}$处的部分输入热量可以转化为功，其余热量在$T_{冷}$处排出。

每台热机都会排出一些热量，这种热量可能是有利的，也可能是不利的。在寒冷的冬日，洗衣房或烤箱中排出的热空气可能非常有用，而在炎热的夏天，同样的热空气则令人不悦。当排出的热量不受欢迎时，我们称之为热污染。

在科学家理解热力学第二定律之前，许多人认为，摩擦系数极小的热机可以将几乎所有输入的热能转化为有用的功。然而事实并非如此。1824年，法国物理学家、工程师尼古拉·莱奥纳·萨迪·卡诺（Nicolas Léonard Sadi Carnot）分析了热机的运行，并得出了一项根本性发现。他指出，即使在理想条件下，能够转化为有用功的最大能量比例也取决于高温储热器和低温储热器之间的温差。卡诺方程为：

$$理想效率 = \frac{T_热 - T_冷}{T_热}$$

其中，$T_热$是高温储热器的温度，$T_冷$是低温散热器的温度。[1] 理想的效率取决于输入和输出之间的温差。当涉及温度之比时，必须使用绝对温标。

因此，$T_热$和$T_冷$的单位为开尔文。例如，当蒸汽轮机中的高温储热器为400开尔文，散热器为300开尔文时，理想效率为：

$$\frac{400 - 300}{400} = \frac{1}{4}$$

这意味着，即使在理想条件下，蒸汽提供的热量只有25%可以转化为功，而剩余的75%则作为废气排出。这就是蒸汽机和发电厂中蒸汽被过热到高温的原因。驱动电机或涡轮发电机的蒸汽温度越高，发电效率也可能越高。例如，如果所引用示例中的工作温度为600开尔文，而不是400开尔文，则效率将为（600 - 300）/600=1/2，这是400开尔文时效率的2倍。

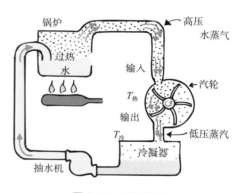

图4-14　蒸汽循环

注：汽轮机转动是因为高温蒸汽施加在汽轮机叶片前侧的压力，比低温蒸汽施加在叶片背面的压力大。如果没有压差，汽轮机将不会旋转并向外部负载（如发电机）输送能量。叶片背面蒸汽压力的存在，即使没有摩擦，也会阻止汽轮机成为一个完美高效的发动机。

我们可以在图4-14中运行的汽轮机中看到高温储热器和散热器之间的温差作用。高温储热器中是来自锅炉的蒸

---

[1] 效率 = 功输出 / 热量输入。根据能量守恒，热量输入 = 功输出 + 低温处热量输出。因此，功输出 = 热量输入 - 热量输出，效率 = （热量输入 - 热量输出）/（热量输入）。在理想情况下，可以证明，（热量输出）/（热量输入）=$T_冷$/$T_热$。因此我们可以说理想效率 =（$T_热$ - $T_冷$）/$T_热$。

汽，冷的散热器是冷凝器的排气区。当热蒸汽推动叶片的前侧时，它会对叶片施加压力并做功。但是如果相同的蒸汽压力也同样施加在叶片的背面，则会产生相反的效果，这就不太好了。

降低叶片背面的压力至关重要。这是怎么做到的？如果蒸汽冷凝，则叶片背面的压力会大大降低。我们知道，在蒸汽受限的情况下，温度和压强将"齐头并进"：温度升高，压强升高；温度降低，压强降低。因此，热机运行所需的压力差与热源和散热器之间的温差直接相关。温差越大，效率越高。

卡诺方程规定了所有热机的效率上限，无论是在汽车、核动力船还是喷气式飞机上。在实践中，摩擦总是存在于所有发动机中，效率总是低于理想值。[1] 虽然摩擦是许多设备效率低下的唯一原因，但热机的首要概念是热力学第二定律：即使没有摩擦，也只有部分热输入能转化为功。

> • 趣味问答 •
>
> **为什么加热后的铝罐会被大气压压扁？**
>
> 在一个铝制汽水罐中倒入少量水，将其放在炉子上加热，直到罐口冒出蒸汽。这时，罐内的空气已被蒸汽替代。然后，迅速用钳子将罐子倒置浸入一盘冷水中。嘎吱！罐子被大气压压扁了！为什么会这样呢？
>
> 当蒸汽分子遇到冷水时，会发生凝结，罐内压力迅速降低，随后周围的大气压就会将罐子压扁。通过这个实验，我们可以清楚地看到凝结是如何显著降低压力的。

Q5 在自然界，无序才是常态吗？

热力学第一定律指出，能量既不能被创造，也不能被销毁。这一原理涉及能量的数量。热力学第二定律则进一步补充，指出能量在转化过程中会转化为不太有用的形式，这涉及能量的质量。能量在转化过程中会分散，最终转化为废能。换句话说，有序的能量（集中且因此可用的

---

[1] 汽车内燃机的理想效率超过 50%，但实际效率约为 25%。具有较高工作温度（与散热器温度相比）的发动机的效率更高，但发动机材料的熔点限制了它们在更高温度下的工作。汽车的全电动马达越来越受欢迎，它完全绕过了热机的温度依赖性，而且效率很高。

高质量能量）会转化为无序的能量（不可用的低质量能量）。例如，一旦水流过瀑布，它就失去了做功的潜力。同样，对于汽油来说，当它在汽车发动机中燃烧时，有序的能量会转化。有用的能量转化为无用的形式，无法再次用来完成相同的工作，比如驱动另一台汽车发动机。散布在环境中的热量，即热能，是有用能量的最终归宿。

每次能量转化都会降低能量的质量，因为有序的能量形式倾向于转化为无序的形式。从这个更广泛的角度来看，热力学第二定律可以用另一种方式表述：在自然过程中，高质量的能量倾向于转化为低质量的能量——秩序趋向于无序。

设想一个由一堆硬币组成的系统，这些硬币整齐地摆在桌子上，全部是正面朝上。如果有人不小心碰到了桌子，硬币掉到地上，它们显然不会全部正面朝上，秩序变成了无序。所有气体分子整齐一致地运动构成了一种有序状态，但这也是一种不太可能的状态。相反，气体分子以各种方向和速度杂乱无章地运动构成了一种无序、混乱（且更可能发生）的状态。

如果你打开香水瓶的盖子或烤箱门，香水或巧克力饼干的分子会扩散到房间中，变成一个更加无序的状态（见图 4-15）。相对有序变成了无序。你不能指望这种现象会自动逆转，也就是说，你不能指望香水或饼干的分子会自发地重新聚集回瓶子或托盘中，从而恢复到更有序的状态。

同样，在粗糙的地板上推动装满汽车零件的板条箱时，有序能量转化为无序能量（见图 4-16）。

图 4-15　香水分子扩散

注：香水分子很容易从瓶子（有序状态）进入空气中（不那么有序的状态），而不是反过来。

在没有任何外部帮助的情况下，从无序恢复为有序的过程不可能在大自然中发生。有趣的是，通过热力学第二定律，时间被赋予了方向：时间之箭总是从有序指向无序。

图 4-16 在粗糙的地板上推动装满汽车零件的板条箱

注：此时你做的所有功都将用于加热地板和板条箱。抵抗摩擦的功产生热量，而热量不能转化为板条箱的动能，此时，有序能量转化为无序能量。

只有通过一定的方法或输入功，无序能量才能转化为有序能量。例如，冰箱中的水会冻结成冰并变得更有序，因为制冷循环中投入了功；如果提供外部能量驱动压缩机，气体可以被压缩到一个小区域。所有净效应是增加有序性的过程都需要外部能量输入。然而，对于这样的过程，无序性总会在其他地方增加，以抵消这一过程中有序性的增加。因此，我们看到，冰箱中水分子变成冰的有序性增加，被排放到厨房空气中的热能所导致的空气分子无序性的增加所抵消。

Q6 如何把炒鸡蛋还原成一个鸡蛋？

有一个古老的谜语："你如何把炒鸡蛋还原成一个鸡蛋？"答案就是："把炒鸡蛋喂给一只鸡。"但实际上，即使这样做了，你也无法得到原来的鸡蛋。

能量有分散的趋势，比如打开热烤箱的门时，烤箱内的热空气会迅速扩散。能量也有转化的趋势，比如木材中储存的化学能在燃烧时会转化为热能。我们用"熵"这个术语来描述能量自然分散或转化的过程。熵可以通过系统中的无序程度来衡量（如图 4-17）。

更多的熵意味着更多的能量分散或转化。由于能量随着时间的推移倾向于分散和转化，任何系统中的熵总量都会随着时间的推移而增加。每当一个物理系统被允许自由分配其能量时，它总是以增加熵的方式进行，系统中剩余可用于做功的能量则会减少。

图 4-17　熵的象征：从有序到无序的自然演变

　　宇宙中的净熵在不断增加。我们使用"净"这个词，因为在某些区域，能量实际上正在被组织和集中。这种情况发生在活的有机体中，它们通过从食物中获取能量来生存，并利用这些能量来增强自身的组织（如生长和修复）。在有机体中，熵会减少。但生命形式中的秩序是通过增加其他地方的熵来维持的，结果是净熵增加。能量必须转化进入生命系统以维持生命。当这种转化停止时，有机体很快就会死亡并趋向于无序。

　　有趣的是，美国散文家、诗人爱默生（Ralph Waldo Emerson）在热力学第二定律成为当时新兴的科学话题时，哲学性地推测并非所有事物都会随着时间的推移变得更加无序。他举了人类思想的例子。关于事物本质的观念随着代代相传而变得越来越精炼和有条理。人类思想正朝着更有序的方向发展。

　　热力学第一定律是自然界的普遍法则，目前没有观察到任何例外。然而，热力学第二定律是一个概率性的陈述。只要时间足够长，即使是最不可能的状态也有可能发生，熵有时可能会减少。例如，空气分子的杂乱运动可能会在房间的一角暂时变得和谐，就像一堆硬币倒在地上时所有的硬币都恰好正面朝上。这些情况是可能发生的，但不可能成为常态。热力学第二定律阐明的是最可能的事件过程，而不是唯一可能的过程。

热力学定律常被这样表述：你无法获胜（因为你不能从一个系统中得到比你投入的能量更多的能量），你不能打平（因为你不能获得与投入的能量等量的有用能量），你也不能退出游戏（宇宙中的熵总是在增加）。

热力学第三定律指出，任何系统的绝对温度都无法降至绝对零度。研究者无数次试图获得这个难以捉摸的温度，但都只能接近它，而无法真正达到。

此外，还有一个热力学第零定律，该定律指出，如果系统 A 与系统 B 成热平衡，系统 B 与系统 C 成热平衡，则系统 A 与系统 C 也必然成热平衡，即都具有相同的热力学温度。热力学第零定律的重要性是在热力学第一定律、第二定律和第三定律命名之后才被认识到的，因此"第零"这个有趣的名字显得十分恰当。

要点回顾

CONCEPTUAL PHYSICS >>>

- 原则上，温度没有上限。随着热运动的增加，固态物质首先会熔化，然后蒸发。随着温度进一步升高，分子分解成原子，原子失去部分或全部电子，形成带电粒子云，即等离子体。等离子体存在于宇宙中，如恒星，那里的温度高达数百万摄氏度。

- 当能量守恒定律扩展到包括热时，我们称之为热力学第一定律。该定律的一部分可以表述为：当热量流入或流出系统时，系统获得或损失的能量等于被传递的热量。

- 空气的温度可以通过添加或去除热量、改变空气的压力（涉及做功），或者两者结合来改变。太阳辐射、地球的长波辐射、水汽凝结或与温暖地面的接触都会增加空气的热量，导致空气温度升高。大气层可能会因向太空辐射、雨水蒸发、空气经过干燥地方或与冷表面的接触而失去热量，导致空气温度下降。

- 热力学第二定律规定了自然过程中能量传递的方向。热力学第二定律有很多种表述方式，最简单的表达是：热量不会自发地从冷的物体传向热的物体。

- 每次能量转化都会降低能量的质量，因为有序的能量形式倾向于转化为无序的形式。从这个更广泛的角度来看，热力学第二定律可以用另一种方式表述：在自然过程中，高质量的能量倾向于转化为低质量的能量——秩序趋向于无序。

- 熵可以通过系统中的无序程度来衡量。更多的熵意味着更多的能量分散或转化。由于能量随着时间的推移倾向于分散和转化，任何系统中的熵总量都会随着时间的推移而增加。

CONCEPTUAL
PHYSICS

第二部分

 声

CONCEPTUAL
PHYSICS

05

声音是如何产生和传播的

妙趣横生的物理学课堂

- 为什么宇宙是寂静无声的？

- 我们如何描绘声波？

- 为什么海啸过后，被扰乱的物品会最终回到原位？

- 波是如何相互干涉的？

- 为什么远方疾驶过来的火车鸣笛声变得尖细？

- 飞机是如何实现超声速飞行的？

- 声爆是如何发生的？

旧金山的探索博物馆不仅是世界级的科学技术博物馆，可能也是地球上最好的物理课教学场所。我很荣幸能于1982—2000年在此授课。这座探索博物馆之所以与众不同，是因为它的创始人——弗兰克·奥本海默，他是罗伯特·奥本海默的弟弟。弗兰克·奥本海默对物理学及物理教学充满热情。当振动、海浪和音乐声成为话题时，我非常荣幸能与他共享课堂。

我们周围环境的大多数信息都是以某种形式的波传递的。正是通过波的运动，声音得以传到我们的耳中，光线得以传到我们的眼里，电磁信号得以传到收音机和无线电话中。通过波的运动，能量可以从源头传递到接收器。本章内容，你将从所有波的源头——振动开始学习。

Q1　为什么宇宙是寂静无声的？

机械波需要介质。海浪需要水，号角声需要空气。从一般意义上讲，任何物体的来回、前后、左右、进出或上下移动都是振动。振动是时间上的周期性摆动。波是空间和时间上的周期性摆动。波可以从一个地方延伸到另一个地方。

　　光和声音都是通过空间传播的振动波，但它们是两种非常不同的波。

　　声音是一种机械波，依靠物质介质（固体、液体或气体）的振动进行传播。如果没有可以振动的物质介质，那么就不可能有声音。这就是声音不能在真空中传播的原因。

　　光可以在真空中传播，我们将在后面的章节中学习到，光的传播是电场和磁场的振动促成的，光是纯能量的电磁波。我们将在后文深入了解光的魅力，学习光的粒子性质，且它以波的形式传播，并像粒子一样彼此撞击。现在，让我们把光当作一种能量波。虽然光可以穿过许多物质，但它本身的传播不需要借助任何物质。当光通过太阳和地球之间的真空传播时，这一点是显而易见的。机械波或电磁波，以及其他所有波的来源都是某种振动。图 5-1 展示了运动状态与质量无关，我们将从观察单摆的运动开始研究振动和波。

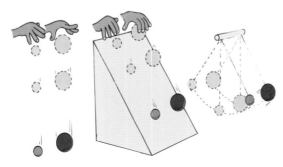

图 5-1　运动状态与质量无关

注：如果你让两个质量不同的小球下落，它们都会以相同的加速度（重力加速度）加速。让它们在无摩擦的斜面上滑动，它们将以相同的加速度（重力加速度的分量）一起滑动。将它们系在相同长度的绳子上，作为摆锤，它们会同步来回摆动。在所有这些情况下，运动状态都与质量无关。

摆的振动

　　如果我们将一块石头悬挂在一根绳子的末端，就得到一个简单的摆。同样，装满沙子的容器悬挂在一根垂直杆的末端，它也会来回摆动。如图 5-2 所示，弗兰克·奥本海默展示了这种摆如何通过漏沙在静止的传送带上画出一条直线，当传送带以恒定速度移动时，它会产生一种称为正弦曲线的特殊曲线。正弦曲线由简谐运动产生的波的图形表示。

图 5-2 弗兰克·奥本海默展示如何画出正弦曲线

摆的运动非常有规律，以至于长期以来，人们使用它来控制大多数钟表的运行。现在，我们仍然可以在老式落地钟和布谷鸟钟里找到摆。伽利略发现，钟摆在小距离内来回摆动所需的时间仅取决于摆的长度。令大多数人感到惊讶的是，摆的来回摆动时间（称为周期）与摆的质量或摆动的弧度大小无关。

长摆的周期比短摆更长，也就是说，长摆的来回摆动频率低于短摆。例如，落地钟的摆长约为 1 米，其摆动周期为 2 秒，而布谷鸟钟的摆动周期则不到 1 秒。除了长度，摆的周期还取决于重力加速度。石油和矿产勘探者以及地质学家，会使用非常灵敏的摆来探测加速度的微小差异，这些差异受到地下地层密度的影响。

Q2 我们如何描绘声波？

声波、水波或无线电波等"经典"波的频率与其振动源的频率相匹配。（在原子和光子的量子世界中，规则是不同的。）

正弦曲线也可以通过连接在弹簧上进行垂直简谐振动的摆锤来描绘（见

图 5-3）。对于水波，正弦波的高点称为波峰，低点称为波谷。图 5-3 中的虚线表示振动的中点，即平衡位置。振幅是指从中点到波峰（或波谷）的距离，因此振幅等于从平衡点出发的最大位移。

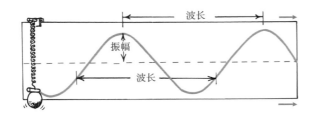

图 5-3　正弦曲线

注：当摆锤上下振动时，记号笔在纸上画出一条正弦曲线，并以恒定速度水平移动（作为时间图，波长实际上反映摆锤振动的时间是一个周期）。

波长是从一个波峰的顶部到下一个波峰顶部的距离。换句话说，波长是波中任何相邻的相同部分之间的距离。大海中波浪的波长以米为单位，池塘中的涟漪和微波炉中的波长通常以厘米为单位，光的波长则以纳米为单位。

振动发生的频繁程度用频率来描述。振动摆或弹簧上的物体的频率是它在给定时间（通常为 1 秒）内进行的往复振动次数。一个完整的往复振动就是一次振动。

频率的单位称为赫兹，以 1886 年展示无线电波的亨利希·鲁道夫·赫兹（Heinrich Rudolf Hertz）的名字命名。每秒一次振动为 1 赫兹，每秒两次振动为 2 赫兹，以此类推。更高的频率的单位为千赫、兆赫（百万赫兹）、吉赫（十亿赫兹）。调幅无线电波以千赫为单位，调频无线电波以兆赫为单位，雷达和微波炉的电波以吉赫为单位。

如果调幅电台频率为 960 千赫，意味着它的无线电波每秒振动 960 000 次。如果调频电台频率为 101.7 兆赫，意味着它的无线电波每秒振动 101 700 000 次。这些无线电波频率是无线电台发射塔天线中电子振动的频率。因此，我们可以得知，所有波的来源都是某种振动。振动源的频率与它产生的波的频率相同。

振动或波的周期是完成一次完整振动所需的时间。如果已知物体的频率，就可以计算其周期，反之亦然。例如，如果一个摆在 1 秒内振动两次，其频率为 2 赫兹，完成一次振动所需的时间，即振动周期为 1/2 秒。如果振动频率是 3 赫兹，那么周期就是 1/3 秒。频率（每秒振动的次数）和周期（每次振动所需的秒数）互为倒数。

Q3 为什么海啸过后，被扰乱的物品会最终回到原位？

以下这个例子可以帮助我们直观地理解波动：想象一根水平拉紧的绳子，如果绳子的一端上下晃动，就会产生一个节奏性的扰动沿着绳子传播。绳子的每个部分都会上下移动，同时，这个扰动将会沿着绳子的长度移动。介质（无论是绳子还是其他物质）在扰动过后会恢复到初始状态。因此，实际上传播的是扰动及其携带的能量，而不是介质本身。

从一个位置传输到另一个位置的是介质中的扰动，而不是介质本身。我们可以通过另一个例子来说明这一点。如果你在大风天从高处俯视一片草茎较高的草地，你会看到波浪扫过草地。每根草茎都不会离开它们的位置，而是来回摇摆。当波动继续时，高高的草在一定范围内来回摆动，但并未移动到其他地方。当波动停止时，草会恢复到初始位置。

关于波的运动，有另一个人们更加熟悉的例子——水波（见图 5-4）。如果将一块石头扔进平静的池塘，波浪会以不断扩大的圆圈形式向外传播，波心就是扰动的源头。在这种情况下，我们可能会认为水是随着波浪一起传播的，因为当波浪到达岸边时，水会溅到原本干燥的地面上。然而，我们应该意识到，除非有障碍物，否则水会流回池塘，恢复到最初的状态。水面的扰动消失后，水

图 5-4 水波

本身并未移动到其他地方。一片漂浮在水面的树叶会随着波浪上下浮动并来回漂移，但最终会回到起点。同样，即使在海啸这种极端情况下，在扰动过后，介质也会恢复到初始状态。

横波

把绳子的一端固定在墙上，另一端拿在手里。如果你突然上下摇动绳子的自由端，一个携带能量的脉冲将沿着绳子来回移动（见图5-5）。在这种情况下，绳子的运动（箭头所指示的）方向与波速方向成直角。这种直角的或侧向的运动被称为横向运动。现在，以规则的、持续的上下运动摇动绳子，一系列脉冲将产生一个波。因为介质（在这种情况下是绳索）的运动与波的传播方向垂直，因此这种类型的波被称为横波。

乐器中拉紧的弦中产生的波是横波。构成无线电波和光的电磁波也是横波。

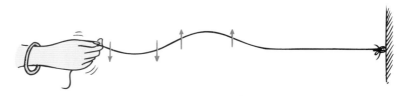

图 5-5　横波

纵波

并非所有的波都是横波。有时，组成介质的部分会在波传播的同一方向上来回运动。运动沿着波的传播方向。这就产生了纵波。

横波和纵波都可以通过拉伸弹簧来演示，如图5-6所示。横波是通过在垂直于弹簧的方向上上下摇晃弹簧的末端而产生的。纵波是通过沿平行于弹簧的方向快速拉动和推动弹簧的末端而产生的。在这种情况下，我们看到介质平行于能量的传递方向而振动。弹簧的一部分被压缩，压缩波沿着弹簧传播。在连续挤压之间的是一个拉伸区域，称为稀疏波。压缩波和稀疏波沿弹簧的方向相同。声波是纵波。

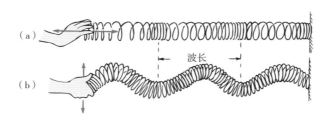

图 5-6　两个波都从左到右传递能量

注：图（a），当弹簧的末端沿其长度方向快速推拉时，就会产生纵波。
图（b），当上下摇动弹簧的末端时，就会产生横波。

由地震产生的波和在土地中传播的波主要是两种类型：纵向 P 波和横向 S 波（见图 5-7）。（地质学学生通常把 P 波记为更快的"推拉"波，把 S 波记为较慢的"左右"波。）S 波不能穿过液体物质，但 P 波可以穿过地球内部的熔融部分和固体部分。对这些波的研究揭示了地球内部的许多情况。

纵波的波长是连续压缩之间的距离，或者说是连续稀疏波之间的距离。纵波最常见的例子是在空气中传播的声音。当声波经过时，空气中的元素会围绕某个平衡位置来回振动。

图 5-7　地震产生的 P 波和 S 波

波速

波的运动取决于它所穿过的介质。周期波运动的速度与波的频率和波长有关。我们可以通过观察简化的水波（见图 5-8）俯视图来理解这一点。想象一下，我们将目光聚焦在水面的一个固定点上，并观察经过该点的波浪。我们可以测量一个波峰到下一个波峰所经过的时间（周期），也可以观察两个相邻波峰之间的距离（波长）。我们知道，速度的定义是距离 / 时间。在这种情况下，距离是一个波长，时间是一个周期，因此波的速度 = 距离 / 时间 = 波长 / 周期。由于周期是频率的倒数（1/ 频率），我们也可以说，通过特定点的波速等于波的频率乘以其波长：

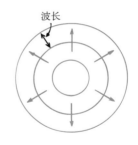

图 5-8　简化的水波俯视图

注：每个蓝色圆圈代表扩展波纹图案的波峰，我们称这些波峰线为波前。

$$波速 = 频率 \times 波长$$

$$v = f\lambda$$

假设拉紧的绳子上的一个点每秒上下振动两次（其振动频率），其波峰之间的距离为 4 米。你能看到绳子振动传播的速度等于 8 米 / 秒吗？这种关系适用于所有类型的波，无论是水波、声波还是光波。波长与波速的关系见图 5-9。

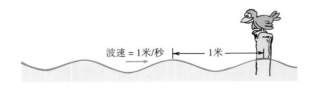

图 5-9　波长与波速

注：如果波长为 1 米，每秒有一个波长通过极点，则波速为 1 米 / 秒。

Q4 波是如何相互干涉的？

虽然一个物体（如岩石）不会与另一个物体共享其空间，但在同一空间中可以同时存在多个振动或者波。如果我们把两块岩石扔进水中，那么它们产生的波会相遇并产生波干涉。波的重叠可以形成干涉图案。在这种情况下，波的效应可以增强、减弱或抵消。

当不止一个波同时占据同一空间时，位移在每个点上都会叠加。这就是叠加原理。因此，当一个波峰与另一个波峰重叠时，它们各自的影响会叠加在一起，从而产生振幅增加的波峰。这被称为相长干涉。当一个波峰与另一个波谷重叠时，它们各自的影响就会减小。一个波的高耸部分会简单地填充另一个波的凹陷部分。这被称为相消干涉（见图 5-10）。

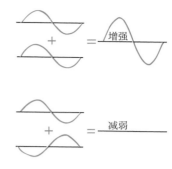

图 5-10 相长干涉和相消干涉

波浪干扰在水中最容易被看到。如图 5-11 所示，两个振动的物体在接触水面时产生干涉图案。我们可以看到，一个波峰与另一个波谷重叠形成了零振幅区域。在这些区域的各个点上，波浪会不同步到达。此时我们称它们彼此异相。

干涉是所有波运动的特征，无论波是水波、声波还是光波。

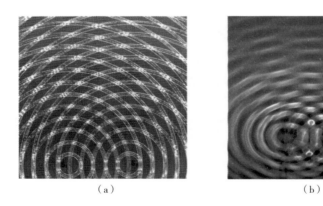

（a）   （b）

图 5-11 两组重叠的水波产生干涉图案

注：图（a），来自两个源的扩展的波的理想化绘图。图（b），实际干涉图案的照片。

驻波

如果我们把绳子一端绑在墙上，上下摇晃绳子的自由端，绳子上就会产生一连串的波浪。墙壁是坚硬的不会晃动，所以波浪将沿着绳子反射回来。通过适当摇动绳索，我们可以使入射波和反射波叠加形成驻波，其中绳索的一部分（称为波节）看上去静止不动（见图 5-12）。波节是位移最小或为零的区域，具有最小的能量或零能量。相反，波腹（图 5-12 中未标记）是具有最大位移和最大能量的区域，它出现在波节和波节的中间部分。把手指放在波节的上方和下方不会碰到绳子，但放在绳子的其他部分，尤其是波腹，则会碰到绳子。

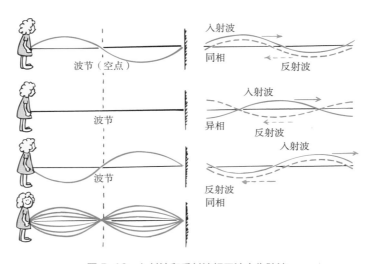

图 5-12　入射波和反射波相干涉产生驻波

驻波是干涉的结果。当两组振幅和波长相等的波以相反的方向相互通过时，这些波彼此稳定地同相和异相。这种情况发生在反射自身的波上，从而产生了相长干涉和相消干涉稳定的区域。

做出驻波很容易。在牢固的支架上绑一根绳子（最好是用橡胶管），并用手上下摇动绳子。如图 5-13（a）所示，如果用正确的频率摇动绳子，一个驻波便会产生。如图 5-13（b）所示，用 2 倍的频率摇动绳子，则会产生具有 2 个波段、波长为原始波长的 1/2 的驻波。（连续节点之间的距离是半波长；两个回路构成一个全波长。）如图 5-13（c）所示，如果用 3 倍的频率摇动绳子，将产生具有 3 个波段的、波长为原始波长 1/3 的驻波，以此类推。

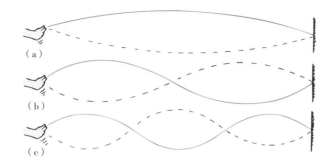

图 5-13　摇动绳子形成驻波

注：图（a），摇动绳子，直
到形成 1 段驻波。图（b），
以 2 倍的频率振动，产生 2 段
波。图（c），以 3 倍的频率
振动，产生 3 段波。

当乐器被弹拨、拉动或敲击时，驻波会在乐器的琴弦上产生。驻波在风琴管、小号或单簧管的空气中形成。在向汽水瓶的顶部吹气时，瓶子里的空气也会产生驻波。以正确的频率来回晃动一桶水或一杯咖啡，桶和杯中同样会产生驻波。驻波可以通过横向振动或纵向振动产生。

风琴管或长笛通过空气柱中的驻波发出声音。

Q5　为什么远方疾驶过来的火车鸣笛声变得尖细？

当消防车拉响警报经过你身边时，多普勒效应此时会体现得很明显（见图 5-14）。当车辆接近你时，音调高于正常值（如音阶上的高音）。这是因为，声波的波峰会以更高频率进入你的耳朵。当车辆经过你身旁并驶离时，你会听到音调下降，因为此时波峰进入耳朵的频率更低。

图 5-14　消防车经过时的多普勒效应

注：当声源向你移动时，声音的音调（频率）会更高，而当声源远离你时，音调会更低。

　　图 5-15 是一只小虫子在一个平静的水坑中抖动双腿并上下浮动时产生的水波图案。小虫不会游走，只是在固定的位置上抖动。小虫踩水产生的波形是同心圆，因为波的速度在所有方向上都是相同的。如果小虫以恒定的频率在水中摆动，那么波峰之间的距离（波长）在所有方向上都是相同的。波遇到 A 点的频率与遇到 B 点的频率相同。这意味着，波运动的频率在 A 点和 B 点或虫子附近的任何地方都是相同的。该波的频率与虫子的摆动频率相同。

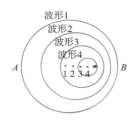

图 5-15　固定位置处的虫子在平静的水中抖动形成的水波俯视图

注：蓝色圆圈表示扩展模式中的波前。

　　假设抖动的虫子以低于波速的速度在水中游动，那么实际上，这只虫子是在追逐它产生的部分波。此时波形被扭曲，不再由同心圆构成（见图 5-16）。外部波的中心是在虫子位于该圆的中心时形成的，下一个小波形的中心是在虫子位于这个圆圈中心时产生的，以此类推。圆形波的中心向虫子游泳的方向移动。尽管虫子保持着与之前相同的摆动频率，但 B 点的观察者会更频繁地看到波浪。观察者将测量到更高的频率。这是因为，每一个连续波的传播距离都在缩短，因此波到达 B 点的频率比虫子没有向 B 点移动时的频率更高。此外，由于波峰

图 5-16　一只虫子在静水中向 B 点游动所形成的水波

到达之前的时间较长，因此 A 点处的观察者会测量到较低的频率。这是因为，为了到达 A 点，加之虫子的运动，每个波峰必须比前面的波峰行进得更远。由于源（或接收器）的运动而导致的频率变化被称为多普勒效应（以奥地利物理学家多普勒的名字命名）。

　　水波会在平坦的水面上传播。此外，声波和光波在三维空间中会向各个方向传播，就像一个膨胀的气球。移动源向接收器靠近时，波与接收器的距离缩短，从而到达接收器的波的频率也更高。

光也会产生多普勒效应。当光源接近时，测量到的频率会增加；当光源远离时，测量到的频率会降低。频率的增加被称为蓝移，因为这种增加会朝向彩色光谱的高频（或蓝色）端。频率的降低被称为红移，指的是向光谱的低频（或红色）端移动。例如，遥远星系发出的光会发生红移，对这一变化的测量使我们可以计算星系的退行速度。一颗快速旋转的恒星能够显示出从远离地球的一侧发出的红光和从朝向地球的一侧射出的蓝光，这使得天文学家能够计算恒星的自转速率。

你要清楚的是频率和速度之间的区别。波的振动频率与它从一个位置移动到另一个位置的快慢完全不同。

Q6 飞机是如何实现超声速飞行的？

当一个源的速度和它产生的波的速度一样大时，就会发生有趣的事情：波在源的前面堆积。正如前文中的虫子，当它游得和波速一样快时，虫子可以追上它产生的波吗？波不是在虫的前面移动，而是在虫的正前方相互叠加并隆起（见图5-17）。虫子沿着它产生的波的前缘向右移动。

当飞机以超声速飞行时，也会发生类似的现象。在喷气式飞机出现的早期，人们认为，飞机前方的声波堆积会形成一个"音障"，为了以超过声速的速度飞行，飞机必须"打破音障"。实际上，重叠的波峰会扰乱机翼上方的气流，使控制飞机变得更加困难。但这种障碍并不是真实存在的。

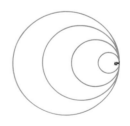

图5-17 一只以波速游动的虫子所产生的波形图案

正如船可以很容易地比它产生的波浪行进得更快一样，具有足够动力的飞机也可以很容易地比声速行进得更快。此时我们说飞机是超声速飞行的。一架超声速飞机可以飞入平滑、未受扰动的空气中，因为没有声波可以在它前面传播。

同样，一只游得比水波速度快的虫子会发现，它总是会游进表面光滑、未被扰动的水中。

当虫子游得比波速快时，在理想情况下，它的运动会形成一种波浪模式。如图 5-18 所示，虫子超越了它产生的波浪。波浪在边缘重叠，并形成 V 形，称为弓形波，如同被前进的虫子拖在了后面。快艇划过水面时产生的弓形波不是典型的振荡波，它是一种由许多圆形波重叠产生的扰动。

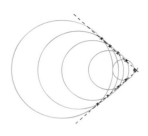

图 5-18　弓形波

注：一只虫子游得比波速快时产生的图案，相邻波重叠的点（x）呈现 V 形。

图 5-19 显示了以不同速度移动的振源所形成的一些波形。注意，当振源的速度超过波速后，振源速度的增加会产生更窄的 V 形。[1]

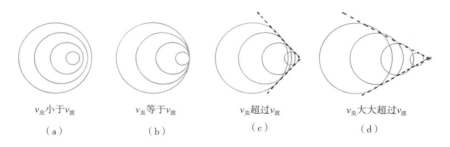

$v_{虫}$小于$v_{波}$　　　$v_{虫}$等于$v_{波}$　　　$v_{虫}$超过$v_{波}$　　　$v_{虫}$大大超过$v_{波}$

（a）　　　　　　（b）　　　　　　（c）　　　　　　（d）

图 5-19　虫子不断以更高的速度游动

注：只有当虫子游得比波浪速度快时，才会出现边缘的重叠。

Q7 声爆是如何发生的？

移动的振源不一定要"大声"才能产生激波。一旦物体的移动速度

---

[1] 船在水中产生的波浪比这里所示的要复杂得多。我们在此所做的理想化处理可以类比在空气中产生的不太复杂的冲击波。

超过声速，它就会发出声音。一颗超声速子弹从我们头顶飞过，会产生爆裂声，这是一个小声爆。如果子弹更大，干扰了更多的空气，那么爆裂声会变成轰隆隆的声音。当驯兽师挥动鞭子时，发出的爆裂声实际上是鞭子尖发出的一声巨响，因为鞭子尖运动的速度超过了声速。子弹和鞭子尖本身都不是声源，但当它们超声速运动时，会产生激波并发出声音。

一艘在水中行驶的快艇会产生一个二维的弓形波。超声速飞机同样会产生三维激波。正如弓形波是由形成 V 形的重叠圆产生的一样，激波是由形成圆锥体的重叠球体产生的。而且，正如快艇的弓形波会一直传播到湖岸一样，超声速飞行器产生的锥形波也会一直传播到地面。

如果你站在水边，那么在快艇经过时，船头波浪溅起的水花会将你淹没。在某种意义上可以说，你被"水爆"击中了。同样，当超声速飞机扫过的压缩空气的锥形外壳传达到地面上人们的耳朵时，人们将会听到尖锐声音，这就是声爆。

我们不会听到比声速慢或亚声速的飞机发出的声爆，因为到达我们耳朵的声波被认为是一个连续的音调。只有当飞机的移动速度比声速快时，声波才会在一次爆炸中重叠着到达人的耳朵中。压强的突然增加在效果上与爆炸产生的空气突然膨胀大致相同。这两个过程都会将一股高压空气引向人耳。而人耳很难分辨这是爆炸产生的高压还是许多重叠波产生的高压。如图 5-20 所示，飞机正在产生一团水蒸气。

冲浪者熟悉的事实是，在 V 形弓形波浪的高波峰旁边有一个 V 形凹陷。激波也是如此，它通常由两个锥体组成：一个是

图 5-20 飞机正在产生一团水蒸气

注：这是刚刚在压缩空气壁后面的稀薄区域中，从快速膨胀的空气中冷凝出来的。

在超声速飞机的机头产生的高压锥体，一个是在飞机尾部产生的低压锥体。[①] 这些锥体的边缘在如图 5-21 所示的超声速子弹的照片中可见。在这两个锥体之间，大气压强急剧上升到 1 个标准大气压以上，然后下降到 1 个标准大气压以下，之后在内部尾锥体之外快速恢复正常（见图 5-22）。这种超压和立即随之而来的负压加剧了声爆。

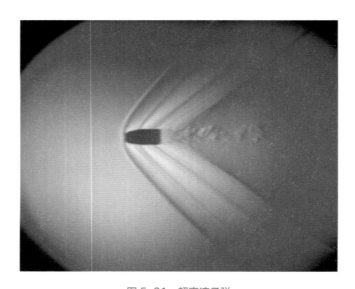

图 5-21　超声速子弹

注：比声速更快的子弹压缩其路径中的空气，并产生可见的激波。

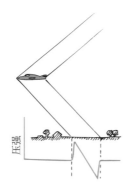

图 5-22　激波的两个锥体

注：激波实际上由高压锥体和低压锥体组成。高压锥体的顶点位于飞机的前部，低压锥体的顶点在飞机尾部，锥体之间地面处的气压图呈字母 N 的形状。

压强

————————————

① 激波通常更复杂，涉及多个锥体。

人们常常误认为当飞机飞过"音障"时，即飞行速度刚刚超过声速时，会产生声爆。这与船只在第一次超过自己的波浪时产生弓形波的说法相同。实际上并非如此。事实上，一个激波及其产生的声爆在一架飞行速度比声速更快的飞机后面和下方持续地扫过，就像一个弓形波在快艇后面持续扫过一样（见图5-23）。

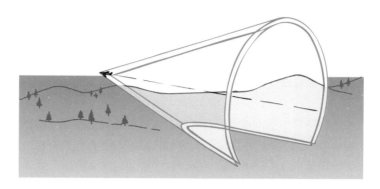

图 5-23　超声速飞机产生的激波

在图 5-24 中，听众 B 恰好听到一声巨响，听众 C 已经听过了这声巨响，听众 A 很快就会听到这声巨响。产生这种激波的飞机可能在几分钟前就已经突破了"音障"！

图 5-24　飞机产生的激波到达人耳

注：激波尚未到达听众 A，但正在到达听众 B，并且已经到达过听众 C。

要点回顾

- 从一般意义上讲，任何物体的来回、前后、左右、进出或上下移动都是振动。振动是时间上的周期性摆动。波是空间和时间上的周期性摆动。波可以从一个地方延伸到另一个地方。

- 正弦曲线也可以通过连接在弹簧上进行垂直简谐振动的摆锤来描绘。对于水波，正弦波的高点称为波峰，低点称为波谷。振幅是指从中点（平衡位置）到波峰（或波谷）的距离，因此振幅等于从平衡位置出发的最大位移。波的波长是从一个波峰的顶部到下一个波峰顶部的距离。

- 如果你在大风天从高处俯视一片草茎较高的草地，你会看到波浪扫过草地。每根草茎都不会离开它们的位置，而是来回摇摆。当波动继续时，高高的草在一定范围内来回摆动，但并未移动到其他地方。当波动停止时，草会恢复到初始位置。

- 虽然一个物体（如岩石）不会与另一个物体共享其空间，但在同一空间中可以同时存在多个振动或者波。如果我们把两块岩石扔进水中，那么它们产生的波会相遇并产生波干涉。波的重叠可以形成干涉图案。在这种情况下，波的效应可以增强、减弱或抵消。

- 当消防车拉响警报经过你身边时，多普勒效应会体现得很明显。当车辆接近你时，音调高于正常值（如音阶上的高音）。这是因为，声波的波峰会以更高的频率进入你的耳朵。当车辆经过你身旁并驶离时，你会听到音调下降，因为此时波峰进入耳朵的频率更低。

- 正如船可以很容易地比它产生的波浪行进得更快一样，具有足够动力的飞机也可以很容易地比声速行进得更快。此时我们说飞机是超声速飞行的。一架超声速飞机可以飞入光滑、未受扰动的空气中，因为没有声波可以在它前面传播出去。同样，一只游得比水波速度快的虫子发现，它总是会游进表面光滑、未被扰动的水中。

- 移动的振源不一定要"大声"才能产生激波。一旦物体的移动速度超过声速，它就会发出声音。子弹和鞭子尖本身都不是声源，但当它们超声速运动时，会产生激波并发出声音。

CONCEPTUAL
PHYSICS

06

为什么我们能听见声音

妙趣横生的物理学课堂

- 大象如何通过声波交流?

- 声音为什么能在空气中传播?

- 蝙蝠为何能在暗夜中捕食?

- 为什么敲击不同的物体会发出不同的声音?

- 降噪耳机的原理是什么?

- 我们如何借助声音的频率来调节乐器?

我们每天都能听到各种声音：清晨的鸟鸣、汽车的鸣笛声、手机的响铃声、孩子们嬉戏打闹的笑声、人们的说话声。在极为安静的情况下，我们将耳朵贴近他人胸膛或是使用专业工具，甚至能清晰地听到怦怦怦的心跳声。

我们每天都被各种各样的声音所包围着。可是，声音却看不见也摸不着，唯一能证明声音存在的似乎只有我们的耳朵。这也一度令人们疑惑，声音真的客观存在吗？每个人听到的声音是一样的吗？还是说，声音只是一种存在于每个人大脑中的东西？那么，声音究竟是什么？

为了能够找到上述问题的答案，科学界在声音的世界中不断探索。多位科学家站在客观立场上，将声音定义为一种能量形式，无论是否能被听到，声音都存在。基于此，他们坚持不懈地探索着声音的性质。

Q1 大象如何通过声波交流？

大象通过次声波相互交流，它们的大耳朵有助于它们探测这些长波声波。要想进一步探究其中的奥秘，就要从学习声音的性质开始。

空气中的声音是由各种各样的振动引起的。在钢琴、小提琴和吉他中，声音是由琴弦振动产生的；在萨克斯中，声音是通过簧片振动产生的；在长笛中，声音则是由吹口处的一股气流通过振动产生的。你的声音来自声带的振动。我们可以通过敲鼓更加直观地看到这个过程：如果鼓面上有碎纸屑或者水滴，当我们敲击鼓面时，碎纸屑或水滴会在鼓面上跳动，同时我们能够听到咚咚咚的鼓声。

为什么通过振动能够产生声音呢？这是因为，大多数声音是一种物质振动产生的波，也就是声波，振动的物质会以纵波的形式通过周围介质（通常是空气）发出扰动，从而传播，因此，声音实际上是声波被人耳感知后的结果。

在每一种情况下，原始振动都会刺激更大或更重的物体发生振动，例如，弦乐器的弦线被拨动时，弦线的振动会带动乐器的共鸣板发生共振；管乐器的发声原理与前者类似，只不过是吹入的空气在通过音孔或簧片产生振动时，会经由共鸣管道来带动整个乐器振动；歌手演唱时则是声带受到气息的冲击产生振动后，带动喉咙、口腔和鼻腔等共鸣腔体发生共振，通过控制声带的振动和共鸣腔体的作用，从而产生各种各样的声音效果。在通常情况下，振动源和声波的频率是相同的。我们用音高（音调）来描述我们对声音频率的主观印象。频率与音高相对应，例如，短笛发出的高音具有较高的振动频率，而雾角发出的低音则具有较低的振动频率。

人类的听力范围与声音的频率有着密切联系。一般情况下，年轻人的耳朵通常可以听到与 20 ～ 20 000 赫兹的频率范围相对应的音高。随着年龄的增长，人类的听力范围逐渐缩小，尤其是在高频端。而频率低于 20 赫兹的次声波，以及频率高于 20 000 赫兹的超声波，这两种频率对人类听力来说太低或太高了，因此我们无法听到它们。

传播声音的媒介

我们听到的大多数声音都是通过空气传播的，但传播声音的媒介不仅限于空气，任何弹性物质，无论是固体、液体、气体还是等离子体，都可以传递声音。

弹性是材料的一种特性，拥有弹性的材料会在所施加力的作用下发生形变，然后在消除力后恢复其初始形状。但此处的弹性并不等同于橡皮筋那样的"有伸展弹性"，橡皮筋的伸展弹性只是弹性的表现形式之一，弹性还可以产生拉伸、压缩、弯曲等其他变形表现，一些非常坚硬的材料也具有弹性，如钢就是一种弹性物质。相比之下，经常用来填补墙壁缝隙的油灰是非弹性物质。

对于弹性液体和弹性固体，由于它们的原子相对靠近，对彼此的运动反应迅速，因此传递能量损失很小，传播速度也更快，如声音在水中传播的速度是在空气中的 4 倍，在钢中传播的速度大约是在空气中的 15 倍。因此，液体和固体通常是比空气传播声音更快的声音良导体，且声音在固体中传播时速度通常快于在液体中传播速度，而在液体中传播速度又快于在气体中传播速度。当把耳朵贴近铁轨时，你能更清楚地听到远处火车的声音。类似地，如果把耳朵贴近桌面，你就可以听到桌子上钟表的滴答声。或者，当你的耳朵浸没在水中时，在水下敲击岩石，你会非常清楚地听到撞击声。如果你曾经在有摩托艇的地方游泳，你可能会注意到，你在水下比在水上能够更清楚地听到摩托艇的马达声。

然而，声音无法在真空中传播。由于传播介质中的原子和分子在传递声音时会振动，而真空中没有东西可以压缩和膨胀，因此也就无法产生振动，声音自然也就无法传播。

Q2 声音为什么能在空气中传播？

有没有一种方式能让我们更形象地体会声音的传播过程呢？当然有！

请想象你处于一个长方形的房间中，如图 6-1（a）所示，房间一端有一扇打开的窗户，窗户上面悬挂着窗帘，房间另一端有一扇门。当我们打开门时，可以想象门将旁边的分子推离它们的初始位置，使它们进入与之相邻的地方。相邻分子又被推向它们的相邻位置，以此类推，就像弹簧运动中的压缩一样，直到窗帘被扇出窗外。在这个过程中，压缩空气从门移动到窗帘，这种压缩空气的脉冲被称为压缩波。

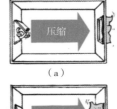

（a）

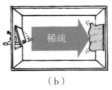

（b）

图 6-1 一个两端分别有窗户和门的长方形房间

注：图（a），当门打开时，压缩空气在房间内流动。图（b），当门关上时，房间内的空气变稀薄。

当我们关上门时，如图 6-1（b）所示，门将一些空气分子推出房间。这会使门后形成一个低压区域。相邻的分子随后进入其中，在它们后面再次留下一个低压区。我们说这一低压区的空气是稀疏的。其他离门更远的分子依次进入这些稀疏区域，一种扰动再次得以穿过房间。这一点可以从向内拍打的窗帘中得到证明。这一次，这种干扰是稀疏波。

与所有波运动一样，穿过房间的不是介质本身，而是携带能量的脉冲。在压缩和稀疏两种情况下，脉冲都从门传播到窗帘。我们之所以知道这一点，是因为在这两种情况下，窗帘都是在门打开或关闭后移动的。如果你不断地周期性地打开和关闭门，这就相当于设置了一个周期性的压缩波和稀疏波，将导致窗帘在窗口内外摆动。

现在让我们回到声音的世界中。如果把这一过程放在一个更小但更快速的范围内，就是音叉被敲击时会发生的情况。在物理教学中，音叉经常被用来探究声音的响度与振幅的关系，在医学中，音叉则是诊疗耳聋的器械之一。音叉的周期性振动所产生的波，与开关门所引起的波相比，频率明显更高，且振幅较小。虽然你不会注意到声波对窗帘的影响，但当声波遇上你敏感的耳膜时，你将清楚地意识到它们的存在。

考虑如图 6-2 所示的管道中的声波。为了简单起见，我们只描述在管中传播的波。当管旁边的音叉的分叉朝向管摆动时，一个压缩波进入管内。

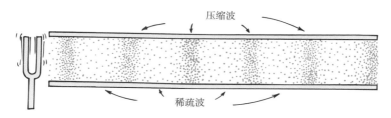

图 6-2 压缩波和稀疏波

注：压缩波与稀疏波通过管中的空气传播，并在相同方向上以相同的速度传播。

当分叉向相反方向摆动时，一个稀疏波便会跟随压缩波出现。这就像乒乓球拍在满是乒乓球的房间里来回移动（见图 6-3）。当振源振动时，会产生一系列周期性的压缩和稀疏现象。此时，振源的频率与它产生的波的频率相同。

图 6-3 振源振动

注：一个乒乓球拍在乒乓球中间振动并带动球振动。

在你听收音机的时候，不妨停下来思考声音的物理特性，你会发现，收音机的发声原理与前面讲述的过程也有着相似之处（见图 6-4）。收音机的扬声器是一个纸锥，会随着电信号的节奏振动；扬声器带动纸锥旁的空气分子振动时，自身也会振动；随即空气又会与相邻的粒子发生振动，相邻的粒子也同样如此，这个过程持续发生。因此，扬声器发出压缩空气和稀疏空气的节奏以起伏的运动模式充满整个房间。如图 6-5 所示，同样的过程也发生在无线耳机或其他扬声器，甚至是小到可以

图 6-4 扬声器

注：扬声器的振动锥产生的压缩空气波和稀疏空气波构成了悦耳的音乐声。

放在耳朵内的设备上。由此产生的振动空气会使你的鼓膜振动，进而沿着耳蜗神经管向你的大脑发出一连串有节奏的电脉冲。这样你就听到了音乐的声音。

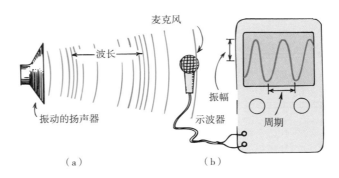

图 6-5　扬声器发出声音在示波器上显示出波形

注：图（a），无线电扬声器的振动压缩空气（红线），并在麦克风中产生类似的振动，这些振动显示在示波器上。图（b），示波器屏幕上显示出声音的波形。

空气中的声速

我们经常会听到一句话：光比声音传播得快。与之相关的例子在生活中随处可见。如果我们看到一个人在远处砍木头，或者看到一名棒球运动员在远处击球，我们可以轻而易举地看到他们的动作，但声音却是过了一段时间才传到我们的耳朵中。更典型的案例是闪电与雷声，当我们看到一道闪电在天空中亮起时，隔几秒后才会听到传来的雷声。这些共同的经验表明，声音从一个地方传播到另一个地方需要一段可识别的时间。

声速取决于风况、温度和湿度，不取决于声音的响度或频率，因此同一介质中的所有声

音都以相同的速度传播。当处于 0℃ 的干燥空气中时，声速约为 330 米 / 秒，接近 1 200 千米 / 时（略高于光速的 10^{-6}）。当湿度提升时，空气中会出现水蒸气，从而能够稍微提升声音传播的速度。此外，声音在热空气中的传播速度比在冷空气中快。这是意料之中的，因为在暖空气中，运动较快的分子会以更高的频率发生相互碰撞，因此可以在更短的时间内传输脉冲。[①] 当温度在 0℃ 以上时，每升高 1℃，空气中的声速便会增加 0.6 米 / 秒。因此，在约 20℃ 的常温空气中，声音以 340 米 / 秒的速度传播。

声波中的能量

各种波的运动都具有不同程度的能量。例如，来自太阳的电磁波给我们带来了维持地球生命的巨大能量。相比之下，声音携带的能量非常少。1 000 万人在同一时间交谈，产生的能量仅相当于打开一只普通的手电筒所需的能量。这是因为产生声音只需要少量的能量。我们之所以能够听到声音，是因为我们的耳朵非常灵敏。

当声音在空气中传播时，声能将消散为热能。频率较高的波所产生的声能转化为内能的速度比频率较低的波更快，也就是消散得更快。因此，低频声音在空气中能够比高频声音传播得更远。这就是为什么人们会使用频率较低的雾角。

Q3 蝙蝠为何能在暗夜中捕食？

蝙蝠通过回声定位在黑暗中捕食飞蛾。为此，一些飞蛾已经进化出了一层厚厚的模糊鳞片，以减弱回声。

我们把声音的反射称为回声。如果反射声音的墙壁或障碍物的表面是刚性、

---

① 气体中的声速大约是气体分子平均速度的 3/4。

光滑的，那么反射声波所携带的能量份额可能是较大的，使得声音在空间中能够传播得更远、更清晰。如果表面是柔软、不规则的，则反射波的能量份额较小，声音在空间中传播的距离变短，且可能变得模糊。而反射声波不携带的声能会由"透射"（吸收）波携带。

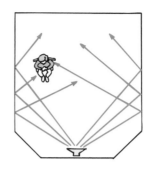

图 6-6　入射声音的角度等于反射声音的角度

　　声音在光滑表面上反射的方式与光反射的方式相同，都是入射角等于反射角（见图 6-6）。有时，当声音在房间的墙壁、天花板和地板上反射时，由于反射表面反射过强，声音会变得含混不清。当声音经过多次反射，并在声源停止发射后持续存在时，我们会听到回响。此外，如果反射表面的吸收能力太强，声音就会很低沉。

　　喜欢唱歌的人会发现，在淋浴时唱歌会显得声音更加饱满和立体，仿佛自带音响效果，这其实就是房间内发生声音反射所带来的"特殊效果"。所以我们能看到，很多对声音要求较高的场所，如礼堂或音乐厅等，建筑师在设计之初便会研究如何让声音能够呈现出更好的效果，尤其是要保证在回响和吸收之间取得平衡。通常情况下，将高度反射的表面放置在舞台后方，可以将声音反射直接传达给观众，这样的效果更好，但也有一些音乐厅的反射面会悬挂在舞台上方。大多数情况下，这些反射面都是大而有光泽的塑料表面，不仅能反射声音，也会反射光线（见图 6-7）。听众可以通过这些反射器，看到乐队成员的反射图像。同时，塑料反射器也会略微弯曲，从而拓宽了听众的视野。鉴于声音和光都遵循相同的反射定律，所以如果反射器的方向使你可以看到特定的乐器，那么请放心，你也会听到乐器的声音。来自乐器的声音将沿着你的视线到达反射器，然后传到你的耳朵里。

　　在物理领域，这类对声音性质的研究被称为声学。

图 6-7　旧金山戴维斯交响乐厅

注：交响乐厅的反射镜和可调节镜子表明，你看到的就是你听到的。

　　声音并不总是沿直线传播。当声波持续通过介质，且部分波前以不同的速度传播时，声波会弯曲，也就是发生了折射。声音的折射是由声速的差异引起的，在不均匀的风中或者在温度不均匀的空气中，声音在传播过程中都有可能发生折射。例如，在温暖的一天，地面附近的空气可能比其他位置的空气稍微温暖一些，因此地面附近的声速会增加，如图 6-8（a）所示。声波倾向远离地面弯曲，从而导致声音在传播过程中听起来不太清晰。

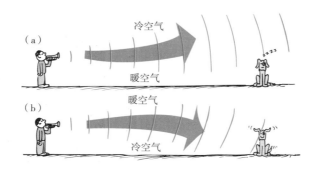

图 6-8　声波在温度不均匀的空气中弯曲

注：声波的方向（红色）与波前（蓝色）成直角。

也是基于同样的原因，当我们与闪电的距离足够接近时，我们能听到雷声，但由于发生了折射，声音会向上弯曲，使得我们经常听不到远处出现闪电时的雷声。此外，声音在海拔较高地区的传播速度较慢，并会远离地面弯曲，所以此时你也可能听不到声音。与之相反的情况通常发生在寒冷的白天或夜晚，此时地面附近的空气比地面上方的空气更冷，因此，声音在地面附近的传播速度会降低，上述波前的较高速度会导致声音向地面弯曲，从而在相当长的距离内，人耳也能听到声音，如图 6-8（b）所示。声音折射解释了为什么晚上你可以清晰地听到湖对面篝火派对上人们的谈话。

声音在水下会发生折射，水中的声速会随温度的变化而变化。这就给水面的船带来了一个问题，为了探测海底的特征与情况，这些船会从海面发射高频波并记录从海底反射回来的信息。但对于试图逃避探测的潜艇来说，折射的存在反倒是一件幸事。由于温度梯度和不同温度水层的存在，声音的折射会在水中留下缝隙或"盲点"，这便成为潜艇藏身的地方。如果没有折射，潜艇会更容易被探测到。

不只是海底探测，如今人们会利用不同的声波在多个领域进行探测与描绘，无论该声波是否能被人们听到。超声波便是其中之一。在前文中我们已经得知，高于人类听觉范围的频率组成的声音是超声波。比如，医生可以利用超声波的多次反射和折射，在不使用 X 射线的情况下对人体内部进行观测。当超声波进入人体时，它在器官外部的反射比在内部的反射更强烈，这样我们就可以获得器官轮廓的图像。当超声波入射到运动物体中时，由于反射声音的频率略有不同，因此利用这种多普勒效应，医生可以在孕妇怀孕一定时间后"看到"胎儿（见图 6-9）。超声波除了可以在医学上被用来拍摄内脏器官和子宫内胎儿的图像外，在工业上还被用来检测金属缺陷。

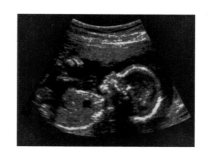

图 6-9　人类胎儿通过超声波清晰地
显示在显示屏上

虽然超声回波技术对人类来说是一项新技术，但对蝙蝠和海豚等生物来说却是驾轻就熟的事。例如，蝙蝠会发出超声波，并通过回声定位物体。海豚也会这样做。人们是被动接受声音的，海豚却是主动发出并感知声音的。海豚会发出声音，然后根据回声感知周围环境（见图 6-10）。感知超声波使海豚能够"看穿"其他动物和人的身体。对海豚而言，皮肤、肌肉和脂肪几乎是透明的，因此它们只能"看到"身体薄薄的轮廓，但能清晰地"看见"骨骼、牙齿和充满气体的空腔。癌症、肿瘤、心脏病发作，甚至情绪状态的物理证据都可以被海豚"看到"[①]，而人类直到最近才能够用超声波做到这些。

图 6-10　海豚发出超高频声音来定位和识别环境中的物体

注：海豚通过发送声音和接收回声之间的时间延迟来感知距离，通过回声到达双耳的时间差来感知方向。海豚的主要食物是鱼，鱼的听觉被限制在相当低的频率范围内，所以鱼不会意识到它们正在被猎杀。

Q4　为什么敲击不同的物体会发出不同的声音？

小提琴、吉他等弦乐器发出的声音令人陶醉，它们的发声原理是什么呢？有人会回答，是因为拨动琴弦产生了振动。这确实是弦乐器的发声源，但不足以完整解释我们所听到的不同的声音。

---

① 海豚的主要感官是听觉，因为视觉在阴暗的海洋深处不是很有用。更有趣的是，海豚能够再现声音信号，描绘出周围环境的意象。因此，海豚可能会通过传达"所见"的完整声学图像来将其体验传达给其他海豚，并将之直接置于其他海豚的脑海中。海豚不需要语言或符号，而是通过选择性地传达真实事物的图像，并且可能会强调重点，就像我们通过各种声音再现方式向其他人传达音乐一样。

让我们先用音叉来做一个实验。如果我们敲击一个未贴近其他物品或设备的音叉，那么它发出的声音可能会很微弱。但如果我们在敲击音叉后立即拿起它并将它抵在桌子上，就会发现此时声音变得更大。这是因为，桌子随着音叉被迫振动，而且桌子的表面积更大，能让更多的空气运动，声音也由此变大。桌子可以被任何频率的音叉制造出振动的现象，这属于强迫振动。音乐盒的原理也与之类似，只不过音乐盒是将其机械装置安装在音板上。如果没有音板，我们几乎听不到音乐盒发出的声音。

音板便是让弦乐器呈现悦耳声音的重要因素。当音弦受到外力作用，如被拨动或敲击时，它们开始振动。这种振动产生的能量需要被有效地传递和放大，我们才能够清晰地听到音乐声。音板的存在正是为了实现这一目的，它的主要功能是将音弦振动的能量聚集并放大，进而转化为我们所听到的声音。

固有频率

振动不仅能通过进一步聚集能量而放大声音，还可以构成不同物体所独有的声音（见图 6-11）。例如，当有人失手把扳手掉落在混凝土地板上时，我们不太可能把此时的声音误认为是棒球棒撞击地板的声音。这是因为，两个物体受到撞击时产生的振动不同。敲击扳手，它产生的振动与敲击棒球棒或其他任何东西产生的振动都不同。

图 6-11　小钟与大钟

注：小钟的固有频率高于大钟，并且所发出声音的音调也更高。

任何由弹性材料构成的物体，在受到干扰时，都会以其自身的一组特殊频率发生振动，这些频率共同构成了物体独特的声音，也就是物体的固有频率，它取决于物体的弹性和形状等因素。有趣的是，从行星到原子，以及介于两者之间的几乎所有事物都具有弹性，并会以一个或多个固有频率振动。

当物体上被迫振动的频率与物体的固有频率相匹配时，振幅会急剧增加。这种现象被称为共振。从字面上看，共振意味着"回响"或"再次响起"。为了使某物共振，需要一个力将该物拉回初始位置，并需要足够的能量使它保持振动。当然，油灰不会产生共振，因为它没有弹性，而掉落的手帕又太软了。

一个常见的共振例子发生在操场的秋千上，此时的秋千实际上是一个钟摆（见图6-12）。当晃动秋千时，我们会以秋千的固有频率有节奏地发力。但比我们使劲发出的力更重要的是发力的时机。即使其他人只使用较小的力量去拉或推秋千，但如果发力的时机恰好契合秋千运动的固有频率，也会让秋千产生更大的振幅。

我们可以在课堂上进行一个与荡秋千类似的小型共振演示。首先，我们需要将一对音叉调整到相同的频率，并将它们隔开一定距离。当其中一个音叉被击中时，它会使另一个音叉振动（见图6-13）。时机很重要。当一系列声波撞击在音叉上时，每次冲击都会给音叉的尖头一个微小的推力。由于推压发生在适当的时间，这些推力的频率对应着音叉的固有频率，并在与音叉的瞬时运动相同的方向上重复发生，因此连续增加了振动的振幅。我们通常将第二个音叉的运动称为共振。

图6-12 秋千上的共振

注：当小朋友的发力与秋千的固有频率保持相同的节奏时，秋千会产生很大的振幅。

图6-13 课堂上的共振演示

注：敲击一对频率匹配的音叉的其中一个时，另一个音叉就会产生共振。

如果音叉没有被调整为匹配的频率，那么推压的时机就会被错过，也就不会发生共振。这可以用来进一步解释收音机的原理，当你调动收音机时，你也在类似地调整电子设备的固有频率，以匹配周围众多信号中的一个，且收音机每一次只能播放一个电台，而不是同时播放所有电台。

共振在日常生活中经常出现，每当施加的外力频率与振动物体的固有频率相同时，物体就会发生共振（见图 6-14）。例如，1831 年发生了一个真实事件，当时在英国曼彻斯特附近的一座人行天桥上，骑兵部队的行进节奏与桥的固有频率一致，无意中导致了桥的倒塌。从那时起，为了防止共振，部队在过桥时会被习惯地命令"乱步走"。

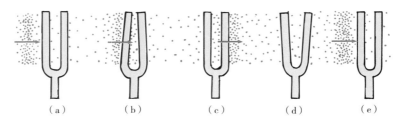

图 6-14　共振阶段

注：蓝色箭头表示声波向右传播。图（a），第一次压缩碰到音叉，给它一个微小的瞬间推力。图（b），音叉弯曲。图（c），在稀疏波到达时返回其初始位置。图（d），在音叉返回其初始位置之后，在相反方向上超过其初始位置。图（e），下一次压缩到达并重复该循环，音叉因而会弯曲得更多。

在社交聚会时，薄边水晶玻璃酒杯很常见，这个酒杯能很好地与某一特定频率产生共鸣。首先将你的手指浸入水中，然后在酒杯边缘轻轻摩擦，手指的滑动和与杯壁的粘连会激发酒杯中的驻波。当玻璃边缘的振动反过来导致空气以相同的频率振动时，就会发生共振，此时你可以听到酒杯的"歌声"，其频率与玻璃的共振频率相匹配（见图 6-15）。

图 6-15　会"唱歌"的酒杯

注：用手指摩擦水晶玻璃酒杯边缘时，酒杯会唱歌。

声波有时能将玻璃杯震碎，主要是因为声波的频率与玻璃杯的固有频率相等（或很接近），引起玻璃杯共振，使玻璃杯的振动幅度增大，最终导致玻璃杯破碎。

基于共振的影响，结构工程师需要非常了解桥梁、建筑物、火车甚至飞机等结构的共振特性。共振特性被运用于不同领域。例如，光学谐振是激光器工作的基础；在医学领域，人体内的原子核会产生共振，这就是核磁共振（nuclear magnetic resonance，NMR）的原理，后来它被更名为磁共振成像（magnetic resonance imaging，MRI），很大程度上源于公众对任何"核"的恐惧。此外，共振现象在海洋潮汐中也很明显。在亚原子尺度上，我们也可以检测到量子波函数的共振。在社会环境中，我们甚至会说与某些"与我们同频"的人之间产生了共鸣。共鸣是众多现象的基础，这些现象使世界绚丽多彩。

Q5 降噪耳机的原理是什么？

与任何波一样，声波可以产生干涉，这也是降噪耳机的原理。

回想一下，我们在上一章讨论过波的干涉。图 6-16 展示了横波与纵波干涉情况的对比。在这两种情况下，当一个波的波峰与另一个波的波峰重叠时，就会产生振幅增大的效果；当一个波的波峰与另一个波的波谷重叠时，就会导致振幅减小。就声音而言，波峰对应着压缩，而波谷对应着稀疏。

图 6-17 是一个有趣的声波干涉案例。当你与发出相同音调的两个扬声器的距离相等时，你听到的声音会更大，因为两个扬声器音调的压缩和稀疏是步调一致的，使得效果叠加。然而，如果你将其中一个扬声器移到了一边，使得两个扬声器距离你的路径相差 1/2 个波长，那么来自一个扬声器的稀疏部分会被来自另一个扬声器的压缩部分所填充。这是相消干涉，就好像一个水波的波峰正好填满了另一个水波的波谷，两者发生了抵消。如果该区域没有任何反射表面，那么你

就会听到很小的声音甚至根本听不到声音！

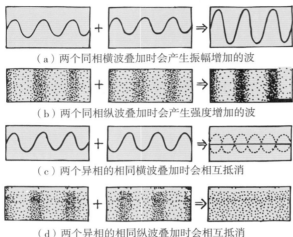

（a）两个同相横波叠加时会产生振幅增加的波

（b）两个同相纵波叠加时会产生强度增加的波

（c）两个异相的相同横波叠加时会相互抵消

（d）两个异相的相同纵波叠加时会相互抵消

图 6-16　横波和纵波中的干涉

注：图（a）和图（b），横波和纵波中的相长干涉。图（c）和图（d），横波和纵波中的相消干涉。

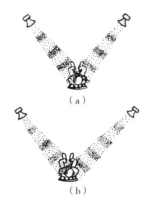

图 6-17　声波干涉

注：图（a），当来自扬声器的路径长度相同时，波同相到达并产生相长干涉。图（b），当路径长度相差 1/2（或 3/2、5/2 等）波长时，波会异相到达并产生相消干涉。

　　如果扬声器发出一系列频率各异的声音，那么在给定的路径长度差异下，只有一些波会产生相消干涉。所以这种类型的干涉通常不会构成问题，因为有足够的声音反射来填补被抵消的位点。尽管如此，在设计糟糕的剧院或音乐厅中，"盲区"有时会很明显，在那里，声波从墙上反射并与非反射波发生干涉，从而产生低振幅区域。当你把头向任意方向转动几厘米时，你可能会听出明显的不同。

　　当立体声扬声器播放单声道声音且相位不一致时，会明显地展现出声音干涉现象。当一个扬声器的输入线互换（正负线输入颠倒）时，扬声器便会异相。对于单声道信号，这意味着，当一个扬声器发送压缩声音时，另一个扬声器则发出稀疏声音。所产生的声音会不如相位正确连接的扬声器那样饱满、响亮，因为较长的声波被干扰抵消了（见图 6-18）。当两个扬声器靠近时，较短的声波也会被抵消，而当这对扬声器被相对放置时，我们几乎听不到任何声音！只有频率最高的声波才不会被抵消。你必须亲自尝试才能理解这一点。

图6-18　立体声扬声器中的干涉现象

注：如果其中一个立体声扬声器的正极和负极导线输入被调换，那么扬声器异相。当两个扬声器相距较远时，单声道声音不如相位适当的扬声器发出的声音响亮。当它们被相对放置时，我们几乎听不到声音。因为当一个扬声器的压缩填补了另一个扬声器的稀疏部分时，声音几乎被完全抵消了！

相消干涉在抗噪声技术中是一种有用的特性。例如，手提钻这样的噪声设备会配备麦克风，以将设备发出的声音发送到电子微芯片上，从而产生声音信号的镜像波形，并被传送到操作员佩戴的耳机上（见图6-19）。来自手提钻的压缩声音（或稀疏）会被耳机中的镜像稀疏（或压缩）所抵消，由此消除手提钻的噪声。噪声消除耳机对于飞行员来说很常见。有了抗噪声技术，众多飞机的客舱得以变得安静。

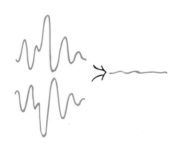

图6-19　相消干涉

注：当声音信号的镜像与声音本身结合时，声音被抵消。

Q6　我们如何借助声音的频率来调节乐器？

很多职业都与声音相关，钢琴调音师便是其中之一。但调音师究竟是如何调出正确的声音的呢？这与差拍振动有关。

当两个频率稍有不同的音调同时发出声音时，我们会听到组合声音的响度出现波动：声音开始时是响亮的，接着变微弱，然后又变响亮，之后又变微弱，以此类推。这种声音响度的周期性变化被称为差拍振动，是由干涉造成的，如图 6-20 所示。如果敲击两个稍微不匹配的音叉，由于其中一个音叉的振动频率与另一个不同，所以音叉的振动开始时会暂时同步，接着会不同步，然后再次同步，以此类推。当合成波以同步的方式到达我们的耳朵时，换句话说，当一个音叉的压缩与另一个音叉的压缩重叠时，声音响度最大。片刻后，当音叉不同步时，来自一个音叉的压缩与来自另一个音叉的稀疏相遇，响度最小。到达我们耳朵的声音在最大响度和最小响度之间跳动，并产生颤音（振动）效果。

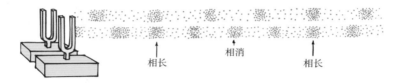

图 6-20　敲击两个不匹配的音叉产生的干涉

注：频率略有不同的两个声源的干涉会产生差拍振动。

我们可以通过想象高兔子和矮兔子并排跳跃来理解差拍振动。矮兔子每次跳跃时跳过的距离较短，因此它必须跳得更快，也就是说，矮兔子必须保持更高的跳跃频率才能跟上高兔子。如果两只兔子在某个特定时刻"同步"，即一起落地，那么稍晚它们就会"不同步"。它们要多久才能恢复同步？想象一下，高兔子在 1 分钟内可以跳跃 70 次，而矮兔子在同样的 1 分钟内可以跳跃 72 次。6 秒（0.1 分钟）后，它们将分别跳跃 7.0 次和 7.2 次，并且是不同步的。直到 30 秒（0.5 分钟）后，当它们分别跳了 35 次和 36 次（两者都是整数）后，它们才会同时落地。然后，在 1 分钟后（分别跳跃 70 次和 72 次），它们将再次同步。以此类推。这两只兔子每分钟会同步两次。一般来说，如果两个跳跃频率不同的生物一起跳跃，那么它们每分钟（或其他时间单位）同步的次数等于它们跳动的频率之差。这个结论也适用于两个稍微不匹配的音叉。如果一个音叉每秒振动 264 次，另一个音叉每秒振动 262 次，那么每秒钟它们将会有两次同步振动并相互加强。我们将听到 2 赫兹的差拍振动。（整体音调将对应平均频率263 赫兹。）

如果我们将两把齿间距不同的梳子重叠在一起，就会看到一种与频率相关的莫尔纹图案（图6-21）。单位长度内的拍数将等于两把梳子单位长度齿数的差值。

差拍振动可以在任何类型的波中发生，并且为我们提供了一种比较频率的实用方法。因此，差拍振动可以帮助你调节各种乐器，你只需要聆听乐器音调与钢琴或其他乐器产生的标准音调之间的差拍振动就可以了。例如，为了给钢琴调音，钢琴调音师会监听在标准频率和钢琴上的某根弦的频率之间产生的差拍振动。当频率完全相同时，差拍振动会消失。

图 6-21　两把不等齿距的梳子重叠在一起

注：梳子的不等齿距产生了莫尔纹，类似于差拍振动。

海豚也会利用差拍振动来感知周围物体的运动。当海豚发出声音信号时，海豚收到的回声会与它发出的声音发生干涉，从而产生差拍振动。当海豚和返回声音的物体之间没有相对运动时，发送和接收的频率相同，不会出现差拍振动。但是当它们之间有相对运动时，根据多普勒效应，回声具有不同的频率，差拍振动就会在回声和发出的声音相结合时产生。同样的原理也适用于警察使用的雷达枪，通过监测发送的信号和反射的信号之间的差拍振动，警察可以确定汽车的速度。调幅广播（AM）与调频广播（FM）的无线电信号如图6-22所示。

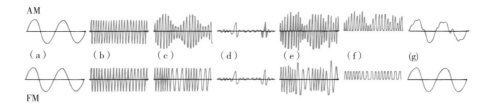

图 6-22　AM 和 FM 无线电信号

注：图（a），进入麦克风的声波。图（b），发射台在没有声音信号的情况下产生的射频载波。图（c），由信号调制的载波。图（d），静电干扰。图（e），受静电影响的载波和信号。图（f），无线电接收器切断载波的负值的那一半。图（g），由于静电的存在，AM的剩余信号是粗糙的，但是FM的剩余信号是平滑的，因为波形的尖端被削掉并且不会对信号造成损失。

要点回顾
CONCEPTUAL PHYSICS >>>

- 音调是指声音的高低，与波的频率相关。年轻人的耳朵通常可以听到与 20 ～ 20 000 赫兹的频率范围相对应的声音，频率低于 20 赫兹的次声波及高于 20 000 赫兹的超声波的频率太低或过高，人耳无法听见。

- 声速取决于风况、温度和湿度，不取决于声音的响度或频率，因此同一介质中的所有声音都以相同的速度传播。当处于 0℃ 的干燥空气中时，声速约为 330 米 / 秒，接近 1 200 千米 / 时。在约 20℃ 的常温空气中，声音以 340 米 / 秒的速度传播。

- 声音的反射叫作回声。由于波速的不同而导致的声音或任何波的弯曲叫作折射。

- 任何由弹性材料构成的物体，在受到干扰时，都会以其自身的一组特殊频率振动，这些频率共同构成了物体独特的声音，也就是物体的固有频率。

- 声音的干涉是叠加不同波的结果，通常是叠加具有相同波长的波。相长干涉源于波峰和波峰的叠加加强；相消干涉源于波峰和波谷的叠加减弱甚至相互抵消。

- 差拍振动是两个频率稍有不同的波的干涉产生的一系列交替的增强和抵消，在声波中通过拍频效应而被听到。

CONCEPTUAL
PHYSICS

07

奇妙的音乐是怎样产生的

妙趣横生的物理学课堂

- 为什么音乐是千变万化的?

- 乐器是怎样发出声音的?

- 留声机的发声原理是什么?

- 人耳会自动进行傅立叶分析吗?

乔瑟琳·贝尔·伯内尔（Jocelyn Bell Burnell）是英国剑桥大学的一名研究生，她参与建造了一台射电望远镜来研究类星体。类星体是巨大遥远星系的极其明亮的中心。有一天，她在观测数据中注意到一条起伏的线，这是一种不寻常的现象，显示出一种规律的、重复的无线电脉冲模式。

伯内尔和她的导师不知道如何解释这些脉冲，便称它们的来源为"小绿人1号"（LGM-1），这是一个对外星生命的玩笑称呼。但伯内尔很快就发现了其他类似的脉冲，这表明应该有一种更合理的解释。在 1967 年，伯内尔和她的研究小组确定这些脉冲是由旋转的中子星产生的。中子星是超新星的残余，非常小，密度非常高。尽管一颗中子星的直径只有约 20 千米，但 1 茶匙这种物质的质量就能达到约 10^9 吨！

伯内尔发现的这种结构后来被命名为脉冲星。自被发现以来，由于脉冲星脉冲能够精确计时，它已被证明是物理学和天体物理学中一个很有价值的工具。天文学家已经能够利用脉冲星偏离正常计时的微小偏差来完成对引力波的探测，从而检验爱因斯坦的广义相对论，测量太阳系的质量，以及绘制宇宙地图。

1974 年，诺贝尔物理学奖授予了脉冲星的发现，但并没有授予伯内尔，而是颁给了她的导师安东尼·休伊什（Antony Hewish）和天文学家马丁·里尔

（Martin Ryle）爵士。尽管一些著名的科学家对此表示抗议，但伯内尔只是回应称，在发现脉冲星时，她还是一名学生，然后继续埋头工作。

如今，伯内尔因其专业贡献获得了无数奖项。2018 年，她因为发现脉冲星获得了基础物理学特别突破奖。她出资 300 万美元设立了伯内尔研究生奖学金基金，该基金支持女性和其他在物理学领域中代表性不足的群体开展工作。如今，鼓舞人心的伯内尔是牛津大学天体物理学客座教授和曼斯菲尔德学院院士。

在声学领域，也有很多像伯内尔这样的科学家，他们通过持续不断地研究，不仅发现了声音更多的奥秘，还将其发现应用于现实生活中，让我们有机会通过声音认识这个奇妙的世界。

Q1 为什么音乐是千变万化的？

声音的产生源于物体的振动。从物理学的角度看，声音并没有固有的分类。然而，从人类感知和应用的角度看，声音确实被赋予了多种分类，如噪声和音乐。

我们听到的大多数声音都是噪声。物体掉落的撞击声、关门的砰砰声、摩托车的轰鸣声、城市交通产生的大部分声音等都是噪声。噪声对应鼓膜的不规则振动，它由我们周围的一些不规则振动产生，这些振动是波长和振幅的混合。白噪声是各种声音频率的混合，正如白光是所有光频率的混合一样。我们将海浪的声音、树叶的沙沙声或溪水的潺潺声描述为白噪声。

音乐是声音的艺术，具有不同的特点。音乐声有周期性的音调或音符。虽然噪声没有以上这些特征，但音乐和噪声之间的界线是很模糊或者主观的。对一些当代作曲家来说，音乐和噪声之间是不存在界线的。也有些人认为，当代音乐和来自其他文化的音乐是噪声。因此，将音乐与噪声区分开就成了一个美学问题。

然而，将传统音乐（西方古典音乐）和大多数类型的流行音乐，与噪声区分开并不会存在问题，甚至一个听力完全丧失的人也可以做到，只需使用示波器。

将麦克风发出的电信号输入示波器时，气压随时间变化的图形会很好地在屏幕上显示出来，使我们很容易区分噪声和音乐（见图 7-1）。

音乐家通常以 3 个主要特征来谈论音乐的音调：音高、响度和音色。

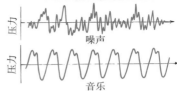

图 7-1 噪声和音乐的图形表示

音高

音乐由许多不同层次组成，最直观的层次是音符。你还记得上学时学过的"do，re，mi，fa，sol，la，ti"吗？每一个音符都有自己的音高，而且其音高按照从低到高的顺序逐步上升，从而使音乐有了明显的层次感和立体感。

我们可以用频率来描述音高。其中，声源的快速振动（高频）产生高音，而声源的慢速振动（低频）产生低音。我们谈论声音的音高，所依据的经常是它在音阶上的位置。同时，音乐家给不同的音高赋予了不同的字母名称：A、B、C、D、E、F、G。当在钢琴上弹奏 A 音时，琴槌会敲击 2～3 根弦，每根弦在 1 秒内振动 440 次，因此 A 的音调对应 440 赫兹。A～G 的音符都在一个八度音阶内。如果将任何一个音符的频率乘以 2，那么在下一个八度音阶中，相同的音符就会以更高的音高出现（见图 7-2）。

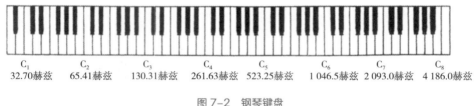

图 7-2　钢琴键盘

注：低音 C（C_1）的频率为 32.70 赫兹，接下来 C 的频率不断加倍。261.63 赫兹的 C 被称为中央 C。

改变振动声源的频率可以获得不同的音高。这通常通过改变振动物体的尺寸、松紧度或质量来实现。例如，吉他手或小提琴手在调音时会调整琴弦的松紧度，但在演奏过程中，则是通过用手指按住每根弦的不同位置来调整弦的长度，演奏出不同的音符。乐手在演奏管乐器时，通过改变振动空气柱的长度（长号和小号），或者以各种组合打开或关闭管侧的孔（萨克斯风、单簧管和长笛），来改变音高。

音乐中使用的高音通常低于 4 000 赫兹，一些年轻人可以听到频率高达 20 000 赫兹的声音，大部分犬类和极小部分人能听到比这更高的音调。一般来说，随着年龄的增长，人的听力上限会降低。老年人通常听不见高音，但年轻人可以清楚地听到高音。

声强和响度

声强是一个描述声音大小或响亮程度的物理量，声强越大，声音听起来就越响亮、越强烈；声强越小，声音则显得微弱和不易被察觉。想象你正在家里看电视，当把电视机的音量调得很低时，你可能只能听到微弱的声音，这时的声强很小，不容易引起注意。当你逐渐把电视机的音量调高时，声音开始变得越来越大，也越来越清晰。这时，声强就在逐渐增大。

声音的强度取决于声波内压力变化的幅度。（强度与波的振幅的平方成正比。）声强的单位是瓦 / 米 ^{2}。人耳能感知的强度可从 10^{-12} 瓦 / 米 ^{2}（听力阈值）到超过 1 瓦 / 米 ^{2}（疼痛阈值），范围极大。其中，人耳几乎无法听到的 10^{-12} 瓦 / 米 ^{2} 被作为参考的声音级别，也被称为 0 贝尔，这一单位是以电话的发明者亚历山大·格雷厄姆·贝尔（Alexander Graham Bell）命名的。强度为 10 倍的声音的声级为 1 贝尔（10^{-11} 瓦 / 米 ^{2}）。若强度继续以 10 的倍数增长，导致人们会感到耳朵疼痛，甚至受到声学创伤，此时，疼痛阈值（1 瓦 / 米 ^{2}）的声级为 12 贝尔。

用分贝来表示声级比用贝尔更常见。因为分贝是贝尔的 1/10，所以听力阈值的声级仍然为 0 分贝，而疼痛阈值为 120 分贝。表 7-1 列出了生活中一些典型声源的声强和声级。和地震的里氏震级一样，分贝也是对数级的。对数所属的数学学科超出了本书的研究范围，因此请先记住，声音等级以 10 的幂次增加。

表 7-1　常见的声源和声强

声源	声强（瓦 / 米 ^{2}）	声级（分贝）
30 米外的喷气式飞机	10^2	140
附近的空袭警报	10^0	120
经过扩音的迪斯科音乐	10^{-1}	110
铆钉枪	10^{-3}	90
繁忙的街道	10^{-5}	70
在家中交流	10^{-6}	60
家中的低音量广播	10^{-8}	40
耳语	10^{-10}	20
树叶沙沙声	10^{-11}	10
听力阈值	10^{-12}	0

为了保护听觉健康，我们应该知道的是，生理性听力损伤从暴露于 85 分贝时开始，损伤程度取决于暴露环境中声音的强度、音长和频率。如果响亮的声音损坏了内耳结构中通常不会自然退化的精细结构，便会有很大可能造成听力损失。在一些场景下，使用耳塞通常能将噪声降低约 30 分贝，从而保护我们的听觉健康。

声音强度是声波的纯客观物理属性，可以通过各种声学仪器（如图 7-3 中的示波器）进行测量。此外，响度是一种生理感觉。耳朵对某些频率的感觉会比其他频率敏感得多。例如，由于人类对 3 500 赫兹左右的声音更敏感，所以对大多数人来说，一个 80 分贝、3 500 赫兹的声音强度大约是 80 分贝、125 赫兹的声音的 2 倍。因此，虽然我们所能忍受的最响亮的声音强度是最微弱的声音强度的 10^{12} 倍，但能感知的响度的差异区间远小于此。

图 7-3　声学仪器

注：吹奏单簧管时，示波器上会显示出声音信号。

音色

当不同的乐器在我们面前演奏同一个音符时，我们能很容易区分这个音符是来自钢琴还是单簧管。这是因为，每一个音符都有不同的音色，即音符的"颜色"。音色描述了除音高、响度和音长外，有关音乐声音的所有方面。音色在主观上会被描述为重、轻、暗、薄、光滑、透明或清晰等。例如，中提琴发出的声音明显"更低沉"，而小提琴发出的声音则明显"更亮"。

大多数音乐的声音是许多不同频率的音符的叠加。这些不同的音符被称为部分音调，或简称为分音。其中最低的频率被称为基频，它决定了音符的音高。频率为基频整数倍的分音被称为谐波。不同的谐波具有不同的音调，其中，频率是基频 2 倍的音调是二次谐波，频率是基频 3 倍的音调是三次谐波，以此类推（见图 7-4）。[1] 正是各种不同分音的存在，赋予了

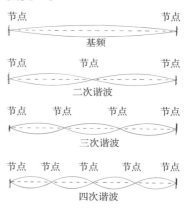

图 7-4　吉他弦的振动模式

---

[1] 在音乐经常使用的术语中，二次谐波被称为第一泛音，三次谐波被称为第二泛音，以此类推。复合音中，并不是所有的分音都是基频的整数倍。与木管乐器和铜管乐器的谐波不同，弦乐器，如钢琴，产生"被拉伸"的分音，接近但不完全是谐波。因为琴弦的刚度为张力增加了一点恢复力，这是钢琴调音的一个重要因素。

音符独特的魅力。

如果我们在钢琴上敲击中央 C，此时会产生一个音调约为 262 赫兹的基频，以及由中央 C 频率的 2 倍、3 倍、4 倍、5 倍和更多倍的分音混合而成的声音。分音的数量和相对响度决定了钢琴产生的音色。实际上，几乎每一种乐器的声音都由基频和分音组成。纯音，即只有一个频率的声音，可以通过电子乐器产生。一些电子合成器可以产生纯音及这些纯音的混合音，从而发出各种各样的音乐声音。例如，基频及其谐波结合在一起产生的复合波（见图 7-5），或基频和三次谐波的复合振动（见图 7-6）。

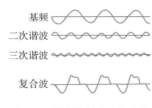

图 7-5　基频及其谐波结合在一起产生复合波

图 7-6　基频和三次谐波的复合振动

音色取决于各种分音的存在和相对强度。钢琴发出的某一音调相比于单簧管发出相同音高的音调，二者的音色是不同的，因为它们的分音不同，所以人耳可以识别出来（见图 7-7）。音高相同而音色不同的音调，可能是它们的分音不同，也可能是分音的相对强度不同。同样，我们每个人的声音也都具有一种独特的分音混合的特征，所以每个人的声音都有独一无二的音色，即有自己独特的"颜色"。

图 7-7　钢琴和单簧管的音色不同

Q2 乐器是怎样发出声音的?

依据振动方式的不同，传统乐器可以分为 3 类：通过振动的弦产生声音的乐器，通过振动的空气柱产生声音的乐器，以及通过打击物产生声音的乐器。

对于弦乐器，弦的振动先传递到音板，然后传递到空气中，但传递效率很低（见图 7-8）。为了弥补这一点，我们可以看到管弦乐队中往往有较多的弦乐部分，而管乐部分则相对较少，因为管乐的传递效率更高，少量的管乐便足以与多数的小提琴等弦乐抗衡。

图 7-8　弹钢琴

注：当我们敲击钢琴键时，钢琴中的一根弦就会被敲击。用于发出低音的钢琴弦更重，惯性更大，振动频率更低，即与具有相同弦张力的轻弦相比，音调更低。响度涉及琴键敲击的力度，这会影响琴弦振动的幅度。钢琴的触摸灵敏度将它与早期的键盘乐器（如羽管键琴）区别开来。

管乐器中的声音来自乐器中空气柱的振动，并有多种方法可以使空气柱振动。在铜管乐器中，如小号、法国圆号和长号，空气从管的一端或附近的吹口吹入乐器内，随后在另一端排出。演奏者嘴唇的振动与驻波相互作用，驻波是由乐器末端喇叭状的部分在乐器内反射声能产生的。管乐器发出的声音主要取决于空气流过的管道的大小和形状。振动空气柱的长度是通过推动阀来控制的，就像吹奏长号一样，这些推动阀可以增加或减少乐器额外的分段①，或者通过延长管的长度来控制振动气柱的长度。在长管乐器中，如单簧管、双簧管和萨克斯管，音乐家吹出的气流使簧片振动，而在长笛和短笛中，音乐家将空气吹向孔的边缘来产生一股气流，从而使气柱振动。

在鼓和铙等打击乐器中，音乐家通过敲击二维膜片或弹性表面来产生声音，基本音调取决于乐器的几何形状、弹性，在某些情况下，还取决于表面的张力。音高的变化是由改变振动表面的张力引起的，以鼓为例，用手按压鼓面边缘，通

① 军号既没有气门，也没有可变长度。号手必须善于创造各种泛音以获得不同的音符。

过敲击鼓面的不同位置，就可以建立各种振动模式，从而实现音高的变化。在定音鼓中，鼓的不同形状改变了鼓的频率。但与所有音乐声一样，其音色取决于分音的数量和相对响度。

电子乐器与传统乐器有明显不同，它会使用电子来生成音乐声的信号，而不是必须通过拉动、弹拨或敲击琴弦，或者在簧片上吹出空气，抑或是敲击表面来产生声音。还有一些电子乐器则基于声学乐器的声音，然后对声音进行修改。电子音乐要求作曲家和演奏者具备音乐学知识之外的专业知识，它对于音乐家而言是一个强大的工具。

Q3 留声机的发声原理是什么？

今天我们能用多种多样的设备来听音乐，而在 19 世纪至 20 世纪，留声机则是人们听音乐的主要方式之一。如果我们现在回首去观察留声机的发声方式，依然会觉得非常奇妙（见图 7-9）。

图 7-9　音乐主持人（DJ）现在还会利用留声机唱片制作动态混音

如果近距离观察一张留声机的老唱片，你会发现，唱片上面布满了凹槽，正是这种唱片在过去为人们提供了享受音乐的机会。如图 7-10 所示，凹槽宽度的变化会导致留声机的针（唱针）在凹槽中移动时发生振动。这些机械振动又转化为电振动，从而产生声音。这也意味着，留声机的唱片能够捕捉到管弦乐队中各种乐器产生的所有不同的振动，然后将这些振动转换成一个单一的声音信号，这难道不是很了不起吗？

图 7-10　留声机唱片凹槽的显微视图

我们可以借助示波器来理解这一过程。如图 7-11（a）所示，示波器屏幕上显示的是双簧管的声音波形，该波对应双簧管中的振动，还对应激活音响系统的扬声器的放大信号，以及由鼓膜振动产生的空气振动的振幅。图 7-11（b）则显示了单簧管的波形。当双簧管和单簧管一起发声时，它们各自的波形组合在一起，产生了如图 7-11（c）所示的波形。

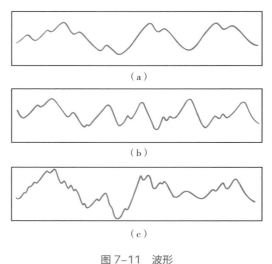

（a）

（b）

（c）

图 7-11　波形

注：图（a），双簧管波形。图（b），单簧管波形。图（c），双簧管和单簧管一起发声的波形。

图 7-11（c）中的波形是图 7-11（a）和图 7-11（b）中波形叠加（干涉）的净结果。如果我们知道图 7-11（a）和图 7-11（b），那么创建图 7-11（c）是很简单的，但是若想在图 7-11（c）中辨别构成它的图 7-11（a）和图 7-11（b）的形状，这便是一个截然不同的问题了。如果只看形状图 7-11（c），我们无法从中解读出单簧管和双簧管。但是，如果我们听音乐录音，我们的耳朵会立即分辨出正在演奏的乐器、正在演奏的音符及它们的相对音量。我们的耳朵能够自动将整个信号分解为其组成部分。

Q4　人耳会自动进行傅立叶分析吗？

1822 年，法国数学家傅立叶发现了周期波运动的组成部分的数学规律。他发现，即使是最复杂的周期波运动，也可以分解成简单的正弦波组合。回想一下，正弦波是最简单的波，具有单一频率（见图 7-12）。傅立叶发现，所

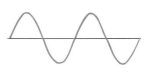

图 7-12　正弦波

有周期波都可以分解为不同振幅和不同频率的正弦波。这种数学运算被称为傅立叶分析。

本书不解释数学，只是简单地指出，通过这样的分析，我们可以找到构成如小提琴音调的纯正弦波。当这些纯音一起发出时，如敲击多个音叉或在电子琴上弹动合适的键，它们结合在一起就能发出小提琴的音调。最低频率的正弦波是基频，它决定了音符的音高。高频正弦波是提供特征音色的部分。因此，任何音乐声音的波形都是简单正弦波的叠加（见图 7-13）。

图 7-13 来自吉他音高管的声音的傅立叶分析结果

注：上面的绿色示波器给出声音的波形，下面的示波器给出傅立叶分析中的前 5 个谐波。

由于音乐的波形是各种各样的正弦波，为了准确复制声音，我们应该采用尽可能大的频率范围。例如，钢琴键盘的音符频率范围为 27 ～ 4 200 赫兹，为了准确复制由钢琴演奏的音乐，音响系统的频率最高必须达到 20 000 赫兹。电子音响系统的频率范围越大，输出的音乐就越接近原始声音，因此好的音响系统有非常广的频率范围。

人耳会自动进行傅立叶分析。它会对进入耳朵的复杂空气脉动进行分类，并将它们转换成由正弦波组成的纯音。当聆听时，我们会把这些纯音重新组合起来，而我们已经学会的音调组合决定了我们在听音乐会时能听到什么（见图 7-14）。我们可以将注意力集中在各种乐器的声音上，并从最响亮的音调中辨别出最微弱的音调；我们也可以享受乐器复杂的相互作用，同时还能察觉到来自周围其他人的外来噪声。这是一种令人惊叹的能力。

图 7-14　众人一起聆听音乐

注：思考一下，每个听众听到的是相同的音乐吗？

从模拟到数字

当你听到有人说，生活在一个从煤气灯到电力，从马车到汽车的时代，是如此令人兴奋，你可以告诉他们，我们也生活在一个非常令人兴奋的时代，也许更加令人兴奋。我们正生活在这样一个时代，我们正在经历信息存储和传输从模拟到数字的转变。

以前的留声机使用唱针，这些唱针会在唱片弯曲的凹槽中移动时发生振动，且唱片的直径是 CD 和 DVD 的两倍多。留声机唱片输出的是如图 7-11 所示类型的信号。这种类型的连续波形被称为模拟信号。通过每秒多次测量其振幅的数值，模拟信号可以变为数字信号（见图 7-15）。若用计算机便捷的二进制数字系统表示，任何数字都可以表示为 1 和 0 的序列。例如，数字 1 是 1，2 是 10，3 是 11，4 是 100，5 是 101，17 是 10001，以此类推。因此，模拟波形的形状由一系列"开"和"关"脉冲表示，这些脉冲对应二进制代码中的一系列"1"和"0"。

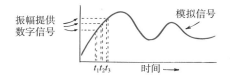

图 7-15　模拟信号转变为数字信号

注：模拟波形的振幅在连续的瞬间被测量，并提供以二进制形式记录在 CD 的反射表面上的数字信息。

　　时代在转变，你在数字设备上看到或听到的一切数字、单词、图片和声音都是二进制编码的。所有这些信息通过互联网和无线电波以吉字节和太字节的速度传播，曾经依托模拟信号的磁带和唱片，在当下除了用于收藏外，已经被时代淘汰了。

要点回顾

- 音乐家通常以 3 个主要特征来谈论音乐的音调：音高、响度和音色。音高主要由频率决定，高频振动产生高音，低频振动产生低音；响度是与声音强度或音量直接相关的生理感觉；音色是乐器或声音的特征音调，由分音的数量和相对强度决定。

- 依据振动方式的不同，传统乐器可以分为 3 类：通过振动的弦产生声音的乐器，通过振动的空气柱产生声音的乐器，以及通过打击物产生声音的乐器。

- 留声机的老唱片上面布满了凹槽，凹槽宽度的变化会导致留声机的针（唱针）在凹槽中移动时发生振动。这些机械振动又转化为电振动，从而产生声音。

- 傅立叶分析是指将任何周期波形分解为简单正弦波组合的数学方法。我们正在经历信息存储和传输从模拟到数字的转变。你在数字设备上看到或听到的一切数字、单词、图片和声音都是二进制编码的。所有这些信息通过互联网和无线电波以吉字节和太字节的速度传播。

CONCEPTUAL
PHYSICS

第三部分

电和磁

CONCEPTUAL
PHYSICS

08

电如何影响世界

妙趣横生的物理学课堂

- 电力是什么样的?

- 为什么静电有时很危险?

- 为什么不同材料的导电性存在差异?

- 充电的微观过程发生了什么?

- 电场是什么?

- 电如何转化成能量?

富兰克林（见图 8-1）在欧洲的影响力源于他作为美国著名外交官和科学家所获得的高度尊重。在法国，无论他走到哪里，都有慕名而来的人群。

富兰克林多才多艺，他有很多头衔：印刷商、出版商、吟游诗人、发明家、哲学家、政治家、外交官、战士、消防员、漫画家……这些头衔都源于他为公共事务所做出的贡献，而他留给世界的财富中还有非常重要的一部分，那就是他的科学成就。

图 8-1 富兰克林

富兰克林因发明避雷针而广为人知，除此之外，他还发明了玻璃口琴、富兰克林炉、双光镜和柔性导尿管。不过，他从来没有为自己的发明申请过专利。在自传中，他这样写道："我们在享受着他人的发明给我们带来的巨大益处，我们也应该乐于有机会用自己的任何发明为他人服务，而且我们应该自愿而慷慨地去做这件事。"

富兰克林在科学领域的贡献也非常多，众所周知的就是他对电学的研究。当时，电被认为是由两种流体组成的——玻璃电和树脂电。富兰克林则提出电是没有重量的电流体，而且他是第一个区分正电和负电的人，也是第一个发现电荷守恒定律的人。

富兰克林对避雷针的设想最早可以在 1750 年出版的一本书中找到。当时他提出通过一个实验——在雷暴形成前放风筝来证明闪电是电。据说，富兰克林成功地用风筝从云中提取出了电火花，但其他人因为在雷暴天气中放风筝而不幸触电身亡。富兰克林用风筝线上的电荷证明了，闪电是电。

避雷针就是富兰克林受到这一实验启发而想到的。实验表明，带尖端的金属可以无声地收集电或释放电，具有防止建筑物上电荷积聚的作用。因此，他在自己家的屋顶上，安装了尖端锋利的铁棒，铁棒的底部连着电线，电线一直从屋顶延伸到地面上。富兰克林推测，在闪电击中之前，铁棒会从云层中无声地吸收"电火"，从而保护房屋免受雷击。

为了表彰富兰克林在电学方面所取得的成就，英国皇家学会在 1753 年将科普利奖章授予了他。1756 年，富兰克林当选为英国皇家学会会员，成为其中为数不多的美国人之一。

我们将在本章开启一次电的学习之旅。随着旅程的循序渐进，我们会发现一个概念是另一个概念的基础，电有着各种神奇的特征，并与我们的生活息息相关。

Q1 电力是什么样的？

如果存在这样一种力，它像引力一样普遍存在，它的大小与距离的平方成反比，但比引力强数百万倍，那么宇宙会是什么样呢？首先，我们假设这种力像引力一样具有吸引力，那么宇宙就会被吸成一个致密的球，所有物质都会尽可能紧密地挤到一起。然后，我们假设这种力是排斥力，所有物质都相互排斥，即使是最小的物质之间也是如此，宇宙会发生什么呢？如果是这样的话，宇宙就会在短时间内自爆。最后，我们假设宇宙由正负两种粒子组成，正粒子排斥正粒子，但会吸引负粒子，与之类似，负粒子排斥负粒子，但会吸引正粒子。换句话说，同性相斥，异性相吸（见图 8-2）。图 8-3 为同种电荷相斥实验。如果两种粒子的数量相等，那么这种强大的力就是完全平衡的！此时的宇宙又会是什么样呢？答案很简单：就像我们现在生活的世界一样。我们将这种力称为电力。

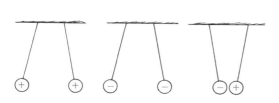

图 8-2　同种电荷相斥，异种电荷相吸

图 8-3　同种电荷相斥

注：一根用羊毛摩擦过的塑料吸管被一根线悬挂着。当另一根也被羊毛摩擦过的吸管靠近它时，两根吸管相互排斥。

　　物质由分子或原子构成，那原子里面有什么呢？那里充满了正电荷与负电荷，它们因电力强大的吸引力而紧紧相依，维系着微妙的平衡。这些正负电荷相互交织，形成紧密而均匀的离子簇，使电力在其中达到了近乎完美的平衡。当两个或更多的原子"牵手"，共同构筑成分子时，分子同样承载着这种正负平衡的特性。而当数以万亿计的分子携手并肩，凝聚成微小颗粒，进而构成物质时，电力再次展现其平衡之美。人们几乎察觉不到两种寻常物质之间电力的吸引或排斥作用，因为每一种物质都均衡地承载着正电荷与负电荷。以地球与月球为例，它们之间并没有电力作用，而是那微弱的引力，成为它们之间相互吸引的主导力量。

电荷

正电荷和负电荷都是电荷，电荷是什么呢？电荷是所有电现象的基本量。在构成物质的原子中，带正电的粒子是质子，带负电的粒子是电子。质子被牢牢地束缚在原子核内，无法像微小的电子那样自由运动。在原子核中，与质子相伴的是被称为中子的中性粒子。图 8-4 为氦原子模型。当两个原子相互靠近时，电子在每个原子的体内旋转，原子内部吸引力和排斥力的平衡状态被打破了。在这种状态下，两个原子可以相互吸引并形成分子。事实上，所有将原子结合在一起形成分子的化学键，本质上都是电力。

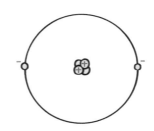

图 8-4 氦原子模型

注：原子核由两个质子和两个中子组成。带正电的质子吸引带负电的电子。

在进一步研究电的现象之前，让我们先了解一些有关原子的知识。一起来回顾一下关于原子的重要内容：

1. 每个原子都由带正电的原子核和带负电的电子组成，电子围绕原子核旋转。
2. 所有原子的电子都是相同的。所有电子都有相同数量的负电荷和相同的质量。
3. 质子和中子组成原子核（氢原子的常见形式没有中子，是唯一的例外）。质子的质量大约是电子的 1 800 倍，但它们携带的正电荷量与电子的负电荷量相等。中子的质量比质子稍大，没有净电荷。
4. 原子的电子数通常与质子数相同，因此原子的净电荷数为零。

为什么质子不会把带相反电荷的电子拉进原子核里呢？你可能会以为电子的行为方式就像行星围绕太阳运行一样，但并非如此，这种解释对电子来说是行不通的。当原子核于 1911 年被发现时，科学家就意识到，电子不可能像地球围绕太阳旋转那样围绕原子核平稳地运行。根据经典物理学，电子在大约 10^{-8} 秒的时间内会螺旋进入原子核，同时发出电磁辐射。因此，我们需要一种新的理论，即量子力学。在描述电子运动时，更合适的词可能是壳层（shell），壳层可以表明电子分布在球形区域内，但出于习惯考虑，我们仍然使用旧的术语，即轨道（orbit）。目前，科学家用电子的波动性来解释原子稳定性：电子的行为与波类似，所以电子需要一定的运动空间，以满足与其对应电子波的波长。当我们在后文讨论量子力学时，我们还会发现原子大小是由电子所需的最小"回旋空间"决定的。

为什么原子核中的质子不会相互排斥并飞离彼此呢？是什么把原子核中的质子紧紧"捆"在一起的呢？答案是，原子核中除了存在着电力之外，还存在着一种更强的非电的力，这种力能将质子聚集在一起并克服电排斥。

Q2 为什么静电有时很危险?

静电是危险的。200 年前，在军舰上，有一些被称为"火药猴"的男孩，他们在军舰上赤着脚，奔跑着把一袋袋黑色火药从底舱带到甲板层的大炮上。这项任务必须赤脚完成，这是军舰上的规定。为什么会有这样的规定呢？因为静电有可能点燃火药，男孩们在赤脚奔跑时，双脚与甲板的摩擦比鞋子少得多，这样他们身上就不会积聚可能产生火花并引发爆炸的电荷，确保火药可以被运送到炮位上。

如今，在许多工业生产过程中，静电都是非常危险的，因为静电不仅可能引起爆炸，还可能会破坏脆弱的电子电路。一些电路元件足够敏感，甚至会被静电火花"烧毁"。因此，电子技术人员经常需要穿着由特殊面料制成的衣服，袖子和袜子之间都要连接地线。例如，有些人戴着连接到接地表面的特殊腕带，以防止在移动椅子的情况下产生静电。

静电也是汽油泵要预防的一个问题。即使是最微小的火花也能点燃汽油蒸气，引发火灾——这往往是致命的。安全的做法是，在加油前用手触摸金属以释放身体内的静电。

物理学有一条基本定律，无论什么时候，带电物体相互接触，都不会产生新的电子或消灭原来的电子。电子只是简单地从一个物体转移到另一个物体，就像接力赛中的接力棒，由一名选手传递给另一名选手但不会消失一样。这就是电荷守恒。在任何情况下，无论是在宏观层面还是在微观层面上，电荷守恒定律都是适用的，我们从未发现过产生或消灭净电荷的案例。电荷守恒定律与能量守恒定律、动量守恒定律并列，是物理学中非常重要的基本定律。图 8-5 的电子转移实验中，电荷有变化吗？思考一下吧！

图 8-5　电子转移实验

注：电子从毛皮转移到小棒上，然后小棒带了负电。毛皮带电了吗？与小棒相比，毛皮所带的电子是多还是少？是正电还是负电？

在中性原子中，电子和质子一样多，因此没有净电荷，正电荷正好与负电荷保持平衡。如果一个原子失去了一个电子，那么这个原子就不再是中性的。此时，原子的正电荷（质子）比负电荷（电子）多一个，我们便称该原子是带正电荷的。[1] 带电荷的原子被称为离子，其中正离子带净正电荷，带正电；负离子则带有一个或多个额外电子，带负电。

由此可知，一个电子和质子数量不等的物体是带电的。如果它的电子比质子多，它就带负电；如果它的电子比质子少，它就带正电。

有趣的是，任何带电物体所带有或缺少的电子数都是整数，这意味着物体的电荷是电子电荷的整数倍。一个电子不能被分成若干个电子。电荷是"粒状"的，

---

[1] 每个质子的电荷用 +e 表示，其大小等于 $+1.6 \times 10^{-19}$ 库仑。每个电子都有一个电荷 e，等于 -1.6×10^{-19} 库仑。为什么这些不同的粒子具有相同的电荷量，我们还没有找到答案。但是，两者在数量上的相等关系已经得到高精度测试的证实。

是由一堆被称为基本电荷的基本单位组成。电荷具有量子性质，所以我们说电荷是量子化的，最小的电荷量是电子或质子的电荷量。[①] 在所有的已知物质中，我们尚未发现更小的电荷单位。迄今为止，所有带电物体的电荷量都是单个电子或质子的电荷量的整数倍。

库仑定律

电力和引力一样，它的大小与带电体之间距离的平方成反比。这一关系是由夏尔·奥古斯坦·库仑（Charles Augustin de Coulomb）在 18 世纪发现的，因此被称为库仑定律。库仑定律指出，两个带电体自身的大小相对于它们之间的距离要小得多，它们之间的力随着电荷量的乘积而成正比例变化，随距离的平方成反比例变化。

电荷的国际单位是库仑，简称库，符号为 C。1 库仑对应 6.25×10^{18} 个电子所携带的电荷。看起来，这个数量是巨大的，但它实际只代表一个普通的 100 瓦灯泡在 1 秒钟多一点儿的时间内流动的电荷量。

虽然在某种程度上，牛顿的万有引力定律和质量的关系，与库仑定律和带电体的关系颇为相似，但引力和电力之间最重要的区别在于，电力可能是吸引的，也可能是排斥的，而引力只可能是吸引的。此外，库仑定律在化学领域具有举足轻重的地位，它是分子间化学键合力的基石。

Q3 为什么不同材料的导电性存在差异？

如果我们观察家中的电线，就可以发现它通常是由不同的材料组成

[①] 然而，在原子核的核子中，被称为夸克的基本粒子携带着分别为电子电荷量的 −1/3 或 +2/3 的电荷。每个质子和中子都是由 3 个夸克组成。由于夸克总是以这样的组合存在，而且从未被发现是分开的，所以电子电荷的整数倍规则也适用于核过程。

的，其中内部由导电性能良好的金属材料制成，以便电流顺畅传输，外层的绝缘材料则确保了电流不会外泄，保障了我们的用电安全。

金属很容易带电或导电，因为金属原子外层中的一个或多个电子并没有固定在原子核上，而是在原子之间自由漂移。这样的材料叫作导体。所有金属都是很好的电流导体，其原因与金属是很好的热导体相同，即原子外层的电子是"松散的"。银、金和铂等贵金属都是导体，且不会被腐蚀，通常被用于少数高价值产品中。铜和铝具有良好的导电性能和较低的价格，通常被广泛用于电气系统布线。

其他材料中，例如橡胶和玻璃，其电子是紧密结合的、固定的，不能自由地在其他原子之间游走，很难流动起来。因此，这些材料是不良的电流导体，原因也与它们通常是不良的热导体相同，它们被称为绝缘体。玻璃就是一种非常好的绝缘体，用于确保电线与支撑电线的金属塔架保持安全距离。许多塑料也是很好的绝缘体，这就是为什么我们家里的电线上会包覆着一层塑料。

所有物质都可以按其传导电荷能力的强弱进行排名。在这个名单中，排名靠前的是导体，排名靠后的是绝缘体。名单的两端相距甚远。例如，金属的导电率可以比玻璃等绝缘体的导电率高出 10^{18} 倍。

半导体

一些材料，如锗（Ge）和硅（Si），既不是导体，也不是绝缘体。这些材料传导电荷的能力处于导体和绝缘体之间，在纯晶体形式下，它们是良好的绝缘体。然而，当 1 000 万个原子中有 1 个原子被杂质取代时，它们就会成为导体，此时杂质会从晶体结构中添加或抢走 1 个电子，这一过程被称为掺杂。这种有时可以做绝缘体，有时可以做导体的材料被称为半导体。

当光照射到半导体上时，半导体可以导电。例如，纯硒板通常是很好的绝缘体，在黑暗中，硒板表面积累的任何电荷都会被长时间保留。然而，如果纯硒板暴露在光线中，这些电荷几乎会立即"逃走"。如果一块带电的硒板暴露在光线模式下，电荷只会从暴露于光的部分逸出去。如果在硒板表面刷上一层黑色颜料粉末，粉末就会仅仅黏附在硒板未暴露于光的带电区域。看到这里你可能已经想到了，没错，这就是复印机的原理。

晶体管

薄薄的绝缘层覆盖在半导体材料上就构成了晶体管，它取代了体积庞大、笨重的真空管。所有晶体管都可以由一个电信号来控制或调节另一个信号。在晶体管的应用中，最简单的类型是充当开关，以启动或停止向其他电路元件馈送的电流。另一种类型则是放大器，能实现输出信号大于输入信号的效果。信号在多个放大器中逐级传递，每一个晶体管都对前一个放大器的输出信号进行放大处理，最后的放大效果会非常惊人。

晶体管无疑是 20 世纪的伟大发明。如今，智能手机的集成电路中通常包含数十亿个晶体管，这是智能手机能实现众多功能的关键。晶体管通常有 3 个连接到外部电路的终端（见图 8-6）。只要在一对终端之间施加小信号，便可以控制另一对终端上的大信号。这一特性已经被应用了数百万次甚至数十亿次，是我们电子时代所有奇迹的基础。

（a） （b）

图 8-6　晶体管

注：图（a）为 3 种不同的晶体管，图（b）为集成电路中的许多晶体管。

超导体

普通导体对电荷流动的阻力很小，绝缘体的电阻则要大得多。值得注意的是，当温

○── 趣味问答 ──○

你知道世界上有多少晶体管吗？

世界上的晶体管数量可能比世界上所有树上的树叶都多。

度足够低时，某些材料的电阻会消失，对电荷的流动具有零电阻，也就是说这种材料具有无限导电性。这种材料被称为超导体。

一旦电流在超导体中形成，电子就会无限流动。由于没有电阻，电流通过超导体就不会损失能量，电荷流动时也不会发生热损失。1911 年，人们在接近绝对零度的金属中发现了超导性；1987 年，在一种非金属化合物中发现了在"高温"（100 开尔文以上）情况下的超导性。此后，超导性得到了进一步研究，并促进了其在低损耗电力传输和高速磁悬浮列车等领域的应用，其中，高速磁悬浮列车被寄希望于可取代传统的铁路列车。

Q4 充电的微观过程发生了什么？

给电池充电几乎是每个人每天都要做的事情，无论是手机、电脑，还是孩子喜欢的电子玩具、出行所用的电动车，充电过程在不断重复着。但是，你知道充电的微观过程是什么样的吗？

充电，实际上是将电子从一个地方转移到另一个地方。物理接触就可以做到这一点，比如两个物体在摩擦或简单接触时就可能会发生电子转移。我们也可以将带电物体放在一个不带电物体附近，从而使电荷在这两个物体间重新分配，这叫作静电感应。

摩擦和接触充电

对于摩擦产生的电效应，我们并不陌生。比如，当我们抚摸猫的皮毛，可以听到噼啪声；当我们在黑暗的房间里对着镜子梳理干净干燥的头发，既能看到火花，也能听到噼啪声；当我们的鞋子在地毯上摩擦之后，我们用手触摸门把手时，因为有电荷流动，手会感到刺痛。有的老人可能曾有这样的经历：当他们在车内坐着时，如果在塑料座椅上来回移动，可能会感觉到电击。在衣物烘干机中，电子也会在衣物之间悄然转移。这些情境的共同点在于，当不同材料发生摩擦时，电子会发生转移，从而产生了电荷的流动。

电子可以通过简单的接触从一种材料转移到另一种材料。例如，当带负电的导电棒与中性物体接触时，一些电子就会转移到中性物体上。这种充电方法被称为接触充电。如果物体是良导体，电子会扩散到物体表面的所有部位，因为转移的电子彼此排斥；如果是不良导体，导电棒可能需要接触物体的多个位置，以使物体表面的电荷分布均匀。

感应充电

如果你将带电物体放到导电体附近，即使没有物理接触，电子也会转移到导电体的表面上。如图 8-7 所示，A 和 B 是两个绝缘金属球。在图 8-7（a）中，球体彼此接触，因此，它们成了一个不带电的导体。在图 8-7（b）中，当带负电的导电棒靠近金属球 A 时，金属中自由运动的电子被排斥，此时电荷会被重新分配，直到形成新的平衡以应对导电棒的影响。如果两个球在导电棒仍然存在的情况下被分离，那么两个球所带的电荷量相等，电性相反。这就是感应充电。此时，导电棒从未接触过球体，并保留着自己最初的电荷。

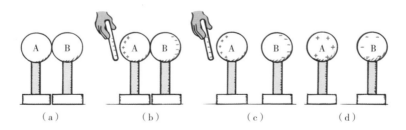

图 8-7　感应充电过程

我们同样可以通过感应的方式给单个球体充电，只需在球体不同部位带电情况不同时触摸它即可。图 8-8 所示为一个悬挂在非导电细绳上的金属球。当我们用手指触摸金属表面时，电荷将流入或流出到一个非常大的储存器——地面。这个过程被称为接地，它可能会让球体带上净电荷。在下一章讨论电流时，我们将进一步讲述接地的概念。

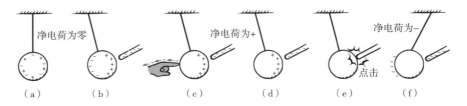

（a）　　　　　（b）　　　　　（c）　　　　　（d）　　　　　（e）　　　　　（f）

图 8-8　通过感应方式给单个球体充电

注：感应充电的各个阶段。图（a），金属球上的净电荷为零。图（b），导电棒靠近球体，引起球体上的电荷再分配，此时，球体上的净电荷仍然为零。图（c），手指接触球体后，球体上的负电荷会通过我们的身体流入地面，球体失去电子。图（d），球体带正电。图（e），带正电的球被带负电的导电棒强烈吸引，当它们接触时，接触充电发生。图（f），带负电的球被仍带一些负电荷的导电棒排斥。

雷暴期间会发生感应充电。带负电的云层底部使地面带正电荷（见图 8-9）。本章开头已经提过，富兰克林是第一个证明这一点的人。他用著名的风筝实验，证明了闪电是一种放电现象。[1]闪电是发生在云与带相反电荷的地面之间，或在带相反电荷的云层的不同部分之间的放电现象。

富兰克林还发现，电荷很容易流向或流出锋利的金属尖端，由此他制造了世界上第一根避雷针。避雷针的主要目的是防止闪电引起的火灾。若因种种原因，空气中的电荷未能及时释放，避雷针便能引导周围的雷电，将其直接导向地面，从而保护建筑物免受损害（见图 8-10）。

图 8-9　雷暴天气中的感应充电

注：云层底部的负电荷使下方地面感应并带正电荷。

---

[1] 富兰克林有许多发明，提高了人们的生活质量。

图 8-10

注：避雷针由重型电线连接。通常
电荷从金属棒的尖端释放，防止雷
击的发生。如果遭受雷击，避雷针
可以将大量电荷传导到地面。

电荷极化

感应充电并不仅仅发生在导体之间。当
导电棒靠近绝缘体时，虽然没有自由电子可
以在整个绝缘材料中迁移，但组成绝缘材料
的原子和分子，其本身的电荷发生了重新排
列（见图 8-11）。虽然原子不会从相对固
定的位置移动，但它们的"电荷中心"会移
动。原子或分子的一侧受到导电棒诱导，变
得比另一侧偏负或偏正。在这种情况下，我
们会认为，原子或分子处于电荷极化状态。
例如，如果导电棒带负电，那么原子或分子
的正电部分会被吸引向导电棒的方向运动，
而原子或分子的负电部分则朝着远离导电棒
的方向运动。至此，原子和分子的正负电荷
部分会排列一致，形成电荷极化现象。

> • 趣味问答 •
>
> **为什么会有闪电?**
>
> 闪电主要发生在温暖的环
> 境中。当温暖的水蒸气在空气中
> 上升时，它会与上方空气中的冰
> 晶发生摩擦，产生类似于你在
> 地毯上擦脚时脚底所产生的电
> 荷。冰晶获得少量正电荷，上升
> 气流将这些正电荷带到云层的
> 顶部。所以，云层通常顶部带正
> 电，底部带负电。闪电正是在这
> 些区域之间以及云层和地面之间
> 形成的弧形放电。

以此类推，我们就可以理解为什么不带电的纸片会被带电物体吸引。比如，
一把梳过头发的梳子靠近纸片时，纸片中的分子发生了电荷极化（见图 8-12）。
纸片中靠近梳子的电荷与梳子所带的电荷电性相反，纸片中的另一种电荷则远离梳子一些。由于距离更近（库仑定律），纸片和梳子之间会产生净吸引力。有时它们会紧紧吸住梳子，然后突然飞走。这种排斥是因为纸片与带电梳子接触后，会获得与带电梳子相同的电荷。同样的道理也可以解释如何通过摩擦把气球粘在墙上。当我们把一个气球放在头发上摩擦，它就会带电。将气球靠近墙面，它就会粘在墙上，因为气球上的电荷会使墙面上聚集起与之电性相反的电荷。由于气球上的电荷与感应电荷的距离更近，近距离再次发挥作用，使气球与墙面之间产生净吸引力（见图 8-13）。

许多分子，比如水分子（H_2O），在正常状态下是电极化的。电极化解释了水分子的"黏性"。水分子之间的相反电荷互相吸引，这就是为什么大气中的非极化分子，如氮气（N_2）和二氧化碳（CO_2），虽然都比水分子更重，而且运动速度也更慢，但都比水分子的气体凝结温度低得多。在水分子中，电荷的分布并不完全均匀，分子一侧的负电荷比另一侧多一点（见图 8-14）。这种分子被称为电偶极子。

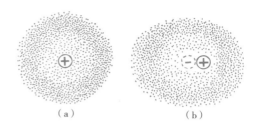

（a）　　　　　（b）

图 8-11　原子的电荷极化

注：在原子核周围转来转去的电子产生电子云。图（a），在原子中，负电荷的电子云中心通常与正电荷的原子核中心重合。图（b），当外部有负电荷出现在右侧时，电子云会变形，从而使正、负电荷中心不再重合。原子现在是处于电荷极化状态的。

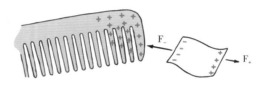

图 8-12　纸片中的电荷极化

注：带电的梳子会吸引不带电的纸片，因为距离较近的电荷产生的吸引力大于距离较远的电荷产生的排斥力。

图 8-13　气球与墙面的
电荷极化

注：带负电的气球使墙面发生原子极化，形成一个带正电的表面，因此，气球可以粘在墙上。

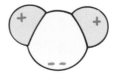

图 8-14　水分子
的电荷分布

注：水分子是电偶极子。

Q5 电场是什么?

　　在工业生产中,粉尘往往令人们苦恼。因为粉尘不仅影响工作效率,还有可能带来潜在危险。因此,一些工厂会使用静电除尘技术,让粉尘吸附在集尘器上,以达到去除粉尘的目的。那么,为什么粉尘会聚集在集尘器上呢?要想解开这个谜题,我们需要先了解一下电场的概念。

　　电力和引力一样,作用于彼此不接触的物体之间。电力和引力,都存在着力场,分别影响带电的物体和有质量的物体。在任何有质量的物体周围,空间的性质都会发生改变,以至于进入该空间的其他有质量的物体就会受到力的作用。这个力是引力,这个空间就是引力场。我们可以理解为,任何大质量的物体并非直接作用于其他物体,而是要通过引力场这一中介。例如,当苹果从树上掉下来时,我们说它与地球存在相互作用,但我们也可以认为,是苹果与地球引力场之间存在相互作用。场在物体之间的力中起着中介作用。同理,当我们谈论遥远的火箭或其他物体时,它们实际上也是与引力场相互作用,而不是与地球或其他产生引力场的物体直接发生作用。正如行星以及其他有质量的物体周围的空间都存在引力场一样,每一个带电物体周围的空间都存在着电场—— 一种贯穿空间的能量场(见图 8-15)。

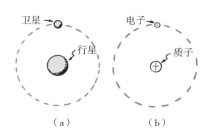

（a）　　　　　（b）

图 8-15　引力场与电场

注: 图(a),引力使卫星在轨道上围绕着行星运动。图(b),电力使电子在轨道上围绕着质子运动。在这两种情况下,物体之间都没有接触。我们说轨道上的物体和行星与质子的力场相互作用。两者都与这些场完全联系着。因此,一个带电物体施加在另一个物体上的力,可以被描述为一个物体和另一个物体建立的场之间的相互作用。

　　电场既有大小(强度)又有方向。在电场中任意一点上,电场大小是每单位电荷所受到的力的大小。如果带有电荷 q 的物体在空间中的某一点受到力 F,那么该点的电场强度 E 为:

$$E=\frac{F}{q}$$

电场强度可以用矢量箭头表示，图 8-16（a）中所示的电场方向为静止时正电荷受力的方向。[1] 力的方向与任意一点的电场方向相同。在图 8-16（a）中，我们看到所有矢量都指向带负电的球的中心。如果球带正电荷，矢量将指向远离其中心的地方，因为附近的正电荷将被排斥。

还有一种更直观地描述电场的方法是使用电力线，如图 8-16（b）所示。图中所示的电力线代表了无限多可能的线中的一小部分，它们表示电场的方向。需要注意的是，该图是三维空间的二维表示。电力线分布较为稀疏的地方，代表电场较弱。对于单独的电荷，电力线会无限延伸；对于两个或多个相

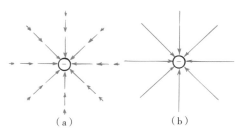

图 8-16　负电荷周围的电场

注：图（a）为矢量图，图（b）为力线图。

反的电荷，电力线开始于正电荷，终止于负电荷。一些电场构造如图 8-17 所示，而电场模式的照片如图 8-18 所示。这些照片展示了悬浮在带电导体周围的油槽中的小细条的排列。小细条的端部通过感应充电，并倾向于与电场线端对端对齐。

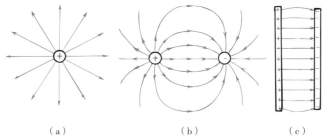

（a）　　　　　　（b）　　　　　（c）

图 8-17　电场构造图

注：图（a），由单个正电荷发出的电力线。图（b），电荷相等但电性相反的一对带电粒子的电力线。请注意，线从正电荷发出，终止于负电荷。图（c），电荷相等但电性相反的两块极板之间的均匀电力线。

---

[1] 测试电荷很小，因此不会对被测场源造成明显的影响。回想一下，有关热的研究中，测量大质量物体的温度时，同样需要使用小质量的温度计。

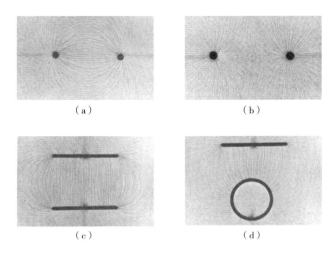

（a）　　　　　　　（b）

（c）　　　　　　　（d）

图 8-18　电场模式实验照片

注：悬浮在油槽中的小细条与电场端对端对齐。图（a），电荷相等、电性相反的电荷。图（b），相同电荷。图（c），带相反电荷的极板。图（d），对置的带电圆柱和极板。

现在我们就能解释本节开头的静电除尘技术了。静电除尘设备通常包括放电电极和集尘电极两个主要部分。放电电极产生高压电场，使周围空气电离，形成大量的电子和离子。粉尘颗粒通过电场时，会与这些电子和离子碰撞并带上电荷。带电的粉尘颗粒在电场力的作用下，就会被吸附到集尘电极上，从而被收集起来。

电场的概念对我们理解带电体之间的作用力至关重要，同时，它也能揭示电荷移动时所产生的种种现象。当电荷开始自由运动，它们的动态变化会以场扰动的形式迅速传播至邻近的带电体，这种传播速度等于光速。换句话说，电场不仅能储藏能量，还能让能量进行远距离的自由传输。

电场屏蔽

电场和引力场的一个重要区别是，电场可以被各种材料屏蔽，而引力场不能，屏蔽情况取决于用于屏蔽的材料。例如，空气使两个带电物体之间的电场略弱于真空中的电场，而放置在物体之间的油可以将电场减小到其原始强度的近1%，金属则可以完全屏蔽电场。有趣的是，当没有电流流动时，不管外部的电场强度如何，金属内部的电场也为零。

以金属球上的电子为例，由于相互排斥，电子将均匀地分布在球的外表面。当一个试验电荷被放置在球的正中心时，它所受到的电力为零，因为各个方向的作用力会相互抵消，使它保持平衡。有趣的是，不只是球的正中心，基于库仑定律和一些几何知识，我们可以得知，试验电荷被放置到球内的任何位置，它所受到的作用力都会完全抵消。

如果金属导体不是球形的，那么电荷分布将不均匀。图 8-19 展示了不同形状的金属导体表面的电荷分布。例如，导电立方体上的大部分电荷都相互排斥，并移向边角。值得注意的是，金属导体表面上的电荷分布恰好使金属导体内部各处的电场为零。我们可以这样理解，如果金属导体内部有电场，那么金属导体内部的自由电子就会运动起来。它们会运动多久呢？答案是直到建立平衡，也就是所有电子所处的位置共同使金属导体内部产生的电场为零为止。

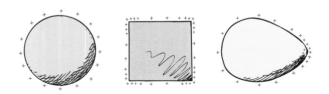

图 8-19　不同形状金属导体表面的电荷分布

注：电荷分布在金属导体的表面上，它们共同使导体内部的电场为零，金属导体表面突出的部位电荷密度更大。

我们不能让自己脱离地心引力的影响，因为地心引力会吸引我们，而且没有排斥力来抵消这种吸引力。但是，知道了金属导体内部电场为零后，屏蔽电场就变得非常简单。我们只要把自己或任何想屏蔽的东西，用金属导体的表面包围起来，然后再放进电场中，无论电场有多大的强度，我们都可以免受其影响。这时，自由电荷将以某种方式在金属导体表面上排列，使金属导体内部的所有场强相互抵消。这就是为什么某些电子元件会被封装在金属盒中，某些电缆有金属外壳以屏蔽外界的电活动。

Q6 电如何转化成能量？

　　很多人家里都有靠电池供电的小夜灯，轻轻一按开关，它就能发出温暖的光芒。这个过程是怎么发生的呢？为什么按下开关就能点亮灯泡呢？这其实是因为电池内部存在着电位差，产生电流，从而点亮了灯泡。电位差，即电势，就像是电场中的"高度差"，它决定了电荷在电场中的运动方向和能量转换。通过理解电势，我们可以更好地认识电的本质，也能在日常生活中更安全、便捷地使用电器。

　　我们已经了解到，物体因为处于引力场中而具有引力势能。带电物体也因为处于电场之中而具有势能。正如将一个巨大的物体举起来需要做功抵抗地球引力场的作用一样，将带电粒子推到带电体的电场中也需要做功，因为这将改变带电粒子的电势能。[①] 如图 8-20（b），带有少量正电荷的粒子与带正电荷的球体相距一定距离。如果将粒子推向球体，我们将消耗能量以克服它们之间的电排斥力；也就是说，我们要做功才能将带电粒子推向球体的电场，我们将带电粒子推到新位置所做的功会增加该粒子的能量。粒子因位置变化而获得的能量被称为电势能。如果粒子被松开，它会向远离球体的方向加速，其势能就会转变为动能。

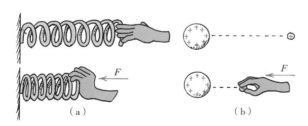

图 8-20　机械势能与电势能

注：图（a），弹簧在压缩时具有更多的机械势能。图（b），当带电粒子被推近带电球体时，将具有更多的电势能。在这两种情况下，增加的势能都是输入功的结果。

---

① 如果它增加了带电粒子的电势能，则功为正；如果它减少了带电粒子的电势能，则功为负。

如果这次推动的带电粒子所带电荷量为之前粒子的 2 倍，此时我们所做的功就是之前的 2 倍，所以在同一位置上，带有 2 倍电荷的粒子的势能是之前粒子的 2 倍。以此类推，带有 3 倍电荷的粒子将拥有 3 倍的势能。当我们计算电场中带电粒子的势能时，使用每单位电荷的势能会更加方便。电荷的单位是库仑，所以我们使用每库仑电荷的势能。这样无论在哪个位置，无论电荷多大，每库仑电荷的势能都是相同的。一个位于特定位置上的物体，如果带有 10 库仑的电荷，它的势能将是带有 1 库仑电荷物体的 10 倍。但需要注意的是，10 倍势能对应的是 10 倍电荷，其单位电荷的势能（即每库仑的势能）仍然保持不变。

每单位电荷的电势能有一个特殊的名称，即电势。其公式为：

$$电势 = \frac{电势能}{电荷量}$$

电势的单位是伏特，电势差是电场中两点间的电势的差值，电势差通常被称为电压。1 伏特的电势等于 1 焦耳的能量除以 1 库仑电荷量。因此，对 1.5 伏的电池来说，每通过 1 库仑电荷就会产生 1.5 焦耳的能量。电势差和电压是等价的。在本书中，名称将互换使用。

我们在举办聚会的时候，可能会把气球贴在墙上，除了用胶带粘贴外，把气球与头发摩擦，然后利用静电让气球吸附在墙上，也是一种常用的办法。你知道这时气球的电压有多少吗？它可能会达到几千伏特！之所以会有这么高的电压，是因为净电荷很小。如图 8-21 所示，假设给气球充电时，大约要做 10^{-1} 焦耳的功，气球获得 10^{-1} 焦耳的电势能。如果所涉及的电荷量是 10^{-6} 库仑，那么它的电压是多少呢？用 10^{-1} 焦耳除以 10^{-6} 库仑，结果是 100 000 伏。当气球接触导电表面时，火花中的能量是多少？没错，只有 10^{-1} 焦耳。

图 8-21　气球的电压

注：当 10^{-1} 焦耳的功将 10^{-6} 库仑的电荷通过摩擦转移到气球上时，气球的电压为 100 000 伏。$\frac{10^{-1} 焦耳}{10^{-6} 库仑} =$ 100 000 伏。

电能存储

电能可以储存在一种叫作电容器的常见装置中。[①] 最简单的电容器是由一对极板组成的，它们间距很小。当极板连接到充电装置（如图 8-22 所示的电池）时，因为电池的正极将吸引与之相连的极板中的电子，所以电子从一个极板转移到另一个极板。这样，电容器的两块极板就会带有数量相等但电性相反的电荷：与电池正极相连的一块带正电；与电池负极相连的一块带负电。

电容器的充电过程通常很快，当两块极板之间的电压等于电池两端的电压时，充电就完成了。电池电压越高、极板面积越大且靠得越近，每块极板上可存储的电荷量就越大。因此，电能存储在极板之间的电场中。在实际应用中，这些极板可以由薄薄的金属箔制成。金属箔之间由一张薄纸或其他绝缘层（被称为电介质）隔开，然后这种"纸三明治"可以卷起来以节省空间，并插入圆筒中。图 8-23 展示了这种实用电容器与其他电容器的对比。

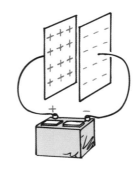

图 8-22 电容器

注：一个电容器由两块间隔紧密的金属极板组成。当连接到电池时，两块极板将获得数量相等但电性相反的电荷。极板之间的电压与电池两端之间的电压相匹配。

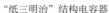
"纸三明治"结构电容器

图 8-23 各种电容器

电容器几乎存在于所有电子电路中。在照相闪光灯单元中，电容器将能量储存起来，而闪光灯的短暂快速闪烁正是由其能量的快速释放完成的。同样，在除颤器中，电容器能够在短时间内迅速释放能量，为心脏病患者提供及时的救治。大量的能量储存在电容器中，还可以为国家级实验室的大功率激光器供电。

[①] 电容器的存储电势，或电容，以法拉为单位。1 法拉的电容器可以在 1 伏特电压下储存 1 库仑电荷。实际上，电容器的额定值通常以微法为单位。

范德格拉夫起电机

范德格拉夫起电机，简称范氏起电机，是一种常见的用于产生静电高压的实验室设备，由美国物理学家罗伯特·J.范德格拉夫（Robert J. Van de Graaff）于1931年发明，为早期粒子加速器提供所需的高压。在过去的科幻电影中，范氏起电机也是疯狂的科学家所使用的闪电机器。在图 8-24 中，教室里的范氏起电机模型产生了静电，使触摸者的头发竖了起来。

图 8-24   范式起电机演示静电实验

注：将手放在一台带电的范氏起电机上。范氏起电机被输入了较高的电压，头发上的静电斥力证明了这一点。

图 8-25 是范氏起电机内部结构的简单模型。一个中空金属球由圆柱形绝缘支架支撑起来。绝缘支架内的电机驱动橡胶传送带转动，经过一组梳状的金属收集点，金属收集点相对于地面维持着较大的负电势。金属收集点放电，为橡胶传送带提供了源源不断的电子，这些电子被带到中空的导电球中。由于球体内部的电场为零，电荷会转移到球体的外表面，使金属球内部不带电，并且能够接收更多的电子。而且这个过程是连续的，电荷不断累积，球体上的负电势最终远远大于底部电压源的负电势，大约为数百万伏特。

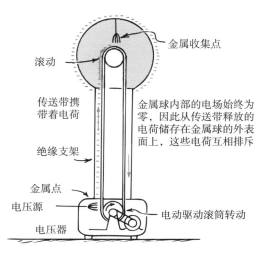

图 8-25 范氏起电机模型

在通过空气放电之前，半径为 1 米的球体可以升高到 300 万伏特的电势。增加球体的半径或将整个设备置于充满高压气体的容器中，可以进一步增加电压。站在绝缘的椅子上，触摸这样的发电机会让人毛发直立。

要点回顾
CONCEPTUAL PHYSICS >>>

- 电学是电现象的总称。其中，静电学是研究静止状态下的电荷。

- 每个原子里都有正电荷与负电荷，它们因电力巨大的吸引力而紧紧相依，维系着微妙的平衡。

- 如果电荷符号相同，则力是排斥的；如果电荷符号不同，那么力是吸引的。电荷既不会产生，也不会消失，相互作用之前的总电荷等于相互作用之后的总电荷，这便是电荷守恒定律。

- 导体指任何具有自由带电粒子的材料。绝缘体则是不含游离带电粒子且电荷不易通过的材料。半导体是一种性质介于导体和绝缘体之间的材料。超导体是对电荷流动具有零电阻的完美导体。

- 电场强度的大小是每单位电荷所受的电力的大小。电场可以被认为是围绕带电物体的"场"，是电能的仓库。电场的大小根据库仑定律随着距离的增加而减小，就像引力场一样。在电荷相反的极板之间，电场是均匀的。

- 电势能是带电物体因其在电场中所处的位置而具有的能量。电势则是每单位电荷的电势能，电势差是电场中两点间的电势的差值，电势差通常被称为电压。

CONCEPTUAL
PHYSICS

09

电流是怎样工作的

妙趣横生的物理学课堂

- 电流如何发挥作用?

- 电流过大会造成哪些危害?

- 直流电和交流电有什么不同?

- 电子如何运动?

- 为什么 LED 灯取代了白炽灯?

- 电路中的"开"与"关"到底代表什么?

电流是电荷的流动，电荷因为受到电压的作用而运动，但电荷的流动也会受到电阻的阻碍。电流、电压和电阻这三者之间的数学关系是由德国物理学家欧姆（见图 9-1）发现的。他出生于 1789 年，父亲是锁匠，母亲是裁缝的女儿。尽管两人都没有接受过正规教育，但是欧姆的父亲自学成才，并为儿子们提供了良好的家庭教育，欧姆的弟弟马丁后来成了著名的数学家。

图 9-1 欧姆

1805 年，15 岁的欧姆进入埃尔兰根大学。但是，他没有专心学习，而是花了很多时间跳舞、滑冰和打台球。父亲对欧姆浪费了宝贵的教育机会而感到愤怒，于是把他送到瑞士。1806 年 9 月，年仅 16 岁的欧姆在那里成了一名数学老师。两年半后，他离开了学校，成了一名家庭教师。欧姆一直非常热爱数学，这份热爱最终取得了回报。回到埃尔兰根大学后，欧姆于 1811 年获得了博士学位，并成为这所大学的数学讲师。但由于这份工作的薪酬太低，欧姆很快就放弃了。接下来的 6 年里，他在巴伐利亚州的一所普通学校里任教。在此期间，他写了一本关于几何入门的书。这本书给普鲁士国王威廉三世留下了深刻的印象，并为欧姆带来了到科隆任教的机会。幸运的是，科隆这所学校的物理实验室设备齐全，欧姆在这里进行了各种物理实验。

欧姆写了很多书，包括关于欧姆定律的知识。然而，欧姆定律在当时并没有被人们所理解。直到 1841 年，欧姆的研究才被英国皇家学会授予著名的科普利奖章。之后，欧姆一直在慕尼黑大学担任实验物理学教授，直到 65 岁去世。电阻的国际单位欧姆（Ω）就是以他的名字命名。

跟随本章内容，我们将进入电流的世界，探究电流究竟是什么，以及它如何影响着我们的生活。

Q1　电流如何发挥作用？

提到电流，我们都知道它是电器正常运转的能量源泉，甚至也为我们身体内部的各项机制供给着能量。它就像是一个"能量使者"，每时每刻都在参与我们的日常生活。但如果让我们进一步描述电流的真实样貌，可能就有些抽象和复杂了。那么，电流究竟是什么？它又是如何发挥作用的呢？

依据对热和温度的研究，我们知道当导热材料的两端处于不同的温度时，热能便会从温度较高的部分流向温度较低的部分。当两端温度相同时，热能的流动才会停止。同样，当导体的两端处于不同的电位，即存在电位差时，电荷会从一端流向另一端。只要存在电位差，电荷流动就会持续存在。没有电位差，就没有电荷流动。例如，将导线的一端连接到范氏起电机的带电球体，另一端连接到地面，电荷将迅速在导线中流动。然而，这种流动是短暂的，因为球体和地面很快就会达到电势平衡，电荷流动也就停止了。

电流就是电荷的流动。为了让电荷在导体中持续流动，我们需要采取一些措施来保持两端的电位差。这种情况与水从高处的储水池流向低处的储水池相似，如图 9-2（a）所示。只有水位差存在时，水才会在两个储水池的连接管道中流动。如果使用合适的水泵维持水压差，则可以实现连续流动，如图 9-2（b）所示。

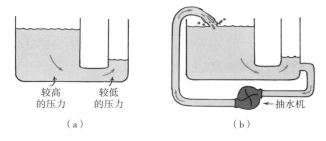

较高
的压力　　　较低
的压力

（a）　　　　　　　　　　　　　抽水机

（b）

图 9-2　水泵作用下水的流动

注：图（a），水从高压储水池流向低压储水池。没有水压差时，水流就会停止。图（b），在水泵的作用下，水压差一直存在，水连续流动。

在由金属线连接的电路中，电子构成电荷流。这是因为来自每个金属原子的一个或多个电子可以在原子晶格中自由运动，这些电荷载体被称为传导电子。与之不同，质子不会运动，因为它们被束缚在原子核内，原子核又几乎被锁定在固定位置上。在导电流体中，例如在汽车电池中，电荷的流动则是由正离子和电子共同构成的。

电流的速率以安培为测量单位，简称安，符号 A。这一名称是为了纪念法国物理学家安培。他被麦克斯韦誉为"电学中的牛顿"。在 19 世纪 20 年代，他证明了在同一方向上传输电流的平行导线相互吸引，并假设运动电荷是磁性产生的原因。

1 安等于每秒 1 库仑电荷的流速。因此，在一条携带 5 安电流的导线中，每秒有 5 库仑电荷通过导线的任一截面。这意味着导线中有非常多流动的电子！在携带 10 安电流的导线中，每秒通过任一截面的电子数量是前者的 2 倍。

电压源

电荷只有在被推动或拉动时才会流动。要想得到持续电流，就需要合适的泵送装置来提供电位差，即电压。如果一个金属球带正电，另一个金属球带负电，那么，这两个金属球之间就可以产生电压。但这种电压源不是理想的电泵，因为当两个球体由导体连接时，电势会在电荷的一次短暂而快速的流动中达到平衡，就像范氏起电机放电一样。这并不实用。发电机或化学电池更适合作为电路的泵送装置，因为它们都可以保持稳定的电压。

电池和发电机可以稳定地做功，使负电荷远离正电荷。在化学电池中，这项工作通常是通过锌或铅在酸中的化学分解来完成的。化学键中储存的能量在这一过程中被转换为电势能（见图 9-3）。[①] 发电机，如汽车中的交流发电机，则通过电磁感应来分离电荷。无论用哪种方式来分离相反电荷，都要在电池或发电机的终端上实现，从而产生了电位差（电压）。正是这个电压，为电子在电路中运动提供了必要的"动力"。

图 9-3　手电筒的电池电路

注：在连接 1.5 伏电池两端的电路中，每库仑流动电荷都获得了 1.5 焦耳的能量。

电位差（电压）的单位是伏特，简称伏，符号 V。与安培相似，伏特的由来也与一名科学家有关。1791 年，意大利物理学家伏特在进行金属和酸的实验时，用一把银勺和一块锡分别接触舌头（唾液呈微酸性），并用一根铜线将它们连接起来。舌头可以感觉到酸涩的味道，这表明产生了电流。之后，他继续组装了多个电池单元来组成电池。为了向伏特致敬，电位差的测量单位被命名为"伏特"。

一组普通的汽车电池可以为连接在其两端的电路提供 12 伏的电压。这种情况下，连接到这些终端的电路中，每库仑流动电荷都获得了 12 焦耳的能量。

○ 趣味问答 ○

什么环境下电池能保存更久？

将电池存放在阴凉干燥的地方。如果把它们放在冰箱里，它们会保存更长时间。

[①] 电池的寿命取决于它与电路设备共享化学能的时间的长短。就像水管会因为过度使用或者随着时间推移而堵塞一样，电池也会在使用过程中产生阻力，致使其使用寿命进一步缩短。几乎所有化学教科书都解释了电池工作的原理。

人们常常对电路中流动的电荷和电路两端的电压（或施加的电压）这两个概念感到困惑。我们可以将电路设想成装满水的长管道，如果管道两端存在压力差，水就会从管道的高压端流向低压端。在这个过程中，只有水在流动，压力并没有流动。类似地，电荷在电路中流动是因为电路两端施加了电压，而不是电压流过电路。在这个过程中，电压是不会在任何地方流动的，只有电荷是流动的。在电路完整的情况下，电压使电路中产生电流。

电阻

我们知道，电池或发电机是电路中的原动力和电压源，但电流的大小不仅取决于电压，还取决于导体对电荷流的电阻。

这类似于管道中的水流速度，不仅取决于管道两端之间的压力差，还取决于管道本身的阻力（见图9-4）。短的管道对水流的阻力小于长的管道；管道越宽，阻力越小。导体的电阻也是如此，既取决于导体的厚度和长度，也取决于其特定的导电性。比如，粗电线的电阻就比细电线的电阻小，长导线的电阻则比短导线的大，而导体内原子之间的碰撞越多，导体对电荷流动的阻力就越大。在材质方面，铜线的电阻小于相同尺寸的钢线。此外，导体的电阻也受到温度的影响。对于大多数导体，温度升高意味着电阻增加。[①]某些材料在非常低的温度下，其电阻能达到零，这就是超导体。

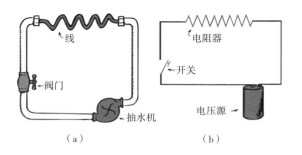

图9-4 水压与电压对比

注：图（a），在液压回路中，狭窄的管道（绿色部分）对水流形成了阻力。图（b），在电路中，灯或其他设备（锯齿形符号表示电阻器）对电流形成了阻力。

---

① 碳是一个有趣的例外。随着温度的升高，更多的碳原子会释放出一个电子，使电流增加。因此，碳的电阻随着温度的升高而降低。这一特性和碳的高熔点都是碳可以用于弧光灯的重要原因。

正如前文所述，电阻以欧姆为单位，1826 年，物理学家欧姆发现了电压、电流和电阻之间的非常简单但非常重要的关系。

Q2　电流过大会造成哪些危害？

提供最适宜电荷流动的条件，虽然能让电流最大，但电流过大在日常生活中存在着风险，比如过大的电流会让电器过载、短路，导致损坏。因此，很多电器上会安装电阻器，并借助欧姆定律，控制电流大小，以保证各种电气设备的安全。

欧姆定律描述的是电压、电流和电阻之间的关系。欧姆发现，电路中的电流与电压成正比，与电阻成反比。这一关系可以表示为：

$$电流 = \frac{电压}{电阻}$$

因此，对于一个电阻恒定的给定电路，电流和电压是成正比的。[1]这意味着，如果电压增加一倍，电流也将增加一倍。电压越大，电流就越大。但是，如果电路的电阻增加一倍，电流将是原来的一半。电阻越大，电流越小。

欧姆定律告诉我们，在电阻为 1 欧姆的电路上建立的 1 伏的电压会产生 1 安的电流。如果同样的电路上施加 12 伏的电压，电流将是 12 安。常见电线的电阻远小于 1 欧姆，而典型的白炽灯泡的电阻大于 100 欧姆，熨斗或烤面包机的电阻为 15 ～ 20 欧姆。

记住，对于给定的电压，电阻越小意味着电流越大。在计算机和电视等电子

---

[1] 许多地方使用 U 表示电压，I 表示电流，R 表示电阻，并将欧姆定律表示为 $U = IR$。由此，我们可以得到 $I = U/R$，以及 $R = U/I$。如果已知任何两个变量，就可以得到第三个变量。单位的缩写用 V 表示伏特，A 表示安培，Ω 表示欧姆。

设备的内部，电流由电阻器调节，电阻器的电阻可以是几欧姆或数百万欧姆。图 9-5 展示的是几种常见的电阻器。

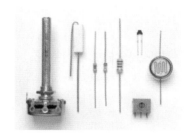

图 9-5 各种电阻器

注：电路中电阻的符号是——▭——。

欧姆定律与触电

过大的电流会损坏电器。如果人直接接触过大的电流，可不会像在干燥天气里被静电轻轻地电击一下那样。过大的电流很可能会引起人体组织损伤和功能障碍，严重的还会导致心跳和呼吸骤停。表 9-1 列出了不同大小的电流对人体的影响。人体的电阻取决于身体状况，皮肤湿润或者出汗的情况下，人体的电阻大约是 100 欧姆；皮肤非常干燥的情况下，人体的电阻能达到约 500 000 欧姆。如果我们用干燥的手指触摸电池的两个电极，完成从一只手到另一只手的电路，我们可以提供大约 100 000 欧姆的电阻。

因此，根据欧姆定律，以及不同电流对身体的影响情况，通常情况下，我们感觉不到 12 伏电压所产生的电流，24 伏电压产生的电流也几乎没有刺痛感。但如果我们的皮肤是潮湿的，24 伏电压可能就会让我们感觉很不舒服。

表 9-1 不同大小的电流对人体的影响

电流（安）	影响
0.001	可以感觉到
0.005	很痛苦
0.010	肌肉不自主地收缩（痉挛）
0.015	肌肉失去控制
0.070	如果电流通过心脏则会对身体造成严重损害；如果电流持续时间超过 1 秒，则可能致命

在北美地区，每年都有许多人因为接触常见的 120 伏电路所产生的电流而毙命。如果你站在地上用手触摸有故障的 120 伏灯具，你的手和地面之间就有

120 伏的电压，此时的电流可能不足以对你造成严重伤害。但是，如果你赤脚站在一个有水的浴缸里，浴缸通过管道与地面相连，那么你与地面之间的电阻就很小，导致你的总电阻很低，120 伏的电压可能会在你的身体中产生过大的电流。这就是人在洗澡时绝对不能操作任何电气设备的原因。

如果吹风机或者其他类似设备的开关周围有水珠，也可能会将电流传导给使用者。虽然蒸馏水是很好的绝缘体，但普通自来水中的离子大大降低了电阻，盐溶液中的离子更多，这些离子是溶解物质。汗液也会在你的皮肤上留下一层盐，当你的皮肤湿润时，它会将你的皮肤电阻降低到几百欧姆或更低，具体数值取决于电压作用的距离。因此，在这种情况下也有可能会发生触电事故。

如果受到电击，你身体的一个部位和另一个部位之间的电势一定是不同的，大部分电流将沿着连接这两点的、电阻最小的路径流动。假设你从桥上摔下来时，设法抓住了高压电线，此时只要你不接触其他具有不同电势的物体，保持身体的各个部分都处于相同的电势，你就不会受到任何冲击。即使电线的电势比地面的电势高几千伏，只要你用两只手抓住电线，也不会有大量电荷从一只手流向另一只手，因为你的双手之间没有明显的电位差。然而，如果你用一只手抓住另一根具有不同电势的电线——呲！就会触电。（注意：这个行为很危险，请勿轻易尝试。）

与之类似，我们经常看见，鸟能安然无恙地停留在高压电线上，因为它们身体的每一部分都与电线处于相同的高电位，所以不会感觉到不适。

被电击会使我们的身体组织过热，破坏正常的神经功能。它会扰乱维持正常心跳的节律性电模式，还会扰乱控制呼吸的神经中枢（但对于心脏病患者来说，适当的电击有时有助于让他们恢复心跳）。要想抢救触电者，首先要做的是找到并断开电源，然后进行心肺复苏，直到救援人员到来。

Q3　直流电和交流电有什么不同？

　　我们有时会听到人们说直流电、交流电。比如，电视等家用电器的运转，用的是交流电；而电动车的驱动和数码相机等小型电子设备的运转，则需要直流电。那么，直流电和交流电究竟有什么不同？

　　电流可以是直流的，也可以是交流的。我们所说的直流电（dc）是指电荷向一个方向流动。这是因为电池的每一端都有固定的符号——正极端总是正极，负极端总是负极。所以，电子从排斥的负极端向吸引的正极端移动，总是以相同的方向通过电路。即使电流以不稳定的脉冲形式出现，只要电子只向一个方向移动，它就是直流电。

　　交流电（ac），顾名思义，电路中的电子首先沿一个方向移动，然后沿相反方向移动，并在相对固定的位置来回交替，这一过程可以通过改变发电机或其他电压源的电压极性来实现。我们可以从图9-6中看到，直流电和交流电随时间变化的不同。在北美洲，几乎所有的商用交流电路中，电压和电流都是以每秒60个周期的频率来回交替。这就是60赫兹的电流。在某些地方，还会使用25赫兹、30赫兹或50赫兹的电流。在世界各地，大多数住宅和商业电路都使用交流电，因为交流电更容易升到高压电，而高压电便于远距离传输，而且热量损失很小，然后在需要用电的地方，高压电又可以降压成方便使用的电压，人们就可以安全用电了。

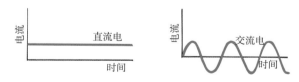

图9-6　直流电和交流电随时间变化关系示意图

北美的交流电压通常为120伏。在电力发展初期，较高的电压会烧坏灯泡的灯丝，所以当时所采用的电压标准是 110 伏，因为 110 伏电压使灯泡在白天像煤气灯一样明亮。美国在 100 年前建造的数百座发电厂所产生的电力就是 110 伏（或 115 伏，或 120 伏）。当电在欧洲普及时，工程师们已经可以制造出在较高电压下不会那么快烧坏的灯泡。在较高电压下，电力传输效率更高，因此欧洲采用了 220 伏作为电压标准。美国则继续使用 110 伏（如今为 120 伏），因为此前已经安装了很多 110 伏的设备。某些电器，如电炉和干衣机，目前使用较高的电压。需要注意的是，在交流电路中，120 伏是电压的均方根值的平均值。120 伏交流电路的实际电压在 −170 伏和 170 伏之间变化，电熨斗或烤面包机使用的电力与 120 伏的直流电路相同。

无论是直流还是交流，电流的主要用途都是将能量尽可能完好地、灵活地、便利地从一个地方转移到另一个地方。

将交流转换为直流

家用电流为交流电。电池驱动设备（如笔记本电脑或智能手机）的电流为直流电。如果你希望使用交流电为这些设备供电，那么交流直流转换器，也就是人们常说的电源转换器，便派上了用场。转换器中不仅包含降低电压的变压器，还装备了二极管这一微小电子设备。二极管就像单向阀门，只允许电子朝一个方向流动（见图 9-7）。交流电在每半个周期内都会改变方向，因此电流在每个周期内仅有一半时间会通过二极管。这样输出的电流是直流电，只不过有一半时间是断开的。为了保持电流的连续性并消除起伏，转换器中还使用了电容器（见图 9-8）。

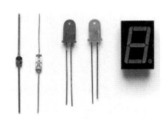

图 9-7　二极管

注：二极管用符号 ——▷|—— 表示，电流沿箭头方向流动，不能反过来沿相反方向流动。

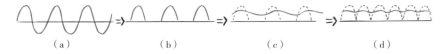

图 9-8　电源转换器原理

注：图（a），二极管的输入电流为交流电。图（b），二极管的输出电流为脉动直流电。图（c），电容器缓慢充电、放电，提供了连续和平滑的电流。图（d），实际上，人们在转换器中使用了一对二极管，保证电流输出不会中断。这对二极管翻转交替半周期的极性，而不是消除极性。

电容器充当电荷的储能器。正如我们想要提高水库的水位时，需要一段时间来向水库中放水，添加或移除电容器极板上的电子也需要时间。因此，电容器对电流的变化有延迟效应，能抵抗电压的变化并使脉冲输出变平稳。

Q4　电子如何运动？

当我们打开墙上的灯开关，电路接通时，无论电路中是交流电还是直流电，灯都会立即发光，电流几乎以光速通过导线。然而，电子本身并不是以这样的速度运动的。在室温下，虽然金属导线内部的电子平均速度为每小时几百万千米，但它们在各个方向上运动，在任意方向上都没有净流量，也不会形成电流。

当连接电池或发电机时，导线内部便会产生电场。此时电子在继续随机运动的同时，也受到该场的作用力，被引导着沿特定方向运动。正是这个电场，让电子以接近光速的速度通过电路。导线则充当电场线的"导管"或"管道"（见图 9-9）。在导线外部的空间中，电场的分布由电荷的位置决定；在导线内部，电场沿着导线的方向延伸。

如果电压源是直流的，如图 9-9 所示的电池，则电场线在导体中保持一个方向。传导电子在平行于场线的方向上被电场加速。在它们获得可观的速度之前，它们会在自己原来的路径上"撞到"一些金属离子，并将部分动能传递给这些金属离子。这就是载流电线变热的原因。这些碰撞中断了电子的运动（见图9-10），因此它们沿着导线迁移的速度变得非常慢。这种电子的净流动速度就是漂移速度。在典型的直流电路中，例如汽车的电气系统，电子的漂移速度平均约为每秒0.01 厘米。按照这个速度，一个电子穿过 1 米长的电线大约需要 3 小时！大量的电子流动会产生大电流，因此，尽管电信号在电线中以接近光速的速度传播，但响应此信号运动的电子实际上比蜗牛的速度还慢。

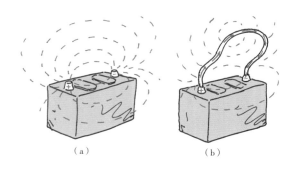

（a）　　　　　　（b）

图 9-9　电场线与导线

注：图（a），从电池正极到负极的周围空间的电场线示意。图（b），当一根金属导线连接电池或发电机两端时，电场穿过电线，驱动电流，而电线周围的空间也会因电线表面积聚的电荷而产生电场。（如果触摸这根连接线，你不会触电，但可能会被烫伤，因为电线可能很烫！）

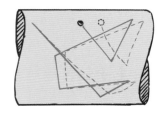

图 9-10　传导电子的运动路径

注：实线表示在原子晶格中电子碰撞金属离子的随机路径，电子的平均速度大约为光速的 1/200。虚线表示当施加电场时，该路径被改变后的夸张的理想化视图。电子以非常慢的漂移速度向右漂移。

在交流电路中，传导电子根本不会沿着导线前进。它们在相对固定的位置上有节奏地来回摆动，就像弹簧狗（《玩具总动员》系列电影中的角色）的线圈在沿着它的长度振动时，依旧保持在原地一样。

当你和朋友用固定电话交谈时，这种振荡运动模式会以接近光速的速度传遍整个城市，电线中的电子随着该模式的节奏而振动。

有一种常见的关于电流的误解，认为电流是通过导线中的电子相互碰撞而传播的，就像一排排立着的多米诺骨牌，一块骨牌倒下时，其脉冲会沿着整排骨牌传递。这种观点并不正确。多米诺骨牌模型适用于声音传播，但并不适用于电能传输。在导体中，自由运动的电子是因为被施加了电场而加速，并不是因为它们彼此碰撞。它们确实会撞到彼此和其他原子，但这只会减慢它们的速度，并阻碍它们的运动。整个电路闭合路径上的电子都同时对电场产生反应。

还有另一种常见的关于电流的误解，与电子来源有关。在五金店里，你可以买到一根没有水的水管，但你买不到一根没有电子的电线—— 一根"电子的管"。电路中的电子来自导电电路材料本身。有些人认为家里的插座是电子的来源，并误以为电子是从电力公司通过电线流入到插座里来的。要知道，家里的插座是交流的，电子不会通过交流电路中的电线进行净迁移。

当你把灯插入插座时，从插座流入灯的是电能，而不是电子。能量由脉动电场携带，并引起已经存在于灯丝中的电子的振动。如果在灯上施加120伏的电压，则产生振动的每库仑电荷平均消耗 120 焦耳的能量。这些电能大部分以热的形式出现，有些则转化为光。电力公司不出售电子，只出售能量，电子已经存在于导电电路材料中。

所以，当你受到电击时，其实是你体内原本就有的电子形成了电流。电子不会从电线中出来，穿过你的身体再进入地面，能量却可以。在导体中流动的电子已经存在于导体中。这一原理常常被人误解。触电获得的能量只会使你体内已经存在的自由电子同步振动。小振动会刺痛，大振动则可能致命。

● 趣味问答 ●

爱迪生发明过程中的一些故事

在成功改进第一个电灯泡之前，爱迪生失败了 6 000 多次。他表示，自己的实验并没有失败，而是成功地发现了 6 000 多种不管用的方法。

爱迪生不仅发明了功能正常的白炽灯泡，还做了很多事情。他解决了发电机、电缆系统的建造和连接问题，照亮了纽约市。他让电话正常工作，录制了音乐和电影。他的新泽西实验室是第一个现代工业研究实验室。

Q5 为什么 LED 灯取代了白炽灯?

　　如果仔细观察近年来灯泡的变化,你会发现曾经家家户户都在使用的白炽灯,已经逐渐被 LED 灯所取代,世界上多个国家还纷纷出台了禁止销售白炽灯泡的相关规定。这背后的原因,与灯泡的能耗差异密切相关。

　　除非是在超导体中,否则在电路中移动的电荷都会消耗能量。这可能导致电路发热或电机转动。电能转化为另一种形式,如机械能、热能或光,其能量转换的速率被称为电功率,它等于电流和电压的乘积:[①]

$$功率 = 电流 \times 电压 = IU$$

图 9-11　经典白炽灯泡

注:经典白炽灯泡上的功率和电压指示为"100 W 120 V"。灯泡中的电流是多少安?

　　经典白炽灯泡的额定功率为 100 瓦(见图 9-11)。这意味着,当在家用 120 伏电压下运行时,其电流为 100 瓦 ÷ 120 伏 ≈ 0.83 安。[②] 足够一般家庭使用的 LED 灯,其功率大多在 1 瓦到 20 瓦,电流变小,消耗的能量大幅减少。正因如此,发光二极管(LED)在许多应用中取代了白炽灯泡。

　　能量和功率之间的关系是一个实际问题。从定义"功率 = 单位时间的能量"可以得出,能量 = 功率 × 时间。因此,能量单位在这里是功率单位乘以时间单位,例如千瓦时(kW·h)。1 千瓦时是以 1 千瓦的功率在 1 小时内所传输的能量。因此,在电能每千瓦时 15 美分的地方,1 千瓦的熨斗可以以 15 美分的成本

[①] 功率 = 功 / 时间;1W = 1J/s。注意,机械功率和电功率的单位相同(功和能量均以焦耳计):

$$功率 = \frac{电荷}{时间} \times \frac{能量}{电荷} = \frac{能量}{时间}$$

[②] 功率 = 能量 / 时间,由此可以得出能量 = 功率 × 时间。因此,能量单位可以用千瓦时(kW·h)表示,功率也可以表示为:$P = I^2R$(若使用欧姆定律,可用 IR 代替 U)。

运行 1 小时。冰箱的额定功率通常在 500 瓦左右，1 小时的使用成本较低，但一个月的成本要高得多。

白炽灯泡中约有 95% 的能量变成了热辐射，只有 5% 的能量转化为光。相比之下，现在标准的 LED 灯泡超过 35% 的能量可以转化为光（具体比例取决于灯泡的设计）。这意味着每月电费账单上的 1 美元可以产生 7 倍的光。除此之外，LED 灯的寿命更长。这也就是为什么 LED 灯取代了白炽灯。

Q6 电路中的"开"与"关"到底代表什么？

对电路和一扇门来说，"开"和"关"的含义是不同的。对于一扇门，"开"意味着自由出入，"关"意味着堵塞；对于电路，则相反，"开"意味着没有电流，"关"意味着电子自由通过。

电子流动的任何路径都是电路。连续的电子流对应着没有中断的完整电路。中断处通常由电开关控制，打开或关闭电开关，就可以切断或允许能量流动。大多数电路都有不止一个用电设备，这些设备通常以串联或并联的方式连接在电路中。当采用串联连接时，它们在电池、发电机或墙上插座（只是这些终端的延伸）的终端之间，形成的是电子流动的单一路径。当采用并联连接时，它们形成分支，每个分支都是电子流动的独立路径。串联和并联都有其独特的特点。我们将简要讨论这两种方式连接的电路。

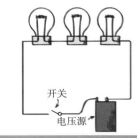

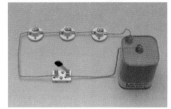

图 9-12　一个简单的串联电路

注：6 伏电池为每盏灯提供 2 伏电压。

串联电路

一个简单的串联电路如图 9-12 所示。所有的设备，如图中的 3 盏灯都进行了端对端的连接，形成电子流动的单一路径。当开关闭合时，在这 3 盏灯和电池中几乎立即出现相同的电流。灯中的电流越大，灯泡越亮。电子不会在任何一盏灯中"堆积"，而是依次流过每盏灯。一些电子向电池的负极端运动，一些电子向正极端运动，一些电子在灯丝中运动。最终，电子可以在整个电路中运动。同样地，电流也会通过电池。这是电子通过电路的唯一路径。路径中任何位置的中断都会导致开路，即电子停止流动。烧坏一根灯丝或简单地断开开关都可能会导致路径中断，此时所有灯都会熄灭。

图 9-12 所示的电路说明了串联连接的主要特征：

1. 电流在电路中只有一条路径，沿着这条路径，通过每个电气设备的电流是相同的。
2. 该电流受到第一器件的电阻、第二器件的电阻以及第三器件的电阻的共同抵抗，因此电路中的总电阻是电流沿着电路路径经过的各个电阻的总和。
3. 电路中的电流在数值上等于电源提供的电压除以电路的总电阻。这符合欧姆定律。
4. 电源电压等于每个设备两端的电压的总和。同样，电源供应给电路的总能量等于每个设备获得的能量之和。
5. 每个器件上的电压与其电阻成正比，即欧姆定律适用于每个器件。这是因为电流通过大电阻比通过小电阻消耗的能量更多。

从图中，我们也很容易看出串联电路的主要缺点：如果一个设备发生故障，整个电路中的电流就会中断。过去，圣诞树上的灯就是串联的。当这些灯泡中有一个烧坏时，就要找到需要更换的灯泡。

在家里，你会发现，单独打开或关闭某盏灯，不影响其他灯或电气设备的工作。因为这些设备不是串联的，而是彼此并联的。

并联电路

一个简单的并联电路如图 9-13 所示。3 盏灯（电气设备）都是直接连接到电路上的相同两点 A 和 B，像这样的连接方式被称为并联。如果有一盏灯被点亮，则代表电流从电池的一端流向另一端的路径是闭合的。在图 9-13 中，电路从 A 到 B 分为 3 条独立的路径。任何一条路径的中断都不会导致其他路径中的电流中断。每个设备的运行都是独立于其他设备的。

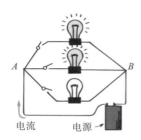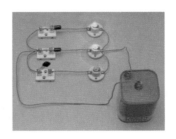

图 9-13　一个简单的并联电路

注：6 伏电池为每盏灯提供 6 伏的电压。

图 9-13 所示的电路说明了并联连接的主要特征：

1. 每个设备连接电路上相同的两点 A 和 B。因此，每个设备上的电压都相同。
2. 电流在平行的支路之间分流。欧姆定律适用于每个分支。
3. 电路中的总电流等于所有并联支路中的电流之和。该总和等于电池或其他电压源中的电流。
4. 随着并联支路数量的增加，电路的总电阻降低。电路中任意两点之间每增加一条路径，总电阻都会降低。这表示，电路的总电阻小于任何一个支路的电阻。

并联电路和过载

家用电器通常由三条线路供电，其中有一条线路叫作火线，另一条线路叫零线，火线的电势随时间变化，并提供交流电；第三根电线为地线，地线的电势保持在零电位，并在某一点连接到地（通常连接到与地接触的金属管）。两根电阻很低的导线接入并联支路，连接每个房间的吊灯、墙上插座等。灯和插座是并联的，所以所有的插座都被施加相同的电压，通常为 110 ～ 120 伏。随着越来越多的设备加入并运行，更多的电流路径导致总电路电阻降低。因此，电路中的电流会增加。由于支路中的电流之和等于线路中的总电流，总电流可能会大于安全值。这就是电路过载。

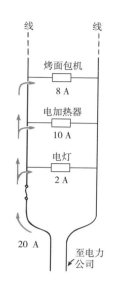

图 9-14　连接到家用电路中的电器电路图

看一看图 9-14 中的电路，我们来想一想电路过载是怎么发生的。在这一电路中，电源线并联了 3 个用电设备：一台电流为 8 安的烤面包机，一台电流为 10 安的电加热器，以及一盏电流为 2 安的电灯。当只有烤面包机在工作时，线路中的总电流为 8 安。当电加热器也工作时，总电流增加到 18 安。如果再打开灯，总电流会增加到 20 安。连接的设备越多，总电流也会越大。连接到同一电路中的设备过多，会使电路中的电线过热，甚至引发火灾。

安全保险丝

当电路中的线路承载的电流超过安全电流时，就被称为过载。过载的线路可能会变得非常热，以致引发火灾。为防止电路过载，可以将保险丝与电源线串联连接。这样，整个线路电流就必须通过保险丝。如图 9-15 所示，保险丝由一条熔断带构成，该熔断带将在给定电流下被加热。如果保险丝的额定电流为 20 安，那么，它可以承受的电流不会超过 20 安。大于 20 安的电流就会使保险丝熔化，此时保险丝就会"熔断"并使电路断开，从而在电路中起到保护作用，防止因过载或短路引发危机。在更换熔断的保险丝之

图 9-15　安全保险丝

前，应确定过载的原因并进行修复。电路中隔离电线的绝缘层通常会被侵蚀而老化，使电线相互接触，大大降低电路中的电阻，并形成短路。

在现代建筑中，保险丝在很大程度上已被断路器（见图 9-16）所取代，当电流过大时，断路器使用磁铁或双金属片来打开开关。保险丝或断路器熔断会导致开路，即导电路径被中断，因此电流无法流动。电路的电阻似乎是无穷小的。电力公司会使用断路器保护其线路，一直保护到发电机的位置。

图 9-16 安全保险丝和断路器

注：电工戴夫·休伊特（Dave Hewitt）在展示安全保险丝和断路器。因为断路器有活动部件，如果不进行维护，可能会发生故障，所以他倾向于使用老式保险丝。

要点回顾

- 电位差指两点之间的电势差，也称为"电压"，单位为伏特。当导体两端存在电位差时，电荷会从一端流向另一端。

- 电流是将能量从一个地方输送到另一个地方的电荷流，单位为安培。

- 电阻是导体材料抵抗电流的特性，单位为欧姆。导体的电阻既取决于导体的厚度和长度，也取决于其特定的导电性。

- 直流电是带电粒子仅在一个方向上流动。交流电是带电粒子的流动方向交替变化，并在相对固定的位置振动。

- 电功率是能量传递的速率或做功的速率；每单位时间的能量，可计算为电流和电压的乘积：功率 = 电流 × 电压。

- 串联电路是电气设备沿着一个电线回路连接，通过每个设备中的电流相同。并联电路是电气设备以相同的电压作用在每个设备上的连接方式，任何一个设备都独立于所有其他设备而形成电路。

CONCEPTUAL
PHYSICS

10
磁如何影响我们的生活

妙趣横生的物理学课堂

- 磁铁有什么神奇力量?

- 信用卡如何刷出信息?

- 磁悬浮列车的原理是什么?

- 磁场会怎样影响带电粒子的运动?

- 地球的磁场一直保持不变吗?

- 为什么动物能感应磁场?

在鲸油被用于照明和电灯首次亮相的时代，一个紧迫的问题是：哪种能源可以为电灯供电？这个问题最好的答案来自特斯拉，一位在 1884 年从奥地利移民到美国的塞尔维亚人（见图 10-1）。

图 10-1 特斯拉

特斯拉是一位电气工程师，也是一位多产的发明家，还是一位会讲七种语言的天才。当他来到美国时，除了前雇主给爱迪生的一封推荐信外，他身无他物。这封信很短："我认识两个伟大的人，一个是你，另一个是这个年轻人。"爱迪生雇用了特斯拉在自己的爱迪生机器厂工作。

特斯拉和爱迪生之间的主要争议是关于电力应该以直流电还是交流电传输。爱迪生提倡直流电，但直流电在远距离传输时效果不佳。相反，特斯拉使用交流电，传输效果不错。爱迪生对此感到愤怒，并极力反对特斯拉的交流电。从此，两人成了敌对一生的对手。但在这场比赛中，特斯拉占了上风。他成立了自己的公司，并拥有许多专利，为现代城市和工业提供了动力。正因如此，特斯拉也被誉为"现代电力的守护神"。

1888 年，特斯拉和乔治·威斯汀豪斯（George Westinghouse）合作，共同利用尼亚加拉瀑布的能量照亮了附近的布法罗市。为了远距离输电，西屋公司改进了一种叫作变压器的设备。随后，尼亚加拉瀑布的电力很快就传输到了纽约市及其他地方。特斯拉和西屋公司的努力真正照亮了世界。

在前面的章节中，我们已经对电有了许多的认识和了解。在本章，我们将继续沿着科学家的探索之路，打开磁世界的大门。

Q1 磁铁有什么神奇力量？

从冰箱门上牢牢吸附的便签，到手中轻巧的指南针，再到呼啸而过的磁悬浮列车。这背后，都是磁这种看不见、摸不着的神奇力量在发挥作用。

磁以奇妙的吸引力而广为人知。年轻人之所以会对磁铁着迷，主要是因为它们能够在远距离起作用。即使你把手放在两块磁铁之间，它们也能相互吸引。

与磁铁有关的应用每天都在增加。在医学领域，神经外科医生巧妙运用磁铁的力量，精准地引导小球穿越复杂的脑组织，使其抵达无法直接手术的肿瘤部位，或是将导管牵引至精确位置，甚至植入电极，而这一切都在最大限度上减少了对脑组织的损伤。

磁性的英语 magnetism 来源于古希腊色萨利的沿海地区马格尼西亚（Magnesia）。2 000 多年前，希腊人在那里发现了不同寻常的石头。这些被称为磁石的石头具有吸引铁块的神奇特性。12 世纪左右，中国人首先将磁铁制成指南针，并用于航海。

16 世纪，伊丽莎白女王的医生威廉·吉尔伯特（William Gilbert）用铁片摩擦磁石，制造了人造磁铁，并且他提出，指南针之所以总是指向南北，是因为地球具有磁性特质。后来，在1750年，英国物理学家和天文学家约翰·米歇尔（John Michell）发现，距离磁源越远，磁力越小。他的结果得到了夏尔·奥古斯坦·库仑的证实。不久之后，安培提出电流是所有磁现象的源头。

在前面的章节中，我们曾讨论了带电粒子相互施加的力。根据库仑定律，任意两个带电粒子之间的电力取决于每个带电粒子上的电荷大小以及两个粒子之间的距离。但当带电粒子彼此相对运动时，库仑定律并不足以解释所有现象。带电粒子之间的力还以一种复杂的方式，影响它们的运动状态。除了电力，带电粒子运动还会产生另一种力——磁力。磁力的来源是带电粒子（通常是电子）的运动。电力和磁力实际上是同一电磁现象的不同方面。

磁极

磁体对彼此相互施加的力与电力类似，因为它们也可以在不接触的情况下吸引和排斥，这取决于磁体的哪一端彼此靠近。磁力还有一点与电力一样，两个磁体之间相互作用的强度也取决于它们之间的距离。电荷会产生电力，而被称为磁极的区域会产生磁力。

如果你用一根绳子把一块条形磁铁从中间位置悬挂起来，你就会得到一个指南针。一端被称为寻北极，指向北方，另一端被称为寻南极，指向南方。简而言之，这就是磁铁的北极和南极。所有磁铁都有这两个磁极，有些磁铁甚至有不止一个的北极和南极。我们常见的冰箱贴就有南北极交替的窄条。这些磁铁的强度足以将纸张贴在冰箱门上，但由于它们的北极和南极距离太近了，导致磁力在短距离内会相互抵消，使磁力范围相对有限。

一般情况下，在一个简单的条形磁铁中，北极和南极分别位于相对的两端。一个普通的马蹄形磁铁，也就是一个弯曲成 U 形的条形磁铁，其极点也位于其两端（见图 10-2）。

当一个磁体的北极靠近另一磁体的北极时，它们相互排斥。南极靠近南极也是如此。然而，如果相反的两极靠近，它们就会相互吸引。同极相斥，异极相吸。

图 10-2　一块马蹄形磁铁

这一规则类似于电荷之间作用力的规则，同种电荷相互排斥，异种电荷相互吸引。但磁极和电荷之间有一个非常重要的区别：电荷可以被分离，磁极却不能。对电荷而言，带负电的电子和带正电的质子本身就是实体，电子簇的存在不需要伴随质子簇的存在，反之亦然。但是对磁铁而言，如果没有南极的存在，北极就永远不存在，反之亦然。

如果你不相信，你可以试着把一块条形磁铁分成两半，之后你就会发现每一半磁铁仍然表现出一块完整磁铁所拥有的磁性。如果把这两块磁铁再分别一分为二，你就会得到四块磁铁。因此，虽然你可以把一块大的磁铁分成许多小块，但你永远也无法得到一个单一的磁极。[1] 即使分到最后的小磁铁只有一个原子那么大，它也有两个磁极。实际上，原子本身就是"磁铁"。

Q2 信用卡如何刷出信息？

信用卡的刷卡技术离不开人们对磁场的认知与研究。信用卡上的磁条包含数百万个由树脂黏合剂固定在一起的微小磁畴。数据以二进制编码，通过磁畴翻转的频率区分 0 和 1。当你刷卡时，你的名字立即就会弹出来，非常神奇。然而，EMV（Europay，MasterCard，Visa）芯片技术已经开始取代磁条，它可以在不刷卡的情况下完成支付。

---

[1] 理论物理学家们一直在推测离散磁"电荷"（被称为磁单极子）存在的可能。这些微小的粒子将携带一个单一的北极或一个单一的南极，二者是正负电荷的对应物。为了寻找磁单极子，人们进行了各种各样的尝试，但都没有成功。所有已知的磁体总是具有至少一个北极和一个南极。

如果把一张纸放在磁铁上，再在这张纸上撒上一些铁屑，你就会看到，这些铁屑在磁铁周围排成了一条条有序的线条（见图 10-3）。这表示磁铁周围的空间存在磁场。而且，通过观察铁屑的排列，你可以清晰地看到磁力线（也称磁感线）的形状，它们从磁铁的一个磁极出发，然后回到另一个磁极，形成一个完整的闭环。

图 10-3　磁铁实验俯视图

注：从俯视图我们可以看出，散落在磁铁周围的铁屑"描绘"出磁力线的图案。有趣的是，磁力线在磁铁内部继续延伸（没有被铁屑展示出来）并形成闭环。

磁铁外部磁场的方向是从北极到南极。磁力线之间靠得越近，磁场越强。在图 10-3 中，磁铁两极处的铁屑相对密集，表明这里的磁场强度更大。如果我们在磁场中的任何地方放置另一块磁铁或一个小指南针，它的磁极会与磁场对齐。

磁与电密切相关。电荷会被电场包围，如果电荷在运动，它也会被磁场包围。磁场的产生是由于电荷运动引起的电场的"扭曲"，爱因斯坦曾在 1905 年的狭义相对论中对此进行了解释。

在这里我们不深入探究其背后的细节，但我们必须认识到，磁场实际上是电场在相对论视角下的副产物。对运动中的带电粒子而言，它们不仅与电场相伴，也与磁场紧密相关。简言之，磁场的产生正是源于电荷的运动。[1]

如果电荷的运动产生磁场，那么在普通的条形磁铁中，电荷的运动在哪里发生呢？答案是在构成磁铁的原子的电子中。这些电子在不断运动。有两种电子运动有助于磁的产生——电子绕核旋转和电子自旋。电子围绕原子核旋转，并像

---

[1] 有趣的是，由于运动是相对的，磁场也是相对的。例如，当一个电荷在你身边运动时，有一个确定的磁场与运动的电荷相关。但如果你和电荷一起运动，没有相对运动，你就不会发现和电荷相关的磁场。事实上，爱因斯坦在发表第一篇关于狭义相对论的论文《论动体的电动力学》（*On the Electrodynamics of Moving Bodies*）时就解释了这一点。

陀螺一样围绕自己的轴旋转，这是电子的行为。在大多数普通磁体中，电子自旋是磁场的主要贡献者。

　　每个旋转的电子都是一个微小的磁铁。一对向同一方向旋转的电子能组成一个更强的磁铁。然而，一对向相反方向旋转的电子却会因为它们的相互作用使磁场抵消。这就是为什么大多数物质不是磁铁的原因——在大多数原子中，电子的旋转方向相反，令不同的磁场相互抵消。但在铁、钴和镍等材料中，这些磁场并不能完全相互抵消。因为每个铁原子有 4 个电子的自旋磁性没有被抵消。因此，每个铁原子都是一个微小的磁铁。钴和镍的原子也是如此，但程度较低。目前，我们见到的大多数普通磁铁都是不同比例的铁、钴和镍合金。[①]

磁畴

　　不要小瞧单个铁原子的磁场，它能强大到使相邻原子之间产生相互作用，从而形成庞大的原子簇，且原子彼此间有序排列。这些排列整齐的原子簇被称为磁畴，每个磁畴都由数十亿个整齐排列的原子组成。这些磁畴非常微小（见图 10-4），在铁晶体中数量众多。与磁畴内铁原子的有序排列类似，磁畴本身也可以相互对齐，形成更为复杂而有序的磁场结构。

图 10-4　铁晶体中磁畴的微观视图
注：指向不同方向的蓝色箭头表明，这些磁畴没有对齐。

　　然而，你可能已经发现了，并不是每一块铁都是磁铁。这是因为普通铁块中的磁畴并不是整齐排列的。以一枚普通的铁钉为例，铁钉中磁畴的指向是随机的。当磁铁靠近时，铁钉中的许多磁畴会被诱导对齐。当一块强磁铁靠近一块铁时，如果用一个听诊器聆听铁块，你能听到磁畴对齐时发出的"咔嗒"声，非常有趣。磁畴的对齐方式，与纸片中的电荷在带电棒附近时的对齐方式颇为相似。

---

① 由铝、铁、钴和镍等制成的合金的磁性主要来自电子自旋。钆等稀土金属的磁性则主要来自电子的轨道运动。

当你将钉子从磁铁上移开时，普通的热运动会导致钉子中大部分或所有区域的磁畴恢复到随机指向。然而，如果永久磁铁的磁场非常强，那么在两者分离后，钉子可能还会保留一些永久磁性。

在现实生活中，永久磁铁的应用非常多。在电子和电气领域，永久磁铁被广泛应用于电表、发电机、电话机、扬声器、电视机和微波器件中，还被作为各种仪表的磁芯，如雷达、通信仪、导航仪、遥测终端等电子设备。此外，永久磁铁也被用来制造录音器、拾音器以及磁性传感器等。永久磁铁的制作方法很简单，只需将铁块或某些铁合金置于强磁场中即可。但铁合金之间也是有区别的，比如软铁比钢更容易被磁化。制造永久磁铁的另一种方法是用磁铁反复摩擦一块铁。摩擦的动作使铁中的磁畴对齐。如图 10-5 所示为铁块被连续磁化的过程。如果一块永久磁铁从高处掉落或被加热，一些磁畴就会错位，导致磁性变弱。

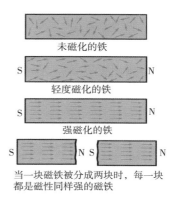

未磁化的铁

轻度磁化的铁

强磁化的铁

当一块磁铁被分成两块时，每一块都是磁性同样强的磁铁

图 10-5　连续磁化阶段的铁块

注：箭头表示磁畴，头部是北极，尾部是南极。相邻区域的极点相互抵消，但在一块铁的两端除外。

Q3 磁悬浮列车的原理是什么？

我们周围的大多数铁制品都有一定程度的磁化。一个文件柜，一台冰箱，甚至是食品储藏室架子上的食物罐头，都能受地球磁场感应而产生南北两极。如果家里有铁或钢的物体，将一个指南针放在它们的顶部附近，我们会发现指南针的北极会指向这些物体的顶部，而指南针的南极指向它们的底部。这表明这些物体都是磁铁，它们顶部有一个南极，底部有一个北极。

既然运动的电荷能产生磁场，那么电流也会产生磁场。磁悬浮列车便是利用了这一原理。

　　我们可以通过在导线周围布置各种罗盘（见图 10-6），并使电流通过导线，从而演示载流导体周围的磁场。罗盘指针与电流产生的磁场对齐，并显示磁场是围绕导线的同心圆图案。当电流反向时，罗盘指针会转动，表明磁场的方向也会改变。

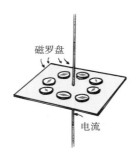

图 10-6　导线周围的磁场

注：所有罗盘显示了载流导线周围磁场的形状。

　　如果导线弯曲成一个环，则线圈内的磁力线会成束（见图 10-7）。如果导线弯曲到另一个环中，与第一个环重叠，则线圈内部的磁力线集中度会加倍。因此，该区域中的磁场强度随着环路数量的增加而增加。如果一个载流线圈的回路非常多，磁场强度将会非常大。

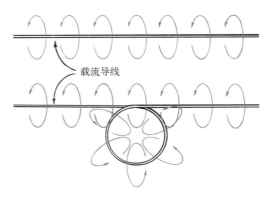

图 10-7　环形导线周围的磁场

注：当导线弯曲成环形时，载流导线周围的磁力线会聚集起来。

图 10-8（c）显示了多个载流回路的磁场强度集中。这些回路组成一个线圈，被称为螺线管。螺线管内部的总磁场是每个电流回路产生的磁场的总和。

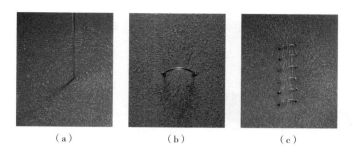

（a）　　　　　　　（b）　　　　　　　（c）

图 10-8　洒在纸上的铁屑揭示了不同物体周围的磁场结构

注：图（a）为载流导线，图（b）为载流回路，图（c）为载流线圈。

电磁铁

实际上，通电的线圈就构成了电磁铁，通过增大线圈中的电流或增加线圈匝数，它的强度就会增加。工业磁铁通常会在线圈内嵌入铁块，使其强度进一步增加。在废品站里，我们经常可以看到能轻松举起汽车的强大电磁铁。某些极端强大的电磁铁，如用于控制高能加速器中带电粒子束的电磁铁，却没有铁芯，这是因为当铁的所有磁畴完全对齐时，磁体便会达到饱和状态，此时电磁铁的强度就不再增加了。

磁悬浮便使用了电磁铁。没有铁芯的电磁铁可以用于磁力悬浮或磁悬浮运输。如图 10-9 所示，该磁悬浮列车不需要柴油，也没有其他发动机。如今，世界上已经有多个国家开始运行磁悬浮列车，还有许多方案仍在设计制造中。其中有一种设计，悬浮是通过沿轨道运行的磁线圈实现的，这些轨道称为导轨。这些线圈与车底盘上的大型磁铁互斥，使列车悬浮在其上方几厘米处，向导轨内的线圈供电，列车就会被推动向前。这一过程是通过不断改变供给线圈的电流来实现的，电流的变化带动磁极的交替，形成一种动态的磁场效应。通过这种方式，前方的磁场牵引着列车向前，而后方的磁场提供助力推动列车向前，这种交替的推拉作用产生强大的前进推力。由于磁悬浮列车悬浮在导轨上，没有了传统火车与轨道摩擦所产生的摩擦力的影响，列车在高速运行中也能保持平稳与安静。磁悬浮列车的速度大约是商用飞机速度的一半，速度的限制主要是因为空气摩擦，还有出于乘客舒适度的考虑。不可否认，磁悬浮列车技术正逐渐成熟，并展现出广阔的发展前景。

图 10-9　磁悬浮列车

注：传统的火车在高速行驶时会振动，而磁悬浮列车在高速行驶中不会振动，因为它们悬浮在导轨上方。

超导电磁铁

最强大的无铁芯电磁铁使用超导线圈，这些线圈能够毫不费力地承载巨大的电流。我们已经知道，超导体中没有电阻来限制电荷的流动，因此，即使电流很大，也不会产生热量。利用超导线圈，电磁铁能够产生极强的磁场，而且，由于没有热量损失（尽管需要能量来使超导体保持冷却），非常经济高效。图 10-10 所示为永磁体。在瑞士日内瓦的大型强子对撞机上，超导磁体引导高能粒子绕着 27 千米长的加速器旋转。更小的超导磁体则用于医院和成像中心的磁共振成像（MRI）设备。

图 10-10　永磁体

注：永磁体悬浮在超导体上方，因为其磁场无法穿透超导材料。

无论是否采用超导材料，电磁铁都是日常生活的一部分。它们被广泛应用于音响系统、电机、汽车中，甚至还被应用在垃圾回收系统中，用来去除金属碎片。

Q4 磁场会怎样影响带电粒子的运动？

从微观的粒子自旋，到宏观的地球磁场，磁场对带电粒子的运动方式有着深远的影响。

运动的带电粒子

静止的带电粒子不会与静磁场相互作用。如果带电粒子在磁场中运动，运动电荷的磁性就会变得明显，并会受到偏转力的作用。[①] 当粒子沿垂直于磁力线的方向运动时，磁力最大。在其他方向上运动时，磁力相对较小，而当粒子平行于磁力线运动时，磁力为零。在任何情况下，力的方向总是垂直于磁力线以及带电粒子的速度方向（见图 10-11）。因此，当运动的电子或电子束穿过磁场时，它们的方向会发生偏转，但当它平行于磁场运动时，不会发生偏转。

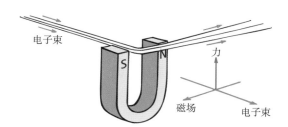

图 10-11　一束电子受到磁场的影响发生偏转

这种偏转力与其他相互作用中产生的力，如质量间的引力、电荷间的电力以及磁极间的磁力，有着明显的差异。它在作用于电子或电子束时，方向会同时垂

---

① 当一个电荷量为 q 的电荷，以速度 v 在磁感应强度为 B 的磁场中运动时，它所受到的洛伦兹力 F 的值等于三个变量的乘积，可以用公式 $F = qvB$ 表示。对于非垂直角，这个关系中的 v 必须是垂直于 B 的速度分量的值。

直于磁场和电子束的运动轨迹，从而使其发生偏转。

也正是因为带电粒子会被磁场引发偏转这一特性，宇宙射线中的带电粒子会受到地球磁场的作用而发生偏转（见图 10-12）。尽管地球的大气层吸收了其中的大部分，但如果没有地球的磁场"盾牌"保护，地球表面的宇宙射线强度会大得多。

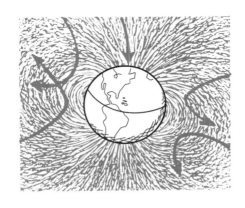

图 10-12　地球磁场

注：地球的磁场使构成宇宙射线的许多带电粒子发生偏转。

载流导线

一个简单的逻辑告诉我们，如果一个带电粒子在通过磁场时受到偏转力的影响，那么通过磁场的带电粒子流也会受到偏转力的影响。如果粒子在响应偏转力时被困在金属丝内，金属丝也会被推动（见图 10-13）。

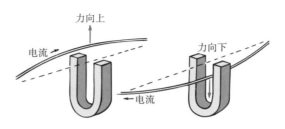

图 10-13　载流导线在磁场中受力

注：你能看出这是图 10-11 中的电子束在通过磁场时会经历的情况吗？

如果我们改变电流的方向，偏转力的作用方向也会随之改变。当电流的方向垂直于磁力线时，偏转力最强。值得注意的是，偏转力的方向既不是沿着磁力线，也不是沿着电流的方向，而是同时垂直于磁力线和电流方向，形成一种侧向力。

载流导线是指能够承受电压和通过电流的导线，它通常具有较大的导体截面积和良好的导电性能，能够承载较大的电流负载。与普通电线相比，它除了具有更强的承载能力以外，还具有耐高温、耐腐蚀等特点，因此被广泛应用于一些特殊的场合。

正如奥斯特（Hans Christian Oersted）所发现的那样，载流导线会使指南针之类的磁铁偏转，磁铁也会使载流导线偏转。电和磁之间存在的这些互补关系，令人们极为兴奋，立即就开始利用电磁力来实现各种有用的应用，比如使用电流计进行高精度测量，让电动机拥有强大动力等。

电流计

最简单的电流检测工具是一个可以自由转动的磁铁——指南针，其次是线圈中的指南针。当电流通过线圈时，每个线圈都会对指针产生影响。因此，即使是很小的电流也能被检测出来。有一种灵敏的电流指示仪器叫作电流计（见图 10-14），它以路易吉·伽伐尼（Luigi Galvani）的名字命名，伽伐尼在 18 世纪时发现，当他解剖青蛙时，用不同的金属接触青蛙的腿，会导致其肌肉抽搐。

图 10-14　一个非常简单的电流计

常见的电流计设计如图 10-15 所示。它有许多线圈，非常灵敏。仔细观察图中缠绕在圆柱体周围的线圈，线圈是可移动的，而磁体是固定不动的。线圈的偏转程度与其绕组中的电流强度成正比，即电流越大，偏转越显著。根据实际需要，电流计可以在校准之后用来测量电流，在这种情况下，它被称为电流表；它也可以在校准之后用来测量电压，在这种情况下它被称为电压表（见图 10-16）。

图 10-15　常见的电流计设计

图 10-16　电流表（左）和电压表（右）

注：电流表和电压表本质上都是电流计。电流表的仪器电阻非常低，电压表的电阻非常高。

电动机

如果我们对电流计稍加改动，使偏转产生完全旋转而不是部分旋转，我们就得到了一台电动机。它们的主要区别在于，在电动机中，线圈每旋转半圈，电流就会改变方向。在被迫转动半圈后，线圈继续运动，正好赶上电流反向，于是，代替线圈反向，线圈被迫在相同方向上继续转另一个半圈。这种循环的方式能产生连续的旋转，并经常被用来运行时钟、操作小工具和提升重物。

通过图 10-17，我们可以明白电动机的原理。永磁铁产生磁场，同时，在其磁场区域内安装一个绕虚线轴转动的矩形线圈。回路中的电流每转半圈就会翻转方向，从而使矩形线圈产生连续的旋转。

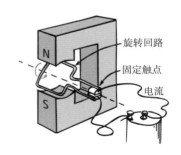

旋转回路

固定触点

电流

线圈中的电流在上半部分沿一个方向流动，而在下半部分则沿相反方向流动（因为流入线圈一端的电荷必须从另一端流出）。如果线圈的上半部分被磁场推向左侧，那么下半部分则会被推向右侧，

图 10-17　一种简化的电动机

就像电流计一样。但与电流计不同的是，电动机中的电流在每转半圈时都会通过轴上的固定触点发生翻转。线圈旋转时与这些触点接触的导线部分被称为电刷。通过这种方式，线圈中的电流交替变化，使上半部分和下半部分受到的力在旋转过程中不会改变方向。只要提供电流，旋转就会持续进行。

我们在这里只描述了一种非常简单的直流电机。较大的电机，无论直流或交流，通常都用由电源供电的电磁铁代替永磁铁。当然，较大的电机也不止使用一个线圈。许多线圈缠绕在一个被称为电枢的铁圆柱体上，当线圈携带电流时，电枢旋转。

有趣的是，电动机和发电机实际上是同一种装置，它们的输入和输出恰恰相反（电动机将外部输入的电能转化为机械能，发电机将外部输入的机械能转化为电能）。混合动力汽车中的电气设备就是这样的电动机和发电机的组合。

电动机的出现代替了人类和动物的大量劳动，极大地改变了人们的生活。

Q5 地球的磁场一直保持不变吗？

当我们第一次见到悬浮的磁铁或指南针时，都会感到好奇，为什么它会指向北方。现在我们知道了，原来地球本身就是一块巨大的磁铁。指南针与地球磁场保持一致。然而，地球的磁极与地理上的南北极并不重合。事实上，磁极和地理两极相距甚远（见图10-18）。例如，北半球的磁极位于加拿大北部哈得孙湾地区的某处，距离地理北极将近1 800千米。另一个极点位于澳大利亚南部。这意味着，指南针通常不会指向真正的北方。我们将指南针的指向和正北之间的差异称为磁偏角。

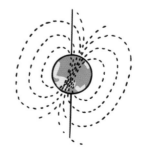

图 10-18 地球是一块巨大的磁铁

　　我们一直都想弄清楚一个问题，为什么地球本身是一块巨大的磁铁呢？观察地球磁场可以发现，它的结构类似于放置在地球中心附近的强条形磁铁。但地球并不像条形磁铁那样是一块磁化的铁。地球内部太热，对单个原子来说，无法保持合适的方向。因此，若想解释地球磁场问题，可能会涉及地球内部的电流。

　　在地球外层岩石地幔（其本身约 3 000 千米厚）下方约 2 000 千米处，是环绕固体地核的熔融部分。大多数科学家认为，在地球熔融部分内环流的运动电荷产生了磁场。还有一些科学家推测，这些电流是对流电流，热量从地核中心升起（见图 10-19），这种对流电流与地球的旋转效应结合在一起，产生了地球磁场。由于地球体积巨大，运动电荷移动的速度只需要大约每秒 1 毫米就可以产生足够的电流来形成和维持地球的磁场。但如果要得到更确切的解释，还需要进一步研究。

图 10-19　地球内部示意

注：地球内部熔融部分的对流电流可能驱动电流产生地球磁场。

　　无论是什么原因，地球的磁场都不稳定，可以说，它在整个地质时期都在变化。岩层的磁性分析就可以证明这一点。处于熔融状态的铁原子由于热运动会迷失方向，但铁原子中的一小部分与地球磁场保持一致。当冷却和凝固发生时，留在火成岩中的铁原子就记录下了地球磁场的方向。这一过程与沉积岩相似，沉积物中铁颗粒的磁畴倾向于与地球磁场保持一致，并锁定在形成的岩石中。岩石所产生的轻微磁性可以用灵敏的仪器测量。通过测试不同地质时期形成的不同地层岩石样本，我们可以绘制出不同时期的地球磁场。这些研究表明，地球磁场曾一度减少到零，随后磁极翻转。在过去的 500 万年中，地球磁极发生了 20 多次翻转。最近的一次翻转发生在距今 78 万年前，经历了 2.2 万年时间才完成最终翻转。之前的两次翻转则分别发生在距今 87 万年前和 95 万年前。此外，对深海沉积物的研究表明，就在 100 万年前，地球磁场有 1 万至 2 万年的时间曾完全消失过。尽管我们无法预测下一次翻转何时发生，因为翻转序列并不规则。但最近的测量显示，在过去 100 年中，地球磁场强度减少了 5% 以上。如果这种变化保持下去，我们很可能在 2 000 年内再次迎来磁极翻转。

磁极翻转并非地球独有。太阳的磁场也会有规律地发生翻转，周期为 22 年。从树木年轮中可以看出，地球上的干旱时期与这种 22 年的磁循环有关。有趣的是，太阳黑子周期为 11 年，是太阳磁极翻转周期的一半。

除了地球整体会发生磁极变化外，地球大气中不断变化的离子风还会导致地球磁场更快速但更小的波动。该区域的离子是由太阳紫外线和 X 射线与大气原子的高能相互作用产生的。这些离子的运动产生了地球磁场的一小部分，但极为重要。离子层受到风的影响。这些风的变化几乎是地球所有磁场快速波动的原因。到达地球的太阳风与地球磁场发生碰撞，而不是与大气发生碰撞。

宇宙射线

宇宙其实是一座巨大的带电粒子的射击场。这些带电粒子被称为宇宙射线，由质子、α 粒子和其他原子核以及高能电子组成。质子可能是剧烈爆炸的恒星的粒子残余物。无论它们是由什么组成的，它们都在以惊人的速度穿越太空，并构成了对宇航员有害的宇宙辐射。当太阳活动时，这种辐射会增强，并产生额外的高能粒子，这些粒子会损坏太空中的电子仪器，并导致计算机内存位翻转或小型微电路失效。幸运的是，对于身在地球表面的我们来说，因为大气层的厚度，以及更重要的地球磁场对宇宙射线的偏转作用，大多数宇宙射线都无法到达地表。宇宙射线的一些产物被困在地球磁场的外部，构成了范艾伦辐射带（见图 10-20）。

范艾伦辐射带由两个围绕地球的环形带组成，并以詹姆斯·A. 范艾伦（James A.Van Allen）的名字命名，他在 1958 年基于美国卫

图 10-20　范艾伦辐射带的横截面
注：这张图显示的是不受太阳风影响的情况。

星探索者 1 号收集的数据提出了它们的存在。范艾伦辐射带的内圈距地球表面 3 200 千米，外圈是一个更大、更宽的环形带，距地球上空约 16 000 千米。宇航员在这些辐射带以下的安全距离上绕地球轨道运行。大部分被捕获在外层带中的带电粒子（质子和电子）可能来自太阳。太阳风暴会向外喷射大量的带电粒子，其中许多粒子会经过地球附近，并被地球磁场捕获。被捕获的粒子会沿着地球磁力线的螺旋路径运动，并在大气层上方的地球磁极之间反弹。地球磁场中的扰动经常使离子浸入大气层，使其像荧光灯一样发光。这就是美丽的北极光（见图 10-21）；在南半球，它是南极光。

图 10-21　北极光

注：范艾伦辐射带中的带电粒子撞击大气分子造成的北极光照亮了天空。

与这些来自太阳的带电粒子不同，被困在内层带的粒子可能来自地球大气层。1962 年，这条辐射带在高空氢弹爆炸中获得了额外的自由电子。

尽管我们有地球磁场的保护，许多次级宇宙射线仍会到达地球表面。[①] 这些来自外太空的"初级"宇宙射线撞击大气层中的原子核时会产生粒子。宇宙射线的轰击在磁极处最大，在远离两极的地方逐渐减小，在赤道地区最小。因为在磁极处撞击地球的带电粒子不会穿过磁力线，而是沿着磁力线行进，不会发生偏转。在中纬度地区，大约每分钟就有 5 个粒子撞击每平方厘米的海平面，这个数字随着海拔的增加而迅速增加。所以，当我们正在阅读本书时，宇宙射线正在穿透我们的身体，当我们没有阅读时也是如此！

---

① 一些生物科学家推测，地球的磁性变化在生命形式的进化中起着重要作用。一种假设是，在原始生命的早期阶段，地球的磁场足够强大，足以保护脆弱的生命体免受高能带电粒子的伤害。但是，在磁场零强度时期，宇宙辐射和范艾伦辐射带的溢出增加了更强健的生命形式的突变率，这与著名的果蝇遗传研究中 X 射线产生的突变不同。在过去几百万年中，生命形式变化增加的时间段和磁极翻转的时间段之间存在巧合，也支持了这一假设。

Q6　为什么动物能感应磁场？

通过一些与动物相关的电视节目或图书，我们知道了有一些动物能够感知和利用地球磁场来生活，包括鸟类、蝙蝠、鳗鱼、鲸等。这些动物具有一种特殊的感知能力，能够感知地球磁场的强度和方向，并利用这些信息进行导航、定位以及其他生命活动。实际上，除了动物之外，还有一些微生物，如细菌，也能够感知并利用地球磁场。这些微生物可能通过感知磁场来寻找食物、躲避有害物质或进行其他生命活动。

某些细菌能够产生单畴磁铁矿颗粒（一种相当于铁矿石的化合物），这些颗粒在其体内串在一起形成罗盘（见图 10-22）。然后，它们就使用这些罗盘来探测地球磁场的倾角，由此有了方向感，从而找到食物。令人惊讶的是，生活在赤道以南的细菌还会构建相同的单畴磁体，但它们的排列方向正好与南半球的磁场方向相反！

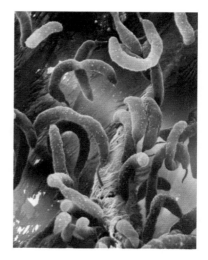

图 10-22　具有内置磁罗盘的细菌

注：这些漂浮的水生细菌不能通过重力感知上下。它们用内置的"罗盘针"来定位地球磁场。

细菌并不是唯一具有内置磁罗盘的生物。鸽子的头骨内也有磁畴磁铁，并通过大量神经连接到鸽子的大脑。因此，鸽子有磁感应：它们不仅能辨别地球磁场的纵向方向，还能通过地球磁场的倾角来探测纬度。此外，蜜蜂的腹部也有磁性物质，它们的行为受到小磁场的影响。一些黄蜂、帝王蝶、海龟和鱼类也都具有磁性。在人类大脑中也发现了类似于磁性细菌晶体的磁铁矿晶体，但没有人知道这些晶体是否与我们的感觉有关。就像上面提到的生物一样，我们可能有类似的磁感官。

要点回顾

CONCEPTUAL PHYSICS >>>

- 在磁体之间，磁力是不同磁极对彼此的吸引力和相似磁极之间的排斥力。在磁场和运动的带电粒子之间，磁力是由于粒子运动而产生的偏转力。

- 所有磁铁都有南北两个磁极，有些甚至不止一组。

- 磁场是磁极或运动带电粒子周围的磁性影响区域。磁力线的形状是从磁铁的一个磁极出发，然后回归至另一个磁极，形成一个完整的闭环。

- 磁畴是对齐排列的磁原子的簇状区域。当这些区域彼此对齐时，包含它们的物质就是磁铁。

- 如果带电粒子在磁场中运动，运动电荷的磁性就会变得明显，并会受到偏转力的作用。当粒子沿垂直于磁力线的方向运动时，磁力最大。在其他方向上，磁力相对较小。当粒子平行于磁力线运动时，力则会变为零。在任何情况下，力的方向总是垂直于磁力线以及带电粒子的速度方向。

- 地球的磁极与地理上的南北极并不重合，且地球的磁场不稳定，在整个地质时期都在变化。

CONCEPTUAL
PHYSICS

11

电磁感应如何发生

妙趣横生的物理学课堂

- 什么情况下会发生电磁感应？

- 发电机如何发电？

- 变压器如何工作？

- 关电器时为何要先关开关再拔插头？

- 电力公司为什么主要提供交流电？

在早期，大多数伟大的科学家或者为科学做出了一定贡献的研究者，都是有经济能力的人。普通人忙于生计，几乎无暇进行严肃的科学研究。但法拉第（Michael Faraday）是个例外（见图 11-1）。

图 11-1 法拉第

法拉第来自英国伦敦东南部的一座小乡村，他的父亲是铁匠詹姆斯·法拉第（James Faraday），他还有三个兄弟姐妹。法拉第只接受过基本的小学教育，主要是自学成才。13 岁时，他成为当地一家书籍装订厂的学徒。在 7 年的学徒生涯中，他在装订厂读了很多书。他对科学特别是电学产生了浓厚的兴趣。1812 年，学徒生涯结束，20 岁时法拉第参加了英国著名化学家汉弗里·戴维（Humphry Davy）在英国皇家学会的讲座。法拉第做了详细的笔记，把它们整理成了一本 300 多页的书，并寄给了戴维。戴维大受震撼。戴维起初建议法拉第继续从事书籍装订业务，但在之后第二年，当他的助手因打架被解雇时，他邀请法拉第接替了这一职位。

当时的英国社会阶级分明，在大众眼中，法拉第并不是一位绅士。当戴维和他的新婚妻子一起进行为期 18 个月的旅行时，法拉第也跟着去了，但只能在马车外跟随，和仆人一起吃饭，因为戴维的妻子拒绝把他视作与自己身份平等的人。尽管如此，法拉第还是有机会与欧洲的科学精英见面，并收获了一系列令人振奋的观点。

后来，法拉第成为当时非常重要的实验科学家。他在电学和磁学方面取得了巨大成就。1831 年，他有了最惊人的发现。当他把一块磁铁移动到一圈电线中时，线圈中会出现电流，这是一种电磁感应。大约在同一时间，约瑟夫·亨利（Joseph Henry）在美国也偶然发现了这种感应现象（亨利使用的电线圈绝缘材料由他的妻子"含泪捐赠"，因为他用了婚纱上的一部分丝绸来包裹电线）。在当时，产生大量电流的唯一方法是使用电池，电磁感应的发现开创了电的时代。

由于法拉第的数学能力仅限于简单的代数，还没有扩展到三角学。因此，他用简单的语言生动地表达了自己的想法。他用"力线"使电和磁效应变得可视，"力线"现在被称为电力线和磁力线，它们仍然是科学研究和各项工程中的常用工具。此外，电容的单位法拉（符号 F）也是以法拉第的名字来命名的。

不可否认，电磁感应现象是电磁学中的重大发现，它揭示了电与磁之间相互联系和转化。随着对相关现象的不断探索，如今，电磁感应已经广泛应用于电器设备的制造和使用中，同时在电子技术、电磁测量以及传感器等领域发挥着重要作用。通过本章内容，我们将深入了解奇妙的电磁感应。

Q1 什么情况下会发生电磁感应？

日常生活中，有很多常用物品都与电磁感应有关，比如用于烹饪的电磁炉，手机、电动牙刷等设备的无线充电功能，风扇、洗衣机等机械设备的电动机，都利用了电磁感应。电磁感应究竟是什么呢？

法拉第和亨利发现，只要将磁铁移入或移出线圈，线圈中就会产生电流（见图 11-2），并不需要电池或其他电压源。这种通过改变线圈中的磁场来感应电压的现象被称为电磁感应。电压是由导线和磁场之间的相对运动引起或感应的，也就是说，不论是磁铁的磁场靠近静止的导线，还是导线在静止的磁场中移动，都会产生电压（见图 11-3）。

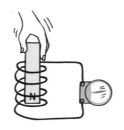

图 11-2　电磁感应小实验

注：当磁铁插入线圈时，线圈中感应出电压，线圈中的电荷开始运动。

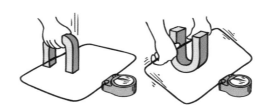

图 11-3　磁铁或导线的运动都产生电压

注：当磁场穿过导线或导线穿过磁场时，导线回路中都会感应出电压。

在磁场中移动的线圈圈数越多，感应电压越大（见图 11-4）。将磁铁推入有 2 倍圈数的线圈时，感应电压会加倍；将其推入具有 10 倍圈数的线圈，会感应到 10 倍的电压，以此类推。似乎我们只需要通过增加导线中的线圈数量，就可以凭空获得能量。但是，如果线圈已连接到电阻器或其他耗能设备中，情况就不同了。我们发现，此时如果将磁铁推入更多圈数的线圈中会更为困难。

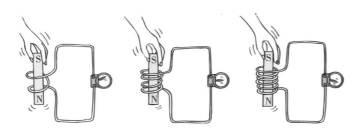

图 11-4　线圈圈数越多，电压越大

注：当同一个磁铁分别插入第一个和第二个线圈，第二个线圈的圈数是第一个线圈的 2 倍，那么第二个线圈感应出的电压也是第一个线圈的 2 倍。如果将磁铁插入第三个线圈中，其线圈圈数是第一个线圈的 3 倍，那么感应出的电压是第一个线圈的 3 倍。

这是因为感应电压产生电流，进而产生电磁体，这一电磁体会排斥我们手中的磁铁。更多的线圈意味着更高的电压，并代表我们需要做更多的功来抵抗排斥力（见图 11-5）。感应的电压量取决于磁铁进入或离开线圈的速度。如果是非常慢的运动，几乎不会产生任何电压；快速运动则会产生较大的电压。

电磁感应在我们的周围无处不在。例如，在一些道路上，当汽车驶过时，它会改变道路地下线圈中的磁场，由此引发交通信号灯的变化。混合动力汽车会利用电磁感应将制动能量转化为电池中的电能。当我们在机场进行安检时，需要通过的安检探测门就相当于直立的线圈，如果我们携带了大量的铁，就会改变线圈的磁场并触发警报。此外，需要使用读取器来读取卡片磁条的 ATM 机，也是利用了电磁感应。

图 11-5　将磁铁推入更多圈数的线圈

注：将磁铁推入具有更多圈数的线圈是更困难的，因为每个电流回路的磁场都抵抗磁铁的运动。

法拉第定律

法拉第发现电磁感应后，围绕着相关领域不断实验，并提出了法拉第定律。法拉第定律概括了电磁感应，描述了磁场如何通过导体中运动的电荷产生力的效应，是电磁学的基本定律。该定律指出：**线圈中的感应电压与其回路数量、每个回路的横截面积，以及这些回路中磁场变化的速率的乘积成正比。**

从定律中可以得知，电磁感应产生的电流量不仅取决于感应电压，还取决于线圈及其所连接电路的电阻。[1] 例如，我们可以将磁铁插入橡胶闭环和铜闭环。只要线圈大小相同，同时磁铁以相同的速度移动，每个线圈中感应的电压是相同的，但每一个闭环的电流大不相同。虽然橡胶中的电子与铜中的电子感应到相同

---

[1] 电流还取决于线圈的电感。电感表征线圈抵抗电流变化的趋势，因为线圈的一部分产生的磁性与线圈其他部分的电流变化相反。在交流电路中，电感类似于电阻，取决于交流电源的频率和线圈中回路的数量。但在这里，我们不会深入讨论这个话题。

的电场，但橡胶中的电子与固定原子之间的键合作用，令它们无法像铜中的电子那样自由运动。

截至目前，我们已经提到了两种在电线中感应电压的方式：将线圈移动到磁体附近和将磁体移动到线圈附近。其实，还有第三种方法，即改变附近线圈中的电流。这三种情况都具有法拉第定律的基本特征——线圈中不断变化的磁场。

Q2　发电机如何发电？

对于发电机，每个人都不会陌生。即使没有见过它的全貌，你也肯定知道它，并且每天都在使用它。发电机的工作原理主要基于法拉第定律和电磁力定律，而人类历史上第一台发电机也正是由电磁感应的发现者法拉第发明的。

要想了解发电机，还要先回到线圈和磁铁。当你在线圈中将条形磁铁反复插入或取出时，感应电压的方向就会发生交替变化。当磁铁进入线圈时，随着线圈内部磁场强度的增加，线圈中的感应电压会指向一个方向。当磁铁离开线圈，磁场强度减小，感应电压的方向则相反。感应出的交流电压的频率与你插入和取出动作的频率相等。

通过移动线圈来感应电压，比通过移动磁铁来感应电压更方便，只需要在静止的磁场中旋转线圈就可以实现（见图 11-6）。这种装置就是我们熟悉的发电机。

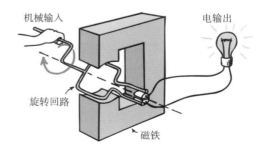

图 11-6　一台简单的发电机

注：当线圈在磁场中旋转时，线圈中感应出电压。

发电机的结构原则上与电动机相同。它们看起来是一样的，但输入和输出的作用是相反的。在发电机中，机械能是输入，电能是输出；在电动机中，电能是输入，机械能是输出。两种设备都将能量从一种形式转化为另一种形式。

　　稍加思考我们就会发现，电动机和发电机的物理基础也是相同的（见图 11-7）。当磁场中的导线由于导线中的电流而受到力时，我们得到的是电动机效应，电能变成机械能。当导线被推入磁场时，导线内的电荷在沿导线方向上会产生偏转力，并产生电流，这就是发电机效应，此时，机械能变成电能。图 11-7（a）和 11-7（b）部分总结了这些效应（电流和力的箭头适用于正电荷）。仔细研究一下图示，你能看出这两种效应是相关的吗？

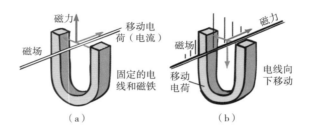

图 11-7　电动机效应与发电机效应示意图

注：图（a），电动机效应，当电荷沿导线移动时，电荷上有一个垂直向上的力。由于没有向上的传导路径，电荷上的力将导线向上牵引。

图（b），发电机效应，当没有初始电流的导线向下移动时，导线中的电荷会受到垂直于其运动的偏转力，从而产生电流。

　　我们可以在图 11-8 中看到电磁感应循环。注意，当线圈在磁场中旋转时，线圈内磁力线的数量会发生变化。当回路的平面垂直于磁力线时，包围的磁力线最多。线圈旋转，实际上是在"切割"磁力线，因此包围的线更少。当回路平面和磁力线平行时，没有线被包围。通过连续的旋转，以周期方式切割磁力线，当包围的磁力线数量为零时，磁力线的变化率最大。因此，当线圈向其平行线方向旋转时，感应电压最大。因为发电机感应的电压是交替的，所以产生的电流是交流的。①

————————

① 利用适当的电刷或其他方式，回路中的交流电可以转换为直流电，从而变成直流发电机。

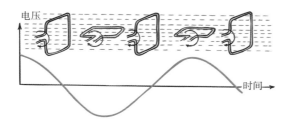

图 11-8 电磁感应循环

注：当线圈旋转时，感应电压（和电流）的大小和方向发生变化。回路的一次完整旋转产生电压（和电流）的一个完整循环。

在法拉第和亨利发现电磁感应 50 年后，特斯拉和威斯汀豪斯将这些发现付诸实践，并向全世界展示了电力可以可靠地、足量地产生，并足以照亮整个城市。

涡轮发电机

特斯拉制造的发电机与今天使用的发电机非常相似，但比我们讨论的简单模型（见图 11-9）复杂得多。特斯拉制造的每台发电机都有一个电枢——一个被一捆铜线包裹着的铁芯——并通过涡轮在强磁场中旋转，而涡轮通过蒸汽或向下流动的水的能量驱动而旋转。电枢中旋转的线圈"切割"周围电磁铁的磁场，从而产生交流电压和电流。

蒸汽

图 11-9 发电机的简单模型

注：蒸汽驱动涡轮，涡轮与发电机电枢相连。向下流动的水也会驱动涡轮机。

我们可以从原子的角度来看待这个过程。当旋转电枢中的电线切割磁场时，正负电荷会受到相反方向上的电磁力。电子对这种力产生回应，在铜晶格中暂时向一个方向自由运动；而铜原子（实际上是正离子）则被迫向相反方向运动。由于离子被固定在晶格中，它们几乎不会运动，只有电子会运动。因此，随着电枢的每次旋转，电子会来回交替运动。电子来回运动所产生的能量在发电机的电极端被利用。

MHD 发电机

与涡轮发电机类似的一个有趣装置是 MHD（磁流体）发电机，不过，它没有涡轮和旋转电枢。与通过旋转电枢使电荷在磁场中运动不同，MHD 发电机通过喷嘴使电子和正离子的等离子体膨胀后，在磁场中以超声速运动。就像涡轮发电机中的电枢一样，电荷在磁场中的运动会产生符合法拉第定律的电压和电流。在传统发电机中，电刷将电流输送到外部负载电路，而在 MHD 发电机中，这一功能由导电板或电极实现（见图 11-10）。与涡轮发电机不同，无论是通过燃烧还是通过核过程，只要等离子体可以加热，MHD 发电机就可以在任何温度下运行。高温会使热力学效率更高，这意味着相同数量的燃料可以产生更大的功率和更少的废热。当废热被用来将水转化为蒸汽并运行传统的蒸汽涡轮发电机时，效率还会进一步提高。

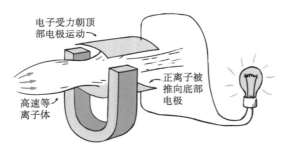

电子受力朝顶部电极运动

正离子被推向底部电极

高速等离子体

图 11-10　MHD 发电机的简化模型

注：相反方向的力作用在穿过磁场的高速等离子体中的正负粒子上。结果是两个电极之间出现电压差，电流通过外部电路从一个电极流向另一个电极。没有活动部件，只有等离子体在运动。在实际应用中，MHD 发电机通常使用超导电磁体。

这种用流动的等离子体代替发电机中旋转的铜线圈的做法，只有在能使等离子体达到足够温度的技术开发成功之后才变得可行。目前，发电厂使用的是化石燃料在空气或氧气中燃烧形成的高温等离子体。[1]

---

[1] 当导电流体是液态金属（通常是锂）时，比较低的温度就足够了。液态金属磁流体动力系统被称为 LMMHD 动力系统。

要知道，发电机并不会产生能量，它们只是将能量从其他形式转化为电能。来自化石燃料、核燃料、风或水的能量首先被转化为机械能来驱动涡轮机，然后，连接的发电机将大部分机械能转化为电能。

Q3 变压器如何工作?

一般情况下，发电机输出的电压无法直接供电，需要将其升高或降低至适合使用的电压水平。此时，我们需要在发电机上连接一个变压器，后者的作用就是将发电机输出的电压提高或降低至需要的电压等级。在了解变压器的原理前，我们先要了解电能如何在空间内传输。

如图 11-11 所示，能量可以通过简单装置从一个设备转移到另一个设备。注意，一个线圈连接到电池，另一个连接电流计。通常，我们将连接到电源的线圈称为主电路（输入），将另一个线圈称为次级电路（输出）。一旦主线圈中的开关闭合，电流通过主线圈时，即使两个线圈之间没有任何连接，次级线圈中也会产生电流。然而，次级电路中仅出现短暂的电流浪涌。然后，当主电路的开关打开时，电流浪涌再次在次级电路中出现，但方向相反。

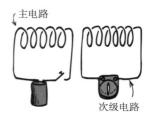

图 11-11 能量转移示意图

注：当主电路中的开关断开或闭合时，次级电路中就会感应出电压。

背后的原因是这样的：当电流开始流过主线圈时，磁场在主线圈周围形成。这意味着主线圈周围的磁场在增长，即变化。当两个线圈彼此靠近，这种变化的磁场会延伸到次级线圈中，从而在次级线圈中感应出电压。但这种感应电压是暂时的，因为当主线圈的电流和磁场达到稳定状态时，即当磁场不再变化时，次级线圈中就不会再感应出电压。但是，当开关关闭时，主线圈中的电流降为零。主线圈周围的磁场消失，次级线圈中感应到变化，从而感应出电压。变化是其中的关键。我们看到，无论什么原因，只要线圈通过的磁场发生变化，就会感应出电压。

如果在图 11-11 所示装置的主线圈和次级线圈内放置铁芯，铁芯中磁畴的排列会增强主线圈内的磁场，并延伸到次级线圈。这时，我们就有了一个变压器（见图 11-12）——一个通过电磁感应将电力从一个线圈转移到另一个线圈的装置。我们可以使用交流电为主线圈供电，而不是通过打开和关闭开关来使磁场产生变化。这样磁场的变化就会持续进行，磁场周期性变化的频率等于交流电的频率。图 11-13 展示了一种更有效的变压器形式。

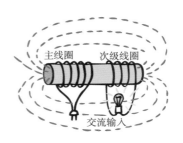

图 11-12　变压器的简化示意图

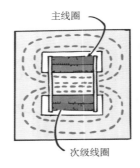

图 11-13　一种更实用、高效的变压器

注：主线圈和次级线圈都缠绕在铁芯上（黄色），铁芯引导在主线圈（红色）中产生的交替磁力线（绿色）。交变磁场在次级线圈（蓝色）中感应交流电压。因此，来自主线圈的、同一电压下的功率以不同的电压传递到次级线圈。

如果主线圈和次级线圈具有相等数量的导线回路（通常称为匝数），则输入和输出交流电压将相等。但是，如果次级线圈的匝数多于主线圈，则次级线圈中产生的交流电压将大于提供给主线圈的交流电压。在这种情况下，电压被升高。如果次级线圈的匝数是主线圈的 2 倍，次级线圈的电压将是主线圈电压的 2 倍（见图 11-14）。

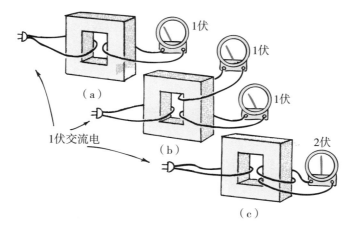

图 11-14 线圈匝数对电压的影响

注：图（a），次级线圈中感应的 1 伏电压等于初级线圈的电压。图（b），
在增加的次级线圈中也感应到 1 伏的电压，因为从初级线圈中感受到同
样的磁场变化。图（c），在两个单圈的次级线圈中分别感应的 1 伏电压
相当于在一个两圈的线圈中感应的 2 伏电压。

变压器在传递能量的过程中，也需遵循能量守恒定律。当电压升高时，次级
电路中的电流小于主电路中的电流。变压器实际上将能量从一个线圈传递到另一
个线圈。有一点不能搞错，那就是，变压器无论如何都不能提高总能量，这是能
量守恒决定的。变压器是在不改变总能量的情况下使电压升高或降低。能量传
递的速率被称为功率。次级系统中使用的电源由主级系统提供。根据能量守恒定
律，主级系统提供的能量不会比次级系统消耗的少。如果我们忽略由于线圈和铁
芯加热而造成的轻微功率损失，那么：

进入主级系统的功率 = 从次级系统输出的功率

电功率等于电压和电流的乘积，因此我们可以说：

（电压 × 电流）_{主级} =（电压 × 电流）_{次级}

我们看到，如果次级线圈中感应到的电压比主线圈中感应的电压高，那么次

级线圈的电流将比主线圈的电流小。使用变压器可以轻松地升高或降低电压，这是大多数电力是交流电而不是直流电的主要原因。

Q4　关电器时为何要先关开关再拔插头?

我们在使用一些电器时，经常会看到类似的提示："关闭时请先关闭开关，然后再拔出插头。"虽然这已经成为使用电器的常规方式，但大多数人并不清楚背后的原因。在解答前，我们先看看图 11–15 中，物理老师弗莱德·考森（Fred Cauthen）所演示的一个令人印象深刻的课堂实验。一块铜片从高处滑落到磁铁两极之间的区域内。有趣的是，铜片在穿过磁铁两极之间时，速度明显减慢。这是为什么？在回答这个问题前，让我们先来了解一下这个实验所应用的原理——自感现象。

图 11–15　磁制动实验

注：当铜片穿过磁铁两极之间的磁场时，它就停止了，这个实验展示了磁制动的过程。这种运动即阻尼运动。

线圈中的载流回路不仅与其他线圈的回路相互作用，还与同一线圈的回路相互作用。线圈中的每个回路与同一线圈的其他回路电流产生的磁场相互作用。这是自感现象。在这过程中，会产生自感电压，该电压始终与导致其产生的电压变化方向相反，我们通常称之为"反向电动势"或"感应电动势"。我们在这里对自感和反向电动势不做具体讨论，仅仅讨论自感现象所产生的一种常见而危险的影响。

假设一个具有大量匝数的线圈被用作电磁铁，并由直流电源（可能是一个小电池）供电。此时线圈中的电流将伴随着强大的磁场。当断开开关时，我们最好做好准备，因为一旦开关断开，电路中的电流会迅速降至零，线圈中的磁场急剧减弱（见图 11-16）。当线圈中的磁场突然变化时，即使它由同一个线圈产生，也会产生电压。由于磁场迅速消散并释放其储存的能量，可能引发极高的电压，足以在开关处产生强烈的火花，甚至可能对正在操作开关的人造成伤害。因此，电磁铁通常连接至能够吸收多余电荷并防止电流突然下降的电路，以此降低自感电压的风险。

图 11-16　开关断开产生高压

注：当开关断开时，由于电流的突然消失，使得线圈中的电磁场瞬间瓦解，从而产生了巨大的电压。

这就是为什么关闭电器时应该先关开关再拔插头，因为开关内部的电路机制可以降低电流的突然变化带来的危险。

电磁制动

让我们回到弗莱德·考森老师的课堂实验。其实，磁铁两极之间的区域并不是真空的，它存在着磁场。铜片的内部也不是什么都没有的，铜片里含有传导电子。当铜片一部分进入磁场时，其中的传导电子被偏转成旋涡状的"涡流"，就像水流在湍急的小溪中回旋。涡流本身是一种小型电磁铁，被外部磁铁排斥，使薄铜片的速度变慢。当铜片离开磁场时，会产生相反方向的涡流。这些小型电磁体被磁铁反向吸引，也减缓了铜片的速度。

不过，为什么铜片的速度会变慢而不是变快呢？这与因为磁场变化而产生的电压是相似的。这两种效应都符合楞次定律，即感应效应与感应原因相反。否则，能量不断增加的情况也是可能出现的，当然，能量守恒定律不允许这样的情况发生。

磁制动（也被称为涡流制动）通常用于高速电动火车、卡车、汽车以及风力涡轮机的减速叶片。与摩擦制动不同，磁制动不会有零件摩擦所造成的磨损，产生的热能通常可以大量耗散。比磁制动更复杂的是再生制动，即将减速车辆的动能转化为电能，为电池充电。

Q5 电力公司为什么主要提供交流电？

你可能发现了，我们在前文中提到电力公司供电时，说到的基本都是交流电。几乎所有的电能都是以交流电的形式出售的，主要是因为交流电可以很容易地从一个电压值转换为另一个电压值。[①]

电线中的大电流会产生能量损失，因此电能的远距离传输是在高电压和相应的低电流情况下进行的（功率＝电压 × 电流）。发电电压通常为 25 000 伏或更低，在发电站附近升压至 750 000 伏，用于远距离传输，然后在变电站和配电点分阶段降压至工业应用（通常为 440 伏或更高）和家用电压（240 伏或 120 伏）。电能的远距离传输过程如图 11-17 所示。

图 11-17　电能传输

能量可以通过电磁感应从一个导线系统传递到另一个导线系统。稍加思考，我们就可以进一步推知，同样的原理也适用于"消除"电线，并将能量（通常是少量的能量）从无线电发射机天线发送到可能在数千米之外的无线电接收机。1887 年，赫兹首次证明了这一原理。美国匹兹堡的 KDKA 电台则于 1920 年将这一原理首次进行了商业化应用。把这些原理再延伸一步，就有了现在常见的电视台、无线电话和无线充电器。因此，电磁感应的影响是深远的。

有趣的是，传输能量的架空电线和家庭中常见的 120 伏电线之间存在着区别。例如，为什么一只鸟可以安全地停留在 12 万伏的输电线路上，但如果我们

---

① 使用被称为逆变器的电气设备，电力公司可以将比如太阳能收集器提供的直流电转换为交流电。

在家里接触到 120 伏的电线就会被电击呢（见图 11-18）？我们知道，在短路主线中，鸟的双脚之间可能会产生高达 12 万伏的电压差。但是，当这只鸟栖息在同一条电线上时，双脚之间的电压差则可以忽略不计。这是因为高压不是从传输线的一端到另一端，而是该线和与之相邻的平行线之间。如果这只鸟另一只脚踩在邻近电线上，那么这个动作就将是它生命中最后一个动作了。

（a）

（b）

图 11-18　小鸟安全地站在高压电线上

注：图（a），站在 12 万伏的电线上时，鸟的双脚之间没有电压差。图（b），如果这只鸟站在家庭电路中的电线上，即使电压只有 120 伏，发生短路时，它也非常危险。

电磁感应解释了电压和电流的感应。实际上，电场是电压和电流的根源。电磁感应的现代观点认为，电场和磁场是相互感应的。这些又产生了我们所说的电压。因此，无论是否存在导线或任何材料介质，感应现象都会发生。从更广泛的意义上来说，法拉第定律可以表达如下：**磁场在随时间变化的任何空间中都会感应出电场。**

法拉第定律还延伸出了第二个效应，其本质与第一个效应是相同的，只是电场和磁场的作用互换了。这是自然界众多对称性之一。第二个效应是由英国物理学家麦克斯韦（James Clerk Maxwell）在 1860 年前后提出的，这就是麦克斯韦方程组其中之一，与法拉第定律相对应：**电场在随时间变化的任何空间都会感应出磁场。**

在每种情况下，感应场的强度与感应场的变化率成正比。感应电场和磁场彼此成直角。

　　麦克斯韦发现了电磁波和光之间的联系。如果电荷在与光相匹配的频率范围内发生振动，则产生的波就是光。麦克斯韦发现，光实际上是在人类眼睛敏感的频率范围内的电磁波。

　　电磁感应使河流发电成为可能。水流的能量被利用转化为电能，并被输送到遥远的城市。电动机、发电机和变压器的出现进一步改变了人们的生活，可见电磁定律的发现和应用是多么重要。

要点回顾
CONCEPTUAL PHYSICS >>>

- 电磁感应是磁场随时间变化时产生电压的现象。闭环内的磁场以任何方式变化，都会在环路中感应出电压。

- 法拉第定律指出，线圈中的感应电压与线圈的回路数、每个线圈的横截面积与线圈中磁场变化速率的乘积成正比。

- 发电机是一种电磁感应装置，通过在固定磁场中旋转线圈产生电流。发电机将机械能转换成电能。

- 变压器是一种通过电磁感应将电力从一个线圈传输到另一个线圈的装置，可以将一个电压值转换为另一个电压值。

- 与法拉第定律相对应的麦克斯韦方程说明，电场在随时间变化的任何空间中都会感应出磁场。感应磁场的大小与电场变化的速率成正比。感应磁场的方向与变化的电场成直角。

未来，属于终身学习者

我们正在亲历前所未有的变革——互联网改变了信息传递的方式，指数级技术快速发展并颠覆商业世界，人工智能正在侵占越来越多的人类领地。

面对这些变化，我们需要问自己：未来需要什么样的人才？

答案是，成为终身学习者。终身学习意味着永不停歇地追求全面的知识结构、强大的逻辑思考能力和敏锐的感知力。这是一种能够在不断变化中随时重建、更新认知体系的能力。阅读，无疑是帮助我们提高这种能力的最佳途径。

在充满不确定性的时代，答案并不总是简单地出现在书本之中。"读万卷书"不仅要亲自阅读、广泛阅读，也需要我们深入探索好书的内部世界，让知识不再局限于书本之中。

湛庐阅读 App: 与最聪明的人共同进化

我们现在推出全新的湛庐阅读 App，它将成为您在书本之外，践行终身学习的场所。

- 不用考虑"读什么"。这里汇集了湛庐所有纸质书、电子书、有声书和各种阅读服务。
- 可以学习"怎么读"。我们提供包括课程、精读班和讲书在内的全方位阅读解决方案。
- 谁来领读？您能最先了解到作者、译者、专家等大咖的前沿洞见，他们是高质量思想的源泉。
- 与谁共读？您将加入优秀的读者和终身学习者的行列，他们对阅读和学习具有持久的热情和源源不断的动力。

在湛庐阅读 App 首页，编辑为您精选了经典书目和优质音视频内容，每天早、中、晚更新，满足您不间断的阅读需求。

【特别专题】【主题书单】【人物特写】等原创专栏，提供专业、深度的解读和选书参考，回应社会议题，是您了解湛庐近千位重要作者思想的独家渠道。

在每本图书的详情页，您将通过深度导读栏目【专家视点】【深度访谈】和【书评】读懂、读透一本好书。

通过这个不设限的学习平台，您在任何时间、任何地点都能获得有价值的思想，并通过阅读实现终身学习。我们邀您共建一个与最聪明的人共同进化的社区，使其成为先进思想交汇的聚集地，这正是我们的使命和价值所在。

CHEERS

湛庐阅读 App
使用指南

读什么
· 纸质书
· 电子书
· 有声书

与谁共读
· 主题书单
· 特别专题
· 人物特写
· 日更专栏
· 编辑推荐

怎么读
· 课程
· 精读班
· 讲书
· 测一测
· 参考文献
· 图片资料

谁来领读
· 专家视点
· 深度访谈
· 书评
· 精彩视频

HERE COMES EVERYBODY

下载湛庐阅读 App
一站获取阅读服务

湛庐 CHEERS

与最聪明的人共同进化

HERE COMES EVERYBODY

CHEERS
湛庐

Conceptual
Physics, 13e

光速声波
物理学

3

Paul G. Hewitt

[美]

保罗·休伊特

著

王岚 译

四川科学技术出版社

关于物理的奥秘，你了解多少?

- 如果你沿着引力作用的方向运动，比如从摩天大楼的顶部到底层，或者从地面到井底，那么你所到达的位置的时间流逝速度会比你离开的位置（ ）。

  A.快

  B.慢

- 炎热的夏天，人们把屋顶漆成（ ）色更凉快?（单选题）

  A.彩

  B.黑

  C.白

  D.蓝

- 一个原子比你小很多，就像你比一颗普通恒星小很多一样。原子的直径相对于苹果的直径，就像苹果的直径相对于（ ）的直径一样。（单选题）

  A.北京

  B.中国

  C.地球

  D.太阳

扫描左侧二维码查看本书更多测试题

致我的一切——

我的妻子莉莲

第三部分 相对论告诉我们什么

CONCEPTUAL
PHYSICS

第一部分

光

CONCEPTUAL
PHYSICS

01

光如何"创造"世界

妙趣横生的物理学课堂

- 光竟然是一种电磁波?

- 什么是可见光?

- 为什么光能够透过玻璃?

- 金属为什么有光泽?

- 日食和月食是怎么形成的?

- 我们的眼睛怎么看到物体?

图 1-1　麦克斯韦

麦克斯韦（见图 1-1），1831 年出生于苏格兰，他很小就对几何学着迷。14 岁时，麦克斯韦写了一篇论文，描述了用一根麻线绘制数学曲线的方法，并探讨了具有两个或多个焦点的曲线的性质。

16 岁时，麦克斯韦开始在爱丁堡大学就读。第一学期结束后，他曾有机会进入剑桥大学，但他决定留在爱丁堡大学完成本科课程。不过，麦克斯韦很快就发现自己的课程非常轻松，因此，他在大学的空闲时间里，都沉浸在自己的兴趣中，他制作了一些简易的化学和电磁装置。当时，他感兴趣的主要是偏振光，为此，他制作了形状各异的明胶块，对其施加各种应力，并用一对偏振棱镜观察明胶中产生的彩色条纹。

1850 年 10 月，在数学界已经小有名气的麦克斯韦离开苏格兰前往剑桥大学，很快就进入了三一学院，并在 1854 年获得了数学学位。

1859 年，麦克斯韦得出了土星环由小颗粒组成的结论，并因此而获奖。一个多世纪后，这一结论得到了验证。在伦敦国王学院任职期间，麦克斯韦向人们展示了世界上第一张彩色照片，并提出了有关气体黏度的想法。然而，他最重要的成就还是建立了完整的电磁理论。他将之前所有不相关的观测、实验以及电学、磁学甚至光学方程综合成了统一的理论。

1862 年左右，麦克斯韦计算出电磁场的传播速度近似于光速。他写道："我们几乎无法避免这样一个结论，即光是由同一介质的横向波动组成的，而这种波动是产生电和磁现象的原因。"

继牛顿统一力学之后，麦克斯韦在电磁学方面的研究被称为"物理学上的第二次大统一"。

学习本章内容，我们将进入光的世界。很快，我们会发现，电磁理论为我们理解和应用光提供了重要的基础。光的行为和性质可以通过电磁理论来解释。

Q1 光竟然是一种电磁波？

光和电磁之间有着密切的关系。光本身就是一种电磁波，具有电场和磁场交替变化的特性。

麦克斯韦发现光是由振荡的电场和磁场组成的。如果我们在静止的水中来回摇动棍子的末端，水面上就会产生波浪。麦克斯韦告诉我们，如果我们在空间里来回摇动带电物体，空间里就会产生电磁波（见图 1-2）。振动的电场和磁场相互再生，形成电磁波，向外辐射（见图 1-3）。令人惊奇的是，只有一种速度，能让电场和磁场保持完美平衡，在空间中传递能量时相互加强。接下来，就让我们看看为什么会这样。

图 1-2　电磁波的产生

注：来回摇动带电物体，就会产生电磁波。

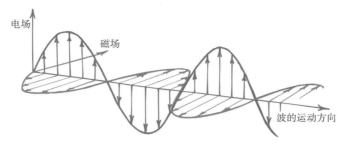

图 1-3 电场和磁场

注：电磁波的电场和磁场彼此垂直，并且与波的运动方向垂直。

电磁波速度

"变化"是电磁感应的关键词。当振荡电场在空间中传播时，其电场强度不断变化，同时产生振荡磁场，磁场强度也随之变化。只有不断变化的电场才会产生不断变化的磁场，反之亦然。这些相互垂直的场，以及与传播方向垂直的同步振荡，只能以光速发生。如果光速变慢，不断变化的电场就会产生一个较弱的磁场，而这个较弱的磁场又会产生较弱的电场，以此类推，直到波动消失，能量会耗散，无法从一个地方传送到另一个地方。所以，光的传播速度不能变慢。

如果光速变快，不断变化的电场又会产生更强的磁场，进而产生更强的电场，以此类推，产生越来越强的场强和越来越高的能量，但这显然是不符合能量守恒定律的。只有在一种速度下，这种相互感应才能无限期地持续下去，将能量在既不损失也不增加的情况下向前输送。麦克斯韦通过电磁感应方程计算出，这一关键速度的值为每秒 30 万千米。在计算中，他只使用了方程中的常数，这些常数是通过电场和磁场的简单实验确定的。他推导出了光速！我们将这种恒定的光速标记为 c。

麦克斯韦很快意识到，他已经发现了宇宙中最大奥秘之一——光的本质。他发现可见光只是特定频率范围内的电磁波，即以每秒 $4.3 \times 10^{14} \sim 7 \times 10^{14}$ 次频率振动的电磁波。这种波激活了眼睛视网膜中的"电天线"。低频波呈现红色，高频波呈现紫色。[1] 与此同时，麦克斯韦意识到，任何频率的电磁波都以与光相同的速率传播。

Q2 什么是可见光？

既然光是一种电磁波，是特定频率范围内的电磁辐射，那么，什么频率的光才能被我们的眼睛看到呢？我们经常使用的无线电波又在哪个频率范围内？我们身边都有哪些频率的电磁波？

在真空中，所有的电磁波都以相同的速率运动，并且频率彼此不同。根据频率对电磁波的分类，就有了电磁波谱（见图 1-4）。我们可以检测到的电磁波频率最低为 0.01 赫兹。其中，频率为千赫兹的电磁波被归类为甚低频无线电波。100 兆赫兹位于调幅无线电波段的中间。甚高频无线电波段的波开始于大约 50 兆赫兹，调频无线电波在 88 兆赫兹和 108 兆赫兹之间。手机的工作频率为 800 兆赫兹或 1 900 兆赫兹。然后是超高频，接着是微波，频率超过微波波段的是红外线，通常被称为"热波"。频率再快一点儿的就是可见光，它在可测量的电磁波谱中占比不足亿分之一。

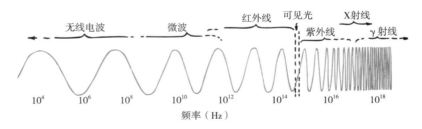

图 1-4　电磁波谱

注：电磁波谱是从无线电波延伸到 γ 射线的连续波范围。所有波的性质相同，主要是频率和波长不同。所有的波都以相同的速率传播。

---

[1] 通常用频率来描述声波和无线电波，用波长来描述光。然而，在本书中，我们倾向于在描述光时使用统一的频率概念。

我们眼睛可以看见的最低频率的光是红光，可看见的最高频率的光的频率几乎是红光频率的两倍，呈现为紫色。比紫光的频率还要再高一点儿的是紫外线，这些高频波会导致我们晒伤。在紫外线频率之上的则是 X 射线和 γ 射线区域。这些区域之间没有明显的边界，它们实际上彼此重叠。电磁波谱被人为地划分为这些区域以便进行分类。

波的频率与产生波的振动源的频率相同。同样，电磁波在空间中振动时的频率与产生它的振荡电荷的频率相同。[①] 不同的频率对应于不同的波长，低频波的波长较长，高频波的波长较短（见图 1-5）。

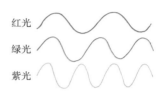

图 1-5　红光、绿光和紫光的相对波长

注：紫光的频率几乎是红光的两倍，波长是红光的一半。

例如，由于波的速度是 300 000 千米/秒，每秒振荡一次（1 赫兹）的电荷将产生波长为 300 000 千米的波。这是因为 1 秒内只产生一个波长。如果振荡频率为 10 赫兹，则 1 秒内会形成 10 个波长，相应的波长为 30 000 千米。10 000 赫兹的频率会产生 30 千米的波长。因此，振动电荷的频率越高，电磁波的波长越短。[②]

我们习惯于认为空间里就是空的，但这仅仅是因为我们看不到渗透在我们周围的所有电磁波的涌动。当然，我们能看到这些波中的一些，也就是可见光。可见光仅构成电磁波谱的极小部分。我们感觉不到无线电波和手机电波，尽管它们每时每刻都包围着我们。

地球上每一块金属中的自由电子都在随着这些波的节奏不断抖动。这些自由电子与沿着发射天线上下运动的电子一起抖动。收音机、电视或手机只是用来整理和放大这些微小的电子振动的装置。辐射无处不在。我们对宇宙的第一印象是

---

① 这是经典物理学的一条定律，当电荷在比单个原子大的尺度上振荡时（例如在无线电天线中），这是有效的。量子物理学允许例外的存在，单个原子或分子发射的辐射的频率可能与原子或分子内振荡电荷的频率不同。

② 关系式为 $c = f\lambda$，其中 c 是波速（常数），f 是频率，λ 是波长。

物质和空洞，事实上，宇宙就是一个密集的辐射海洋，只有部分被物质微粒占据而已。

分形天线

传统天线的长度必须为波长的 1/4 左右。这就是为什么在早期的移动设备中，必须在设备使用前将天线拔出来。波士顿大学教授内森·科恩（Nathan Cohen）对当时波士顿禁止在建筑物上使用大型外部天线的规定感到困惑。他将铝箔折叠成一个紧凑的分形形状，从而制作了一个小型天线。随后，他设计了许多实用的分形天线并获得了专利。西班牙发明家卡莱斯·普恩特（Carles Puente）也是如此。他们都成立了分形天线公司。

分形是一种迷人的形状，可以分割成多个部分，每个部分都是（或近似）整体的缩小副本。在任何分形中，相似的形状在放大的各个级别都会出现。自然界中常见的分形包括雪花、云、闪电、海岸线，甚至还包括花椰菜和西蓝花，它们的每一个分支，看起来都像整体的缩小版。我们人体内的肺膜表面也有分形图案，这种结构可以让我们吸收更多的氧气。

分形天线和其他分形一样，具有重复的形状。由于其折叠的自相似设计，分形天线可以被压缩并安装到设备主体中，它也可以同时在不同的频率下工作，因此，手机和 GPS 导航可以使用同一种分形天线。

Q3 为什么光能够透过玻璃？

玻璃、水晶、水……这些物质在生活中都非常常见，它们有一个共同的特点，那就是能够让光线顺利通过。这看似简单的现象，其实涉及物理学中的光学原理和电子的运动规律。

为了深入了解透明材料的奥秘，我们首先要明白光线是如何与物质相互作用的。当光通过物质时，物质中的一些电子被迫振动，将光能从一个地方传递到另一个地方。这与声音传递能量的方式相似（见图 1-6）。

图 1-6 声波传递振动

注：正如声波可以迫使声音接收器振动一样，光波也可以迫使材料中的电子振动。

当光射到接收材料上时，接收材料的响应方式取决于光的频率和材料中电子的固有频率。可见光以非常高的频率振动，每秒超过 100 万亿次（10^{14} 赫兹）。在透明材料中，这些电子的振动频率与光波的频率相匹配，使光线能够顺利通过而不被吸收或散射。

玻璃和水等材料允许光线直线通过。我们说它们对光是透明的。为了理解光如何穿过透明材料，我们可以假设在透明材料的原子中，电子是通过弹簧与原子核相连的（见图 1-7）。[①] 当光波照射到它们身上时，电子就会发生振动。

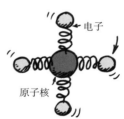

图 1-7 原子的弹簧模型

注：玻璃中原子的电子具有一定的固有频率，就好像它们通过弹簧与原子核相连一样。

透明材料中的电子与原子核之间的连接强度决定了其自然振动频率。以玻璃为例，对可见光而言，玻璃中的电子虽然受到光波的影响而振动，但振动幅度相对较小，能量较低，不足以吸收光的能量。同时，这些电子

---

① 当然，电子与原子核并不是通过弹簧连接的。当电子围绕原子核运动时，它们的振动实际上发生在轨道上，但弹簧模型可以帮助我们理解光与物质的相互作用。因此，物理学家设计了这样的概念模型来理解自然现象，特别是亚微观层面的自然现象。模型的价值不在于它是否真实，而在于它是否有用。一个好的模型不仅可以解释观察结果，还可以预测可能发生的事情。如果模型预测的结果与发生的情况相反，那么我们通常需要改进或者放弃这个模型。我们在这里提出的原子的简化模型，其中电子在弹簧上振动，吸收能量和再发射能量之间有一段时间间隔，对于理解光如何穿过透明材料非常有用。

的振动时间也相对短暂，减少了与邻近原子发生碰撞并转化为热量的可能性。

紫外线的频率远高于可见光，当紫外线照射玻璃时，由于电子的振动频率与紫外线不匹配，它们无法以相同频率的振动来传递紫外线的能量。这导致紫外线在玻璃表面发生反射或吸收，而无法有效地穿过玻璃。此外，即使有些紫外线能够进入玻璃内部，它也会与玻璃中的电子和原子核发生相互作用，导致能量转化为热量或其他形式的能量损失，从而进一步减少紫外线的透射。

光能够以较小的能量损失穿过玻璃，保持其原有的传播方向和频率不变。这正是我们能看到光线透过玻璃、水等透明材料，同时保持清晰图像和色彩的原因。简而言之，透明材料允许光透过，是因为其电子振动频率与入射光相匹配，使光线能够顺畅穿过，同时保持光的原有特性。

透明介质中的光速

光在真空中的速度是一个常数，记为 c，但在透明材料中，它的速度会小于 c。为什么是这样？图 1-8 中给出了解释。在这个模型中，光被视为一股极其微小的能量流，人们将其称为光子，每一个光子都以特定的振动频率跳动。

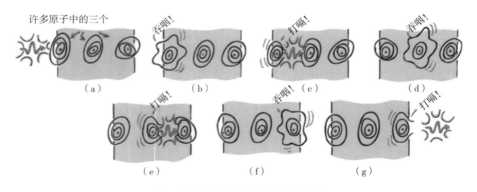

图 1-8　光在透明材料中的传播过程

注：图（a），一个光子，在玻璃边缘附近遇到一个原子；图（b），激发原子产生相同能量的振动——吞咽；图（c），原子发出一个相同的光子——打嗝；图（d）、图（e）和图（f），这一过程不断重复；图（g），穿过玻璃后出现的光子与过程开始时的光子是无法区分的。

在可见光范围外，红外线是低频光子，紫外线是高频光子。玻璃对所有可见频率的光子都是透明的。当光子撞击玻璃板时，会引起玻璃中的原子振动。这些振动的原子又会进一步影响邻近的原子，形成一连串的吸收和再发射过程，就像连续的"吞咽"和"打嗝"。这一系列过程使光能量得以通过玻璃并从另一侧传出。有趣的是，每一个"吞咽"动作都代表着光子的吸收，即光子在这一瞬间消失。在玻璃中，这种吸收会立刻伴随着另一个相同光子的"打嗝"重新出现。这意味着从玻璃中射出的光子，与开始这一系列过程的光子，并非同一个光子。这种现象揭示了光在透明材料中独特的传播方式。

图 1-9 用球类比了光子穿过玻璃的过程。当一个球被拉到一边松开后，落在一个球阵列上时，撞击球的能量通过级联阵列，传递到从另一侧弹出的球上。有趣的是，阵列中的球与球之间的相互作用不是瞬时的，这可以从过程中能测量到的微小时间延迟得到证明。更有趣也更容易观察到的是，在另一侧弹出的球不是最初落下的球。

图 1-9　光穿过玻璃的类比实验

注：迪恩·贝尔德（Dean Baird）的实验说明在球阵列中弹出的球不是最初进入阵列的球。光子穿过玻璃时也是如此。

"吞咽"和"打嗝"的顺序通常以直线方式通过玻璃传递能量。当光子在路径中被散射时，我们就得到了半透明的效果。有趣的是，玻璃表面约有 4% 的"吞咽"会反向"打嗝"，从而产生反射。没有"打嗝"的"吞咽"则会产生不透明效果。

光在自由空间中的传播速度只有一种：恒定的 300 000 千米 / 秒，我们将其标记为 c，无论是在宇宙空间的真空中还是在一块玻璃中的原子之间，都是如此。在玻璃中，光的传播并不是瞬时的，而是通过"吞咽"和"打嗝"的过程进行，这导致光的平均速度在玻璃中低于 c。同样，光在大气中的速度也略低于 c，但通常仍接近 c。相比之下，光在水中的传播速度是其在真空中速度的 75%，即 $0.75c$；在玻璃中约为 $0.67c$，具体取决于玻璃种类；在钻石中，光的速度甚至不到其在真空中速度的一半，仅为 $0.41c$。然而，光一旦从这些介质中穿过进入空气后，又会恢复到原来的速度。红外线波的频率比可见光的频率低，不仅可以使电子产生振动，还可以使原子簇产生振动。这些高振幅的振动可以加热玻璃，这就是为什么红外线波通常被称为热波。玻璃对可见光透明，但对紫外线和红外线不透明（见图 1-10）。

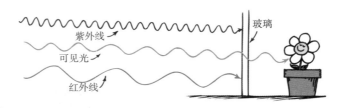

图 1-10　光透过玻璃

注：玻璃可以阻挡红外线和紫外线，但对可见光是透明的。

如果将"吞咽－打嗝"模型应用于光穿过玻璃窗的简单动作，你就会发现，进入窗格的光子与你看到的光子不同。从另一个角度来说，当你凝望遥远的星辰时，那些触及你视网膜的光子并非直接来自星辰，而是由你的眼睛玻璃体内的原子所释放的。遥远的星辰发射出光子，这些光子经过一系列吸收再发射过程，最后激发了你眼睛里的原子。

Q4　金属为什么有光泽？

金属是不透明的。由于金属中原子的核外电子不受任何特定原子的束缚，因此它们在整个材料中几乎不受约束地自由运动（这就是为什么金属能很好地传导电和热）。当光照射到金属上并被短暂吸收时，会使这些自由电子产生振动。与透明材料引发的一连串"吞咽"和"打嗝"不同，金属在"吞咽"了光线后，并没有完全吸收光线，而是像"打嗝"一样又迅速使光线回到它们所经过的介质中，这就是反射，也是金属具有光泽的原因。

我们周围的大多数东西都是不透明的，比如书、桌子和椅子等。当光照射这些物体时，它们的温度会渐渐升高，如果被较强的光线照射一段时间，摸起来甚至还会烫手。

与透明材料不同，不透明材料吸收光线而不重新发射出光子。当光子与这些物体的原子和分子相互作用时，振动被转化为随机的动能，进而转化为内部能量，使这些物体的温度慢慢升高。

尽管太阳发出的光线能够透过地球的大气层使我们感受光明，但其实大气层并非完全透明，有一些光无法穿过大气层。地球的大气层对一些紫外线、所有可见光和一些红外线是透明的，但对高频紫外线是不透明的。这恰好保护了我们，因为透过大气层的少量紫外线就已经能将我们晒伤。如果所有的紫外线都能透过大气层，我们会被严重晒伤。云对紫外线则是半透明的，这就是为什么我们在阴天也会被晒伤。此外，不同颜色的皮肤对紫外线的吸收能力也有所不同。其中，深色皮肤在被紫外线深入穿透之前就会将其吸收，而紫外线在浅色皮肤中则会穿透得更深。随着温和而渐进的暴露，白皙的皮肤会被晒黑，以增强对紫外线的防护。紫外线对眼睛和柏油屋顶也有损害。这就是为什么柏油屋顶会覆盖着碎石了。

阴影

较细的光束通常被称为光线。当我们站在阳光下时，一些光线会被拦截，而其他光线则会直线传播，此时阴影——光线无法到达的区域就会被投射出来。如果只有一个点光源，就会产生具有清晰轮廓的单个阴影。如果是较大的光源，由于其直径较宽，发出的光线多，就会产生许多重叠的阴影，形成较为模糊的轮廓（见图 1-11）。阴影的内部通常有一个较暗的部分，边缘

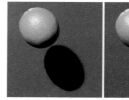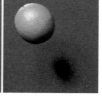

图 1-11 小光源和大光源下
产生的阴影对比

注：小光源下产生的阴影更清晰。

则相对较亮，完全处于阴影的部分，被称为本影，部分处于阴影中的部分被称为半影。半影出现在一些光被阻挡但被其他光线填充的地方（见图1-12），也出现在来自大面积光源仅部分光线被阻挡的地方。

（a）　　　　　　　（b）　　　　　　　（c）

图 1-12　本影和半影的关系

注：图（a），靠近墙壁的物体会投射出强烈的阴影，因为来自不同方向的光线不会在物体后面散开；图（b），当物体离墙越远，半影越大，本影越小；图（c），当物体更远时，阴影就不那么清晰了。当对象非常远（图中未展示）时，由于半影扩展为大的模糊区域，因此没有明显的阴影。

Q5　日食和月食是怎么形成的？

太阳的直径是月球的 400 倍，它与地球的距离也是月球与地球距离的 400 倍。从地球上看，太阳和月亮的视角（我们看太阳或月亮时，它所占天空的大小）是差不多的，约为 0.5°，因此，我们会感觉太阳和月亮在天空中的大小一样。这种巧合使我们能够看到日食。

阳光下的所有物体都会投下阴影，包括月球和地球。满月发生在月球被太阳完全照亮的一面正对着地球的时候，而新月发生在月球阴影的一面对着地球的时候。我们在天空中通常看不到新月，因为没有阳光从它反射到地球。在一些特别的日子里，当新月直接从太阳前面经过时，它恰好遮住了太阳，影子会落到地球表面，此时我们便经历了一次日食（见图1-13）。

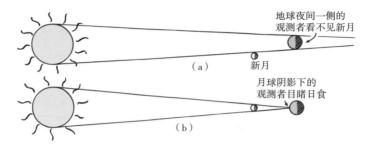

图 1-13 日食

注：图（a），当月球位于太阳和地球之间时，会出现新月（通常地球上的观测者看不到）；图（b），当太阳、月亮和地球完美对齐时，月亮的影子会落在地球上的一些地区，在这些地区就出现了日食。

当月亮的阴影逐渐收窄，就会形成黑暗的本影和较亮的半影（见图 1-14）。如果你站在本影中，你将能够看到月亮几乎完全遮住了太阳，除了壮观的日冕。这就是日全食，也许这是大自然展现给我们的最令人敬畏的美丽景象。日全食的路径，即月亮本影在地球表面上的投影，长数千千米，宽约 160 千米，较为狭窄，这就是为什么很少有人能看到日全食。如果你站在半影中，你会经历日偏食，看到月牙形的太阳。由于半影比本影宽得多，因此会有更多的人观测到日偏食。

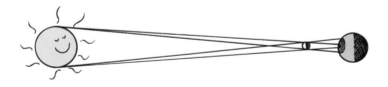

图 1-14 日食的细节

注：观测者在本影区域看到日全食，在半影区域看到日偏食。但大多数地球上的观测者根本看不到日食。

当月球、地球与太阳排成一条线，月球进入地球的阴影时，就会发生月食（见图 1-15）。地球的阴影也有本影和半影。当月球进入半影时，此时几乎没有人能注意到月食，但当月球进入本影时，地球在月球上的影子是非常明显的。如果月球只穿过本影的一部分，你会看到月偏食。如果月球完全移动到本影中，就是月全食。月全食发生时，月球并不完全黑暗，因为地球的大气层就像一个透镜，将阳光折射到月球表面，给月球披上一层淡淡的光晕。

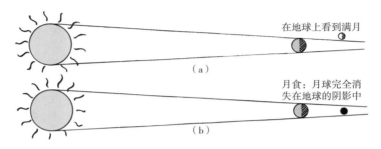

图 1-15　月食

注：图（a），当地球位于太阳和月球之间时，可以看到满月；图（b），当地球和太阳完美对齐时，月球处于地球的阴影中，产生月食。

为什么并不是每次新月和满月时都会发生日食？解释这一点涉及地球和月球运行所在的不同轨道平面。地球以平坦的平面轨道围绕太阳公转。月球同样以平坦的平面轨道围绕地球公转。但两个平面相对彼此略微倾斜，倾斜夹角约为5.2°，如图1-16所示。

如果两个平面相互重合，那么月食将每月发生一次。但由于两个平面是倾斜的，只有当月球与地球-太阳的平面相交且3个天体对齐时，才会发生日食。这种情况每年大约发生4次。每年至少有2次日食，通常有0～3次月食。罕见的时候，一年中总共能有7次日食和月食。

趣味问答 ●

为什么日食期间不要直视太阳？

人们被警告不要在日食期间直视太阳，这是因为太阳的亮度和紫外线直射对眼睛有害。这个建议经常被人误解，以为日食期间的阳光更具破坏性，但其实无论日食是否发生，凝视太阳对眼睛都是有害的。事实上，凝视完整的太阳比它的一部分被月亮遮挡时，对眼睛的危害更大！日食时需要特别注意这一点的原因很简单，因为很多人对日食感兴趣，会在这段时间里直视太阳。

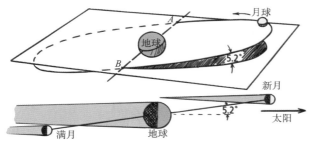

图 1-16　地球和月球的运行轨道

注：月球绕地球运行的平面与地球绕太阳运行的平面相互倾斜，夹角约为 5.2°。只有当太阳、月球和地球在 A 点和 B 点所在的直线上精确对齐时，日食或月食才会发生。在其他时间，这三个天体不会对齐。

日食发生时，大多数观众都会向上看。但在这个特殊的时刻，向下看也是非常迷人的，尤其是当阳光穿过树叶之间的小孔，将太阳的图像投射到地面或墙上时，如图 1-17 所示。在左边的照片中，太阳的"针孔图像"投射在墙上、地面和迪恩·贝尔德身上。在太阳图像不重叠的地方，可以很明显地看出它们是圆形的。较大的光斑是由大量重叠的图像产生的。在右边的照片中，当发生日偏食时，这种重叠就不太明显，圆形斑点变成新月形。值得注意的是，"针孔"的形状不会影响图像的形状。

图 1-17　日偏食前后的太阳图像

Q6 我们的眼睛怎么看到物体？

光是我们已知的最精密的"光学仪器"——眼睛（见图 1-18）唯一能看到的东西。当光进入眼睛时，它先穿过被称为角膜的透明覆盖物，在穿过虹膜中心的圆形开口（眼睛的有色部分）之前，角膜会对光进行约 70% 的必要弯曲，这个开口叫作瞳孔；然后，光线到达晶状体，晶状体对光线聚焦并进行微调，使光线穿过被称为玻璃体的凝胶状液体；最后，光线传到视网膜上。

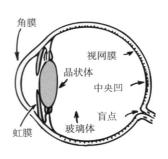

图 1-18　人眼构造

视网膜覆盖了眼睛后部 2/3 的区域，对我们所看到的广阔视野起决定作用。要想获得清晰的视觉，光线必须直接聚焦在视网膜上。当光线聚焦在视网膜前方或后方时，视力就会模糊。在过往很长一段时间里，视网膜对光的敏感度超过了任何人造探测器。视网膜不是均匀的，它的中间是黄斑，中心还有一个小的凹陷即中央凹，这是视觉最清晰的区域。视网膜后面是视神经，它将信号从感光细胞传递到大脑。

中央凹是视网膜中视觉最敏锐的区域。视网膜上还有一个点，叫盲点，在这里，信息通过视神经离开视网膜进入大脑。这里有一个小实验可以证明我们每只眼睛都有一个盲点。请把本书放在约一臂远的地方，闭上左眼，只用右眼看图 1-19。在这个距离下，我们可以看到圆点和 X。如果现在慢慢地把书移向眼前，闭上左眼，只用右眼盯着这个点，在距离眼睛 20 ～ 25 厘米的位置上，X 消失了。

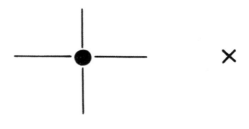

图 1-19　盲点实验

注：闭上左眼，用右眼看着圆点，调整距离，找到 X 消失的盲点。切换眼睛，用左眼看着 X，圆点消失。你的大脑会在圆点所在的地方填充 X 吗？

现在，只睁开左眼重复这个过程，只不过这次要盯着 X，圆点在一定距离后就会消失。当双眼睁开时，我们并不会意识到盲点的存在，主要是因为一只眼睛"填补"了另一只眼睛"失明"的部分。令人惊讶的是，即使只睁开一只眼睛，大脑也能看到预期的景象。我们可以对各种背景上的小对象重复练习。请注意，我们的大脑没有看到任何东西，而是毫无理由地填充了适当的背景，所以你不仅能看到那里有什么，还能看到那里"没有"什么！

视网膜由微小的触角组成，这些触角与入射光共振。视网膜上有两种基本类型的触角，即视杆和视锥（见图 1-20）。顾名思义，有些触角是杆状的，有些是圆锥状的。视杆主要分布在视网膜外围，处理低光下的视觉；而视锥则密集分布在中央凹处，处理颜色视觉和细节。视锥通常有 3 种类型：受低频光刺激的锥体（红色）、受中频光刺激的锥体（绿色）和受高频光刺激的锥体（蓝色）。中央凹中的锥体排列得非常紧密，比视网膜中的任何地方都要密集。我们通过将图像聚焦在中央凹（那里没有视杆）上，来敏锐地分辨颜色。

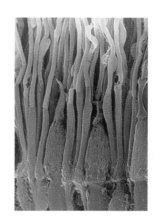

图 1-20　放大后的视杆和视锥

灵长类动物和一种地松鼠是已知的拥有 3 种视锥并具有全彩色视觉的哺乳动物。其他哺乳动物的视网膜主要由视杆组成，它们只对明暗敏感，就像黑白照片或黑白电影一样。

包括狗在内的一些哺乳动物有 2 种视锥，所以狗会有色觉，但它不能分辨光谱红端的颜色。鸟类有 4 种视锥。人们认为，至少大多数鸟类都能看到紫外线和我们熟悉的颜色。

在人眼中，远离中央凹，视锥的数量会减少。有趣的是，如果在视野的外围观察，物体的颜色会消失。让朋友拿着一些颜色鲜艳的物体逐渐进入你的视野，你会发现，你可以先看到物体，然后才能看清物体的颜色。

另一个有趣的观察是，视网膜的外围对运动非常敏感。人类眼角的视力很差，但对移动的物体很敏感。我们天生会寻找在视野一侧抖动的东西，这一点在我们的进化发展中一定很重要。请朋友把那些颜色鲜艳的物体放在你的视野边缘，并摇晃一下：如果在物体抖动时你勉强能看到它们，而在它们静止时根本看不到，那么你就无法分辨它们是什么颜色的（见图 1-21）。试试看吧！

图 1-21　观察小实验

视杆和视锥的另一个显著特征是它们对光的反应强度。视锥比视杆需要更多的能量，才能通过神经系统激发出一种神经冲动。如果光的强度很低，我们看到的东西就没有颜色。我们能用视杆看光强度很低的东西，适应黑暗时的视觉几乎完全取决于视杆，而明亮光线下的视觉则取决于视锥。例如，星星在我们看来是白色的，然而大多数星星实际上都具有明亮的颜色。用相机对恒星拍摄长时间曝光的照片显示，"较冷"的恒星是红色和红橙色，"较热"的恒星则是蓝色和蓝紫色。由于星光太弱，无法激发视网膜中的颜色感知锥体，因此我们用视杆看到星星，感觉它们是白色的，或者充其量只是微弱的颜色。此外，女性的视锥激发阈值略低，并且可以看到比男性多一点的颜色，所以如果一位女士说自己看到了彩色的星星，而另一位男士说不可能，实际上这位女士可能是对的！

我们发现，在颜色光谱的蓝色端，视杆比视锥看得更清楚，而在红色端则相反。就视杆而言，深红色的物体可能是黑色的，因此，对于两种颜色的物体，例如蓝色和红色的物体，蓝色的物体在昏暗的光线下会比红色的物体亮得多，尽管红色的物体在明亮的光线下可能比蓝色的物体亮很多。这一发现相当有趣。试试这个小实验吧！在黑暗的房间里，找一本杂志或有颜色的东西，在确定什么颜色之前，先判断较浅和较深的区域，然后把杂志放到阳光下。你应该会看到最亮和最暗的颜色之间有显著变化。[①]

视网膜中的视杆和视锥并不直接与视神经相连，但令人惊讶的是，它们与许多其他细胞相连，其中一些细胞连接起来将信息传递给视神经，因此，一定量的信息会在视网膜中被处理。通过这种方式，光信号在进入视神经之后且在进入大脑主体之前会被"思考"，因为一些大脑功能发生在眼睛里。我们通过对虹膜的研究，发现眼睛进行了一些"思考"。虹膜是眼睛的有色部分，它会扩张和收缩，并调节瞳孔大小，以适应光线强度的变化。有趣的是，虹膜的扩张或收缩与我们的情绪有关。如果我们看到、闻到、尝到或听到一些让我们愉悦的东西，瞳孔就会自动扩大；如若是一些我们讨厌的事情，瞳孔会自动收缩（见图 1-22 ）。许多打牌的人会因为瞳孔的大小而出卖了一手牌的价值!

她爱你。

她不爱你?

图 1-22　心情会影响瞳孔的大小

人眼可以感知到的且不会给自己带来损伤的最亮的光，比可以感知到的最暗的光大约要亮 5 亿倍。看看身边的电灯，再看看灯光昏暗的壁橱，前者的光强度是后者光强度的一百万多倍。由于一种叫作横向抑制的效应，我们无法感知亮度的实际差异。我们视野中最亮的地方不会比其他地方亮太多，这是因为每当视网膜上的受体细胞向大脑发送强烈的亮度信号时，它也会向邻近细胞发出信号，弱化它们的反应。通过这种方式，我们的视野整体上是平滑的，从而使我们在非常明亮的地方和黑暗的地方都能分辨出细节。横向抑制夸大了我们视野中某些地方边界的亮度差异。边界线意味着将一个事物与另一个事物区分开，所以我们会强调这种差异。

在图 1-23 中，当分隔两个灰色矩形的边界线在我们的视野中时，左侧的灰

---

① 这一现象被称为浦肯野（Purkinje）效应，得名于发现它的捷克生理学家。

色矩形看起来比右侧的灰色矩形暗。但如果用铅笔或手指遮住这条边界线，它们的亮度看起来是一样的。这两个矩形的明亮程度确实是相同的，而每个矩形的阴影都是从左到右逐渐变暗的（见图 1-24）。我们的眼睛专注于左侧矩形的暗边与右侧矩形的亮边的交界处，同时我们的眼睛－大脑系统假设矩形的其余部分也跟相交的侧边相同，只关注边界线而忽略其余部分，因此左边比右边显得更暗。

图 1-23　两个相同亮度的矩形

注：两个矩形的明亮程度相同。用铅笔盖住它们之间的边界线，然后再看看。

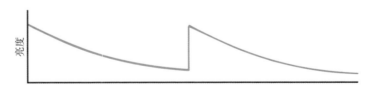

图 1-24　图 1-23 中矩形的亮度级别

要点回顾
CONCEPTUAL PHYSICS >>>

- 电磁波是由振动电荷发出的携带能量的波，由相互再生的振荡电场和磁场组成。可见光是特定频率范围内的电磁辐射，以每秒 4.3×10^{14} 至 7.8×10^{14} 次的频率振动。

- 在透明材料中，电子的振动频率与光波的频率相匹配，使光线能够顺利穿过而不被吸收或散射。与透明材料不同，不透明材料吸收光线，无法使光线顺利穿过。当光线与物体的原子和分子相互作用时，振动被转化为随机的动能，进而转化为内部能量，使得物体逐渐升温。

- 阴影是光线被对象阻挡的较暗区域。本影是阴影中所有光线都被遮挡的较暗部分。半影是部分光线被遮挡的阴影区域。

- 日食是月球挡住太阳的光线，导致月球的影子落在地球上。月食是月球进入地球阴影。

- 光是我们已知的最精密的"光学仪器"——眼睛唯一能看到的东西。当光进入眼睛时，它会穿过被称为角膜的透明覆盖物，在光穿过虹膜中心的圆形开口之前，角膜会对光进行约 70% 的必要弯曲。然后，光线到达晶状体，晶状体对光线聚焦并进行微调，使光线穿过玻璃体，最后抵达视网膜。

CONCEPTUAL
PHYSICS

02
我们如何看到五彩斑斓的颜色

妙趣横生的物理学课堂

- 为什么物体有不同的颜色？

- 白色如何成为"颜色组合体"？

- 如何用彩色颜料调配出不同的颜色？

- 蓝天真的是蓝色的吗？

- 阳光下的水究竟是什么颜色？

当美国天文学家维拉·鲁宾（Vera Rubin）开始研究螺旋星系时，她并不知道自己的工作会改变我们对一个基本科学问题的理解：宇宙是由什么组成的？

在一项研究中，鲁宾和她的合作者肯特·福特（Kent Ford）提出，在星系边缘运动的恒星与中心附近的恒星相比，它们的速度会是怎样的？令人惊讶的是，他们的观测结果表明，二者几乎以相同的速度围绕着星系中心运动。这与当时公认的观点相矛盾，即星系中的大部分质量都在其中心附近，而且大多数恒星也都在中心附近。

根据万有引力定律，星系边缘的恒星应该比中心附近的恒星运动得更慢（这是我们在太阳系中看到的，外行星的运动速度比内行星慢）。鲁宾和福特研究了无数螺旋星系，每次都会看到同样的情况——边缘的恒星和中心附近的恒星几乎以相同的速度运动。这该如何解释呢？

鲁宾的解释是，一定有一种看不见的"暗物质"集中在螺旋星系的边缘附近，在星系周围形成暗物质"光环"。根据观察结果，她计算出了星系中有多少暗物质，由此，她得出了一个令人惊讶的结论：星系中的暗物质大约是普通物质的 10 倍。正如鲁宾所说，"在螺旋星系中，所见并非所得"。

暗物质到底是什么？鲁宾本可以称之为"黑物质"，因为没有光，它成为一个谜，至少目前如此。它的黑色掩盖了什么？这是天文学中令人兴奋的未解之谜之一。

到目前为止，科学家已经排除了一些明显的候选答案，他们知道暗物质不是以恒星、行星、黑洞或巨大云团存在的普通物质。有一种观点认为，暗物质是由一个或多个迄今未知的基本粒子组成的。

为了解答这一难题，科学家正在努力了解暗物质。值得一提的是，位于智利的大型综合巡天望远镜，通过追踪天空的变化规律，为天体物理学家提供了大量有关暗物质性质及其在宇宙中所起作用的数据。

由于暗物质是我们无法直接观察到的一种物质，它没有特定的颜色。虽然我们目前还无法得知暗物质的真正"样貌"，但我们可以先继续沿着光的路线，探寻我们眼中能够看到的五彩斑斓的颜色。

Q1 为什么物体有不同的颜色？

　　红色的玫瑰，蓝色的紫罗兰……色彩吸引着艺术家，也吸引着物理学家。对物理学家来说，物体的颜色不在物体本身所含的物质中，甚至不在它们发出或反射的光中，而在观测者的眼里。颜色是一种生理体验，所以，当我们说玫瑰发出的光是红色时，在更严格的意义上，我们的意思是它看起来是红色的。但也有许多生物，包括色觉有缺陷的人，根本不认为玫瑰是红色的。

我们看到的颜色取决于我们看到的光的频率。不同频率的光被我们感知为不同的颜色，比如我们可以检测到的最低频率的可见光在大多数人看来是红色的，而最高频率的可见光是紫色的，它们之间分布着构成彩虹光谱的数量无限多的色调。按照惯例，这些色调分为红、橙、黄、绿、蓝、靛和紫 7 种颜色。当我们把这些颜色的灯光合在一起时，就显示为白色。来自太阳的白光正是所有可见光的合成光。

选择性反射

除了灯、激光器、手机、计算机屏幕以及气体放电管等光源，我们周围的大多数物体只反射光，而本身不发光。入射到它们身上的光中，只有一部分光被它们反射，即和自身颜色一样的光。例如，玫瑰不发光，它反射光。如果我们将阳光穿过棱镜，然后在光谱的各个部分放置一朵深红色的玫瑰，花瓣在光谱的其他部分都呈现棕色或黑色，而在光谱的红色部分，花瓣会呈现出红色，但绿色的茎和叶呈现黑色（见图 2-1）。这表明红色花瓣能够反射红光，但不能反射其他颜色的光。同样，绿叶能反射绿光，而不能反射其他颜色的光。当玫瑰在白光中时，花瓣呈现红色，叶子呈现绿色，因为花瓣反射白光中的红色部分，而叶子反射绿光部分。为了理解为什么物体会反射特定颜色的光，我们必须把注意力转向原子。

图 2-1　玫瑰棱镜实验

注：物体的颜色取决于照亮它们的光线的颜色。

光被物体反射的方式与声音被音叉反射相类似。当附近的音叉收到声音而振动时，一个音叉即使在频率不匹配的情况下，也能使另一音叉振动，但后一音叉振幅明显降低。原子和分子也是如此。在原子核周围跑来跑去的核外电子可以被电磁波的振荡电场强迫振动。[①]一旦振动，这些电子就会发出自己的电磁波，就像振动的声学音叉发出声波一样（见图 2-2）。

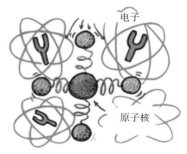

图 2-2　原子核周围核外电子的振动

注：原子核周围的核外电子会像弹簧上的重物一样振动和共振。因此，原子和分子的行为有点像音叉。

---

① "振荡"和"振动"都是指有规律的周期性运动。

　　不同的材料在吸收和发射电磁辐射时，有不同的固有频率。在一种材料中，电子很容易以一定的频率振荡；在另一种材料中，它们很容易在其他频率下振荡。在振荡幅度较大的谐振频率处，光被吸收，但在低于和高于谐振频率的频率部分，光被重新发射。如果材料是透明的，那么重新发射的光会穿过它。如果材料是不透明的，那么再发射的光会回到原来的介质，这就是反射。

　　通常，一种材料会吸收某些频率的光，并反射其他频率的光。这就是为什么红玫瑰的花瓣是红色的，而茎是绿色的。组成花瓣的原子吸收除红色外的所有可见光，反射红色；组成茎的原子吸收除绿色外的所有光，反射绿色。对于能够反射所有可见光的物体，如一张纸的白色部分，它与照射在其上的光的颜色相同。同理，同一物体在不同光照射下也会呈现出不同的颜色（见图 2-3）。

（a）　　　　　（b）　　　　　（c）

图 2-3　不同光照射下的红球

注：图（a），白光下的红球。红色是因为球只反射照明光的红色部分，其余的光被表面吸收；图（b），红灯下看到的红球；图（c），绿灯下看到的红球。球看起来是黑的，因为它的表面吸收了绿光，但没有红光源可以反射。

　　如果一种材料吸收了照射在其上的所有光，它就不会反射任何光，看上去就是黑色的——没有光，也不是光谱的一部分。图 2-4 所示为一只黑白相间的兔子。

　　有趣的是，大多数黄色花朵的花瓣，如水仙花，既反射黄色光，也反射红色光和绿色光。黄色的水仙花反射的光频率范围很广泛，同时大多数物体反射的光都不是纯粹的、单一频率的，而是由一系列频率组成的。

图 2-4　一只黑白相间的兔子

注：兔子的大部分皮毛反射所有频率的光，在阳光下呈现白色。它的深色皮毛吸收了入射阳光中的所有辐射能量，因此呈现黑色。

由于物体只能反射照明光中存在的频率，因此，有色物体的外观取决于照亮它的光的种类。例如，白炽灯发出的较低频率的光多于较高频率的光，因此，被白炽灯灯光照射的红色会增强。在只有少量红色的织物中，白炽灯下的红色会比荧光灯下的更明显。荧光灯会发出更多较高频率的光，因此蓝色会在它的照射下增强。通常，我们将物体的真实颜色定义为其在阳光下的颜色。这也就是为什么当我们在购买衣服或配饰时，在人造光中看到的颜色可能与真实颜色大相径庭（见图2-5）。

图2-5　颜色取决于光源

选择性透射

生活中，我们经常能看到透明物体有不同的颜色，比如彩色的玻璃、水晶、摄影使用的彩色滤镜等。透明对象的颜色取决于其透射的光的颜色。一块彩色玻璃通常含有染料或颜料微粒，这些细微的颗粒会选择性地吸收一些频率的光，并选择性地透射另一些频率的光。一块红色的玻璃之所以看起来是红色的，是因为它透射红色，并吸收了构成白光的其他所有颜色。同样，一块蓝色的玻璃之所以呈现出蓝色，是因为它吸收了照亮它的其他颜色的光，并主要透射蓝光（见图2-6）。从原子的角度来看，玻璃内颜料原子中的电子，有选择性地吸收某些频率的照明光。另一些频率的光会在玻璃分子间重新发射。被吸收的光的能量增加了分子的动能，使玻璃变热。我们常用的普通窗户玻璃之所以是无色的，是因为它能透射所有可见光。

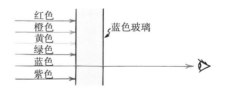

图2-6　蓝色玻璃透射蓝光

注：只有具有蓝色光频率的能量被传输；其他频率的光能要么被吸收，要么使玻璃升温，要么被反射。

Q2 白色如何成为"颜色组合体"？

　　大约在 4 个世纪前，牛顿将太阳光通过一个玻璃棱镜，在对面墙上投射出了彩虹色的光谱，这一现象深深吸引了他。他发现，白光是彩虹中所有颜色的光的合成物。接着，他用第二个棱镜，将不同颜色的光重新组合成了白光。有科学家进一步发现，光的能量随频率变化而变化，其中光谱中的黄绿色部分变化最为强烈。有趣的是，我们的眼睛已经进化到对这一范围内的光线最为敏感。

　　辐射强度与频率的图形分布被称为太阳辐射曲线（见图 2-7）。由反射太阳光而产生的白光大多遵循这种频率分布。

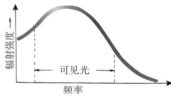

图 2-7　太阳辐射曲线

注：太阳辐射曲线是辐射强度与频率的关系图。阳光在黄绿色区域最亮，接近可见光范围的中部。

　　白色光是所有颜色光的组合体。有趣的是，白色光也可以仅通过红色光、绿色光和蓝色光的组合来实现。将太阳辐射曲线划分为 3 个区域，有助于我们来理解这一点，如图 2-8 所示。我们眼睛中有 3 种锥形受体可以感知颜色。光谱分布中约占比 1/3 的较低频段的光，会刺激对低频敏感的锥体细胞，并呈现红色；中间 1/3 的光会刺激对中频敏感的锥体细胞，呈现绿色；高频段的光则刺激对较高频率敏感的锥体细胞，并呈现蓝色。当 3 种类型的锥体细胞受到同等刺激时，我们便看到了白色。

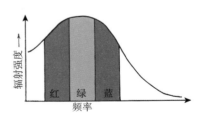

图 2-8　太阳辐射曲线的 3 个区域

注：太阳辐射曲线可以分为 3 个区域，即红色、绿色和蓝色，这 3 种颜色也是加法三原色。

原色

　　如果在屏幕上投射相同亮度的红色、蓝色

和绿色灯光，三者重叠的地方就会产生白色。当3种颜色中的两种颜色重叠时，会产生另一种新颜色（见图2-9）。用物理学家的话来说，重叠的彩色光会相互叠加。所以我们说，红色、绿色和蓝色的光叠加起来会产生白光，而其中任意两种颜色的光加上去会产生另一种颜色的光。我们的3种锥体细胞分别对红色、绿色和蓝色敏感，通过将这些颜色按照不同数量进行组合，会产生光谱中的所有颜色，因此，红色、绿色和蓝色被称为加法三原色。这种颜色系统的缩写为RGB，电脑显示器、手机屏幕和电视机都使用了这一颜色系统。如果你仔细观察电视屏幕上的图像，便会发现它由一个个直径不到1毫米的小斑点组成，并通过红色、绿色和蓝色的斑点创建了图像，青色、黄色和品红色则出现在成对斑点重叠的地方。当屏幕亮起时，混合的RGB颜色就形成了完整的颜色范围，包括白色。

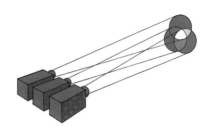

图2-9　加法三原色

注：通过混合彩色灯光来增加颜色。当三台投影仪分别在白色屏幕上投射红光、蓝光和绿光时，重叠的部分会产生不同的颜色。3种相同强度的颜色重叠时会产生白色。

互补色

以下是亮度相等的三原色通过两两相加组合时发生的情况：

红色 + 蓝色 = 品红色

红色 + 绿色 = 黄色

蓝色 + 绿色 = 青色

我们说品红色是绿色的反面，黄色是蓝色的反面，青色是红色的反面。现在，是因为当我们将三原色中的每一种添加到其反面颜色时，我们会得到白色：

品红色 + 绿色 = 白色（＝红色 + 蓝色 + 绿色）

黄色 + 蓝色 = 白色（＝红色 + 绿色 + 蓝色）

青色＋红色＝白色（＝蓝色＋绿色＋红色）

如果两种颜色的光加在一起会产生白光，那么，它们被称为互补色。每种色调都有一些互补的颜色，当添加到其中时，便会产生白色。

在图 2-10 中，我们可以看到在红色、绿色和蓝色聚光灯照射下，高尔夫球的阴影会出现互补色变化。白色斑块是红色、绿色、蓝色灯光重叠的地方。在白色斑块内左侧，球投射的阴影并不暗，因为它被红光和绿光照亮，这两种光会变成黄色（强度相等的红光和绿光会像黄光一样刺激我们眼睛的锥体细胞）。在白色中间区域，球投下的阴影挡住了绿光，它也不暗，因为它被红光和蓝光照亮，这两种光加起来形成品红色的光（红光＋蓝光）。右侧球的阴影显示为青色（绿色＋蓝色），因为它由绿光和蓝灯光照亮。黄色、品红色和青色分别是蓝色、绿色和红色的互补色。我们也称之为减色原色，因为它们是从白光中减去特定频率的光后产生的。

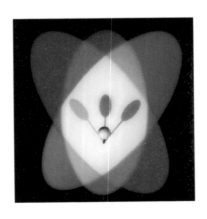

图 2-10　互补色

注：来自红色、绿色和蓝色聚光灯的光重叠产生白色。注意，高尔夫球投射的阴影处出现了不同的互补色。外面的颜色是黑色，没有光线入射。

Q3　如何用彩色颜料调配出不同的颜色？

艺术家都知道，如果将红、绿和蓝色颜料混合，得到的不是白色，而是浑浊的深棕色。同样地，将红色和绿色颜料混合后，也不会形成黄色，这是因为混合颜料或染料与混合光是完全不同的。

颜料由吸收特定颜色光的微小颗粒组成。例如，产生红色光的颜料会吸收其互补色青色光，所以涂成红色的东西吸收的大部分是青色光，而反射红色光。实际上，青色光已经从白光中"减去"了。同理，涂成蓝色的东西会吸收黄色光，因此会反射除黄色以外所有颜色的光。从白光中去掉黄光，你就得到了蓝光。青色、黄色和品红色是减色原色。任何书中彩色照片的各种颜色都是青色、黄色和品红色组合的结果。当光线照亮书本，某些频率的光线会从反射光中被减去。因此，颜色相加的规则不同于光相加的规则。

彩色印刷就是彩色颜料混合的一个有趣应用。我们将要打印的插图通过 3 种不同颜色的滤镜拍摄出 3 张照片（分色）：一张是品红色滤镜，一张是黄色滤镜，另一张则是青色滤镜。每一张照片都有不同的曝光区域图案，与使用的滤镜和原始插图中颜色的分布相对应。随后，光线通过这些底片照射到经过特殊处理的金属板上，并且只在暴露于光线下的区域保留打印机的墨水。油墨沉积在印版的不同部分，由微小的点调节。喷墨打印机通过组合青

图 2-11　印刷品上的绿色
注：打印页面上的绿色由青色和黄色圆点组成。

色、黄色、品红色和黑色墨水，实现 CYMK 打印。其中，C 表示青色，Y 表示黄色，M 表示品红色，K 表示黑色。有趣的是，青色、黄色和品红色这 3 种颜色可以产生黑色，但这需要更多的墨水，而且会有色偏，因此用黑色墨水效果更好。如果你用放大镜检查书中任何图形的颜色（见图 2-11），或者近距离看广告牌，就能看到这些颜色的重叠点是如何显示各种颜色的。

我们可以从图 2-9、图 2-10 和图 2-12 中推导出所有颜色的加减规则。

当观察肥皂泡或肥皂膜上的颜色时，我们主要看到青色、黄色和品红色。这是为什么？因为一些原色已经从原来的白光中"减去"了！

（a）	（b）	（c）
（d）	（e）	（f）

图 2-12　只有 4 种颜色的墨水用于打印彩色插图和照片

注：图（a），品红色；图（b），黄色；图（c），青色和黑色；图（d），品红色、黄色和青色组合；图（e），黑色；图（f），最终结果。

黑色

　　一些物理学家喜欢强调你看到的黑色不是一种颜色，而是没有光反射进入你的眼睛。但当你想买一罐黑色油漆，并试着这样告诉卖家时，恐怕会很尴尬！毕竟，光和颜料的混合规则是不同的。如果卖家没有白色油漆，我们也不会要求他们把红色和青色的油漆混合起来得到白色油漆！在画家的世界里，黑色和白色都是真正存在的颜色。

　　世界上有一些生物是黑色的，比如乌鸦和乌鸫等鸟类看起来就很黑，这是因为它们的羽毛几乎将入射光全部吸收，所以看上去很黑。西巴布亚岛上的雄性天堂鸟（见图 2-13）是所有已知鸟类中最黑的，它们黑色的羽毛能吸收接近 100% 的光

图 2-13　雄性天堂鸟

注：在印度尼西亚的西巴布亚岛，雄性天堂鸟的黑色羽毛与彩色羽毛形成了鲜明对比。

线，每一根羽毛都细小扁平，呈分形状排列。在强大的扫描电子显微镜下，可以观察到它们的羽毛有着锯齿状的复杂表面，宛如微观的光"陷阱"。光线在这些微结构中被反复反射并吸收。

在光学设备中，超黑表面非常重要，因为它们能有效消除杂散光对图像的干扰。目前一些超黑表面是由碳纳米管制成的，这些碳纳米管本身是黑色的，且像一些鸟类羽毛表面的锯齿状结构一样，纳米管就像森林中锯齿状的树木一样生长，使入射光在管之间不断反射，从而大大增强了吸收的效果。超黑表面的应用非常广泛，一些精密的光学仪器，以及笔记本电脑、智能穿戴设备等都使用了这一技术。

Q4　蓝天真的是蓝色的吗？

提到天空的颜色，我们的第一反应往往是蓝色。这也是因为光线被吸收、反射的结果吗？实际上，并非所有的颜色都是光加或减的结果。有些颜色，如天空的蓝色，是散射的结果。

为了理解散射，我们可以先想象一束特定频率的声音射向音叉时的情景。此时，音叉开始振动，并将声波向多个方向反射。音叉散射了声音。如果入射声波的频率接近音叉的固有振动频率，则散射很强。如果声波的频率与音叉的固有振动频率相差很远，则散射很弱。

大气中原子和分子对光的散射也是类似的过程。[①] 这些粒子在紫外线区域对光的散射最强，因此我们可以说它们的固有频率高于可见光的频率。这意味着蓝光的频率将比红光更接近原子和分子的自然频率，所以发生比红光更强的散射。

---

① 当散射粒子远小于入射光的波长，并且共振频率高于散射光的共振频率时，这种散射就会发生，也被称为瑞利散射。实际上的散射要比我们这里的简化处理复杂得多。

我们可以把空气中的分子想象成一个微小的铃铛，它们在高频下"鸣响"，但也可以在较低的频率下微弱地振动。大气的主要成分氮气和氧气分子就像一个小铃铛，当阳光照射时，它们会高频"鸣响"。就像钟声或音叉发出的声音一样，重新发射的光会向各个方向散射（见图 2-14）。

图 2-14　光的散射

注：光束落在原子上，增加了原子中电子的振动。振动的电子向各个方向发射光。光线被散射。

为什么天空是蓝色的

在不同频率的可见太阳光中，紫光在大气中散射最多，其次是靛光、蓝光、绿光、黄光、橙光和红光。红光的散射量仅为紫光的1/10。尽管紫光和靛光比蓝光散射得更厉害，但我们的眼睛对它们不是很敏感，因此，蓝色散射光在我们的视野中占主导地位，我们看到的就是蓝色的天空。

在不同条件下以及在不同地方，天空的蓝色有所不同，主要是因为大气中的水蒸气含量不同。在晴朗干燥的日子里，天空比湿度高的晴朗日子要蓝得多。在意大利和希腊等气候干燥的地区，数百年来，美丽的蓝天激发着画家们的灵感。此外，在一些地方，大气中含有大量灰尘颗粒和其他比氧气和氮气分子大的颗粒，较低频率的光也会强烈散射，使天空变得不那么蓝，呈现出白色（见图 2-15）。暴雨过后，当颗粒物被带走后，天空变得更加蔚蓝。

图 2-15　白色的天空

注：在洁净的空气中，高频光的散射使天空呈现出蓝色。当空气中充满了更大的粒子时，低频率的光也会被散射，在蓝色之上形成一片白色的天空。

为什么日落时天空是红色的

当日出或日落时，天空有时能呈现出绚烂的红色。因为红光、橙光和黄光被大气散射最少，所以这些较低频率的光可以更好地通过空气传播。没有被散射的光就是透射的光。红色散射最少，透射最多，比其他颜色更容易穿过更厚的大气层，因此，当阳光穿过的大气层越厚时，光线中高频的部分就越容易被散射出来。这也意味着，最能穿透大气层的光线是红色的。如图 2-16 所示，由于阳光在日落和日出时需要穿过的大气层更厚，所以日落和日出时天空常常是红色的。

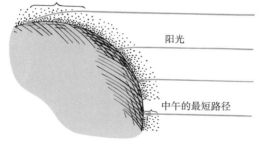

图 2-16　阳光穿过大气层的路径

注：日落时的阳光要比正午时的阳光穿过更多的大气。因此，日落时从光束中散射的蓝色比中午时多。当一束最初为白色的光穿过大气层到达地面时，只有较低频率的光能够保留下来，所以日落时的天空常常是红色的。

观察中午至太阳落山这段时间的太阳，我们可以发现，正午时分，阳光会穿过最薄的大气层到达地球表面，因此只有少量的高频光从阳光中散射出来，使太阳看起来发黄。随着时间推移，太阳在天空中逐渐下降，穿过大气层的路径由此变长，因此阳光会散射出更多的紫光和蓝光。随着紫光和蓝光的减弱，透射光变得更红，太阳则从黄色变为橙色，最后在日落时变成红橙色，此时天空也可能变得更红（见图 2-17）。同样地，火山爆发后，因为空气中增加了许多

图 2-17　日出时天空的颜色

颗粒物，使得光线传播的路径变长，日落和日出的颜色比平常更加浓郁。

日落的颜色与调色规则一致。当白光中减去蓝光时，剩下的互补色是黄光。当减去较高频率的紫光时，得到的互补色是橙光。当减去中频的绿光时，将保留品红色的光。由此产生的颜色组合随大气条件的变化而变化，大气条件每天都不同，所以每天的日出和日落都是独一无二的。

如果你看过有关宇宙的纪录片，就会发现，在地球上看到的蓝色大气层，从宇航员的角度却是看不到的。在生活中我们也会发现，在背景较暗时可以看到散射的蓝光，而在背景较亮时却看不到。这是为什么？因为散射的蓝光是微弱的。暗淡的颜色在暗的背景下会显现出来，但在明亮的背景下不会显现出来。例如，当我们在黑暗的天空背景中从地球表面看大气层时，大气层是蓝色的。但是，太空中的宇航员俯瞰的是明亮的地球表面，因此除了边缘之外，看不到同样的蓝色。

为什么月食是红色的

月食为什么能呈现出红色？下面我们就一起来解开这个谜题。

像所有在阳光下投射出阴影的物体一样，地球也不例外，在任何时候，地球都一半在阳光下，一半在暗处，但地球的阴影并不完全黑暗。这是因为那些擦过地球表面、经历了大气散射后"幸存"下来、为日落和日出增添红橙色泽的阳光，会被折射到地球阴影的黑暗区域以及月球表面上。月食期间的红色月亮，实际上是我们看到的那一时刻地球上所有日出和日落时阳光的折射光照在了月球表面所造成的（见图 2-18）。

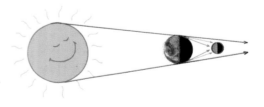

图 2-18　月食

有趣的是，在地球上的明暗边界线上会出现一整圈红橙色的天空，这就是地球日出和日落时天空透射的光线。当这条线上的大部分地区天空晴朗时，那么橙光伴随着红光便会折射出"铜红色的光"。如果这些地区的天空被云层覆盖，那么红色就不那么鲜艳了。这就是下一章会讨论的折射现象。

为什么云是白色的

蓝色的天空、红色的日落……可是云为什么是白色的呢？

水滴的体积远大于单个气体分子，它们的行为也不同。与微小颗粒的散射不同，水滴均匀地散射所有频率的光。因此，当被白色太阳照射时，云是白色的；被升起或落下的太阳照射时，云是黄橙色的。实际上，云对各种颜色的光都有散射和漫反射作用，而且程度几乎相等（见图2-19）。

图2-19　白云

注：微小的空气分子散射了阳光的蓝色部分，于是有了蓝色的天空。较大的水滴均匀地反射所有颜色的阳光，于是有了白色。较厚的水滴层吸收光线，于是我们就看到了云层中较暗的部分。

每个水滴都会吸收一小部分照射在其上的光线，因此如果有足够的水滴，光线就会被大量吸收。然后，云就会变暗。如果一片云在另一片云的阴影下，它也会变暗。水滴的大小进一步增加时，它们会变成雨点落下来，于是就有了降雨。

下一次，当你欣赏晴朗的蓝天，或是欣赏多姿的云彩，或是观看美丽的日落时，记得想一想它们背后藏着的美丽物理学，你一定会更加赞叹这些日常的自然奇观！

Q5 阳光下的水究竟是什么颜色?

当我们看湖面或海洋时,我们经常看到美丽的深蓝色,但这不是它们在阳光下的真实颜色,而是天空反射的颜色。水在阳光下的颜色,你可以通过观察水下的一块白色物体看到,其实是淡淡的蓝绿色。

为什么水是蓝绿色的

尽管水几乎对所有可见光都是透明的,但它可以强烈地吸收红外光。这是因为水分子与红外频率共振,红外光的能量可以转化为水的内能,这就是为什么阳光会使水变热。

水分子在可见光的红光中也有一定程度的共振,这使红光比蓝光在水中的吸收更强烈。在 15 米深的水中,红光亮度会降低到最初亮度的 1/4。当阳光穿透至水面 30 米以下时,已经几乎没有红光了。从白光中减去红光时,还剩下什么颜色的光? 或者,换个说法就是:红色的互补色是什么? 红色的互补色是青色(蓝色＋绿色),所以,在这些深度及以下,海水都是青色的。

水的蓝绿色是通过选择性吸收光而产生的,但也有例外,加拿大落基山脉的湖泊有着令人着迷的鲜艳蓝色,则是因为光的散射而形成的。[1] 这些湖泊是由冰川融化产生的径流形成的,冰川中含有被称为岩石粉的细粉,这些细粉悬浮在水中。光从这些微小的颗粒中散射出来,使水呈现出奇异的鲜艳颜色。

许多螃蟹和其他在深海中看起来是黑色的海洋生物,在被捞出水面后,其实是红色的。这是因为在深海中,黑色和红色看起来是一样的。

---

[1] 此外,人类的蓝色眼睛不是因为"蓝色色素",而是因为虹膜中小的宽间距颗粒对光的散射而形成的,但是虹膜中黑色素含量较高是棕色眼睛的成因。

为什么深水是黑色的

我们观察一杯水时，它清澈透明，光吸收的任何影响都不明显。然而，更深处的水是另一回事。在清澈的海水中，深度每增加 75 米，透明度就会降低为原来的 10%。在水深 150 米的地方，水的亮度只有水面附近的 1%。在水深超过 200 米的地方，阳光便几乎无法穿透，海洋会陷入一片黑暗。在那里，无论白天还是夜间，海洋环境都是黑色的。令人惊奇的是，尽管这些地方缺乏光照，但依然存在着生命。

有趣的是，我们看到的颜色并非来自我们周围的世界，而是在我们的脑海中。世界充满了各种振动——电磁波，当振动与我们眼睛视网膜中的锥形"接收天线"相互作用时，就会激发出我们的色彩感觉。眼睛和大脑的相互作用让我们能够看到美丽的颜色，这是多么美妙啊。

要点回顾

CONCEPTUAL PHYSICS >>>

- 我们看到的颜色取决于光的频率。不同频率的光被感知为不同的颜色，比如最低频率的可见光在大多数人看来是红色，而最高频率的可见光是紫色。它们之间分布着构成彩虹光谱的无限数量的色调。按照惯例，这些色调分为红、橙、黄、绿、蓝、靛和紫 7 种颜色。当这些颜色的灯光合在一起，就显示为白色。

- 我们周围的大多数物体都是反射光而不是自身发光，它们会吸收某些频率的光，并反射其他频率的光。如红玫瑰放在白光中时，花瓣呈现红色，叶子呈现绿色，因为花瓣反射白光中的红色部分，而叶子反射绿光部分。

- 加法三原色指红色、蓝色和绿色 3 种颜色，它们加起来会产生白光，而其中任意两种颜色的光加在一起会产生另一种颜色的光。如果两种颜色的光加在一起并产生白光，那就称它们为互补色。

- 减色原色是颜料的 3 种颜色——品红色、黄色和青色，当它们按一定比例混合时，可以反射电磁光谱可见光部分的任何其他颜色。

- 天空的蓝色是散射的结果，水在阳光下真正的颜色是淡蓝绿色。

CONCEPTUAL
PHYSICS

03

光如何反射和折射

妙趣横生的物理学课堂

- 炎热的夏天，为什么屋顶漆成白色更凉快？

- 为什么湿沙看起来比干沙更暗？

- 日落时，为什么太阳沉入地平线以下还能被看到？

- 海市蜃楼是如何形成的？

- 为什么每个人看到的彩虹都不同？

- 钻石为什么会"闪闪发光"？

- 夜空中的星星为什么"眨眼睛"？

- 为什么我们在明亮的光线下看得更清楚？

牛顿最初成名并不是因为他发现的运动定律，也不是因为万有引力定律，而是因为他对光的研究。大约在 1665 年，牛顿在研究由透镜形成的天体图像时，注意到了图像边缘的着色。为了弄清楚这一现象，他调暗了房间的光线，让一束阳光穿过百叶窗上的一个小圆孔，在对面的墙上投下了一片圆形的白色光斑。然后，他在这片白光里放置了一个三角玻璃棱镜，观察到了白光分解成彩虹的颜色。

1668 年，牛顿制造了第一台反射式望远镜，放大效果达到了 30 多倍。接着，他又制造了更大的反射式望远镜，并把它赠送给英国皇家学会。这台望远镜一直被保留在英国皇家图书馆里，并配有铭文："第一台反射式望远镜，由艾萨克·牛顿爵士发明并亲手制作。"通过本章内容，我们将学习反射和折射的原理，以及透镜是如何成像的。

Q1 炎热的夏天，为什么屋顶漆成白色更凉快？

屋顶上的白色涂层能反射高达 85% 的入射光，这在炎热的夏季大大降低了空调成本并减少了碳排放，因此，在炎热的夏天，把屋顶涂成白色最适合。那么，为什么白色比别的颜色具有更强的反射能力呢？这就需要让我们先来认识什么是反射。

我们周围的大多数事物本身都不会发光。它们之所以被我们看见，是因为它们能重新发射从主要光源（如太阳或灯）或次要光源（如被照亮的天空）到达它们表面的光。光落在物体的表面时，要么被短暂吸收，然后在不改变频率的情况下再次被发射，要么穿透物体，要么完全被吸收到材料中，并转化为热。[①] 当光在频率不变的情况下返回到它原来的介质中时，这个过程就是反射。

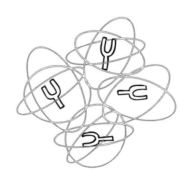

当阳光或灯光照射到印刷品的纸张上时，纸张和墨水原子中的电子会更强烈地振动，以响应照明光的振荡电场（见图 3-1）。被激发的电子重新发出光，我们就可以通过它看到页面内容了。当页面被白光照亮时，纸张呈现白色，这表明电子重新发射了所有频率的可见光，而没有吸收可见光。墨水则是另一回事。除了反射，墨水还吸收了所有频率的可见光，因此呈现黑色。

图 3-1　光与原子的相互作用

注：光与原子相互作用就像声音与音叉相互作用一样。

费马最短时间原理

光从一个地方传播到另一个地方会走需时最短的路径，这一观点是由法国律师、数学家皮埃尔·费马（Pierre Fermat）在 1662 年提出的，这一观点现在被称为费马最短时间原理。

我们可以用费马最短时间原理来理解反射。在图 3-2 中，我们看到两个点，A 和 B，两点下面是一面普通的平面镜。我们怎样才能在最短时间内从 A 到达 B？答案很简单：直接从 A 到 B！但是，如果我们加上一个条件，即光线必须在最短的时间内从 A 到达 B，同时必须击中镜子，答案就不那么简单了。一种方法是光线先从 A 尽可能快地到达镜子，然后到达 B，如图 3-3 中的实线所示。这为我们提供了一条从 A 到达镜子的最短路径，但如果这样的话，从镜子到 B 的路径

---

① 光还有一种不太常见的"命运"是被吸收后在较低频率下再次被发射，形成荧光。

非常长。如果我们选择镜子上的一个点，比实线的位置稍微偏右，第一段距离会稍微增加，但第二段距离会大大缩短，因此虚线所示的总路径长度更短，同时对应的时间也比实线方案短。那么，我们怎样才能在镜子上找到光线经过镜子从 A 到 B 时间最短的精确点呢？这就需要利用几何技巧了。

图 3-2　AB 两点及镜子的位置　　　图 3-3　光线经过镜子从 A 到 B 的路径

我们在镜子的另一侧构造了 B 的像点 B'，它与 B 和镜子之间的距离相同（见图 3-4）。A 与像点 B' 之间的最短距离很容易得出，它们可以连成一条直线。现在这条直线与镜子相交在点 C 处，点 C 就是最短路径的精确反射点，因此也是光从 A 到镜子再到 B 的最短时间路径。因为从 C 到 B 的距离等于从 C 到 B' 的距离，所以我们看到从 A 通过 C 到 B' 的路径长度就等于从 A 通过 C 点反弹到 B 的路径长度。

对比图 3-4 和图 3-5，结合几何推理，我们可以得出，从 A 到 C 的入射光的角度等于从 C 到 B 的反射角。

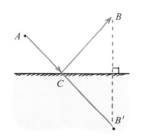
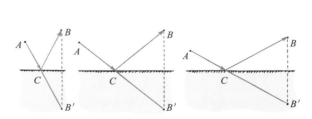

图 3-4　最短路径　　　　　　图 3-5　入射光的角度与反射光的角度相同

Q2 为什么湿沙看起来比干沙更暗?

湿沙的颜色明显较暗,这是因为入射到干燥表面的光会直接反射到眼睛,而入射到潮湿表面的光在到达眼睛之前经历多次反射。每次反射都会发生什么? 吸收! 因为潮湿表面会吸收更多的光,所以看起来更暗。

照射到物体表面的光会有不同的"命运",照射到沙的光的反射到底属于什么样的反射呢? 让我们从反射定律开始学起。

正如费马所发现的,入射光与反射光的角度相同。这一反射定律适用于任意入射角度:**入射角等于反射角。**

反射定律如图 3-6 中表示光线的箭头所示。我们并不测量入射光线和反射光线与反射表面之间的角度,通常测量它们与垂直于反射表面平面的一条假想线之间的角度,这条假想线叫作法线。入射光线、法线和反射光线都位于同一平面内。这种发生于光滑表面的反射被称为镜面反射。

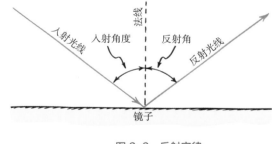

图 3-6　反射定律

平面镜

假设在平面镜前放置了一支点燃的蜡烛。光线从火焰向各个方向辐射。图 3-7 只显示了从蜡烛火焰上无数点中的一个所发出的无数光线中的 4 条。这些光线从蜡烛火焰中发散出来并遇到镜子,在那里它们以与其入射角相等的角度反射。光线从镜子处发散，看起来是从镜子后面的特定点（虚线相交的地方）发出的。观测者在这一点上看到了火焰的像。光线实际上不是从这一特定点发出的，因此这个像被称为虚像。像和物体到镜子的距离相同，像和物体的大小也相同。例如，当你观察镜子中的自己时，只要镜子是平的（我们称之为平面镜），就好像你的双胞胎同伴位于镜子后面，他和你到镜子的距离相同，看起来和你的高、矮、胖、瘦也完全相同。

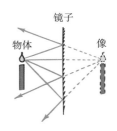

图 3-7　蜡烛与虚像

注：虚像形成在反射镜后面，并位于延伸反射光线（虚线）会聚的位置。

当镜子弯曲时，物体和像的大小以及物体和像到镜子的距离不再相等。本书不对曲面镜进行深入讨论，曲面镜可看作一系列平面镜，每个平面镜的角度方向与相邻的平面镜略有不同。在每个点上，入射角都等于反射角（见图 3-8）。注意，在曲面镜中，与平面镜不同，曲面上不同点处的法线（镜像左侧的黑色虚线）彼此不平行。

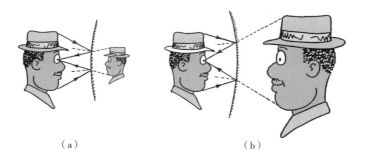

（a）　　　　　　　　　　　　（b）

图 3-8　曲面镜成像

注：图（a），凸面镜（向外弯曲的镜子）形成的虚像比物体更小，更靠近镜子；图（b），当物体靠近凹面镜（向内弯曲的镜子）时，虚像比物体更大、距镜子更远。无论哪种情况，反射定律都适用于每条光线。

无论镜子是平面的还是曲面的，眼睛－大脑系统通常无法区分物体及其反射图像，因此，物体像是存在于镜子后面的错觉仅仅是因为物体发出的光以物理上完全相同的方式进入眼睛，就像物体真的在像的位置发出光一样。

只有部分照射到物体表面的光被反射。例如，在透明玻璃表面上，一束光垂直于表面入射时，表面仅反射约 4% 的入射光。然而，在清洁抛光的铝或银表面上，大约 90% 的入射光被反射。

漫反射

照射到物体表面的光有 3 种可能的命运：如果物体是透明的，它可能被反射、透射；如果物体是不透明的，它可能会被吸收。事实上，光通常经历这些命运的组合。我们知道，一些光线会被玻璃和抛光的花岗岩表面反射。我们已经看到，在光滑的镜面上，发生的反射是镜面反射，但在粗糙的表面上，光会向多个方向反射，这被称为漫反射（见图 3-9）。与镜面反射不同，漫反射不会产生镜像。房间墙壁对光的反射也是漫反射，光线反射回房间，但不会产生镜像。

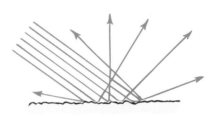

图 3-9　漫反射

注：尽管每条光线都遵循反射定律，但光线在碰到粗糙表面时遇到的许多不同的表面角度会导致多个方向的反射。

由于漫反射中的光线向各个方向散射，因此可以从许多不同的角度看到物体。漫反射的发生与物体表面的粗糙度及入射光的波长有关。如果表面足够光滑，以至于表面上连续凸起之间的距离小于入射光波长的 1/8 时，则几乎没有漫反射，这种表面被称为被抛光的面。

物体表面可以针对长波辐射进行抛光，但很难针对短波长光进行抛光。图 3-10 所示的金属丝网天线对光波来说非常粗糙，很难发生镜面反射，但对长波无线电波来说，它是"抛光"的，因此是一个极好的反射器。

图 3-10　金属丝网天线

你正在看的这一页纸所反射的光就是漫反射产生的。这一页纸对无线电波来说可能是平滑的，但对光波来说是粗糙的。照射在这一页纸上的光线会遇到数百万个面向各个方向的微小平面，因此，入射光在各个方向上发生反射，这使我们能够从任何方向看到页面或其他物体。例如，由于路面的漫反射，我们可以在夜间看到汽车前方的道路。当道路潮湿时，漫反射较少，则很难看到。如前一章所述，云的颜色是由于太阳光照射到云上发生漫反射而形成的。我们的大部分环境都是通过漫反射看到的，湿沙和干沙也属于这种情况。

Q3　日落时，为什么太阳沉入地平线以下还能被看到?

每当观看日落时，在太阳沉入地平线以下几分钟后，我们还能看到太阳。这是因为地球的大气层顶部稀薄，底部稠密，光在稀薄的空气中传播的速度比在稠密的空气中更快，所以来自太阳的光并没有沿着一条直线传播，而是选择了一条更高的、距离更长的路径，以便更快地到达地球。

这条距离更长的路径穿过密度较小的空气以更陡的倾斜度穿过大气层（见图 3-11）。由于大气层的密度逐渐变化，光路逐渐弯曲，形成弯曲的路径。有趣的是，这种最短时间的路径为我们提供了比光在不弯曲的情况下更长的日照时间。此外，当太阳（或月球）接近地平线时，来自下边缘的光线比来自上边缘的光线弯曲更多。这会导致太阳纵向直径的缩短，如图 3-12（a）所示，太阳的形状看起来像南瓜一样。如图 3-12（b）所示，从国际空间站看到的月球也会变成这种形状，看起来就像浸入了地球的大气层。

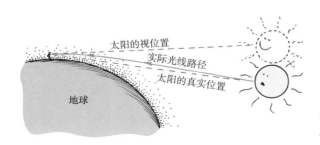

图 3-11　光的路径

注：由于大气折射，当太阳接近地平线时，它在天空中显得更高。

（a）　　　　　　　　　　　（b）

图 3-12　太阳和月球的形状

注：图（a），太阳的形状因折射率不同而扭曲；图（b），从国际空间站看到的月球也是如此。

要想更透彻地理解这一现象，我们需要更系统地学习折射。

光在不同的材料中以不同的速度传播。光在真空中以 300 000 千米／秒的速度传播，在空气中的速度稍低，在水中的速度约为该速度的 3/4，在钻石中的速度约为该速度的 40%。当光从一种介质斜向传播到另一种介质时突然改变方向，我们将这个过程称为折射。当光线以斜角遇到玻璃或水时，它会改变方向并走更长的路，这是一个常见的观察结果。费马最短时间原理也适用于这种情况，尽管走的路更长，所需时间却更短，直线路径需要更长的时间。

假设你是海滩上的救生员，发现一个人在水中遇险。我们在图 3-13 中标出了你、海岸线和受困者的相对位置。你在 A 点，受困者在 B 点。你跑步的速度比游泳快，所以，你应该走直线去 B 吗？稍微想想就会发现，直线路径并不是最好的选择，因为如果你在陆地上多跑一段距离，那么在水中游泳的距离就会变短，也就可以节省更多时间。最短时间的路径用虚线表示，这显然不是最短距离的路径。

当然，路径的弯曲程度取决于你跑步的速度比游泳快多少。如图 3-14 所示，入射到水体上的光线的情况与之类似。入射角大于折射角，其大小取决于光在空气和水中的相对速度。

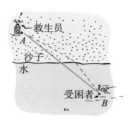

图 3-13　救生员的最短时间选择

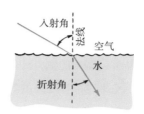

图 3-14　光的折射

再来仔细研究一下图 3-15 中光穿过玻璃窗的情况吧。当光线从 A 点穿过玻璃到达 B 点时，它遵循直线路径。在这种情况下，光与玻璃垂直相交，我们看到通过空气和玻璃的最短距离对应于最短时间。但从 A 点到 C 点的光呢？它会沿着虚线所示的直线路径行进吗？答案是否定的，因为如果这样做的话，它将在玻璃内花费更多的时间，光在玻璃里的传播速度比在空气中慢。相反，光线从 A 点出发后，先到 a 点，再穿过玻璃，到 c 点，光通过玻璃的路径将变短。这样，通过缩短玻璃内的路径所节省的时间超过了通过在空气中稍长路径所需的额外时间。所以，

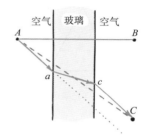

图 3-15　光通过玻璃折射

注：尽管虚线 AC 是最短路径，但光走了略长的一条路，通过空气从 A 到 a，然后通过玻璃到 c 的路径较短，然后到达 C。出射光发生位移，但与入射光平行。

这条路径才是用时最短的路径，也就是最快的路径。结果是光束的平行位移，因为入射角和出射角相同。当你从侧面观察光束穿过一块厚玻璃时，你会注意到这种位移，如图 3-15 中的虚线所示。你的视角与垂直方向的差异越大，位移就越明显。

另一个有趣的例子是棱镜，其玻璃的相对面不平行（见图 3-16）。从 A 点到 B 点的光线不会沿着虚线所示的直线路径前进，因为在玻璃中花费的时间太长。相反，光线将沿着实线所示的路径前进——穿过空气的路径较长，穿过玻璃的路径较短，然后到达 B 点。通过这种推理，人们可能会认为光线应该沿着更

靠近棱镜上顶点的路径行进，并寻求玻璃的最小厚度，但如果这样做的话，额外的空气中的距离将导致时间的整体延长。

　　值得注意的是，从一侧的 A 点到另一侧的 B 点，曲面棱镜将提供无限多条相等时间的路径（见图 3-17）。棱镜的厚度由上至下递减，以抵消光在空气中传播到棱镜表面较高点的额外距离。当 A、B 位置一定，光线到达棱镜表面的适当位置时，A 到 B 的所有光路的时间完全相等。在这种情况下，入射到玻璃表面上的所有来自 A 的光都聚焦在 B 点上。这种棱镜的形状就是一个会聚透镜上半部的形状，如图 3-18 所示。后文将对此进行更详细的介绍。

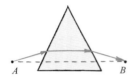

图 3-16　光束通过棱镜

图 3-17　光束通过曲面棱镜

图 3-18　会聚透镜

海市蜃楼

　　我们都知道在炎热的夏天开车，有时会看到远处的路似乎是湿的，但当我们到达那里时，路其实是干的。为什么会出现这样的幻景呢？距路面近的空气非常热，而离路面远的上方的空气相对冷。光在较薄的热空气中传播的速度比在上方较稠密的冷空气中传播得更快。因此，光不是从天空中以直线向我们照射，而是在到达我们的眼睛之前，它在较冷区域和较热区域的交界位置已经弯曲一段时间了。我们所看到的潮湿地方，其实是天空。海市蜃楼并不像许多人误认为的那样是"心灵的诡计"。海市蜃楼的景象是由真实的光线形成的，可以被拍摄下来。

　　当我们从滚烫的火炉旁或走在滚烫的人行道上观察某个物体时，我们会看到一种波浪状的、闪闪发光的效果。这是由于光在穿过不同温度和密度的空气时有不同的最短时间路径。星星的闪烁是由天空中类似的现象造成的，光线需要穿过大气层中的不稳定层。

在前面的例子中，光似乎"知道"存在什么条件，以及最短时间路径需要什么补偿，这是怎么做到的呢？当以一定角度接近窗户玻璃、棱镜或透镜时，光线怎么会知道在空气中传播得更远，就可以节省通过玻璃的时间呢？来自太阳的光怎么会知道要在大气层上方多走一段距离，然后通过稠密的空气走捷径就可以节省时间呢？又或者，当来自高空的光线经过炎热路面后折向我们的眼睛时，它如何知道这样就能够以最短时间照射到我们？最短时间原则似乎是非因果的，光有自己的"头脑"，可以"感知"所有可能的路径，计算每条路径的时间，并选择最短时间路径。是这样吗？尽管这一切看起来很有趣，但有一种更简单的解释，并没有为光赋予预见性：折射只是光在不同介质中具有不同平均速度的结果。

Q4 海市蜃楼是如何形成的？

当光从一种透明介质到另一种介质的平均速度发生变化时，就会发生折射。为了想清楚这一点，我们先来设想玩具车上一对用车轴连接在一起的车轮的运动，车轮从平坦的人行道上缓慢滚到草地上。如图 3-19 所示，如果车轮与草地呈一定角度接触，那么车轮就会偏离原来的直线路线。注意，当它与草地上的草相互作用时，右车轮首先减速，人行道上速度较高的左车轮随之绕着速度较慢的右车轮转动。车轮滚动的方向向法线（图中垂直于草地和人行道边界的黑色虚线）弯曲。

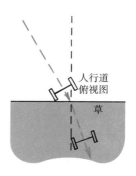

图 3-19　车轮从人行道滚向草地

注：当右车轮在左车轮减速之前减速时，车轮滚动的方向会发生变化。

现在，让我们把光看作一种波，看看这个模型中，当光到达新介质界面时发生了什么。如图 3-20 所示，请注意，光的方向由蓝色箭头（光线）指示，波前（红色）与光线成直角。波前是波峰、波谷或波的任何连续部分。在图中，波以一定角度与水面相交。这意味着波的左侧部分在水中减速，而空气中的其余部分仍以速度 c 传播。光线保持垂直于波前，因此在表面弯曲，就像车轮从人行道滚到草地上一样弯曲。在这两种情况下，弯曲都是速度变化的结果。

　　光速的变化为海市蜃楼提供了一种波动的解释。图 3-21 表示在炎热天气下从树顶发出的示例波前。如果空气温度均匀，则空气中所有部分的平均光速都相同，向地面行进的光将与地面相遇。如果地面附近的空气更温暖，密度更低，波前在向下运动时速度加快，导致它们向上弯曲，所以，当观测者向下看时，可以看到树的顶部，这样就形成了海市蜃楼。

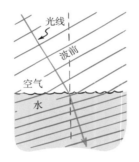

图 3-20　光波方向变化

注：当光波的一部分在另一部分之前减速时，光波的方向就会改变。

图 3-21　海市蜃楼的波动解释

注：光波在地面附近的热空气中传播得更快，并向上弯曲。

　　折射造成了许多错觉。一个常见的现象是一根棍子插入水中的部分看起来会明显弯曲。水下部分似乎比实际情况更接近水面。同样，当我们观察水中的鱼时，鱼看起来比实际位置更接近水面（见图 3-22）。如果我们直视水下，浸没在水面以下 4 米的物体看起来只有 3 米深。由于折射，水下物体看起来更近，所以看起来更大。

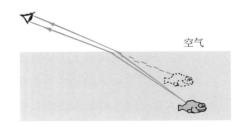

图 3-22　光在水中的折射

注：由于折射，水下物体看起来比实际上更接近表面。

我们看到，至少有两种方式可以解释光在水面上的弯曲。可以说，离开鱼并到达观测者眼睛的光线在最短的时间内到达，通过的路径是向上靠近水面的较短路径和空气中的相对较长路径。在这一观点中，最短时间决定了光所选择的路径。或者可以说，以一定角度射向水面的光波，在进入空气到达观察者眼睛时，随着速度的加快，会发生弯曲。在这一观点中，从水到空气的速度变化决定了所采取的路径，而这条路径被证明是最短时间路径。无论我们选择哪种观点，结果都是一样的。

Q5 为什么每个人看到的彩虹都不同？

天空中并没有有形的彩虹，让我们着迷了无数年的彩色弧形没有独立地存在。实际上，它是我们的头脑（或相机的感光表面）中汇聚出来的颜色光谱。

要想深入了解彩虹的形成，我们需要先学习色散。

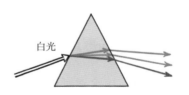

图 3-23　白光通过棱镜

注：棱镜将白光分散成其组成颜色。

将混合频率的光分离成按照频率排列的不同颜色的光被称为色散，几个世纪前，牛顿用玻璃棱镜在阳光下进行的实验就说明了这一点。尽管图 3-23 中只显示了红色、绿色和蓝色，但白色阳光的所有组成颜色在玻璃棱镜中都是分开的。白光的红色部分在进入玻璃时变慢并弯曲，绿色部分弯曲得更多，蓝色部分同样变慢并更弯曲。当光射出时，会经历第二次折射，分离程度进一步增加。光被棱镜分散开来。

牛顿进一步发现，当他在阳光下拿着一对相同的棱镜，以棱镜对的两个相对面平行的方式反放第二个棱镜时，分散的颜色重新组合成白光（见图 3-24），由此证实了白光确实是所有彩虹颜色的组合。

请注意，在图 3-24 中，射出的红色、绿色和蓝色光线相对其初始路径发生偏移。彩色光线与白色的入射光线平行，但不重叠，在进入我们的眼睛后又变成白色。这种位移效应非常明显，一个典型的例子是我们透过公共水族馆的超厚玻璃观赏鱼类。从玻璃外面一个角度上看到的鱼不仅会移位，而且会变宽，但

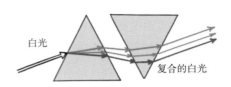

图 3-24　白光通过一对相同棱镜

注：第二个倒置的棱镜消除了第一个棱镜的色散。出现的红色、绿色和蓝色光线平行于入射光，并在眼睛看到时合成白光。

是鱼的颜色没有改变。同样地，通过一对棱镜或玻璃窗折射的光线也是如此。间距较大的平行光线会重新组合为白色，被我们看到。

有趣的是，玻璃窗的斜面边缘在其相对表面不平行的情况下确实会出现一些色散。有斜边的镜子也是如此。这时，彩虹色的光在有阳光或其他光线照射的房间里就会很好地分散开来。所以，有时在室内，即使没有彩虹，我们也会看到彩虹颜色的出现。

彩虹的形成

每一滴水都可以充当一个球面棱镜，折射阳光，在内部反射阳光，并再次折射阳光，以将阳光分散到太阳光谱中。图 3-25 显示了水滴中色散的二维视图。随着阳光进入水滴，一些光被反射，剩余的光折射到水中，在水中色散成光谱颜色，红光偏离最小，紫光偏离最大。当到达水滴的另一侧时，每种颜色的光都会部分折射到空气中，部分反射回

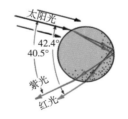

图 3-25　阳光被一滴水滴色散

水中。到达水滴的下表面时，每种颜色的光再次被部分反射，部分折射回空气中。在第二表面上的折射，就像在棱镜中的折射，增加了在第一表面上已经产生的色散。出射的红光在太阳光和观测者之间形成了 42.4° 的色散角度，紫光的色散角度则为 40.5° 。

　　尽管每一滴水滴都能色散出完整的光谱的颜色，但观测彩虹的人却只能看到水滴在一个方向上发出的单色聚光（见图3-26）。如果特定水滴发出的红光到达观测者的眼睛，那么相同水滴发出的紫光就会到达其他地方。要看到紫光，你必须观察天空中更低处的不同雨滴。这就解释了为什么主彩虹的顶部是红色，底部是紫色。介于两者之间的则显示为橙色、黄色、绿色、蓝色和靛色。数以百万计的水滴产生了可见光的整个光谱。

　　彩虹的弓形是光谱颜色以特定角度出现的结果。每一种彩虹颜色都与特定的色散角度有关。正如前面所讨论的，红光的色散角度为42.4°。先来看一看图3-27中的绘图三角形，当三角形的一个顶点沿着虚线旋转时，它会扫出一条半圆弧。我们在另一顶点处就会看到沿着虚线的相同的弧线。同样地，对于观察彩虹的人来说，散射特定颜色的水滴也是如此。

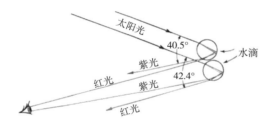

图 3-26　水滴的色散

注：眼睛从上面的水滴看到红光，从下面的水滴看到紫光。数以百万计的水滴产生了整个可见光光谱。

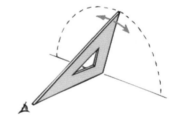

图 3-27　模拟彩虹弧线

注：只有沿着虚线排列的水滴才能以大约42°的角度向观测者散射红光，因此光形成弓形。

　　当观察彩虹时，重要的是要注意彩虹并不是看似平面的二维弧形。它看起来是平面的原因与满月看起来是圆盘一样，因为缺少距离线索。在图3-28中，我们看到了4个弓形示例，而彩虹实际上是由跨越水滴区域的无数弓形组成的。由水滴组成的弓形越多，水滴的区域就越宽，彩虹就越明显。

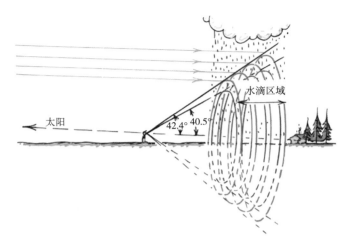

图 3-28　出现彩虹的区域

注：彩虹是水滴区域中一连串的弓形。

通常，我们可以观察到一个更为显著的次弓，它以更大的幅度，从 50.4°到 53.7°的角度拱起，环绕着主弓。这种更大的次弓也是由类似的情况形成的，包括水滴内部的两次反射（见图 3-29）。由于这种额外的反射，其颜色的顺序与主弓正好相反。此外，由于额外的折射，光线会损失，因此，次弓比主弓暗得多。

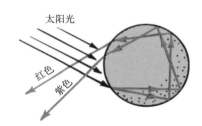

图 3-29　太阳光在水滴内的两次反射

注：太阳光在水滴中的两次内部反射产生次弓。

天空亮度的变化

请注意图 3-30 中彩虹内外的天空亮度差异。主弓内的天空明显更亮。虽然这一区域的水滴不会形成彩虹，但它们会反射和散射阳光，产生半透明的白色区域。次弓外的水滴也同样产生了一个亮度低得多的半透明的白色区域，通常很难分辨。

在主弓和次弓之间，看不到水滴中反射过的一次或两次的可见光。第一次反射的光在主弓内的白色区域可见，第二次反射的光仅在次弓上方可见。在两道彩虹之间到达我们眼睛的唯一光线来自较弱的过程，这些过程涉及两次以上内部反射的散射，或者来自与彩虹无关的大气反射。两弓之间的较暗区域被称为亚历山大暗带，这一名字来自阿佛洛狄西亚的哲学家亚历山大，他在公元 2 世纪首先描述了这一现象。如果仔细观察任意一张清晰的彩虹照片，我们都会发现天空亮度有 3 种级别：在次弓之外有点亮，主弓和次弓之间有点暗，主弓内最亮。明亮区域内色散的颜色可能会形成人眼中的彩虹。

图 3-30　主弓和次弓

注：天空出现了 3 种亮度级别，
主弓内部最亮，两弓之间较暗，
而次弓之外有点亮。

Q6 钻石为什么会 "闪闪发光"？

钻石的临界角约为 24.5°，小于其他常见物质的临界角。不同颜色光的临界角略有不同，因为不同颜色的光的光速在相同介质中略有不同。一旦光线进入钻石，大部分光线以大于 24.5° 的角度入射到倾斜的背面，并被其内部完全反射。由于光进入钻石时速度大大减慢，折射现象很明显，而且由于速度对频率的依赖性，色散很大。当光通过其表面的多个面出射时，会发生进一步的色散，因此，我们看到了一系列意想不到的闪光颜色。有趣的是，当这些闪光足够窄，一次只能用一只眼睛看到时，钻石就会 "闪闪发光"。

　　好吧，如果你不能完全理解上述过程，那是因为你还没有了解临界角和全内反射，赶紧来学习吧。

　　在浴缸里洗澡时，你可以把浴缸里的水灌得特别满，并拿一支防水手电筒做一个实验。关掉浴室的灯，把手电筒浸没在水中，让光线竖直向上照射，然后慢慢地倾斜手电筒，使光线斜着照射出水面。注意观察，出射光束的强度是怎样减弱的，以及更多的光线如何从水面反射到浴缸底部。在某个角度，你会发现光束不再出现在表面上方的空气中，这个角度就被称为临界角。出射光束的强度在临近水面的地方降低到零。临界角是介质内光线被完全反射的最小入射角。当手电筒倾斜超过临界角度（与水平面的法线约成 48°）时，你会注意到所有的光线都被反射回浴缸。这就是全内反射。照射到空气—水表面的光线遵循反射定律：入射角等于反射角。唯一从水面射出的光是从浴缸底部漫反射的光。这个过程如图 3-31 所示。

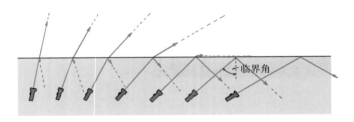

图 3-31　临界角

注：水中发出的光在水面上部分折射，部分反射到水面。蓝色虚线表示光的方向，箭头的长度表示折射和反射的比例。超过临界角时，光束将被完全向内部反射。

　　全内反射发生在光速小于外界光速的材料中。光在水中的速度比在空气中的速度慢，所以水中以超过 48° 的入射角到达水面的所有光线都会反射回水中。所以你的宠物金鱼在水族箱里仰望水面的时候，可以看到水族箱侧面和底部的倒影。在正上方，它可以看到外部世界的压缩视图（见图 3-32）。从地平线到对立面的 180° 外部视图是通过 96° 的角度看到的，这是临界角的两倍。一种类似这样的压缩宽视野的镜头，被称为鱼眼镜头，常用于特殊效果摄影。

全内反射发生在被空气包围的玻璃中，因为玻璃中的光速低于空气中的光速。玻璃的临界角约为43°，临界角的准确值具体取决于玻璃的类型。因此，在玻璃内部以大于43°的角度入射到玻璃表面的光线全部会被反射回玻璃内部。没有光线能够以超过这个角度的入射角射出玻璃，相反，以这个角度入射的所有的光线都会反射回玻璃，即使外表面被灰尘或污垢附着也是如此，这使玻璃棱镜有较好的实用性（见

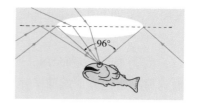

图3-32 从水下仰望水面

注：水下观测者在静止的水面上看到一圈光。在超过96°（临界角的2倍）的锥体范围内，观测者可以看到水内部或底部的反射。

图3-33）。光线在进入棱镜之前，有一小部分会因反射而损失，但一旦光线进入棱镜内部，其在45°斜面的反射将达到100%。相比之下，镀银或镀铝的反射镜仅能反射约90%的入射光。这就是人们在许多光学仪器中使用棱镜代替镜子的原因。

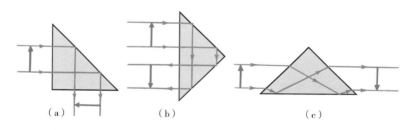

（a）　　　　　　（b）　　　　　　（c）

图3-33 棱镜中的全内反射

注：棱镜改变光束的方向，改变的角度为图（a）中90°，图（b）中180°，图（c）完全不改变。注意，在每种情况下，成像的方向都不同于物体本来的方向。

图3-34为双筒望远镜中的一对棱镜，每个棱镜将光线反射180°。双筒望远镜使用成对的棱镜来延长透镜之间的光路，从而消除对长镜筒的需求。因此，一件小巧的双筒望远镜和一台更长的望远镜作用是一样的。棱镜的另一个优点是，虽然直筒望远镜中的图像是倒置的，但双筒望远镜中棱镜的反射会改

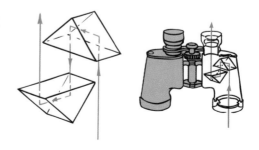

图3-34 双筒望远镜的棱镜构造

注：双筒望远镜中常见的一对棱镜的全内反射。

变图像，因此可以看到正向的东西。

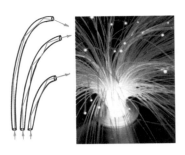

图 3-35　光纤

注：光线通过连续的全内反射从下方输送到顶端。

　　光纤通过一系列全内反射将光从一个地方传输到另一个地方，就像子弹沿着钢管反弹一样（见图 3-35）。光线沿着光纤的内壁反弹。成束的光纤可用于观察一些难以进入的事物内部，例如电机内部或胃。这些光纤可以做得足够细，以便穿过血管或身体内的狭窄管道，如尿道。光线沿着一些光纤照亮场景，并沿着其他光纤反射回来。光纤电缆在通信中也很重要，因为它们为铜线和电缆提供了一种无能量损耗的实用替代方案。现在，纤细的玻璃纤维取代了粗、笨重、昂贵的铜缆，在主要交换中心之间和海底同时传输数千条信息。飞机的控制信号通过光纤由飞行员传输到控制台。信号在激光的调制中传送。与电不同，光对温度和周围磁场的波动不敏感，因此信号更清晰。此外，它也不太可能被窃听者窃听。

Q7　夜空中的星星为什么"眨眼睛"？

　　正如我们看到水池底部闪闪发光一样，在池底向上看太阳的鱼也会看到太阳在闪闪发光。这是因为不平静的水面就像一层起伏的透镜。大气中也有类似的不规则现象，因此，我们会看到星星闪烁。

　　接下来，我们就来了解透镜的工作原理。

　　透镜中所发生的是一种非常典型的折射。我们可以像前面所做的那样，通过分析相等的时间路径来理解透镜，也可以假设透镜由几个匹配的棱镜和玻璃块组成，其排列顺序如图 3-36 所示。棱镜和玻璃块折射入射的平行光线，使它们会聚或者发散。图 3-36（a）所示的排列使光会聚，我们称这种透镜为会聚透镜。请注意，会聚透镜中间较厚，边缘较薄。

图 3-36（b）中的排列则不同。这种透镜中间比边缘薄，使光线发散，被称为发散透镜。这种排列的棱镜和玻璃块使入射光线发散，使光线看起来是来自透镜前面的一个点。在这两种透镜中，光线的最大偏转发生在最外面的棱镜处，因为它们在两个折射表面之间形成的角度最大。最中间没有偏差，因为在该区域中，两侧的玻璃面彼此平行。当然，真正的透镜不是由棱镜制成的，而是由一块实心玻璃或塑料制成的，玻璃或塑料的表面通常会被打磨成球形曲线。在图 3-37 中，我们可以看到平滑透镜如何折射波。

（a）　　　　　　　　　　　　（b）

图 3-36　透镜

注：可以将透镜设想为一组玻璃块和棱镜。图（a）为会聚透镜；图（b）为发散透镜。

（a）　　　　　　　　　　　　（b）

图 3-37　平滑透镜对波的折射

注：波前在玻璃中的传播比在空气中慢。图（a），波通过透镜中心的速度变慢，从而导致会聚；图（b），波在边缘的速度变慢，从而导致发散。

图 3-38 显示了会聚透镜的一些关键特征。会聚透镜的主轴是连接其表面曲率中心的线。焦点是平行于主轴的光束会聚的点。不平行于主轴的入射平行光束会聚焦在焦点上方或下方的某点处。所有这些可能的点构成一个焦平面。透镜有两个焦点和两个焦平面。当相机的镜头设置为拍摄远处的物体时，感光表面非常

接近相机镜头后面的焦平面。透镜的焦距是透镜中心与任一焦点之间的距离。

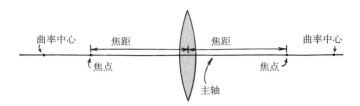

图 3-38　会聚透镜的主要特征

透镜成像

每当你阅读印刷品时，光线就会从你的脸反射到纸上。例如，从前额反射的光线照射到页面的每个部分。同样，从你的下巴反射的光线也是如此。页面的每一部分都会被你的额头、鼻子、下巴以及其他部位反射的光线照亮。你在页面上看不到你的脸，因为光线重叠太多。但是，如果在你的脸和书页之间放置一个带有针孔的屏障，从前额到达书页的光线不会与从下巴发出的光线重叠。其他部位发出的光线也是如此。如果没有这种重叠，页面上就会形成一个面部图像。它很暗，因为从你脸上反射的光线很少穿过针孔。要查看图像，你必须将页面与其他光源隔开。图 3-39（b）中的花瓶和花也是如此。为了简化，图中只标示了花瓶顶部和底部的示例光线。

世界上第一批相机没有镜头，只能通过一个小针孔接受光线。你可以在图 3-39（b）中看到为什么光线会使图像颠倒。由于针孔只允许少量光线进入，因此需要较长的曝光时间。稍微大一点的洞可以容纳更多的光线，但重叠的光线会产生模糊的图像。过大的孔会导致过多的重叠，并且无法识别图像。这时就需要如图 3-39（c）所示的会聚透镜了。镜头将光线会聚到屏幕上，而不会产生不必要的光线重叠。第一代针孔相机由于需要长曝光时间而仅适用于静止物体，运动的物体可以用镜头相机拍摄，因为曝光时间短，这就是最初使用镜头相机拍摄的照片被称为快照的原因。

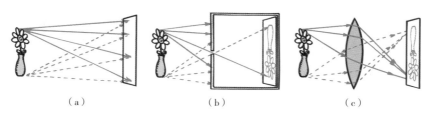

（a） （b） （c）

图3-39 图像形成

注：图（a），由于来自物体所有部分的光线有重叠，因此墙上不会显示任何图像；
图（b），屏障中的一个小孔防止光线重叠，可形成暗淡的倒置图像；图（c），透镜将
光线会聚在墙壁上而不重叠；光线越多，图像越亮。

会聚透镜最简单的用途是当作放大镜使用。要了解放大镜是如何工作的，请
先想一想我们是怎么观察远处和近处的物体的。在没有视觉辅助工具的情况下，
我们通过相对较窄的视角可以看到远处的物体，而通过较宽的视角可以看见近处
的物体（见图3-40）。要查看小物体的细节，你需要尽可能接近它，以获得最
宽的视角。但是当你的眼睛太近时，眼睛无法聚焦。这时就可以使用放大镜了，
当你靠近物体时，放大镜会给你一个清晰的、放大的图像。

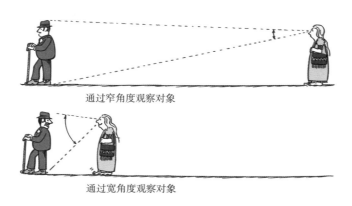

通过窄角度观察对象

通过宽角度观察对象

图3-40 通过窄角度和宽角度观察对象的异同

当我们使用放大镜时，会将其靠近被观察的物体。这是因为会聚透镜只有在物
体位于焦点以内时，才能形成放大的、正立的图像（见图3-41）。如果在图像位
置放置一个屏幕，则屏幕上不会出现图像，因为没有光线真正到达该位置。然而，
进入我们眼睛的光线却表现得仿佛来自这个图像位置，我们称其为虚像。

当物体足够远而位于会聚透镜的焦点之外时，就会形成实像而不是虚像。图 3-42 显示了会聚透镜在屏幕上形成实像的情况。实像是颠倒的。在屏幕上投影幻灯片和动态图像就是利用了这一特点，同理，相机的感光区域也是投影实像。单个镜头所形成的实像总是颠倒的。

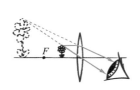

图 3-41　透镜形成虚像

注：当物体靠近会聚透镜（在其焦点 F 内）时，透镜充当放大镜以产生虚像。虚像看起来比物体更大，离镜头更远。

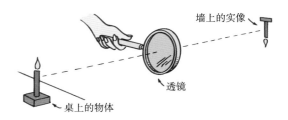

图 3-42　透镜形成实像

注：当物体远离会聚透镜（超过其焦点）时，就会形成真实的倒置图像。

单独使用的发散透镜会产生缩小的虚像。当单独使用发散透镜时，图像总是虚拟的、正向的，并且比物体小。发散透镜通常用作智能手机前摄像头的取景器。当你通过这样的镜头观看要拍摄的物体时，你会看到一个与照片各部分比例大致相同的虚拟图像。

Q8 为什么我们在明亮的光线下看得更清楚？

眼睛会改变瞳孔的大小，以调节进入眼睛的光量。当瞳孔最小时，我们的视力最敏锐，因为光线只穿过眼睛晶状体的中心部分，那里的球差和色差最小。此外，眼睛的行为更像针孔相机，因此清晰的图像需要最小的聚焦。我们在明亮的光线下看得更清楚，就是因为在这样的光线下瞳孔更小。

就像人类的眼睛不可能时时看到完美的图像，现实世界中也没有透镜能提供完美的图像。图像中的失真被称为像差。通过某种方式组合透镜，像差可以达到最小化，因此，大多数光学仪器都使用复合透镜，复合透镜由几个简单透镜组成，而不仅仅是单个透镜。

球差是因为穿过透镜边缘的光与穿过透镜中心附近的光聚焦的位置略有不同而产生的（见图3-43）。球差可以通过覆盖透镜边缘来弥补，就像相机中的光圈一样。在精密的光学仪器中，球差可通过透镜的组合来校正。

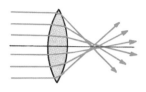

图3-43　球差

色差的形成是由于不同颜色的光在镜头中的折射速度不同，因此折射量也不同（见图3-44）。在简单的透镜（如棱镜）中，不同颜色的光线不会在同一地方聚焦。消色差透镜是由不同种类玻璃制成的简单透镜结合而成的，因而可以纠正这种缺陷。有趣的是，牛顿曾经用抛物面镜代替了望远镜中的物镜，目的是利用反射而不是折射来避免色差。

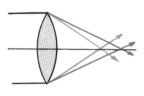

图3-44　色差

如果眼睛的角膜在一个方向上比另一个方向上弯曲得更多，就会导致散光。由于散光，眼睛不能形成清晰的图像。治疗方法是佩戴由柱面镜片制成的眼镜，使光线在一个方向上的曲率大于另一个方向。

如今，视力差的人可以选择戴眼镜。谁最先发明了眼镜已无从考证。在古罗马，人们使用玻璃片来使人看清小字。13世纪，可佩戴眼镜在意大利出现了。望远镜最早于16世纪初在荷兰诞生。在此之前，是否有人曾经用过一对沿轴线分开的透镜（例如固定在管子末端的透镜）观察物体，并没有相关的记录。

眼镜的替代品是接触镜，另一种选择是LASIK（Laser-In Situ Kerato-mileusis，

激光辅助原位角膜磨镶术）手术。在 LASIK 术中，激光脉冲重塑角膜，使眼睛恢复正常视力。另一种手术，PRK（Photorefractive keratectomy，准分子激光角膜切削术），可以纠正 3 种常见的视力缺陷。最近出现的激光眼科手术是 SMILE（Femtosecond Laser Small Incision Lenticule Extraction，飞秒激光小切口角膜微透镜取出术），它类似于 LASIK，但通过 3 毫米的小孔切口进行。激光内切镜、植入式接触镜和更新的手术方法仍在研究中。可以肯定的是，戴眼镜和接触镜来矫正视力的方式可能很快就会成为过去。我们确实生活在一个快速变化的世界，这样也不错。

要点回顾
── CONCEPTUAL PHYSICS >>> ─────────────────

- 入射光的角度与反射光的角度相同，这是反射定律。我们通常并不测量入射光线和反射光线与反射表面之间的角度，是测量它们与垂直于反射表面平面的一条假想线所形成的角度，这条假想线叫作法线。入射光线、法线和反射光线都位于同一平面内。这种来自光滑表面的反射被称为镜面反射。镜子会产生极好的镜面反射。

- 照射到物体表面的光有 3 种可能的命运：如果物体是透明的，它可能被反射、透射，如果物体是不透明的，它会被吸收。事实上，光经常经历这些命运的组合。对于光滑的镜面，光发生的反射是镜面反射；但对于粗糙的表面，光会向多个方向反射，这被称为漫反射。

- 光在不同的材料中以不同的速度传播。它在真空中以 300 000 千米 / 秒的速度飞行，在空气中的速度稍低，在水中的速度约为在真空中速度的 3/4。在钻石中，光以大约在真空中 40% 的速度传播。当光从一种介质斜向传播到另一种介质时突然改变方向，我们称之为折射过程。

- 从水中发出的光在水表面处会产生部分折射，部分反射。超过临界角时，光束将被完全地向内部反射。全内反射发生在光速小于外界光速的介质中。光在水中的速度比在空气中的速度慢，所以水中以超过 48° 的入射角到达水面的所有光线都会被反射回水中。

- 将混合频率的光分离成按照频率排列的不同颜色的光被称为色散，几个世纪前，牛顿用玻璃棱镜在阳光下进行的实验就很好地说明了这一点。牛顿发现，当他在阳光下拿着一对相同的棱镜，以棱镜对的两个相对面平行的方式反放第二个棱镜时，分散的不同颜色的光重新组合成白光。这证实了白光确实是所有彩虹颜色的光的组合。

- 当光从一种透明介质到另一种介质的平均速度发生变化时，就会发生折射。折射造成了许多错觉。一个常见的现象是一根棍子插入水中的部分看起来会明显弯曲；水下的物体似乎比实际情况更接近水面；同样，当你观察水中的鱼时，鱼看起来比实际情况更加接近水面。

- 要查看小物体的细节，你需要尽可能靠近它，以获得最宽的视角，但是离得太近时，眼睛反而无法聚焦。这时就可以使用放大镜了，当你靠近物体时，放大镜会给你一个清晰的、放大的图像。

- 就像人类的眼睛不可能时时看到完美的图像，现实世界中也没有透镜能提供完美的图像。图像中的失真被称为像差。通过以某种方式组合透镜，像差可以达到最小化，因此，大多数光学仪器使用复合透镜，复合透镜由几个简单透镜组成，而不是单个透镜。

CONCEPTUAL
PHYSICS

04

光波是如何产生的

妙趣横生的物理学课堂

- 为什么水波会形成同心圆?

- 海豚为什么能"像医生一样观察事物"?

- 孔雀羽毛的美丽颜色来自哪里?

- 潮湿路面上的油污为什么是彩虹色的?

- 3D 成像的原理是什么?

将全息光学元件安装在飞机挡风玻璃中，可用于导航，一些型号的汽车也有同样的配备。未来，我们还将观看全息电视！如此先进的全息技术离不开光的基本性质和原理。

进入本章内容，我们将探索光与水波类似的一种性质，光如何衍射、如何经历干涉，以及光波的排列如何产生偏振。在本章结尾，我们还会了解到光波的一种有趣应用——全息术。

Q1 为什么水波会形成同心圆？

把一块石头扔到一处安静的水池里，水面上出现的一圈圈波浪，会形成同心圆。敲击音叉，声波向四面八方传播。点燃火柴，光波同样会向各个方向传播。

1678 年，荷兰物理学家克里斯蒂安·惠更斯（Christiaan Huygens）研究了波的行为，并提出从点源传播的光波的波前可以被视为微小的次级波的重叠波峰（见图 4-1），即波前由小波的较小波前组成。这一观点被称为惠更斯原理。

波前的每个点都可以被认为是次级小波的来源，次级小波以与波的传播速度相同的速度向所有方向传播。

那么，水波的同心圆又是如何形成的呢？

请仔细观察图 4-2 中的球面波前。我们可以看到，如果沿着波前 AA′ 的所有点都是新的波源，那么在很短时间后，新的重叠小波将形成一个新的表面 BB′，它可以被视为所有小波的包络面。AA′ 会形成无限多的小波，图中只显示了几个次级点源，这些小波组合在一起产生了平滑包络面 BB′。随着波的传播，曲线的弯曲程度变小。在距离原始波源非常远的地方，波几乎形成一个平面，例如，地球上来自太阳的波就几乎是平面的。平面波前的惠更斯小波构造如图 4-3 所示。我们在图 4-4 中则可以看到利用惠更斯原理说明的光的反射和折射定律。

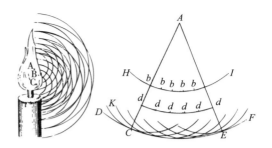

图 4-1　惠更斯原理

注：这些图来自惠更斯的著作《光论》（*Treatise on Light*）。来自 A 的光在波前中传播，每个点的行为都好像是一个新的波源。从 b、b、b、b 开始的次级小波形成新的波前（dddd）；从 d、d、d、d 开始的次级小波形成另一个新的波前（DCEF）。

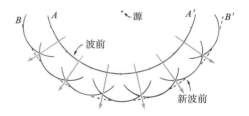

图 4-2　惠更斯原理应用于球面波前

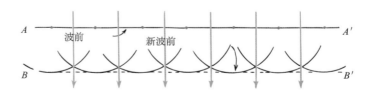

图 4-3　惠更斯原理应用于平面波前

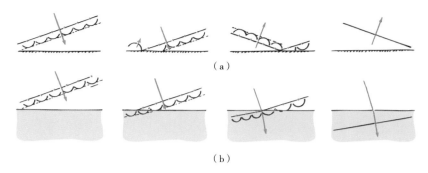

（a）

（b）

图 4-4　光的反射和折射定律

注：惠更斯原理应用于图（a）中的反射和图（b）中的折射。请注意，光线和波前彼此垂直。

　　如图 4-5 所示，通过将水平放置的直尺（如米尺）连续浸入水中，可以在水中产生平面波。图 4-6 是波纹槽的俯视图，其中平面波入射到各种尺寸的开口上（图中未显示尺寸）。在图 4-6（a）中，当开口很宽时，我们看到平面波继续穿过开口，几乎没有变化，除了在开口附近，波浪弯曲到阴影区域，正如惠更斯原理所预测的那样。随着开口的宽度变窄，如图 4-6（b）中所示，越来越少的入射波被透射，并且波向阴影区域的扩散变得更加明显。当开口的宽度远小于入射波的波长时，如图 4-6（c）所示，惠更斯认为波前的每一部分都可以被视为新小波的来源，这一观点得到了证实。当波浪入射到狭窄的开口时，在开口中上下晃动的水很容易被视为新波浪的点源，这些新波浪在屏障的另一侧散开，此时，我们就说波在扩散到阴影区域时发生衍射。衍射是所有波的特性。

图 4-5　振荡的米尺在水箱中产生平面波

注：在开口处振荡的水充当波浪的来源。水通过开口衍射。

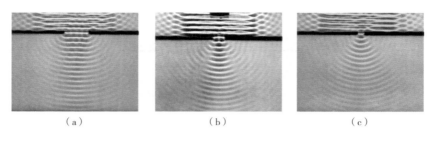

（a）　　　　　　　　（b）　　　　　　　　（c）

图 4-6　波纹俯视图

注：平面波穿过各种尺寸的开口。开口越小，波在边缘处的弯曲越大，换句话说，衍射越大。

Q2　海豚为什么能"像医生一样观察事物"？

　　波长较长的声波回声能让海豚对周围事物形成模糊的整体印象，但为了对周围事物了解得更详细，海豚还会发出波长更短的声波。通过超短波长的声波回声，海豚可以了解到环境中的一些细节，这就像显微镜能够用波长较短、衍射较少的蓝光观察事物的细节一样。因此，可以说海豚一直做的就是现在医生用超声波成像设备所做的事情。

　　要想进一步了解海豚和超声波成像原理，我们需要先来学习衍射。

　　我们已经了解到光可以通过反射和折射从普通的直线路径突然改变方向。除了反射和折射以外，所有光的弯曲现象都被称为衍射。衍射是波浪围绕障碍物或开口边缘的弯曲。光线通过物体边缘或小孔时的衍射会形成模糊的边缘。图 4-6 所示的平面水波衍射适用于包括光波在内的各种波。

　　当光通过一个开口，这个开口的宽度大于光的波长时，光就会投射出阴影，如图 4-7（a）所示。我们看到阴影的明暗区域之间有非常清晰的边界。但是，如果光线穿过不透明纸板上像薄剃刀那么细的一条狭缝时，光线会发生衍射。如图 4-7（b）所示，明暗区域之间的清晰边界消失了，光线像扇形一样散开，产生了一片明亮的区域，这一区域没有清晰的边界，而是逐渐变暗。这就是光发生了衍射。

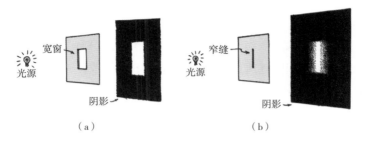

（a）　　　　　　　　　　（b）

图 4-7　衍射现象

注：图（a）中，当开口与光的波长相比较大时，光投射出阴影，明暗区域
边缘微微模糊；图（b）中，当开口非常窄时，衍射更明显，阴影更模糊。

图 4-8 为穿过薄狭缝并到达屏幕上的衍射光的强度分布示意图。由于衍射，光的强度是逐渐增加或逐渐减少的，而不是从亮到暗的突然变化。当它穿过狭缝后，一个从屏幕中心向任意方向扫过的光电探测器会测量到，光的强度从最大逐渐减小为零。

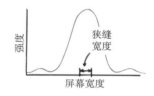

图 4-8　衍射光的强度分布

注：衍射光通过单个狭缝的
图形解释。

实际上，在主图案的两侧都有轻微的强度条纹；我们很快就会知道，这是干涉的证据，在双缝或多缝的情况下更明显。

衍射一般不限于窄缝或开口，而是可以在所有阴影中看到。仔细观察，即使是最尖锐的阴影，其边缘处也会有轻微模糊。当光线为单色（单频）时，阴影边缘会产生衍射条纹，如图 4-9 所示。在白光中，条纹合并在一起，使阴影边缘变得模糊。

与投射阴影的障碍物的大小相比，衍射量取决于波的波长。波长越长，衍射量越大。它们更擅长填补阴影，这就是为什么雾角的声音是低频长波，可以填补任何"盲点"。

图 4-9　衍射条纹

注：衍射条纹在单色（单频）
激光的阴影中很明显。如果
光源是白光，这些条纹将被
大量其他条纹所填充。

同样，标准 AM 广播波段的无线电波的波长也很长，其波长范围从 180 米到 550 米，比路径中大多数物体的边长都要长，因此，AM 无线电波可以轻松绕过建筑物和其他可能阻碍它们的物体。这也是 FM 信号在 AM 信号清晰响亮的地方经常接收效果不佳的原因之一。在接收无线电时，我们不希望在无线电波的路径上"看到"物体，所以衍射不是坏事。

用显微镜观察很小的物体时，衍射效果差。如果物体的大小与光的波长大致相同，衍射会使图像变模糊。如果物体小于光的波长，就看不到任何结构。整个图像由于衍射而丢失。再多的放大倍数或者再完美的显微镜设计都无法克服衍射极限这一基本限制。

为了最大限度地减少这个问题的影响，显微镜可以用电子束而不是光来照射微小物体。相对于光波，电子束的波长极短。所有物质都具有波的性质，电子显微镜就是利用了这一原理，因为电子束的波长比可见光的短。在电子显微镜中，用来聚焦和放大图像的，是电场和磁场，而不是光学透镜。

X 射线衍射

就像一束光可以发生衍射一样，X 射线也是如此。衍射是所有类型的波共有的特性。我们已经了解到，X 射线照射到晶体材料上会产生材料的特征衍射图案。由于晶体晶格中的原子阵列是三维的，因此产生的衍射图案在感光表面（以前是照相胶片）上形成了复杂排列的斑点。我们可以从衍射图确定晶体的性质。

X 射线衍射在帮助人们理解生物分子结构方面做出了巨大贡献。正是因为罗莎琳德·富兰克林（Rosalind Franklin）拍摄的那张著名的 X 射线衍射图，詹姆斯·沃森（James Watson）和弗朗西斯·克里克（Francis Crick）才在 1953 年发现了 DNA 双螺旋结构。

Q3 孔雀羽毛的美丽颜色来自哪里?

　　像孔雀一样，自然界有很多鸟类的羽毛上都有微小的凹槽，这些凹槽会形成衍射光栅。衍射光栅通过干涉能将白光分散成各种颜色的光，这就是干涉现象，干涉现象为大自然增添了许多色彩。

接下来，让我们一起系统地学习光波的叠加和干涉。

　　当两个波相互作用时，产生的波的振幅是两个单独波的振幅之和，这就是所谓的叠加原理，这种现象通常被称为干涉。相长干涉和相消干涉如图 4-10 所示。我们看到，一对同相的、振幅相同的波叠加产生了一个频率相同但振幅为两倍的波。如果这些波正好相差半个波长，它们的叠加会导致其完全抵消。如果它们的相位相差于其他量，则会发生部分抵消。

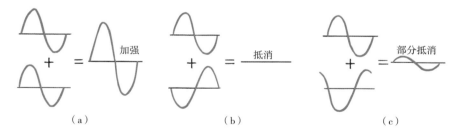

图 4-10　波的干涉

注：图（a），相长干涉；图（b），相消干涉；图（c），部分抵消的相消干涉。

　　水波的干涉是常见的现象。在某些地方，波峰与波峰重叠；在另一些地方，波峰与波谷重叠。

　　在更严格控制的实验条件下，一对并排放置的波源会产生有趣的图案。如图 4-11 所示，以一定频率敲击浅水池的两个位置，然后从上方拍摄所产生的图案。注意，相长干涉和相消干涉的区域一直延伸到波纹槽的右侧边缘，而这些区域的波纹的数量及大小取决于波源之间的距离和波的波长（或频率）。干涉不仅仅限于常见的水波，而是所有波的特性。

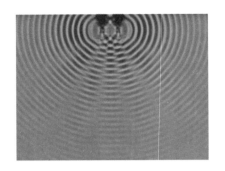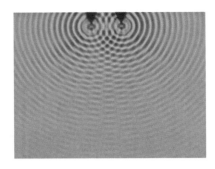

图 4-11　不同干涉模式

注：来自不同位置的振动源所产生的重叠波的干涉模式。

杨氏双缝实验

1801 年，英国物理学家托马斯·杨（Thomas Young）进行了著名的双缝干涉实验，强有力地证明了光的波动性。托马斯发现，穿过两个紧密相间的针孔的光线重新组合，在屏幕上产生明暗条纹（见图 4-12）。当光波通过两个孔的波峰同时到达屏幕时，就会形成明亮的条纹。当一个波峰和另一个波谷同时到达时，就会形成暗条纹（见图 4-13）。图 4-12 为来自两个源的叠加波的干涉图。当他的实验用两条紧密间隔的狭缝而不是针孔进行时，条纹图案是直线形的（见图 4-14）。

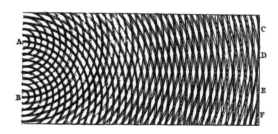

图 4-12　托马斯·杨的双源干涉图案原图

注：黑色环形代表波峰；波峰之间的空白表示波谷。当波峰与波峰重叠或波谷与波谷重叠时，会发生相长干涉。字母 C、D、E 和 F 表示相消干涉区域。

在图 4-15 中，从狭缝到屏幕的路径长度不同时，这一系列明暗条纹是如何产生的呢？对于中心亮条纹，两条狭缝的路径长度相同，因此波以同相位到达并且相互加强。中心条纹两侧的暗条纹是由于一条路径比另一条路径长（或短）了半个波长，因此波到达的相位相差半个波长。另一组暗条纹出现在路径相差 1/2 波长的奇数倍的地方：3/2、5/2，以此类推。

图 4-13 双源干涉图案成因

注：当来自两条狭缝的波同相到达时，会出现明亮的条纹；暗区是由异相波的重叠造成的。

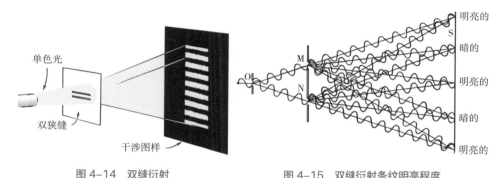

图 4-14 双缝衍射

注：当单色光通过两条紧邻的狭缝，产生条纹干涉图案。

图 4-15 双缝衍射条纹明亮程度

注：从 O 发出的光穿过狭缝 M 和 N，并在屏幕 S 上产生干涉图案。

在进行双狭缝实验时，假设我们覆盖其中一条狭缝，使光只通过一条狭缝。光线会以扇形射出并照亮屏幕，形成一个简单的衍射图案，如前文图 4-7（b）所示。如果我们覆盖另一条狭缝，让光线只穿过打开的一条狭缝，我们会在屏幕上获得相同的图案，但会有一些位移，这是因为狭缝的位置不同。

如果不知道更多的知识，我们可能会想到，如果两条狭缝都打开，图案将是单条狭缝衍射图案的总和，如图 4-16（a）所示。但事实并非如此，相反，形成的图案是明暗相间的条纹，如图 4-16（b）所示，我们会得到一个干涉图案。顺便说一句，光波的干涉不会产生或破坏光能，只重新分配光能。

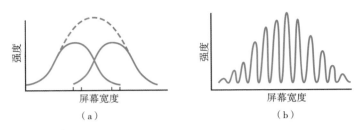

图 4-16　一条狭缝与两条狭缝对比实验

注：通过双狭缝衍射的光不会形成如图（a）中所示的强度叠加。由于干涉，
强度模式如图（b）所示。

干涉图案不限于单狭缝和双狭缝。许多紧密间隔的狭缝组成了衍射光栅。这些器件像棱镜一样，将白光分解成各种颜色的光。棱镜通过折射分离光，而衍射光栅通过干涉分离光。衍射光栅经常被用于光谱仪中。衍射光栅上有微小的凹槽，将白光分离成彩色带，在一些服装首饰和节日眼镜中也有应用。一些鸟类羽毛上的微小凹槽也将白光分散成多种颜色的光。干涉现象为大自然增添了许多色彩。

Q4　潮湿路面上的油污为什么是彩虹色的？

我们经常会看到肥皂泡或潮湿路面上的汽油呈现出美丽的彩虹般的色彩。这种彩虹色是由光波的干涉产生的。我们在透明薄膜中也可以观察到这种彩虹色。当肥皂膜的厚度与光的波长大致相同时，肥皂泡在白光中也会呈现彩虹色。

我们可以用单色光源和几块玻璃来简单演示光的干涉实验。钠蒸气灯是一种很好的单色光源。我们可以将两块玻璃板叠放在一起，并将一张极薄的纸夹在两块玻璃板边缘的中间，使玻璃板之间形成一层非常薄的楔形空气膜。从能够看到灯的反射图像的位置上，我们将会发现，图像不是连续的，而是由暗带和亮带组成的。

这些明暗带产生的原因是楔形空气膜顶部和底部的玻璃表面分别反射了光波，它们之间形成了干涉，如图 4-17 所示。从 P 点反射的光由两条不同的路径到达眼睛。在一条路径中，光从楔形空气膜的顶部反射；在另一条路径中，光从空气膜的底部反射。如果眼睛聚焦在楔形空气膜底部的 P 点上，两条光线都会到达眼睛视网膜上的同一位置。但这些射线传播的距离不同，可能同相或异相相遇，这取决于楔形空气膜的厚度，也就是说，一条射线相比另一条射线传播的距离有多远。当我们观察玻璃的整个表面时，我们看到交替的明暗区域。黑暗区域，是由于空气膜的厚度正好可以产生相消干涉，而明亮区域则是由于空气膜的厚度适当，可以加强光线。因此，暗带和亮带是由薄膜两侧反射的光波的干涉造成的。

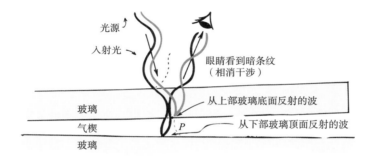

图 4-17　来自楔形空气膜上下表面的反射

注：光波用黑色和蓝色线表示，以展示反射时它们如何波异相相遇。

如果玻璃板的表面完全平坦，明暗条纹就是均匀的，但是，如果表面不是完全平坦的，条纹就会出现扭曲。光的干涉为测试物体的表面平整度提供了一种极其灵敏的方法。产生均匀条纹的表面被称为光学平坦的表面，这意味着相对于可见光的波长，物体表面的不规则程度很低（见图 4-18）。

图 4-18　表面平整度测试

注：用于测试表面平整度的光学平面。直线条纹表示该表面光学平坦。

将一个顶部平坦、底部略有凸曲的透镜放置在光学平板玻璃上，并用单色光从上方照射时，就会产生一系列亮环和暗环。这种图案被称为牛顿环（见图4-19），之所以用牛顿的名字来命名，是因为牛顿被认为是第一个研究这一现象的人。这些亮环和暗环是在平面下被观察到的相同种类的条纹。这种测试技术对于抛光精密透镜非常有用。

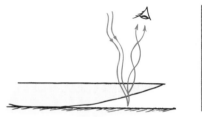

图 4-19　牛顿环

干涉颜色

当肥皂膜的厚度与光的波长大致相同时，肥皂泡在白光中会呈现彩虹色。这是因为从膜的外表面和内表面反射的光波传播不同的距离。当被白光照射时，薄膜在某个地方的厚度可能正好可以引起红光的相消干涉。当白光中减去红光时，结果就会显示为红色光的互补光——青色光。在另一个地方，薄膜较薄，另一种颜色的光可能会被干涉抵消，所看到的光将是这种颜色互补色的光。

在潮湿道路上，汽油薄膜的干涉色尤其明显。光在上层汽油表面和下层汽油—水表面同时发生反射。如果汽油薄膜的厚度足以抵消蓝色，那么汽油表面看起来就是黄色的。这是因为白光中减去蓝光，留下互补的黄光。不同的颜色对应了薄膜的不同厚度，为表面"高度"的微观差异提供了生动的"等高线图"。

在更大的视野范围中，即使汽油膜的厚度是均匀的，我们也可以看到不同的颜色。这是由薄膜的表观厚度决定的：从表面的不同部分到达眼睛的光以不同的角度反射并穿过不同厚度的薄膜。例如，如果光线以掠射角入射，则透射到汽油下层表面的光线会传播更长的距离。在这种情况下，较长的波被抵消，出现不同的颜色。

用肥皂水洗过的盘子上有一层薄薄的肥皂膜。试着将这样的盘子放在光源上，调整到可以看到干涉色的角度。然后再把盘子换到一个新的位置，观察角度不变，颜色会发生改变。这是因为从肥皂膜底部表面反射的光抵消了从顶部表面反射的光，所以，当我们从不同的角度来观察，就会发现，不同波长的光被抵消。干涉色在肥皂泡中最为明显。我们可以发现，肥皂泡的颜色主要是青色、品红色和黄色，这是因为从白光中减去了红光、绿光和蓝光，或其他单一波长的颜色的光。

干涉技术可以用于测量光和其他电磁辐射波长。它还能以高精度测量极小的距离。干涉仪是目前用于测量小距离的最精确的仪器之一，其运用的就是干涉原理。

Q5　3D 成像的原理是什么？

我们的两只眼睛会同时（或几乎同时）给出自己所接收到的图像，也就是说每只眼睛会从稍微不同的角度观看场景，从而产生视差。三维视觉就是基于此，这种视差被商家利用制作成了 3D 眼镜。要想了解其中原理，我们需要先学习光的偏振。

如果我们上下摇动一条绷紧的绳子的末端，绳子就会产生波。沿着绳子的运动与我们手的振动在同一平面内。上下摇动绳子，振动就处于垂直平面内。水平来回摇动，波的振动就在水平平面内（见图 4-20）。这样的波是平面偏振的，这意味着沿着绳子前进的波被限制在一个平面内。在一个平面内振动的波是横向的。偏振只发生在横波上，它将波的振动限制在一个方向上。

图 4-20　平面偏振

注：垂直平面的偏振波和水平平面的偏振波。

光和所有电磁波的偏振表明它们是横向的。例如，广播天线中的单个振动电子发出平面偏振的电磁波。偏振平面与电子的振动方向相匹配，是电场振动的平面。然后，垂直方向加速的电子发射垂直偏振的电磁波，而水平加速的电子则发射水平偏振的波（见图4-21）。

图 4-21　电磁波的偏振

注：图（a）中，垂直振动的电荷产生垂直平面的偏振波；图（b）中，水平振动的电荷产生水平平面的偏振波。

普通光源如 LED 灯、荧光灯或蜡烛火焰等发出的是非偏振光。这种光混合了所有可能的偏振光。振动平面的数量与产生它们的原子或加速电子的数量一样多。对于一些平面，我们可以用径向线或更简单地用在两个方向上互相垂直的矢量来表示它们（见图4-22），就好像我们已经将

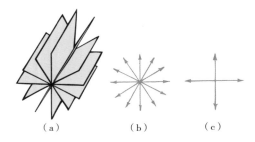

图 4-22　平面极化波示意图

注：这 3 种情况代表电磁波的电部分。

图 4-22（b）中的所有矢量分解为水平和垂直分量一样。这个简单的示意图表示非偏振光。偏振光将由单个电矢量表示，这种情况是线性偏振，其中振动沿着一个单一平面前进。[1]

所有非立方的透明晶体都会影响光的偏振。某些晶体[2]（如方解石）将非偏振光分成两个彼此呈直角偏振的内部光束，这一特性被称为双折射（见图4-23）。一些双折射晶体会强烈吸收一束光，同时透射另一束光。电气石是一种能产生彩色光束的双折射晶体。碘硫酸奎宁可以不变色地完成这项工作。

---

[1] 光也可以是圆偏振或椭圆偏振，是横向偏振的组合。当电矢量的垂直分量在不同介质中速度不同时，矢量的尖端在旋转电矢量平面的圆形或椭圆形路径中盘旋。但本书不涉及这些情况。
[2] 具有二色性的晶体。

偏振滤光镜（如宝丽来滤光片）是通过在纤维素片之间嵌入均匀排列的碘硫酸奎宁微小晶体制成的。偏振滤光镜也可能由纤维素片之间某些排列整齐的分子组成，而不是微小的晶体。①

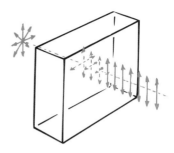

图 4-23 双折射

注：入射的非偏振光的一部分被吸收，从而产生偏振光。

如果你通过偏振滤光镜观察非偏振光，向任何方向旋转滤光镜，光线看起来都不会改变。如果你观察的是偏振光，并旋转滤光镜，你就可以逐渐切断越来越多的光线，直到光线被完全阻挡。理想的单偏振滤光镜会透射 50% 的入射非偏振光。当然，另外 50% 是偏振光。如图 4-24（a）所示，当两个偏振片的偏振轴对齐时，光将同时透射通过这两者。如果它们的轴彼此成直角（在这种情况下，我们说滤镜是交叉的），那么没有光穿透这对偏振片。② 实际上，有一些较短波长的光能穿过偏振片，但很微弱。当像这样的偏振片成对使用时，第一个叫作偏振器，第二个叫作分析器。

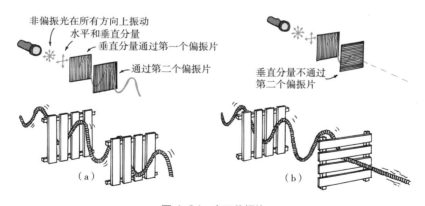

非偏振光在所有方向上振动
水平和垂直分量
垂直分量通过第一个偏振片
通过第二个偏振片

垂直分量不通过
第二个偏振片

（a）　　　　　　　（b）

图 4-24 交叉偏振片

注：绳子的类比说明了交叉偏振片的影响。

---

① 这些分子是聚乙烯醇或聚乙烯薄片中的聚合碘。
② 普通宝丽来滤光片中的长链分子优先吸收偏振与分子对齐的光，这与图 4-24 所示光栅板中易于可视化的板条不同。重要的是，透射光的偏振与吸收光的偏振垂直。

来自非金属表面的大部分光线是偏振的（见图 4-25）。除了垂直入射的情况，反射光线包含更多平行于反射表面的振动，而透射光束包含更多与反射光的振动呈直角的振动，玻璃或水的眩光来自这种效应。使用太阳镜可以明显减少反射表面的眩光（见图 4-26）。透镜的偏振轴是垂直的，因为大多数眩光从水平表面反射。

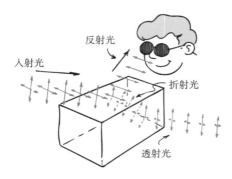

图 4-25　非金属表面的偏振

注：大多数来自非金属表面的眩光是偏振的。注意入射光的哪些成分反射，哪些成分透射。

图 4-26　太阳镜可以减少眩光

注：太阳镜可以阻挡水平振动的光线。当透镜以直角重叠时，没有光线通过。

三维视图

如果你用左眼看左视图而右眼看右视图，来看图 4-27 中的这对图像，你将看到具有深度的立体视图，这个立体视图代表了冰的晶体的立体结构。在图 4-28 中，同一个平面上的雪花在立体观察时看上去像是在不同的平面上。

老一辈人熟悉的手持式立体观察仪就可以模拟具有深度的立体效果。在这种设备中，有两张相隔很近的透明胶片（或幻灯片），相当于一个人双眼之间的平均距离。当同时看到两个视图时，这种设计使左眼看到从左侧拍摄的场景，而右眼看到从右侧拍摄的场景，因此，场景中的物体以正确的透视方式浮现出来，使画面有明显的深度。该设备的构造使每只眼睛只能看到合适的视图。一只眼睛不可能同时看到两张幻灯片。如果你从手持式立体观察仪中移除幻灯片，并使用投影仪将每张幻灯片投影到屏幕上（以便重叠视图），则会产生模糊的图像。这是因为每只眼睛同时看到了两个视图。

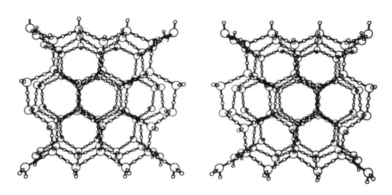

图 4-27 冰的立体晶体结构

注：当你的大脑将左眼看左图和右眼看右图的视图结合在一起时，你会看到有深度的立体视图。为了观察到立体效果，首先，请将眼睛向远处观望；然后，在不改变焦点的情况下，看本图，每个图形都会显示为两个；最后，调整焦点，使两个内部图像重叠，以一个中心合成图像。（如果你改为眼睛交叉与图像重叠，则远近颠倒！）

图 4-28 雪花的立体视图

注：观察方法与图 4-27 相同。

如果将滤光片放在投影仪前面，使它们互成直角，然后用方向相同的偏振眼镜观看偏振图像，每只眼睛都会看到与使用立体眼镜看到的一样的视图（见图 4-29）。然后你就会看到三维图像。[1]

The test of all knowledge
is experiment.
Experiment is the *sole judge*
of scientific "truth."
Richard P. Feynman

The test of all knowledge
is experiment.
Experiment is the *sole judge*
of scientific "truth."
Richard P. Feynman

图 4-29　观察投影仪上的偏振图像

注：当你的眼睛聚焦在远处观看时，第二行和第四行看起来更远；如果你眼神交叉，第二行和第四行看起来更近。

我们在计算机生成的立体图中也可以看到有深度的立体图像。这时，我们需要使用前面的立体图观察步骤，而一旦掌握了观看技巧，就可以在智能手机或网络上查看许多立体图像。

全息术

全息图（hologram）是由丹尼斯·盖博（Dennis Gabor）于 1947 年发明并命名的，在希腊语中，*holo* 意为"整体"，*gram* 意为"消息"或"信息"。因此，全息图表示完整信息或整个画面。在适当的照明条件下，全息图的图像非常逼真，你可以看到图像中物体的各个细节，也可以看它的侧面。全息图可以让你看到事物在三维场景中的真实再现。

普通摄影使用镜头形成图像。从物体上的每个点反射的光仅被镜头引导到胶片或感光体上的对应点。然而，在全息摄影中，没有镜头用于图像形成。相反，被"拍摄"物体的每个点都会将光反射到整个感光板上，因此感光板的每个部分都会被来自物体的每个部分反射的光曝光。重要的是，制作全息图所用的光必须是单一频率的，并且所有部分都完全同相，即它必须是相干的。例如，如果使用

---

[1] 改进的图像要使用圆形偏振器而不是线性偏振器来进行观看。

白光，则一个频率的衍射条纹将被其他频率的衍射图案所抵消。只有激光才能轻松产生这种光。全息图就是用激光制作的，但可以用普通光看到（见图4-30），就像信用卡或某些纸币上的全息图那样。光真的很迷人，特别是当它被衍射成全息图中的干涉条纹时。

图 4-30　全息图

要点回顾

CONCEPTUAL PHYSICS >>>

- 1678 年，荷兰物理学家克里斯蒂安·惠更斯研究了波的行为，并提出从点源传播的光波的波前可以被视为微小的次级波的重叠波峰，即波前由被称为小波的较小波前组成。这一观点被称为惠更斯原理。

- 光可以通过反射和折射从其普通直线路径突然改变方向，除了反射和折射以外，任何光的弯曲都被称为衍射。衍射是波浪围绕障碍物或开口边缘的弯曲。光线通过物体边缘或通过小孔时的衍射会产生模糊的边缘。

- 当两个波相互作用时，产生的波的振幅是两个单独波的振幅之和，这就是所谓的叠加原理，这种现象通常被称为干涉。

- 生动的色彩也能由薄膜顶面和底面光线的双重反射产生。产生的颜色可以从单色光的条纹一直到肥皂泡薄膜中可见的明亮颜色阵列。

- 在全息摄影中，没有镜头用于图像形成。相反，被"拍摄"的物体的每个点都会将光反射到整个感光板上，因此感光板的每个部分都会被来自物体的每个部分反射的光曝光。

CONCEPTUAL
PHYSICS

05

我们如何看到光

妙趣横生的物理学课堂

- 极光是如何产生的?

- 化学元素都有自己的"光谱指纹"吗?

- 白炽灯与霓虹灯有什么不一样?

- 怎样通过恒星发出的光谱来确定它们的速度?

- 为什么不同矿物会发出不同颜色的光?

- 为什么有些物体可以在黑暗中发光?

- 为什么人们现在普遍使用 LED 灯?

- 为什么我们看不见激光?

如果能量被泵入金属天线，使自由电子每秒来回振动数十万次，就会发射无线电波。如果自由电子能够以每秒 100 万亿次的速度来回振动，就会发出可见光波，但可见光不是由金属天线产生的，也不是完全由原子天线通过原子中电子的振荡产生的。

原子发光的细节涉及原子内电子从高能态到低能态的跃迁。这个发射过程可以用我们熟悉的原子行星模型来理解。正如每种元素的特征是占据其原子核周围壳层的电子数量一样，每种元素都有自己的电子壳层或能态的特征模式。这些状态只能处于特定的能量下，我们说它们是离散的。这种离散态被称为量子态。

通过本章内容，我们将学习有关光源的物理学，即光发射的物理学。我们需要从光发射的经典模型前往光发射的量子模型中寻找答案。在经典模型中，我们没有看到电子沿着金属天线来回加速（这完美解释了无线电波），但在量子模型中，我们就会发现光是通过电子能态之间的跃迁发射出来的。

Q1 极光是如何产生的？

北极光和南极光的形成源自原子或分子的激发过程。太阳风携带的高能带电粒子撞击大气层上层的原子和分子，激发这些原子和分子产生与霓虹管中完全相同的光。不同种类的气体激发过程，产生了不同颜色的光，氧原子产生蓝绿色光，氮分子产生红紫色光，氮离子产生蓝紫色光。极光不仅仅包含可见光，还包括红外线、紫外线和 X 射线。

原子在激发过程中会经历什么呢？

离原子核较远的电子比离原子核近的电子拥有更多势能（见图 5-1）。从电子相对于原子核的位置来说，距离越远的电子处于越高的能态，或者等效地，处于越高的能级。在某种意义上，这类似于弹簧门或打桩机的能量。弹簧门开得越大，弹簧势能就越大；打桩机的柱塞升得越高，引力势能也越大。

图 5-1　原子简化图

注：电子绕原子核在离散壳层中运行的简化视图。

当电子以任何方式被提升到更高的能级时，我们就说原子被激发。然而，电子处于较高能级水平只是短暂的，就像被推开的弹簧门一样，它很快就会回到最低能态。当电子返回到较低能级水平并发出辐射能脉冲时，原子失去了暂时获得的能量，原子经历了激发和去激发的过程（见图 5-2）。

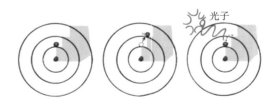

光子

图 5-2　原子的激发和去激发

注：当原子中的电子被提升到更高的能级时，原子被激发。当电子返回到其原始水平时，原子去激发并发出光子。

正如每种电中性元素的原子都有自己独特的电子数一样，每种元素的原子也有自己专属的能级特征。在一个被激发的原子中，电子从高能级到低能级跃迁时，每一次跃迁都会发出跳动的电磁辐射脉冲——光子，其频率与跃迁的能量变化有关。如前所述，我们认为光子是一种纯能量的局域微粒——从原子中射出的光的粒子。光子的频率（v）与其能量（E）成正比，用符号表示为：

$$E \sim v$$

当引入普朗克常数 h[①] 时，这一关系可以用精确的方程表示为：

$$E = hv$$

例如，红光束中的光子携带的能量与其频率相对应，在光谱的紫外部分有另一种频率为红光两倍的光子，它所携带的能量也是红光光子的两倍。如果一种材料中的许多原子被激发，就会发射出许多不同频率的光子，它们的频率取决于激发能级和电子跃迁到的较低能级之间的能量差。原子的发射光谱包含了被激发材料所发射光子的频率集合。当被激发时，每种元素的原子都会发出自己独特的光谱。

广告牌玻璃管发光就是一种常见的原子激发的结果。虽然我们通常将这些能发出不同颜色的光的玻璃管称为"霓虹灯"（neon lamp），但是不同颜色的光对应着不同气体原子的激发状态。只有红光才是氖（neon）元素产生的光。在装有氖气体的玻璃管中，两端都有电极。

从某种意义上说，电子从这些电极上"蒸发"出来，并在高交流电压的作用下来回高速碰撞。数以百万计的高速电子在玻璃管内来回振动，撞击数百万个目标原子，将其轨道电子提升到更高能级，提升的能量等于轰击电子减少的动能。当电子回落到其稳定轨道（基态）时，这种能量作为氖的特征红光辐射出来。当氖原子连续经历激发和去激发的循环（见图 5-3）

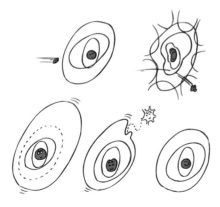

图 5-3　激发和去激发

① 普朗克常数 h 的数值为 6.6×10^{-34} 焦耳·秒。

时，这一过程反复发生多次，其总体结果就是将电能转化为辐射能。

当含有不同元素的盐被放置在火焰中时，各种火焰的颜色会被激发出来。激发的每种元素原子都会发射出光线，光线的颜色能反映其能级间距的特征。例如，放在火焰中的普通食盐会产生钠燃烧特有的黄色。

路灯也是原子发射光谱的例子。一些城市街道仍然被汞蒸气等气体发出的光照亮，与白炽灯发出的白光不同，这些灯发出的光多为蓝色和紫色。其他一些路灯使用钠蒸气发光，这种路灯消耗的能量更少。低压钠蒸气灯呈橙黄色。如果你有棱镜或衍射光栅，用它们来观察路灯发出的光，你会看到光的颜色是不连续的，这是由于原子能级的离散性而造成的。观察路灯时，你可以注意到水银灯和钠灯的不同颜色。

激发和去激发过程只能用量子力学来精确描述。如果从经典物理学的角度来解释这一过程，就会遇到难以解释的矛盾之处。在经典物理学中，一个加速的电荷会产生电磁辐射，又怎么能解释原子被激发而发光呢？

电子确实在从较高能级到较低能级的跃迁中加速。正如太阳系最内层轨道上的行星速度比最外层行星更快一样，原子最内层轨道的电子速度也相对更快。电子在下降到较低能级时获得速度，然后，加速的电子辐射出光子！无论电子的能级是否发生改变，电子在任何轨道上都依然在持续加速（向心加速）。

根据经典物理学的观点，电子应该持续辐射能量，但事实并非如此。所有试图用经典模型解释受激原子发光的尝试都没有成功。诸如速度和加速度之类的经典概念并不适用于原子中处于量子态的电子。我们可以简单地说，当原子中的一个电子从较高的能级向较低的能级进行量子跃迁时，就会发射出光，发射出的光子的能量和频率的关系用 $E = h\nu$ 表示。

Q2 化学元素都有自己的"光谱指纹"吗?

在日常生活中,你也可以发现原子被激发的证据,比如把一块铜放到火上炙烤时,你可以观察到绿色火焰。你能否想象出,电子因为原子处于被激发的状态而从一个能级跳到另一个能级呢?这种状态可以显示出该原子特有的颜色。

每一种化学元素都有自己独特的一组能级,所以每一种元素原子都有其独特的吸收(和发射)光线的模式。天文学家以此为依据,研究天文物体中各种化学元素的"光谱指纹"。

那么,怎么确定各种化学元素的"光谱指纹"呢?

当光线通过棱镜时,或者,最好能让光线首先通过一条狭缝,然后再通过棱镜聚焦到显示屏上,那样我们就可以看到"光谱指纹"的图案。这种狭缝、聚焦透镜和棱镜(或衍射光栅)的排列被称为分光镜,是现代科学中非常有用的仪器(见图5-4)。

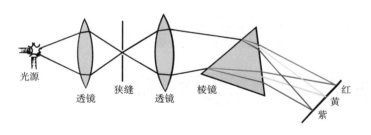

图 5-4 一个简单的分光镜

注:第一个透镜将光源发出的光通过一条狭缝聚焦。第二个透镜将光线从狭缝引导到棱镜上,狭缝的图像被分散并投射到屏幕上。光谱模式是来自光源的光的特征。

根据光的频率,每种频率的光都聚焦在一个确定的位置,并在屏幕、照相胶片或适当的检测器上形成狭缝的图像。狭缝的不同颜色的图像被称为光谱线。一些典型的光谱模式如图 5-5 所示。给定的频率对应于确定的波长，在光谱中，通常用波长而不是频率来表示不同颜色的光。[①]

如果在分光镜中分析钠蒸气灯发出的光，则一条黄线会占主导地位，如图 5-5（c）所示。如果缩小狭缝的宽度，我们会发现这条线实际上是由两条非常接近的线组成的（本图中并不明显）。这两条线代表受激钠原子发射的光的两个主要频率。虽然光谱的其余部分看起来很暗，但实际上，还有很多其他的线，这些线通常太暗，肉眼看不见。

所有发光蒸气都有类似情况。汞蒸气灯发出的光显示为一对紧密相连的亮黄色线条（与钠光谱模式中的位置略有不同），一条非常明显的绿色线条，以及几条蓝色和紫色线条，如图 5-5（d）所示。我们发现，每种元素的原子发出的光都会产生自己的特征线图案。这些线表示原子能级之间的电子跃迁，也是每种元素的特征，就像人的指纹一样，因此，分光镜被广泛用于化学分析。

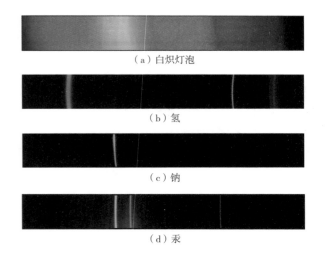

（a）白炽灯泡

（b）氢

（c）钠

（d）汞

图 5-5　典型的光谱模式

注：图（a）中，白炽灯泡具有连续的光谱；图（b）、图（c）、图（d）分别为氢、钠和汞的谱线，这 3 种元素的谱线各不相同。

---

① 我们知道，$v = f\lambda$，其中 v 是波速，f 是波的频率，λ 是波长。对于光，v 是常数 c，所以我们从 $c = f\lambda$ 中可以看出频率和波长之间的关系，即 $f = \dfrac{c}{\lambda}$ 或 $\lambda = \dfrac{c}{f}$。

Q3 白炽灯与霓虹灯有什么不一样？

"白炽"的英文单词 incandescence 来自拉丁语，意为"炽热化"，高温产生的光具有"白炽"的特性。高温产生的光可以是红色的，如烤面包机的加热元件发出的光；也可以是蓝色的，如特别热的恒星产生的光；也可以是白色的，就像我们熟悉的白炽灯灯光一样。

白炽灯与霓虹灯或汞蒸气灯的区别在于，它包含无数频率的光，在整个光谱中平滑展开。这是否意味着构成白炽灯灯丝的单个钨原子具有无限多个能级？答案是否定的。如果灯丝升华，然后被激发，钨的气体原子将以有限的频率发射光，并产生整体偏蓝的颜色。

气相中相隔很远的原子发出的光与固相中紧密排列的相同原子发出的光有很大不同。二者的区别就像是单个铃铛发出的铃声与一盒子铃铛发出的铃声。在气体中，单个原子和其他原子相距很远，电子在气相原子内经历能级之间的跃迁，不受其他原子的影响，但在固体中，原子是紧密排列的，由于相邻原子的挤压，能级变得不那么明显，辐射几乎能以连续的能级带的形式发射。

正如预期的那样，来自白炽光源的光取决于光源的温度。我们称之为热辐射，无论它是低于、处于或高于可见光的频率。图 5-6 显示了样品在不同温度下的热辐射范围。固体被进一步加热，就会发生更多的高能跃迁，发射出更高频率的辐射。该曲线包括连续光谱。在光谱最亮的部分，发射辐射的主频率，即峰值频率，与发射器的绝对温度成正比：

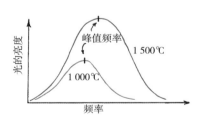

图 5-6 白炽固体的辐射曲线

$$\bar{f} \sim T$$

我们使用上方带短线的 f 来表示峰值频率，因为许多频率的辐射都是从白炽光源发出的。如果物体的温度（单位为开尔文）增加一倍，发射辐射的峰值频率也随之增加一倍。紫光的电磁波频率几乎是红光的两倍，因此，紫热星的表面温度几乎是红热星的两倍。[①] 白炽体的温度，无论是恒星还是高温炉内部，都可以通过测量它们发射的辐射能量的峰值频率（或颜色）来确定。

Q4　怎样通过恒星发出的光谱来确定它们的速度？

人们对来自银河系"邻居"仙女座的光进行了分析。分析结果显示，从地球上看，仙女座的光线发生了蓝移，这表明仙女座正在向我们靠近。我们可以通过研究恒星发出的光谱来确定它们的速度。正如运动声源的音调会产生多普勒频移一样，运动光源的频率也会发生多普勒频移。

向我们靠近的光源所发出的光的频率（而不是速度！）比静止光源发出的光的频率高，而逐渐远离我们的光源所发出的光的频率比静止光源发出的光的频率低。对于远离我们的光源，其谱线相应地被移向光谱的红端。几乎所有星系的光谱都呈现出红移，这就是它们正在远离我们，同时宇宙正在膨胀的证据。

科学家怎样进行光谱分析呢？

当我们用分光镜来观察白炽光源发出的白光时，我们会看到整个彩虹上的连续光谱。然而，如果光源和分光镜之间存在气体，我们在仔细检查时就会发现光谱不再是连续的。吸收光谱中分布着暗线，彩虹色背景下的这些暗线就是吸收线。

原子既能吸收光也能发射光。原子能够强烈吸收具有调谐频率的光，也就是

---

① 如果进一步研究这个问题，你会发现，物体辐射能量的时间速率（辐射功率）与开尔文温度的 4 次方成正比，因此，温度的加倍意味着辐射能频率的加倍，但辐射能的发射速率增加 16 倍。

说，原子主要吸收与它发射的光频率相同的光。当一束白光通过气体时，气体原子会吸收光束中特定频率的光。这些吸收的光在所有方向上，而不仅仅在入射光束的方向上被重新辐射。当光束中剩余的光扩散成光谱时，被吸收的光在原本连续的光谱中呈现为暗线。这些暗线的位置与同一气体发射光谱中的线的位置完全对应（见图5-7）。

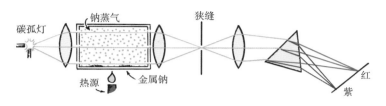

图5-7 气体吸收光谱的实验演示装置

尽管太阳也是像白炽灯一样的光源，但如果仔细观察就会发现，它产生的光谱并不是连续的，其中有许多吸收线，被称为夫琅禾费线。夫琅禾费线的命名是为了纪念德国物理学家约瑟夫·冯·夫琅禾费（Joseph von Fraunhofer），他首次准确观察并绘制了这些吸收线。恒星产生的光谱中也有类似的线，这表明太阳和恒星都被一种较冷的气体包围着，这些气体吸收了一些来自主体的光。对这些谱线的分析揭示了这些光源大气中的化学成分。

我们从这些分析中发现，恒星元素与地球上存在的元素相同。一个有趣的意外发现是，1868年，在对太阳光进行的光谱分析中，出现了一些与地球上已知的光谱线不同的光谱线。这些光谱线确定了一种新元素，以古希腊神话中太阳神赫利俄斯的名字命名为氦。在地球上发现氦之前，人们竟然先在太阳中发现了它！

Q5 为什么不同矿物会发出不同颜色的光？

参观地质博物馆时，我们可能会看到用紫外线照射的矿物展览。在紫外线的照射下，不同的矿物会发出不同的颜色，这是因为不同的矿物由不同的元素组成，而这些元素的原子又具有不同的电子能级。每一个被激发的原子都会发出其相应特征频率的光，因此没有哪两种矿物会发出颜色完全相同的光。

当紫外线高能光子撞击岩石时，含有荧光矿物的岩石会发出荧光，例如，方解石和硅灰石分别可以发出清晰的红色和绿色。在这种美丽的视觉背后，有一个知识点等待我们学习，那就是荧光。

粒子（如高速电子）的热搅动和轰击并不是将激发能传递给原子的唯一方式。原子可以通过吸收光子来激发。从关系式 $E = h\nu$ 中，我们可以看出，高频光，如紫外线，位于可见光光谱之外，与低频率的光相比，每个光子的能量更高。当用紫外光照射时，许多物质会受到激发。

许多物质在被紫外光激发后，原子去激发时会发出可见光，这种特性被称为荧光（见图 5-8）。在这些材料中，紫外光的光子激发原子，将电子提升到更高的能态。在这种向上的量子跃迁中，原子很可能跨越几个中间能态，因此，当原子去激发时，它可能会做出更小的跳跃，发射出几个光子，每个光子的能量都比激发它的光子少。

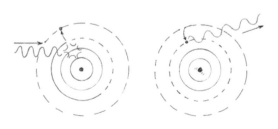

图 5-8　原子的荧光特性

注：在荧光过程中，原子吸收的紫外光子的能量将原子中的电子提升到更高的能态。当电子返回到中间状态时，发射的光子能量较低，因此频率比紫外光子低。

这种激发和去激发的过程发生得很快，就像在爬楼梯时，先一次向上跳好多级台阶，然后跳下时，每次只向下跳一两级台阶，而不是直接跳回最初的位置。这种情况下发射的是较低频率的光子（见图 5-9），因此，照射在材料上的紫外线会使其整体呈现红色、黄色或任何材料所特有的颜色。荧光染料被用于油漆和织物中，一旦它们在阳光照射下受到紫外线光子轰击时就会发光，当用紫外线灯照射时，它们会非常壮观。

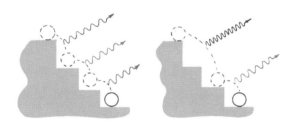

图 5-9　原子去激发

注：一个被激发的原子可以在几个跳跃组合中去激发。

那些声称清洗的衣服"比白色更白"的洗涤剂就是使用了荧光原理。这种洗涤剂含有一种荧光染料，可以将阳光中的紫外光转化为蓝色可见光，因此，用这种洗涤剂所洗的衣物比用其他方法洗的衣物会反射更多的蓝光，使衣服显得更白。

Q6　为什么有些物体可以在黑暗中发光？

磷光材料被激发时，某些晶体以及一些大的有机分子会长时间处于激发状态。与荧光材料中的情况不同，它们的电子被提升到更高的能级，并且不像荧光中那样迅速去激发。相反，它们在某种意义上会暂时"卡住"。因此，磷光材料的激发和去激发过程之间存在时间延迟。磷光材料的这种特殊性质被称为磷光性质。

磷光性质被用于各种发光材料，甚至牙刷中。这些发光材料可以在黑暗中发光。这些材料中的原子或分子会受到入射可见光的激发。许多原子并不像荧光材料中的原子那样立即去激发，而是保持在亚稳态状态——一种长时间的激发状态，尽管大多数去激发过程很快，但有些去激发过程也可能长达数小时。

例如，如果激发源被移除，如果光被熄灭，当数百万原子自发地逐渐经历去激发时，余晖仍然存在。一些磷光灯熄灭后的余晖可能会持续一个多小时。同样，那些被可见光激发的古老的发光时钟表盘也是如此。一些较旧的时钟表盘在黑暗中持续不停地发光，这不是因为激发和去激发之间的长时间延迟，而是因为它们含有镭或其他放射性物质，这些物质持续提供能量以保持激发过程。由于放射性物质对使用者存在潜在危害，添加放射性物质的表盘已经很少了。[①]

许多生物，从细菌到萤火虫，甚至更大的动物，如水母，都会激发体内的发光分子。我们说这种生物是生物发光的。在某些条件下，某些鱼在游泳时会发光，但静止时会保持黑暗。当这些鱼静止不动时，外界看不见它们，但当它们感到惊慌时，它们会突然发出光线，像深海焰火一样。生物发光的机制目前还不完全清楚，仍在研究中。

Q7 为什么人们现在普遍使用 LED 灯？

在爱迪生用改进的白炽灯泡改变世界之前，人们使用的光源在鲸鱼油灯、煤气灯和石油燃料灯等形式中不断发展进步。2014 年，日本科学家中村修二、天野浩和赤崎勇因发明蓝色 LED 而获得诺贝尔物理学奖。

今天，我们主要使用 LED 灯来照明，白光 LED 几乎已经取代了白炽灯和荧光灯。LED 灯高效耐用，寿命长（约为白炽灯泡的 100 倍），并且不像荧光灯那样含有对人体有害的汞。

从白炽灯到 LED 灯，灯是如何演变发展的呢？

---

① 放射性形式的氢（被称为氚）可以使表盘保持无害照明。这是因为它的辐射能量低，无法穿透金属或塑料制成的表壳。

白炽灯

图 5-10 是白炽灯泡的结构简化图。白炽灯用玻璃作外壳，内部有钨丝，通电后电流就会通过钨丝。电流通常将灯丝加热到 2 000 ～ 3 300 开尔文，远低于钨的熔点 3 695 开尔文。加热后的钨丝发出连续的光谱，主要在红外波段，而对我们有用的可见光只占其中较小的一部分。玻璃外壳能防止空气中的氧气接触热丝，否则热丝会被快速氧化破坏。由于逐渐蒸发，灯丝最终会失效、断裂，也就是我们通常说的灯泡"烧坏"了。

灯丝

绝缘体

图 5-10　白炽灯泡的结构简化图
注：电压源向高电阻灯丝中的电子提供能量浪涌。这种能量的一小部分被转换成可见光。

通常，白炽灯内部充满了氩气。如果在内部加入少量的卤素，比如碘，钨的蒸发速度就会减慢，灯泡的寿命也会更长。卤素与钨丝发生化学作用会使整个灯泡更热（不要触摸发光的卤素灯！），因此灯泡被做得更小，通常被耐热石英包裹。卤素灯相比传统白炽灯更高效一些。作为可见光发射器的白炽灯泡，其发光效率通常低于 10%。因此，它们正在被电能转换效率更高的灯所取代。

荧光灯

普通的荧光灯由一个两端都有电极的圆柱形玻璃管组成（见图 5-11）。在荧光灯中，电子从其中一个电极沸腾，并在交流电压的作用下被迫在灯管内进行高速往复运动，就像在霓虹灯的灯管中一样。管内充满了加有氩气的极低压汞蒸气。高速电子的撞击激发了汞原子。大部分发射的光都在紫外区域。

这是荧光灯中发生的主要的激发过程。第二个过程发生在紫外线照射磷光体时，磷光体是管内表面上的一种磷光性的粉末状材料。磷光体被紫外光子吸收后，激发并发出荧光，即发出大量低频光子，这些光子结合在一起产生白光。不同的磷光体可以产生不同颜色或"纹理"的光。

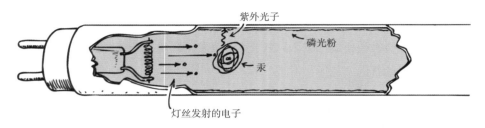

图 5-11　荧光管的组成结构

注：紫外光是由被交流电激发的管内气体发出的。紫外线反过来激发玻璃管内表面的磷光体，发出白光。

发光二极管

电子二极管是一种双端器件，它只允许电荷沿一个方向流动，并在电路中将交流电转换为直流电。二极管具有多种功能，包括电路中的电压调节、信号放大、照明测量以及将光电管中的光转换为电等。

有一种二极管的设计与光电管相反，使用外加电压时会刺激光的发射，这就是发光二极管（LED）。20 世纪 60 年代，人们开发出来的第一批 LED 灯有时发出红光，有时发出绿光，这在当时的仪表板中很常见。它们让你知道你的音乐系统是关闭的还是打开的。20 世纪 90 年代初，蓝色发光二极管发明之后，才有了白光二极管。回想一下前面的内容，当在蓝光中添加红光和绿光时，就得到了白光。二极管也是如此。蓝光、红光和绿光二极管的组合就会产生白光。

LED 的常见设计是，包含自由电子的半导体层沉积在另一种半导体的表面，后者包含可以接受自由电子的能量"洞"。如图 5-12（a）所示，这两种材料边界处的电势垒阻挡了电子的流动。当施加外部电压时，电势垒被克服，高能电子穿过并"落入"能量"洞"中，落下的电子失去的电势能转换成光子，如图5-12（b）所示。正如从桌子上滚落的保龄球撞击地板时发出响亮的"扑通"声一样，LED中电子"扑通"就是光子的发射。那么，每个光子携带的能量是多少呢？没错，与每一次"扑通"失去的能量相同，这符合能量守恒定律。

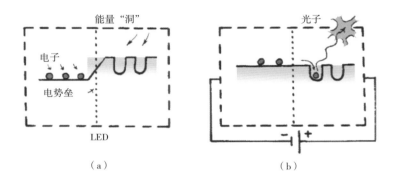

图 5-12　电子进入能量"洞"

注：图（a），LED芯片由两种半导体组成，一种半导体带有自由电子，另一种半导体带有能量"洞"。图（b），当施加电压时，电子穿过电势垒，"落入"能量"洞"并发光。

Q8　为什么我们看不见激光？

除非激光束被空气中的某些东西"阻挡"而发生漫反射，否则我们看不到激光束的路径。就像阳光或月光一样，我们看到的是散射介质中的粒子，而不是光束本身。当光束照射到漫反射的表面时，它的一部分会以点的形式向我们的眼睛散射。

激光是怎么产生又怎么工作的呢？

激光器（LASER）[1]是一种有趣的仪器，其操作应用的原理就是激发、荧光和磷光现象。尽管第一台激光器是在 1958 年提出设想、1960 年建成的，但爱因斯坦在 1917 年已经提出了受激辐射的概念。为了理解激光器的工作原理，我们必须首先来讨论相干光的概念。

普通灯发出的光是不相干的，即发射的光子具有许多频率和许多振动相位（见图 5-13）。灯光中的光子就像一群人在礼堂地板上混乱奔走时的脚步声一样频率不同。非相干光是混沌的。一束非相干光在短距离传播后散开，随着距离的增加，变得越来越宽，强度也越来越小。

图 5-13　非相干光

注：非相干白光包含许多频率（或许多波长）的波，这些波彼此异相。

即使对非相干光束进行滤波，使其由单频波（单色光）组成，它仍然是不相干的，因为这些波彼此异相（见图 5-14）。

图 5-14　滤波后的非相干光

注：滤波后形成的单一频率的光仍然包含不同相位的波。

具有相同频率、相位和方向的光子束，被称为相干光。激光就是相干光，其很少发散或减弱（见图 5-15）。[2]

---

[1] LASER 为 "light amplification by stimulated emission of radiation" 的首字母缩略词，中文意为 "受激辐射光放大器"。

[2] 老师使用激光笔时，屏幕上会出现一个微小的红色斑点，由此可见激光束是非常窄的。从地球发射到月球的激光脉冲，经过月球的反射会再次返回地球，根据检测到的激光回波可以计算出地球与月球的距离，精度为厘米级。

图 5-15 相干光

注：所有的波都是相同的，相位相同，方向相同。

每一种激光都有一种被称为增益介质的原子源，原子源可以是气体、液体或固体（第一台激光器的原子源是红宝石晶体）。介质中的原子被外部能量源激发成亚稳态。当介质中的大多数原子被激发时，一个原子的单个光子经历去激发就可以引发链式反应。这个光子撞击另一个原子，激发该原子发射，以此类推，产生相干光。

大部分光线最初是在随机的方向上移动的，然而，沿着激光轴行进的光会被反射镜所反射，这种反射镜涂覆了某种特殊材料，能选择性地反射期望波长的光。一面镜子是全反射的，而另一面是部分反射的。反射波在反射镜之间的每一次来回反射后相互增强，从而建立了来回共振条件，在该条件下，光累积到可感知的强度，通过更透明的镜像端逸出的光构成了激光束。除了气体激光器和晶体激光器，其他类型的激光器也加入了激光家族：玻璃激光器、化学激光器、液体激光器和半导体激光器。目前的激光器可以产生的光束频率范围包括了从红外线到紫外线的各种频率。有些型号可以调谐到不同的频率范围。

需要注意的是，激光不是能源。它只能简单地利用受激发射过程，将一种能量转换为另一种能量，以将其能量中的一部分（通常为 1%）集中成沿单一方向运动的单一频率的辐射能。像所有的设备一样，根据能量守恒定律，激光器输出的能量不会超过输入的能量。

激光在外科手术中得到了广泛的应用。激光也被用于切割和焊接过程，主要是在涉及小零件的地方，激光可以将它们剪切得很干净。激光束可以将电线焊接到微电路中，并修复玻璃外壳内损坏的电线。

激光在读取 CD 和 DVD 时至关重要。激光可以用于制作全息图。有一天，激光可能会触发受控的聚变能量。激光还有一大应用方向是通信。无线电波长跨越数百米，电视波长跨越数厘米，而激光的波长是以百万分之一厘米为单位测量的。相应地，激光频率大大高于无线电或电视频率。因此，激光可以在非常窄的频率范围内穿过空间、大气，或者通过像电缆一样弯曲的光纤（光管）传输大量信息。

超市收银台里也有激光在工作。读码机可以扫描印刷在包装和书封底上的通用产品代码符号。当扫描符号时，激光从条形和空白间隔中反射并转换为电信号，从明亮的空白间隔中反射时信号上升到高值，而从条纹反射时信号下降到低值。条纹厚度和间距的信息被数字化（转换为二进制码的 1 和 0），并由计算机处理。

环境科学家使用激光来测量和检测废气中的污染物。不同的气体吸收不同波长的光，并在反射的激光束上留下"指纹"。具体的波长和吸收的光的量由计算机分析，计算机可以迅速生成污染物的列表。

激光技术已在多个领域中被广泛应用，我们还在不断挖掘这项技术的潜力。激光技术的应用前景似乎是无限的。

要点回顾
CONCEPTUAL PHYSICS >>>

- 极光的形成源自原子或分子的激发过程。太阳风携带的高能带电粒子撞击大气层上层的原子和分子，激发这些原子和分子产生与霓虹管中完全相同的光。不同种类的气体激发过程，产生了不同颜色的激光，氧原子产生蓝绿色光，氮分子产生红紫色光，氮离子产生蓝紫色光。

- 每种元素的原子发出的光都会产生自己的特征线图案。这些线表示原子能级之间的电子跃迁，也是每种元素的特征，就像人的指纹一样，因此，分光镜被广泛用于化学分析。

- 白炽灯与霓虹灯或汞蒸气灯的区别在于，白炽灯包含无数频率的光，在整个光谱中平滑展开，但这并不意味着构成白炽灯灯丝的单个钨原子具有无限多个能级。如果灯丝升华，然后被激发，钨的气体原子将以有限的频率发射光，并产生整体偏蓝的颜色。

- 我们可以通过研究恒星发出的光谱来确定它们的速度。向我们靠近的光源所发出的光的频率（而不是速度！）比静止光源发出的光的频率高，而远离我们的光源所发出的光的频率比静止光源发出的光的频率低。

- 许多物质在被紫外光激发后，原子去激发时会发出可见光，这种特性被称为荧光。在这些材料中，紫外光的光子激发原子，将电子提升到更高的能态。在这种向上的量子跃迁中，原子很可能跨越几个中间能态，因此，当原子去激发时，它可能会做出更小的跳跃，发射出几个光子，每个光子的能量都比激发它的光子少。

- 磷光性质被用于各种发光材料中，这些材料中的许多原子并不像荧光材料那样立即去激发，而是保持在亚稳态状态——一种长时间的激发状态，尽管大多数去激发很快，但有时也可能长达数小时。

- 电子二极管是一种双端器件，它只允许电荷沿一个方向流动，并在电路中将交流电转换为直流电。二极管具有多种功能，包括电路中的电压调节、信号放大、照明测量以及将光电管中的光转换为电等。有一种二极管的设计与光电管相反，使用外加电压时会刺激光的发射，这就是发光二极管。

- 每一种激光都有一种被称为增益介质的原子源，原子源可以是气体、液体或固体。介质中的原子被外部能量源激发成亚稳态。当介质中的大多数原子被激发时，一个原子的单个光子经历去激发就可以引发链式反应。这个光子撞击另一个原子，激发该原子发射，以此类推，产生相干光。

CONCEPTUAL
PHYSICS

06

光如何开启量子理论

妙趣横生的物理学课堂

- 量子理论是如何诞生的？

- 我们看似"光滑"的世界背后是什么？

- 光伏电池如何发电？

- 相机是如何成像的？

- 光子什么时候会表现为粒子？

- 高速步枪子弹如何拥有波粒二象性？

- 原子层面的自然为何是不确定的？

- 如何在混乱中寻找秩序？

1879 年，21 岁的德国青年马克斯·普朗克（Max Planck）获得了博士学位。当时两大物理学理论正在积极发展中：热力学，关于热的研究；电磁学，关于辐射的研究。普朗克没有想到，在试图融合这两个领域的过程中，他将迎来 20 世纪的全新物理学——量子力学。

1900 年，在热能辐射领域，令人困惑的问题仍然没有得到解答。热辐射能量在不同频率上的分布方式已经被仔细测量过，但没有人能够提供一个理论来解释这些结果。为了得到理论上的答案，普朗克提出了一个假设，他称之为"绝望的行为"。他提出，当一个温暖的物体发出辐射能时，它失去的能量不是连续的，而是以离散的量或块状的方式，他称其为量子。此外，他假设辐射能量的多少与辐射频率成正比。普朗克的这个理论可以解释热辐射中的能量如何分布在不同频率上。

1905 年，26 岁的爱因斯坦迈出了下一步。他不仅提出能量以量子单位被加入到光中，而且光本身也以量子块或"微粒"的形式存在，这一形式后来被命名为光子。

为了表彰普朗克引入量子的概念，他在 1918 年获得了诺贝尔物理学奖。

通过本章内容，我们将深入学习量子理论的诞生史、光电效应，以及微观世界中光的其他神奇表现。

Q1 量子理论是如何诞生的？

迄今为止，我们所研究的经典物理学涉及两类现象：粒子和波。根据牛顿定律，"粒子"是像子弹一样的微小物体，它们具有质量，除非受到力的作用，否则会以直线形式在空间中传播。同样，"波"，就像声音或海洋中的波一样，是在空间中延伸的现象。

当波穿过开口或围绕屏障传播时，波会发生衍射，波的不同部分发生干涉，因此，粒子和波很容易相互区分。事实上，它们具有相互排斥的性质。尽管如此，如何对光进行分类仍然是几个世纪以来的一个谜题。

关于光的本质，生活在公元前 5 世纪到公元前 4 世纪的柏拉图提出了一种早期理论。柏拉图认为光是由眼睛发出的光线组成的。生活在大约一个世纪后的欧几里得也持有这种观点。毕达哥拉斯学派则认为光是以非常细的粒子形式从发光体发出的，而柏拉图的前辈恩培多克勒（Empedocles）则认为光是由某种高速波组成的。2 000 多年来，这个问题一直没有得到解答。光到底是由波还是由粒子组成的呢？

1704 年，牛顿将光描述为粒子流。尽管他知道我们现在所说的偏振，同时他对玻璃板反射的光进行了实验，并在实验中注意到了明暗条纹（牛顿环），但他仍然持有这种观点。他也意识到光粒子必须具有某些波的性质。与牛顿同时代的克里斯蒂安·惠更斯则提倡光的波动理论。

以所有这些历史为背景，托马斯·杨于 1801 年进行了双缝实验，这似乎最终证明了光是一种波。1862 年，麦克斯韦预测，光在振荡的电场和磁场中携带能量，进一步证实了这一观点。25 年后，海因里希·赫兹使用火花电路证实了电磁波（无线电波）的真实存在。

1900 年，普朗克假设当物质发射或吸收辐射能时，辐射能会以离散束的形式发射或吸收，每一束都被称为量子。他将辐射场想象成游泳池，游泳池的水可以被细分成任意小的水滴（忽略水的分子结构），但每次只能增加或减少一桶水。根据普朗克的说法，每一束（或"桶"）的能量与辐射的频率成正比。

普朗克的假设开启了一场思想革命，彻底改变了我们对物理世界的思考方式。1905 年，爱因斯坦拓展了普朗克的工作，提出光本身是由量子单位组成的，他称之为微粒（后来被称为光子）[1]。从 1900 年到 20 世纪 20 年代末发展起来的描述微观世界中发生的一切的定律被称为量子物理学。

Q2 我们看似"光滑"的世界背后是什么？

我们不必进入量子世界，就能感受到物体光滑表面背后的颗粒感。例如，在本书的照片中，黑色、白色和灰色的混合区域在放大镜下看起来就一点儿都不光滑。放大后，我们可以看到打印的照片由许多小点组成。类似地，我们其实生活在一个原子颗粒世界的模糊图像中。

量子化，即自然世界是粒状的而不是连续光滑的，对物理学来说肯定不是一个新概念。物质是量子化的，例如，一根金条的质量等于一个金原子质量的整数倍。电是量子化的，因为电荷总是单个电子电荷的整数倍。

量子物理学指出，在原子的微观世界中，任何系统中的能量都是量子化的，

---

[1] 爱因斯坦的微粒并没有被同时期的物理学家所接受（后来普朗克自己也认为，爱因斯坦的这一错误应该被忽略，因为爱因斯坦的许多其他工作都很出色）。直到 1923 年，才有令人信服的实验证据支持光微粒（1926 年被命名为光子）的存在。现在物理学家认为光子是一种粒子。

并不是所有的能量值都是存在的。这就好比是说，篝火只能在一定的温度下燃烧，可能是 450℃，也可能是 451℃，但不可能是 450.5℃。你相信吗？嗯，你应该不相信，因为就我们的温度计所能测量的范围而言，只要高于燃烧所需的最低温度，篝火就可以在任何温度下燃烧。有趣的是，篝火的能量是由大量和多种的基本单位能量组成的。一个更简单的例子是激光束中的能量，它是单个最低能量值（一个量子）的整数倍。光和电磁辐射的量子一般都是光子。

一个光子的能量是由 $E = hv$ 给出的，其中 h 是普朗克常数（光子能量除以其频率时产生的数）。我们将看到普朗克常数是自然界的一个基本常数，它为事物的微小性设定了一个下限。它与光速和牛顿引力常数并列，是自然界的基本常数，它在量子物理学中一再出现。方程 $E = hv$ 给出了可以转换为频率为 v 的光的最小能量。光的辐射不是连续的，而是以光子流的形式传播的，每个光子以频率 v 跳动并携带能量 hv。

方程 $E = hv$ 告诉了我们为什么微波辐射不能像紫外线和 X 射线那样对活细胞中的分子造成损伤。电磁辐射只通过离散的光子束与物质相互作用。因此，相对较低的微波频率确保了每个光子的能量较低。因为紫外辐射的频率大约是微波频率的 100 万倍，紫外光子可以向分子传递大约 100 万倍的能量。更高频率的 X 射线可以传递更多的能量。

量子物理学告诉我们，物理世界是粗糙的、颗粒状的。经典物理学所描述的"常识中的世界"似乎是光滑和连续的，因为与我们所熟悉的世界中事物的大小相比，量子颗粒的尺度非常小。

Q3　光伏电池如何发电？

当你使用太阳能为手机充电时，当你看到农村地区交通灯上的一小组太阳能电池时，当你看到太阳能农场里一组巨大的太阳能电池阵列时，不妨想一想爱因斯坦，想一想他如何解释光和某些物质中射出的电子之间那令人费解的关系。

在某些物体表面上，光不只是发射电子。相反，入射光会激发材料内部的电流。这就是光伏电池的基础，光伏电池是目前的主要电源。虽然光伏电池被照射的表面是半导体，而不是光敏金属，但原理是一样的。旧金山探索馆屋顶上的太阳能电池利用光电效应产生电力，这些电力几乎可以满足全馆的需要。被激发的电子留在电池材料内产生电流，而不是从表面射出。这些电池所产生的 1.4 兆瓦直流电，被转化为 1.3 兆瓦的交流电供建筑使用。

接下来，就让我们深入学习这种了不起的光电效应。

在 19 世纪后期，一些研究人员注意到一些金属在光的照射下可以从表面发射电子。这就是光电效应，多年来被用于电动开门器、摄影测光表，在数字化技术出现之前还被用于电影音轨。光电效应的重要应用是如今太阳能电池板中的光伏电池，它使太阳能成为一种重要能源。

用于观察光电效应的装置如图 6-1 所示。光照射在弯曲的带负电的光敏金属表面上，释放出电子，释放的电子被吸引到正极板上并产生可测量的电流。如果我们用足够的负电荷给正极板充电，使它排斥电子，电流就可以停止。因为极板之间的电位差非常容易测量，我们可以根据电位差来计算出射电子的能量。

早期研究人员对光电效应并不特别惊讶。电子的射出可以用经典物理学来解释，这一过程可以被描述为入

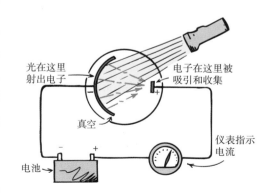

图 6-1 用于观察光电效应的装置

注：反转极性和停止电流提供了一种测量电子能量的方法。

射光波构建电子的振动，电子振幅越来越大，直到电子最终"蒸发"离开金属表面，就像水分子蒸发离开水的表面一样。据此推测，弱光源应当需要相当长的时间才能给金属中的电子足够的能量，使其从表面蒸发。然而事实并非如此。人们发现，弱光源一打开，电子就被射出，只是没有强光源射出的那么多。人们对光电效应进行深入研究，发现了几个与经典波形图完全相反的观察结果：

1. 光的开启和第一个电子发射之间的时间间隔不受光的亮度或频率的影响。
2. 用紫光或紫外光很容易观察到这种效果，但用红光则不容易观察到。
3. 电子射出的速度与光的亮度成正比。
4. 射出电子的最大能量不受光线亮度的影响，但它确实取决于光线的频率。

　　光是一种波，却没有滞后性，这尤其让人难以理解。一个频率合适的微弱光源几乎不需要花费时间就可以提供足够的能量，使电子从物体表面发射出来。从理论上来说，在昏暗的光线下，电子应该需要经过一段时间后，才能积累足够的振动能量然后发射，而在明亮的光线下，电子似乎应该立即被发射。但人们没有观察到这两种情况在理论上应该出现的现象。恰恰相反，即使是微弱的光线也会导致一些电子立即射出，而光线的亮度对喷出的电子的能量没有影响（见图 6-2）。

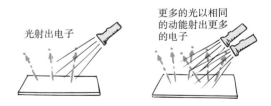

图 6-2　光电效应不取决于强度

　　更明亮的光线会发射出更多的电子（见图 6-3），但电子能量没有变高。一束微弱的紫外光产生的发射电子数量不多，但电子能量要高得多。这一切都令人困惑。正如本章开头所述，1905 年，也就是爱因斯坦解释布朗运动并阐述狭义相对论的那一年，他给出了答案。

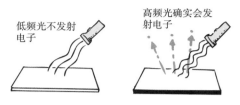

图 6-3 光电效应取决于频率

爱因斯坦的线索来自普朗克的辐射量子理论。普朗克认为，物质的能量以量子化的方式变化。不过，当时他还没有提出光也是量子化的。在 5 年后，爱因斯坦提出了光量子化的概念，即我们所看到的光本身以量子束的形式出现。爱因斯坦将量子性质归因于光本身，并将辐射视为"微粒"，也就是我们现在所说的光子。光子被从金属中射出的电子完全吸收。这种吸收过程是全有或全无的，并且是即时发生的，不存在"波能"逐渐积累后才发生的延迟现象。

光波有一个宽阔的波前，它的能量沿着波前传播。光波要从金属表面射出单个电子，其所有能量都必须集中在这个电子上，但这是不可能的，就像一个海浪用它所有的能量，将一块巨石抛向陆地深处一样。因此，光电效应告诉我们，与表面或任何探测器相遇的光应该被视为一系列粒子——光子，而不是连续的波。光束中光子的数量影响整个光束的亮度，而光的频率决定每个光子的能量。

电子受到吸引力而留在金属中。电子离开表面所需的最小能量被称为功函数 W_0。能量小于 W_0 的低频光子不会产生电子喷射。只有能量大于 W_0 的光子才会产生光电效应，因此，入射光子的能量等于电子的出射动能加上将其从金属中取出所需的能量 W_0。

1916 年，美国物理学家罗伯特·密立根（Robert Millikan）对爱因斯坦关于光电效应的解释进行了实验验证。有趣的是，密立根花了大约 10 年的时间试图反驳爱因斯坦的光子理论，但由于他自己所进行的实验，最终相信了这一理论，并因此获得了诺贝尔物理学奖。爱因斯坦对光电效应各个方面的解释都得到了证实，包括光子能量和光子频率直接成正比。正是因为光电效应（而不是相对论），爱因斯坦获得了 1921 年的诺贝尔物理学奖。令人惊讶的是，直到 1923 年康普顿效应的发现，物理学家才普遍接受光子的存在。

光电效应最终证明光具有粒子性质。我们无法想象基于波的光电效应，但干涉现象已经让我们相信，光具有波的性质。我们不能用粒子来解释干涉现象。在经典物理学中，这是矛盾的。从量子物理学的观点来看，光具有与两者相似的性质。它像波还是像粒子，这取决于具体的实验。所以，我们认为光是一种波动的粒子，或者可能是"波粒子"，量子物理学需要一种新的思维方式来理解光。

Q4　相机是如何成像的?

光的波和粒子性质在光学图像的形成中是明显的。我们先从波的角度来理解相机如何摄影，光波从物体的每一点传播，在穿过透镜系统时折射，并汇聚到光敏记录检测器，即电荷耦合器件或仍在使用的摄影胶片上。光从物体通过透镜系统到焦平面的路径，可以利用光的波动理论来计算。

现在我们再来仔细研究一下摄影胶片的成像方式。胶片薄膜上涂覆着一种乳液，该乳液含有卤化银晶体颗粒，每个颗粒含有约 1 010 个银原子。每一个被吸收的光子都会将其能量传递给乳液中的颗粒。光子的能量激活了颗粒周围的晶体，并用于完成光化学过程。大量光子激活大量颗粒，就发生了通常所说的照相曝光。当用极其微弱的光线拍摄照片时，我们发现图像是由独立到达的光子组成的，这些光子的分布似乎是随机的。我们在图 6-4 中就可以看到逐个光子进行的曝光过程。

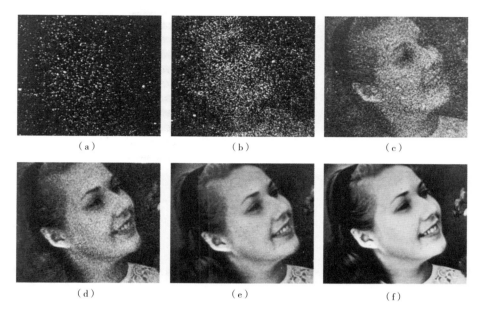

（a）　　　　　　　　　　（b）　　　　　　　　　　（c）

（d）　　　　　　　　　　（e）　　　　　　　　　　（f）

图 6-4　胶片曝光的各个阶段

注: 胶片曝光的各个阶段揭示了从逐个光子曝光到照片产生的过程。每个阶段光子的近似数量(个):
图 (a) 为 3×10^3, 图 (b) 为 1.2×10^4, 图 (c) 为 9.3×10^4, 图 (d) 为 7.6×10^5, 图 (e) 为 3.6×10^6,
图 (f) 为 2.8×10^7。

Q5 光子什么时候会表现为粒子？

　　波粒二象性在托马斯·杨的双缝实验中很明显，当我们让单色光通过一对间距很小的狭缝时，会产生干涉图案（见图 6-5）。假设我们调暗光源，光源暗到一次只有一个光子到达有狭缝的屏障。如果屏障后面的摄影胶片暴露在光线下的时间很短，胶片就会如图 6-6（a）所示。每个点代表胶片被光子曝光的地方。如果让光线在胶片上曝光更长时间，就会出现条纹图案，如图 6-6（b）和 6-6（c）所示。这非常令人惊讶吧！我们可以看到胶片上光子是逐个逐步显现出来的，最后形成了以波为特征的相同干涉图案。

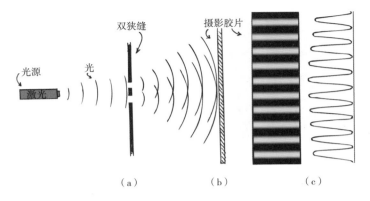

图6-5　双缝实验

注：图（a）为双缝实验装置；图（b）为干涉图案照片；图（c）为图案
的图形表示。

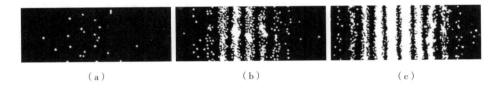

图6-6　双缝干涉各个阶段的图案

注：单独曝光的光子的图案从图（a）中的28个光子发展到图（b）中的1 000个光子到图（c）中的
10 000个光子。当更多的光子撞击屏幕时，干涉条纹的图案就出现了。

如果我们覆盖一个开口，使照射到胶片上的光子只能通过一条狭缝的话，胶片上的微小斑点就会累积形成一个狭缝衍射图案（见图6-7）。

图6-7　单缝衍射图案

如果我们从经典物理学的角度来考虑这一现象，就会非常困惑，并可能会问，通过单条狭缝的光子怎么会"知道"另一条狭缝被覆盖了，从而像扇形一样展开，最终产生宽的单缝衍射图案呢？或者，如果两条狭缝都是开放的，那么穿过一条狭缝的光子怎么会"知道"另一条狭缝也是开放的并避开某些区域，只前进到最终形成的双缝干涉图案区域呢？ [1] 现在的答案是，光的波动性质并不是只有当许多光子共同作用时才会出现的某种平均性质。每个光子都有波性质和粒子性质，但是光子在不同的时候会显示不同的性质。

当光子被原子发射或被照相胶片或其他探测器吸收时，光子表现为粒子；当光子从光源传播到被探测的地方时，光子则表现为波。光子以粒子的形式撞击薄膜，但以相长干涉的波的形式到达其位置。光同时表现出波和粒子的行为，是人类在 20 世纪早期的有趣发现。

此外，双缝实验中明显的干涉告诉研究人员，光子不是只穿过一条狭缝或另一条狭缝，而是可以同时穿过两条狭缝。光子是真正的量子实体。更令人惊讶的是，双缝实验不仅适用于光子，也适用于有质量的物体。有质量的物体也具有波粒二象性。

Q6 高速步枪子弹如何拥有波粒二象性？

如果光的粒子（光子）可以既有波又有粒子性质，为什么物质粒子（有质量的粒子）不能同时具有波和粒子性质呢？

这个问题是法国物理学家路易斯·德布罗意（Louis de Broglie）在 1924 年提出的，当时他还是一名博士研究生。对这一问题的解答，构成了他的物理学博士论文，后来为他赢得了诺贝尔物理学奖。根据德布罗意的说法，物质的每一个粒子都以某种方式被赋予了一种波，这个波在粒子运动时引导其行为。

---

[1] 从经典物理学的角度来看，这种波粒二象性确实很神秘。这导致一些人相信量子有某种意识，每个光子或电子都有"自己的思想"。然而，自然的神秘就像它的美，是观看者的主观看法，而不是客观认知。我们利用模型来理解自然，当模型与自然不一致时，我们会改进或改变模型。光的波粒二象性不符合建立在经典思想基础上的模型。替代的模型其一是量子有"自己的思想"，另一个是量子物理学。在本书中，我们认同后者。

　　在适当的条件下，每个粒子都会产生干涉或衍射图案。每个物体，不论是一个电子、一个光子，还是一个原子、一只老鼠、一颗行星、一颗恒星或者正在阅读本书的你，波长都与动量有关：

$$波长 = \frac{h}{动量}$$

　　其中，h 是普朗克常数。大质量和普通速度的物体具有的波长实在太小了，所以干涉和衍射可以忽略不计；步枪子弹直线飞行，打中它们的目标，不会产生可检测到的大范围的干涉斑点。[1] 对于较小的粒子，如电子，衍射是可以被察觉到的。

　　电子束和光子束都可以以相同的方式衍射。穿过双狭缝的电子束也显示出与图 6-8 中的图案类似的干涉图案。前一节中讨论的双缝实验也可以用电子进行，结果也和光子的情况一样。尽管对电子进行实验的装置更复杂，但程序基本相同。光源的强度可以降低到一次引导一个电子通过双缝装置，产生与光子相同的显著结果。像光子一样，电子以粒子的形式撞击屏幕，形成的图案是波状的。形成干涉图案的电子的角度偏移与使用德布罗意方程计算的电子波长完全一致。

图 6-8　光的衍射产生的条纹

---

① 例如，一颗质量为 0.02 千克的子弹以 330 米 / 秒的速度飞行，其德布罗意波长为：

$$\frac{h}{mv} = \frac{6.6 \times 10^{-34} \text{J} \cdot \text{s}}{(0.02 \text{kg}) \times 330 \text{ (m/s)}} = 1 \times 10^{-34} \text{ m}$$

这个波长非常小，比氢原子的直径小得多；另一方面，以 2% 光速行进的电子的波长约为 10^{-10} 米，约等于氢原子的直径，所以电子的衍射效应是可测量的，而子弹的衍射效应是不可测量的。

电子显微镜正是利用了电子的波动性（见图6-9）。在图6-10中，我们看到了使用标准电子显微镜的电子衍射的另一个例子。极低电流密度的电子束被引导通过一台静电双棱镜，双棱镜使电子束发生衍射。单个电子衍射的条纹图案逐步形成，并出现在监视器屏幕上。渐渐地，图像被电子填充，最终产生与波相关的干涉图案。波粒二象性并不局限于光子和电子。基于这种波-粒子模型，中子、质子、整个原子，甚至高速步枪子弹都表现出波和粒子行为的双重性。

图6-9 电子显微镜利用了
电子的波动性

注：电子束的波长通常是可见
光的波长的千分之一，因此电
子显微镜能够发现光学显微镜
看不见的细节。

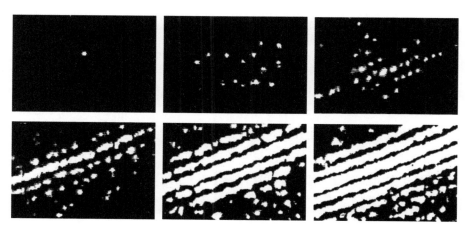

图6-10 电子干涉图像

注：利用监视器拍摄的电子干涉图案，显示了强度极低的电子显微镜光束通过静电双棱镜的衍射。

Q7 原子层面的自然为何是不确定的？

　　我们首先来区分一下观察和测量的不同之处。假设我们正在房间里喝一杯咖啡。我们不经意地瞥了它一眼，看到蒸汽从杯中升起，这种观察行为不涉及我们的眼睛和咖啡之间的物理交互。我们的一瞥既不会增加也不会减少咖啡的能量。我们可以断言它是热的，而不需要测量。

　　如果我们在咖啡杯里放入一支玻璃温度计，就是另一回事了。这种情况下，我们与咖啡进行了物理上的互动，使其发生了变化。这种变化的量子贡献与经典的不确定性相比显得微不足道，可以忽略不计。量子不确定性只有在原子和亚原子领域才是重要的。

　　量子的波粒二象性引起了一场有趣的讨论，即关于小物体性质的精确测量能力的极限。其中有一种观点认为，测量某物的行为会影响被测对象的数量。

　　量子不确定性源于物质的波动性质。波的本质是占据一定的空间并持续一定的时间。它不能被压缩到空间中的某一点，也不能被限制在某一瞬间，因为那样它就不会是波。波的这种固有的"模糊性"在量子水平上决定了测量的模糊性或不确定性。

　　无数的实验表明，对一个系统进行的任何方式的任何测量都至少会有一个作用量来干扰系统，即普朗克常数 h，因此，任何涉及测量器和被测对象之间的相互作用的测量，都会受到这种最小误差的影响。

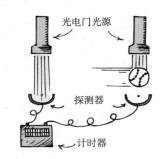

图 6-11　光电门测量实验

注：球的速度是通过两个光电门之间的距离除以穿过两条光路之间的时间差来测量的。光子撞击球对其运动的影响，远小于几只跳蚤撞上超级油轮对油轮所产生的影响。

　　我们再用投掷棒球的动作来对比一下测量电子的动作。我们可以通过一对光电门来测量投球的速度，其中光电门的距离是已知量（见图 6-11）。当球打断门中的光束时，计时器就会计时。球速测量的准确性与门之间的距离以及计时机制的不确定性有关。在这里，棒球是宏观物体，和它遇到的光子之间的相互作用忽略不计。

测量电子等微观粒子时，情况并非如此。即使是从电子上反弹的单个光子也会以不可预测的方式明显改变电子的运动。如果我们想观察一个电子并用光确定它的位置，光的波长必须非常短，这是一个两难境地。波长较短的光可以让我们更好地观察微小的电子，但会有大量的能量，而能量反过来又会使电子的运动状态发生极大改变。

如果使用能量较低、波长较长的光，电子运动状态中的变化将更小，但通过较长的波来确定电子位置就将变得不准确。观察像电子这样微小的物体的行为能探测电子。在这样做的过程中，它的位置或运动都会有相当大的不确定性。虽然这种不确定性对于测量日常（宏观）物体的位置和运动是完全可以忽略的，但它在原子领域中却有重要影响。

德国物理学家沃纳·海森堡（Werner Heisenberg）首先从数学上阐述了原子尺度上测量的不确定性，这一原理被称为"不确定性原理"，这是量子力学的基本原则。

海森堡提出，当粒子动量和位置测量的不确定性相乘时，乘积必须等于或大于普朗克常数 h 除以 4π。我们可以用一个简单的公式说明不确定性原理：

$$\Delta p \ \Delta x \geqslant h/4\pi$$

这里的 Δ 表示某个量的"不确定性"：Δp 是动量的不确定性（动量的符号通常用 p 表示），Δx 是位置的不确定性。这两个不确定性的乘积必须等于或者大于 $h/4\pi$。最小不确定性的乘积将等于 $h/4\pi$，较大不确定性的乘积将大于 $h/4\pi$。但在任何情况下，不确定性的乘积都不能小于 $h/4\pi$。不确定性原理的意义在于，即使在最好的条件下，不确定性的下限也是 $h/4\pi$。这意味着，如果我们想知道一个电子的较为准确的动量（小的 Δp），相应地，其位置不确定性就会很大。或者，如果我们希望知道高精度的位置（小的 Δx），动量的不确定性将很大。这两个量中，一个越精确，另一个就越不精确。

不确定性原理对能量和时间的作用类似。我们无法在极短的时间内精确测量粒子的能量。我们知道的能量不确定性 ΔE，以及测量能量所需的持续时间的不确定性 Δt，按照以下表达式相关联：

$$\Delta E \, \Delta t \geqslant h/4\pi$$

我们所能达到的最大精度是能量和时间不确定性的乘积等于 $h/4\pi$ 的情况。我们越确定光子、电子或任何种类的粒子的能量，就越不确定它具有这一能量的时间。

不确定性原理只与量子现象有关。在测量棒球的位置和动量时，由量子效应导致的误差是完全可以忽略的。但是，测量电子的位置和动量时，这种误差绝对不能忽略。这是因为对这些亚原子量而言，测量中的不确定性与这些量本身的大小相当。

不确定性原理在量子力学以外的领域并不适用。一些人从观测者和被观测者之间的相互作用中得出结论，认为宇宙不是真实存在的，不能独立于所有观察行为，而且现实是由观测者所创造的。另一些人则将不确定性原理解释为大自然对禁忌秘密的保护。

一些科学批评家使用不确定性原理作为科学本身不确定性的证据。宇宙的真实性（无论是否观测到）、自然的秘密以及科学的不确定性与海森堡的不确定性原理几乎没有关系。原子层面的自然与我们探索它的手段之间存在不可避免的相互作用，不确定性原理的深刻性与此有关。

Q8 如何在混乱中寻找秩序？

当知道初始条件的时候，我们可以对有序系统进行预测。例如，我们可以精确地说明发射的火箭将在何处着陆，给定的行星在某一特定时间将在何地或者何时发生日食。这些都是牛顿力学应用于宏观世界的事例。同样，在量子微观世界中，我们可以预测原子中电子的位置以及放射性粒子在给定时间间隔内衰变的概率，因为有序系统（包括牛顿系统和量子系统）的可预测性取决于对初始条件的了解。

然而，有些系统，无论是牛顿系统还是量子系统，都不是有序的，它们本质上是不可预测的。这些系统被称为"混沌系统"。湍流就是一个例子。无论我们如何精确地知道一块漂浮的木材在向下游流动时的初始条件，我们都无法预测稍后它在下游所处的位置。混沌系统的一个特点是初始条件的微小差异会导致后来的结果大不相同。两块相同的木头在这一时间相距很近，但可能不久之后就会相距很远。

天气是混沌的。天气在一天中的微小变化可能会在一周后产生很大的（而且很大程度上是不可预测的）影响。气象学家尽了最大的努力，但仍在与一个严峻事实作斗争，那就是自然界的混沌无法避免。关于准确预测的障碍，气象学家爱德华·洛伦茨（Edward Lorenz）曾经有一句名言："巴西的蝴蝶拍打翅膀，可能在得克萨斯州引发龙卷风。"

非常小的影响可能会被放大成非常大的影响，当遇到类似情况时，我们就会提到蝴蝶效应。有趣的是，混沌并不是完全不可预测的。即使在一个混沌系统中，也可能存在规律性的模式。科学家已经学会了如何用数学方法处理混沌，以及如何找到其中有序的部分。

混沌中也有秩序，在量子物理学中，干涉和衍射的光波以量子粒子的形式传递能量。电子在空间中沿直线运动，并像粒子一样经历碰撞，然后在空间中以干涉图案分布，仿佛它们是波一样。在这种混沌中，潜在的秩序是什么呢？

丹麦物理学家尼尔斯·玻尔（Niels Bohr）是量子物理学的奠基人之一，他明确表达了波粒二象性所固有的整体性，并称之为是互补的。正如玻尔所表示的那样，量子现象表现出互补（互斥）性质，至于是以粒子还是以波的形式出现，则取决于所进行的实验类型。用于测量单个能量和动量交换的实验揭示了类粒子性质，而用于测量能量空间分布的实验揭示出了类波性质。光的波状和粒子状性质是相互补充的，两者对于我们理解光都是必要的。强调哪一部分性质，则具体取决于人们向大自然提出的问题。

互补性并不是一种妥协，它并不意味着光的全部真相都存在于粒子和波之间的某个地方。就像观察水晶时，我们所看到的取决于我们所看的那一面，这就是为什么光、能量和物质在某些实验中表现为粒子而在另一些实验中表现为波。

对立的双方是整体的组成部分，这一观点并不新鲜。东方文化就将对立作为世界观的一部分。这在太极阴阳图中得到了证明（见图 6-12）。圆的一侧为阴（黑色），另一侧为阳（白色）。有阴的地方就有阳。只有阴阳结合才能形成一个整体。有低的地方，就有高的地方。有夜晚，就有白天。哪里有出生，哪里就有死亡。对玻尔来说，太极阴阳图象征着互补原则。后来，玻尔又对互补性的含义进行了广泛的论述。1947 年，玻尔因为对物理学的贡献而被封为爵士，他选择了阴阳符号作为自己的盾徽。

图 6-12　太极阴阳图

注：在东方文化的阴阳符号中，对立被视为相辅相成。

要点回顾

- 普朗克的假设开启了一场思想革命，彻底改变了我们对物理世界的思考方式。1905 年，爱因斯坦拓展了普朗克的工作，提出光本身是由量子单位组成的，他称之为微粒（后来被称为光子）。从 1900 年到 20 世纪 20 年代末发展起来的描述微观世界中发生的一切的定律被称为量子物理学。

- 量子物理学告诉我们，物理世界是粗糙的、颗粒状的。经典物理学所描述的"常识中的世界"似乎是光滑和连续的，因为与熟悉世界中事物的大小相比，量子颗粒度的尺度非常小。

- 在 19 世纪后期，一些研究人员注意到金属在光的照射下可以从表面发射电子。这是光电效应，多年来被用于电动开门器、摄影测光表，在数字化之前还被用于电影音轨。光电效应的一个重要应用是如今太阳能电池板中的光伏电池，它使太阳能成为一种重要能源。

- 光的波和粒子性质在光学图像的形成中是明显的。我们可以从波的角度来理解相机如何摄影，光波从物体的每一点传播，在穿过透镜系统时折射，并汇聚到光敏记录检测器，即电荷耦合器件或仍在使用的摄影胶片。从物体通过透镜系统到焦平面的光的路径，可以利用光的波动理论来计算。

- 当光子被原子发射或被照相胶片或其他探测器吸收时，光子表现为粒子；当光子从光源传播到被探测的地方时，光子则表现为波。光子以粒子的形式撞击薄膜，但以相长干涉的波的形式到达其位置。光同时表现出波和粒子的行为，这是人类在 20 世纪早期的有趣发现。

- 在适当的条件下，每个粒子都会产生干涉或衍射图案。每个物体，不论是一个电子，一个光子，还是一个原子、一只老鼠、一颗行星、一颗恒星或者正在阅读本书的你，波长与其动量有关。大质量和普通速度的物体具有的波长实在太小了，所以干涉和衍射可以忽略不计；步枪子弹直线飞行，打中它们的目标，不会产生可检测到的大范围的干涉斑点，但是，对于较小的粒子，如电子，衍射是可以被察觉到的。

- 量子不确定性源于物质的波动性质。波的本质是占据一定的空间并持续一定的时间。它不能被压缩到空间中的某一点，也不能被限制在某一瞬间，因为那样它就不会是波。波的这种固有的"模糊性"在量子水平上给出了测量的模糊性或不确定性。

- 量子现象表现出互补（互斥）性质，至于是以粒子还是以波的形式出现，则取决于所进行的实验的类型。这种互补性并不是一种妥协，它并不意味着光的全部真相都存在于粒子和波之间的某个地方。就像观察水晶时，我们所看到的取决于我们所看的那一面，这就是为什么光、能量和物质在某些实验中表现为粒子而在另一些实验中表现为波。

CONCEPTUAL
PHYSICS

第二部分

核物理在研究什么

CONCEPTUAL
PHYSICS

07

原子和量子如何运动

妙趣横生的物理学课堂

- 原子核是如何被发现的?

- 电子是如何被发现的?

- 科学家如何探查太阳的原子结构?

- 原子如何塑造生命?

- 电子为何"神出鬼没"?

- 通往未来物理学的窗口在哪里?

尼尔斯·玻尔，1885 年出生于丹麦哥本哈根，1911 年在丹麦获得物理学博士学位，之后，他进入英国剑桥大学三一学院，在电子发现者、物理学家约瑟夫·约翰·汤姆逊（Joseph John Thomson，朋友称呼他 J. J. 汤姆逊）的实验室工作了一段时间，随后又到了英国曼彻斯特大学，在欧内斯特·卢瑟福（Ernest Rutherford）手下继续研究。

卢瑟福发现，每个原子的中心都有一个微小的带正电的原子核，可能就被汤姆逊发现的电子所包围。受到启发，玻尔重新思考了原子的模型，并将量子原理也应用了进去。1913 年，玻尔发表了自己的原子模型，其中电子只在原子核周围的某些轨道上运动，当电子从一个轨道"量子跳跃"到另一个轨道时，原子就会发光。他的理论很好地解释了氢的可见光谱线（巴耳末系），还预测了尚未观测到的紫外和红外光谱线。

玻尔于 1922 年因原子的量子理论研究而获得诺贝尔物理学奖，一年前的 1921 年，爱因斯坦因其光电效应研究而获得了诺贝尔物理学奖。

在 20 世纪 20 年代中期，量子理论发展成熟之后，爱因斯坦对其概率性质持极大的保留态度，更倾向于经典物理学的决定论。他和玻尔一生都在争论这两种物理观点，但始终保持着对彼此最大的尊重。

第二次世界大战结束后，玻尔回到了哥本哈根，倡导和平利用核能和共享核信息。当丹麦政府为玻尔授予大象勋章时，他设计了自己的盾徽，盾徽上有一个阴阳符号，还有一条拉丁语格言"contraria sunt complementa"，意为对立是互补的。

通过本章内容，我们将学习玻尔对自然界中基础物理的看法。

Q1 原子核是如何被发现的？

在爱因斯坦提出光电效应的 6 年后，卢瑟福指导[1]了著名的金箔实验。这一重要实验表明，原子内部大部分区域是空的，其大部分质量集中在中心区域——原子核。

在卢瑟福的实验中，一束来自放射源的带正电的粒子（如 α 粒子）被引导穿过一片极薄的金箔。因为 α 粒子的质量是电子的数千倍，所以预计 α 粒子流在穿过电子海时不会受到阻碍。这与实验中所观察到的基本相符。几乎所有的 α 粒子都以很少或没有偏转的方式穿过金箔，当它们碰到金箔之外的荧光屏时，会产生一个光点。有些粒子偏离了直线路径，一部分 α 粒子被大角度偏转，一部分甚至向后散射！

这些 α 粒子一定击中了一些相对较大的物体，究竟是什么呢？卢瑟福推断，未偏转的粒子穿过金箔区域的空白空间，而少量偏转的粒子被极为密集、带正电的中心核排斥，因此，他得出结论，每个原子一定都包含着这样的核，他将其命名为原子核（见图 7-1）。

---

[1] 为什么用"指导"这个词？因为有多名研究人员参与了这项实验，将一名科学家提升为唯一实验者（这种情况很少发生）的做法往往会否认其他研究人员的参与。尤其是在这次实验中，卢瑟福的助手盖革（Geiger）和马斯登（Marsden）在完全黑暗的环境中坐了几个小时，利用显微镜测量火花的角度。盖革后来还发明了广受欢迎的辐射探测器——盖革计数器。

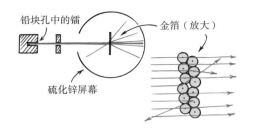

图 7-1　金箔实验

注：穿过金箔的 α 粒子偶尔会发生大角度散射，卢瑟福发现了在其中心有一个质量非常大而尺寸非常小的原子核。

　　卢瑟福后来表示，发现 α 粒子向后反弹是自己一生中最令人不可思议的事件，就像看到一枚直径大约38厘米的炮弹从一张纸巾上弹回来一样让人感到不可思议！

Q2　电子是如何被发现的?

　　原子核周围是电子。电子的英文 electron 这个词在希腊语中是琥珀的意思，琥珀是一种棕黄色树脂化石。早期希腊人研究发现，当琥珀被一块布摩擦时，它会吸引诸如稻草之类的东西。这种被称为琥珀效应的现象在将近 2 000 年的时间里一直是个谜。

　　16 世纪末，伊丽莎白女王的医生威廉·吉尔伯特（William Gilbert）发现了其他类似琥珀的材料，他称之为 electrics（电）。电荷的概念则是来自近 2 个世纪后富兰克林的实验。富兰克林用电做实验，并假设存在一种可以从一个地方流动到另一个地方的电流体。一个物体有过量的电流体，他称之为正电物体，一个物体没有电流体，则为负电物体。他认为，电流体吸引普通物质，但会排斥自身。虽然我们不再将其称为电流体，但我们仍然沿用了富兰克林对正负电的定义。

　　富兰克林在 1752 年用闪电风暴中的风筝实验证明，闪电是云层和地面之间的放电现象。这一发现告诉他，电不局限于固体或液体，它可以通过气体传播。富兰克林的实验后来启发了其他科学家在密封的玻璃管中通过各种稀释气体产生电流。有趣的是，这些真空管的内部涂有荧光材料，因此亚原子粒子的撞击会产生可见的光火花。

在 19 世纪 70 年代，有一位科学家名叫威廉·克鲁克斯（William Crookes），他是一位英国科学家，他为人所熟知的成就是克鲁克斯管。这是一种密封的玻璃管，管内含有气体，压力极低，且每一端都有电极（这就是今天霓虹灯的前身）。当电极连接到电压源（如电池）时，气体会发光。不同的气体发出不同颜色的光。用含有金属狭缝和金属板的管子进行的实验表明，这种气体是在由负极（阴极）发出的某种射线作用下而发光的。狭缝会使射线变窄，而平板会阻止射线到达正极（阳极）。该设备被命名为阴极射线管（Cathode Ray Tube，CRT；见图 7-2）。当电荷靠近阴极射线管时，射线会发生偏转。它偏向正电荷，远离负电荷。射线也因磁铁的存在而偏转。这些发现表明射线由带负电的粒子组成。

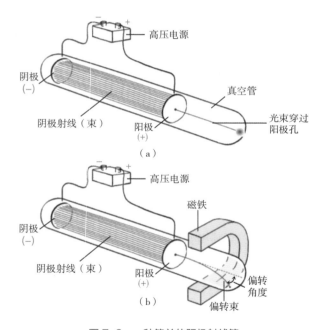

图 7-2　一种简单的阴极射线管

注：图（a），阳极上的小孔允许窄束光线通过，撞击管子末端，产生发光点；图（b），阴极射线被磁场偏转。

1897 年，汤姆逊证明，阴极射线是比原子更小、更轻的粒子。他设计了通过狭缝的阴极射线束，并测量了它们在电场和磁场中的偏转。汤姆逊推断射线束的偏转量取决于粒子的质量及其电荷。射线束具体是怎么偏转的呢？每个粒子的质量越大，惯性越大，偏转越小；每个粒子的电荷越大，力越大，偏转越大；速度越大，偏转越小。

通过对射线束偏转的仔细测量，汤姆逊成功地计算出了阴极射线粒子的质荷比，该粒子被称为电子。所有电子都是相同的，它们是彼此的复制品。由于证实了电子的存在，汤姆逊于 1906 年获得了诺贝尔物理学奖。

1909 年，在汤姆逊计算出质荷比之后的十几年，美国物理学家罗伯特·密立根进行了一项实验，计算出了单位电荷的数值（见图 7-3）。

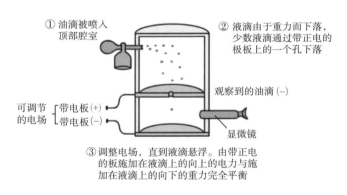

图 7-3　油滴实验

注：密立根测定电子电荷的油滴实验。

在实验中，密立根将微小的油滴喷入带电板之间的一个腔室内。当腔室内的电场很强时，一些油滴向上运动，表明它们带有微量的负电荷。密立根调整了电场，使油滴静止不动，此时，油滴所受向下的重力与向上的电力完全平衡。

研究表明，每一滴油滴上的电荷量总是一个非常小的值的倍数。密力根提出这个值是每个电子携带的电荷的基本单位。利用这个值和汤姆逊发现的质荷比，密立根计算出电子的质量约为氢原子质量的 1/2 000，氢是目前已知的最轻的原子。这也证实了汤姆逊的假设，即电子是轻量的，密立根由此建立了电荷的量子单位。由于在物理学方面的工作，密立根获得了 1923 年的诺贝尔物理学奖。

如果原子中含有带负电的电子，那么原子中必然也含有与之相平衡的带正电的物质。汤姆逊提出了他的"葡萄干布丁"原子模型，其中电子就像带正电的布丁海洋中的葡萄干，但前面提到的卢瑟福的金箔实验已经证明了这一模型是错误的。

Q3　科学家如何探查太阳的原子结构？

我们都知道太阳是由氢和氦组成的，但在 1925 年这一事实还不为人所知。哈佛大学教授塞西莉亚·佩恩（Cecilia Payne）进行了一项非常艰难的研究工作，她在数千个光谱中识别出了数十个光谱特征，发现太阳中的氢比推测的丰富 100 万倍，氦比推测的多 1 000 倍，由此揭示出了原子光谱与原子结构的线索。

在卢瑟福的金箔实验期间，化学家使用分光镜进行化学分析，而物理学家忙着在令人困惑的谱线阵列中寻找秩序。人们早就知道，最轻的元素氢的光谱比其他元素更为有序。氦的光谱几乎同样简单，氢和氦的光谱如图 7-4 所示。

1884 年，瑞士教师约翰·雅各布·巴耳末（Johann Jakob Balmer）首次用一个数学公式表达了氢原子光谱波长。然而，巴耳末无法解释为什么自己的公式可以成功计算波长，但他猜测自己的公式可以预测氢的其他谱线。这一猜测被证明是正确的，他的确预测出了尚未测量的谱线。

瑞典物理学家、数学家约翰尼斯·里德伯（Johannes Rydberg）发现了原子光谱的另一个规律。他注意到，在其他元素中，某些系列中的线的频率遵循和巴耳末公式类似的公式，并且这些系列中两条线的频率之和通常等于第三条线的频率。

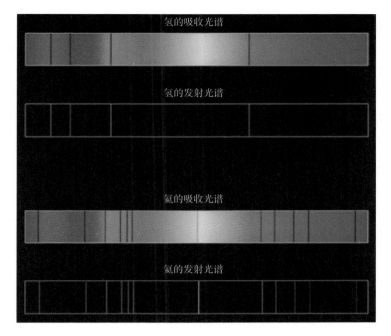

图 7-4　氢和氦的吸收光谱和发射光谱

注：每一条线都是分光镜中狭缝的像，代表气体激发时发出的特定频率的光。

这一关系后来被瑞士物理学家沃尔特·里兹（Walter Ritz）作为普适原理提出，被称为里兹组合原则。它指出，任何元素的谱线中都包含两条其他谱线频率的和或差。和巴耳末一样，里兹也无法解释这种规律，但这些规律成了丹麦物理学家玻尔用来理解原子本身结构的线索。

原子的玻尔模型

1913 年，玻尔将普朗克和爱因斯坦的量子理论应用于卢瑟福的有核原子模型，并建立了众所周知的原子行星模型（见图 7-5）。① 玻尔推断，电子在离原子核不

图 7-5　原子的波尔模型

注：虽然这个模型非常简单，但它对我们理解光的发射大有帮助。

───────────────

① 这个模型和大多数模型一样，也有很大的缺陷，因为电子不像行星那样在平面上旋转；"轨道"变成了"壳"和"云"。我们之所以使用"轨道"一词，更多是出于习惯。电子不像行星那样，行星只是实际存在的物体，电子还像是集中在原子某些部分的波一样。

同的距离处占据"固定"轨道（固定能量，而非固定位置），电子可以从一种能量状态"跳跃"到另一种状态。玻尔还推断，当发生这样的量子跃迁（从高能态到低能态）时，就会发出光。

此外，玻尔意识到发射辐射的频率由 $E = hv$（可推，$v = E/h$）决定，其中 E 是电子处于不同轨道时原子能量的差异。这是一个重要的突破，因为玻尔指出，发射光子的频率不是电子振动的经典频率，而是由原子中的能量差决定的。从那里，他可以进入下一步研究，并确定各个轨道的能量。

回想一下，任何在圆形路径上行驶的物体都在加速，这不是因为速度的变化，而是因为方向的变化。玻尔的原子行星模型提出了一个重大问题。根据麦克斯韦的理论，加速电子以电磁波的形式辐射能量。因此，围绕原子核加速的电子应该持续辐射能量。辐射的能量应该会使电子沿螺旋轨道进入原子核（见图 7-6）。

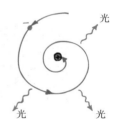

图 7-6　加速电子的
能量辐射

注：根据经典理论，绕轨道加速的电子应该持续发射辐射，这种能量的损失会导致它迅速螺旋进入原子核，但这并没有发生。

玻尔大胆地背离了经典物理学，他指出电子在单轨道绕原子核加速时不会辐射光，只有当电子从较高能级跃迁到较低能级时才会辐射光。我们现在知道，原子发射的光子的能量等于两个能级之间的能量差，$E=hv$。正如我们在前面了解到的，发射光子的频率，其颜色取决于能量跃迁的大小，因此，光能的量子化正好对应于电子能量的量子化。

玻尔的观点虽然在当时看起来很奇怪，但解释了原子光谱中发现的规律。玻尔对里兹组合原则的解释如图 7-7 所示。如果电子被提升到第三能级，它可以从第三能级直接跳到基态，也可以通过两级跳（首先跳到第二能级，然后跳到基态）返回基态。这两条返回路径将产生 3 条谱线。根据能量守恒，沿着路径 A 和 B 的两次能量跳跃的总和等于沿着路径 C 的单次能量跳跃。由于频率和能量成正比，沿路径 A 和 B 发射的光的频率之和，等于沿路径 C 跃迁时发射的光的频率。

现在我们可以知道为什么光谱中两个频率的总和等于光谱中的第三个频率。

玻尔解释了较重元素中的 X 射线，证明当电子从外层轨道跳到最内层轨道时，X 射线就会发射出来。他预测的 X 射线频率，后来被实验证实。玻尔还确认了氢原子的"电离能"，即将电子完全从原子中被击出所需的能量。实验也证实了这一点。

通过测量 X 射线以及可见光、红外光和紫外光的频率，科学家可以绘制出所有元素原子的能级图。在玻尔的模型中，电子以整齐的圆形（或椭圆）排列成一组或一个壳层。这种原子模型解释了元素的一般化学性质。这也导致了铪的发现。

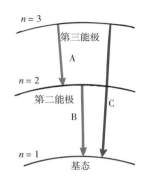

图 7-7 原子中许多能级中的 3 个

注：一个电子从第三能级跃迁到第二能级（红色 A），另一个从第二能级跃迁到基态（绿色 B）。这两次跃迁的能量（和频率）之和等于从第三能级到基态（蓝色 C）的单次跃迁能量（和频率）。

玻尔解开了原子光谱的奥秘，同时提供了一个非常有用的原子模型，但他很快就强调，他的模型只是一个粗糙的开始。电子围绕着原子核，就像行星围绕着太阳旋转，这一图景并不是完全真实的（科学普及者对此毫不在意）。他明确定义的轨道只是对原子概念的描述，后来，有关原子的描述还涉及波和量子力学。他有关量子跃迁以及频率与能量差成正比的观点仍然是现代物理学理论的一部分。

Q4 原子如何塑造生命？

我们周围的原子是完全没有生命的，但有大量的原子集合在一起可以生存和呼吸。这听起来有点儿危言耸听，却是有科学根据的。

在前面的章节中，我们讨论了原子的不同大小，也讨论了原子激发，以及当原子的电子发生能级跃迁时原子如何发射光子。对早期的研究人员和玻尔来说，令他们非常困惑的是，电子可能只占据某些能级。

　　这一观点之所以令人困惑，是因为电子最初被认为是类似于小小的棒球那样的一个粒子，围绕原子核旋转，就像行星围绕太阳旋转一样。由于卫星可以在离太阳任何距离的轨道上运行，电子似乎也可以在任何径向距离上围绕原子核旋转，当然，这也像卫星一样，取决于它的速度。同样，在所有轨道之间运动将使电子发射出所有能量的光，但这并没有发生（见图 7-6）。如果假设电子不是粒子而是波，就可以解释为什么电子只占据离散能级。

　　德布罗意在 1924 年引入了物质波的概念。他假设波与每一个粒子相关，物质波的波长与粒子的动量成反比。这些物质波的行为与其他波一样，它们可以被反射、折射、衍射并引起干涉。德布罗意利用干涉的概念证明了玻尔轨道半径的离散值是驻波的自然结果。玻尔轨道存在于电子波以相长干涉方式接近其自身的地方。电子波变成驻波，就像琴弦上的波。

　　在这种观点中，电子被认为不是位于原子某一点的粒子，而是像其质量和电荷被分散成围绕原子核的驻波，整数个波长均匀地与轨道的圆周匹配，如图 7-8（a）所示。根据这张图，最内层轨道的圆周等于一个波长。第二个轨道的周长是电子波长的 2 倍，第三个轨道为 3 倍，以此类推（见图 7-9）。这类似于用回形针制成的项链。无论项链是什么尺寸，它的周长都等于一个回形针长度的整数倍。[1] 由于电子轨道的周长是离散的，因此这些轨道的半径以及能级也是离散的。

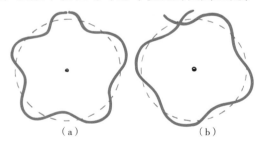

（a）　　　　　　　　　（b）

图 7-8　波长与轨道

注：图（a），轨道电子只有在其轨道周长等于波长的整数倍时才形成驻波；图（b），当波在相位上不接近自身时，它会发生相消干涉。因此，轨道只存在于波在相位上接近自身的地方。

---

[1] 对于每个轨道，电子的速度都是独有的，这决定了它的波长。对于半径越来越大的轨道，电子速度越来越低，波长也越来越长，所以为了准确地进行类比，我们不仅要使用更多的回形针来制作越来越长的项链，还要使用越来越大的回形针。

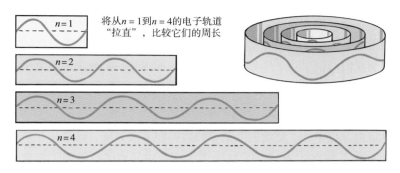

将从 *n* = 1 到 *n* = 4 的电子轨道"拉直",比较它们的周长

图 7-9　电子轨道的周长

注：原子中的电子轨道具有离散的半径，因为轨道的周长是电子波长的整数倍。这导致了每个轨道的离散能态。驻波构成的是球形和椭圆形外壳，而不是扁平的圆形外壳。该图大大简化了电子轨道的状态。

这个模型解释了为什么电子不会离原子核越来越近，使原子收缩到微小原子核的大小。如果每个电子轨道由驻波描述，那么最小轨道的周长不能小于一个波长，在圆形或椭圆形驻波中，不可能存在非整数个波长。只要电子携带波行为所需的动量，原子就不会收缩。

在更现代的原子波模型中，电子波不仅绕着原子核运动，而且会进出、靠近和远离原子核。电子波在 3 个维度上展开，形成了电子"云"。正如我们将看到的，这是一种概率云，而不是由分散在空间上的粉碎的电子组成的云。当检测到电子时，它仍然是一个点粒子。

Q5 电子为何"神出鬼没"？

20 世纪 20 年代中期，物理学发生了许多变化。科学家不仅通过实验确定了光的粒子性质，而且发现物质粒子也具有波的性质。从德布罗意的物质波开始，奥地利物理学家埃尔温·薛定谔（Erwin Schrödinger）建立了一个方程，描述了物质波在外力影响下的变化。

薛定谔方程在量子力学中的作用与牛顿方程（加速度＝力／质量）在经典物理学中的作用类似。[①] 薛定谔方程中的物质波是无法直接观察到的数学实体，因此该方程为我们提供了一个纯粹的数学模型，而不是一个原子的视觉模型——这超出了本书的讨论范围，因此，我们仅做简短介绍。[②]

在薛定谔方程中，"波动的"是非物质的物质波振幅，这是一种被称为波函数的数学实体，由符号 Ψ 表示。薛定谔方程给出的波函数代表了系统中可能发生的概率。例如，氢原子中电子的位置可以是从原子核中心到径向距离很远的任何地方。一个电子可能出现的位置和它在特定时间的可能位置并不相同。物理学家可以通过乘以波函数本身（$|\Psi|^2$）来计算其可能位置。这产生了第二个数学实体，即概率密度函数，它表示在给定的时间内，Ψ 所代表的每种可能性在单位体积内的概率。

在实验中，在任何时刻都有有限的概率在特定区域找到电子。该概率值介于 0 和 1 之间，其中 0 表示从不，1 表示始终。例如，如果在某个半径内找到电子的概率为 0.4，这意味着电子出现在这里的可能性为 40%。

因此，薛定谔方程不能告诉物理学家在哪个时刻、在原子中的哪个位置能找到电子，而只能告诉物理学家在那里找到电子的可能性，或者，对于大量的测量，在每个区域中找到电子的概率是多少。当重复测量一个电子在玻尔能级中的位置，并将每个位置绘制为一个点时，得到的图像类似于一种电子云（见图 7-10）。在这个概率云中的任何地方，都可能在不同的时间检测到单个电子；它甚至有非常小但有

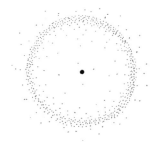

图 7-10　电子云

注：一个特定激发态的电子云的概率分布。

[①] 薛定谔方程的数学式是 $\left[-\dfrac{\hbar^2}{2m}\nabla^2 + U\right]\Psi = i\hbar\dfrac{\partial \Psi}{\partial t}$。

[②] 本书对这个复杂问题的简短处理可能无法帮助你真正理解量子力学。此处充其量是一个简短概述，为进一步的研究作介绍。

限的概率瞬间穿过原子核并返回。然而，大多数探测结果显示，电子距离原子核的平均距离接近玻尔所描述的轨道半径。

一个人之所以会认为某些事情是不可能的，可能是因为缺乏理解，就像科学家认为永远看不到单个原子的时候一样。或者，这也可能代表了一种深刻的理解，就像科学家（和专利局）拒绝永动机的时候一样。

如果你能向他人充分解释一个想法，那么你就可以更好地确信自己对这个想法的理解。

大多数物理学家（但不是所有物理学家）都将量子力学视为大自然的基本理论。有趣的是，量子物理学的创始人之一爱因斯坦却从未将其视为基础；他认为量子现象的概率性质是一个更深层次的、尚未被发现的物理学的结果。他说："量子力学确实令人印象深刻，但内心深处的声音告诉我它还不是真的。这个理论说了很多，但并没有真正让我们更接近'老人家'①的秘密。"

此外，物理学家理查德·费曼（Richard Feynman）的一句话曾经让学习量子力学的学生无比恼火："没有人，我再说一遍，没有人懂量子力学。"尽管量子力学很好地描述了"如何"，但它并没有完全解释"为什么"。

Q6 通往未来物理学的窗口在哪里？

1964 年，英国物理学家彼得·希格斯（Peter Higgs）与其他有类似想法的人一起提出了一种可能。一个遍布整个宇宙空间的新场会产生一种"黏性"，使粒子充满质量。这被称为"希格斯场"。验证它的存在是一个巨大的问题，因为为了找到亚原子场，就需要寻找作为场表现形式的粒子。为了验证希格斯场存在与否，物理学家计算出应该存在一种零电荷、零自旋的大质量粒子——玻色子②。

---

① 虽然爱因斯坦不信奉宗教，但他在关于自然奥秘的陈述中经常把上帝称为"老人家"。
② 基本粒子有两种类型：自旋的数值是整数的玻色子和自旋的数值是半整数的费米子（如电子）。希格斯玻色子是目前已知的唯一自旋为零的玻色子。

这种粒子后来被称为"希格斯玻色子"，人们对它的搜索持续了几十年。直到 2012 年 7 月 4 日，瑞士日内瓦 CERN 实验室的科学家宣布，他们通过大型强子对撞机发现了一种粒子，该粒子与标准模型理论预言的希格斯玻色子的性质基本吻合，其质量是质子的 133 倍，而质子的质量几乎是电子的 2 000 倍。随后，CERN 实验室的物理学家进一步研究了该粒子的性质。在 2013 年 3 月 14 日，CERN 正式宣布在 2012 年 7 月 4 日发现的粒子为希格斯玻色子。

科学界欣喜若狂，因为这种难以捉摸的粒子的发现为基本粒子的"标准模型"提供了支持，物理学家将有希望在某一天能够更深入地理解引力，并更多地了解暗物质和暗能量。

自从希格斯玻色子被发现以来，巨大的新机器计划在欧洲一些国家、日本和中国展开。关于希格斯玻色子尚未解答的问题激发了人们对新物理学的探索。即使结果无法预测，探索未知的领域也是人类共同的追求。对许多研究人员来说，希格斯玻色子就是通向未来的窗口。

如果一个新理论是有效的，它必须能够说明旧理论的验证结果。这就是玻尔首先阐述的对应原理。新理论和旧理论必须相对应，也就是说，它们必须在旧理论的结果得到充分验证的区域重叠并一致。对应原理不仅适用于科学理论，而且适用于所有好的理论，即使在远离科学的领域，如政府、宗教和伦理等领域，也是如此。

玻尔结合自己的氢原子理论介绍了对应原理。他推断，当电子处于高度激发状态，远离原子核运行时，其行为应该类似于（或对应于）经典行为。事实上，当一个处于高激发态的电子进行一系列量子跃迁，从一个状态跳到下一个能量较低的状态，然后再向下跳时，它发射的光子的频率会逐渐增加，与其自身运动频率相匹配。正如经典物理学所预测的那样，它似乎向内螺旋。

当量子力学的技术应用于更大的系统时，其结果与经典力学的结果基本相同。当德布罗意波长小于系统或系统中物质的尺寸时，这两个领域融为一体。量子理论和经典理论在单个原子的尺度水平上做出了完全不同的预测。令人满意的是，它们十分自然地融入了对自然界的描述，从宇宙中最小的事物扩展到最大的事物。

要点回顾
CONCEPTUAL PHYSICS　>>>

- 卢瑟福指导了著名的金箔实验，这一重要实验表明，原子大部分是空的，其大部分质量集中在中心区域——原子核。

- 通过对射线束偏转的仔细测量，汤姆逊成功计算出了阴极射线粒子的质荷比，该粒子被称为电子。所有电子都是相同的，它们是彼此的复制品。

- 约翰尼斯·里德伯发现了原子光谱的另一个规律。他注意到，在其他元素中，某些系列中的线的频率遵循和巴耳末公式类似的公式，并且这种系列中两条线的频率之和通常等于第三条线的频率。

- 在更现代的原子波模型中，电子波不仅绕着原子核运动，而且进出、靠近和远离原子核。电子波在 3 个维度上展开，形成了电子"云"。这是一个概率云，而不是由分散在空间上的粉碎的电子组成的云。当检测到电子时，它仍然是一个点粒子。

- 薛定谔方程不能告诉物理学家在哪个时刻、在原子中的哪个位置能找到电子，而只能告诉物理学家在那里找到电子的可能性，或者，对于大量的测量，在每个区域中找到电子的概率是多少。

- 如果一个新理论是有效的，它必须能够说明旧理论的验证结果。这就是玻尔首先阐述的对应原理。新理论和旧理论必须相对应，也就是说，它们必须在旧理论的结果得到充分验证的区域重叠并一致。对应原理不仅适用于科学理论，而且几乎适用于所有理论，即使在远离科学的领域，如政府、宗教和伦理等领域，也是如此。

CONCEPTUAL
PHYSICS

08

放射性如何产生和衰变

妙趣横生的物理学课堂

- 我们的生活中到处都有放射性物质吗?

- "辐照食品"为什么是安全的?

- 我们为什么感觉不到中微子"穿身而过"?

- 人体如何成为天然辐射源?

- 原子核中有哪些力?

- 为什么半衰期不受外界影响?

- 如何检测辐射是否过量?

- 元素如何相互转化?

- 碳-14 为何只能探测 5 万年以内的历史?

哪位物理学家获得了两项诺贝尔奖，一项物理学奖，一项化学奖，并且女儿也获得了诺贝尔化学奖？答案是居里夫人（见图 8-1）。1894 年，居里夫人在获得第一个学位后，遇到了她一生的挚爱——物理教授皮埃尔·居里（Pierre Curie）。1895 年，他们结婚后不久就开始一起工作。

图 8-1 居里夫人

1896 年，法国物理学家亨利·贝克勒尔（Henri Becquerel）发现，铀盐发出的射线穿透固体物质的能力与 X 射线相似。之后，居里夫人和皮埃尔开始研究铀。他们首先使用了放射性这个词。对放射性物质的研究成了居里夫人一生的工作。1898 年，身为法国公民的居里夫人以她的祖国波兰命名了他们发现的第一种新化学元素——钋（polonium）。他们还发现并命名了元素镭。1903 年，居里夫妇因其在放射性方面的研究，与贝克勒尔共同获得了诺贝尔物理学奖。

在丈夫因意外事故去世后，居里夫人仍然坚守在科研第一线。1914 年，巴黎大学镭研究所居里实验室成立，居里夫人担任实验室主任。

第一次世界大战期间，居里夫人为战争捐出了自己的诺贝尔奖奖金。1934 年，因工作期间遭受了过度辐射，居里夫人不幸去世。60 年后，为了纪念他们的成就，居里夫人和丈夫的遗体从斯奎克斯公墓转移到巴黎万神殿，她也成为历史上第一位获此殊荣的女性。

本章将带我们走进居里夫人的研究领域，深入了解原子、原子核，那里的可用能量远超电子的可用能量。这就是核物理，一个公众感兴趣却谈之色变的话题。最后，我们还将学习并探究核技术的风险和收益。

Q1　我们的生活中到处都有放射性物质吗？

一种常见的误解是，放射性物质在环境中是一种新事物，但它存在的时间远远超过人类。实际上，自从地球诞生以来，放射性物质就一直存在。它就像太阳和雨一样，也是我们环境的一部分。

放射性一直存在于我们行走的土地和呼吸的空气中，正是它温暖了地球内部并使其融化。事实上，地球内部的放射性衰变是加热间歇泉或天然温泉的形成原因，就连气球里的氦气也是放射性衰变的产物。

1895 年，德国物理学家威廉·伦琴（Wilhelm Röntgen）发现了 X 射线，这在当时是一种性质未知的射线。伦琴发现，这种新型射线是由一束"阴极射线"（后来发现是电子）撞击气体放电管玻璃表面产生的。他发现 X 射线可以穿过固体材料，可以电离空气，在玻璃中没有折射，并且不受磁场的影响。今天我们知道 X 射线是高频电磁波，通常是因为原子最内层轨道电子的去激发而发出的。荧光灯中的电子电流激发原子的外层电子并产生紫外和可见光子，而撞击固体表面的高能电子束激发最内层电子并产生更高频率的 X 射线光子。

X 射线光子具有高能量，在被吸收或散射之前可以穿透原子的许多层。当 X 射线穿过你的软组织时，会"拍摄"你体内骨骼的图像（见图 8-2）。在现代 X 射线管中，电子束的目标是金属板，而不是射线管的玻璃壁。

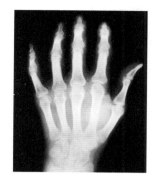 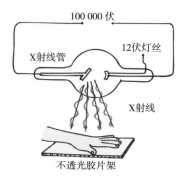

图 8-2 X射线图像

注：电极中被激发的金属原子发射的 X 射线穿透肌肉比穿透骨骼更容易，
并在胶片上形成图像。

1896 年初，伦琴宣布发现 X 射线几个月后，法国物理学家贝克勒尔偶然发现了一种新的贯穿辐射。贝克勒尔当时正在研究由光和新发现的 X 射线产生的荧光和磷光。一天晚上，他碰巧把包装好的感光板放在抽屉里，旁边是一些含有铀的晶体。第二天，他惊奇地发现，显然是由于铀的自发辐射，底片被曝光了。接着，他发现，这种新的辐射与 X 射线不同，因为它可以被电场和磁场偏转。

人们很快发现，其他元素也会发出类似的射线，如钍、锕，以及居里夫妇发现的两种新元素——钋和镭。这些射线的发射是原子发生了剧烈变化的证据，而这种变化的剧烈程度超过了原子激发。事实证明，这些射线不是原子电子能态变化的结果，而是原子核中心发生变化的结果。这一过程是放射性的，因为它涉及原子核的衰变，所以通常被称为放射性衰变。

Q2 "辐照食品"为什么是安全的？

当新鲜草莓和其他易腐烂的食物受到来自放射源的 γ 射线照射时，其保质期会显著延长，因为 γ 射线可以杀死一些导致食物腐烂的微生物。需要注意的是，辐照食品不同于被核辐射污染的食品（含有放射性同位素），它们只是辐射的接收器，并没有转化为辐射的发射器，这一点可以用辐射探测器来检测。

接下来，我们将学习 α 射线、β 射线和 γ 射线，以深入理解辐照食品的安全性。

我们日常环境中超过 99.9% 的原子是稳定的。这些原子中的原子核在宇宙的生命周期内不太可能发生变化。但有些原子是不稳定的。所有原子序数大于 82（铅）的元素都具有放射性。这些元素和其他元素可以发出 3 种不同类型的辐射，分别以希腊字母表的前 3 个字母 α（阿尔法）、β（贝塔）和 γ（伽马）命名。

α 射线带有正电荷，β 射线带有负电荷，γ 射线不带电荷。光线、X 射线和 γ 射线的对比如图 8-3 所示。在 3 种射线通过的路径上放置磁场，就可以将 3 种射线分开（见图 8-4）。

进一步的研究表明，α 射线是氦核流，β 射线是电子流。因此，我们通常将这些粒子称为 α 粒子和 β 粒子。γ 射线是频率和能量都高于 X 射线的电磁辐射。X 射线起源于原子核外的电子云，而 α 射线、β 射线和 γ 射线起源于原子核。正如光是由外层原子中电子的能级跃迁发出的一样，γ 射线也是由原子核内类似的能量跃迁发出的。γ 光子提供有关核结构的信息，就像可见光和 X 射线光子提供有关原子中电子的结构信息一样。

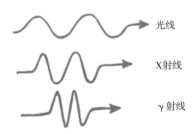

光线

X射线

γ射线

图 8-3　光线、X 射线和 γ 射线的对比

注：γ 射线只是电磁辐射，其频率和能量远高于可见光和 X 射线。

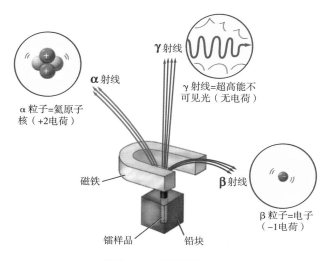

图 8-4 3 种射线的分离

注：在磁场中，α 射线会向一个方向弯曲，β 射线会向另一个方向弯曲，而 γ 射线根本不会弯曲。组合光束来自放在铅块钻孔底部的放射源。

Q3 我们为什么感觉不到中微子"穿身而过"？

在我们没有注意的情况下，每秒都有大量的中微子穿过我们的身体。中微子之所以可以穿过我们的身体，是因为它们与物质具有非常微弱的相互作用。一个电子穿过一个原子时会发生相互作用，且在固体物质中不会走很远，但中微子既不受电力的影响也不受强核力的影响，因此它可以通过原子和原子核，几乎没有发生相互作用的机会。

那么，人们怎么会发现这种奇妙的粒子——中微子呢？

我们现在已经非常了解 α 辐射、β 辐射和 γ 辐射了。然而，20 世纪 20 年代早期，研究人员在对辐射进行研究的过程中，遇到了令人困惑的结果。粒子携带的能量似乎违反了能量守恒定律。物理学家沃尔夫冈·泡利（Wolfgang Pauli）提出了解决这个难题的方法，即假设存在一个微小的中性粒子，这就是我们现在所说的中微子。

这个中性粒子非常难以捉摸，研究人员用了几十年的时间来探测它是否存在并确定它是否有质量。直到 1956 年，研究人员才终于探测到了中微子的存在，此后，从 20 世纪 60 年代开始，人们开始探测来自地球以外的中微子。

1998 年，研究人员确定了中微子的质量。中微子的质量大概是电子质量的 100 万分之一。中微子没有电荷。与其他基本粒子一样，中微子也有反粒子。有趣的是，反中微子伴随着 β 辐射。

中微子只能通过微弱的亚原子力和引力相互作用。它们的探测极其困难，因为中微子与物质的相互作用非常微弱。一块几厘米厚的固体铅可以阻挡大部分来自镭源的 γ 射线，而要想阻挡典型核衰变中产生的一半中微子则需要一块大约 8 光年厚的固体铅。

中微子分为 3 种类型：电子中微子、μ 中微子和 τ 中微子。当中微子以接近光速的速度穿过太空或物质时，它们会不断地改变自身类型，在三者之间相互转换，这种现象被称为"中微子振荡"。中微子的生成伴随着 β 辐射，加速器可以生成中微子，宇宙射线与大气中原子核的碰撞可以产生中微子，太阳、其他恒星和超新星中也会产生中微子。

来自太阳的中微子是来自太阳中心的直接信使，实际上也是来自那里的唯一的直接信使。光从太阳的中心扩散到边缘需要上千年的时间。我们通过光"看到"的只是太阳的表面，通过中微子才能了解太阳的内部。

中微子数量非常多。真的非常多！每天的每一秒都有数十亿的中微子从你的身体飞过。宇宙中充满了中微子。只有偶尔，一年一两次左右，中微子才会与你身体中的物质发生相互作用。中微子如此之多，可能构成了宇宙的大部分质量。一些中微子专家认为，中微子可能是维系宇宙的"黏合剂"。

尽管研究中微子并不容易，但如果我们想更深入地探索宇宙，继续研究中微子就至关重要。

Q4 人体如何成为天然辐射源?

　　人体本身是重要的天然辐射源,这些辐射主要来自我们摄入的钾。正常成年人体内含有大约 200 克钾。大多数钾没有放射性。因为它们是钾-39,其原子核中有 19 个质子和 20 个中子,没有放射性,但钾-40 有额外的中子,具有放射性。除了质量不同带来的影响,钾-39 和钾-40 同位素的化学性质是相同的。在我们体内的钾中,大约有 20 毫克放射性同位素钾-40,它是 γ 射线的一种发射器。在两次心跳之间,人体内约有 60 000 个钾-40 同位素发生自发放射性衰变。

　　辐射无处不在,在我们的环境中也是如此。我们环境中常见的岩石和矿物含有大量的放射性同位素,因为其中大多数含有微量的铀。事实上,居住在砖、混凝土或石头建筑中的人比居住在木制建筑中的人受到的辐射量更大。

　　天然辐射的主要来源是元素周期表中原子序数为 86 的气态元素氡的同位素氡-222。当放射性铀衰变为钍、镭,然后在花岗岩和其他岩石、土壤和地下水中形成氡时,氡-222 也会自然形成。氡-222 通过地板裂缝渗出后,往往会积聚在地下室。氡-222 的水平因地区而异,取决于当地的地质情况。你可以使用氡探测器套件检查家中的氡水平。如果氡水平异常高,建议采取改善措施,如密封地下室地板和墙壁,并保持足够的通风。

　　我们每年所接触到的辐射约有一半来自非天然来源,主要是医疗程序。烟雾探测器、很久以前的核试验产生的沉降物以及煤炭和核电行业也是辐射的来源。煤炭工业作为辐射源远远超过核电工业。燃煤发电厂排放的飞灰所产生的辐射量是核电站同等能量所产生辐射量的 100 多倍。全球每年产生约 37 万吨放射性废物。然而,这些废物大部分都是被控制的,并

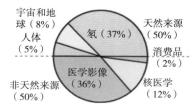

图 8-5　一名普通美国人的辐射暴露来源

没有释放到环境中。图 8-5 为一名普通美国人的辐射暴露来源。

辐射单位

辐射剂量通常以戈瑞（辐射吸收剂量）来测量，是吸收的能量的单位。戈瑞主要应用在医学领域，描述放射治疗以及核医学中使用的辐射剂量。1 戈瑞等于每千克组织吸收 1 焦耳辐射能。

某些形式的辐射比其他形式的辐射更有害。这就像是有两个箭头，一个是尖头的，另一个带有吸盘。以相同的速度和动能向苹果射出这两支箭。尖尖的箭头对苹果的损害总是比有吸盘的箭头大。同样，即使我们接收到两种形式不同但数量相同的辐射，某些形式的辐射也比其他形式的辐射会造成更大的危害。

基于潜在损伤的辐射剂量的测量单位是希沃特，为物理量剂量当量的单位，用来衡量辐射对生物组织的影响程度。在计算希沃特剂量时，我们将辐射剂量乘以一个系数，该系数表示临床研究确定的不同类型辐射对健康所产生的不同影响。例如，0.01 戈瑞的 α 粒子与 0.1 戈瑞的 β 粒子具有相同的生物效应。[1] 我们称这两种剂量都为 0.1 希沃特（见表 8-1）。

表 8-1　粒子与辐射剂量表

粒子	辐射剂量	系数	健康影响
α 粒子	0.01 戈瑞	10	0.1 希沃特
β 粒子	0.1 戈瑞	1	0.1 希沃特

辐射剂量

每年，无论是从天然来源还是在诊断医疗程序中，我们所接触到的辐射剂量仅为 0.01 戈瑞的一小部分。为方便起见，我们使用了一个较小的表示单位——

---

[1] 尽管如前所述，β 粒子具有更强的穿透力，但这也是真的。

毫戈瑞，1 毫戈瑞是 1 戈瑞的千分之一。如表 8-2 所示，美国每人每年的平均辐射剂量中超过一半的辐射来自天然来源，如宇宙射线和地球本身。拍摄一张胸部 X 光片会使一个人暴露在 0.4 ～ 1.5 毫戈瑞的剂量中。

表 8-2　美国每人每年平均辐射暴露剂量

来源	每年接受的一般剂量（毫戈瑞）
天然来源	
宇宙辐射	0.3
地面	0.33
空气（氡–222）	1.98
人体组织（钾–40；镭–226）	0.4
人为来源	
医用 X 射线	0.4
全身 CT 扫描	10
消费品	0.08
商业化石燃料发电厂	<0.01
商业核电站	<<0.01

在我们的细胞中存在着许多结构复杂的分子，当辐射遇到这些复杂分子时，会造成原子尺度上的混乱。混乱破坏了一些分子，进而又会改变其他分子，可能会危害我们的生命。

如果辐射不太严重，细胞能够修复大多数由辐射引起的分子损伤。如果辐射剂量在较长的一段时间内扩散，给身体留出了愈合的时间间隔，细胞就可以在致命剂量的辐射下存活。当辐射剂量大到足以杀死细胞时，死亡的细胞可以被新的细胞取代（除了大多数神经细胞，它们是不可替代的）。有时被辐射的细胞会在 DNA 分子受损的情况下存活。受损细胞产生的新细胞保留了改变的遗传信息，产生突变。通常，突变的影响是微不足道的，但偶尔突变会导致细胞功能不如未受影响的细胞，有时会致癌。如果受损的 DNA 存在于个体的生殖细胞中，那么个体后代的遗传密码可能会保留突变。这种突变是进化的主要推动力之一。

放射性示踪剂

在科学实验室中，所有元素的放射性样本都已经制造成功。这是通过中子或其他粒子轰击实现的。放射性材料在科学研究和工业中极为有用。例如，为了检测肥料的作用，研究人员将少量放射性物质与肥料结合，然后将其应用于少数植物。辐射探测器可以轻松测量出植物吸收了多少放射性肥料。通过这样的测量，科学家可以告诉农民正确的肥料使用量。用于追踪肥料吸收途径的放射性同位素被称为示踪剂。

有一种被称为医学成像的技术，就是利用示踪剂来诊断我们身体的内部疾病。这项技术之所以有效，是因为示踪剂的路径只受物理和化学性质的影响，而不受放射性的影响。示踪剂可以单独引入，也可以与一些其他化学物质一起引入，这些化学物质有助于将示踪剂对准体内特定类型的组织。

Q5 原子核中有哪些力？

在原子核中，有两种力在起作用：电力和核力。电力使质子之间相互排斥，核力使它们相互吸引。当吸引力大于排斥力时，质子保持在一起。当质子相距很远时，电力可以克服核力，它们往往会飞离。

接下来，让我们深入了解质子是如何相互吸引和排斥的。

原子核只占原子体积的几千亿分之一，因此，原子内部几乎是空的。原子核由核子组成，核子是质子和中子的统称。每个核子又由 3 个被称为夸克的较小粒子组成。夸克被认为是基本粒子，不再由更小的部分组成。

正如原子的轨道电子有能级一样，原子核内也有能级。轨道电子在跃迁到较低能级时会发射光子，而放射性原子核中能量状态的类似变化会导致 γ 光子的发射，这就是 γ 射线辐射。

我们知道，相同符号的电荷相互排斥。那么，原子核中带正电的质子是如何聚集在一起的呢？这个问题促使人们发现了一种叫作强力的吸引力，也称作强核力，它作用于所有核子之间。这种力非常强，但只在极短的距离[1]内起作用。排斥性电力相互作用的范围相对较远。图 8-6 显示了强核力和电力在距离上的强度比较。对于相互靠近的质子，如在小的原子核中，吸引的强核力很容易克服电力，但对于相距遥远的质子，如位于大的原子核相对边缘的质子，强核力可能比电力弱。

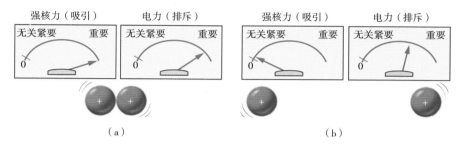

（a）　　　　　　　　　　　　　　　　　（b）

图 8-6　强核力和电力的强度比较

注：比较强核力和电力的假想读数。图（a），附近的两个质子同时经历吸引的强核力和排斥的电力。在这个微小的分离距离处，强核力战胜了电力，它们保持在一起；图（b），当质子相距很远时，电力占主导地位，它们相互排斥，大原子核中的质子－质子斥力降低了核的稳定性。

大原子核不如小原子核稳定。如图 8-7 所示，在氦原子核中，两个质子都受到彼此的排斥效应。在铀原子核中有 92 个质子，每一个质子都会受到其他 91 个质子的排斥效应。因此，铀原子核是不稳定的。我们看到，原子核的大小是有限制的。正是由于这个原因，在较大原子的稳定同位素的原子核中，中子比质子更多，并且所有质子数超过 82 的原子核都具有放射性[2]。

中子是将原子核连接在一起的"核水泥"。质子通过强核力吸引质子和中子，质子也通过电力排斥其他质子。中子没有电荷，只能通过强核力吸引其他质子和

---

[1] 约 10^{-15} 米，大约相当于质子或中子的直径。
[2] 83 号元素铋，仅有极其微弱的放射性。

中子。因此，中子的存在增加了核子之间的吸引力，有助于将原子核保持在一起（见图 8-8）。

原子核中的质子越多，就越需要更多的中子来帮助平衡排斥力。对于轻元素，中子数量与质子数量相同就足够了。例如，最常见的碳同位素碳-12，有数量相等的 6 个质子和 6 个中子。对于大原子核，需要比质子更多的中子。由于强核力在距离上迅速减弱，核子必须实际接触才能使强核力有效。在一个大原子核相对的两侧上，核子彼此之间的吸引力没有那么强。然而，在这个大原子核的直径方向上，电力几乎没有减少，因此电力开始战胜强核力。为了补偿在原子核直径方向上减弱的强核力，大原子核的中子比质子多。例如，铅的中子数大约是质子数的 1.5 倍。

所以我们看到，中子在起稳定作用，大原子核需要大量的中子。超过某一点，甚至中子都无法将一个核保持在一起。有趣的是，中子单独存在时并不稳定。一个单独的中子具有放射性，会自发转化为质子和电子，如图 8-9（a）所示。一个中子的周围需要有质子来防止这种情况发生。在 α 衰变

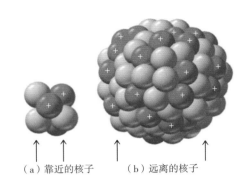

（a）靠近的核子　（b）远离的核子

图 8-7　小原子核与大原子核比较

注：图（a），小原子核中的所有核子都彼此接近，因此，它们受强核力的吸引作用；图（b），较大原子核中位于两侧的核子彼此之间的距离不那么近，因此将它们结合在一起的吸引力要弱得多。结果是，大原子核不太稳定。

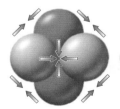 

所有的核子，包括　　只有质子通过
质子和中子，都通　　电力相互排斥
过强核力相互吸引

图 8-8　中子的作用

注：中子的存在有助于增加强核力的作用，使原子核保持在一起，强核力在图中用单箭头表示。

中发射的 α 粒子实际上是核"块"，并且只有重核才会发射它们。[①] 重核和轻核都可以发射 β 粒子和 γ 粒子。单个中子的 β 衰变和重核的 α 衰变如图 8-9（b）所示。

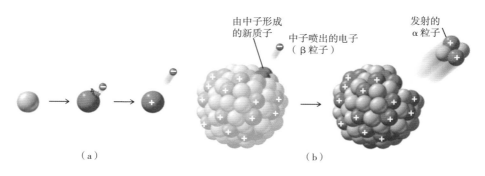

图 8-9　中子的放射性

注：图（a）中，质子附近的中子是稳定的，但中子本身是不稳定的，通过发射电子衰变为质子。图中未显示伴随的微小反中微子；图（b）中，由于质子数量的增加，原子核变得不稳定，开始脱落核"块"，比如 α 粒子。

Q6　为什么半衰期不受外界影响？

　　一种元素的放射性衰变率是用特征时间，即半衰期来衡量的。半衰期是放射性同位素从原始量衰变到原有核数的一半所需的时间。例如，镭–226 的半衰期为 1 620 年。这意味着，对于任何给定的镭–226 样本，1 620 年之后，其中的一半将衰变为其他元素。在接下来的 1 620 年中，剩下的镭–226 中的一半也会衰变，镭–226 只剩下原来数量的 1/4（见图 8-10）。20 个半衰期后，镭–226 的数量约为初始数量的百万分之一。

　　半衰期非常恒定，不受外界条件的影响。一些放射性同位素的半衰期不到百万分之一秒，而另一些放射性同位素的半衰期超过 10 亿年。铀–238 的半衰期

---

① α 衰变仅限于重核，但有一个例外，铍–8 的高放射性核有 4 个质子和 4 个中子，分裂成 2 个 α 粒子，实际上这是核裂变的一种形式。

为 45 亿年。所有的铀最终都会在一系列步骤中衰变为铅。在 45 亿年后，目前地球上一半的铀将衰变成铅。

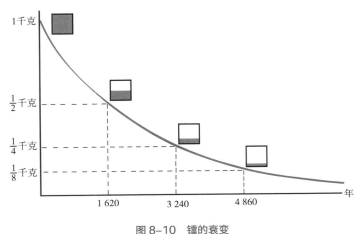

图 8-10　镭的衰变

注：每 1 620 年，镭的数量就会减少一半。

要想测量一种元素的半衰期，我们不必等待整个周期结束。通过测量已知量的衰变率，可以在元素衰变过程的任意时刻计算出元素的半衰期。辐射探测器就可以轻松完成这项任务。一般来说，一种物质的半衰期越短，其分解速度越快，检测到的每单位物质的放射性就越多。

Q7　如何检测辐射是否过量？

原子在气体或液体中相互碰撞的普通热运动无法提供足够的能量来使电子自由运动，因此原子保持中性，但是当一个高能粒子，如 α 粒子或 β 粒子穿过物质时，电子一个接一个地从位于粒子路径上的原子中被撞击出来，结果形成了自由电子和带正电离子的轨迹。这种电离过程导致高能辐射对活细胞产生有害的影响，但是，电离也使追踪高能粒子的路径相对容易。我们将简要讨论 5 种辐射检测设备。

如图 8-11（a）所示，盖革计数器由中空金属圆柱体和中心的导线组成，中空金属圆柱体内填充有低压气体。在圆柱体和导线之间施加电压，导线就会比气缸带有更多正电荷。如果辐射进入电离管并使气体中的原子电离，那么释放的电子就会被吸引到带正电荷的中心导线上。当这个电子加速朝向导线时，它会与其他原子碰撞，从而碰撞出更多的电子，而这些电子又会产生更多的电子，最终产生一个短暂的电流脉冲，从而激活与电离管相连的计数装置。放大之后，这种电流脉冲会产生我们熟悉的辐射探测器的"咔嗒"声。

闪烁计数器的基本原理是，当带电粒子或 γ 射线穿过某些物质时，这些物质中的原子很容易被激发并发光。微小的闪光或闪烁被特殊的光电倍增管转换成电信号。闪烁计数器比盖革计数器对 γ 射线更敏感，此外，它还可以测量被探测器吸收的带电粒子或 γ 射线的能量。如图 8-11（b）所示，罗杰·拉苏尔（Roger Rasool）使用的就是闪烁计数器。有趣的是，水经过高度净化后，也可以用作闪烁体。

（a） （b）

图 8-11 辐射探测器

注：图（a）中，盖革计数器，通过辐射电离管中的气体所触发的短电流脉冲来检测入射辐射。图（b）中，闪烁计数器，通过带电粒子或 γ 射线穿过计数器所产生的闪光来指示入射辐射。

云室以雾迹的形式显示电离辐射的可见路径。它由一个圆柱形腔室组成，上端用玻璃窗封闭，下端为一个可移动的活塞。调节活塞可以使腔室中的水蒸气或酒精蒸汽达到饱和。放射性样品可以放置在腔室外部，也可以在腔室内部，如

图 8-12 所示。当带电粒子穿过腔室时，离子会沿着带电粒子的路径产生。如果腔室中的饱和空气突然被活塞的运动冷却，水蒸气或酒精蒸汽会在这些离子周围凝结并形成蒸汽尾迹，从而显示出辐射的路径。这些蒸汽尾迹是喷气式飞机在空中留下冰晶轨迹的原子版本。

还有一种更简单的连续云室。它含有稳定的过饱和蒸汽，因为它静置在一块干冰上，云室顶部的温度接近室温，而底部温度非常低，形成了温度梯度。电离的雾迹可以用灯照亮，通过玻璃顶部看到或拍摄下来。当连续云室被放置在强电场或磁场中，雾迹就会发生弯曲，我们可以从雾迹的弯曲方式来计算辐射粒子的电荷、质量和动量等。

在早期宇宙射线研究中，云室是至关重要的工具，现在主要用于课堂演示。

图 8-12　云室

注：带电粒子在过饱和蒸汽中运动会留下痕迹。当腔室处于强电场或磁场中时，轨道的弯曲提供了有关粒子的电荷、质量和动量的信息。

在气泡室中看到的粒子轨迹是液态氢中的微小气泡（见图 8-13）。

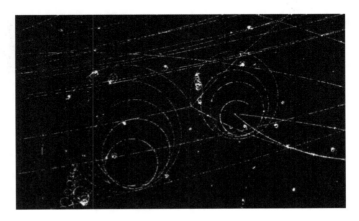

图 8-13　气泡室中基本粒子的轨迹

注：经过观察训练之后，研究人员可以用肉眼观察到，2 个粒子在螺旋线产生的地方被摧毁，并在碰撞中产生另外 4 个粒子。

液态氢在玻璃和不锈钢室中，在压力下加热到刚好不沸腾的温度。如果在产生离子的粒子进入的那一刻，腔室中的压力突然释放，那么沿着粒子的路径会留下一条淡淡的气泡痕迹。然后，所有的液体都会沸腾，但在这之前的千分之几秒内，粒子的短暂轨迹就被拍摄下来，与云室一样，气泡室中的磁场揭示了被研究粒子的电荷和相对质量的信息。气泡室在过去几十年中被广泛使用。

火花室是一种计数装置，由一排紧密间隔的平行板组成。每隔一块板接地，中间的板保持高电压（约 10 千伏）。当带电粒子通过腔室时，板之间的气体中产生离子。沿着离子路径的放电效应在板之间产生可见的火花。许多火花的轨迹揭示了粒子的路径。

还有一种装置与火花室类似，被称为流光室，一般由三个平板间隔成两个空间，当带电粒子进入流光室，入射的带电粒子的路径上产生放电或"流光"现象。与气泡室相比，火花室和流光室的主要优点是可以在给定时间内监测更多的事件。

Q8 元素如何相互转化？

当一个放射性原子核发射出 α 或 β 粒子时，其原子序数发生了变化，形成了另一种元素。一种化学元素转变为另一种化学元素被称为嬗变。嬗变发生在自然事件中，在实验室中也可以人为引发。

自然嬗变

以铀-238 为例，它的原子核含有 92 个质子和 146 个中子。当 α 粒子被射出时，原子核会失去 2 个质子和 2 个中子。由于一种元素是由其原子核中的质子数定义的，因此留下的 90 个质子和 144 个中子不再被认定为铀。我们得到的是另一种元素的原子核，即钍的原子核。这种嬗变的示意图和核方程式如下：

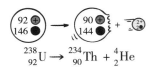

$$^{238}_{92}\text{U} \rightarrow {}^{234}_{90}\text{Th} + {}^{4}_{2}\text{He}$$

我们看到 $^{238}_{92}\text{U}$ 转变为箭头右侧的两个原子。当这种嬗变发生时，能量以 3 种形式释放，分别为 α 粒子（$^{4}_{2}\text{He}$）的动能、钍核的动能和 γ 辐射。在这个嬗变核方程中，顶部的质量数平衡（238 = 234 + 4），底部的质子数也平衡（92 = 90 + 2）。

这一反应的产物钍 −234 也具有放射性。当它衰变时，原子核释放出 1 个 β 粒子，即 1 个电子，并且 1 个中子在这个过程中变成质子，因此，生成的元素的原子序数增加 1。在钍的 90 个质子发射 β 粒子后，生成的元素具有 91 个质子。它不再是钍，而是元素镤。尽管在此过程中原子序数增加了 1，但质子和中子的质量数保持不变。示意图和核方程式为：

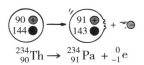

$$^{234}_{90}\text{Th} \rightarrow {}^{234}_{91}\text{Pa} + {}^{0}_{-1}\text{e}$$

我们把 1 个电子写成 $^{0}_{-1}\text{e}$。上标 0 表示电子的质量相对于质子和中子来说微不足道，下标 −1 是电子所带的电荷（伴随这个反应和所有 β 发射的是反中微子，此核方程式中省略）。

放射性元素在周期表中可以向后或向前衰变。[1] 当一个元素的原子从原子核中喷出一个 α 粒子时，产生的原子的质量数减少了 4，原子序数减少了 2。生成的原子是元素周期表中往前两位的元素。当一种元素的原子从原子核中喷出 β 粒子时，原子的质量实际上不受影响，这意味着质量数没有变化，但原子序数增加了 1。生成的原子属于元素周期表中向前一位的元素。γ 辐射不会导致质量数

---

[1] 有时，原子核会发射一个正电子，这是电子的"反粒子"。在这种情况下，质子变成中子，原子序数减少。

或原子序数发生变化。

　　图 8-14 显示了 $^{238}_{92}$U 放射性衰变为 $^{206}_{82}$Pb，铅的一种同位素。每个蓝色箭头表示 α 衰变，每个红色箭头表示 β 衰变。注意，这个系列中的一些原子核可以以两种方式衰变。在自然界中还有几种与之类似的放射性系列，任何可能在地球形成时自然存在的东西都早已衰变。

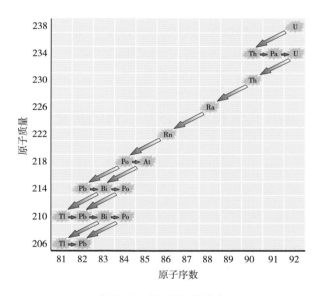

图 8-14　铀 -238 的衰变

注：铀 -238 通过一系列 α 衰变的和 β 衰变衰变为铅 -206。

人工嬗变

　　卢瑟福是第一个成功地、有意识地改变了化学元素的科学家。他用一块放射性矿石中的 α 粒子轰击氮气。α 粒子对氮原子核的冲击可以将氮转化为氧：

$$^{4}_{2}He + ^{14}_{7}N \rightarrow ^{17}_{8}O + ^{1}_{1}H$$

卢瑟福用云室记录了这一事件。他从电影胶片上拍摄的 25 万个云室轨迹中发现了 7 个原子嬗变的例子。他对这些被强外部磁场弯曲的轨道进行了分析，发现有时 α 粒子与氮原子碰撞时，质子会弹出来，重原子会后退一小段距离，而 α 粒子消失了。α 粒子在这个过程中被吸收，将氮转化为氧。

自卢瑟福于 1919 年宣布这一发现以来，研究人员们已经进行了许多其他核反应，最开始是用放射性矿石的自然轰击作为"炮弹"，后来用更高能的"炮弹"——质子和巨大粒子加速器投掷的其他粒子。人工嬗变产生了元素周期表上未出现的元素，但所有这些人造元素的半衰期都很短。

Q9　碳–14 为何只能探测 5 万年以内的历史？

科学家们能够通过测量当前的放射性水平来计算含碳制品的年龄，如木制工具或骨骼。这一过程被称为碳年代测定，它使我们能够探测长达 5 万年的过去。超过这个时间跨度后，剩余的碳–14 太少，无法进行准确的分析。

动植物体内为什么会有放射性碳–14？随着时间推移，碳–14 如何衰变？接下来，让我们一起学习。

地球大气层不断受到宇宙射线的轰击，这种轰击导致上层大气中的许多原子发生嬗变。这些嬗变导致许多质子和中子被"喷射"到环境中。大多数质子在与上层大气中的原子碰撞时被阻挡，从这些原子中剥离电子，变成氢原子。然而，中子"前进"的距离会更长，因为它们没有电荷，因此不会与物质发生电荷间的相互作用。最终，许多中子与较稠密的低层大气中的原子核发生碰撞。

例如，捕获中子的氮原子核可以发射质子并成为碳的同位素的原子核：

$$\ce{^1_0 n + ^{14}_7 N -> ^{14}_6 C + ^1_1 H}$$

这种碳-14同位素约占大气中碳的万亿分之一，有8个中子，具有放射性。最常见的碳-12有6个中子，没有放射性。因为碳-12和碳-14都是碳的不同形式，它们具有相同的化学性质。这两种同位素都能与氧气发生化学反应，生成二氧化碳，被植物吸收。这意味着所有的植物都含有微量的放射性碳-14。所有动物都以植物或其他吃植物的动物为食，因此，所有动物体内都含有少量的碳-14。简而言之，地球上所有的生物都含有碳-14。

碳-14是发射体，通过以下反应衰变回氮-14：

$$\ce{^{14}_6 C -> ^{14}_7 N + ^0_{-1} e}$$

由于植物在生存期间持续吸收二氧化碳，任何因衰变而损失的碳-14都会立即从大气中补充新的碳-14。通过这种方式，达到了一种放射性平衡，即每万亿个碳原子中就有1个碳-14原子。当植物死亡时，碳-14的补充停止。然后，碳-14的百分比以其半衰期所决定的恒定速率下降。[1] 因此，相对于碳-12的恒定量，植物或其他生物死亡的时间越长，它所含的碳-14越少。

碳-14的半衰期约为5 730年。这意味着，今天死亡的植物或动物中存在的碳-14原子中的一半将在未来5 730年内衰变。剩下的碳-14原子中，会有一半将在接下来的5 730年内衰变，以此类推（见图8-15）。

如果大气中放射性碳的数量多年保持不变，碳-14定年法将是一种相对简单

---

[1] 1克碳含有约 5×10^{22} 个碳原子，其中有 6.5×10^{10} 个是碳-14原子，衰变率约为每分钟13.5次。

和准确的定年方法。但事实并非如此。太阳磁场的波动以及地球磁场强度的变化会影响地球大气中的宇宙射线强度，进而导致碳-14 的产生出现波动。此外，地球气候的变化会影响大气中二氧化碳的含量。海洋是巨大的二氧化碳库。在气候寒冷时，海洋向大气中释放的二氧化碳比温暖时少。当下气候变化迅速，海洋对大气中二氧化碳含量的影响加大。

图 8-15 碳-14 在人体骨架内的衰变

注：骨架中放射性碳-14 的数量每 5 730 年减少一半，结果就是目前骨架中只含有最初碳-14 的一小部分。红色箭头表示碳-14 的相对含量。

古老但无生命的测定是用放射性矿物（如铀）完成的。天然存在的同位素铀-238 和铀-235 衰变非常缓慢，最终衰变成铅的同位素，但不是常见的铅同位素铅-208。例如，铀-238 经过几个阶段衰变最终变成为铅-206，而铀-235 最终变成铅-207。现在存在的铅-206 和铅-207 都曾经是铀。含铀岩石越老，这些衰变而成的铅同位素的百分比越高。根据铀同位素的半衰期和含铀岩石中铅同位素的百分比，可以计算岩石形成的日期。

另一种用于测定埋藏古代岩石结构年代的方法是光学激发发光（Optical Laser Luminescence，OSL），这种方法曾被用于测定巨石阵纪念碑周围埋藏的岩石井穴的年代。土壤中低水平的环境辐射会激发电子，这些电子被埋藏岩石中的石英晶体所捕获。随着时间的推移，更多的电子被捕获。岩石被埋藏的时间越长，矿物再次暴露在光下时，发光强度越大。随着越来越多的长期被埋结构和栖息地被发现，OSL 测量仪成为考古学家工具包中非常受欢迎的工具。

要点回顾

- 放射性物质一直存在于我们行走的土地和呼吸的空气中，正是它温暖了地球内核并使其融化。事实上，地球内部的放射性衰变是加热间歇泉或天然温泉的原因，就连气球里的氦气也是放射性衰变的产物。

- 辐照食品不同于被核辐射污染的食品（含有放射性同位素），它们只是辐射的接收器，并没有转化为辐射的发射器。γ 射线可以杀死一些导致食物腐烂的微生物。

- 中微子之所以可以穿过我们的身体，是因为它们与物质具有非常微弱的相互作用。一个电子穿过一个原子时会发生相互作用，且在固体物质中不会走很远，但中微子既不受电力影响也不受强核力影响，因此它可以通过原子和原子核，几乎没有发生相互作用的机会。

- 人体本身是重要的天然辐射源，这些主要来自我们摄入的钾。正常成年人体内含有大约 200 克钾。大多数钾没有放射性，比如钾–39，其原子核中有 19 个质子和 20 个中子，没有放射性。但钾–40 有额外的中子，具有放射性。在 2 次心跳之间，人体内约有 60 000 个钾–40 同位素发生自发放射性衰变。

- 在原子核中，有两种力在起作用：电力和强核力。电力使质子之间相互排斥，强核力使它们相互吸引。当吸引力大于排斥力时，质子保持在一起。当质子相距很远时，电力可以克服强核力，它们往往会飞离。

- 一种元素的放射性衰变率是用特征时间，即半衰期来衡量的。半衰期是放射性同位素从原始量衰变到原有核数的一半所需的时间。半衰期非常恒定，不受外界条件的影响。一些放射性同位素的半衰期不到百万分之一秒，而另一些同位素的半衰期超过 10 亿年。

- 当一个高能粒子穿过物质时，电子一个接一个地从位于粒子路径上的原子中被撞击出来，结果是形成了自由电子和带正电离子的轨迹。这种电离过程导致高能辐射对活细胞产生有害的影响。电离也使得追踪高能粒子的路径相对容易。

- 当一个放射性原子核发射出 α 或 β 粒子时，其原子序数发生了变化，形成了另一种元素。一种化学元素转变为另一种化学元素被称为嬗变。嬗变发生在自然事件中，在实验室中也可以人为引发。

- 碳-14 的半衰期约为 5 730 年。这意味着，今天死亡的植物或动物中存在的碳–14 原子中的一半将在未来 5 730 年内衰变。剩下的碳–14 原子中，会有一半将在接下来的 5 730 年内衰变，以此类推。

CONCEPTUAL
PHYSICS

09

核裂变和核聚变是如何发生的

妙趣横生的物理学课堂

- 为什么天然铀矿床不发生链式反应？

- 核弹拆除后可以用来发电吗？

- 核电站如何发电？

- 核废料会无限期影响人类吗？

- 爱因斯坦如何理解原子核内的能量？

- 原子结合时如何释放能量？

- 你真的"来自星星"吗？

莉泽·迈特纳（Lise Meitner）于 1878 年出生于维也纳。19 岁时她在私人导师的帮助下开始了紧张的自学，并在两年后通过了维也纳大学的入学考试。后来，27 岁的她以最高荣誉毕业，获得了博士学位。

随后，她与化学家奥托·哈恩（Otto Hahn）进行了为期 30 年的合作。他们的合作成果丰硕，合作不久就发现了几种新的同位素，1909 年，迈特纳发表了两篇关于辐射的论文。

很快，她在放射性方面的工作引起了全世界科学界的关注。

1934 年，迈特纳和哈恩加入了对"超铀"元素的国际搜寻，"超铀"是一种比铀重的元素，这一搜寻意外导致了核裂变的发现。

1938 年秋天，迈特纳和哈恩在哥本哈根秘密碰头，计划进行新一轮铀实验。那年圣诞节期间，迈特纳和侄子奥托·弗里施（Otto Frisch）在瑞典白雪覆盖的树林里散步时，想到了一种解释：铀原子核正在分裂成较轻的原子核，包括钡原子核。弗里施赶回哥本哈根，进行了一项实验，证实了他们关于核分裂的假设。借用生物学的一个术语，他们称之为裂变 ①。

① 同样，欧内斯特·卢瑟福在选择原子核一词作为原子中心时也使用了生物学术语。

迈特纳和弗里施意识到，根据已知的原子核质量和爱因斯坦的著名方程 $E = mc^2$，裂变过程应该释放大量能量。

迈特纳在给哈恩的信中解释了这个新想法，但因为政治原因，迈特纳无法在 1939 年与哈恩联合发表这个结果。最后哈恩一个人因发现核裂变而获得诺贝尔化学奖。在 1946 年接受奖项的时候，哈恩并没有提及迈特纳和弗里施的贡献。

当时，世界各地的科学家几乎立刻意识到，核裂变有可能为武器提供动力。美国一名科学家立即敦促爱因斯坦给罗斯福总统写一封警告信。这促成了著名的"曼哈顿计划"，由 J. 罗伯特·奥本海默（J.Robert Oppenheimer）领导，开始制造原子弹。

战争结束后，迈特纳对帮助希特勒的德国科学家表示愤怒。1949 年她成为瑞典公民，但于 1960 年移居英国。1968 年，在 90 岁生日前不久，迈特纳在剑桥去世。弗里施在她的墓碑上写下了铭文："莉泽·迈特纳：一位从未失去人性的物理学家。"为了纪念迈特纳，第 109 号元素被命名为䥑（meitnerium）。

通过本章内容，我们将学习核裂变和核聚变的物理学原理，从而更理性地看待如何更安全地进行核能发电，以及核废弃物如何安置才能不影响人类的利益。

Q1 为什么天然铀矿床不发生链式反应？

裂变主要发生在稀有同位素铀-235 上，它在纯铀矿石中的含量只有 0.7%。当更丰富的同位素铀-238 吸收铀-235 裂变产生的中子时，铀-238 通常不会发生裂变。纯天然铀通常不能发生链式反应，因为其中主要是铀-238。因此，任何链式反应都会被吸收中子的铀-238 以及埋藏着矿物的岩石所阻断。在当今世界，天然存在的铀太"不纯"，无法自发发生链式反应。

那么，核裂变到底是在什么情况下才会发生呢？

核裂变涉及核内质子之间的电排斥和核引力之间的微妙平衡。在自然界发现的所有元素的原子核中，核力占主导地位。然而，在铀中，核力的支配地位非常脆弱。如果铀原子核被拉伸成细长形状（见图9-1），电力可能会将其拉成更细长的形状。如果伸长超过临界点，核力会屈服于电力，原子核会分裂成两个较小的原子核，这就是裂变。[①]铀原子核吸收中子，为核的拉伸提供了足够的能量。由此产生的裂变过程可能会产生许多不同的小核组合。一个典型的例子是：

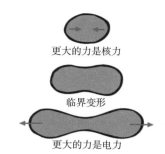

图 9-1 铀原子核

注：当排斥力克服吸引的核力时，核变形可能一直持续到裂变。

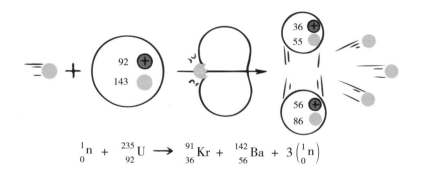

$$\ _{0}^{1}n + \ _{92}^{235}U \longrightarrow \ _{36}^{91}Kr + \ _{56}^{142}Ba + 3\left(_{0}^{1}n\right)$$

在这一反应中，需要注意，1个中子启动了铀原子核的裂变，裂变产生了3个中子（见图中为黄色）。[②]因为中子没有电荷，不会被原子核排斥，所以它们是很好的"核子弹"，可以导致更多的铀原子裂变，释放更多的中子，这会导致更多的裂变并释放更多的中子。这种序列被称为链式反应，链式反应是一种自我维持的反应，其中一次反应的产物会刺激产生新的反应（见图9-2）。

---

① 由吸收中子产生的裂变被称为诱导裂变。在极少数情况下，特别是在超铀（比铀重的元素）中，原子核也可以在没有吸收中子的情况下发生自发裂变。
② 在这个反应中，当裂变发生时，3个中子被喷射出来。在其他一些反应中，可能会喷出2个中子，或者偶尔会喷出1个或4个中子。平均每个铀裂变反应产生2.5个中子。

一次典型的裂变反应释放出约 2 亿电子伏特（eV）[1]
的能量。相比之下，一个 TNT 分子的爆炸只释放出 30 电
子伏特。裂变碎片和裂变中产生的中子的总质量小于原始
铀核的质量。将微小的质量损失转化为如此巨大的能量，
符合爱因斯坦的方程 $E = mc^2$。重要的是，裂变的能量主
要以相互分离的裂变碎片和喷出的中子的动能的形式存
在。辐射的能量较小。

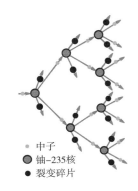

● 中子
⬤ 铀–235核
● 裂变碎片

图 9–2 链式反应

核裂变的消息震惊了科学界，这不仅是因为巨大的
能量释放，还因为在这个过程中释放出了额外的中子。典型的裂变反应释放
2 ～ 3 个中子。这些新的中子反过来会导致另外 2 个或 3 个原子核裂变，释放出
更多的能量和总共 4 ～ 9 个中子。如果这些中子中的每个中子只分裂一个原子核，
反应的下一步将产生 8 ～ 27 个中子，以此类推。因此，整个链式反应呈指数式
增长。

如果在一个棒球大小的纯铀–235 中发生链式反
应，将导致巨大的爆炸。然而，如果链式反应是在
一小块纯铀–235 中开始的，就不会发生爆炸。这与
几何结构有关，因为小块铀块的表面积与质量之比
大于大块铀块，就像 6 个总质量为 1 千克的小土豆
的皮比 1 个 1 千克的土豆的皮多。因此，相同质量
的一堆小块铀的表面积比一个大块铀要大。在一小
块铀–235 中，许多自由中子通过表面逃逸，导致
链式反应终止。在一个更大的铀块中，一小部分的
自由中子在引发另一次裂变之前逃逸，因此链式反
应不断累积，释放出巨大的能量（见图 9-3）。当
铀–235 的质量超过一定值，即临界质量时，链式反

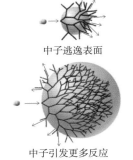

中子逃逸表面

中子引发更多反应

图 9–3 铀的链式反应

注：一小块纯铀–235 中的链式
反应因中子太容易从表面逸出
而停止。相对于它的质量，小
块的表面积较大。在较大的块
中，中子面对的是更多的铀原
子和较小的表面积。

---

[1] 电子伏特定义为电子在通过 1 伏特的电位差加速后所获得的动能。

应持续发生，从而产生巨大的爆炸。

如果将大量铀-235分成两块，每一块的质量都小于临界质量。每一块都处于亚临界状态。任何一块中的中子都很容易到达表面，并在大规模链式反应形成之前逃逸。如果这两块铀突然被推到一起，总表面积就会减少。如果组合质量大于临界值，我们就称之为超临界，链式反应会爆炸性地形成。这是核裂变炸弹中可能发生的情况（见图9-4）。与更常见的"内爆武器"不同，将铀碎片驱动在一起的炸弹是所谓的"枪型"武器。

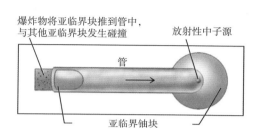

图9-4 理想化的"枪型"铀裂变炸弹的简化图

制造核裂变炸弹是一项艰巨的任务，其困难之处在于从更丰富的铀-238中分离出足够的铀-235。科学家花了2年多的时间从铀矿石中提取出了足够的铀-235，制造出1945年在广岛被引爆的炸弹。这场历史性的爆炸，源自一块铀-235，这块铀可能只比垒球大一点。时至今日，尽管现在的离心机已经比第二次世界大战时期的要先进得多，但铀同位素的分离仍然非常困难。

当时，秘密参与"曼哈顿计划"的科学家使用了两种同位素分离方法。一种方法是扩散法，在相同温度下，含有较轻的铀-235的气态化合物（六氟化铀）分子扩散的平均速度略快于含有铀-238的分子。速度较快的同位素通过薄膜或小开口的扩散速度更快，从而使腔室另一侧含有的铀-235气体富集。通过数千个腔室的扩散最终分离出了足够富集的铀-235样品（见图9-5）。

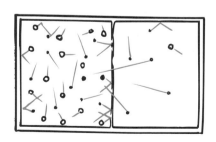

图9-5 扩散法

注：在相同的温度下，较轻的分子比较重的分子移动得更快，并且更容易通过薄膜扩散。

另一种方法，仅适用于部分富集，是将射入磁场的铀离子进行磁分离。与铀-238 离子相比，质量较轻的铀-235 离子在磁场中的偏转更大，可以被狭缝质谱仪捕获和收集。几年后，科学家用这两种方法得到了几十千克的铀-235。

如今，铀同位素的分离更多是用气体离心机完成的。六氟化铀气体以极高的速度（约 1 500 千米 / 时）在滚筒中旋转。含有较重的铀-238 的气体分子被抛向外侧，就像牛奶分离器中的牛奶一样，而含有较轻的铀-235 的气体则从中心提取。反复的旋转增强了铀-235 的产量。用气体离心机来分离铀同位素的办法其实在"曼哈顿计划"时就已经提出了，但"曼哈顿计划"最终没有采用这种方法。

Q2 核弹拆除后可以用来发电吗？

在发现裂变后不到一年的时间里，科学家意识到，如果把铀碎成小块，并用一种能减缓核裂变释放中子的材料隔开，那么普通铀金属中也可能会发生链式反应。

恩里科·费米（Enrico Fermi）1938 年 12 月从意大利去到美国，指导世界上第一座核反应堆（也被称为原子堆）的建造，这座核反应堆就建在芝加哥大学斯塔格球场看台下的壁球场里。他带领团队使用石墨（一种常见的碳形态）来减缓中子的释放。1942 年 12 月 2 日，他们实现了第一次自主可控的核能释放。

当几十年前开发的数千枚核武器被拆除后，将有大量核燃料可供裂变反应堆使用。当炸弹级的钚-239 与目前储存的成吨的贫铀-238 混合时，反应堆可以为世界提供多年的清洁电力。

那么，核裂变反应堆的工作原理是什么呢？

普通铀金属中的中子可能有 3 种命运。它可能引起铀-235 原子的裂变，可能从金属逃逸到不可裂变的环境中，也可能被铀-238吸收而不引起裂变。

石墨被用来引导铀的中子走向第一种可能。铀被分成不同的"包裹"，按照规则的间隔埋在近400吨的石墨里。我们可以用一个简单的类比来说明石墨的作用：如果一个高尔夫球被一堵巨大的墙壁反弹，它的速率几乎不会发生改变；但如果被一个棒球反弹，它的速率减缓程度会相当大。与之类似，如果中子被重原子核反弹，它的速率几乎不会发生改变，但如果被轻的碳原子核反弹，速率则会减缓。因此，我们说石墨可以"缓和"[1]中子。铀被埋进石墨堆的整个装置被称为反应堆。

现在的裂变反应堆包含4个部分：核燃料、控制棒、慢化剂和从反应堆中提取热量的流体（通常是水）。核燃料主要是铀-238加上3%～5%的铀-235。由于铀-235被铀-238高度稀释，因此不可能发生类似核弹的爆炸。[2]反应速率取决于可用于引发其他铀-235发生核裂变的中子的数量，通常由插入反应堆的控制棒控制。控制棒由中子吸收材料制成，通常是镉或硼。

核燃料周围的水通常同时充当慢化剂和冷却剂。水被置于高压下，以保持高温而不沸腾。这些水被裂变释放出的能量加热，然后将热量传递到第二个低压水系统，该系统运行涡轮机和发电机。使用两个独立的水系统，以确保没有放射性物质到达涡轮机（见图9-6）。

小型模块化反应堆（SMR）——传统裂变反应堆的精简版，其体积只占传统反应堆的1%。它们使用液体钠或熔盐等冷却剂代替水。小型模块化反应堆发电量为兆瓦级，不是千兆瓦级，但有一个非常大的优势是，它们可以在工厂制造，然后运到现场进行组装。

---

[1] 含有重氢同位素氘的重水是一种更有效的缓和剂。因为氘原子核比碳原子核更轻，在弹性碰撞中，中子向氘原子核传递的能量更多，并且氘原子核从不吸收中子，而碳原子核偶尔会吸收。

[2] 然而，在最坏的情况中，核燃料的能量足以熔化反应堆堆芯，如果反应堆建筑不够坚固，放射性物质将扩散到环境中。1986年位于乌克兰的切尔诺贝利核电站就发生过一次这样的事故。另一场核灾难2011年发生在日本福岛，是由海啸造成的。

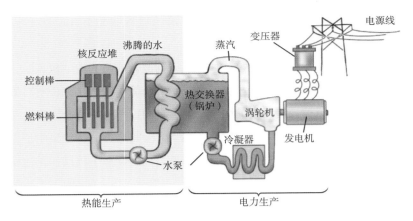

图 9-6　核裂变发电站示意图

Q3　核电站如何发电？

核电站主要通过核裂变产生热量，然后再进一步转换热量，产生蒸汽，最后用蒸汽驱动涡轮机和发电机进行发电。接下来，我们首先来了解第一步：核裂变的热量是如何产生的。

裂变核电站的一个显著特点是从通常情况下不可裂变的铀-238 中孕育出钚。裂变释放出中子，将相对丰富的不可裂变铀-238 转化为铀-239，又经衰变为镎-239，进而衰变为可裂变钚-239。除了产生大量能量外，在此过程中，相对丰富的铀-238 中还产生了额外的裂变燃料。

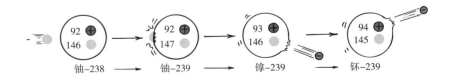

在所有的裂变反应堆中都会出现一些增殖现象，但增殖反应堆是专门设计的，其目的是产生比放入的裂变燃料更多的裂变燃料。使用增殖反应堆就像是先向汽车的油箱里注水，再加一些汽油，然后开始驾车旅行，旅行结束时，油箱里

的汽油反而比开始时更多！增殖反应堆的基本原理非常吸引人：经过几年的运行，增殖反应堆发电厂可以产生大量的电力，同时增殖的燃料可达到最初的 2 倍。增殖反应堆的缺点是，巨大的复杂性决定了其成功且安全运行的难度非常高。

核燃料转换的一种形式是将铀转化为钚，另一种是将钍转换成铀，培育的铀不是非常易裂变的铀−235，而是另一种也能发生裂变的铀−233。

钍反应堆

另一种增殖反应堆使用钍来增殖可裂变同位素铀−233。这种液态氟化钍反应堆（Liquid Fluoride Thorium Reactor），简称 LFTR（通常发音为"lifter"），能够从钍和氟盐的熔融混合物中孕育出铀−233。同位素铀−233 在地球上并非自然存在，而是产生于增殖反应堆中。在增殖反应堆中，钍−232 捕获一个中子形成钍−233，通过两次衰变，钍−233 变成铀−233。钍在地壳中的含量几乎是铀的 4 倍，大多数钍是所需的钍−232 同位素，因此，世界上已经有了充足的现存燃料供应。

传统的核电站很容易发生爆炸事故，因为它们在极高的压力下运行。相比之下，LFTR 的运行压力接近大气压，这意味着它具有更高的安全性。尽管常规核电站中的燃料总是会导致钚的产生，但 LFTR 中这种有毒元素的产量很低，在熔融混合物中就可以被保留和控制住。LFTR 还具有防止熔毁的固有机制。

值得注意的是，常规核电站必须每 18 个月关闭一次，以更换固体燃料芯块。然而，LFTR 可以使用液体燃料连续运行多年，其中的副产品可以通过蒸馏或电解去除。此外，从 LFTR 中分离出的大多数副产品的半衰期很短，在几小时或几天内就会衰变。其中，寿命最长的是同位素铯−137，也只需要安全储存几十年（而不是钚反应堆的几十万年）。LFTR 与所有核反应堆、增殖反应堆或其他核反应堆一样，核能通过加热水转化为电能，使水变成蒸汽，从而运行常规涡轮机。

历史上，对核裂变的利用开始于对武器的追求。当时的"游戏"是将铀-238 转化为可裂变的铀-235。如果当初以生产能源为目标，我们会不会更早发现可以通过钍来寻找铀-233 呢？

随着对温室气体的危害认识越来越清晰，人们也越来越重视现代核技术的潜在好处。日本、英国和印度等国家，以及美国、捷克、加拿大和澳大利亚的一些公司都在赞助 LFTR 的研究。

Q4 核废料会无限期影响人类吗？

核裂变产生的能量以核弹的形式为世人所知。这种暴力形象至今仍影响着人们对核能的思考。再加上 1986 年的切尔诺贝利核电站的灾难，以及 2011 年日本福岛核事故，许多人都将核能视为邪恶的技术。然而，在美国，大约有 20% 的电能是由核裂变反应堆产生的。这些反应堆也被称为核电厂，其本质上是简单的核熔炉。核燃料像化石燃料一样，它们的作用无非是将水烧开，为涡轮机产生蒸汽。最大的实际差异是所涉及的燃油量。1 千克铀燃料体积比一个棒球要小得多，但产生的能量比 30 辆货车装载的煤炭还要多。

核废料的储存是否会污染环境，一直是公众关心的话题，这也成为一些人反对核能的抓手。其实，许多核科学家也并不认为深埋是解决核废料问题的理想方法。目前正在研究的装置原则上可以将反应堆燃料中的长寿命放射性原子转化为短寿命的或者非放射性的原子，这样的话，核废料可能不会无限期地困扰子孙后代。

核电站的缺点之一是它会产生放射性废物。轻原子核由相同数量的质子和中子组成，是最稳定的，而主要是重原子核需要比质子更多的中子才能保持稳定。例如，铀-235 中有 143 个中子，但只有 92 个质子。当铀裂变成 2 种中等重量的元素时，原子核中多余的中子会使其不稳定，因此，这些碎片具有放射性，而且大多数的半衰期很短。然而，其中也有一些半衰期长达数千年。安全处理这些废料以及核燃料生产中的放射性材料需要特殊的储存容器和程序。尽管核电站的建设可以追溯到半个世纪前，但放射性废物处理技术仍处于发展阶段。

核电站的好处是：（1）提供充足的电力；（2）每年节省数十亿吨煤、石油和天然气，这些燃料实际上转化为热量和烟雾，而且从长远来看，它们作为有机分子的来源可能会更加珍贵；（3）消除每年因燃烧这些燃料而释放到空气中的百万吨硫氧化物和其他毒物，以及温室气体二氧化碳。

总体来说，核电站存在的问题包括：储存放射性废物的问题，钚的生产和核武器扩散的危险，放射性物质会以低水平释放到空气和地下水中，最重要的是，意外释放大量放射性物质的风险。

合理的判断不仅要求我们识别核电站的优点和缺点，还要求我们将其优点和缺点与其他电力源进行比较。

Q5 爱因斯坦如何理解原子核内的能量？

1905 年，爱因斯坦发现质量实际上是"凝结"的能量。正如他著名的方程式 $E = mc^2$ 所述，质量和能量是同一枚硬币的两面。在这个方程中，E 代表任何质量静止时的能量，m 代表质量，c 代表光速。量 c^2 是能量和质量关系的比例常数。能量和质量之间的关系是理解为什么以及如何在核反应中释放能量的关键。

粒子中储存的能量越多，粒子的质量就越大。那么，原子核内核子的质量是否与原子核外的核子的质量相同？这个问题可以通过计算核子与原子核分离所需的功来回答。从物理学中我们知道，功，即消耗的能量，等于力与位移的乘积。

想象一下，要将核子从原子核中拉出足够距离，必须克服吸引性的强核力。这将需要大量的功。这个功是加到被拉出的核子上的能量。

原子核外核子与原子核内核子的平均质量之差，与原子核的"结合能"有关。以铀为例，这一质量差约为 0.8%，即 8‰。铀原子内平均核子质量减少 0.8%，质量亏损对应的能量是原子核的结合能，即分解这个核需要多少功。[①] 结合能的值大约为每核子 800 万电子伏特。

这一结论的实验验证是现代物理学的胜利之一。各种元素的同位素的原子核内每个核子的平均质量可以以百万分之一或更高的精度测量。质谱仪就是一种精度测量仪器（见图 9-7）。质谱仪的种类很多，有的尺寸非常庞大，也有小型的可手持设备。

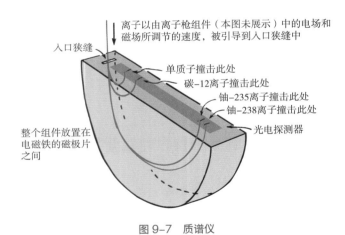

图 9-7　质谱仪

注：固定速度的离子被引导到半圆形的"鼓"中，在那里，它们在强磁场作用下被扫入半圆形路径。

在质谱仪中，速度相同的带电离子被引导到磁场中，在磁场中偏转成圆弧。

---

① 严格地说，结合能对应的质量是加到被移除的核子和留下的原子核的总质量上的。实际上，我们不可能测量核内单个核子的质量，只能测量原子核的总质量，然后除以其中的核子数，得到每个核子的平均质量，得到的值比自由核子的质量少 0.8%。

离子的惯性越大，它抵抗偏转的能力越强，弯曲路径的半径也越大。磁力将较重的离子扫成较大的圆弧，将较轻的离子扫入较小的圆弧。

离子穿过出口狭缝，在那里被仪器收集，或者撞击光电探测器。研究人员选择了一种同位素作为标准，并将其在质谱仪胶片上的位置作为参考点。该标准是碳的常见同位素碳–12，其原子质量值为 12 原子质量单位（amu）。原子质量单位被定义为普通碳–12 原子质量的 1/12。利用这一参考标准，我们可以测量其他原子的原子质量单位值。在表 9–1 中，我们可以看到，在碳–12 原子中，每个核子的平均质量正好是 1 原子质量单位。这小于氢原子或自由中子的质量，它们的质量分别为 1.007 825 和 1.008 665 原子质量单位。

表 9–1　某些同位素的质量和每核子的质量

同位素	符号	质量（amu）	质量 / 核子（amu）
中子	n	1.008 665	1.008 665
氢	^1_1H	1.007 825	1.007 825
氘	^2_1H	2.014 10	1.007 05
氚	^3_1H	3.016 05	1.005 35
氦–4	^4_2He	4.002 60	1.000 65
碳–12	$^{12}_6\text{C}$	12	1
铁–56	$^{56}_{26}\text{Fe}$	55.934 94	0.998 84
铜–63	$^{63}_{29}\text{Cu}$	62.929 60	0.998 88
氪–90	$^{90}_{36}\text{Kr}$	89.919 52	0.999 11
钡–143	$^{143}_{56}\text{Ba}$	142.920 63	0.999 44
铀–235	$^{235}_{92}\text{U}$	235.043 93	1.000 19

图 9-8 为核质量与原子序数的关系图。正如预期的那样，图中的曲线随着原子序数的增加而向上倾斜。这告诉我们，随着原子序数增加，元素的质量会更大。曲线向上倾斜是因为质量更大的原子中有更多的中子。

一个更重要的图是从氢元素到铀元素的每核子平均质量图（见图9-9）。这可能是本书中最重要的图，因为它是理解裂变和聚变核过程中相关能量的关键。为了得到每个核子的平均质量，你可以用原子的总质量除以原子核中核子的数量。我们可以从图9-9中看到，每个核子的平均质量因核而异。

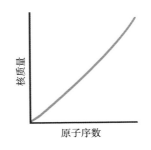

图9-8　核质量与原子序数的关系

注：该图显示了核质量如何随着原子序数的增加而增加。

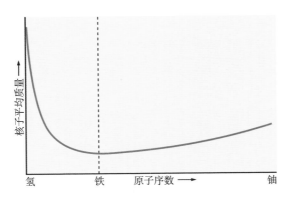

图9-9　核子平均质量图

注：该图显示了随原子序数增加原子核中每个核子的平均质量的变化。你可以发现，看上去单个核子在最轻的核（氢）中质量最大，在铁核中质量最小，在最重的核（铀）中具有中等质量。为了便于理解，图中的垂直比例做了夸大处理。

氢的核子平均质量是最大的，因为氢的唯一中心质子没有束缚能将其质量拉低。图9-9告诉我们，在铁之前的元素，随着原子序数的增加，每个核子的质量减少，而铁的这一质量最小。铁原子核比任何其他原子核都能更紧密地保持其核子。比铁更重的元素，则随着质子的排斥变得更加重要，每个核子的结合能逐渐减少，这也意味着每个核子的质量逐渐增加，这一趋势发生了逆转，并在元素列表中一直持续。

从图9-10我们可以看到，当铀原子核分裂成两个原子序数较低的原子核时，为什么会释放能量。当铀原子核分裂时，两个裂变碎片的原子序数大约位于图中水平方向上铀和氢原子序数的中间。最重要的是，要注意到，裂变碎片中每个核子的质量小于铀核中同一组核子结合时的每个核子的质量。用质量的变化量乘以光速的平方时，它等于 2 亿电子伏特，即每个铀原子核裂变产生的能量。如前所述，这些巨大的能量大部分是裂变碎片的动能。

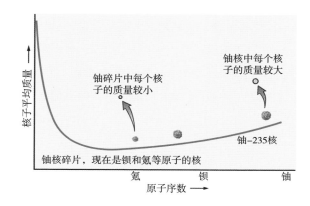

图 9-10　铀原子核分裂会释放能量

注：铀核中每个核子的平均质量大于其任何一个核裂变碎片中每个核子的平均质量。质量的减少转化为能量。因此，核裂变是一个能量释放的过程。

我们可以把每核子的质量曲线想象成一个能量谷，它从最高点（氢）开始，陡峭地向下倾斜到最低点（铁），然后逐渐向上倾斜到铀。铁处于能量谷的底部，有最稳定的原子核。这意味着铁原子核是结合最紧密的核；与任何其他原子核相比，每个核子需要更多的能量才能将其从原子核中分离。

今天所有的核能生产都基于核裂变技术。在能量谷的左侧，即从氢到铁之间，有希望发现一种更有前途的长期能源。

Q6 原子结合时如何释放能量？

原子分裂时能释放出核能，那原子结合时呢？

对于任何核反应，只要反应后的核质量小于反应前的核质量，就能释放能量。当重原子核，如铀原子核，分裂成轻原子核时，总核质量会减少。重核分裂释放能量。当轻原子核，如氢原子核，融合形成较重的原子核时，总核质量也会降低。对于能量释放，"减少质量"是"游戏"的关键，无论是"化学游戏"还是"核游戏"，都是如此。

如图 9-11 所示，我们对比核子平均质量与原子序数关系图就会发现，能量谷最陡峭的部分是从氢到铁。当轻原子核融合，也就是当它们结合在一起时获得能量。这种核的结合是核聚变，与核裂变相反。我们可以从图 9-11 中看到，当我们沿着元素列表从氢到铁（能量谷的左侧）移动时，每个核子的平均质量降低。因此，如果两个小核融合，融合后核的质量将小于融合前两个单核的质量之和。能量会随着轻核的融合而释放。

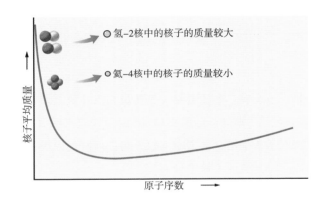

图 9-11　核子平均质量与原子序数关系图

注：氢核子的平均质量大于其与另一个核子融合成为氦时的平均质量。减少的质量是转化为能量的质量，这就是为什么轻元素的核聚变是一个能量释放过程。

来想一想氢聚变的过程吧。为了发生聚变反应，原子核必须以非常高的速度碰撞，这样才能克服相互之间的电排斥。原子核所需的速度与太阳和其他恒星的极高温度相对应。高温引起的聚变被称为热核聚变。在太阳的高温下，每秒约有 6.57 亿吨氢融合为 6.53 亿吨氦。"失踪"的 400 万吨质量转化为能量。这种反应，从字面上讲，就是核燃烧。

有趣的是，核聚变的大部分能量存在于碎片的动能中。当碎片停止并被捕获时，聚变的能量转化为热能。在太阳中，这些热量最终成为从表面辐射的光子。这些光子穿过太空，其中一小部分与地球相遇，这些光子传递的能量使地球上几乎所有的生命都得以存在。

热核聚变类似于普通的化学燃烧。在化学燃烧和核燃烧中，高温会引发反应；反应释放的能量保持足够的温度，以使燃烧持续。化学反应的最终结果是原子结合成紧密的分子。在核反应中，最终的结果是原子核结合得更紧密。在这两种情况下，质量都随着能量的释放而降低。化学燃烧和核燃烧之间的区别本质上是尺度的区别，即核的能量以兆电子伏特（MeV）为单位，化学的能量以电子伏特（eV）为单位，因此化学物质的质量损失微小得无法察觉。

在裂变反应中，转化为能量的物质约为 0.1%；在聚变反应中，它可以高达 0.7%。无论这个过程是发生在炸弹、反应堆还是恒星中，这些数字都适用。两种典型的聚变反应如图 9-12 所示。大多数反应至少会产生一对粒子，例如，一对氘原子核融合后会产

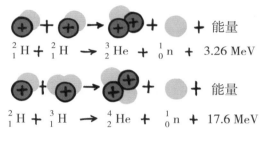

图 9-12 两种聚变反应

生一个氦-3 原子核和一个中子，而不是一个单独的氦-4 原子核。就添加的核子和电荷而言，这两种反应都可以，但单核情况不符合动量守恒定律和能量守恒定律。如果一个单独的氦原子核在反应后飞走，它会增加最初没有的动量；如果保持静止，它就没有释放能量的机制。综上所述，因为生成的单个粒子不能运动也不能静止，所以它是无法生成的。聚变通常需要产生至少两个粒子来共享释放的能量。①

表 9-2 表示氢同位素氘和氚聚变的能量增益。这一反应有可能为未来的等离子聚变发电厂所使用。根据计划，高能中子将从反应堆容器中的等离子体中逸

---

① 在太阳的质子–质子循环中，有一个反应确实具有单粒子最终状态。它是质 $^1_0 n + ^2_1 H \rightarrow ^3_1 He$。这是因为太阳中心的密度足够大，"旁观"粒子也可以分享释放的能量。所以，即使在这种情况下，释放的能量也会流向 2 个或更多的粒子。太阳中的聚变反应则更复杂（也更慢），其中一小部分能量也以 γ 射线和中微子的形式出现。中微子不受阻碍地从太阳中心逃逸，徜徉在太阳系中。有趣的是，太阳中的核聚变是一个偶发的过程，因为即使在中心的高压下，核之间的平均间距也很大。这就是为什么太阳消耗氢燃料需要大约 100 亿年。

出，并加热周围的材料层，以提供有用的能量。留在后面的氦原子核将有助于保持等离子体的高温。另一个反应（这里没有描述）将提供氚，氚在自然界中几乎不存在，因为它的半衰期很短，只有 12 年。

表 9-2　氢同位素聚变的能量增益

反应	$_1^2H + _1^3H \rightarrow _2^4He + _0^1n + \Delta m$
质量平衡	$2.014\,10 + 3.016\,05 = 4.002\,60 + 1.008\,665 + m$
质量损失	$\Delta m = 0.018\,88\ amu$
能量增益	$\Delta E = mc^2$；$0.018\,88\ amu \times 931\ MeV/amu \approx 17.6\ MeV$
能量增益 / 核子	$\Delta E/5 = 17.6MeV/5 \approx 3.5MeV/$ 核子

比氢稍重的元素在聚变时释放能量，但它们每次聚变反应释放的能量远低于氢。更重元素的融合发生在恒星演化的晚期。在从氦到铁的不同聚变阶段，每克释放的能量约为氢到氦聚变过程中释放的能量的 1/4。

在开发原子弹（裂变炸弹）之前，要克服质子的相互排斥并引发核聚变，所需要的温度在地球上是无法达到的，[1]但爆炸的原子弹产生的温度远高于太阳中心的温度，这为热核炸弹打开了大门。第一次热核爆炸发生在 1952 年，1952 年 11 月 1 日，美国在太平洋比基尼岛核试验基地爆炸成功了世界上的第一颗氢弹。虽然裂变材料的临界质量限制了原子弹的尺寸，而聚变弹没有这样的限制。正如储油库的大小没有限制一样，聚变弹的大小也没有理论上的限制。

就像储油库中的石油一样，任何数量的聚变燃料都可以安全储存，直到被点燃。尽管仅仅一根火柴就能点燃一个油库，但没有什么比裂变炸弹更高能的东西能点燃热核炸弹。我们可以看到，根本不存在所谓的"婴儿"氢弹。它的能量不能低于它的引信，而它的引信就是裂变炸弹。裂变炸弹和聚变炸弹如图 9-13 所示。

---

[1] 然而，小规模的核聚变反应可以在粒子加速器中产生。

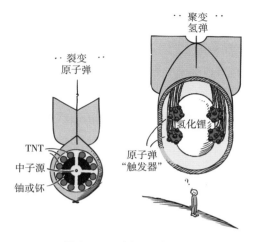

图 9-13 裂变和聚变炸弹

由于氢弹的成功是出于破坏性而非建设性的目的，这也成为人们谈"核"色变的一个原因。氢弹原理的另一面，其应用的潜在建设性，是使大量清洁能源受控释放。

Q7 你真的"来自星星"吗？

聚变反应可以产生比铁更大的核，否则，元素周期表中就不存在铁之后的元素，但这种聚变反应不会产生能量。它们消耗能量，变成质量，就像在超新星中发生的那样。除氢之外，我们身体中的所有元素都可能是在恒星中形成的。所以，你真的"来自星星"！

聚变和我们息息相关，聚变可以控制吗？

核聚变的燃料是氢，这是宇宙中最丰富的元素。在"中等"温度下最有效的反应是氢同位素氘（$_1^2H$）和氚（$_1^3H$）的融合。氘存在于普通的水中。地球上海洋中的氘能释放出的能量比世界上所发现的化石燃料多得多，也比世界上的铀能提供的多得多。氚的半衰期为 12 年，在自然界中几乎不存在，但它可以通过锂−6 的中子活化在核反应堆中产生。当逃离等离子体的中子与反应堆覆盖壁中的锂相互作用时，氚也可以在实验聚变反应堆中产生。

聚变仍然是长期能源需求的理想来源。然而，在可预见的未来，聚变动力的前景并不乐观。人们已经尝试了各种聚变方案。目前仍在探索的、也是最早的方法是用磁场限制热等离子体。高能激光也可以用于聚变，其中一种方案是将氢丸投到激光的交叉火力中，从而点燃聚变能量脉冲，但这一方案对工程和技术提出了巨大的挑战，尚待解决。所有场景都在寻求"能量收支平衡"，即能量输出至少等于能量输入，除了短暂的爆发，还没有其他情况能达到这种平衡。

未来是否会有突破，使设备的持续能量输出大于启动和维持聚变的能量输入？我们能找到方法来"驯服"太阳和其他星星的力量吗？我们不知道。如果真的是这样的话，人类可能会在这个过程中合成自己的元素并产生能量，就像恒星一直做的那样。到那时，聚变很可能会成为未来几代人的主要能源。让我们拭目以待吧！就目前而言，我们应该感谢恒星中的热核聚变为我们带来了阳光，以及由阳光所带来的地球上的一切。

要点回顾

CONCEPTUAL PHYSICS >>>

- 裂变主要发生在稀有同位素铀–235 上，它在纯铀矿石中的含量只有 0.7%。当更丰富的同位素铀–238 吸收铀–235 裂变产生的中子时，铀–238 通常不会发生裂变。纯天然铀通常不能发生链式反应，因为其主要是铀–238。天然存在的铀太"不纯"，任何链式反应都会被吸收中子的铀–238 以及埋有矿物的岩石所阻断，无法自发发生链式反应。

- 如果高尔夫球从巨大的墙壁上反弹，它的速率几乎不会发生改变；但如果被一个棒球反弹，它的速率减缓程度相当大。中子的情况类似。如果中子被重原子核反弹，它的速率几乎不会发生改变，但如果被轻的碳原子核反弹，速率则会减缓。核反应堆的结构正是用这个原理制造的，因为石墨可以"缓和"中子，所以铀被分成离散的包裹，并以规则的间隔埋在近 400 吨的石墨中。

- 在所有的裂变反应堆中都会出现一些增殖现象，但增殖反应堆是专门设计的，其目的是产生比放入的裂变燃料更多的裂变燃料。

- 许多核科学家也并不认为深埋是解决核废料问题的理想方法。目前正在研究的装置原则上可以将反应堆燃料中的长寿命放射性原子转化为短寿命的或者非放射性的原子。

- 1905 年，爱因斯坦发现质量实际上是"凝结"的能量。质量和能量是同一枚硬币的两面，在他著名的质能方程中，E 代表任何质量静止时的能量，m 代表质量，c 代表光速。能量和质量之间的关系是理解为什么以及如何在核反应中释放能量的关键。

- 为了发生聚变反应，原子核必须以非常高的速度碰撞，以克服相互之间的电排斥。所需的速度与太阳和其他恒星的极高温度相对应。高温引起的聚变被称为热核聚变。在太阳的高温下，每秒约有 6.57 亿吨氢融合为 6.53 亿吨氦。"失踪"的 400 万吨质量转化为能量。这种反应就是核燃烧。

- 聚变仍然是长期能源需求的理想来源。然而，在可预见的未来，聚变动力的前景并不乐观。目前仍在探索的是用磁场限制热等离子体，高能激光也可用于聚变，其中一种方案是将氢丸投到激光的交叉火力中，从而点燃聚变能量脉冲。这些方法所需要的工程和技术尚有很大挑战。

CONCEPTUAL
PHYSICS

第三部分

相对论告诉我们什么

CONCEPTUAL
PHYSICS

10
狭义相对论告诉我们什么

妙趣横生的物理学课堂

- 运动背后有什么规律?

- 爱因斯坦如何颠覆传统认知?

- 什么情况下时间会走得更快或更慢?

- 我们能够借助星际旅行回到过去吗?

- 物体如何接近甚至超过光速?

- 质量和能量真的等效吗?

爱因斯坦于 1879 年 3 月 14 日出生于德国乌尔姆。据说，小时候的爱因斯坦反应迟钝，学会说话的时间比一般人要晚得多，令父母一度担心他可能智力低下。然而，在小学阶段，他就在数学、物理和小提琴演奏方面表现出惊人的天赋。

在 19 世纪 90 年代，作为一名热爱物理学的年轻学生，爱因斯坦对牛顿定律和麦克斯韦理论在处理问题时存在的差异感到困惑，在两种理论中，一个静止的人和一个运动的人会面临不一致的情况。

爱因斯坦在 26 岁时撰写了著名的论文《论动体的电动力学》，解决了这一问题。他证明了，麦克斯韦理论与牛顿定律一样，都可以被解释为与观测者的运动状态无关。爱因斯坦的开创性成果，统一了自然法则的视角，彻底改变了我们对空间和时间的理解。

爱因斯坦进一步推断，空间和时间之间的相互关系导致了质量和能量之间的相互关系，这可以用著名的方程式 $E = mc^2$ 来表示。随后，爱因斯坦进行了 10 年的研究，最终在 1915 年提出了广义相对论。我们将在本书的最后一章中，探讨他的广义相对论。

爱因斯坦认为，宇宙对人类的状况漠不关心，如果人类要继续存在，就必须创造道德秩序。他强烈主张通过核裁军来实现世界和平。爱因斯坦曾指出，核弹改变了所有事物，但唯独没有改变我们的思维方式。

爱因斯坦不仅是一位伟大的科学家，更是一位朴实无华、深切关心同胞福祉的人。在 20 世纪末，《时代》周刊将他选为"世纪人物"，这一荣誉再恰当不过，也毫无争议。

通过本章内容，我们将一起探索狭义相对论，看看它是如何帮助我们认识世界、了解世界，更好地生活在这个世界。

Q1　运动背后有什么规律？

在浩瀚的宇宙中，运动每时每刻都在发生，从步行的人到飞驰的汽车，再到穿越星际的火箭。然而，你是否想过，这些运动背后的规律应该如何描述和如何理解呢？

每当我们谈论运动时，我们都必须明确要从哪个观测点来观察和测量运动。例如，一个人在行驶中的列车上行走，相对于他的座位，他行走的速度可能是 1 千米 / 时；相对于火车站，他则是以 60 千米 / 时的速度在运动。我们把观察和测量运动的地方称为参照系。一个物体相对于不同的参照系可能具有不同的速度。

为了测量物体的速度，我们首先需要选择一个参照系，并假设我们在该参照系中静止不动。然后，测量物体相对于我们的运动速度，也就是相对于参照系的运动速度。在前面的例子中，如果我们从火车内的静止位置测量，步行者的速度是 1 千米 / 时。如果我们从地面的静止位置测量，步行者的速度为 60 千米 / 时。但地面并不是真的静止，因为地球会围绕极轴像陀螺一样旋转。根据火车离赤道的距离，如果以地球中心作为参照系，那么步行者的速度可能高达 1 600 千米 / 时。

　　如果我们进一步延伸，将视角放大，地球中心相对于太阳也在运动。如果我们以太阳为参照系，那么，这个人在围绕地球轨道行驶的火车里行走时，其速度将接近 11 万千米 / 时。值得注意的是，太阳也并不是静止的，它围绕着我们星系的中心运行，而我们的星系相对于其他星系也是运动的。

迈克耳孙 – 莫雷实验

　　难道不存在静止的参照系吗？空间本身不是静止的吗？我们不能相对于静止的空间进行测量吗？ 1887 年，美国物理学家 A.A. 迈克耳孙（A.A.Michelson）和 E.W. 莫雷（E.W.Morley）试图通过一项实验来回答这些问题，而这一实验的目的是测量地球在太空中的运动。

　　因为光是以波的形式传播的，所以当时人们认为，空间中存在某种振动的东西，叫作"以太"，并认为以太可以填满所有的空间，作为空间本身的参照系。这些物理学家使用一种高度灵敏的仪器——干涉仪来进行观察（见图 10-1）。

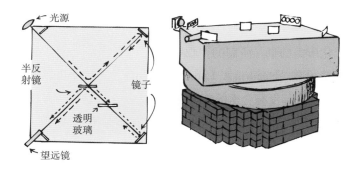

图 10–1　迈克耳孙 – 莫雷干涉仪

注：仪器将光束分成两部分，然后在两束光分别沿着不同的路径行进后，重新组合形成干涉图案。在他们的实验中，通过一块漂浮在水银中的巨大砂岩板来完成旋转。此示意图显示了半镀银镜如何将光束分成两束光线。透明玻璃保证了两束光线穿过相同数量的玻璃。在实际实验中，每个角落都放置了镜子，以延长路径。

干涉仪的灵敏度非常高，足以测量光以地球轨道速度（每秒 30 千米）顺行和逆行时的往返时间差异，以及光在地球轨道上往返的时间变化。在这种仪器中，来自单色光源的光束被分成两束，路径彼此垂直成直角。

实验时，这些光束被反射并重新组合，以检测在两个来回路径上的平均速度是否存在差异。干涉仪特意设置了一条平行于地球轨道运动的路径。然后，当仪器旋转以使另一条路径与地球运动平行时，迈克耳孙和莫雷仔细观察着平均速度是否有变化。

他们没有观察到任何变化。这一发现与当时的预期相悖，因为人们普遍认为，由运动的接收器测量的光速应该是它在真空中的速度 c 加上或减去光源或接收器运动的影响。许多研究人员对迈克耳孙－莫雷实验进行了多次重复和不同方式的尝试，但实验结果相同，都没有观察到任何变化。这成为 20 世纪初物理学中令人困惑的谜题。

对这一令人困惑的结果，英国物理学家 G. F. 斐兹杰惹（G. F. FitzGerald）提出了一种解释。他认为，实验装置的长度在其移动的方向上收缩了，正好能抵消假定的光速变化所需的量。所需的"收缩因子"即 $\sqrt{1 - v^2/c^2}$，由荷兰物理学家亨德里克·A. 洛伦兹（Hendrik A. Lorentz）提出。算术因子可以解释这种差异，但斐兹杰惹和洛伦兹都没有合适的理论来解释为什么会这样。有趣的是，爱因斯坦在 1905 年的论文中也得出了同样的因子，他在论文中证明了这是空间本身的收缩因子，而不仅仅是空间中物质的收缩因子。

迈克耳孙－莫雷实验对爱因斯坦有多大影响，我们并不清楚。无论如何，爱因斯坦提出了自由空间中的光速在所有参照系中都是相同的这一观点，这与空间和时间的经典观点相悖。速度是空间距离与相应时间间隔的比率。为了使光速保持恒定，空间和时间相互独立的经典观点必须被摒弃。爱因斯坦发现空间和时间是联系在一起的，并通过简单的假设，深入研究了两者之间的关系。

Q2 爱因斯坦如何颠覆传统认知？

想象一下，你在一列飞驰的火车上玩飞盘。当你把飞盘朝车厢的另一头扔去时，对于车厢里的乘客来说，飞盘似乎是以某个特定的速度飞行的。如果有人站在车站的月台上观察，会发现飞盘的速度其实是火车速度和飞盘在车厢内飞行速度的叠加。这就是人们在日常生活中对运动速度的基本认知。然而，爱因斯坦的狭义相对论却给出了令人惊奇的观点，并颠覆了人们对运动的传统认知。

与当时人们认为空间中存在着以太不同，爱因斯坦认为以太并不存在。与静止以太一起消失的是绝对参照系的概念。所有的运动都是相对的，不是相对于宇宙中任何一个静止的参照物，而是相对于任意的参照系。宇宙飞船不能测量其相对于虚空的速度，只能通过与其他物体的相对位置来测量。例如，如果宇宙飞船A在太空中超过宇宙飞船B，太空人A和太空人B将观察到各自的相对运动，并且，每个人都无法确定谁在运动，谁在静止。

火车上的乘客对这种体验并不陌生，当他从车窗向外望去，看到相邻轨道上的火车在他的车窗旁边运动。此时，他只知道自己的火车和另一辆火车之间的相对运动，却无法分辨哪一辆火车在运动。可能是他相对于地面静止，另一列火车在运动，或者他相对于地面运动，而另一列火车静止，还有一种可能是两列火车都相对于地面运动。这里重要的一点是，如果他在一列没有窗户的火车上，就无法确定火车是以不变的速度行驶还是静止。这是爱因斯坦的狭义相对论的第一个基本假设：所有自然规律在所有匀速运动的参照系中都是相同的。[①]

例如，在一架 700 千米 / 时的喷气式飞机上，倒咖啡的方式就像飞机静止时一样；如果我们在运动的飞机上摆动钟摆，它的摆动就像飞机在跑道上静止时一样。我们无法进行任何物理实验来确定我们的匀速运动状态，即使用光也不行。

---

① 在国内著作中，也常表述为"在不同的惯性参照系中，一切物理规律都是相同的"。——编者注

在匀速运动的舱内，物理规律与静止实验室中的相同。

　　我们可以设计无数实验来检测加速运动，但根据爱因斯坦的说法，没有一个实验能够检测匀速运动的状态。因此，绝对运动没有意义。如果力学定律对于以不同速度运动的观测者来说是不同的，那将非常奇怪。这意味着，假如在一艘平稳运动的远洋客轮上，一名台球运动员必须根据船的速度，甚至根据季节，随着地球绕太阳的速度变化，调整自己的击球方式。我们都知道，没有必要进行这种调整。而且，根据爱因斯坦的说法，这种对运动的不敏感性也延伸到了电磁学。无论是机械学、电学还是光学，都没有揭示过绝对运动的存在。这就是相对论的第一个假设的含义。

　　年轻时，爱因斯坦自己总在思考的一个问题是：如果你与光束并肩而行，光束会是什么样子？根据经典物理学，对这样的观测者来说，光束是静止的。爱因斯坦越是思考这一点，他就越相信一个人不可能随着光束运动。他最后的结论是，无论两个观测者相对彼此的运动速度有多快，两个观测者所测量得到的光束速度都是30万千米/秒（见图10-2）。这是狭义相对论中的第二个基本假设：无论光源或观测者是怎样运动的，自由空间中的光速对所有观测者都具有相同的测量值。也就是说，光速是一个常数。

图10-2　光速在所有参照系中都是相同的

　　为了说明这句话，请看一看图10-3所示的从空间站出发的宇宙飞船。空间站发出一道以30万千米/秒的速度传播的光。无论宇宙飞船的速度是怎样的，飞船中的观测者都会看到光以相同的速度从身边经过。如果光从运动的宇宙飞船发射到空间站，空间站上的观测者会测量到光的速度为 c。无论光源或接收器的速度如何，都会测量到相同的光速。所有观测者测量的光速都会有相同的值——c。对这个问题思考得越深，你就越会发现它难以解释。接下来，我们将看到，这个问题与空间和时间的关系有关，理解了空间和时间的关系，也就可以解释这个问题了。

图 10-3　光速恒定为 c

注：对于空间站和宇宙飞船上的观测者，所测量到的空间站发出的光的速度都为 c。

同时性

爱因斯坦的第二个基本假设，得出了一个有趣的结果，那就是同时性的概念。我们说，如果两个事件在相同时间发生，它们就是同时的。如图 10-4，位于宇宙飞船舱正中央的光源打开时，光以速度 c 向各个方向传播。由于光源距离舱的前端和后端距离相等，舱内的观测者发现光在到达后端的同时到达前端。无论船舱是静止还是匀速运动的，都会发生这种情况。对于宇宙飞船内部的观测者来说，光撞击后端和撞击前端的事件同时发生。

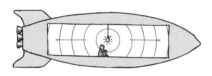

图 10-4　同时性

注：从在飞船舱内的观测者的角度来看，来自光源的光传播到舱的两端的距离相等，因此同时照射到两端。

但是，如果一个外部观测者在另一个参照系中观察同样的两个事件，比如说，站在相对于飞船来说静止的行星上，他会如何看到这两个事件呢？对上的观测者来说，这两个事件不是同时发生的。当光线从光源射出时，观测者看到飞船向前运动，船舱的后部朝着光束运动，而前部则远离光束，因此，射向后部的光束经过的距离比射向前部的光

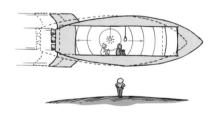

图 10-5　不同参照系中的观测者

注：从不同参照系观测者的角度来看，光线撞击船舱前部和后部的事件不是同时发生的。由于飞船的运动，撞击后部的光线要经过的路径没有那么远，比撞击前部的光线更早发生撞击。

束要短（见图 10-5）。由于两个方向的光速相同，这名外部观测者在看到光撞击前端之前，就已经看到了光撞击到了后端（我们假设观测者能够辨别出这些细微的差异）。稍微想想就会发现，另一艘宇宙飞船上的观测者如果从相反方向经过，就会看到光线首先到达船舱前部。

在一个参照系中同时发生的两个事件，在相对于第一个参照系运动的另一个参照系中，不一定是同时发生的。

这种在一个参照系中同时发生的事件在另一参照系中的非同时性，是一种纯粹的相对论结果，是所有观测者测量到的光速总是相同的结果。

Q3 什么情况下时间会走得更快或更慢？

在电影《星际穿越》中，从太空回来的男主人公重新见到女儿时，发现女儿比自己更加苍老，女儿变得白发苍苍，正面临死亡。这一场景令很多观众印象深刻，也令人们好奇：为什么时间在两个人身上行进的速度会不一样？这样的情况在现实中真的会发生吗？

确实，这一场景并非虚构。但在仔细描述出现这一情况的条件及原因前，我们先来深入学习一下对时间和空间的测量。

我们知道，今天所看到的星光，实际上早在很久前就已从星星发出，经过长途跋涉才来到我们眼前，所以，当我们仰望星空时，实际上看到的是过去。我们看到的最远的星星，其实是我们能看到的最久远的星星。我们对这个问题思考得越多，就越会发现，空间和时间必须紧密地联系在一起。

我们生活的空间是三维的，也就是说，我们可以用 3 个维度来指定空间中任一点的位置。例如，这些维度可以是南北、东西和上下。如果我们在长方体房间的一个角落里，希望指定房间中任意一点的位置，我们可以使用 3 个数字来表示。如图 10-6 所示，第一个数是点沿着连接侧墙和地板的线（x 轴）的距离；第二个数是该点沿着连接相邻后墙和地板的线（z 轴）的距离；第三个数是该点位于地板上方或沿着拐角处连接墙的垂直线（y 轴）的距离。物理学家将这 3 条线称为参照系的坐标轴。3 个数字表示沿 x 轴、z 轴和 y 轴的距离，由此表示空间中某一点的位置。

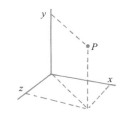

图 10-6　三维空间中的点

注：点 P 可以用 3 个数字表示：沿 x 轴的距离、沿 y 轴的距离和沿 z 轴的距离。

我们还使用三维来指定对象的大小。例如，一个盒子的大小可以用它的长度、宽度和高度来描述，但三维并不能给出一个完整的画面。我们还有一个第四维——时间。盒子并不是从一开始就有给定的长度、宽度和高度，它只是在某个时间点被制作成了一个盒子。它也不会永远是当下这个盒子的形态。在任何时候，它都可能会被压碎、烧毁或以其他方式被毁坏，因此，只有在特定的时间段内，三维空间才能对盒子作出有效描述。我们不能在不涉及时间的情况下，有意义地谈论空间。事物存在于时空中，每个物体、每个人、每颗行星、每颗恒星、每个星系都存在于物理学家所称的"时空连续体"中。

如果有两个并排的观测者彼此相对静止，共享同一参照系，那么在测量给定事件的空间和时间间隔时，二者会达成一致，我们说他们共享相同的时空领域。如果他们之间存在相对运动，他们对空间和时间的测量就会出现分歧。在普通速度下，二者的测量值差异是无法察觉的，但在接近光速的速度下，即所谓的相对论速度，差异是明显的。当每个观测者都处于不同的时空领域，一个观测者对空间和时间的测量与另一个观测者在其他时空领域的测量不同。测量结果并非毫无规律，每个观测者测量到的光的空间和时间比率都是相同的：测量的空间距离越大，测量的时间间隔就越大。这种恒定比率 c，即光的空间和时间比率，是不同时空领域之间的统一因素，也是爱因斯坦狭义相对论第二个假设的本质。

让我们来看看时间可以被拉伸的概念。想象一下，我们能够以某种方式观察到一束光在一对平行的镜子之间来回弹跳，就像一个球在地板和天花板之间来回弹跳一样。如果镜子之间的距离是固定的，那么这种设计就构成了一个光钟，因为光的来回反射所需要的时间间隔是相等的（见图10-7）。如图10-8（a）所示，在飞行的飞船上，一名光钟观测者看到闪光在两面镜子之间直接上下反射，就像飞船静止时一样。这位观测者没有看到异常的效果。注意，由于观测者在飞船内并随飞船飞行，观测者和光钟之间没有相对运动，我们说观测者和光钟在时空中共享同一参照系。

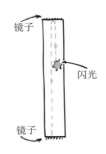

图 10-7　光钟

注：一道闪光会在平行的镜子之间上下跳动，并在相等的时间间隔内"滴答"作响。

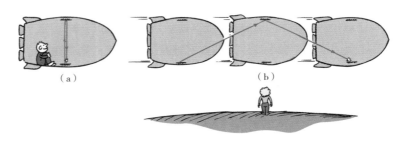

图 10-8　不同观测者观察的现象

注：图（a），随宇宙飞船运动的观测者观察到在光钟的反射镜之间垂直运动的闪光；图（b），一名观测者看到正在运动的宇宙飞船经过时，会观察到光沿着对角线路径运动。

假设现在我们站在地面上，飞船以光速的一半速度从我们身边呼啸而过，事情就变得不一样了。我们不会认为光路是简单的上下运动，而是每束闪光在两面镜子之间垂直运动时都会发生水平运动，所以我们可以看到闪光沿着一条对角线路径运动。请注意，在图10-8（b）中，从我们在地球上的参照系来看，当闪光在镜子之间来回一次时，它的传播距离更长，远比它在随船同行的观测者的参照系中传播的距离长。此时，由于光速在所有参照系中都是相同的（爱因斯坦狭义相对论的第二个假设），所以在地球上的参照系中，光在镜子间反射所需要的时间必须比在飞船观测者的参照系中更长。这是根据速度的定义，距离除以时间得出的。较长的对角线距离必须除以相应较长的时间间隔，才能得到恒定的光速值。这种时间的延长被称为时间膨胀，如图 10-9 所示。

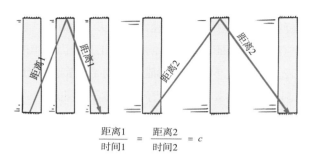

$$\frac{距离1}{时间1} = \frac{距离2}{时间2} = c$$

图 10-9　时间膨胀

注：沿着右侧较长的对角线路径闪光所经过的较长距离，必须除以相应较长的时间间隔，以获得恒定的光速值。

在我们的例子中，我们选择观察的是光钟，但这一现象适用于任何一种类型的钟。所有的时钟在运动时比静止时运行得慢，因此，时间膨胀与时钟的力学无关，而是与时间本身的性质有关。

时间膨胀不是幻觉，而是真实的。

运动的时钟本身没有什么异常，它只是随着不同的时间节奏滴答作响。时钟运动得越快，对不随时钟运动的观测者来说，时钟看起来就运行得越慢。如果有可能使时钟以光速从我们身边飞过，那么时钟看起来根本不会运行，我们可以测量滴答声之间的间隔将是无限的。时钟将是永恒的！但有一件事是确定的，那就是光本身以光速运动，所以光子永远不会老去，光子没有时间流逝，光子是真正不老的。

如果一个从我们身边飞驰而过的人观察一个处于我们参照系中的时钟，他会发现时钟运行得很慢，就像我们看他的时钟一样慢。这里真的没有矛盾，因为两名相对运动的观测者在物理上不可能参照同一个时空领域。在一个时空领域进行的测量不需要与在另一个时空领域进行的测量一致。然而，所有观测者都同意的测量标准是光速。

时间膨胀已经在实验室中用粒子加速器被证实了无数次。快速运动的放射性粒子的寿命随着速度的增加而增加，而增加的量正是爱因斯坦的公式所预言的。即使在运动不那么快的情况下，时间膨胀也得到了证实。1971 年，为了验证爱因斯坦的理论，科研人员将 4 台铯束原子钟搭载在商业喷气式飞机上，围绕地球进行两次飞行，一次向东，一次向西，以测试宏观时钟的相对性。往返后，时钟显示出不同的时间，且与美国海军天文台的原子钟相比，观测到的时间差（十亿分之一秒）符合爱因斯坦的预测。现在，原子钟作为全球定位系统（GPS）的一部分围绕地球运行，为了精确利用时钟信号来定位地球上的位置，考虑时间膨胀效应并进行调整是至关重要的。全球定位系统就对轨道原子钟的时间膨胀的影响进行了校正。否则，我们的 GPS 接收器在定位时将出现严重错误。

这一切对我们来说似乎很奇怪，这是因为我们很少会处理相对论速度下的测量或普通速度下的原子钟测量。相对论不适用于我们的常识和直觉，但根据爱因斯坦的说法，常识是在 18 岁之前就已经在脑海中形成了的一种偏见。如果我们年轻时乘坐高速宇宙飞船穿越宇宙，我们可能会非常认同相对论的结果。

旅行双胞胎

同卵双胞胎为时间膨胀提供了生动的例证：假设其中一人是宇航员，在银河系进行高速往返旅行，另一人则待在地球上。当宇航员回来时，他比待在地球上的兄弟更年轻。年轻多少取决于所涉及的相对速度。如果宇航员以 50% 的光速飞行 1 年（根据飞船上的时钟），地球上将过去 1.15 年；如果旅行速度变为光速的 87%，那么地球上就已经过去了 2 年。如果旅行速度为光速的 99.55%，那么宇宙飞船上的 1 年就将对应地球上的 10 年。按照这个速度，宇航员的年龄增长 1 岁，而他的兄弟将变老 10 岁，如图 10-10 所示。

图 10-10　旅行双胞胎

注：宇航员的衰老速度比待在地球上的兄弟慢。

　　我们可能会想到这样一个问题：运动是相对的，为什么反过来效果不一样？为什么宇航员回来后不会发现待在地球上的兄弟比自己年轻呢？接下来，我们将证明，为什么在地球上的兄弟的年龄更大。首先，我们假设有一艘相对于地球静止的宇宙飞船。假设宇宙飞船向地球发出了短暂的、有规律间隔的闪光（见图 10-11）。闪光到达地球需要一段时间，就像太阳光到达地球需要 8 分钟一样。闪光将以速度 c 遇到地球上的接收器。由于发送器和接收器之间没有相对运动，因此连续闪光将与发送的频率一样频繁。例如，如果每 6 分钟从飞船上发送一次闪光，那么，在一些初始延迟之后，接收器将每 6 分钟接收一次闪光。在没有涉及任何相对运动的情况下，这应该很容易理解。

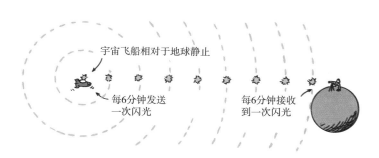

宇宙飞船相对于地球静止

每6分钟发送
一次闪光

每6分钟接收
到一次闪光

图 10-11　宇宙飞船相对于地球静止

注：当不涉及任何相对运动时，地球接收到的闪光频率与飞船发出的闪光频率相同。

　　当涉及相对运动时，情况完全不同。重要的是，无论飞船或接收器如何运动，闪光的速度仍然是 c。然而，闪光出现的频率很大程度上取决于涉及的相对运动。当飞船朝接收器行进时，接收器会更频繁地接收到闪光。发生这种情况不仅是因为时间因运动而改变，更主要是因为随着飞船离接收器越来越近，每一次连续的闪光所经历的路程更短。如果宇宙飞船每 6 分钟发射一次闪光，那么接收到闪光的间隔将小于 6 分钟。假设飞船的速度足够快，接收到的闪光频率可以达到发射闪光频率的 2 倍。那么每隔 3 分钟就会接收到它们（见图 10-12）。

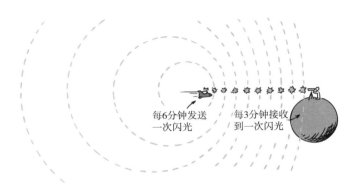

图 10-12　飞船飞向地球

注：当发射器飞向接收器时，闪光会更频繁地出现。

如果飞船以相同的速度远离接收器，并且仍然以 6 分钟的间隔发出闪光，则接收器接收到这些闪光的频率将减半，即间隔变为 12 分钟（见图 10-13）。这主要是因为随着飞船离接收器越来越远，每一次闪光都有更长的行程。

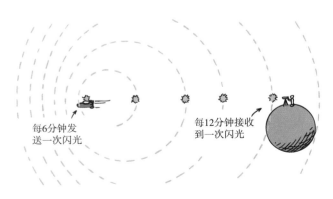

图 10-13　飞船远离地球

注：当发射器远离接收器时，闪光间隔更久，并且更不频繁。

远离接收器的效果与靠近接收器的效果正好相反。因此，对于相隔 6 分钟的闪光，当飞船靠近接收器时，接收器接收到的闪光频率是飞船与接收器相对静止时的 2 倍，即每 3 分钟接收到一次；飞船远离时接收器接收到的闪光频率则是飞船与接收器相对静止时的一半，即每 12 分钟接收到一次。[①] 这意味着，如果根据飞船时钟，两个事件相隔 6 分钟，那么当飞船远离时，闪光将被视为相隔 12 分钟，而当飞船靠近时，闪光仅相隔 3 分钟。

让我们将闪光间隔加倍和减半应用于旅行双胞胎的情况。假设宇航员以相同的速度从地球上的兄弟身边驶离 1 小时，然后迅速转身，在 1 小时内返回，如图 10-14 所示。根据飞船上的时钟，宇航员进行了一次往返一共 2 小时的旅行。

然而，从地球参照系来看，这次旅行不需要 2 小时。我们可以借助飞船上光钟的闪光看到这一点。

如图 10-15 所示，当飞船离开地球时，它每 6 分钟发出一次闪光。这些闪光每 12 分钟在地球上被接收到一次。在离开地球的 1 小时内，共发出 10 次闪光（在"发令枪"信号之后）。如果飞船在中午离开地球，当发出第 10 次闪光时，飞船上的时钟显示为下午 1 点。当第 10 次闪光到达地球时，地球将是什么时间呢？答案是下午 2 点。为什么？因为地球以 12 分钟的间隔接收 10 次闪光所需的时间是 10×12 分钟，也就是 120 分钟（2 小时）。

---

① 这种相互关系（频率减半或加倍）是光速恒定的结果，我们可以用一个例子来说明。假设地球上有一个发送器，每 3 分钟向相对地球静止的行星发出一次闪光。然后，这颗行星上的观测者每隔 3 分钟就会看到一次闪光。现在假设第二个观测者乘坐宇宙飞船从这颗行星上以足够快的速度远离闪光传来的方向，他就能够看到频率为在行星上看到闪光频率的一半的闪光——相隔 6 分钟。这种频率减半发生在 0.6c 的退行速度下。假设宇宙飞船每次看到地球闪光时都会发出闪光，即每 6 分钟一次，那么对于接近 0.6c 的速度，频率会加倍。在遥远星球上的观测者如何看到这些闪光呢？由于地球闪光和宇宙飞船闪光以相同的速度 c 一起运行，观测者不仅会看到地球每 3 分钟闪光一次，而且宇宙飞船也会每 3 分钟闪光一次，因此，虽然飞船每 6 分钟发射一次闪光，但观测者每 3 分钟就会看到一次，看到的频率是发射频率的 2 倍。这使得频率减半的退行速度的大小作为接近速度，频率会加倍。如果飞船行驶速度更快，退行频率为 1/3 或 1/4，那么接近频率将分别为 3 倍或 4 倍。但是，这种相互关系不适用于需要介质的波。例如声波，如果速度使接近时的发射频率加倍，那么在退行情况下，其频率是发射频率的 2/3（而不是 1/2）。因此，相对论的多普勒效应并不能适用于声音。

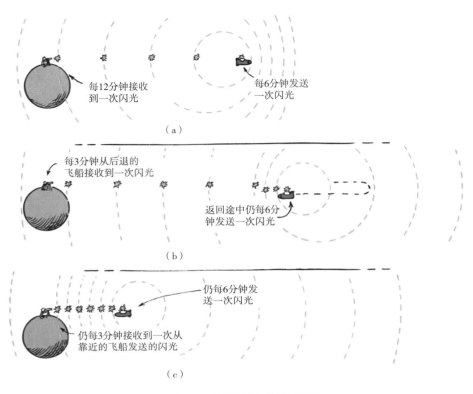

每12分钟接收
到一次闪光

每6分钟发送
一次闪光

（a）

每3分钟从后退的
飞船接收到一次闪光

返回途中仍每6分
钟发送一次闪光

（b）

仍每6分钟发
送一次闪光

仍每3分钟接收到一次从
靠近的飞船发送的闪光

（c）

图 10-14　旅行双胞胎的闪光间隔

注：飞船在 2 小时的旅行中每 6 分钟发射一次闪光。在第一个小时，它远离地球。在第二个小时，
它接近地球。

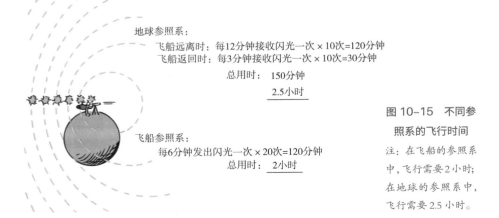

地球参照系：

飞船远离时：每12分钟接收闪光一次×10次=120分钟

飞船返回时：每3分钟接收闪光一次×10次=30分钟

总用时：　150分钟

2.5小时

飞船参照系：

每6分钟发出闪光一次×20次=120分钟

总用时：　2小时

图 10-15　不同参
照系的飞行时间

注：在飞船的参照系
中，飞行需要 2 小时；
在地球的参照系中，
飞行需要 2.5 小时。

假设宇宙飞船能够以某种方式立即（在可忽略的短时间内）掉头并以同样的速度返回。在返回的 1 小时内，它以 6 分钟的间隔再发出 10 次闪光。这些闪光在地球上每 3 分钟就会收到一次，所以，所有 10 次闪光都会在 30 分钟内出现。当宇宙飞船完成 2 小时的旅程时，地球上的时钟将显示为下午 2:30。我们看到，地球上的兄弟比宇航员年长了半小时！

还是同样的旅行，只不过这一次换成在地球上以地球时间的 6 分钟间隔发出闪光。如图 10-16（a）所示，从退行飞船的参照系来看，这些闪光以 12 分钟的间隔被接收。这意味着飞船在从地球后退的 1 小时内会接收到 5 次闪光。在飞船接近的 1 小时内，每隔 3 分钟就会接收到闪光，因此会接收到 20 次闪光，如图 10-16（b）所示。

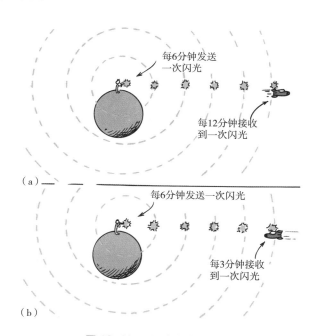

图 10-16　以飞船作为参照系

注：当飞船远离地球时，每隔 12 分钟可以接收到地球以 6 分钟间隔所发出的闪光，当飞船接近地球时，每隔 3 分钟可以接收到一次闪光。

　　所以，我们看到飞船在 2 小时的旅程中总共收到了 25 次闪光。然而，根据地球上的时钟，以 6 分钟间隔发出 25 次闪光所需的时间为 25×6 分钟，即 150 分钟（2.5 小时），如图 10-17 所示。

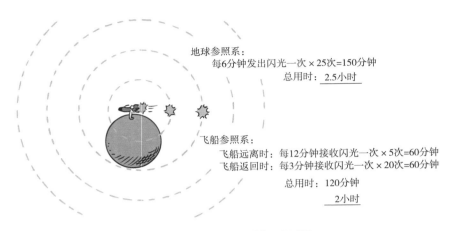

图 10-17　不同参照系的飞行时间

注：对于地球上 2.5 小时的时间间隔，在宇宙飞船的参照系中需要 2 小时。

　　因此，这对双胞胎达成了一致结果，对于谁的年龄更大没有争议。当待在地球的双胞胎处于一个参照系时，旅行中的双胞胎经历了两个不同的参照系，这两个参照系被飞船转弯时的加速度所分开。飞船实际上经历了两个不同的时间领域，而地球经历了另一个不同但单一的时间领域。这对双胞胎只有在牺牲时间的情况下，才能在太空中的同一地点再次相遇。

Q4 我们能够借助星际旅行回到过去吗？

　　让我们把科幻小说推向更远的未来，那时能源供应和辐射问题已经得到解决，星际旅行已经司空见惯。人们可以选择去地球之外旅行，然后在自己选择的任意的未来世纪回到地球。例如，人们可能在 2100 年乘坐高速飞船离开地球，旅行 5 年左右，然后在 2500 年返回。他可以在那个时期的地球人中间生活一段时间，然后再次出发去尝试 3000 年的生活。

人们可以花费一些自己的时间继续跳到未来，但他们不能跳回过去。他们再也回不到他们曾经告别的那个时代了。正如我们所知，时间是单向的，向前走的。在地球上，我们以每天 24 小时的稳定速度不断走向未来。一名离开并进行太空航行的宇航员必须接受这样一个事实，即返回地球后，在地球上经过的时间将比宇航员在航行中主观和身体上经历的时间多得多。无论星际旅行者的身体状况如何，他们将面对的都是永久的告别。

那么，星际旅行真的能实现吗？

有些人认为人类的星际旅行不可能实现，他们的一个陈旧论点是，人类的寿命太短。例如，有人认为，除太阳之外距离地球最近的恒星——半人马座阿尔法星，距离地球 4 光年 ①，即使以光速往返，也需要 8 年。即使以光速旅行，飞行到距离我们 2.5 万光年的星系中心也需要 2.5 万年，但这些论点没有考虑到时间膨胀。一个人在地球上度过的时间和一个人在高速飞船上度过的时间是不一样的。

一个人的心脏随着它所处的时空领域的节奏跳动。对于心脏而言，一个时空领域似乎与其他领域相同，但是对于站在心脏参照系之外的观测者而言是不同的。例如，以光速的 99% 的速度飞行的宇航员可能会在 21 个地球年内前往南河三恒星（Procyon，距地球 11.4 光年）并返回。然而，由于时间膨胀，这一过程只经过了 3 年，这是他们的时钟显示的，即从生物学上讲，他们只会老 3 岁。然而，在他们返回时，地球上迎接他们的太空官员已经变老了 21 岁！

速度更快，结果也会令人更吃惊。以光速的 99.99% 的速度行进，旅行者在他们自己的 1 年时间内可以旅行超过 70 光年的距离。在速度达到光速的 99.999% 时，这个距离会远远超过 200 光年。对他们来说，自身的 5 年旅行所到达的距离，比光在 1 000 个地球年内旅行的距离更远！

---

① 光年是光在 1 年内传播的距离，为 9.46×10^{12} 千米。

目前的技术还不能实现星际旅行，无论是获得足够的推进能量还是屏蔽辐射，都是难以解决的问题。其中，以相对论速度飞行的航天器所需的能量是将航天飞机送入轨道所需能量的数十亿倍。即使某种星际冲压发动机能在聚变反应堆中收集星际氢气燃烧，也必须克服高速收集氢气的巨大阻滞效应。太空旅行者还会遇到星际粒子，就像有一个大粒子加速器对着他们一样，至今还没有办法长期屏蔽这种强烈的粒子轰击。目前，星际旅行还是仅存在于科幻小说中，这不是没有科学理论支持它的存在，而是因为星际旅行不切实际。为了利用时间膨胀而接近光速旅行完全符合物理学定律。

我们可以看到过去，但不能走进过去。例如，当我们仰望夜空时，我们在体验过去。我们看到的星光在几十年、几百年甚至数百万年前就离开了那些星星。我们看到的是很久以前的星星。因此，我们是古老历史的目击者，只能推测在这段时间里，恒星可能发生了什么。

如果我们观察到 100 年前从一颗恒星离开的光线，那么在那个恒星上，可能也有某个视力正常的人通过 100 年前离开我们这里的光线正看着我们，而且，如果他们拥有超级望远镜，他们很可能还可以目睹一个世纪前的地球事件。他们会看到过去的事件，也会看到未来；他们会看到我们的时钟顺时针转动。

我们可以推测这样一种可能性，即时间可能"逆时针"进入过去，也可能"顺时针"进入未来。我们可能会问，为什么在太空中，我们可以向前或向后、向左或向右、向上或向下运动，但对于时间，我们只能朝一个方向运动？非常有趣的是，基本粒子相互作用的数学原理却允许"时间反转"。这个可以比光运动更快并且可以在时间上倒退运动的假想粒子被称为快子（tachyon）。但无论如何，对于人类这种复杂有机体来说，时间只有一个方向。[①]

这一结论在一首深受科学家喜欢的打油诗中却被轻易地忽视了：

---

① 有人推测，如果我们能够逆时间而行，我们可能不会察觉到，因为那时我们记住的将是未来，却会把它当成过去！

一位名叫布莱特的年轻女士，

她的旅行速度比光还要快，

简直是疾驰。

以相对论的方式，

她在某一天离开，

又在前一晚回来。

即使对相对论的理解相当透彻，我们也可能仍会不自觉地坚持认为存在绝对时间的观点，并将所有这些相对论效应与之进行比较。我们认识到时间在这种或那种方式下有这样和那样的变化，但是仍然会感觉到存在一些基本的或绝对的时间。我们可能倾向于认为我们在地球上经历的时间是基本的，而其他时间则不是。这是可以理解的，毕竟我们是地球人，但这个想法存在局限性。从宇宙其他地方的观测者的角度来看，我们可能在以相对论速度运动，他们看到我们生活在慢动作中。如果使用超级望远镜，他们可能会看到我们的寿命是他们的 100 倍，我们也可能会看到他们的寿命是我们的 100 倍，所以普遍的绝对时间并不存在。

我们想到时间，然后想到宇宙，会想知道宇宙开始之前发生了什么。我们想知道如果宇宙在时间上停止存在会发生什么，但时间的概念适用于宇宙中的事件和实体，而不是整个宇宙。时间在宇宙"里"，而宇宙不是在时间"里"。没有宇宙，就没有时间，没有之前，也没有之后。同样，空间在宇宙"里"，而不是宇宙在一个空间"里"。宇宙之外没有空间，时空存在于宇宙之中。①

长度收缩

当物体在时空中运动时，空间和时间都会发生变化。简而言之，空间是收缩的，

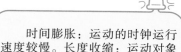

时间膨胀：运动的时钟运行速度较慢。长度收缩：运动对象更短（在运动方向上）。

① 一些物理学家假设，我们的宇宙只是众多共存宇宙中的一个，这些共存宇宙被统称为"多元宇宙"或"巨型宇宙"，然而，到目前为止，还没有确凿证据表明这样的宇宙存在。

当物体以相对论速度从我们身边经过时，它们看起来更短。这种长度收缩首先由物理学家斐兹杰惹提出，并由另一位物理学家洛伦兹用数学方法表示了出来。他们假设物质会收缩，但爱因斯坦认为收缩的是空间本身。尽管如此，由于爱因斯坦的公式与洛伦兹的公式相同，我们将这种效应称为洛伦兹收缩：

$$L = L_0 \sqrt{1 - \frac{v^2}{c^2}}$$

其中：v 是被观测物体和观测者之间的相对速度，c 是光速，L 是运动物体的测量长度，L_0 是物体静止时的测量长度。[①]

假设一个物体处于静止状态，因此 $v = 0$。正如我们所预期的那样，当我们在洛伦兹方程中代入 $v = 0$ 时，$L = L_0$。当在洛伦兹方程中代入的 v 值越来越大时，计算出的 L 越来越小。当速度为 $0.87c$ 时，物体将收缩至其原始长度的一半（见图 10-18）。当速度为 $0.995c$ 时，它将收缩至原来长度的 1/10。如果物体在某种情况下能够以速度 c 运动，其长度将为零。这就是我们说光速是任何运动物体速度的上限的原因之一。另一首深受科学家喜爱的打油诗是：

图 10-18　v 越大，L 越小

注：当相对于观测者以 87% 的光速行进时，测量出的杆的长度为其长度的一半。

> 年轻的剑客菲斯克，
> 击剑速度风驰电掣。
> 他的动作实在太快，
> 洛伦兹收缩出现，
> 击剑眨眼成圆盘。

---

① 我们可以将其表示为 $L = \frac{1}{\gamma} L_0$，其中 $\frac{1}{\gamma}$ 总是小于等于 1（因为 γ 总是大于等于 1）。请注意，我们没有解释长度收缩方程或其他方程是如何产生的。我们只是简单陈述方程，以帮助读者理解狭义相对论的相关内容。

如图 10-19 所示，收缩仅在运动方向上发生。如果该物体水平运动，则不会发生垂直方向的收缩。

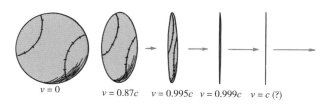

$v = 0$　　　　$v = 0.87c$　　$v = 0.995c$　$v = 0.999c$　$v = c\,(?)$

图 10-19　洛伦兹收缩仅发生在运动方向上

注：随着速度的增加，运动方向上的长度减小，垂直方向上的长度不会改变。

长度收缩应该是太空旅行者非常感兴趣的问题。银河系的中心距离我们 25 000 光年。这是否意味着，如果以光速朝着这个方向行进，那么我们需要 25 000 年才能到达那里？从地球参照系来看，是的；但对太空旅行者来说，绝对不是！以光速旅行，25 000 光年的距离将缩小到零。想象中的太空旅行者会立即到达那里！

对于接近光速的假想旅行，长度收缩和时间膨胀只是同一现象的两个方面。如果宇航员行进的速度太快，以至于他们发现距离地球最近的恒星只有 1 光年，而不是 4 光年，那么他们将在 1 年多一点的时间内完成这次旅行，但对地球上的观测者来说，宇宙飞船上的时钟太慢了，在地球时间的 4 年里，飞船上的时钟只走了 1 年。两人都同意所发生的事情：宇航员到达恒星时只年长了 1 岁多一点。一组观测者表示，这是因为长度收缩；另一组说这是因为时间膨胀。两者都是对的。

如果太空旅行者能够将自己提升到相对论速度，他们会发现宇宙的遥远之处会因空间收缩而拉近，而地球上的观测者会看到宇航员航行的距离更远，因为他们年龄的增长更慢。

Q5 物体如何接近甚至超过光速？

　　想象一下，如果有一辆超级高铁，它的速度可以接近光速。那么，当这辆超级高铁以接近光速的速度飞驰时，它的动量会发生怎样的变化呢？那如果继续给超级高铁施加冲力，那它的速度能不能超过光速呢？

　　物体动量 mv 的变化等于施加给它的冲击 Ft：$Ft = \Delta mv$ 或 $Ft = \Delta p$，其中 $p = mv$。如果我们对自由运动的物体施加更多的冲击，物体会获得更多的动量。冲击加倍，动量加倍。施加 10 倍的冲击，物体获得的动量增加 10 倍。这是否意味着动量可以无限增长？答案是肯定的。这是否意味着速度也可以毫无限制地提高？答案是否定的！自然界对物体的速度限制是 c。

　　对牛顿来说，无限动量意味着无限质量或无限速度，但相对论并非如此。爱因斯坦表明，需要对动量进行新的定义，即 $p = \gamma mv$，其中，γ 是洛伦兹因子（记住 γ 总是大于等于 1）。动量的广义定义在所有匀速运动的参照系中都是有效的。相对论动量是 mv 的 γ 倍。对于比 c 低得多的日常速度，γ 几乎等于 1，因此 p 几乎等于 mv。

　　牛顿对动量的定义在低速时是有效的。在较高的速度下，γ 急剧增长，相对论动量也急剧增长。当速度接近 c 时，γ 接近无穷大！无论物体被推得速度多接近 c，它仍然需要无限的推动力才能补足与 c 相差的最后一点速度，这显然是不可能的。因此，我们看到没有一个有质量的物体可以被推到光速，更不用说超过光速了。

　　亚原子粒子可以被加速接近光速。这种粒子的动量可能比牛顿表达式 mv 预测的大数千倍。在经典物理学中，粒子的行为就像它们的质量随着速度增加一样。爱因斯坦最初赞成这种解释，后来改变了主意，认为质量是保持恒定的，这是物质在所有参照系中都相同的性质。因此，随速度而变化的是 γ，而不是质量。高速粒子动量的增加可以从其轨迹的"刚性"的增加中看出。它的动量越大，它的轨迹就越"硬"，越难偏转。

当电子束被引导到磁场中时，我们可以看到这一现象。在磁场中运动的带电粒子会受到一种使其偏离正常路径的力。对于小动量的粒子，路径会急剧弯曲。对于大动量的粒子，其刚度更大，路径弯曲更小（见图 10-20）。即使一个粒子的运动速度可能只比另一个粒子快一点，例如以光速的 99.9% 运动，而不是光速的 99%，其动量也会大得多，在磁场中会沿着更直的路径运动。这种刚度必须在环形加速器中被补偿，如回旋加速器和同步加速器，因为其动量决定曲率半径。

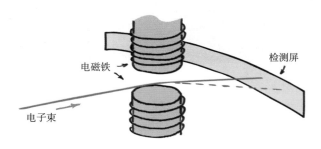

图 10-20 电子束在磁场中的偏离

注：如果电子的动量等于牛顿值 mv，电子束将沿着虚线行进，但由于相对论动量 rmv 更大，光束遵循实线所示的"更硬"的轨迹行进。

在图 10-21 所示的直线加速器中，粒子束以直线路径行进，动量的变化不会让粒子偏离直线路径。当电子束在出口处被磁铁弯曲时，会出现偏离，正如图 10-20 所示。无论是哪种类型的粒子加速器，每天与亚原子粒子打交道的物理学家都验证了相对论动量的定义和大自然施加的速度限制的正确性。

总之，我们看到，当物体的速度接近光速时，其动量接近无穷大。这意味着物体的速度不可能达到光速。然而，至少有一种东西达到了光速——光本身！但是光的光子是无质量的，适用于它们的方程式是不同的。光总是以相同的速度传播，因此，有趣的是，物体永远无法达到光速，光也永远无法静止。

图 10-21　斯坦福直线加速器

注：斯坦福直线加速器长 3.2 千米（2 英里），但是，对于以 0.999 999 999 95 c 的速度通过它的电子来说，加速器只有 3.2 厘米长。电子在前进中开始它们的旅程，然后在高速道以外的实验区（照片顶部附近）撞击目标，或以其他方式被研究。

Q6　质量和能量真的等效吗？

如果我们说一座发电厂向人们提供了 9 000 万兆焦耳的能量，就等于说它向人们提供了 1 克铀块，因为质量和能量是等价的。

爱因斯坦不仅把空间和时间联系起来，还把质量和能量联系起来。某个物体，即使在静止状态下，不与任何其他物质相互作用，也具有"存在的能量"，这被称为它的静止能量。爱因斯坦得出结论，需要能量才能产生质量，如果质量消失，能量就会释放。能量 E 的大小和质量 m 相关联，它们之间的关系由 20 世纪最著名的方程式来表示：

$$E = mc^2$$

c^2 是能量单位和质量单位之间的转换因子。由于 c 的数值很大，所以，微小的质量对应了巨大的能量。[①]

在核裂变和核聚变中，核质量的微小减少会产生巨大的能量释放，这一切都符合 $E = mc^2$。对一般公众来说，$E = mc^2$ 是核能的同义词。如果我们给一座充满燃料的核电站称重，一周后再称一次，我们会发现它的重量变轻，每千克燃料裂变就会轻 1 克左右。燃料的一部分质量已转化为能量。现在，有趣的是，如果我们给一家燃煤发电厂及其一周内消耗的所有煤炭和氧气称重，然后再给一周内排放的所有二氧化碳和其他燃烧产物称重，我们也会发现重量变轻了。同样，煤炭的一部分质量已经转化为能源，大约十亿分之一的质量已经转换。需要注意的是，如果两家工厂都产生相同数量的能量，那么这两家工厂的质量变化是一样的，无论是通过核能还是化学反应进行的质量转换，释放的能量都没有区别。主要区别在于每个反应释放的能量和所涉及的质量。单个铀核裂变释放的能量是碳燃烧产生单个二氧化碳分子的 1 000 万倍。因此，几卡车铀燃料就足够一家裂变工厂运行一年，而一家燃煤工厂每年要消耗数百辆卡车的煤炭。

当我们点燃火柴时，火柴头中的磷原子会重新排列，并与空气中的氧结合形成新的分子。所得分子的质量比单独的磷和氧分子的质量之和稍小。从质量的角度来看，生成物的质量略小于反应物的质量之和，减少的微小质量不足以让我们注意到。所有释放能量的化学反应都会伴随质量的微小减少，减少的质量大约是反应物总质量的十亿分之一。

对于核反应，质量减少千分之一可以通过各种装置直接测量。热核聚变过程中，太阳质量的减少为太阳系注入了辐射能，滋养了生命（见图 10-22）。太阳热

---

① 当 c 以米 / 秒为单位，m 以千克为单位时，E 将以焦耳为单位。如果质量和能量的等价性早在物理学概念首次形成时就已经被理解，那么质量和能量可能就没有单独的单位了。此外，通过重新定义空间和时间单位，c 可以等于 1，$E = mc^2$ 可以简化为 $E = m$。

核聚变目前已经持续了 50 亿年，而且有足够的氢燃料可用于再持续 50 亿年。有一个大小正好的太阳真好！

方程 $E = mc^2$ 不限于化学反应和核反应。任何静止物体的能量变化都会伴随着其质量的变化。灯泡通电时的灯丝质量比断电时的质量更大，一杯热茶的质量比同一杯茶在冷的时候的质量更大，上紧发条的发条钟的质量比发条松开时大……但这些例子涉及的质量变化非常小，小到无法测量。即使是放射性变化中更大的质量变化，也直到爱因斯坦提出了质能方程后才被测量出来。然而，现在，质量－能量和能量－质量转换的测量已经成为常规操作。

图 10-22　太阳辐射能

注：在 1 秒钟内，450 万吨质量转化为太阳的辐射能。然而，太阳的质量非常大，在 100 万年内，只有太阳质量的千万分之一转化为辐射能。

假设一枚硬币质量为 1 克。那么，两枚相同的硬币质量就应该为 2 克，10 枚硬币质量为 10 克，1 000 枚硬币堆积在一个盒子中质量为 1 千克。然而，如果硬币相互吸引或排斥，情况就并非如此了。例如，假设每枚硬币都带有负电荷，因此每枚硬币排斥其他所有硬币，那么把它们强制放在一个箱子里就需要做功了。做的功增加了硬币的质量。因此，一个装有 1 000 枚带负电硬币的盒子的质量超过 1 千克。如果这些硬币都相互吸引（就像原子核中的核子相互吸引一样），那么分离它们需要做功。一盒 1 000 枚硬币的质量将小于 1 千克。因此，物体的质量不一定等于其各部分的质量之和，正如我们通过测量原子核的质量所知道的那样。如果我们能够处理裸露的带电粒子，这一效应将是巨大的。如果我们能将各自质量加起来为 1 克的电子们聚集到一个直径为 10 厘米的球体中，那么这个集合的质量将达到 400 亿千克！质量和能量的等价性确实意义深远。

在物理学家了解到电子是一种没有可测量半径的基本粒子之前，一些人猜测它有一定的大小，而它的质量仅仅是将电荷压缩到这个大小所需的功对应的质量。[1]

---

[1] 美国天文学家约翰·多布森（John Dobson）推测，我们给钟表上发条克服弹簧的阻力对其做功时，钟的质量变得更大，与之类似，整个宇宙的质量无非是使其克服相互引力聚在一起的能量。从这个观点来看，宇宙的质量相当于将其展开所需要做的功对应的质量。

　　在普通的测量单位中，光速 c 是一个很大的量，它的平方就更大，因此少量的质量就可以存储大量的能量。c^2 是一个转换因子。它将质量的测量转换为等效能量的测量。它是静止能量与质量的比值：$E/m = c^2$。在这个方程的任何一种形式中，c^2 的出现都与光无关、与运动无关。c^2 的大小为 9×10^{16} 焦耳 / 千克。1 千克物质的静止能量等于 9×10^{16} 焦耳。即使是质量只有 1 毫克的物质，其静止能量也达到 900 亿焦耳。

　　方程 $E = mc^2$ 不仅仅是一个将质量转化为其他能量，或是反过来的公式。它更说明，能量和质量是一回事。质量是凝结的能量。如果你想知道一个系统中有多少能量，就测量它的质量。对于静止的物体，它的能量就是它的质量（被称为它的静止质能），而在伴随运动的情况下，它的能量更大。能量和质量一样，具有惯性。前后摇晃一个巨大的物体，很难撼动的是能量本身。

　　美国物理学家卡尔·安德森（Carl Anderson）于 1932 年提供了辐射能转化为质量的第一个证据。他根据云室中的轨迹发现了正电子。正电子是电子的反粒子，质量和自旋与电子相同，但电荷与电子相反。当高频光子靠近原子核时，它可以产生一个电子和一个正电子，从而产生质量。正电子不是正常物质的一部分，因为它的寿命很短。一旦它遇到一个电子，这对电子就会湮灭，在这个过程中发出两条 γ 射线，然后将质量转换回辐射能。[①]

　　爱因斯坦关于时间、长度和动量的方程与日常速度的经典表达式相对应，真是太妙了。

　　爱因斯坦的相对论提出了许多哲学问题。时间到底是什么？我们能说它是大自然看待一切不是同时发生的方式吗？为什么时间似乎只朝一个方向运动？它总

---

① 光子的能量为 $E = h\nu$，粒子的能量为 $E = mc^2$。当高频光子在自然界和加速器中产生成对的粒子时，它们通常会将能量转化为质量，在加速器中可以观察到这些过程。为什么成对？主要是因为这是不违反电荷守恒的唯一方法。因此，当电子被创造出来时，其反粒子正电子也被创造出来。联立两个方程式可得 $h\nu = 2mc^2$，其中 m 是粒子或反粒子的质量，我们可以得出产生粒子对的 γ 射线的最小频率为 $\nu = 2mc^2/h$。

是向前运动吗？宇宙中还有别的地方的时间是向后运动的吗？我们对四维世界的三维感知可能只是一个开始吗？会有第五维度吗？第六维度，第七维度呢？如果有，这些维度的性质是什么？也许这些尚未解答的问题将由未来的物理学家来解答。这多么令人兴奋！

要点回顾
CONCEPTUAL PHYSICS >>>

- 一个物体相对于不同的参照系可能具有不同的速度。为了测量物体的速度，我们首先需要选择一个参照系，并假设我们在该参照系中静止不动。然后，测量物体相对于我们的运动速度，也就是相对于参照系的运动速度。

- 狭义相对论的基本假设：（1）所有自然规律在所有匀速运动的参照系中都是相同的；（2）无论光源的运动或观测者是怎样运动的，自由空间中的光速对所有观测者而言都具有相同的测量值。也就是说，光速是一个常数。

- 时间膨胀是指时间的拉长。时间膨胀已经在实验室中用粒子加速器被证实了无数次。

- 对于接近光速的假设性旅行，长度收缩和时间膨胀只是同一现象的两个方面。如果太空旅行者能够将自己提升到相对论速度，他们会发现宇宙的遥远之处会因空间收缩而拉近，而地球上的观测者会看到宇航员航行的距离更远，因为他们年龄的增长更慢。

- 速度不可以毫无限制地提高，自然界对物体的速度限制是 c。

- 某个物体，即使在静止状态下，不与任何其他物质相互作用，也具有"存在的能量"，这被称为它的静止能量。爱因斯坦得出结论，需要能量才能产生质量，如果质量消失，能量就会释放。能量 E 的大小和质量 m 相关联。

CONCEPTUAL
PHYSICS

11

广义相对论告诉我们什么

妙趣横生的物理学课堂

- 光只能沿直线传播吗？

- 你和别人变老的速度一样吗？

- 时空扭曲是怎么发生的？

- 我们如何探测引力波？

如果你是宙斯，可以伸手去用力摇晃太阳，那就像把一块鹅卵石扔进了平静的湖里，时空波就会像水中的涟漪一样从太阳那里传播开来。

物理学长期以来一直关注各种波，如电磁波、声波和水波。1916 年，爱因斯坦提出广义相对论，将空间和时间合并为一个时空概念。之后不久，爱因斯坦又提出，时空本身可以脉冲和振动，从而产生引力波。

正如电磁波是由振动的电子产生的，声波可能是由扬声器中的振动膜片产生的一样，引力波可以通过振动质量产生。2016 年 2 月，美国科学家向全世界宣布，他们探测到了爱因斯坦预言的引力波。

一直以来，科学家们围绕着引力波持续进行着探索。

2015 年 9 月 14 日，当引力波轻轻地震动地球，持续时间约 0.2 秒，除了在美国路易斯安那州和华盛顿州的那些极其灵敏的激光探测器外，它在任何地方都没有留下明显的痕迹。通过分析这些探测器的颤动，LIGO（Laser Interferometer Gravitational-Wave Observatory，激光干涉引力波天文台）团队得出结论：13 亿年前，有两个黑洞——一个约为太阳质量的 36 倍、一个约为太阳质量的 29 倍，紧紧拥抱在一起，彼此环绕。它们先是以每秒 50 转的速度旋转，1 秒后又加速到每秒 250 转，然后合并形成一个新的黑洞，质量大约是太阳质量的 62 倍。

在这一次几乎超乎想象的事件中，65 倍的太阳质量在不到 1 秒的时间内融合成 62 倍的太阳质量。3 倍的太阳质量从质量转变为能量，并作为引力波在整个宇宙传播，其中一小部分在旅行了 13 亿年后到达 LIGO 探测器。

事实证明，巨大的黑洞正在（或曾经）在天空中或宇宙中的某个地方融合。通过本章内容，我们将继续探索宇宙的基本规律。

Q1　光只能沿直线传播吗？

光的传播路径是什么？相信绝大多数人都会说光沿直线传播，但是在爱因斯坦的预测中，光可能以弯曲的路径传播。要了解这一现象，先让我们从引力和加速度的相似性开始。

想象一下，你正乘坐一辆匀速行驶的火车，手中拿着一个苹果。当你松开手，苹果会如何运动？很简单，它会直线落下，落在你脚下的地板上。这个现象似乎再平常不过，背后却隐藏着宇宙最深处的秘密。现在，让我们把场景切换到一辆正在加速的火车上。同样地，你手中拿着一个苹果，松开手之后，苹果会怎样运动呢？它还会像之前那样直线落下吗？还是会有其他的运动轨迹？这个看似简单的问题，实际上与广义相对论的核心思想紧密相连。爱因斯坦告诉我们，引力和加速度在某种意义上是等效的。也就是说，在加速的火车中，我们感受到的"力"与在地球表面感受到的引力有着惊人的相似性。

1905 年，爱因斯坦提出，在封闭的室内进行的任何观察都无法确定室内是静止的还是匀速运动的。也就是说，在沿着直线轨道平稳行驶的火车的封闭车厢内（或者在静止的空气中飞行的关闭遮光板的飞机里），任何机械的、电的、光的或者能进行的其他物理测量，都无法给出关于火车是在运动还是静止（或者飞机是在空中还是在跑道上静止）的任何信息。但是，如果轨道不是平滑笔直的（或者空气是湍流的），情况就会完全不同：匀速运动会被加速运动取代，这很容易被注意到。爱因斯坦坚信，无论是加速还是非加速，自然规律都应该在每一个参照系中以相同的形式表达，这是他创立广义相对论的主要动机。

早在真正的宇宙飞船出现之前，爱因斯坦就想象自己坐在不受引力影响的飞行器中。在这样一艘静止或相对于遥远恒星匀速运动的宇宙飞船中，他和飞船内的一切都可以自由漂浮，不会有上升和下降（见图 11-1）。当发动机启动，飞船加速时，情况就会有所不同：我们会观察到类似由重力引起的现象。与飞船发动机相邻的墙壁将向上推压所有乘客，并成为地板，而对面的墙壁将成为天花板。飞船上的乘客可以站在地板上，甚至可以上下跳跃。如果宇宙飞船的加速度等于 g，乘客很可能会认为飞船没有加速，而是在地球表面静止（见图 11-2）。

图 11-1 失重

注：在不受引力影响的非加速
飞船内部，一切都是失重的。

图 11-2 超重

注：当飞船加速时，里面的
乘客会感觉到重力。

为了在加速的宇宙飞船中检验这种新的"重力"，让我们想象一下在飞船内扔下两个球的结果，一个球由木头制成，另一个球则由铅制成。当球被释放时，它们继续以被释放时飞船的速度并排向上运动。如果飞船以恒定速度（加速度为零）运动，球将在相同的位置保持悬浮，因为它们和飞船在任何给定的时间间隔内运动相同的距离。由于飞船在加速，地板向上运动的速度比球快，结果地板很快就赶上了球（见图11-3）。两个球，无论质量如何，都会同时碰到地板。回想当年伽利略在比萨斜塔上的演示，飞船上的乘客可能会将他们的观察归因于重力。

图 11-3　落体实验

注：在加速的飞船内的观测者看来，一个铅球和一个木球在被释放时一起下落。

对落下的球的两种解释是同样有效的，爱因斯坦在广义相对论的基础上结合了这种等效性，即区分引力和加速度是不可能的。等效原理表明，在加速参照系中进行的观测与在牛顿引力场中进行的观测是不可区分的。如果这种等效性只适用于机械现象，那么它将会很有趣，但不是革命性的，爱因斯坦更进一步指出，该原理适用于所有自然现象，也适用于光和所有电磁现象。

狭义相对论是"狭义"的，因为它处理的是匀速运动的参照系，而不是加速的参照系。广义相对论是"广义"的，也涉及加速参照系。广义相对论提出了一种新的引力理论。

光的引力弯曲

当静止的宇宙飞船在无引力区域时，一个球向侧面抛去，无论是相对于飞船内的观测者还是飞船外的静止观测者,球都会沿着直线运动。如果船在加速,地板就会像我们前面的例子一样超过球。飞船外的观测者仍能看到一条直线路径,但对加速飞船内的观测者来说,这条路径是弯曲的,是一条抛物线,如图 11-4(b)所示,光束也是如此。

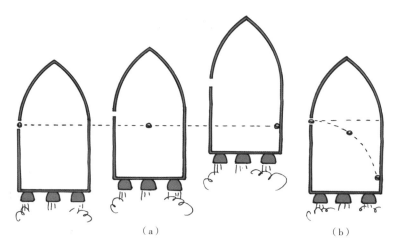

（a）　　　　　　　　　　　　（b）

图 11-4　不同参照系中的观测者看到球的不同路径

注:图(a),外部观测者看到一个水平投掷的球在直线上运动。因为当球水平运动时,这艘船在向上运动,球击中窗口对面的点下方的墙壁;图(b),对于内部观测者来说,球就像在引力场中一样发生弯曲。

想象一下,一束光线通过侧窗水平进入飞船,穿过船舱中央的一片玻璃,留下可见的痕迹,然后到达对面的墙壁,所有这一切都在很短的时间内完成。外部观测者看到光线进入窗户,并沿着直线以恒定速度水平运动到对面的墙壁,但宇宙飞船正在加速上升。在光线到达玻璃所需的时间内,宇宙飞船向上运动了一段距离,在光线继续向远处墙壁运动的相同时间内,飞船向上运动了更大的距离,因此,对于宇宙飞船中的观测者来说,光线沿着一条向下弯曲的路径行进,如图 11-5(b)所示。在这个加速参照系中,光线向下偏转到地板上,就像图 11-4(b)中投掷的球发生偏转一样。缓慢运动的球的曲率非常明显,但如果球以与光速相等的速度水平穿过船舱,其曲率将与光线的曲率相匹配。

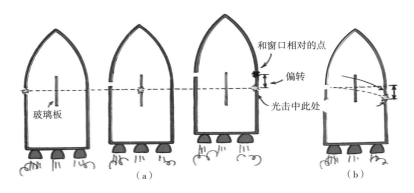

图 11-5　不同参照系中的观测者看到的不同光线

注：图（a），一名外部观测者看到光线以直线水平传播，就像上图中的球一样，它在窗户对面的点的稍下方撞击墙壁；图（b），对内部观测者来说，光线弯曲，就像对引力场做出反应一样。

　　由于飞船的加速度，飞船内的观测者感觉到"引力"。观测者对投掷的球的偏转并不感到惊讶，但可能会对光线的偏转感到相当惊讶（见图 11-6）。根据等效原理，如果光被加速度偏转，那么它必须被引力偏转。然而，引力如何使光弯曲呢？根据牛顿物理学，引力是质量之间的相互作用力，一个运动的球由于其质量和地球质量之间的相互作用而弯曲。光呢，它不是只有能量，没有质量吗？爱因斯坦的回答是，光可能没有质量，但不是没有能量。引力会吸收光的能量，因为能量与质量等效。

图 11-6　光线没有偏转

注：手电筒光束的轨迹与棒球以光速投掷时的轨迹相同。在均匀的引力场中，两条路径的曲线相等。

　　这是爱因斯坦在提出完整的广义相对论之前的第一个答案。后来，他给出了更深入的解释，即光在弯曲的时空几何体中传播时会弯曲。我们将在本章后面看到，质量的存在会导致时空的弯曲或扭曲。地球的质量太小，无法使周围的时空发生明显的扭曲，周围的时空差不多是平坦的，所以在我们周围环境中，光线的此类弯曲通常都不会被检测到。在质量比地球大得多的物体附近，光的弯曲足以被探测到。

爱因斯坦预测，星光接近太阳时将被偏转 1.75 角秒，这个角度足够大，可以被测量到。虽然当太阳在天空中时星星是不可见的，但我们可以在日食期间观察到星光的偏转。自从 1919 年日全食期间进行第一次测量以来，测量这种偏转已经成为每次日全食的标准做法。一张日食期间天空变暗的照片揭示了附近明亮恒星的存在。将这些恒星的位置与同一望远镜在夜间拍摄的同一区域的照片进行比较，会发现恒星的位置发生了变化。在任何情况下，星光的偏转都证明了爱因斯坦的预测（见图 11-7）。

图 11-7　星光掠过太阳时
会弯曲

注：A 点表示视位置，B 点表示真实位置。

光在地球引力场中也会弯曲，但弯曲程度并没有那么大。我们没有注意到它，因为它的影响太小了。例如，在 1 个 g 的恒定引力场中，一束水平方向的光将在 1 秒内"落下" 4.9 米的垂直距离（就像棒球一样），但在这段时间内它在水平距离上将行进 30 万千米。当你离起点这么远时，它的弯曲很难被注意到。但是，如果光在理想的平行镜之间多次反射，传播 30 万千米，弯曲将非常明显（见图 11-8）。

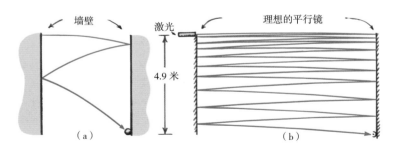

图 11-8　光在引力场中的弯曲

注：图（a），如果一个球水平投射在一对垂直的平行墙壁之间，它将在 1 秒内来回反弹并下落 4.9 米的垂直距离；图（b），如果一束水平光束被引导到一对垂直放置的、理想的平行镜之间，它将来回反射，并在 1 秒内落下 4.9 米的垂直距离。本图对来回反射的次数做了简化处理。例如，如果反射镜相距 300 千米，则在 1 秒内会发生 1 000 次反射。

Q2 你和别人变老的速度一样吗？

假设在一座摩天大楼的顶端和底层各有一个人，你觉得他们衰老的速度是一样的吗？估计大多数人都会回答"是"，但真实的答案会令很多人感到诧异，实际上，顶端的人会比地面上的人衰老更快。如果我们把距离进一步放大，放大到太阳和地球之间，时间又会如何呢？

根据爱因斯坦的广义相对论，引力使时间变慢。如果你沿着引力作用的方向运动，比如从摩天大楼的顶部到底层，或者从地面到井底，那么你所到达的位置的时间流逝的速度会比你离开的位置慢。我们可以通过将等效原理和时间膨胀原理应用于加速参照系来理解引力导致的时钟减慢。

将加速参照系想象成一个大的旋转圆盘。假设我们用 3 个相同的时钟来测量时间：一个放在圆盘的中心，另一个放在圆盘的边缘，第三个放在附近的地面上（见图 11-9）。根据狭义相对论我们知道，固定在中心的时钟 1，因为相对于地面不运动，应该以与地面上的时钟 3 相同的速率运行。但是，中心的时钟 1 和圆盘边缘的时钟 2 并不是以相同的速率运行。时钟 2 相对于地面运动，因此应观察到其运行速度比时钟 3 和时钟 1 慢。虽然盘上的两个时钟与同一参照系相连，但它们并不同步运行，外部时钟比内部时钟运行得慢。

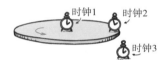

图 11-9　加速参照系模型

注：时钟 1 和时钟 2 在加速盘上，时钟 3 在惯性系中静止。时钟 1 和时钟 3 以相同的速率运行，而时钟 2 运行得较慢。从时钟 3 的观测者的角度来看，时钟 2 运行缓慢，因为它在运动。从时钟 1 的观测者的角度来看，时钟 2 运行缓慢，因为它处于较低的势能处（将其从边缘移动到中心需要做功）。

旋转圆盘上的观测者和静止在地面上的观测者都看到了自己和边缘时钟之间的速率差异，然而，这两位观测者对差异的解释并不相同。对于地面上的观测者来说，时钟在边缘上的速度较慢是因为圆盘的运动，但是，对于旋转圆盘上的观测者来说，圆盘上的两个时钟彼此之间并不运动，离心力作用在边缘时钟上，而中心时钟上没有受到离心力。圆盘上的观测者很可能认为离心力与时间的减慢有关。他注意到，当他沿着离心力的方向从圆盘的中心向外运动到边缘时，时间变慢了。通过应用等效原理，即加速度的任何影响都可以被引力复制，我们就会得出结论，当我们沿着引力作用的方向运动时，时间也会变慢（见图11-10）。

图 11-10　地球表面的时钟运行得更慢

注：如果你从一个遥远的位置向下运动到地球表面，你会沿着引力作用的方向向时钟运行更慢的位置运动。地球表面的时钟比远处的时钟运行得更慢。

这种变慢现象适用于所有的"时钟"，无论是物理的、化学的还是生物的。在城市的摩天大楼里，一位在底层工作的高管比她在顶层工作的双胞胎妹妹衰老得更慢。这种差异很小，每10年只有几百万分之一秒，因为按照宇宙标准，距离很小，引力也很弱。对于更大的引力差异，例如太阳表面和地球表面之间的引力差异，时间上的差异更大（尽管仍然很小）。太阳表面的时间应该比地球表面的时间慢，这一点是可以测量的。在完成广义相对论之前，爱因斯坦在1907年提出了等效原理，并根据这个原理提出了一种测量时间减慢的方法。

所有原子都以原子内电子振动速率的特定频率发光，因此，每个原子都是一个"时钟"，而原子振动的减缓表明这种时钟的减缓。太阳上的一个原子发出的光的频率，应该比地球上相同元素发出的光的频率更低，因为太阳上的原子振动更慢。由于红光处于可见光谱的低频端，频率的降低会使颜色向红色偏移。这种效应被称为引力红移。我们可以在来自太阳的光线中观察到引力红移，但各种干扰因素阻碍了对这种微小效应的精确测量。直到1960年，一项全新的技术利用放射性原子的 γ 射线，才得以对哈佛大学一座实验室大楼的顶层和底层之间的时间引力减缓进行了精确而可靠的测量。①

---

① 20世纪50年代末，爱因斯坦去世后不久，德国物理学家鲁道夫·穆斯堡尔（Rudolf Mössbauer）发现了核物理学中的一个重要效应——穆斯堡尔效应，为使用原子核作为原子钟提供了一种极其精确的方法。穆斯堡尔效应有许多实际应用，他因此获得了1961年的诺贝尔物理学奖。1959年末，哈佛大学的罗伯特·庞德（Robert Pound）和格伦·雷布卡（Glen Rebka）构思了一个应用，以测试广义相对论，并进行了确认实验。

时间的测量不仅取决于相对运动，还取决于引力。在狭义相对论中，时间膨胀取决于一个参照系相对于另一个参照系的速度。在广义相对论中，引力红移取决于引力场中一点相对于另一点的位置。从地球上看，时钟在恒星表面的滴答声将比在地球上慢。如果恒星收缩，它的表面会向内运动，引力越来越大，这会导致表面的时间越来越慢。我们会测量恒星钟滴答声之间更长的时间间隔。如果我们从恒星本身测量恒星时钟，将不会注意到时钟的滴答声有什么不寻常。

假设一个坚定的志愿者站在一颗开始坍缩的巨星表面，作为外界的观测者，我们会注意到，随着恒星表面向引力更强的区域坍缩，志愿者的时钟会逐渐变慢，然而，志愿者本人并没有注意到自己的时间有任何差异。他在自己的参照系内观察事件，并没有发现任何异常。当坍缩的恒星朝着成为黑洞的方向发展时，从志愿者的角度来看，时间是正常的，而我们在外界认为志愿者的时间接近完全停止；他的时钟滴答声以及心跳之间的时间间隔变得无限长。在我们看来，他的时间完全停止了。此时的引力红移，不再是一个微小的影响，而是主导的效应。

我们可以从另一个角度来理解引力红移，即从引力作用于光子的角度。当光子从恒星表面飞出时，它会受到恒星引力的"阻碍"，失去能量，但不会失去速度。由于光子的频率与其能量成正比，频率随能量的降低而降低。当我们观察光子时，会发现它的频率比由质量较小的光源发射的频率要低。它的时间变慢了，就像时钟的滴答声变慢了一样。在黑洞中，光子根本无法逃逸，会失去所有的能量和频率。它的频率被引力红移到零，这与我们观察到的坍缩恒星上时间流逝的速率接近零是一致的。

在狭义相对论和广义相对论中，都要注意时间的相对论性质。在这两种理论中，你都无法延长自己的生存时间。以不同的速度或在不同的引力场中运动的其他人，可能会认为你更加长寿，但你的长寿是从他们的参照系来看的，而不是从你自己的参照系来看的。能感受到的时间的变化总是归因于另一个参照系中的另一个人。

引力和空间：水星的运动

我们从狭义相对论中知道，当涉及运动时，空间和时间的测量会发生变化。广义相对论也是类似的：在不同的引力场中，例如，接近太阳和远离太阳，空间的测量值不同。

行星围绕太阳和其他恒星以椭圆轨道运行，并周期性地运行到离太阳较远和离太阳较近的区域。爱因斯坦将注意力集中在围绕太阳公转的行星所经历的各种引力场上，发现行星的椭圆轨道应该进动[①]（见图 11-11），即独立于其他行星的牛顿影响。在太阳附近，引力对时间的影响最大，进动率应该最大；远离太阳，时间受到的影响较小，任何偏离牛顿力学的现象都应该是不明显的。

图 11-11 进动的椭圆轨道

水星，离太阳最近的行星，处于太阳引力场最强的部分。如果有某个行星的轨道能表现出可被测量的进动，这个行星应该是水星。事实上，水星轨道的确在进动，同时还出现了受其他行星影响而产生的额外的进动。自 19 世纪初以来，这对天文学家来说一直是一个谜。仔细的测量表明，水星的轨道进动约为每世纪 574 角秒。其中，由其他行星带来的扰动能解释大部分，但还有每世纪 43 角秒的差别。即使在对所有已知的因其他行星可能造成的扰动进行了修正后，物理学家和天文学家的计算也未能解释这额外的 43 角秒。要么是金星质量过大，要么是从未发现的另一颗行星（被称为"火神"）正在拉动水星。然后，爱因斯坦给出了解释，他将广义相对论场方程应用于水星的轨道，解释了每世纪多出的 43 角秒！

水星轨道之谜被解开，一种新的引力理论由此被认可。两个多世纪以来，牛

---

① 指一个自转的刚体受外力作用导致其自转轴绕某一中心旋转的现象，也叫作旋进。——编者注

顿万有引力定律作为科学中不可动摇的支柱，被发现是爱因斯坦更普适的理论中的一个特例。如果引力场相对较弱，牛顿定律就会非常接近于广义相对论，因此，牛顿定律在数学上更容易理解，是当今空间科学家在大多数情况下所使用的定律。

当爱因斯坦提出他的新引力理论时，他意识到如果自己的理论是有效的，那么在弱场极限下，他的场方程必须简化为牛顿万有引力定律。他指出，牛顿万有引力定律是广义相对论的特例。牛顿万有引力定律仍然是对太阳系内外天体间大部分相互作用的精确描述。

根据牛顿万有引力定律，人们可以计算彗星和小行星的轨道，甚至可以预测未发现行星的存在。即使在今天，当计算太空探测器到月球和行星的轨道时，也只使用牛顿理论。这是因为这些天体的引力场非常弱，从广义相对论的观点来看，周围的时空基本上是平坦的。对于引力更强烈的区域，时空弯曲更明显，牛顿理论无法充分解释各种现象，例如水星靠近太阳的轨道进动，以及在引力场更强的情况下，引力红移与其他空间和时间测量中的明显失真。

一个不正确的假设，如果得到正确的指导，有时会比没有指导的观察产生更多新的有用信息。

当恒星坍缩成黑洞时，这些扭曲达到了极限，在黑洞中时空完全折叠在自己身上。只有爱因斯坦的引力理论能适用于这个领域。

Q3 时空扭曲是怎么发生的?

在很多科幻题材电影或图书中，会出现有关"时空扭曲"的描述，比如电影《盗梦空间》中扭曲的时间和空间，不仅给影片带来了独特风格，也让时空扭曲引发更多人的好奇。在这里，我们简单解释一下时空扭曲是怎么回事。

再来想一想旋转圆盘的加速参照系，我们就可以理解，在引力场中，空间的测量值会发生变化。假设我们用测量杆测量圆盘的周长。回顾一下狭义相对论中的洛伦兹收缩：对于任何不随测量杆运动的观测者来说，测量杆都会收缩，而在中心附近缓慢运动的相同测量杆，尺寸几乎不受影响（见图 11-12）。沿着旋转圆盘半径的所有距离测量应完全不受运动影响，因为运动垂直于半径。由于只有平行于圆周和围绕圆周的距离测量受到影响，当圆盘旋转时，圆周与直径的比值不再是固定常数 π（3.141 59……），而是一个取决于角速度和圆盘直径的变量。

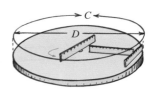

图 11-12　加速参照系

注：沿着旋转圆盘边缘的测量杆似乎收缩了，越往里运动越慢的测量杆收缩得越少。沿着半径的测量杆根本不会收缩。当圆盘不旋转时，C/D = π，但当圆盘旋转时，C/D 不等于 π，欧几里得几何不再有效。在引力场中也是如此。

根据等效原理，这个旋转圆盘相当于一个静止圆盘，其边缘附近有强大的引力场，而中心附近的引力场逐渐减弱。那么，即使没有相对运动，距离的测量也将取决于引力场的强度，或者更准确地说，对于相对论爱好者来说，取决于引力势。引力使空间成为非欧几里得空间；对存在于强力场中的物体，欧几里得几何定律不再有效。

目前公认的宇宙学（关于宇宙的科学）模型假设宇宙是平坦的，由暗物质和暗能量主导。这一模型假设宇宙起源于炽热而致密的状态，并通过快速膨胀形成了今天的结构。

欧几里得几何的规则适用于在平面上绘制的各种图形。圆的周长与直径之比等于 π，三角形中的所有角度加起来为 180°，两点之间的最短距离是一条直线。欧几里得几何的规则在平面空间中是有效的，但如果在曲面上绘制这些图形，如球体或马鞍形物体上，欧几里得规则就不再适用（见图 11-13）。在空间中测量三角形的角度之和，如果和等于 180°，我们就称空间为平面，如果和大于 180°，就是球形或者正弯曲的面，小于 180° 时则是鞍状或负弯曲的面。

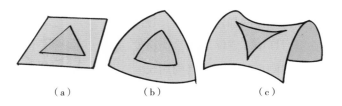

图 11-13　不同面上的三角形

注：三角形中的角度之和取决于三角形绘制在哪种表面上。图（a），在平面上，角度之和为 180°；图（b），在球面上，总和大于 180°；图（c），在鞍状表面上，总和小于 180°。

当然，从三维视图来看，图 11-13 中形成三角形的直线并不都是直线，如果我们仅限于曲面，则它们是两点之间的最直的线或最短距离。这些最短距离的线被称为测地线。

光束的路径沿着测地线。假设地球、金星和火星上的 3 位实验人员测量了这 3 颗行星之间的光束所形成的三角形的角度，当它们不在太阳的同一侧时（见图 11-14）。光束在经过太阳时发生弯曲，导致 3 个角度之和大于 180°，所以太阳周围的空间是正弯曲的。围绕太阳运行的行星在这个正弯曲的时空中沿着四维测地线运行。自由下落的物体、卫星和光线都在四维时空中沿着测地线运动。

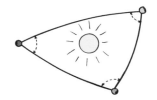

图 11-14　光的三角形

注：连接 3 颗行星的光线形成一个三角形。由于经过太阳附近的光线发生弯曲，因此生成的三角形的角度之和大于 180°。

宇宙的小部分当然是弯曲的。那么整个宇宙呢？对宇宙大爆炸遗留下来的空间低温辐射的最新研究表明，大尺度上的宇宙是平的。如果它像图 11-13（c）中的马鞍一样是开放式的，那么它将永远延伸，平行射出的光束将发散。如果它像图 11-13（b）中的球形表面一样封闭，一开始平行的光束最终会交叉并绕回起点。在这样的宇宙中，如果你能通过理想的望远镜无尽地观察太空，在耐心等待了数十亿年之后，你就会看到自己的后脑勺！在我们实际的平坦宇宙中，平行光束保持平行，永远不会返回。

宇宙的几何形状可能预示着它的最终命运。一个球状的宇宙有足够的质量（能量），最终让膨胀停止，让所有东西重新回到一起，这叫作"大坍缩"，与"大爆炸"相反。鞍状宇宙的质量（能量）太小，无法让自身的膨胀减缓到停止。平坦宇宙的质量（能量）太小，无法让膨胀停止。

广义相对论引出一种新的几何学：空间不是一个虚无的区域，而是一种可以弯曲和扭曲的柔性介质。它如何弯曲和扭曲描述了引力场。广义相对论是一种弯曲的四维时空几何学。[①]这种几何学的数学表达太难了，无法在这里呈现。然而，其本质是质量的存在产生了时空的弯曲或扭曲。反过来，时空的曲率表明质量必须存在。我们没有想象质量之间的引力，而是完全放弃了力的概念，认为质量在运动中对它们所处的时空扭曲做出反应。几何时空的凹凸和扭曲就是引力现象。

由于我们是三维生物，所以我们无法想象时空中的四维凹凸，但如图 11-15 所示，我们可以通过考虑一个二维的简化类比来了解这种扭曲：一个沉甸甸的球停在水床的中间。球的质量越大，在二维表面上的凹陷或扭曲就越大。如果此时有一个弹球在床上滚动，但远离重球，那么弹球将以近于直线的路径滚动，而假若在重球附近滚动，弹球在

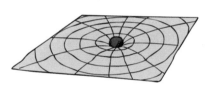

图 11-15　四维扭曲时空的二维类比

注：当一个沉重的球落在一颗恒星上时，恒星附近的时空以类似于水床表面的方式弯曲。

滚动穿过凹陷表面时将发生路径的弯曲。如果曲线闭合，其形状类似于椭圆。类似地，围绕太阳运行的行星也在太阳周围扭曲的四维时空中沿着四维测地线运动。

Q4　我们如何探测引力波？

如果你读过刘慈欣的系列科幻小说《三体》，想必会对引力波有印

---

① 如果你无法想象四维时空的样子，也无需沮丧。爱因斯坦经常告诉他的朋友，"不要尝试，我也做不到"。也许我们和伽利略时代的伟大思想家没有太大区别，他们也无法想象出运动中的地球！

象。在《三体》中，刘慈欣把引力波发射装置作为人类和三体人抗衡的武器。此外，在他的另一篇科幻小说《朝闻道》中，引力波也同样登场了，并成为在宇宙间传递信息的工具。经过小说的渲染，人们对引力波究竟是什么产生了更大的好奇。

其实，引力波并非遥不可及，它就像是我们身边悄然发生的自然现象一样。我们很难直接感知到它，需要用精密的仪器和更深入的理解来揭示它的奥秘。

每个物体都有质量，因此会扭曲周围的时空。当物体运动发生变化、开始加速时，周围的扭曲会运动，以便重新调整适应新的位置。这些调整会在时空的整体几何中产生涟漪，这类似于使停在水床表面上的球开始运动。扰动以波浪的形式在水面上泛起涟漪，如果我们使一个更大的球开始运动，那么我们会受到更大的扰动，产生更强烈的波。宇宙中的时空也是如此。类似的涟漪以光速从引力源向外传播，就是引力波。

任何加速的物体都会产生引力波。一般来说，物体质量越大，加速度越大，产生的引力波就越强。但即使是普通天文事件产生的最强波，也极其微弱，也只是自然界中已知的最弱波。例如，振动电荷发射的引力波比相同电荷发射的电磁波弱 1×10^{36} 倍。探测引力波非常困难。引力波在 2016 年初被确认存在，位于华盛顿州和路易斯安那州的 LIGO 的一对相距甚远的探测器，探测到了空间的微小扭曲，所发现的波源于大约 13 亿年前一对黑洞的合并。4 个月后，科学家在即将合并的另一对黑洞中发现了第二个引力波事件。爱因斯坦在 1916 年提出了引力波的存在；一个世纪后，引力波的证实对科学家和科学爱好者来说都是令人振奋的。

引力波虽然微弱，但无处不在。前后摇动你的手，就会产生一个引力波。它不是很强，但的确存在。目前，我们对引力波的了解和应用还处于初级阶段。然而，随着科学技术的不断发展，科学家们的进一步研究，相信未来引力波会在更多领域展现出其独特的价值和潜力。

在未来，引力波可能成为通信技术的一种新形式，在广阔的宇宙中传递信息；也可能会成为探测器，用于开发宇宙导航系统，测量时空的扭曲和变化，从而确定位置和方向，成为遥远的星际旅行和探索中的关键。

牛顿物理学的一端与量子理论联系在一起，量子理论涉及非常轻、非常小的微小粒子和原子。现在我们已经看到，牛顿物理学在另一端与相对论联系在一起，相对论的领域广阔而巨大。未来的人们也许不太可能像我们现在这样看待宇宙。我们对宇宙的看法可能非常有限，也许充满了误解，但这很可能比先前人类的观点更清晰。我们今天的观点源于哥白尼、伽利略、牛顿的发现，以及更近的爱因斯坦的发现。这些发现曾经常常遭到反对，原因是它们降低了人类在宇宙中的重要性。在过去，重要意味着超越自然，独立于自然。从那时起，我们通过巨大的努力、艰苦的观察和对周围环境的无限渴望，来扩大我们的视野。从今天对宇宙的理解来看，我们发现自己在很大程度上是自然的一部分，而不是独立于自然。我们是自然的一部分，我们越来越意识到自己的存在。

要点回顾

- 由于在加速参照系中进行的观测与在牛顿引力场中进行的观测无法区分，因此通过加速参照系可以复制引力产生的任何效应，这就是等效原理。

- 根据爱因斯坦的广义相对论，引力使时间变慢。如果你沿着引力作用的方向运动，比如从摩天大楼的顶部到底层，或者从地面到井底，那么你所到达的位置的时间流逝的速度会比你离开的位置慢。

- 空间不是一个虚无的区域，而是一种可以弯曲和扭曲的柔性介质。它如何弯曲和扭曲描述了引力场。广义相对论是一种弯曲的四维时空几何学。

- 引力波是由加速的质量产生的引力扰动，在时空中传播。任何加速的物体都会产生引力波。一般来说，物体质量越大，加速度越大，产生的引力波就越强。但引力波仍是自然界中已知的最弱波。

未来，属于终身学习者

我们正在亲历前所未有的变革——互联网改变了信息传递的方式，指数级技术快速发展并颠覆商业世界，人工智能正在侵占越来越多的人类领地。

面对这些变化，我们需要问自己：未来需要什么样的人才？

答案是，成为终身学习者。终身学习意味着永不停歇地追求全面的知识结构、强大的逻辑思考能力和敏锐的感知力。这是一种能够在不断变化中随时重建、更新认知体系的能力。阅读，无疑是帮助我们提高这种能力的最佳途径。

在充满不确定性的时代，答案并不总是简单地出现在书本之中。"读万卷书"不仅要亲自阅读、广泛阅读，也需要我们深入探索好书的内部世界，让知识不再局限于书本之中。

湛庐阅读 App: 与最聪明的人共同进化

我们现在推出全新的湛庐阅读 App，它将成为您在书本之外，践行终身学习的场所。

- 不用考虑"读什么"。这里汇集了湛庐所有纸质书、电子书、有声书和各种阅读服务。
- 可以学习"怎么读"。我们提供包括课程、精读班和讲书在内的全方位阅读解决方案。
- 谁来领读？您能最先了解到作者、译者、专家等大咖的前沿洞见，他们是高质量思想的源泉。
- 与谁共读？您将加入优秀的读者和终身学习者的行列，他们对阅读和学习具有持久的热情和源源不断的动力。

在湛庐阅读 App 首页，编辑为您精选了经典书目和优质音视频内容，每天早、中、晚更新，满足您不间断的阅读需求。

【特别专题】【主题书单】【人物特写】等原创专栏，提供专业、深度的解读和选书参考，回应社会议题，是您了解湛庐近千位重要作者思想的独家渠道。

在每本图书的详情页，您将通过深度导读栏目【专家视点】【深度访谈】和【书评】读懂、读透一本好书。

通过这个不设限的学习平台，您在任何时间、任何地点都能获得有价值的思想，并通过阅读实现终身学习。我们邀您共建一个与最聪明的人共同进化的社区，使其成为先进思想交汇的聚集地，这正是我们的使命和价值所在。

CHEERS

湛庐阅读 App 使用指南

读什么
- 纸质书
- 电子书
- 有声书

怎么读
- 课程
- 精读班
- 讲书
- 测一测
- 参考文献
- 图片资料

与谁共读
- 主题书单
- 特别专题
- 人物特写
- 日更专栏
- 编辑推荐

谁来领读
- 专家视点
- 深度访谈
- 书评
- 精彩视频

HERE COMES EVERYBODY

下载湛庐阅读 App
一站获取阅读服务